养殖场疫病防制与净化指南

孙清莲　李桂喜　王章斌　何永光　主编

中国农业出版社
北　京

主　编：孙清莲　李桂喜　王章斌　何永光

副主编：梁　磊　王庆云　惠　煜　王存炎

吴　振　孟凡波　魏　曼　张靖蕾

参编人员（按姓氏笔画排序）：

丰兰竹　冯金芳　孙　杰　李雯静

张伍轩　郝志香　程灵均　鲁　毅

董松岭　路文渊

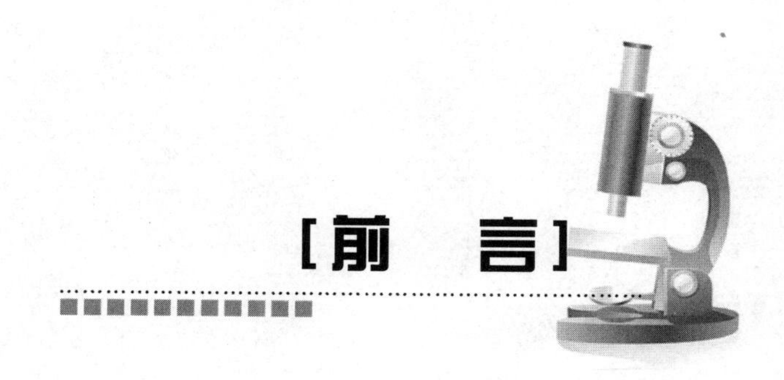

[前　言]

中共十九大上提出的习近平新时代中国特色社会主义思想，不仅要加快我国社会和经济发展、依法治国，同时对生态文明建设也设定了更高标准。动物疫病关乎国计民生和国际影响，国家对养殖业生态环境方面一定会加强管控，无抗养殖是大势所趋。随着养殖业和物流业的发展，动物疫情日趋复杂化，成为影响养殖效益的主要因素之一。所以，尽快使广大从业者适应新形势、提高法律意识和专业技能，整体提升我国动物疫病防控水平是当务之急。

本书全面阐述了有关动物疫病防制方面的基本理论、基本技能、免疫、兽药、检疫及动物疫病净化和区域化管理等方面的最新知识；对我国最新发布的一、二、三类动物疫病病种名录中的117种陆生动物疫病和常发、新发疫病，从病原学、流行病学、临床症状、病理变化、诊断和防控措施等方面进行了较详细的描述。

本书汇集了作者长期一线工作的实践经验，内容丰富、新颖、通俗易懂，有较高的实用价值，是一本较好的培训教材和参考工具书。可供动物疫病防控机构行政管理人员、技术人员，养殖场、兽药、疫苗生产企业技术人员及专业院校师生等阅读参考。

本书编写过程中，参考了大量文献，在此一并致谢！由于编者水平有限，遗漏和不妥之处在所难免，恳请读者批评指正。

编　者

2018年8月

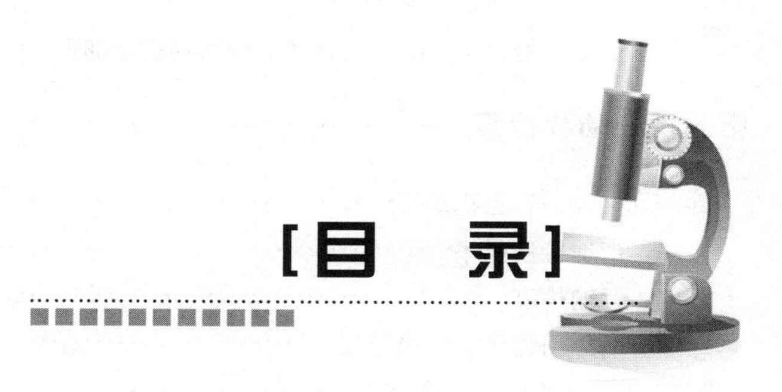

目　录

前言

第一章　动物疫病概述 …… 1

第一节　陆生动物疫病及病原微生物名录 …… 1

第二节　动物疫病的流行过程和流行特征 …… 4

一、流行过程 …… 4

二、疫源地与自然疫源地 …… 4

三、流行过程的特征 …… 5

第二章　动物疫病预防、控制和扑灭 …… 6

第一节　动物养殖场疫病综合防控措施 …… 6

一、控制和消灭传染源 …… 6

二、切断传播途径 …… 7

三、提高易感动物的抵抗力 …… 7

第二节　一、二、三类动物疫病控制和扑灭措施 …… 7

一、一类动物疫病控制和扑灭措施 …… 7

二、二类动物疫病控制措施 …… 9

三、三类动物疫病控制措施 …… 9

四、二、三类动物疫病呈暴发流行时控制、扑灭措施 …… 9

五、人畜共患病控制、扑灭措施 …… 10

第三节　消毒 …… 10

一、消毒种类 …… 10

二、消毒方法 …… 10

三、畜禽养殖场消毒方案 …… 19

第四节　疫苗和免疫 …… 20

一、疫苗 …… 20

二、免疫接种 …… 23

第五节　兽药 …… 29

一、常用抗微生物药物和抗寄生虫药物……29
二、兽药使用注意事项……46
三、食品动物禁用、限用的兽药、饲料药物添加剂……48

第三章 动物检疫……60

第一节 活体动物检疫……60
一、产地检疫程序……60
二、运输检疫……63
三、活体动物检疫后的处理……64
第二节 动物产品检疫……64
一、宰前检疫……64
二、宰后检疫……65

第四章 动物疫病净化和区域化管理……67

第一节 动物疫病净化……67
一、种畜禽场主要疫病净化现场审查标准……67
二、种畜禽场主要疫病净化评估标准……84
第二节 动物疫病区域化管理……88
一、动物疫病区域化管理模式……89
二、无规定动物疫病区和生物安全隔离区的评估……90
第三节 重大动物疫病特定无疫标准……91

第五章 重要动物疫病防制与净化要点……93

第一节 一类动物疫病……93
一、口蹄疫……93
二、猪水疱病……97
三、猪瘟……98
四、非洲猪瘟……101
五、非洲马瘟……103
六、牛瘟……105
七、牛传染性胸膜肺炎……107
八、牛海绵状脑病……109
九、痒病……111
十、蓝舌病……113
十一、小反刍兽疫……116
十二、绵羊痘和山羊痘……118
十三、高致病性禽流感……120
十四、新城疫……124
十五、高致病性猪蓝耳病……129

第二节　二类动物疫病 …… 132
一、伪狂犬病 …… 132
二、狂犬病 …… 135
三、炭疽 …… 140
四、魏氏梭菌病 …… 142
五、副结核病 …… 149
六、布鲁氏菌病 …… 151
七、弓形虫病 …… 157
八、棘球蚴病 …… 159
九、钩端螺旋体病 …… 162
十、猪乙型脑炎 …… 165
十一、猪细小病毒病 …… 167
十二、猪繁殖与呼吸综合征（经典猪蓝耳病） …… 169
十三、猪丹毒 …… 171
十四、猪肺疫 …… 174
十五、猪链球菌病 …… 176
十六、猪传染性萎缩性鼻炎 …… 179
十七、猪支原体肺炎 …… 181
十八、旋毛虫病 …… 184
十九、猪囊尾蚴病 …… 185
二十、猪圆环病毒病 …… 189
二十一、副猪嗜血杆菌病 …… 191
二十二、鸡传染性喉气管炎 …… 192
二十三、鸡传染性支气管炎 …… 194
二十四、传染性法氏囊病 …… 196
二十五、马立克氏病 …… 199
二十六、产蛋下降综合征 …… 201
二十七、禽白血病 …… 202
二十八、禽痘 …… 205
二十九、鸭瘟 …… 207
三十、鸭病毒性肝炎 …… 209
三十一、鸭浆膜炎 …… 210
三十二、小鹅瘟 …… 212
三十三、禽霍乱 …… 213
三十四、鸡白痢 …… 216
三十五、禽伤寒 …… 218
三十六、鸡败血支原体感染 …… 219
三十七、鸡球虫病 …… 221
三十八、低致病性禽流感 …… 224
三十九、禽网状内皮组织增殖症 …… 226

四十、牛传染性鼻气管炎 …… 227
四十一、牛恶性卡他热 …… 229
四十二、牛白血病 …… 232
四十三、牛出血性败血病 …… 234
四十四、牛结核病 …… 236
四十五、牛梨形虫病（牛焦虫病） …… 238
四十六、牛锥虫病 …… 242
四十七、日本血吸虫病 …… 244
四十八、山羊关节炎脑炎 …… 246
四十九、梅迪-维斯纳病 …… 248
五十、马传染性贫血 …… 250
五十一、马流行性淋巴管炎 …… 252
五十二、马鼻疽 …… 254
五十三、马巴贝斯虫病 …… 257
五十四、伊氏锥虫病 …… 258
五十五、兔病毒性出血病 …… 260
五十六、兔黏液瘤病 …… 262
五十七、野兔热 …… 263
五十八、兔球虫病 …… 266
第三节　三类动物疫病 …… 267
一、大肠杆菌病 …… 267
二、李斯特氏菌病 …… 272
三、类鼻疽 …… 275
四、放线菌病 …… 276
五、肝片吸虫病 …… 278
六、丝虫病 …… 280
七、附红细胞体病 …… 284
八、Q热 …… 286
九、猪传染性胃肠炎 …… 289
十、猪密螺旋体痢疾 …… 290
十一、猪流行性感冒 …… 292
十二、猪副伤寒 …… 294
十三、鸡病毒性关节炎 …… 296
十四、禽传染性脑脊髓炎 …… 297
十五、传染性鼻炎 …… 298
十六、禽结核病 …… 300
十七、牛流行热 …… 301
十八、牛病毒性腹泻/黏膜病 …… 302
十九、牛生殖器弯曲杆菌病 …… 305
二十、毛滴虫病 …… 306

二十一、牛皮蝇蛆病 …… 308
二十二、绵羊肺腺瘤病 …… 309
二十三、传染性脓疱 …… 311
二十四、羊肠毒血症 …… 313
二十五、干酪性淋巴结炎 …… 315
二十六、绵羊疥癣 …… 316
二十七、绵羊地方性流产 …… 318
二十八、马流行性感冒 …… 320
二十九、马腺疫 …… 322
三十、马鼻腔肺炎 …… 323
三十一、溃疡性淋巴管炎 …… 324
三十二、马媾疫 …… 325
三十三、犬瘟热 …… 326
三十四、水貂阿留申病 …… 328
三十五、水貂病毒性肠炎 …… 329
三十六、犬细小病毒病 …… 331
三十七、犬传染性肝炎 …… 332
三十八、猫泛白细胞减少症 …… 334
三十九、利什曼病 …… 335
第四节　其他动物疫病 …… 337
一、猪特发性水疱病 …… 337
二、猪急性腹泻综合征 …… 339
三、鸡心包积水综合征 …… 340
四、鸡滑液囊支原体感染 …… 342
五、鸭坦布苏病毒病 …… 345

主要参考文献 …… 347

第一章　动物疫病概述

我国根据动物疫病对养殖业生产和人体健康的危害程度，将动物疫病分为一、二、三类。一类动物疫病是指对人畜危害严重、需要采取紧急、严厉的强制预防、控制、扑灭措施的；二类疫病是指可造成重大经济损失、需要采取严格控制、扑灭措施，防止扩散的；三类疫病是指常见多发、可能造成重大经济损失、需要控制和净化的。依据《动物防疫法》《重大动物疫情应急条例》和《〈高致病性禽流感防治技术规范〉等14个动物疫病防治技术规范》的规定，针对不同动物传染病及传染病流行的不同时期应采取不同的控制和扑灭措施。

第一节　陆生动物疫病及病原微生物名录

1. 一、二、三类动物疫病病种名录（表1-1）

表1-1

类　别	名　称
一类动物疫病（15种）	
口蹄疫、猪水疱病、猪瘟、非洲猪瘟、高致病性猪蓝耳病、非洲马瘟、牛瘟、牛传染性胸膜肺炎、牛海绵状脑病、痒病、蓝舌病、小反刍兽疫、绵羊痘和山羊痘、高致病性禽流感、新城疫	
二类动物疫病（58种）	
多种动物共患病（9种）	伪狂犬病、狂犬病、炭疽、魏氏梭菌病、副结核病、布鲁氏菌病、弓形虫病、棘球蚴病、钩端螺旋体病
牛病（8种）	牛传染性鼻气管炎、牛恶性卡他热、牛白血病、牛出血性败血病、牛结核病、牛梨形虫病（牛焦虫病）、牛锥虫病、日本血吸虫病
绵羊和山羊病（2种）	山羊关节炎脑炎、梅迪—维氏纳病
猪病（12种）	猪乙型脑炎、猪细小病毒病、猪繁殖与呼吸综合征（经典猪蓝耳病）、猪丹毒、猪肺疫、猪链球菌病、猪传染性萎缩性鼻炎、猪支原体肺炎、旋毛虫病、猪囊尾蚴病、猪圆环病毒病、副猪嗜血杆菌病
马病（5种）	马传染性贫血、马流行性淋巴管炎、马鼻疽、马巴贝斯虫病、伊氏锥虫病

（续）

类　别	名　称
禽病（18种）	鸡传染性喉气管炎、鸡传染性支气管炎、传染性法氏囊病、马立克氏病、产蛋下降综合征、禽白血病、禽痘、鸭瘟、鸭病毒性肝炎、鸭浆膜炎、小鹅瘟、禽霍乱、鸡白痢、禽伤寒、鸡败血支原体感染、鸡球虫病、低致病性禽流感、禽网状内皮组织增殖症
兔病（4种）	兔病毒性出血病、兔黏液瘤病、野兔热、兔球虫病
三类动物疫病（39种）	
多种动物共患病（8种）	大肠杆菌病、李斯特氏菌病、类鼻疽、放线菌病、肝片吸虫病、丝虫病、附红细胞体病、Q热
牛病（5种）	牛流行热、牛病毒性腹泻/黏膜病、牛生殖器弯曲杆菌病、毛滴虫病、牛皮蝇蛆病
绵羊和山羊病（6种）	肺腺瘤病、传染性脓疱、羊肠毒血症、干酪性淋巴结炎、绵羊疥癣、绵羊地方性流产
马病（5种）	马流行性感冒、马腺疫、马鼻腔肺炎、溃疡性淋巴管炎、马媾疫
猪病（4种）	猪传染性胃肠炎、猪密螺旋体痢疾、猪流行性感冒、猪副伤寒
禽病（4种）	鸡病毒性关节炎、禽传染性脑脊髓炎、传染性鼻炎、禽结核病
犬、猫等动物病（7种）	水貂阿留申病、水貂病毒性肠炎、犬瘟热、犬细小病毒病、犬传染性肝炎、猫泛白细胞减少症、利什曼病

注：1. 本书所指动物疫病为陆生动物疫病。

2. 根据中华人民共和国农业部公告第1125号。

2. 世界动物卫生组织（OIE）收录的动物疫病名录（表1-2）

表1-2

类　别	名　称
多种动物共患病（23种）	炭疽热、伪狂犬病、蓝舌病、牛布鲁氏菌病、羊布鲁氏菌病、猪布鲁氏菌病、克里米亚-刚果出血热、棘球蚴病、口蹄疫、心水病、日本脑炎、钩端螺旋体病、新世界螺旋蝇蛆病、世界螺旋蝇蛆病、副结核病、Q热、狂犬病、裂谷热、牛瘟、旋毛虫病、野兔热、水泡性口炎、西尼罗热
牛病（15种）	牛无浆体病、牛巴贝西虫病、牛生殖道弯曲菌病、牛海绵状脑病、牛结核病、牛病毒性下痢、牛传染性胸膜肺炎、地方流行性牛白血病、出血性败血病、牛传染性鼻气管炎/传染性阴户阴道炎、结节性皮肤病、牛恶性卡他热、泰勒氏虫病、毛滴虫病、锥虫病
羊病（11种）	山羊关节炎/脑炎、接触性传染性无乳症、接触性传染性山羊胸膜肺炎、地方流行性羊流产（绵羊衣原体病）、梅迪-维斯纳病、内罗毕绵羊病、绵羊附睾炎（绵羊种布鲁氏菌病）、小反刍兽疫、沙门氏菌病（绵羊流产沙门氏菌）、羊痒病、绵羊痘和山羊痘
猪病（7种）	非洲猪瘟、古典猪瘟、尼帕病毒脑炎、猪囊尾蚴病、猪繁殖和呼吸综合征、猪水泡病、猪传染性胃肠炎
马病（13种）	非洲马瘟、马传染性子宫炎、马媾疫、马脑脊髓炎（东方）、马脑脊髓炎（西方）、马传染性贫血、马流感、马梨形虫病、马鼻肺炎、马病毒性动脉炎、马鼻疽、苏拉病（伊马氏锥虫）、委内瑞拉马脑炎
禽病（14种）	禽衣原体病、禽传染性支气管炎、禽支原体病（鸡败血支原体）、禽支原体病（滑液支原体）、鸭病毒性肝炎、鸭病毒性肠炎、禽霍乱、禽伤寒、高致病性禽流感、传染性法氏囊病（甘保罗病）、马立克氏病、新城疫、鸡白痢、火鸡鼻气管炎

（续）

类　别	名　称
兔病（2种）	兔出血热、兔黏液瘤病
其他动物疾病（2种）	骆驼痘、利什曼虫病

3. 动物病原微生物分类名录（农业部2005年5月24日发部）

（1）一类动物病原微生物。口蹄疫病毒、高致病性禽流感病毒、猪水泡病病毒、非洲猪瘟病毒、非洲马瘟病毒、牛瘟病毒、小反刍兽疫病毒、牛传染性胸膜肺炎丝状支原体、牛海绵状脑病病原、痒病病原。

（2）二类动物病原微生物。猪瘟病毒、鸡新城疫病毒、狂犬病病毒、绵羊痘/山羊痘病毒、蓝舌病病毒、兔病毒性出血症病毒、炭疽芽孢杆菌、布鲁氏菌。

（3）三类动物病原微生物。多种动物共患病病原微生物：低致病性流感病毒、伪狂犬病病毒、破伤风梭菌、气肿疽梭菌、结核分枝杆菌、副结核分枝杆菌、致病性大肠杆菌、沙门氏菌、巴氏杆菌、致病性链球菌、李斯特氏菌、产气荚膜梭菌、肉毒梭状芽孢杆菌、腐败梭菌和其他致病性梭菌、鹦鹉热衣原体、放线菌、钩端螺旋体。

牛病病原微生物：牛恶性卡他热病毒、牛白血病病毒、牛流行热病毒、牛传染性鼻气管炎病毒、牛病毒腹泻/黏膜病病毒、牛生殖器弯曲杆菌、日本血吸虫。

绵羊和山羊病病原微生物：山羊关节炎/脑脊髓炎病毒、梅迪/维斯纳病病毒、传染性脓疱皮炎病毒。

猪病病原微生物：日本脑炎病毒、猪繁殖与呼吸综合征病毒、猪细小病毒、猪圆环病毒、猪流行性腹泻病毒、猪传染性胃肠炎病毒、猪丹毒杆菌、猪支气管败血波氏杆菌、猪胸膜肺炎放线杆菌、副猪嗜血杆菌、猪肺炎支原体、猪密螺旋体。

马病病原微生物：马传染性贫血病毒、马动脉炎病毒、马病毒性流产病毒、马鼻炎病毒、鼻疽假单胞菌、类鼻疽假单胞菌、假皮疽组织胞浆菌、溃疡性淋巴管炎、假结核棒状杆菌。

禽病病原微生物：鸭瘟病毒、鸭病毒性肝炎病毒、小鹅瘟病毒、鸡传染性法氏囊病病毒、鸡马立克氏病病毒、禽白血病/肉瘤病毒、禽网状内皮组织增殖病病毒、鸡传染性贫血病毒、鸡传染性喉气管炎病毒、鸡传染性支气管炎病毒、鸡减蛋综合征病毒、禽痘病毒、鸡病毒性关节炎病毒、禽传染性脑脊髓炎病毒、副鸡嗜血杆菌、鸡毒支原体、鸡球虫。

兔病病原微生物：兔黏液瘤病病毒、野兔热土拉杆菌、兔支气管败血波氏杆菌、兔球虫。

其他动物病病原微生物：犬瘟热病毒、犬细小病毒、犬腺病毒、犬冠状病毒、犬副流感病毒、猫泛白细胞减少综合征病毒、水貂阿留申病病毒、水貂病毒性肠炎病毒。

（4）四类动物病原微生物。是指危险性小、低致病力、实验室感染机会少的兽用生物制品、疫苗生产用的各种弱毒病原微生物以及不属于第一、二、三类的各种低毒力的病原微生物。

4. 人畜共患传染病名录（中华人民共和国农业部2009年第1149号公告）　牛海绵状脑病、高致病性禽流感、狂犬病、炭疽、布鲁氏菌病、弓形虫病、棘球蚴病、钩端螺旋体病、沙门氏菌病、牛结核病、日本血吸虫病、猪乙型脑炎、猪Ⅱ型链球菌病、旋毛虫病、猪囊尾蚴病、马鼻疽、野兔热、大肠杆菌病（O157：H7）、李氏杆菌病、类鼻疽、放线菌病、肝片吸虫病、丝虫病、Q 热、禽结核病、利什曼病。

第二节　动物疫病的流行过程和流行特征

一、流行过程

传染病在动物群中流行，必须具备传染源、传播途径、易感动物 3 个基本环节。这 3 个基本环节必须同时存在并相互联系，才会造成传染病的流行，若缺少任何一个环节，新的传染就不会发生，流行也不会形成；若切断其中任何一个环节，流行过程即告终止。因此，掌握传染病流行的 3 个基本环节及其影响因素，对正确分析疫情、采取有效防疫措施，从而控制动物传染病的发生与流行，意义重大。

1. 传染源　指体内有病原体寄居、生长、繁殖，并能向体外排出的动物和人以及一切可能被病原体污染使之传播的物体。包括：①患病动物。在发病期能排出大量毒力强的病原体，是主要的传染源。②病原携带者。无任何临床症状，但携带并排出病原体的动物或人，称为带菌者或带毒者。③患人畜共患病的人。可通过分泌物、排泄物感染动物，但是比较少见。

2. 传播途径　指病原体从传染源排出后，经过一定的媒介和传播方式，侵入其他易感动物所经过的途径。传播媒介是指将病原体传播给易感动物和人的中间载体。

（1）直接接触传播。传染源与健康动物以直接接触（如舐咬、交配等）方式而传播。如狂犬病等。

（2）间接接触传播。在外界因素的参与下，病原体通过传播媒介使易感动物发生传染的方式。参与传播病原体的各种外界环境因素称为传播媒介和传播因子。经空气（飞沫、飞沫核、尘埃）传播，这是呼吸道传染病的主要传播方式。经饲料、饮水传播，这是最常见的一种传播方式。经土壤传播，如炭疽、气肿疽、破伤风、猪丹毒等。经媒介动物传播，媒介动物包括节肢动物和某些野生动物。节肢动物有虻类、厩螫蝇、蚊、蠓、蜱和家蝇等，野生动物有狐、狼、吸血蝙蝠、鼠类等。经人和用具传播。

病原体在变更宿主时有 3 种方式：①垂直传播。母体内的病原体直接经卵、胎盘和产道传播。②水平传播。病原体在群体之间或个体之间横向传播。③Z 型传播。垂直传播与水平传播交替出现。

3. 易感动物　指对某种病原体或致病因子缺乏足够的抵抗力而易受其感染的动物。动物群中易感者比例越大，动物群的易感性越高，反之则低。

二、疫源地与自然疫源地

疫源地是指有传染源及其排出的病原体存在的地区。它包括传染源、被污染的物体、圈舍、水源、牧地、活动场所，以及该范围内怀疑有被传染的可疑动物和宿主等。疫源地可分为疫点和疫区。

疫源地的存在具有一定的时间性，疫源地被消灭的三个条件：传染源已被消灭，包括扑杀、死亡或治愈；传染源排到外界的病原体已被消除；所有易感动物经过该病的最长潜伏期没有新病例出现。通常当最后一个传染源死亡或痊愈后，对所污染的外界环境进行彻底消毒处理，并且经过该病的最长潜伏期不再有新病例出现，可认为该疫源地已被消灭。

自然疫源地是指存在自然疫源性疾病的地区。自然疫源地中的病原体、传播媒介（昆虫）和宿主动物在自己的世代交替中无限期地存在于自然界的各种生物群落里，组成各种独特的生物系统。

自然疫源性疾病的发生与流行与环境有密切关系，并具有明显的地区性和季节性。

三、流行过程的特征

动物传染病的流行过程就是传染病在动物群中发生、发展和转归的过程。传染病发生和流行受自然因素、社会因素和饲养管理因素的影响。

根据动物传染病流行过程中，在一定时间内发病率的高低及流行强度，可分为以下五种表现形式：

1. 散发 某种疫病动物发病数量不多，在较长时期内都是以零星病例的形式散在发生。各病例之间在时间和地点上无明显联系。若动物群对某种传染病的免疫水平较高，或该病的隐性感染比例较大，也呈散发形式。

2. 地方流行性 某种疾病发病数量较大，但其传播范围限于一定地区。

3. 流行性 某病在一定时间内发病数量比较多，传播范围比较广，形成群体性发病或感染。可在短时间内传播到几个乡、县甚至省。

4. 暴发 某种疫病在一定地区或某一单位动物，在短时期内（该病的最长潜伏期内）突然发生很多病例。

5. 大流行性 某病在一定时间内迅速传播，发病数量很大，蔓延地区很广，甚至传播到全国或几个国家乃至整个大陆。

第二章　动物疫病预防、控制和扑灭

第一节　动物养殖场疫病综合防控措施

一、控制和消灭传染源

1. 动物饲养场的建设和动物防疫条件　养殖场建场选址、工程设计、工艺流程、防疫制度和人员应符合以下条件：

（1）建场选址。选择地势高燥、平坦、背风、向阳、水源充足、水质良好、排水方便、无污染的地方，应远离铁路、公路干线、城镇、居民区和其他公共场所，特别应远离动物饲养场、屠宰场、畜产品加工厂、集贸市场、垃圾和污水处理场所、风景旅游区等。

（2）生产区封闭隔离。布局要分区规划，生活区、生产管理区、生产区、隔离区应严格分开并相距一定距离；生产区应按人员、动物、物资单一流向的原则安排建设布局；每栋舍之间应有一定距离；净道和污道应分设分流、互不交叉；生产区大门口应设值班室和消毒设施，对出入人员、车辆严格消毒等。

（3）有相应的污水、污物、病死动物、染疫动物产品的无害化处理设施设备和清洗消毒设施设备。

（4）有专门的动物防疫技术人员。

2. 隔离饲养　隔离饲养是将动物饲养控制在一个有利于生产和防疫的地方，以有效地防止病原微生物的传播。引种或购入动物时，隔离饲养30～45天，发现发病动物，立即与健康动物进行严格隔离。不从疫区引种，禁止外来车辆、闲杂人员随意进入。

3. 实行“全进全出”、“自繁自养”饲养制度　动物出栏后，经对圈舍彻底清理、严格消毒、空舍2周以上，方可进另一批动物。可消除连续感染和交叉感染。

4. 搞好检疫和疫情监测　定期开展检疫和疫情监测，发现病畜禽和带毒（菌）畜禽，及时无害化处理，防止疫病传播蔓延。对重点疫病每月进行一次免疫抗体监测，当抗体水平下降到保护临界值时，立即补免，使抗体始终处于较高水平。凡是从外地引进动物，必须进行严格检疫、检测，确认健康的动物方可混群饲养。

5. 建立、健全生物安全制度　对病、死动物及污染物进行无害化处理。任何单位和个人不得藏匿、转移、盗掘已被依法隔离、封存、处理的动物和动物产品。

6. 药物保健　某些寄生虫病、细菌病尚无疫苗预防或预防效果不理想的，在日常情况下，定期投放药物，可起到预防、治疗和提高机体免疫力的作用。

二、切断传播途径

养殖场的环境卫生和消毒环节在动物疾病预防工作中起着非常重要的作用。一个养殖场如果没有合理完善的卫生管理制度，就不可能很好地预防和阻止传染病的发生。发生传染病后，若没有确实可靠的卫生消毒措施，就不可能根除病原体的滋生和蔓延。应时刻保持养殖场环境整洁，避免杂草丛生、物品乱堆乱放。消毒要彻底，不走过场、不留死角。

杀虫和灭鼠。虻、蚊、蝇、蜱等节肢动物和鼠类都是传染病的重要传播媒介。杀虫和灭鼠对于预防和扑灭传染病具有重要意义。杀虫的主要方法有物理杀虫法、生物杀虫法和药物杀虫法。灭鼠的主要方法有生态灭鼠法、器械灭鼠法和药物灭鼠法。

三、提高易感动物的抵抗力

1. 提倡集约化、规模化养殖模式 集约化、规模化养殖十分有利于动物疾病的防控。要逐步减少或取消散养动物。树立“养重于防、防重于治”的观念，走“健康养殖”的道路。

2. 科学规范化管理 供给清洁、卫生、充足的饮水和饲料；饲喂优质、全价日粮，不喂发霉饲料。禁止饲养“垃圾猪”。种畜、种禽要达到国家规定的健康合格标准。健康标准包括两方面的内容：一是未感染国家规定的动物疫病，二是按照免疫程序进行了强制免疫且免疫抗体水平达到规定的标准。

3. 减少或避免应激因素 应激因素往往是动物发病的直接诱因。例如，圈舍简陋、卫生差、通风不良、闷热、寒冷、潮湿、空气污浊、畜禽密度过大，大、小动物或不同种动物混养、长途运输、拥挤、免疫接种、气候骤变、断奶、断尾、剪牙、断喙等。要尽量减少或避免这些应激因素，给动物提供舒适的生活环境，将会减少疾病的发生。

4. 适时接种疫苗，建立免疫屏障 有组织、有计划地进行免疫接种，是防控传染病的重要措施之一。目前，在我国散养动物的防疫采取春秋两季集中防疫和日常补防相结合的办法。规模养殖场的免疫程序根据具体情况制订，并及时做动态的调整。对国家强制免疫的疫病免疫率应达到100%。

第二节　一、二、三类动物疫病控制和扑灭措施

一、一类动物疫病控制和扑灭措施

一类动物疫病确诊后，应当立即启动相应级别的应急预案，并采取以下措施：

1. 划定疫点、疫区、受威胁区 当地县级以上人民政府兽医主管部门应立即派人到现场，划定疫点、疫区、受威胁区的范围，按照不同动物疫病病种及其流行特点、危害程度和实现动物疫病有效控制、扑杀为目的来划定。

2. 调查疫源 当地县级以上地方人民政府兽医主管部门应立即派人到疫点实地调查现场所发生疫病的传染来源、传播方式以及传播途径。查明动物疫病的发病原因；对不能查明

的应做出科学的推断。按有关规定采取病料，争取早期确诊。

3. 发布封锁令 发布封锁令的程序：

（1）由县级以上地方政府兽医主管部门拟出封锁报告，报告内容为发生动物疫病的病名，封锁范围，封锁期间出入封锁疫区的要求，扑杀、销毁的范围以及封锁期间采取的其他措施及范围等。

（2）报请本级人民政府决定对疫区实行封锁。

（3）本级人民政府在接到封锁报告后，应及时发布封锁令。

4. 控制、扑杀一类动物疫病的具体强制性措施 控制、扑杀的具体措施有：封锁、隔离、扑杀、销毁、消毒、无害化处理、紧急免疫接种及其他限制性措施。

（1）封锁疫区。目的是为了防止传染病由疫区向安全地区传播，把疫病控制在最小范围内。封锁时，既要有预防观点，也要有生产观点和群众观点。

在有关场所张贴封锁令，在疫区周围设置警示标志；在出入疫区的所有路口，都要设置动物检疫消毒站，对出入疫区的人员、运输工具及有关物品采取消毒和其他限制性措施；动物卫生监督机构应当派人在当地依法设立的现有检查站执行监督检查任务，必要时，经省、自治区、直辖市人民政府批准，可以设立临时性的动物卫生监督检查站，执行监督检查任务。

（2）隔离。疫区内未被扑杀的易感动物，在该疫病一个潜伏期观察期满前，禁止移动。隔离期间严禁无关人员、动物出入隔离场所，隔离场所的废弃物，应当进行无害化处理，同时，密切注意观察和检测，加强保护措施。

（3）扑杀。扑杀的范围依动物疫病的种类而异。通常情况下，疫点内染疫动物、疑似染疫动物及易感动物都要扑杀；对疫区内染疫动物、疑似染疫动物及同群（即同一栋、舍）动物要扑杀；受威胁区动物进行紧急免疫接种，加强疫情监测和免疫效果监测。

（4）销毁。对病死的动物、扑杀的动物及其动物产品、垫料等予以深埋或者焚烧，消灭或杀灭其中的病原体。销毁环节很重要，动物卫生监督机构要加强监督。

（5）消毒。对疫点、疫区的消毒可分为封锁期间消毒和终末消毒。选择针对病原效果好的消毒剂，做到消毒到位，不留死角。及时清除粪便和污物、污水。及时杀虫、灭鼠。蚊、虻、蝥蝇、蜱和鼠类等都是某些传染病的传播者，杀虫、灭鼠对防控传染病具有重要意义。

（6）无害化处理。对带有或疑似带有病原体的动物尸体、动物产品或其他物品，采用不同的消毒方法进行处理，达到消灭传染源、切断传播途径、阻止病原扩散的目的。尸体处理方法有掩埋、焚烧、化制和发酵4种。

（7）紧急免疫接种。对疫区内未被扑杀的易感动物和受威胁区内的易感动物进行紧急免疫接种。

（8）其他强制性措施。主要有关闭疫区内及一定范围的所有动物及其产品交易场所等。

5. 解除封锁 按照国务院兽医主管部门规定的标准和程序评估后，解除封锁令由原决定封锁机关宣布。解除封锁的时间，就是最后一头病畜（禽）痊愈、死亡或处理后，经过一定时间（相当于这种传染病的最长潜伏期），不再出现新病例，并经彻底消毒后，方可解除封锁。

疫区解除封锁后，要继续对该区域进行疫情监测，6个月后如未发现新病例，即可宣布该次疫情被扑灭。

重大动物疫情诊断流程见图 2-1。

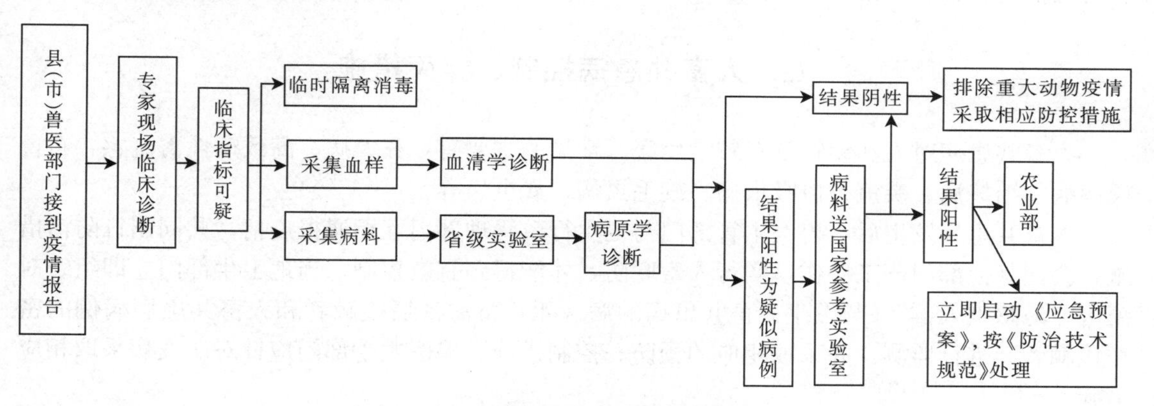

图 2-1 重大动物疫情诊断流程图

二、二类动物疫病控制措施

发生二类动物疫病时，当地县级以上地方人民政府兽医主管部门应当立即组织动物卫生监督机构、动物疫病预防控制机构及其有关人员到现场划定疫点、疫区、受威胁区，并及时报告同级人民政府。接受报告的地方人民政府应当根据发病死亡情况、流行趋势、危害程度等情况，决定是否组织兽医主管部门、公安部门、卫生部门及有关单位和人员对疫点、疫区和受威胁区的染疫动物及同群动物、疑似染疫动物、易感动物采取隔离、扑杀、销毁、无害化处理、紧急预防接种、限制易感动物及其动物产品及有关物品出入等控制、扑灭措施。但患有农业部门规定的疫病需扑杀的动物应进行扑杀，当地县级以上人民政府必须决定捕杀。一般情况下对同群动物，通常不采取扑杀措施。发生二类动物疫病时，不采取封锁疫区的措施，但二类动物疫病呈暴发性流行时除外。

发生二类动物疫病时，由于不一定采取扑杀措施，所以，隔离措施就十分重要。隔离是将未扑杀的染疫动物、疑似染疫动物及其同群动物与其他动物间隔离，在相对独立的封闭场所进行饲养，并按照农业部门规定的防治技术规范进行接种和治疗，杜绝疫病继续扩散。

三、三类动物疫病控制措施

三类动物疫病通常由县级动物疫病预防控制机构确诊。其防治对策一般采取防治和净化的方法加以控制。主要是针对疫点采取防控措施。先将患病动物与健康动物隔离，禁止该疫点动物及其产品出售；再采取消毒、药物治疗、免疫等措施。

对三类动物疫病的治疗应遵照“六不治”原则：即对易传播、危害大、疾病后期、治疗费用大、疗程长、经济价值不大的病例，应坚决予以淘汰。

四、二、三类动物疫病呈暴发流行时控制、扑灭措施

二、三类动物疫病如果呈暴发流行（该动物疫病在较短时间内、在一定区域范围流行或

者使大批动物患病死亡）时，按照一类动物疫病处理。

五、人畜共患病控制、扑灭措施

人畜共患病对人和动物都有较大危害。常见的主要有：狂犬病、高致病性禽流感、布鲁氏菌病、结核病、炭疽、血吸虫病、旋毛虫病、囊虫病等。

人畜共患病发生后，兽医主管部门与卫生行政管理部门互相通报疫情，共同制订防治措施，会同其他部门分工协作，实行人畜联防，才能得到有效控制。当地卫生部门立即组织对疫区“易感染人群”〔与发生人畜共患病的病（死）畜禽密切接触者和人畜共患病病例的密切接触者〕进行监测，并采取相应的预防、控制措施。兽医主管部门应针对所发病采取相应措施。

“四不准，一处理”原则：即对染疫动物做到不准宰杀、不准食用、不准出售、不准转运。对病死动物、污染物或可疑污染物进行深埋、焚烧等无害化处理。对污染的场地进行彻底清理、消毒。用不完的疫苗和用具不能随意丢弃，应做高温处理。

第三节　消　　毒

消毒是防控动物疫病的一项重要措施。消毒的目的就是消灭被传染源散播于外界环境中的病原体，以切断传播途径，阻止疫病的扩散和蔓延。

一、消毒种类

根据消毒的目的不同可分为预防消毒、紧急消毒和终末消毒三类。

预防性消毒：是对畜禽舍、场地、用具和饮水等，进行常规的定期消毒，一般每隔1～2周一次，以达到预防一般传染病的目的。

紧急消毒：是在疫情发生期间，对病畜禽圈舍、隔离场地、排泄物、分泌物及污染的场所、用具等及时进行消毒，视情况每天一次或隔2、3天一次。其目的是消灭病畜禽排放到外界环境中的病原体，切断传播途径，防止传染病蔓延，直至解除封锁。

终末消毒：是在全部病畜禽解除隔离、痊愈或死亡后，或者在疫区解除封锁之前，为了消灭疫区内可能残留的病原体进行全面彻底的大消毒。

二、消毒方法

（一）机械清除法

用清扫、洗刷、通风换气等机械的方法清除病原体，是最常用、最基本的消毒方法。试验证明，清扫可使舍内细菌数减少20%左右，清扫后再用清水冲洗，舍内细菌可减少50%～60%，再用药液喷洒，舍内细菌可减少90%左右。为了避免尘土及微生物飞扬，清扫时先用水和消毒液喷洒。注意对场地和用具应及时清扫和洗刷，不留死角。另外，借助通风换气，经常地排出污浊气体和潮气，可排出一些病原微生物，改善舍内空气质量，减少呼吸道等疾病的发生。

（二）物理消毒法

1. 阳光、紫外线和干燥 阳光是天然、最经济的消毒剂。一般病毒和非芽孢性病原菌，在直射的阳光下几分钟至几小时可以杀灭，芽孢在阳光直射下20小时死亡。阳光的消毒能力受季节、时间、纬度、天气的影响。对饲料、垫料、用具以及被污染的场地等可充分利用阳光消毒。紫外线灯杀菌作用最强的波段是250～270纳米。房舍消毒每10～15平方米面积安装1支30瓦紫外线灯，离地面2.5米左右，灯管周围1.5～2米处为消毒有效范围。消毒时间为1～2小时。干燥可抑制微生物的繁殖。

2. 火焰或焚烧 可立即杀灭全部微生物。主要用于笼具等金属物品的消毒。对发生严重传染病时污染的垫草、粪便、病死畜禽尸体、死胚以及无利用价值的物品应烧毁。

3. 煮沸 常用于玻璃、金属注射器及其他器皿、针头、木质品、工作服、帽等物品的消毒。一般煮沸30分钟，可杀死病原微生物和大多数芽孢。若加入1%～2%的苏打、0.5%～1%的肥皂或苛性钠、1%碳酸钠等碱性物质，可提高沸点，防止金属生锈，增强灭菌作用。

4. 流通蒸汽 又称间歇灭菌。利用蒸笼或流通蒸汽灭菌器进行消毒。一般蒸30分钟，每天1次，连续3天，即可杀灭全部细菌及芽孢。常用于生物制品及培养基的消毒。

5. 高压蒸汽 利用高压灭菌器进行消毒。121℃维持30分钟可杀死全部细菌和芽孢。用于玻璃、金属器皿、器械、纱布、橡胶用品、针具、培养基、配制的化学试剂等的消毒。

6. 巴氏消毒 常用于啤酒、葡萄酒、鲜牛奶等食品的消毒。在61～63℃加热30分钟，或71～72℃加热15～20秒，然后迅速冷却至10℃左右，可杀死全部病原菌，使细菌总数减少90%。

（三）化学消毒法

使用化学消毒防腐剂进行消毒。

1. 消毒剂的种类 根据其化学结构不同，主要分以下几类：

碱类：生石灰、氢氧化钠（火碱）、草木灰等。

酸类：醋酸、硼酸、水杨酸、苯甲酸、苹果酸、柠檬酸、甲酸、丙酸、丁酸、乳酸等。

醇类：乙醇（酒精）、苯氧乙醇、异丙醇等。

醛类：甲醛溶液（福尔马林）、多聚甲醛、戊二醛、乌洛托品等。

酚类：复合酚、煤酚（甲酚、来苏儿）、苯酚（石炭酸）、松节油、鱼石脂、复方煤焦油酸溶液、甲酚磺酸（煤酚磺酸）等。

卤素类：碘、络合碘、聚维酮碘、碘伏、漂白粉、次氯酸钠、二氯异氰尿酸钠、氯胺类等。

过氧化物类：二氧化氯、高锰酸钾、过氧化氢（双氧水）、过氧乙酸、过氧戊二酸、臭氧等。

表面活性剂：单链季铵盐、双链季铵盐、苯扎溴铵（新洁尔灭）、氯己定（洗必泰）、癸甲溴氨溶液等。

气体：环氧乙烷。

重金属盐类：升汞、红汞、硫柳汞等。

染料类：甲紫（龙胆紫、结晶紫）、亚甲蓝等。

常用消毒剂介绍见表2-1。

表2-1 常用消毒剂的种类、性质、用途和用法

药 名	形状与性质	用途及用法
氢氧化钠（火碱）	白色棒状、块状、片状固体。易溶于水。易吸潮。对金属物品、动物机体有腐蚀性。对细菌繁殖体、芽孢、病毒均有较强杀灭作用，对寄生虫卵也有杀灭作用	一般用含94%氢氧化钠的粗制烧碱。主要用于畜产加工车间地面、养殖场空圈舍地面、墙壁、入口处、木制、乳胶制品的消毒。2%～4%用于细菌、病毒消毒；4%～5%溶液45分钟杀死芽孢 使用时用热水配制溶液，对畜禽圈舍和饲具消毒时需空圈或移出动物，间隔6～12小时后，用清水冲洗干净后，方可入舍
氧化钙（生石灰）	白色或灰白色块状，易吸水。与水混合，生成氢氧化钙，起到消毒作用。若存放过久，吸收了空气中的二氧化碳，变成碳酸钙，就失去了消毒作用。若直接将生石灰撒在干燥地面上，则起不到消毒作用	主要用于通往养殖场和圈舍的路面、沟渠和粪尿的消毒，涂刷墙壁、圈栏等。消毒干燥物体必须配成10%～20%的生石灰乳才能使用。也可直接撒在潮湿地面、粪池周围 比较经济、实用。要选用干燥、成块、质地良好的生石灰，且现用现配
草木灰	效果同1%～2%的烧碱。杀菌力很强	用于畜禽圈舍地面、墙壁、栏杆、用具及运动场的消毒。草木灰2千克、水10升混合，煮沸30分钟至1小时，用麻袋等物滤过，备用。用时用2倍热水稀释。使用温度：50～60℃
酸类	有浓烈酸味。液体或颗粒状固体。对细菌、真菌杀灭作用强	醋酸5～10毫升/立方米加等量水，加热、蒸发用于房间消毒 复合有机酸用于饮水消毒。用量为每升饮水添加1.0～3.0毫升
乙醇（酒精）	无色透明液体，易挥发、易燃	70%～75%用于注射部位皮肤、手和器械消毒
福尔马林溶液（含36%～40%甲醛）	无色有刺激性气味液体。有毒。36%甲醛，易生成沉淀。对细菌繁殖体及芽孢、病毒和真菌均有杀灭作用，广泛用于防腐	1%～2%用于环境消毒。通常与高锰酸钾配合进行畜舍熏蒸消毒。用量为甲醛每立方米25毫升，高锰酸钾12.5克。将甲醛倒入高锰酸钾中。若动物舍长度超过50米，应每隔20米放一个容器。所使用的容器必须是耐腐蚀的陶瓷或搪瓷制品
戊二醛	无色油状体，味苦，有微弱甲醛气味，挥发慢，刺激性小。呈碱性。有强大的杀灭微生物作用	2%水溶液，用0.3%碳酸氢钠调整pH在7.5～8.7范围可消毒，不能用于热灭菌的精密仪器、器材的消毒

（续）

药 名	形状与性质	用途及用法
多聚甲醛（聚甲醛含甲醛91%～99%）	为甲醛的聚合物，有甲醛气味，为白色疏松粉末，加热可释放出甲醛气体和少量水蒸气	其气体和水溶液，均能杀灭各种类型病原微生物。加热80～100℃时即产生大量甲醛气体，呈现强大的杀菌作用。用于熏蒸消毒，用量为每立方米3～10克，消毒时间为6～10小时
苯酚（石炭酸）	白色针状结晶，弱碱性易溶于水、有芳香味	杀菌力强，3%～5%用于环境与器械消毒，2%用于皮肤消毒
煤酚皂（来苏儿）	由煤酚和植物油、氢氧化钠按一定比例配置而成。无色，见光和空气变为深褐色，与水混合成为乳状液体	1%～2%溶液用于体表、手指和器械消毒；5%溶液用于污物、环境等消毒
复合酚	深红褐色黏稠液体，有特殊臭味。高浓度对纺织品有腐蚀性。不可与碱性药物或其他消毒剂混合使用。对细菌、霉菌、病毒、虫卵具有杀灭作用	常用于猪、牛、羊等养殖场的圈舍、场地、排泄物、墙壁及运输工具、动物皮肤等的消毒。1∶200用于预防或杀灭口蹄疫及烈性传染病；1∶300用于常规消毒；1∶（300～500）用于药浴或擦拭皮肤，防治猪、牛、羊螨虫等皮肤寄生虫病，效果明显。药浴一般25分钟。感染严重的1∶300浓度，5天1次，连用3次即可
碘伏（络合碘、聚维酮碘）	深棕红色，易溶于水。对皮肤、黏膜伤口无刺激性，无致敏性，不用脱碘。具有很强的杀细菌、病毒和霉菌的作用。在酸性环境中杀菌力更强	用于鸡场等养殖场圈舍、环境、用具等的喷雾、浸泡、洗刷消毒。原液用于注射部位皮肤和黏膜、伤口、工作人员的手臂消毒，0.5分钟；可直接涂擦治疗鸡痘、鸡癣和喉炎；1∶20用于医疗器械消毒，浸泡10分钟；1∶40灌洗用于产道净化、炎症治疗，每日2次连续3天；1∶400用于带畜舍环境喷雾、种蛋、宠物洗浴10～20分钟等。1∶800饮水，能有效预防禽呼吸道疾病
碘酊（碘酒）	为碘的醇溶液，红棕色澄清液体，微溶于水。杀菌力强	2%～5%用于皮肤消毒，10%作为皮肤刺激药，用于慢性腱鞘炎、关节炎等
苯扎溴铵（新洁尔灭）	无色或淡黄色透明液体，无腐蚀性，易溶于水，稳定耐热，长期保存不失效。对革兰氏阴性菌的杀灭效果比对革兰氏阳性菌强。不能杀灭病毒、芽孢、结核菌，易产生耐药性	0.1%用于外科器械和皮肤消毒，1%用于手术部位消毒，0.01%～0.05%用于洗眼、阴道冲洗消毒，0.02%以下用于黏膜、创口消毒
癸甲溴铵溶液（浓度为10%）	微黄色橙明液体。易溶于水，无腐蚀性。稳定耐热，长期保存不失效。在指定浓度下使用，对人、畜禽安全、无刺激性、无毒、无害。消毒效果强大，使用范围广，不产生耐药性	可用于养殖场所有场地及用具的消毒。1∶600用于畜禽舍及带畜日常消毒；疫情期间1∶（200～400）用于喷雾、洗刷、浸泡。饮水消毒，日常1∶（2 000～1∶4 000）可长期使用，疫情期间1∶（1 000～2 000）连用7天

（续）

药　名	形状与性质	用途及用法
复合亚氯酸钠（有效成分二氧化氯）	白色粉状物。无刺激、无残留、不产生耐药性	可用于养殖场场地、用具的消毒。在自来水、家庭、医院、水产、工业、种植业、公共场所都广泛应用。并可以拌料消毒，杀灭饲料中的霉菌、虫卵及其他病原微生物。有效杀灭霉菌用量为每千克饲料加1克，最好在饲喂当天拌料。1∶500在室温下作用30分钟，能100%杀灭口蹄疫强毒；1∶200在室温下作用30分钟，能100%杀灭猪水疱病强毒；1∶700作用5分钟，能100%杀灭禽流感病毒。在1 000升饮水中添加3克，5分钟可100%杀灭水中微生物 稳定性粉状二氧化氯还可代替甲醛、高锰酸钾，用于种蛋熏蒸消毒。用量为每立方米3～5克 二氧化氯还有祛除畜舍中异味，净化空气、除藻、漂白等功效。是目前较理想的消毒剂
过氧乙酸	无色透明酸性液体，易挥发，具有浓烈刺激性，不稳定，对皮肤、黏膜有腐蚀性。对多种细菌和病毒杀灭效果好	0.5%～5%环境消毒，0.2%器械消毒；400～2 000毫克/升，浸泡20～120分钟；0.1%～0.5%擦拭物品表面
过氧化氢（双氧水）	无色透明，无异味，微酸苦，易溶于水，在水中分解成水和氧。可快速灭活多种微生物	1%～2%创面消毒；0.3%～1%黏膜消毒
过氧戊二酸	有固体和液体两种。固体难溶于水，为白色粉末，有轻度刺激性作用	2%器械浸泡消毒和物体表面擦拭，0.5%皮肤消毒，雾化气溶胶用于空气消毒
臭氧	在常温下为淡蓝色气体，有鱼腥味，极不稳定，易溶于水。臭氧对细菌繁殖体、病毒真菌和枯草杆菌黑色变种芽孢有较好的杀灭作用；并可破坏肉毒杆菌毒素，对原虫和虫卵也有很好的杀灭作用	1～10毫克/立方米用于室内空气消毒；0.1毫克/升用于水消毒净化，10毫克/升作为“臭氧水消毒剂”用于传染源污水消毒
高锰酸钾	紫黑色斜方形结晶或结晶状性粉末，无臭，易溶于水。低浓度可杀死多种细菌的繁殖体，高浓度（2%～5%）在24小时内可杀灭细菌芽孢，在酸性溶液中可以明显提高杀菌作用	0.1%溶液可用于鸡的饮水消毒，杀灭肠道病原微生物；0.1%创面和黏膜消毒；0.01%～0.02%消化道清洗；用于体表消毒时使用的浓度为0.1%～0.2%
漂白粉	白色颗粒状粉末，有氯臭味，久置空气中失效，大部分溶于水和醇	5%～20%的悬浮液用于环境消毒，饮水消毒每50升水加1克；1%～5%的澄清液消毒食槽、玻璃器皿、非金属用具消毒等，宜现配现用。若水源被污染，每立方水体加漂白粉8～10克，充分搅匀，经数日后方可使用
二氯异氰尿酸钠	白色晶粉，有氯臭。室温下保存半年仅降低有效氯0.16%，是一种安全、广谱和长效的消毒剂，不遗留残余毒性 三氯异尿酸钠，其性质特点和作用同二氯异氰尿酸钠基本相同	一般0.5%～1%溶液可以杀灭细菌和病毒，5%～10%的溶液用作杀灭芽孢。环境器具消毒，0.015%～0.02%；饮水消毒，每升水4～6毫克，作用30分钟。本品宜现用现配 三氯异尿酸钠消毒球虫卵囊，每10升水中加入10～20克

（续）

药　名	形状与性质	用途及用法
甲紫（龙胆紫）	深绿色块状，溶液于水和乙醇	1%～3%溶液用于浅表创面消毒、防腐
硫柳汞	乳白至微黄色结晶性粉末，稍有特殊臭，遇光易变质，易溶于水、乙醇。有抑菌与抑霉菌作用	0.01%用于生物制品作抑菌剂；0.1%用于皮肤或手术部位消毒

注：专业生产消毒剂的河南新乡康大消毒剂有限公司研制的一元化稳定性粉状二氧化氯消毒剂获国家发明专利；生产的复合酚、季铵盐、碘类、氯类、有机酸等各类消毒剂，效果优良。

2. 消毒剂的选择和使用　在诸多种类的消毒剂中，复合亚氯酸钠（有效成分二氧化氯）消毒剂是目前养殖业中较为理想的消毒剂，被世界卫生组织（WHO）和世界粮农组织（FAO）推崇为A1级广谱、安全、高效、环保的第四代消毒剂。二氧化氯是强氧化类消毒剂，其杀菌效果是其他氯制消毒剂的5～10倍。它具有消毒、氧化、灭藻、漂白、除味、除垢、清洁、保鲜、降解毒素、絮凝沉淀等多重功效，广泛运用于饮用水处理、污水处理、食品保鲜、医疗卫生、公共场所环境消毒、空气净化、餐饮业、家庭、纸浆漂白、水产养殖业、畜牧养殖业、种植业、石油开采等多种领域中，适宜无公害及绿色畜产品生产、屠宰及加工企业使用。对二氧化氯消毒剂在养殖业中的应用方法和功效简介如下：

（1）高效、无毒、安全。二氧化氯的杀菌机理是通过活化释放出游离态二氧化氯，游离态二氧化氯分子外围有未成对电子—活性自由基，不稳定释放出新生态氧原子，具有强烈的双重氧化作用，能迅速氧化、破坏病原微生物蛋白质中的氨基酸和细胞酶，同时二氧化氯对细胞壁还具有很强的吸附和穿透能力，可导致细胞迅速死亡。具有杀灭病毒、细菌、真菌孢子和芽孢的作用。适用pH范围广（2～10），药效具有缓释作用，杀菌作用持续时间长。温度升高，杀菌能力增强。不会对人体和动物产生不良影响，对皮肤亦无致敏作用。同时不产生“三致作用”（致癌、致畸、致突变）的有机氯化物或其他有毒类物质，无药物残留。

（2）除臭、除藻、脱色。对畜舍内和粪便产生的有害气体，如氨气、硫化氢、三甲胺、甲硫醇等，有显著的降解作用。原理是ClO_2能与这些物质发生脱水反应，使其迅速氧化为其他物质；能阻止蛋氨酸分解成乙烯，也能破坏已形成的乙烯，延缓腐烂。并能控制产生异味的放线菌。二氧化氯可有效地控制藻类繁殖，原理是它对叶绿素的吡咯环有一定的亲和性，氧化叶绿素，生成无臭无味的产物。二氧化氯能将染料中的发色集团和助色集团氧化破坏，从而达到脱色的目的。解决了养殖生产中舍内有害气体应激的难题。

（3）环境消毒。带畜禽喷淋消毒日常用量为100～200毫克/升水（有效含量），疫情期为200～300毫克/升水。

（4）饮水消毒。对畜禽饮用水进行消毒、沉淀和净化，并能对储水池和输水管道起到很好的除垢作用。用量为3～5毫克/升（有效含量）。

（5）熏蒸消毒。可替代对人畜毒性大、环境污染严重的甲醛、高锰酸钾熏蒸消毒。用于种蛋、孵化箱、畜舍的日常消毒。用量为200毫克/立方米空间（有效含量）。

（6）添加饲料。用于饲料防霉和杀灭饲料中的病原微生物。用量为60～70毫克/千克饲料（有效含量）。

3. 影响消毒药物作用的因素及注意事项

（1）病原微生物类型：不同的菌种和处于不同状态的微生物，对同一种消毒药的敏感性不同，例如革兰氏阳性菌对消毒药一般比革兰氏阴性菌敏感；病毒对碱类很敏感，对酚类的抵抗力很大；适当浓度的酚类化合物几乎对所有不产生芽孢的繁殖型细菌均有杀灭作用，但对休眠期的芽孢作用不强；对细菌芽孢最有效的消毒药是甲醛，其次是戊二醛、盐酸，但甲醛对人畜有一定毒性。

（2）消毒药溶液的浓度和作用时间：当其他条件一致时，消毒药物的杀菌效力一般随其溶液浓度的增加而增强，但酒精70％～75％浓度时灭菌效果最好。为取得良好的消毒效果，应选择有效寿命长的消毒药溶液，并应选取其合适浓度和按消毒药的理化特性，达到规定的消毒时间。

（3）温度：消毒药的抗菌效果与环境温度呈正相关，即温度越高，杀菌力越强，一般规律是温度每升高10℃时消毒效果增强约1～1.5倍。消毒防腐药抗菌效力的检定，通常都在15～20℃气温下进行。对热稳定的药物，常用其热溶液消毒。

（4）湿度：消毒环境相对湿度对气体消毒和熏蒸消毒的影响十分明显，环境相对湿度一般应为60％～80％。

（5）pH：环境或组织的pH对有些消毒防腐药作用的影响较大。如戊二醛在酸性环境中较稳定，但杀菌能力较弱，当加入0.3％碳酸氢钠，使其溶液pH达7.5～8.5时，杀菌活性显著增强，不仅能杀死多种繁殖型细菌，还能杀死芽孢，因在碱性环境中形成的碱性戊二醛，易与菌体蛋白的氨基结合使之变性。含氯消毒剂作用的最佳pH为5～6。碘类、酚、苯甲酸等，酸性越大，杀菌力越强，当环境pH升高时，杀菌效力随之减弱或消失。季铵盐类、氯己定、染料等，当环境pH升高时可使菌体表面负电基团相应的增多，从而导致其与带正电荷的消毒药分子结合数量的增多，作用增强。

（6）有机物：消毒环境中的粪、尿等或创伤上的脓血、体液等有机物的存在，必然会影响抗菌效力，它们与消毒防腐药结合形成不溶性化合物，或者将其吸附、发生化学反应或对微生物起机械性保护作用。有机物越多，对消毒防腐药抗菌效力影响越大。这是消毒前务必清扫消毒场所或清理创伤的理由。

（7）水质硬度：硬水中的Ca^{2+}和Mg^{2+}能与季铵盐类、氯己定或碘类等结合形成不溶性盐类，从而降低其抗菌效力。

（8）配伍禁忌：实践中常见到两种消毒药合用，或者消毒药与清洁剂或除臭剂合用时，消毒效果降低，这是由于物理性或化学性配伍禁忌造成的。例如，阴离子清洁剂肥皂与阳离子清洁剂合用时，发生置换反应，使消毒效果减弱，甚至完全消失。又如，高锰酸钾、过氧乙酸等氧化剂与碘酊等还原剂之间可发生氧化还原反应，不但减弱消毒作用，更主要是会加重对皮肤的刺激性和毒性。

（9）其他因素：消毒物表面的形状、结构和化学活性，消毒液的穿透力、表面张力，湿度，消毒药的剂型以及在溶液中的解离度拮抗物质等，都会影响抗菌作用。

（10）带畜禽消毒：应选用对黏膜、皮肤无刺激的消毒药。在接种疫苗前后2～3天，不能进行消毒。

（11）喷雾消毒：喷出的雾粒直径应控制在80～120微米。雾粒过大易造成喷雾不均匀和畜禽舍湿度过大，且在空中下降速度太快，与空气中的病原微生物、尘埃接触不充分，起不到应有的消毒效果；雾粒太小则易被畜禽吸入肺泡，诱发呼吸道疾病。

4. 消毒剂配制方法 药物浓度是决定消毒剂效力的首要因素。消毒、杀虫药物的原药和加工剂型，一般含纯浓度较高，用前需要进行适当稀释。只有合理计算并正确操作，才能获得准确的浓度和剂量，从而达到最好的消毒效果。

（1）药物浓度常用3种表示方法：

①稀释倍数：这是制造厂商依其药剂浓度计算所得的稀释倍数，表示1份消毒液以若干份的水稀释而成，如稀释倍数为1 000倍时，即在1升水中添加1毫升消毒液以配成消毒溶液。

②百分浓度（%）：每100份药物中含纯品（或工业原药）的份数。百分浓度又分重量百分浓度、溶量百分浓度和重量溶量百分浓度3种。

重量百分浓度（*W/W*）每100克药物中含某药纯品的克数。如6.2%稳定性二氧化氯粉剂中，指在100克稳定性二氧化氯粉含有效成分6.2克，通常用于表示该粉剂的浓度。

溶量百分浓度（*V/V*）：每100毫升药物中含某药纯品的毫升数，如70%酒精溶液，指在100毫升酒精溶液中含纯酒精70毫升，通常用于表示溶质及溶剂的浓度。

重量溶量百分浓度（*W/V*）：100毫升药物中含某药纯品的克数。如4%的火碱溶液，指在100毫升火碱溶液中含纯火碱4克。溶质为固体，溶液为液体时用此法。

③百万分浓度（ppm*）：用溶质质量占全部溶液质量的百万分比来表示的浓度，也称百万分比浓度。ppm就是百万分率或百万分之几，即一百万份（1吨）消毒液中有效成分的份数。现根据国际规定百万分率已不再使用ppm来表示，而统一用微克/毫升或毫克/升或克/立方米或用“‰”来表示。ppm换算成‰为：1ppm＝0.001‰。

在配制1ppm浓度时，1克（毫升）消毒剂（指纯量）加水至1吨（1 000 000克）其计算公式：每克消毒剂的加水量＝1 000 000×消毒剂含量（%）÷浓度（ppm）。

例如：需用6.5%的二氧化氯配制成5ppm的药液，用于畜禽饮水消毒，1克二氧化氯需加多少克水呢？按计算公式计算如下：

$$\text{加水量}=\frac{1\,000\,000\times 6.5\%}{5}=13\,000\text{（克）}$$

即1克6.5%二氧化氯加水13 000克（毫升），即可配制成5ppm的二氧化氯药液。

（2）药液稀释计算方法。

①稀释浓度计算方法。按药物总含量在稀释前与稀释后其绝对值不变，即

浓药液容量×浓溶液浓度＝稀溶液浓度×稀溶液容量

可以列出如下两个公式：

$$\text{浓药液容量}=\frac{\text{稀溶液浓度}}{\text{浓溶液浓度}}\times\text{稀溶液容量}$$

【例】若配0.2%过氧乙酸3 000毫升，问需要20%过氧乙酸原液多少？

解：20%过氧乙酸原液用量＝（0.2/20）×3 000＝30（毫升）

* ppm为非法定计量单位。

即：需要20%过氧乙酸30毫升。即用20%过氧乙酸30毫升，用水稀释至3 000毫升。

$$稀溶液容量=\frac{浓溶液浓度}{稀溶液浓度}\times浓溶液容量$$

【例】现有20%过氧乙酸30毫升，欲配成0.2%过氧乙酸溶液，问能配多少毫升？

解：能配0.2%的过氧乙酸溶液

(20/0.2) ×30=3 000（毫升）

即：能配成0.2%过氧乙酸3 000毫升。

②稀释倍数计算方法。稀释倍数是指原药或加工剂型同稀释剂的比例，它一般不能直接反映出消毒、杀虫药物的有效成分含量，只能表明在药物稀释时所需稀释剂的倍数或份数。如高锰酸钾1∶800倍稀释；辛硫磷1∶500倍稀释等。稀释倍数计算公式有如下两种：

由浓度比求稀释倍数：

$$稀释倍数=\frac{原药浓度}{使用浓度}$$

【例】50%辛硫磷乳油欲配成0.1%乳剂杀虫，问需稀释多少倍？

解：稀释倍数=（50/0.1）=500（倍）

即：取50%辛硫磷乳油1千克，加水500升。

稀释剂的用量如稀释在100倍以下时，等于稀释倍数减1；如稀释倍数在100倍以上，等于稀释倍数。如稀释50倍，则取1千克药物加水49升（即50－1=49）。

由重量比求稀释倍数：

$$稀释倍数=\frac{使用药物重量}{原药物重量}$$

【例】用双硫磷锯末防治鸡舍附近稻田内蚊幼虫，需50%双硫磷乳油1千克，加水9升，加入50千克锯末中浸渍搅匀制成，求双硫磷的稀释倍数。

解：稀释倍数=（1+9+50）/1=60（倍）

即：制成双硫磷锯末后，50%双硫磷稀释60倍。

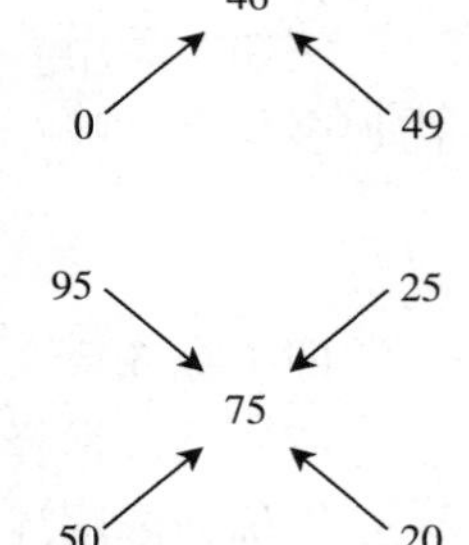

③ 简便计算法（十字交叉法）。如下面画出两条交叉的线，把所需浓度写在两条线的交叉点上，已知浓度写在左上端，左下端为稀释液（水）的浓度（即为0），然后，将两条线上的两个数字相减，差数（绝对值）写在该直线的另一端。这样，右上端的数字即为配制此溶液时所需溶液浓度的份数，右下端的数字即为需加水的份数。

如：用95%的甲醛溶液配制成46%的福尔马林溶液，按此法画出十字交叉图：

由图可知，用95%的甲醛溶液46份，加水49份，混匀，即成46%的福尔马林溶液。

又如，用95%酒精及50%的酒精配制成75%的酒精，问需要95%及50%的酒精多少？

按此法画出十字交叉图，将三种浓度填入图中。

由图得知，需95%酒精25份加50%酒精20份，便可以配成75%酒精溶液。

另外，计算准确的药物稀释时要搅拌均匀，特别对黏度大的消毒剂在稀释时更应注意搅拌成均匀的消毒液，否则，计算的再准确，也不能保证好的效果。

（四）生物消毒法

利用微生物发酵嗜热细菌繁殖产生的热量杀灭病原微生物。一般用于粪便、垫料等杂物的消毒。动物粪便是最危险的传染源，粪便及垫料的无害化处理不容忽视，应随时清理，切忌随处乱堆乱流。可采取沼气、生物堆积发酵法处理。

生物发酵具体方法和应注意事项：粪堆高或坑深1.2米左右，长度以粪的多少而定；粪内掺10%的稻草或杂草有利于发酵；粪便不能太干以含水50%～70%为宜；堆粪要疏松，不要夯压；然后再盖10厘米厚的泥土；堆肥时间要足够，夏季需1个月，冬季需2～3个月。热发酵后可增加肥效，是极好的有机肥。

三、畜禽养殖场消毒方案

畜禽养殖场应建立科学规范的消毒制度，并严格执行。

1. 入场消毒 在养殖场大门口和生产区入口，设车辆出入的消毒池。消毒池长4米，与门同宽，深20～30厘米，池内加入3%～5%的氢氧化钠（火碱）或5%的煤酚皂溶液，每1周更换1次；另设空中喷雾消毒设施，对进出车辆进行立体喷雾消毒；大门入口设消毒室，内装喷雾消毒机，对所有进场人员喷雾消毒1分钟以上。

2. 栋舍门口消毒 各栋畜舍门口放置手、脚消毒盆各一个，内放新洁尔灭或二氧化氯等消毒剂。用于进出人员消毒。

3. 人员消毒 养殖场应严格控制外来人员出入，必须进入生产区时，要消毒、洗澡、更衣，换场区工作服和工作鞋；工作人员进入生产区要洗澡、更衣、消毒，在接触畜群、饲料、种蛋等之前必须在消毒盆洗手、手臂和胶鞋，浸泡消毒3～5分钟。消毒人员应穿戴工作服、帽子、口罩、护目镜等，做好个人防护。

4. 环境消毒 清净场地杂物，每天清扫，杀虫、灭鼠、防鸟，保持环境整洁卫生。畜禽舍周围道路以及场内场地，每2～3周用3%～5%火碱或20%生石灰或0.3%～0.5%过氧乙酸或用0.3%二氯异氰尿酸钠喷洒消毒一次，场周围及场内污水池、排粪坑、下水道出口，每月用漂白粉消毒一次。被病畜（禽）的排泄物和分泌物污染的地面土壤可用生石灰或5%～10%漂白粉或10%氢氧化钠溶液消毒。

5. 空圈舍消毒 每批畜禽调出后畜舍要彻底清扫冲洗干净，然后用3%～5%氢氧化钠喷洗墙壁、地面、笼具，作用1～2小时后，用清水冲洗，等干燥后用0.3%～0.5%过氧乙酸喷洒消毒，或用复合亚氯酸钠消毒剂（有效成分二氧化氯），可按1 000～2 000克/升有效氯用量进行喷雾消毒，还可起到熏蒸挥发消毒的作用。

6. 日常带畜消毒 一般情况下每周消毒1次；疫情多发季节，每周消毒2～3次。选择对人畜无害的、对本场有针对性的消毒剂。工作人员在消毒时应佩戴口罩。水槽、料槽也要每周消毒一次。常用的有碘类、季铵盐类、二氧化氯等消毒剂，一般两种消毒剂交替使用。消毒剂溶液用量为每立方米500～1000毫升，以物体表面完全打湿为宜。

7. 疫情期消毒 在有疫情发生时，每天消毒1次。消毒剂应随疫病种类不同而异。发生肠道菌病，可选用5%的漂白粉；若发生细菌芽孢引起的传染病（如炭疽、气肿疽等）时，则需使用10%～20%漂白粉乳或3%～5%氢氧化钠热溶液或其他强力剂；若发生呼吸道疫病可选择碘类消毒剂。病毒性疫病可选用氧化剂（二氧化氯）等消毒剂。

8. 废弃物消毒 养殖场废弃物包括粪便、垫料、动物尸体等。这些废弃物最好的消毒处理方法是生物热消毒法（堆积发酵或沼气）；对于少量的垫草，最经济有效的办法是在烈日下暴晒2～3小时，能杀灭多种病原微生物；尸体要送到专门的无害化处理厂来处理。

9. 饲料、饮水 饲料从场外运到饲料库，要熏蒸消毒后方可使用。饮水中应酌情添加0.01%～0.05%高锰酸钾或含氯制剂等消毒剂消毒。

第四节 疫苗和免疫

免疫接种是激发动物机体产生特异性免疫力，使易感动物转化为非易感动物的重要手段，是预防和控制动物传染病的重要措施之一。在一些重要传染病的控制和消灭过程中，有组织、有计划地进行疫苗接种是行之有效的方法。

一、疫　　苗

（一）疫苗分类

由细菌、病毒、立克次氏体、螺旋体、支原体、寄生虫等完整微生物制成的疫苗，称为常规疫苗。常规疫苗按其病原微生物性质分为活疫苗、灭活疫苗、类毒素。

利用分子生物学、生物工程学、免疫化学等技术研制的疫苗，称为新型疫苗，主要有亚单位疫苗和生物技术疫苗。

1. 常规疫苗

（1）灭活疫苗（又称死疫苗）。灭活疫苗包括细菌灭活疫苗和病毒灭活疫苗。是采用甲醛等化学的方法将病原体灭活后，加入油佐剂、蜂胶佐剂、铝胶佐剂等制备而成。

（2）活疫苗（弱毒疫苗或减毒疫苗）。是指通过人工诱变获得的弱毒株、筛选的天然弱毒株或失去毒力但仍能保持抗原性的无毒株所制成的疫苗。寄生虫疫苗是指用连续选育或其他方法将寄生虫致弱成弱毒虫株。可分为同源和异源两种。

① 同源疫苗。指用同种病原体的弱毒株或无毒变异株制成的疫苗。如新城疫Ⅰ系和La Sota系毒株等。

② 异源疫苗。指含交叉保护性抗原的非同种微生物制成的疫苗。是利用有共同保护性抗原的另一种病毒制成的疫苗。如马立克氏病疫苗等。

弱毒疫苗与灭活疫苗各有优缺点，对比见表2-2。

表2-2 弱毒疫苗与灭活疫苗对比表

品　种	弱　毒　疫　苗	灭　活　疫　苗
优　点	用量少，可多途径免疫，接种后能增殖	易于储藏、运输
	不需要佐剂，成本较低	不存在返祖或返强的可能，安全，不散毒
	免疫不良反应较小	不同疫苗间干扰较小，不受母源抗体干扰
	可诱导机体产生体液和细胞免疫，还能诱导机体的黏膜免疫	诱导机体产生体液免疫反应。免疫后可产生较高效价的抗体，免疫保护期长
	抗体产生快	适宜制成联苗或多价苗

（续）

品种	弱毒疫苗	灭活疫苗
缺点	运输、储藏要求条件高，需要冷冻储运。储运不当或反复冻融易失效	用量大，免疫途径单一，在体内不能增殖
	易受母源抗体干扰	需要佐剂，成本较高
	存在毒力易返强的潜在威胁	免疫注射反应大，注射部位组织易受损伤
	多种疫苗同时应用相互干扰较大	引起细胞免疫能力弱，不产生局部黏膜免疫
	生产中易污染外源病毒或细菌	抗体产生慢，一般为14～21天
	免疫保护期较短	免疫保护期长

（3）类毒素类。指由某些细菌产生的外毒素经适当浓度甲醛脱毒后仍保留其免疫原性而制成的生物制品。类毒素接种后诱导机体产生抗毒素，如破伤风类毒素等。

2. 新型疫苗

（1）亚单位疫苗。指用理化方法提取病原微生物中的某一种或几种具有免疫原性的成分所制成的疫苗。如巴氏杆菌的荚膜抗原苗和大肠杆菌的菌毛疫苗等。

特点：亚单位疫苗除去了病原体中与激发保护性免疫无关成分，又没有病原微生物的遗传物质，副作用小，安全性高，但生产工艺复杂，生产成本高。

（2）生物技术疫苗。

①基因工程亚单位疫苗。指将病原微生物中编码保护性抗原的基因，通过基因工程技术导入细菌、酵母或哺乳动物细胞中，使该抗原高效表达后制成的疫苗。

特点：免疫原性弱，往往达不到常规免疫水平，但生产工艺复杂。

②基因工程活载体疫苗。是指将病原微生物的保护性抗原基因插入到病毒疫苗株等活载体的基因组成细菌的质粒中，利用这种能够表达抗原但不影响载体抗原性和复制能力的重组病毒或质粒制成的疫苗。如鸡传染性喉气管炎鸡痘二联基因工程活载体疫苗，禽流感重组鸡痘病毒载体活疫苗。

特点：活载体疫苗具有容量大，可以进入多个外源基因，应用剂量小而安全，同时能激发体液免疫和细胞免疫。生产和使用方便，成本低。

③基因缺失疫苗。是指通过基因工程技术在DNA或RNA水平上除去病原体毒力相关的基因，但仍然能保持复制能力及免疫原性的毒株制成的疫苗。如猪伪狂犬病病毒TK/gG双基因缺失活疫苗、猪伪狂犬病病毒gG基因缺失灭活疫苗。

特点：毒株稳定，不易返祖，故免疫原性好，安全性高。

④合成肽疫苗。指根据病原微生物中保护性抗原的氨基酸序列，人工合成免疫性多肽并连接到载体蛋白后制成的疫苗。如猪口蹄疫O型合成肽疫苗

特点：性质稳定，无病原性，能够激发动物免疫保护性反应。但是，免疫原性差，合成成本昂贵。

（3）核酸疫苗。是指用编码病原体有效抗原的基因与细菌质粒构建的重组体。

（二）疫苗储藏和运输

动物疫病预防控制机构、疫苗生产企业、疫苗批发企业应具有从事疫苗管理的专业技术

人员，接种单位、规模饲养场应有专（兼）职人员负责疫苗管理，并应配备保证疫苗质量的储存、运输设施设备，建立疫苗储存、运输管理制度，做好疫苗的储存、运输工作。

1. 疫苗储藏

根据不同疫苗品种的储藏要求，疫苗生产企业、疫苗批发企业、动物疫病预防控制机构设置相应的储藏设备，如冷库、冰箱、冰柜或保温箱等。疫苗生产企业、疫苗批发企业在销售疫苗时，应提供疫苗运输的设备、时间、温度记录等资料。动物疫病预防控制机构在供应或分发疫苗时，应提供疫苗运输的设备、时间、温度记录等资料。

（1）储藏设备。

① 动物疫病预防控制机构、疫苗生产企业、疫苗批发企业应具备符合疫苗储存、运输温度要求的设施设备：

a. 专门用于疫苗储存的冷库，其容积应与生产、经营、使用规模相适应。

b. 冷库应配有自动监测、调控、显示、记录温度状况以及报警的设备，备用发电机组或安装双路电路，备用制冷机组。

c. 用于疫苗运输的冷藏车或配有冷藏设备的车辆。

d. 冷藏车应能自动调控、显示和记录温度状况。

② 接种单位、规模饲养场应配备冰箱储存疫苗，使用配备冰排的冷藏箱（包）运输、储存疫苗。

（2）储藏条件。

① 储藏温度。动物疫病预防控制机构、接种单位、疫苗生产企业、疫苗批发企业应采用自动温度记录仪对普通冷库、低温冷库进行温度记录。应采用温度计对冰箱（包括普通冰箱、冰衬冰箱、低温冰箱）进行温度监测。温度计应分别放置在普通冰箱冷藏室及冷冻室的中间位置，冰衬冰箱的底部及接近顶盖处，低温冰箱的中间位置。每天上午和下午各进行一次温度记录。冷藏设施设备温度超出疫苗储存要求时，应采取相应措施并记录。

a. 冻干活疫苗。分－15℃和 2～8℃保存两种，前者加普通保护剂，后者加有耐热保护剂。加有耐热保护剂的疫苗在 2～8℃环境下，有效期可达 2 年，是冻干活疫苗的发展方向。

如果超越此限度，温度越高影响越大。如鸡新城疫Ⅰ系弱毒冻干苗在－15℃以下保存，有效期为 2 年；在 0～4℃保存，有效期为 8 个月；在 10～15℃保存，有效期为 3 个月；在 25～30℃保存，有效期为 10 天。生物制品保存期间，切忌温度忽高忽低。

b. 灭活疫苗。灭活疫苗分油佐剂、蜂胶佐剂、铝胶佐剂和水剂苗。一般在 2～8℃储藏，严防冻结，否则会出现破乳现象（蜂胶佐剂苗既可 2～8℃保存也可－10℃保存）。

c. 细胞结合型疫苗。如马立克氏病血清Ⅰ、Ⅱ型疫苗等必须在液氮中（－196℃）储藏。

② 避光，防止受潮。光线照射，尤其阳光的直射，均影响生物制品的质量，所有生物制品都应严防日光暴晒，储藏于冷暗干燥处。潮湿环境，易长霉菌，可能污染生物制品，并容易使瓶签字迹模糊和脱落等。因此，应把生物制品存放于有严密保护及除湿装备的地方。

③ 分类存放。按疫苗的品种和批号分类码放，并加上明显标志。

（3）建立疫苗管理台账。收货时应核实疫苗运输的设备、时间、温度记录等资料，并对疫苗品种、剂型、批准文号、数量、规格、批号、有效期、供货单位、生产厂商等内容进行验收，做好记录。符合要求的疫苗，方可接收。疫苗的接货、验收、在库检查等记录应保存至超过疫苗有效期2年备查。

疫苗应按照先产先出、先进先出、近效期先出的原则进行销售、供应或分发。

(4) 包装要完整。在储存过程中，应保证疫苗的内、外包装完整无损，以防被病原微生物污染及无法辨别其名称、有效期等。

(5) 及时清理超过有效期的疫苗。发现质量异常或超过有效期等情况，应暂停发货，并及时报告所在地兽医药品监督管理部门，集中处置。

2. 疫苗运输

(1) 妥善包装。运输疫苗时，要妥善包装，防止运输过程中发生损坏。

(2) 严格执行疫苗运输温度

① 冻干活疫苗。应冷藏运输。如果量小，可将疫苗装入保温瓶或保温箱内，再放入适量冰块进行包装运输；如果量大，应用冷藏运输车运输。

② 灭活疫苗。宜在2～8℃的温度下运输。夏季运输必须使用保温瓶，放入冰块。避免阳光照射。冬季运输应用保温防冻设备，避免冻结。

③ 细胞结合型疫苗。鸡马立克氏病血清Ⅰ、Ⅱ型疫苗必须用液氮罐冷冻运输。运输过程中，要随时检查液氮，尽快运达目的地。

(3) 疫苗运输的注意事项

① 专人负责。疫苗生产企业、疫苗批发企业应指定专人负责疫苗的发货、装箱、发运工作。发运前应检查冷藏运输设备的启动和运行状态，达到规定要求后，方可发运。

② 应严格按照疫苗储藏温度要求进行运输。冷藏车或配备冷藏设备的疫苗运输车在运输过程中，温度条件应符合疫苗储存要求。动物疫病预防控制机构、疫苗生产企业、疫苗批发企业应对运输过程中的疫苗进行温度监测并记录。记录内容包括疫苗名称、生产企业、供货（发送）单位、数量、批号及有效期、启运和到达时间、启运和到达时的疫苗储存温度和环境温度、运输过程中的温度变化、运输工具名称和接送疫苗人员签名。

冻干活疫苗在运输、储藏、使用过程中，避免温度过高和反复冻融（反复冻融3次疫苗即失去效力）。

③ 运输过程中，避免日光暴晒。

④ 应用最快的运输方法运输，尽量缩短运输时间。

⑤ 应采取防震减压措施，防止生物制品包装破损。

二、免疫接种

（一）免疫接种类型

免疫接种分为预防接种、紧急接种和临时接种。

1. 预防接种 为控制动物传染病的发生和流行减少传染病造成的损失，根据一个国家、地区或养殖场传染病流行的具体情况，按照一定的免疫程序有组织、有计划地对易感动物群进行疫苗接种。

2. 紧急接种 某些传染病暴发后，为迅速控制和扑灭该病的流行，对疫区和受威胁区尚未发病动物群进行的免疫接种。

3. 临时接种 在引进或运出动物时，为了避免在运输途中或到达目的地后发生传染病而进行的预防免疫接种。

（二）免疫接种注意事项

1. 无菌操作

（1）器械消毒。注射器及针头需蒸煮灭菌、高压灭菌或用一次性注射器。灭菌后的器械7日内不用，应重新灭菌。禁止使用化学药品消毒器械。使用一次性无菌塑料注射器时，要检查包装是否完好和是否在有效期内。

（2）针头选择。家畜应一畜一针头，禽至少每50只换一个针头。针头大小要适宜，若过短、过粗，拔出针头时，疫苗易顺针孔流出，或将疫苗注入脂肪层；针头过长，易伤及骨膜、脏器。

2. 做好操作人员个人安全防护和畜禽保定

（1）消毒。免疫接种人员剪短手指甲，用肥皂、消毒液（来苏儿或新洁尔灭溶液等）洗手，再用75%酒精消毒手指。

（2）个人防护。穿工作服、胶靴，戴橡胶手套、口罩、帽等。在进行气雾免疫和布病免疫时应戴护目镜。

（3）保定畜禽。不同的动物采用相应的保定措施，以防免疫接种人员遭受伤害，同时便于免疫操作。

3. 动物健康状况

为了保证免疫接种动物安全及接种效果，接种前应了解预定接种动物的健康状况。

（1）只有健康动物方能接种　体质瘦弱的畜禽接种后，难以达到应有的免疫效果。当畜（禽）群已感染发病时，注射疫苗可能会导致死亡；对处于潜伏期感染期的畜禽易造成疫情暴发。对健康状况不好的动物不予免疫或暂缓免疫。

（2）幼龄和孕前期、孕后期的动物，不宜接种或暂缓接种疫苗　由于幼畜禽免疫应答较差，可从母体获得母源抗体，疫苗易受母源抗体干扰，所以初生畜禽不宜免疫接种；怀孕后期的家畜，应谨慎接种疫苗以防引起流产；繁殖母畜，宜在配种前1个月注射疫苗。

（3）屠宰前28日内禁止注射油乳剂疫苗

4. 正确使用疫苗

（1）检查疫苗外观质量。凡发现疫苗瓶破损、瓶盖或瓶塞密封不严或松动、无标签或标签不完整（包括疫苗名称、批准文号、生产批号、出厂日期、有效期、生产厂家等）、超过有效期、色泽改变、发生沉淀、破乳或超过规定量的分层（超过疫苗总量的1/10）、有异物、有霉变、有摇不散凝块、有异味、无真空等，一律不得使用。做好详细登记。

（2）详细阅读使用说明书。免疫接种之前要详细阅读疫苗使用说明书，了解疫苗的用途、用法、用量和注意事项等。

（3）平衡温度。使用冻干苗时，应先置于室温（15～25℃）平衡温度后，方可稀释使用；油乳苗要达到25～35℃，方可使用，使用中应不断振摇；使用鸡马立克氏病细胞结合型活毒疫苗（液氮苗）时，先将疫苗瓶迅速浸入25℃温水浴中使疫苗溶解，然后用冰冷的专用稀释液稀释后立即接种，在整个接种过程中注意保持疫苗处于低温状态。

(4) 正确稀释疫苗。按疫苗使用说明，用规定的稀释液，按规定的稀释倍数和稀释方法稀释疫苗。疫苗瓶开启后，弱毒苗应在30分钟（夏季）至1小时内用完，油乳剂疫苗在4小时内用完。

(5) 防止散毒。使用弱毒疫苗时，应避免外溢；未使用完的弱毒疫苗或空瓶以及污染的场地、物品等，应做高温消毒处理。

（三）常用免疫接种技术

1. 家禽免疫接种技术

(1) 滴鼻、点眼。滴鼻、点眼是目前最常用的个体免疫接种方法之一，主要适用于鸡新城疫、鸡传染性支气管炎等需经黏膜免疫途径免疫的疫苗。滴鼻时用一手指堵一鼻孔，滴另一鼻孔。滴鼻、点眼时，不能放鸡过快，要停留1～2秒，使药液完全吸收。

(2) 饮水免疫。饮水免疫方便、省力，家禽应激反应最小，能诱导黏膜免疫，但是免疫不均衡，疫苗在水溶液中时间过长时降低免疫效果。

① 免疫用水。常规使用生理盐水或蒸馏水，也可使用凉开水，不可用含有氯消毒剂的自来水。如禽数量较多可以将自来水放于大口容器内让太阳晒，使氯挥发或添加去氯剂（10升水加10%硫代硫酸钠3～10毫升）。计算好疫苗和用水量，在水中先加入0.1%～0.3%脱脂奶粉，5分钟后再将疫苗加入水中混匀，立即饮用。

② 器具。适宜搪瓷、木制、塑料器具。饮水器具应适宜，确保应免禽同时饮到疫苗。不得用金属器具。

③ 免疫时间。最好在早晨或傍晚。

④ 温度。水温不得超过20℃。

⑤ 饮水时间。为使群体在短时间内每个个体都能摄入足够量的疫苗水，应根据动物的不同和气温情况控水，夏季为3～4小时，冬季为5～6小时，疫苗稀释后30～45分钟内饮完，饮完疫苗后再停水1小时方可喂料、饮水。高温季节使用时，饮水中可先加入无菌冰块。

⑥ 饮水量依鸡日龄大小而定。一般7～10日龄鸡，每只5～10毫升；20～30日龄鸡，每只10～20毫升；30日龄以上鸡，每只30毫升。

⑦ 避免阳光直射。

⑧ 最好在水中开启疫苗瓶。

⑨ 疫苗接种前后至少24小时内饮水中不加入消毒剂、抗病毒药物及磺胺等免疫抑制药物。

(3) 喷雾或气雾免疫。是一种常用群体免疫技术。一般1日龄雏鸡喷雾，每1 000只鸡的喷雾量为100～200毫升；平养鸡250～500毫升；笼养鸡为250毫升。

免疫前，应关闭门窗、通风和取暖设备，使鸡舍处于黑暗中。喷雾器和气雾机的位置约在禽群上方60～70厘米。支原体发病场严禁喷雾或气雾免疫。

(4) 注射免疫。

① 颈背部皮下注射：主要用于接种灭活疫苗。针头从颈部下1/3处，针孔向下与皮肤呈45°角从前向后方向刺入皮下0.5～1厘米，使疫苗注入皮肤与肌肉之间。

② 双翅间脊柱侧面皮下注射：该部位是最佳皮下注射部位，由头部向尾部方向进针，

局部反应较小，特别适合油乳灭活疫苗。

③ 胸部肌内注射：注射器与胸骨成平行方向，针头与胸肌成 30°～ 40°倾斜的角度，于胸部中 1/3 处向背部方向刺入胸肌。切忌垂直刺入胸肌，以免出现穿破胸腔的危险。

④ 腿部肌内注射：主要用于接种水剂疫苗，也可用于油乳灭活疫苗。以大腿无血管处为佳。

（5）刺种。把蘸满溶液的针刺入翅膀内侧无血管处。每 1 瓶疫苗应更换一个新的刺种针。接种 1 日龄禽可以在大腿或腹部的皮肤刺种。

刺种 5～7 天后检查刺种部位，如果有红肿、水疱和结痂，表示接种成功。刺种部位的结痂于 2～3 周后可自行脱落。

（6）涂擦。适用于禽痘和禽传染性喉气管炎免疫。接种禽痘时，首先拔掉禽大腿部的 8～10 根羽毛，然后用高压灭菌消毒的棉签或毛刷蘸取疫苗，逆着羽毛生长的方向涂刷 2～3 次。擦肛法，常用于鸡传染性喉气管炎弱毒疫苗的免疫，可减少疫苗的应激反应。翻开肛门，用消毒棉拭或专用刷子，蘸满稀释好的疫苗，涂抹或轻轻的刷拭肛黏膜。毛囊涂擦鸡痘疫苗后 10～12 天局部会出现同刺种一样的反应；擦肛后 4～5 天，可见泄殖腔黏膜潮红，否则应重新接种。

（7）拌料。主要用于球虫的免疫。洁净容器中加入 1 200 毫升蒸馏水或凉开水，将疫苗倒入水中（冲洗疫苗瓶和盖），然后加入加压式喷雾器中，把球虫疫苗均匀的喷洒在饲料上，搅拌均匀，让鸡在 6～8 小时内采食干净。

（8）皮内注射。禽皮内注射部位宜在肉髯部。

2. 家畜免疫接种技术

（1）滴鼻。如伪狂犬疫苗用于 3 日龄内乳猪滴鼻。

（2）口服。如牛、羊口服猪 2 号布氏杆菌苗。注意口服菌苗时，必须空腹，最好是清晨喂饲，服苗 30 分钟后方可喂食。

（3）肌内注射。选择合适针头，猪于耳后颈部肌内注射，牛、马、羊等于颈中部肌内注射。

（4）穴位注射。

①后海穴注射。局部消毒后，于后海穴向前上方进针，刺入 0.5～4 厘米。根据畜体大小注意进针深度。

②风池穴注射。局部剪毛、消毒后，垂直刺入 1～1.5 厘米（依猪只大小、肥瘦掌握进针深度）。

（5）皮下注射。宜选择皮薄、被毛少、皮肤松弛、皮下血管少的地方。常用的部位有家畜颈侧中部 1/3 部位皮下注射、尾根皮下注射，犬、猫的背部皮下注射等。

（6）皮内注射。宜选择皮肤致密、被毛少的部位。马、牛宜在颈侧、尾根、肩胛中央，猪宜在耳根后，羊宜在颈侧或尾根部。对注射部位进行消毒；将针头于皮肤面呈 15°刺入皮内约 0.5 厘米左右注入药液。注射完毕，拔出针头，用消毒干棉球轻压针孔，以避免药液外溢，最后涂以 5%碘酊消毒。

（7）胸腔肺内注射。用于猪气喘病弱毒疫苗的免疫注射。猪胸腔肺内注射的部位是在猪右侧，倒数第 7 肋间至肩胛骨后缘 3～5 厘米处进针，针头进入胸腔有入空感，回抽针发现无血或其他内容物，即可注入疫苗。

（四）接种疫苗后的不良反应

免疫接种后，要观察免疫动物的饮食、精神等状况，并抽检体温，对有异常表现的动物应予登记。

1. 正常反应

疫苗注射后出现短时间的精神不好或食欲稍减等症状，此类反应属正常反应一般可不作任何处理，可自行消退。

2. 严重反应

常见的反应有震颤、流涎、流产、瘙痒、皮肤丘疹、注射部位出现肿块、糜烂等综合症状，最为严重的可引起免疫动物的急性死亡。需要及时救治。严重反应主要有以下表现：

（1）禽肿头。注射油乳剂灭活疫苗后，头和脸部肿胀，一般于注射后 2～5 天出现，重则 15 天后方逐渐消失。不用治疗和处理。

（2）硬脖、头颈部不同程度的扭曲。多见于禽注射油乳剂灭活疫苗后，脖子出现僵硬，头颈部不同程度的扭曲姿势，多因注射操作失误，颈部注射位置靠前，且注入肌肉过深，直接损伤肌肉或神经，或注射感染所致。若有细菌继发感染可用抗生素治疗。

（3）禽猝死。禽注苗后突然死亡，多因胸肌注射过深而注入心脏、肝脏或动脉血管所致。

（4）瘫痪或腿部肿胀、跛行。注射后一侧不能站立或行走困难，多因在腿部肌内注射时方法不当，损伤神经、刺伤血管、注射部位感染所致。禽应尽量避免腿部肌内注射。

（5）注射部位糜烂。注射后 5～7 天注苗部位大面积发炎、糜烂、坏死。若发生率很低，多因注射时个别已感染细菌或换针头不及时所致，可用抗菌药治疗。

（6）注射部位肿块。注射油乳剂灭活疫苗后 10～20 天，发现注射疫苗部位出现肿块，切开肿块，内有白色乳状液体，多因注射疫苗时疫苗温度过低吸收不良所致。注射前应将疫苗预温至 30℃左右。

（7）呼吸道反应。多见于仔鸡经滴鼻、点眼接种新城疫活疫苗、支气管炎活疫苗、喉炎活疫苗等后发生的一种呼吸道免疫反应，一般不需治疗，多于 2～3 天自行恢复。如果在寒冷、饲养密度过高，鸡舍中尘埃和各类有害气体或感染鸡毒支原体时，也可引起严重的呼吸道反应，表现呼吸啰音、摇头和流泪等。

（8）暴发疫病。接种疫苗 2～3 天后，大群暴发疫病。一般是由于畜禽群接种疫苗时已有病原的潜在感染，免疫接种后，诱使处在感染潜伏期的畜禽发病。

（9）变态反应（过敏反应）。个别动物属过敏体质，接种疫苗后出现过敏反应。症状表现为于注射疫苗后 30 分钟内出现不安、呼吸困难、四肢发冷、出汗、大小便失禁、呕吐、打颤、呼吸迫促、皮肤发红、发紫等，需立即救治，可用肾上腺素、地塞米松等药物脱敏抢救。

3. 动物免疫接种后不良反应的处理

（1）免疫接种后如产生严重不良反应，应采用抗休克、抗过敏、抗炎症、抗感染、强心补液、镇静解痉等急救措施。

（2）对局部出现的炎症反应，应采用消炎、消肿、止痛等处理措施；对神经、肌肉、血管损伤的病例，应采用理疗、药疗和手术等处理方法。

（3）对合并感染的病例用抗生素治疗。

（五）影响免疫效果的因素

1. 遗传因素 免疫反应在一定程度上受遗传因素的影响，不同种的畜禽对疫苗的应答反应能力均有差异，即使同一个品种不同个体之间，对疫苗的免疫应答也有差异。如某些个体的体内 γ-球蛋白、免疫球蛋白 A 缺乏，对抗原的刺激不能产生正常的免疫应答，影响免疫效果。

2. 营养因素 抗体是一种众多氨基酸组成的蛋白质，因此，饲料中蛋白质、氨基酸、微量元素、维生素等供给不足，就会影响抗体的产生，从而影响免疫效果。

3. 环境因素 当畜禽处于过冷、过热、通风不良、潮湿等应激状态时，均会不同程度地影响免疫力的产生。环境卫生不良，有病原微生物存在时，会导致接种感染。

4. 疫苗因素 疫苗是影响免疫效果的一个重要因素。如果疫苗质量不合格或过期失效；或疫苗储存不当，导致油乳剂灭活疫苗破乳、弱毒疫苗的效价降低；氢氧化铝佐剂颗粒过粗；或免疫操作不规范等均会影响免疫效果。超剂量或多次盲目重复接种，可引起机体的“免疫麻痹”，也达不到免疫效果。多种疫苗同时使用或在相近时间接种时，疫苗之间可能会产生干扰作用。如鸡传染性支气管炎活疫苗病毒对鸡新城疫疫苗病毒有干扰作用，影响后者的免疫效果。

5. 母源抗体 母乳或卵黄内存在的母源抗体可干扰弱毒疫苗产生有效的免疫力。

6. 日龄因素 幼畜禽的免疫器官发育尚未成熟，免疫应答能力也不完全，因此，过早免疫效果不好。

7. 药物因素 在接种疫苗前后一段时间使用某些抗微生物药物，或免疫前后 72 小时饮用消毒药，将影响弱毒疫苗的免疫效果。如磺胺类药、氨基糖苷类药、地塞米松等影响机体 T、B 淋巴细胞转化或减少淋巴细胞产生，免疫前后使用、使用剂量过大或长期使用均会造成免疫抑制。抗病毒药直接影响弱毒疫苗在体内增殖，并对疫苗病毒有一定的杀灭作用。磺胺类药物还能影响鸡球虫疫苗的发育。

8. 病原因素 病原多型性和病原变异。一些病原具有多型性，一些病原的血清型经常变化，出现超强毒株或新的血清型。如果疫苗毒株和病原血清型不一致，就不会产生相应的免疫力。如家畜口蹄疫、禽大肠杆菌、传染性鼻炎等具有多种血清型，高致病性禽流感、猪繁殖与呼吸综合征等疾病的病原具有变异性，对这些疾病免疫时，均需选用相应血清型或相应毒株的疫苗。

9. 疾病因素 免疫抑制性疾病、中毒病、代谢病等影响机体对疫苗的免疫应答反应能力。鸡传染性法氏囊病、鸡马立克氏病、禽白血病、猪繁殖与呼吸综合征、猪圆环病毒 2 型等免疫抑制病均影响免疫效果。如鸡传染性法氏囊病毒破坏鸡法氏囊组织的淋巴滤泡，影响 B 淋巴细胞的成熟和分化，导致长期的免疫抑制，进而影响其他疫苗的免疫效果。

10. 其他因素 长途运输、惊吓、多种弱毒疫苗同时免疫、免疫间隔时间过短、饲料发霉变质、饲料有重金属污染、疫苗饮水中没加脱脂乳或有氯离子消毒剂等。

11. 制订科学的免疫程序 目前尚没有一个可以供各地统一使用的免疫程序，各地应根据本地或本场实际情况制订符合本地区的免疫程序。制订程序时，应考虑本地动物疫病流行情况、流行特点、严重程度，动物的用途，存留抗体水平（母源抗体水平和上次免疫接种后存留抗体水平），疫苗的性质、免疫接种途径，饲养管理条件，动物自身情况等因素。免疫程序执行一段时间后，应根据免疫效果作适当调整。规模场，应定期进行免疫效果跟踪监测，根据免疫抗体监测结果制订免疫程序。

第五节 兽 药

本节所指兽药是用于预防、治疗和诊断家畜、家禽以及其他人工饲养的动物疾病，有目的地调节其生理机能并规定作用、用途、用法、用量的物质（包括饲料添加剂）。

一、常用抗微生物药物和抗寄生虫药物

（一）抗微生物药物

抗微生物药物是用以消除病原微生物的特效药物。它们对各种致病性细菌或霉菌都有抗御作用，有的是通过对病菌、霉菌起直接杀灭作用；有的是抑阻病菌、霉菌的生长与繁殖。但截至目前，人们使用的绝大多数抗微生物药物，能对病毒起杀灭或抑制生长作用的还很少。抗微生物药物主要包括抗生素、化学合成抗菌药和抗病毒药三大类。

1. 抗生素

抗生素系指由细菌、真菌或其他微生物在生活过程中所产生的具有抗病原体或其他活性的一类物质。抗生素分以下几类：β-内酰胺类、大环内酯类、林可胺类、氨基糖苷类、四环素类、多肽类、氯霉素类等。

（1）β-内酰胺类。

作用：抑制细菌细胞壁合成而杀菌。

① 典型β-内酰胺类。临床常用药物：

a. 青霉素类。青霉素G：口服无效，繁殖期杀菌，抗G^+球菌、G^+杆菌、放线菌、螺旋体（三菌一体），除金葡菌外不易耐药，毒性小，有过敏，过敏时用肾上腺素和糖皮质激素解救。

邻氯青霉素（氯唑西林）：半合成的耐酶、耐酸青霉素，可口服，对耐药金葡菌有效。

氨苄青霉素（氨苄西林）：广谱抗G^-菌和G^+菌，耐酸不耐酶，用于全身细菌感染。

羟氨苄青霉素（阿莫西林）：与氨苄西林相似，杀菌作用强。

苯唑西林（苯唑青霉素、新青霉素Ⅱ）：对青霉素耐药的金葡菌有效，但对青霉素敏感菌株的杀菌作用不如青霉素。

b. 头孢菌素类。第一代头孢菌素：头孢噻吩、头孢唑啉、头孢氨苄、头孢羟氨苄、头孢拉定等。广谱杀菌，对G^+菌作用强于第二、三代，对G^-菌稍差，对β-内酰胺酶稳定，耐酸可口服，与青霉素类无交叉耐药现象。

第二代头孢菌素：头孢西丁、头孢呋肟、头孢克洛等。对G^+菌比第一代弱，对G^-菌比第一代强，毒性低，对部分厌氧菌有效，其他与第一代相似。

第三代头孢菌素：头孢噻呋、头孢噻肟、头孢哌酮、头孢曲松等。对G^+菌比第一、第二代弱，对G^-菌进一步增强，对厌氧菌、绿脓杆菌有效，基本无毒，其他同第一、二代。

第四代头孢菌素：头孢喹肟（头孢喹咪/头孢喹诺），是目前唯一一个动物专用第四代头孢类抗生素，具有抗菌谱广、抗菌活性强的特点，适用于非肠道用药。与第三代头孢相比，

第四代头孢的血浆半衰期长，无肾毒性。

② 非典型β-内酰胺类。临床常用药物：

碳青霉烯类：亚胺培南等。抗 G^- 菌和 G^+ 菌，具有非常广谱的抗菌活性。

单环β-内酰胺：氨曲南。对大多数 G^- 需氧菌有效，特别适用耐药的菌株，而无氨基糖苷类的肾毒性。

③ β-内酰胺酶抑制剂。

作用：不可逆性、竞争性抑制β-内酰胺酶活性，与β-内酰胺抗生素合用后，使耐药菌株恢复敏感性，同时药效提高几倍至几十倍。不单独用于抗菌。β-内酰胺酶抑制剂与多种青霉素、头孢菌素的复合直接在临床上已显示良好疗效，如氨苄西林-舒巴坦、阿莫西林-棒酸钾、头孢哌酮-舒巴坦等。

临床常用药物：

克拉维酸钾（棒酸钾）：广谱抗菌，但较弱，口服有效，常与阿莫西林合用。

舒巴坦（它唑巴坦、溴唑巴坦、青霉烷砜）：与克拉维酸钾相似，常与氨苄西林或头孢菌素合用。

（2）氨基糖苷类。作用：抑制细菌蛋白质合成的各个阶段（不可逆），是一类静止期杀菌药。多为较强的有机碱类，在碱性环境中作用强，性质稳定，口服不易吸收，对 G^- 菌作用突出，对 G^+ 球菌也有效，吸收后毒性比较大，常损害听神经、肾脏和阻滞神经肌肉接头。

临床常用药物：

链霉素：是治疗结核杆菌和鼠疫杆菌感染的首选药，细菌极易产生耐药性。对鸡传染性鼻炎和鹌鹑溃疡性肠炎有较好疗效。

庆大霉素：广谱，不易耐药，抗菌作用强。

卡那霉素：与庆大霉素相似。

新霉素：与卡那霉素相似，但毒性大，仅用于口服和局部用药。

壮观霉素（大观霉素）：广谱，对淋球菌突出，对霉形体、大肠杆菌均有效。

安普霉素（阿普拉霉素）：广谱，与庆大霉素相似，但用量较大。

（3）大环内酯类。

作用：可逆性地与细菌核蛋白体5OS亚基结合抑制细菌蛋白质合成，属速效抑菌剂。对 G^+ 菌，部分 G^- 菌（球菌、流感杆菌、巴氏杆菌）、霉形体、立克次氏体、钩端螺旋体等，在碱性环境中作用强，体内分布广，毒性低。动物对本类药物易产生耐药性。

临床常用药物：红霉素、吉他霉素（北里霉素、柱晶白霉素）、竹桃霉素、交沙霉素、泰乐菌素、替米考星、泰万菌素、加米霉素、泰拉霉素等。

（4）林可胺类。

作用：与5OS亚基结合抑制细菌蛋白质合成，与红霉素合用时有拮抗和部分交叉耐药。抗 G^+ 菌和霉形体、口服吸收差，注射吸收好，毒性小，大剂量内服有胃肠道反应，长期使用，可引起二重感染。家兔对本类药敏感，易引起严重反应或死亡，不宜使用。

临床常用药物：

林可霉素（洁霉素）：常用于呼吸道和消化道感染。本品与大观霉素合用，对鸡毒支原体或大肠杆菌病的效力超过单一药物。

克林霉素（氯洁霉素、氯林可霉素）：内服吸收比林可霉素好，达峰时间比林可霉素快，抗菌效力比林可霉素强 4～8 倍。

（5）多肽类。

作用：通过增加细菌胞浆膜的通透性，导致菌体内胞浆中的重要营养物质（如核酸、氨基酸、酶、磷酸、电解质等）外漏而死亡，产生杀菌作用。窄谱抗生素，口服吸收差，残留少，抗菌作用强，不易耐药，主要用于治疗肠道感染和促生长。

临床常用药物：

主要抗 G^+ 菌的药物：杆菌肽，维吉尼霉素、持久霉素（恩拉霉素）、硫肽霉素、米加霉素（蜜柑霉素）、阿伏霉素、黄霉素（斑伯霉素）、大碳霉素、魁北霉素等。作用机理为抑制细菌细胞壁合成和破坏细菌细胞膜的通透性。

主要抗 G^- 菌的药物：硫酸黏杆菌素 B 和硫酸黏杆菌素 E。作用机理是破坏细菌细胞膜的完整性。

（6）四环素类。作用：是一类抑制细菌蛋白质合成（可逆）的快效抑菌剂。对 G^+ 细菌、G^- 细菌、螺旋体、立克次体、霉形体、衣原体、原虫均有效，但作用不强，易产生耐药和交叉耐药，长时间应用易形成二重感染和维生素缺乏。

临床常用药物：

四环素、土霉素、金霉素：用途广、作用弱。

多西环素（强力霉素、脱氧土霉素）：长效、高效、低毒，口服吸收好，分布广，对四环素、土霉素耐药菌时本品仍有效。

米诺环素（二甲胺四环素）：作用最强，其他与强力霉素相似。

（7）氯霉素类。

作用：是一类抑制细菌蛋白质合成的一种速效抑菌剂，易透入血脑屏障及胎盘屏障，对 G^+ 菌、G^- 菌、螺旋体、立克次体、霉形体、衣原体和某些原虫均有效。性质稳定，口服吸收好，体内分布广，主要用于伤寒、副伤寒、白痢、大肠杆菌病、子宫内膜炎、乳房炎、猪胸膜肺炎等。

临床常用药物：

氯霉素：能抑制骨髓造血机能和影响生长，临床上已禁止使用。

甲砜霉素：虽不抑制骨髓造血机能，但可抑制红细胞、白细胞和血小板生成，因此在临床上已较少使用。

氟甲砜霉素（氟苯尼考）：为动物专用抗生素，现已广泛应用于兽医临床，疗效较好。本品不抑制骨髓造血功能，但有胚胎毒性，因此妊娠动物禁用。

（8）其他。

① 泰妙菌素。对大多数 G^- 菌、某些 G^+ 菌、猪痢疾密螺旋体、猪支原体、禽霉形体、球虫有较强的作用。禁止与聚醚类抗球虫药同时使用。

② 沃尼妙林。一种半合成的畜禽专用抗生素。临床用于猪、鸡等动物由敏感菌引起的感染性疾病，特别是支原体感染。作用略优于泰妙菌素。

③ 黄霉素。多糖类抗生素，对 G^+ 菌作用较强，对 G^- 菌作用很弱，常用作畜禽促生长添加剂。

2. 化学合成抗菌药

主要分为以下几类：磺胺类、甲氧苄啶类、硝基呋喃类、硝基咪唑类、氟喹诺酮类等。

（1）磺胺类药物

① 作用。对于G^+菌、G^-菌、衣原体、立克次体、原虫等均有抑制作用。广谱、性质稳定、使用方便、体内分布广，与抗菌增效剂合用后效果大大增强，但易耐药，并有交叉耐药现象，并损害肾脏。

② 作用机理。磺胺药结构与对氨基苯甲酸相似，共同竞争细菌合成叶酸进一步合成核酸所需的二氢叶酸合成酶的活性，抑制细菌核酸的合成。抗菌增效剂能抑制另外一种酶——二氢叶酸还原酶的活性，二者联用具协同作用。

③ 临床常用药物。

磺胺-6-甲氧嘧啶（SMM）：抗菌最强，长效，主要用于全身感染，对猪弓形虫、鸡球虫、鸡住白细胞虫效果良好。

磺胺甲噁唑（SMZ）：抗菌强，用于全身感染，长效，但肾毒性大，对球虫有较好疗效。

磺胺嘧啶（SD）：抗菌作用较强，易进入脑部，用于全身感染。

磺胺-5-甲氧嘧啶（SMD）：抗菌较SD差，短效，毒副作用小。

磺胺二甲嘧啶（SM2）：作用与SD相似，但疗效较差，对球虫有效，乳汁中含量高。

磺胺氯吡嗪（EsB3）：抗球虫作用好。

磺胺脒（SM）：口服吸收差，主要用于消化道感染。

甲氧苄啶（TMP）：抗菌增效剂，用于全身细菌感染。

二甲氧苄啶（DVD）：动物专用，抗菌抗原虫，主要与磺胺配合，用于肠道感染。

奥美普林（OMP）：抗菌增效剂。

阿地普林（ADP）：抗菌增效剂。

巴喹普林：长效抗菌增效剂。

④ 应用注意事项。首次量加倍；局部外用时，要清创排脓；不能与局麻药同时使用；内服时，最好与碳酸氢钠合用，减少肾脏磺胺结晶；本类药物影响产蛋，鸡产蛋期禁用；遵守停药期。

（2）硝基呋喃类　此类药物有呋喃唑酮、呋喃妥因、呋喃西林、呋吗唑酮等。因具有潜在的“三致”作用，已禁止使用。

（3）硝基咪唑类。

① 作用。广谱抗菌（特别是厌氧菌）、抗原虫。

② 作用机理。抑制细菌DNA合成。

③ 临床常用药物。

a. 地美硝唑（二甲硝咪唑）。广谱抗菌，对螺旋体疗效佳，抗原虫。水禽对本品敏感，大剂量可引起平衡失调。b. 甲硝唑。强力杀厌氧菌，对蠕形螨、滴虫、兔球虫疗效佳。

（4）喹噁啉类

① 作用。广谱抗菌，对G^-菌作用强于G^+菌。

② 作用机理。抑制细菌DNA合成，但与磺胺类、硝基呋喃类、氨基糖苷类、氯霉素类机理不同，无交叉耐药现象。

③ 临床常用药物。a. 卡巴氧。广谱抗菌，主要用于大肠杆菌，巴氏杆菌等G^-菌感染和猪痢疾密螺旋体感染，促生长。b. 乙酰甲喹。与卡巴氧相似，对G^-菌强于卡巴氧，主要用于仔猪黄白痢、猪密螺旋体感染等症，促生长。c. 喹乙醇。与卡巴氧相似，促生长好。

（5）氟喹诺酮类

① 作用。广谱杀菌，G^-菌强于G^+菌，对支原体、衣原体、螺旋体作用强。毒副作用较小，剂量大时，有胃肠道反应、尿路、肝损害、中枢神经反应，抑制软骨的生长。与其他抗菌药物无交叉耐药性，对厌氧菌和G^+菌作用稍差，体内分布广，可用于各种动物的全身感染，但近年来耐药性正逐步增加，疗效下降。

② 作用机理。主要抑制细菌的DNA回旋酶A位亚基，使DNA不能形成双股螺旋，损伤染色体，菌体分裂停止而杀灭。细菌DNA呈裸露状态，而动物细胞DNA呈包被状态，故对动物毒性低。

③ 临床常用药物。环丙沙星、依诺沙星、氟罗沙星（多氟沙星）、二氟沙星（双氟哌酸）、恩诺沙星（乙基环丙沙星）、沙拉沙星、达诺沙星（单诺沙星）、麻波沙星等。

④ 应用注意事项。不能与利福平、氟苯尼考及蛋白质合成抑制剂联用。因前者能抑制核酸外切酶的合成。

3. 抗真菌药

（1）灰黄霉素。抑制真菌的DNA合成，临床上主要通过口服治疗体表癣病，对深部真菌无效。毒性低。

（2）两性霉素B。破坏细胞膜的通透性而抗真菌。内服、肌注均不吸收，用于治疗胃肠道真菌感染，静注治疗全身性真菌感染，毒性大。

（3）制霉菌素。不稳定，口服不易吸收，可用于胃肠道真菌感染。毒性大，不宜肌注和静注。气雾吸入对肺部真菌感染效果好。

（4）克霉唑。广谱抗真菌，对体表和深部真菌感染均有效，口服吸收好，体内分布广，毒性低，不易耐药。

（5）益康唑。广谱、安全、速效抗真菌药，机理为抑制真菌细胞膜的合成，主要用于体表真菌感染。

4. 抗病毒药

过去常用抗病毒药物：吗啉胍（病毒灵）、金刚烷胺、金刚乙胺、利巴韦林（病毒唑、三氮唑核苷）等，现已禁止在兽医临床上应用。

5. 免疫增强药

目前在兽医临床广泛应用的有：植物多糖（黄芪多糖、香菇多糖、灵芝多糖等）、金丝桃素、紫锥菊、胞肽、转移因子、干扰素、植物血凝素等。

（1）植物多糖。植物多糖是中药黄芪、香菇、灵芝等的提取物，能够刺激动物机体产生内源性干扰素，抑制病毒的复制，达到抗病毒的目的。同时对特异性免疫和非特异性免疫均有促进作用，可提高机体的抗病能力。可作免疫增强剂使用。

（2）金丝桃素。金丝桃素是中药贯叶连翘提取物。金丝桃素在体内、体外均有极强的抗病毒作用。同时能激活单核吞噬细胞等具有增强免疫作用。

（3）紫锥菊。紫锥菊是多年生野生植物，能增强免疫系统功能，有效抵抗细菌、病毒的感染。

（4）植物血凝素。植物血凝素是芸豆提取物。能够激活淋巴细胞。是一种干扰素诱导剂，不仅可以刺激机体产生白介素-2和干扰素，还可以刺激机体产生非特异性抗体。用于免疫功能受损引起的疾病的治疗。

6. 抗感染植物提取药

主要有大蒜素、黄藤素、苦参碱、盐酸小檗碱、鱼腥草素钠、双黄连制剂、金银花、板蓝根、穿心莲、毛冬青等具有明显的抗菌、抗病毒活性，临床中应用广泛。

7. 抗微生物药使用注意事项

抗微生物药物（以下简称抗菌药）和抗生素均系临床上常用的名词，二者常被混用。抗微生物药指具有杀灭或抑制各种病原微生物的作用，包括可以口服、肌内注射、静脉注射等全身用药的各种抗生素、磺胺类和喹诺酮类以及其他化学合成药物（异烟肼、咪唑类、硝咪唑类、呋喃类、吡哌酸等）；抗生素主要是指由微生物产生的、能抑制或杀灭其他微生物的代谢产物，但有些抗生素已能人工合成或半合成；而不可内服、毒性强、仅供局部使用的甲酚皂溶液、苯扎溴铵、柳硫汞、碘酊称为消毒药，不包括在此范围内。

抗菌活性指抗菌药物抑制和杀灭病原微生物的能力。凡具有杀灭微生物能力的药物称为杀菌药；凡具有抑制微生物生长、繁殖能力的药物称抑菌药。

抗菌药是目前兽医临床使用最广泛和最重要的抗感染药物，对控制畜禽的传染性疾病起着重要的作用，但目前不合理使用尤其是滥用的现象较为严重，不仅造成药品的浪费，贻误了病情，而且导致畜禽不良反应增多、细菌产生耐药性和畜产品兽药残留超标等后果。因此，必须合理使用抗菌药物。

一般将抗菌药分为四大类；Ⅰ类为繁殖期或速效杀菌剂，如青霉素类、头孢菌素类；Ⅱ类为静止期或慢效杀菌剂，如氨基糖苷类；Ⅲ类为速效抑菌剂，如四环素类、大环内酯类、氯霉素类；Ⅳ类为慢效抑菌剂，如磺胺类。Ⅰ类与Ⅱ类合用一般可获得增强作用，如青霉素和链霉素合用；Ⅰ类与Ⅲ类合用出现拮抗作用，如青霉素与四环素类合用出现拮抗。Ⅰ类与Ⅳ类合用，可能无明显影响，还应注意，作用机理相同的同一类药物合用的疗效并不增强，而可能相互增加毒性，如氨基糖苷类之间合用能增加对第八对脑神经的毒性等。

（1）要及早确立病原学的诊断。正确诊断是选择药物的先决条件，疑似细菌感染，应尽快分离病原，必须做细菌的药物敏感度（药敏）测定，根据结果选择作用强、疗效好、不良反应少对病原菌高度敏感的药物。细菌的药敏试验及联合药敏试验与临床疗效的符合为70%～80%。有些病原采用常规方法不易分离者亦应尽量选用其他辅助诊断技术，包括各种免疫学试验。应避免无指征或指征不强而使用抗菌药。

（2）掌握药物动力学特征，制订合理的给药方案。抗菌药在畜禽体内要发挥杀灭或抑制病原菌的作用，必须在靶组织或器官内达到有效的浓度，并能维持一定的时间。因此应在考虑药物动力学、药效学特征的基础上，结合畜禽的病情、体况，制订合理的给药方案，包括选择对病原菌敏感的药物、最佳剂量、合理的给药途径、投药的间隔时间、疗程应充足等。一般来说，首次剂量宜加倍或稍大，以后可根据病情适当减少药量。危重病例应以肌内注射或静脉注射途径给药，消化道感染以内服为主，严重消化道感染并发败血症、菌血症时，应内服，并配合注射给药；一般的感染性疾病可连续用药3～5天，症状消失后可再继续用药1～2天以防复发。

（3）预防性或局部应用抗菌药要严加控制，以免耐药性和过敏反应的产生。严格掌握适应证，不可滥用，单一药物有效的就不采用联合用药；严格掌握用药指征，剂量适中，疗程要足；严禁不必要的预防用药；非细菌感染性疾病，严禁使用抗菌药；尽量减少长期用药，需较长时间用药者，应定期进行耐药性试验，或交替用药，或联合用药。

（4）防止药物的不良反应，减少动物源性食品的药物残留。应用抗菌药治疗畜禽疾病的过程中，除要注意药效外，同时要注意可能出现的不良反应，特别对有肝功能或肾功能不全的病例，应调整给药剂量或延长给药时间，尽量避免药物的蓄积性中毒。在治疗过程中应注意动物性食品中抗菌药物的残留问题，严格遵守停药期的规定。

（5）抗菌药物的联合应用。联合用药的目的在于增强疗效，减少用量，降低或避免毒副作用，减少或延缓耐药菌株的产生。联合用药必须有明显的指征：①用一种药物不能控制的严重感染，或混合感染。②病因未明而又危及生命的严重感染，先进行联合用药，待确诊后，再调整用药。③容易出现耐药性的细菌感染。④需长期治疗的慢性疾病，为防止耐药菌的出现，可考虑联合用药。

（6）免疫前后慎用抗菌药物。某些药物（如：磺胺类药物、呋喃类药物、氯霉素、卡那霉素、庆大霉素等）。对B淋巴细胞有一定抑制作用，影响免疫应答，因此在疫苗免疫前后几天，不宜使用。

8. 常用抗菌药物配伍禁忌

常用药物配伍结果见表2-3。

表2-3

类别	药　　物	配 伍 药 物	结　　果
青霉素类	氨苄西林钠、阿莫西林	链霉素、新霉素、多黏菌素、喹诺酮类	疗效增强
		替米考星、罗红霉素、盐酸多西环素、氟苯尼考	降低疗效
		维生素C-多聚磷酸酯、罗红霉素、万古霉素	沉淀、分解失效
		氨茶碱、磺胺类药	沉淀、分解失效
头孢菌素类	头孢拉啶、头孢氨苄	新霉素、庆大霉素、喹诺酮类、硫酸黏杆菌素	疗效增强
		氨茶碱、维生素C、磺胺类药、罗红霉素、盐酸多西环素、氟苯尼考	沉淀、分解失效、降低疗效
	先锋霉素Ⅱ	强效利尿药	肾毒性增加
氨基糖苷类	硫酸新霉素、庆大霉素、卡那霉素、安普霉素	氨苄西林钠、头孢拉啶、头孢氨苄、盐酸多西环素、TMP	疗效增强
		维生素C	抗菌减弱
		氟苯尼考	降低疗效
		同类药物	毒性增强
大环内酯类	泰乐菌素、泰万菌素、替米考星	庆大霉素、新霉素、氟苯尼考、盐酸林可霉素、链霉素	增强疗效
		卡那霉素、磺胺类药、氨茶碱	毒性增强、降低疗效
		氯化钠、氯化钙	沉淀析出游离碱
多黏菌素类	硫酸黏杆菌素	盐酸多西环素、氟苯尼考、头孢氨苄、罗红霉素、替米考星、喹诺酮类	疗效增强
		硫酸阿托品、先锋霉素Ⅰ、新霉素、庆大霉素	毒性增强

（续）

类别	药物	配伍药物	结果
四环素类	盐酸多西环素、土霉素、金霉素	同类药物及泰乐菌素、泰妙菌素、TMP	增强疗效、减小使用量
		氨茶碱	分解失效
		三价阳离子	形成不溶性难吸收的络合物
氯霉素类	氟苯尼考、甲砜霉素	新霉素、盐酸多西环素、硫酸黏杆菌素	疗效增强
		氨苄西林钠、头孢拉啶、头孢氨苄	降低疗效
		卡那霉素、喹诺酮类、磺胺类、呋喃类、链霉素	毒性增强
		叶酸、维生素 B_{12}	抑制红细胞生成
喹诺酮类	环丙沙星、恩诺沙星	头孢氨苄、头孢拉啶、氨苄西林、链霉素、新霉素、庆大霉素、磺胺类	疗效增强
		四环素、盐酸多西环素、氟苯尼考、罗红霉素	疗效降低
		氨茶碱	析出沉淀
		利福平	拮抗作用
		金属阳离子（Cu^{2+}、Mg^{2+}、Fe^{2+}、Al^{2+}）	形成不溶性络合物
林可胺类	盐酸林可霉素、磷酸克林霉素	甲硝唑	疗效降低
		罗红霉素、替米考星、磺胺类药、氨茶碱	疗效降低、浑浊失效
磺胺类	磺胺喹噁林钠	TMP、新霉素、庆大霉素、卡那霉素	疗效增强
		头孢拉啶、头孢氨苄、氨苄西林	疗效降低
		氟苯尼考、罗红霉素	毒性增强

9. 常用抗微生物药用法用量

(1) 常用抗生素药物用法用量（表 2-4）

表 2-4

	药品名	用法与用量
β-内酰胺类	青霉素	肌内注射，每千克体重，马、牛 1 万～2 万 IU；羊、猪、驹、犊 2 万～3 万 IU；犬、猫 3 万～4 万 IU；禽 5 万 IU。2～3 次/天 乳管内注入，每一乳室，牛 10 万 IU。1～2 次/天
	苯唑西林	内服或肌内注射，每千克体重，马、牛、羊、猪 10～15 毫克；犬、猫 15～20 毫克。2～3 次/天，连用 2～3 天
	氨苄西林	内服，每千克体重，家畜、禽 20～40 毫克。2～3 次/天 肌内或静脉注射，每千克体重，家畜、禽 10～20 毫克，2～3 次/天（高剂量用于幼畜、禽和急性感染）。连用 2～3 天
	阿莫西林	内服，每千克体重，家畜、禽 10～15 毫克，2 次/天 肌内注射，每千克体重，家畜 4～7 毫克。2 次/天 乳管内注入，每一乳室，奶牛 200 毫克。1 次/天
	头孢氨苄	胶囊、片、混悬剂（2%）：内服，每千克体重，马 22 毫克；犬、猫 10～30 毫克。3～4 次/天 乳管注入，每一乳室，奶牛 200 毫克。2 次/天，连用 2 天

（续）

	药品名	用法与用量
β-内酰胺类	头孢噻呋钠	肌内注射，每千克体重，牛 1.1 毫克；猪 3～5 毫克；犬 2.2 毫克；鸡 1～2 毫克，连用 3 天。1 日龄雏鸡每只 0.1～0.2 毫克
	阿莫西林-克拉维酸钾	内服，每千克体重，家畜 10～15 毫克（以阿莫西林计），2 次/天，连用 3～5 天
	硫酸头孢喹肟	肌内注射，一次量，每千克体重，猪 2～3 毫克，1 次/天，连用 3 天；牛 1 毫克，1 次/天，连用 2 天；禽 1～2 毫克，1 次/天，连用 3～5 天
氨基糖苷类	链霉素	肌内注射，每千克体重，家畜 10～15 毫克；家禽 20～30 毫克，2～3 次/天，连用 3～5 天
	庆大霉素	肌内注射，每千克体重，马、牛、羊、猪 2～4 毫克；犬、猫 3～5 毫克；家禽 5～7.5 毫克，2 次/天，连用 2～3 天 静脉滴注（严重感染），用量同肌内注射。内服，每千克体重，驹、犊、羔羊、仔猪 5～10 毫克。2 次/天
	卡那霉素	肌内注射，每千克体重，家畜、家禽 10～15 毫克。2 次/天，连用 2～3 天
	新霉素	内服，每千克体重，家畜 10～15 毫克；犬、猫 10～20 毫克。2 次/天，连用 2～3 天 混饮，每升水，禽 50～75 毫克（效价）。连用 3～5 天 混饲，每吨饲料，禽 77～154 克（效价）。连用 3～5 天
	大观霉素	混饮，每升水，禽 500～1 000 毫克（效价）。连用 3～5 天 内服，每千克体重，猪 20～40 毫克，2 次/天
	安普霉素	肌内注射，每千克体重，家畜 20 毫克。2 次/天，连用 3 天 内服，每千克体重，家畜 20～40 毫克。1 次/天，连用 5 天 混饮，每升水，禽 250～500 毫克（效价）。连用 5 天。混饲，每吨饲料，猪 80～100 克（效价，用于促生长）。连用 7 天
四环素类	土霉素	内服，每千克体重，猪、驹、犊、羔 10～25 毫克；犬 15～50 毫克；禽 25～50 毫克。2～3 次/天，连用 3～5 天 混饲，每吨饲料，猪 300～500 克（治疗用） 混饮，每升水，猪 100～200 毫克；禽 150～250 毫克 肌内或静脉注射，每千克体重，家畜 5～10 毫克。1～2 次/天
	四环素	内服，每千克体重，猪、驹、犊、羔 10～25 毫克；犬 15～50 毫克；禽 25～50 毫克。2～3 次/天，连用 3～5 天 混饲，每吨饲料，猪 300～500 克（治疗） 混饮，每升水，猪 100～200 毫克；禽 150～250 毫克 静脉注射，每千克体重，家畜 5～10 毫克。2 次/天，连用 2～3 天
	金霉素	内服，每千克体重，猪、驹、犊、羔 10～25 毫克；2 次/天 混饲，每吨饲料，猪 300～500 克；家禽 200～600 克
	多西环素	内服，每千克体重，猪、驹、犊、羔 3～5 毫克；犬、猫 5～10 毫克；禽 15～25 毫克。1 次/天，连用 3～5 天 混饲，每吨饲料，猪 150～250 克；禽 100～200 克 混饮，每升水，猪 100～150 毫克；禽 50～100 毫克

（续）

	药品名	用法与用量
氯霉素类	氯霉素	内服，每千克体重，马 50 毫克；犬、猫 40～50 毫克；3 次/天 肌内或静脉注射，每千克体重，马 20～50 毫克；犬、猫 40～50 毫克；2～3 次/天。静脉注射时以 5%葡萄糖注射液稀释
氯霉素类	甲砜霉素	内服，每千克体重，家畜 10～20 毫克；家禽 20～30 毫克。2 次/天
氯霉素类	氟苯尼考	内服，每千克体重，猪、鸡 20～30 毫克，2 次/天，连用 3～5 天 肌内注射，每千克体重，猪、鸡 20 毫克，1 次/2 天，连用 2 次
大环内酯类	红霉素	内服，每千克体重，仔猪、犬、猫 10～20 毫克。2 次/天，连用 3～5 天 混饮，每升水，鸡 125 毫克（效价）。连用 3～5 天 静脉滴注，每千克体重，马、牛、羊、猪 3～5 毫克；犬、猫 5～10 毫克。2 次/天，连用 2～3 天
大环内酯类	加米霉素	牛皮下注射，猪肌肉注射。一次量，每 1 千克体重（相当于 25 千克体重注射 1 毫升）。每个注射部位牛不超过 10 毫升，猪不超过 5 毫升
大环内酯类	泰万菌素	混饮：每升水，猪 50～85 毫克，鸡 200 毫克，连用 3～5 天 混饲：每吨饲料，猪 50 克，鸡 100～300 克，连用 7 天
大环内酯类	泰拉霉素	牛皮下注射，猪肌内注射。一次量每 1 千克体重 2.5 毫克，每个注射部位牛不超过 10 毫升，猪不超过 2.5 毫升
大环内酯类	泰乐菌素	混饮，每升水，禽 500 毫克（效价），连用 3～5 天。猪 200～500 毫克（治疗弧菌性痢疾） 混饲，每吨饲料，猪 10～100 克；鸡 4～50 克。用于促生长 内服，每千克体重，猪 7～10 毫克。3 次/天。连用 5～7 天 肌内注射，每千克体重，牛 10～20 毫克；猪 5～13 毫克；猫 10 毫克。1～2 次/天，连用 5～7 天
大环内酯类	替米考星	混饮，每升水，鸡 100～200 毫克。连用 5 天 混饲，每吨饲料，猪 200～400 克 皮下注射，每千克体重，牛、猪 10～20 毫克。1 次/天 乳管内注入，每一乳室，奶牛 300 毫克。用于治疗急性乳腺炎。本品禁止静注
大环内酯类	吉他霉素（北里霉素、柱晶白霉素）	混饮，每升水，鸡 250～500 毫克（效价），猪 100～200 毫克。连用 3～5 天 混饲，每吨饲料，猪 5.5～50 克；鸡 5.5～11 克（用于促生长） 内服，每千克体重，猪 20～30 毫克；鸡 20～50 毫克。2 次/天，连用 3～5 天
林可胺类	林可霉素	内服，每千克体重，马、牛 6～10 毫克，羊、猪 10～15 毫克，犬、猫 15～25 毫克，1～2 次/天 混饮，每升水，猪 100～200 毫克（效价）；鸡 200～300 毫克。连用 3～5 天 肌内注射，每千克体重，猪 10 毫克，1 次/天，犬、猫 10 毫克。2 次/天，连用 3～5 天。禁用于兔
林可胺类	克林霉素	内服或肌内注射，每千克体重，犬、猫 10 毫克。2 次/天

（续）

	药品名	用法与用量
多肽类	多黏菌素B	内服，每千克体重，犊牛0.5万～1万IU，2次/天；仔猪2 000～4 000IU，2～3次/天
	黏菌素（多黏菌素E）	内服，每千克体重，犊牛、仔猪1.5～5毫克；家禽3～8毫克。1～2次/天 混饮，每升水，猪40～100毫克；鸡20～60毫克（效价）。连用5天。宰前7天停止给药 混饲（用于促生长），每吨饲料，牛（哺乳期）5～40克；猪（哺乳期）2～40克；仔猪、鸡2～20克（效价） 乳管内注入，每一乳室，奶牛5～10毫克。子宫内注入，牛10毫克。1～2次/天
	杆菌肽	混饲，每吨饲料，3月龄以下犊牛10～100克，3～6月龄4～40克；4月龄以下猪4～40克；16周龄以下禽4～40克（以杆菌肽计）
其他类	泰妙菌素	混饮，每升水，猪90～120毫克；鸡125～250毫克。连用3～5天 混饲，每吨饲料，猪40～100克。连用5～10天

（2）化学合成类抗菌药（表2-5）

表2-5

	药品名	用法与用量
磺胺类及其增效剂	磺胺噻唑	内服，每千克体重，家畜首次量140～200毫克，维持量70～100毫克，2～3次/天，连用3～5天 静脉或肌内注射，每千克体重，家畜50～100毫克。2～3次/天
	磺胺嘧啶	内服，每千克体重，家畜首次量140～200毫克，维持量70～100毫克，2次/天，连用3～5天 静脉或肌内注射，每千克体重，家畜50～100毫克，1～2次/天，连用3～5天
	磺胺二甲嘧啶	内服，每千克体重，家畜首次量140～200毫克，维持量70～100毫克，1～2次/天，连用3～5天 静脉或肌内注射，每千克体重，家畜50～100毫克，1～2次/天，连用3～5天
	磺胺间甲氧嘧啶	内服，每千克体重，畜禽首次量50～100毫克，维持量25～50毫克，1～2次/天，连用3～5天 静脉或肌内注射，每千克体重，家畜50毫克，1～2次/天，连用3～5天
	磺胺对甲氧嘧啶	内服，每千克体重，家畜首次量50～100毫克，维持量25～50毫克，1～2次/天
	复方磺胺嘧啶	混饮，每升水，鸡160～320毫克（以磺胺嘧啶计）。连用5天
	复方磺胺对甲氧嘧啶	内服，每千克体重，家畜20～25毫克（以磺胺对甲氧嘧啶计），1～2次/天，连用3～5天
喹诺酮类	恩诺沙星	内服，每千克体重，反刍前犊牛、猪、犬、猫、兔2.5～5毫克；禽5～7.5毫克，2次/天，连用3～5天 混饮，每升饮水，禽50～75毫克 肌内注射，每千克体重，牛、猪、羊2.5毫克；犬、猫、兔2.5～5毫克，1～2次/天，连用2～3天

（续）

	药品名	用法与用量
喹诺酮类	环丙沙星	混饮，每升饮水，禽25～50毫克 内服，每千克体重，犬、猪5～15毫克，2次/天 肌内注射，每千克体重，家畜2.5毫克；家禽5毫克，2次/天
	达氟沙星	混饮，每升饮水，鸡25～50毫克 内服，每千克体重，鸡2.5～5毫克，1次/天 肌内注射，每千克体重，牛、猪1.25～2.5毫克，1次/天
喹噁啉类	乙酰甲喹	内服，每千克体重，猪5～10毫克，2次/天，连用3天 肌注，每千克体重，猪2.5～5毫克，2次/天，连用3天
硝基咪唑类	甲硝唑	内服，每千克体重，牛60毫克；犬25毫克。1～2次/天 混饮，每升水，禽500毫克。连用7天 静脉滴注，每千克体重，牛10毫克。1次/天，连用3天 外用，配成5%软膏涂敷，配成1%溶液冲洗尿道
	地美硝唑	混饲，每吨饲料，猪200～500克；鸡80～500克

（3）抗真菌药（表2-6）

表2-6

药物名称	用法与用量
制霉菌素	内服，马、牛250万～500万IU；羊、猪50万～100万IU；犬5万～15万IU。2～3次/天 家禽鹅口疮，每千克饲料，50万～100万IU，混饲连喂1～3周 雏鸡曲霉菌病，每100羽50万IU。2次/天。连用2～4天 乳管内注入，每一乳室，牛10IU。子宫内灌注马、牛150万～200万IU
灰黄霉素	内服，每千克体重，马、牛5～10毫克；犬12.5～25毫克。连用3～6周
酮康唑	内服，每千克体重，家畜5～10毫克；1～2次/天；犬5～20毫克。2次/天
两性霉素B	静脉注射，每千克体重，家畜0.1～0.5毫克，隔天1次或1周3次，总剂量4～11毫克。临用前，先用注射用水溶解，再用5%的葡萄糖注射液稀释成0.1%的注射液，缓缓静脉注入 外用，0.5%溶液，涂敷或注入局部皮下，或用其3%软膏

（二）抗寄生虫药物

1. 抗蠕虫药物

（1）驱线虫药。

①阿维菌素类。作用：阿维菌素类药物是由阿佛曼链霉菌发酵产生的一组新型大环内酯类抗寄生虫药。对多种家畜及家禽等动物的线虫、蜘蛛昆虫类等体内、外寄生虫均有很强的驱除作用。该药具有广谱、高效、低毒、安全、使用方便、不易产生抗药性等优点的新型驱虫药，是目前兽医临床上最佳的抗寄生虫药物之一。对哺乳动物、鸟类、鸡、鸭毒性很小，但对鱼类高毒，因此施药时不要使药液污染河流、水塘，不要在蜜蜂采蜜期施药。阿维

菌素类药物对植物无毒，不影响土壤微生物，对环境安全。

但是，近几年来，在许多国家相继出现耐阿维菌素类药物的虫株。

杀虫机理：主要是干扰虫体的神经生理活动，从而导致寄生虫出现神经麻痹而死亡。由于阿维菌素类药物抗寄生虫的独特作用机制，因而不与其他类抗寄生虫药物产生交叉耐药性。

临床常用药物：目前在这类药物中已商品化的有阿维菌素、伊维菌素、多拉菌素和伊利菌素，常用的有阿维菌素和伊维菌素。其剂型有片剂、针剂、粉剂、口服剂、糊剂、涂抹剂，但要注意，使用针剂导致过敏反应和中毒的概率远远高于使用粉剂和片剂，所以驱虫时，一般选择粉剂和片剂。

② 咪唑类。

噻苯咪唑（噻苯唑）：广谱、高效低毒驱虫药，对动物的多种胃肠线虫均有高效驱虫作用，对肺线虫和矛形双腔吸虫也有一定作用。噻苯咪唑能被动物消化道迅速吸收而广泛分布于全身组织，因此对组织中移行的幼虫和寄生于肠腔或附着、包埋在肠壁的成虫都有抑制和杀灭作用。

丙硫苯咪唑：广谱、高效、低毒驱虫药物，不仅对动物胃肠线虫的幼虫和成虫有高度驱虫作用，对网尾线虫、矛形双腔吸虫、片形吸虫和绦虫也有较好效果。

③ 咪唑并噻唑类。

盐酸左旋咪唑：主要对畜禽消化道寄生线虫和肺线虫有效，驱虫范围较广、疗效高，毒性低。

④ 四氢嘧啶类。

噻吩嘧啶（噻嘧啶）：噻吩嘧啶是一种去极化的神经肌内阻滞剂，使虫体发生痉挛性麻痹，具有很好的驱虫效果，对多种线虫有驱虫作用，但对呼吸道线虫无效，极度虚弱动物禁用。

⑤ 其他驱线虫药。

乙胺嗪（海群生）：主要用于马、羊脑脊髓丝状虫病、犬心丝虫病，亦可用于家畜肺线虫病和蛔虫病。

碘噻青胺：主要用于杀全心丝虫微丝蚴。驱虫谱较广，对犬钩虫、蛔虫、鞭虫、类圆线虫等均有良好驱虫效果。

硫砷胺钠：主要用于杀灭犬心丝虫成虫，对微丝蚴无效。本品有强刺激性，静脉注射宜缓慢，严防漏出血管。

（2）驱绦虫药。

吡喹酮：是较为理想的新型广谱驱绦虫药、抗血吸虫药和驱吸虫药。对囊尾蚴、多头蚴等也有较好的效果。

氯硝柳胺：驱绦虫范围广、效果好、毒性低、使用安全。用于畜禽绦虫病，反刍动物前后盘吸虫病。犬、猫对本品稍敏感；鱼类敏感，易中毒致死。

（3）驱吸虫药。前述吡喹酮、硫双二氯酚等药物均具有驱吸虫的作用，在此介绍驱肝片吸虫的药物。

硝氯酚（拜尔-9015）：是国内外广泛应用的抗牛羊肝片吸虫药，具有高效、低毒特点。治疗量一次内服，对肝片吸虫成虫驱虫率几乎达100%。

氯生太尔（氯氰碘柳胺）：对肝片吸虫、胃肠道线虫及节肢动物的幼虫阶段均有驱杀活性，对阿维菌素类、苯并咪唑类、左旋咪唑、甲赛嘧啶和氯苯碘柳胺具抗性的虫株，本品有良好驱虫效果。

三氯苯达唑（三氯苯咪唑）：为新型苯并咪唑类驱虫药，对各种日龄的肝片吸虫均有明显杀灭效果，是比较理想的驱肝片吸虫药。

海托林（三氯苯哌嗪）：是治疗牛羊矛形双腔吸虫较安全、有效的药物。

（4）抗血吸虫药。吡喹酮：为当前首选的抗血吸虫药，主要用于人和动物血吸虫，也用于绦虫病和囊尾蚴病。

硝柳氰醚：是新型广谱驱虫药，国外多用于犬、猫驱虫，我国主要用于耕牛血吸虫病和肝片吸虫病治疗。

六氯对二甲苯（血防- 846）：为有机氯类广谱抗寄生虫药，对耕牛血吸虫、牛羊肝片吸虫、前后盘吸虫、复腔吸虫均有疗效，对猪姜片吸虫也有一定效果。对童虫和成虫均有抑制作用。

2. 抗原虫药

（1）抗球虫药物。

① 磺胺药和抗菌增效剂磺胺药。可用于多种畜禽球虫病的防治。

临床常用的抗球虫药物主要有：磺胺二甲嘧啶（SM 2）、磺胺喹噁啉（SQ）、磺胺-6-甲氧嘧啶（SMM）、磺胺二甲氧嘧啶（SDM）、磺胺氯吡嗪（ESb3）等。

磺胺药的作用峰期是球虫的第二代裂殖体（周期第 4 天），对第一代裂殖体亦有一定作用。并且对并发的细菌感染亦有良好的抑制作用。预防用药时，磺胺药不影响畜体对球虫的自身免疫力，可用于后备母鸡。但长期使用可能会引起毒性反应，因此多采用间歇投药。

② 氯羟吡啶。又名氯吡醇、氯甲羟吡啶、氯吡多、克球多等。该药具有广谱抗球虫作用，对 9 种鸡球虫均有效，对柔嫩艾美耳球虫作用最强，对兔、羊球虫亦有较好的防治效果，该药的作用峰期是球虫生活周期第一天（子孢子期）。在感染球虫前或同时用药，才能充分发挥其抗球虫作用。氯羟吡啶毒性小，安全范围较广。但对动物自身免疫力有抑制作用，一般用于肉鸡饲料，全期连续用药，以防停药复发。氯羟吡啶与苄喹酸酯并用以增加抗球虫效果。

③ 硝苯酰胺类。主要有二硝托胺（球痢灵）、硝氯苯酰胺等。为广谱抗球虫药。作用峰期是球虫第一和第二代裂殖体（周期第 2～3 天），不影响动物体对球虫的自身免疫力。

④ 尼卡巴嗪。又名球虫净。具有广谱抗球虫活性，几乎对所有鸡艾美耳球虫均具有高或中等活性，作用峰期是对球虫第二代裂殖体（周期第四天）有抑制作用，预防效果很好，且耐药性发展极慢，但因毒性较大，多用作短期用药。

⑤ 喹啉类。主要有：丁羟喹啉（丁喹啉）、乙羟喹啉（地可喹酯、癸喹酯、癸氧喹酯）、甲苄喹啉（甲基苯喹酸酯、苄喹酸酯）三种。本类药物的活性高峰期是球虫子孢子期（周期第 1 天），在接触球虫第一天开始饲喂加药饲料才能获得最大效果。预防剂量即抑制动物对球虫的自身免疫力。由于抗球虫作用明显，多推荐用于肉用仔鸡。羟喹啉类与氯羟吡啶结构类似，但两者间无交叉耐药性，混合并用有增效作用（协同作用）。本类药物吸收量少，毒性低，组织残留少。

⑥ 氯苯胍。又名罗苯嘧啶。为广谱高效抗球虫药。对鸡球虫均有较高的活性，对大多数兔艾美耳球虫有良好效果。主要对第一代裂殖体有抑制作用，对鸡柔嫩艾美耳球虫的活性高峰期在其生活周期的第二天，对第二代裂殖体、子孢子亦有杀灭作用，并且还有抑制卵囊发育作用。但个别球虫在氯苯胍存在情况下仍能继续生长达 14 天之久，停药过早易复发球

虫病。本品毒性小，适口性好，对急性或慢性鸡球虫病均有良好的效果。

⑦ 氨丙啉。氨丙啉是传统抗球虫药。在鸡、兔、犊牛、羔羊均有应用。氨丙啉多与乙氧酰胺苯甲酯或磺胺喹噁啉制成复合制剂扩大抗球虫谱，增强抗球虫效果。与磺胺喹噁啉并用对并发细菌感染亦有良好的抑制作用，因而仍是目前广泛应用的一种抗球虫药。该药主要作用于第一代裂殖体（作用高峰为球虫周期第3天），该药为抗维生素 B_1 制剂，高浓度对鸡群可引起维生素 B_1 缺乏，添加维生素 B_1 可使鸡群康复，但添加量过高则降低氨丙啉抗球虫效果。

⑧ 常山酮。为广谱、高效、低毒抗球虫药。本药为一种生物碱，具有强杀虫活性，可有效地控制6种鸡艾美耳球虫。对整个无性阶段均有效，活性高峰期为第一代裂殖体。对球虫发育前期侵入上皮细胞的子孢子也有抑制作用。

⑨ 三嗪类。地克珠利（氯嗪苯乙氰）：广谱抗球虫药，高效、低毒，是目前混饲浓度最低的一种抗球虫药，活性高峰期为第一代裂殖体早期阶段。长期使用药易产生耐药性。

托曲珠利（甲基三嗪酮）：本品具有杀球虫作用，安全范围大，作用于球虫发育的各个阶段，而且对其他抗球虫药耐药的虫株也十分敏感。疗效较地克珠利好。

⑩ 聚醚类离子载体抗球虫药物。聚醚类离子载体抗生素类抗球虫剂，抗球虫范围广，耐药性发展缓慢，尚具有促生长作用，目前应用较为广泛。

已商品化的有莫能霉素、盐霉素、拉沙里菌素、奈良霉素和马杜霉素。其中莫能霉素应用最为广泛，其次是盐霉素、拉沙里菌素。本类抗球虫药抗球虫范围广，对鸡6种致病艾美耳球虫均有活性，对犊牛、羔 羊、仔兔、仔猪球虫病均有作用。

⑪抗球虫药物使用注意事项。

a. 注意预防：大部分抗球虫药主要作用于感染后1～4天的球虫的无性生殖阶段，故在感染后4天用药效果好，当有血便（感染后5～7天）时，球虫已进入有性生殖阶段，此时用药只能保护其他鸡群。

b. 根据药物作用阶段和活性峰期选药。一般来说，峰期在感染后第1、2天的药物，抗球虫作用较弱，多用作预防和早期治疗，峰期在3、4天的药物，抗球虫作用较强，多用于治疗。在穿梭或轮换用药时，一般先用作用第一代裂殖体的药物，再用作用于第二代裂殖体的药物。球虫刺激机体产生免疫力的阶段主要是第一代裂殖体，故作用于第一代裂殖体的药物抑制免疫力，多用于肉鸡，蛋鸡和种用鸡一般不用。

c. 连续用药，特别是肉用仔鸡，完全抑制卵囊的形成。

d. 轮换用药。

e. 穿梭用药。

f. 联合用药。

（2）抗锥虫药物。锥虫寄生在血浆中。主要防治药物有新胂凡钠明（914）、喹嘧啶（安锥赛）、拜尔205（萘磺苯酰脲）、三氮脒（贝尼尔）等。

（3）抗梨形虫药物（抗血孢子虫药、抗焦虫药）。焦虫寄生在血细胞中。主要防治药物有双脒苯脲、间脒苯脲、三氮脒（贝尼尔）、硫酸喹啉脲（抗焦虫素、阿卡普林）、黄色素、咪多卡、青蒿素。

（4）抗滴虫药。主要防治药物甲硝唑、二甲硝咪唑（地美硝唑）。

（5）抗鸡住白细胞虫药。乙胺嘧啶、磺胺间甲氧嘧啶、磺胺喹噁啉、青蒿素等。

3. 杀虫药

（1）有机磷。杀虫效力高，体内消除快，对环境危害小，对动物毒性大。常用药物有敌百虫、倍硫磷（低毒，对牛皮蝇幼虫特效）、皮蝇磷、马拉硫磷、二嗪农（螨净）、巴胺磷（广谱、高效、低毒）、库马磷（蝇毒磷）。

（2）氨基甲酯类衍生物。西维因（胺甲萘）：高效、速效、低毒，用于食羽虱，吸血昆虫。

（3）拟菊酯类。高效、速效、无残留，不污染环境，人畜安全，稳定，残效期长，但对鱼类及冷血动物毒性较大。常用药物氰戊菊酯、溴氰菊酯、二氯苯醚菊酯、苄氯菊酯等。

（4）其他杀虫药。

双甲脒（虫螨脒）：具有广谱、高效、低毒等优点，但对鱼剧毒。对畜禽的体外寄生虫如螨、蜱、虱等的各阶段虫体均有极佳杀灭效果。

环丙氨嗪：鸡内吸后控制粪便中蝇蛆的发育。

4. 常用抗寄生虫药物的用法用量（表2-7）

表2-7

类别	药品名	用法与用量
驱线虫药	伊维菌素、阿维菌素	皮下注射，每千克体重，牛、羊0.2毫克；猪0.3毫克
	阿苯达唑	内服，每千克体重，马5～10毫克；牛、羊10～15毫克；猪5～10毫克；犬25～50毫克；禽10～20毫克
	噻嘧啶	内服，每千克体重，马7.5～15毫克；犬、猫5～10毫克
	敌百虫	内服，每千克体重，马30～50毫克（极量20克）；牛20～40毫克（极量15g）；猪、绵羊80～100毫克；山羊50～75毫克
	左旋咪唑	内服、混饲或混饮：每千克体重牛、羊、猪7.5毫克，犬10毫克，禽25毫克
驱绦虫药	吡喹酮	内服，每千克体重，牛、羊、猪10～35毫克；犬、猫2.5～5毫克；禽10～20毫克
	氯硝柳胺	内服，每千克体重，牛40～60毫克；羊60～70毫克；犬、猫80～100毫克；禽50～60毫克
	硫双二氯酚	内服，每千克体重，马10～20毫克；牛40～60毫克；羊、猪75～100毫克；犬、猫200毫克；鸡100～200毫克
	丁萘脒	盐酸丁萘脒：内服，每千克体重，犬、猫25～50毫克 羟萘酸丁萘脒：内服，每千克体重，羊25～50毫克；鸡400毫克
驱吸虫药	硝氯酚	内服，每千克体重，黄牛3～7毫克；水牛1～3毫克；羊3～4毫克。猪3～6毫克 深层肌内注射，每千克体重，牛、羊0.5～1毫克
	氯生太尔	内服，每千克体重，牛5毫克；羊10毫克 皮下注射，每千克体重，牛2.5毫克；羊5毫克
	海托林	内服，每千克体重，牛30～40毫克；羊40～60毫克
	三氯苯达唑	内服，每千克体重，牛12毫克；羊、鹿10毫克

（续）

类别	药品名	用法与用量
抗球虫药	莫能菌素	混饲，每吨饲料，禽90～110克；兔20～40克
	盐霉素	混饲，每吨饲料，禽60克
	地克珠利	预混剂：混饲，每吨饲料，禽1克（按原料药计） 溶剂：混饮，每升水，鸡0.5～1毫克（按原料药计）
	磺胺氯吡嗪钠	混饮，鸡每升水添加300毫克，连用3天；兔每天每千克体重30毫克，连用10天 混料，每吨饲料，肉鸡、火鸡、兔600克
抗球虫药	磺胺喹噁啉钠	混饮，每升水，禽300～500毫克，连用5天 兔：0.025%混饲，连用30天，或以0.1%混饲，连用14天。预防浓度为0.02%～0.03%混饮，连用3～4周 火鸡、犊牛、羔羊：混饲，每吨饲料添加125克，间歇给药
	托曲珠利	鸡、火鸡、鹅：每升水，加25毫克，连用2天
	常山酮	鸡、火鸡：混饲，每千克饲料添加2毫克～3毫克，连用3天
	氯苯胍	混饲：禽，每吨饲料添加30～60克。兔，治疗量，每吨饲料添加300克，连用7～14天；预防量每吨饲料添加100～150克，从兔断奶开始，连用45天 牛：每千克体重40毫克，1次/天，连用4天，间隔5～6天，可再用1个疗程
抗锥虫药	苏拉明	静脉、皮下或肌内注射，每千克体重，马10～15毫克，牛15～20毫克，骆驼8.5～17毫克
	喹嘧胺	肌内、皮下注射，每千克体重，马、牛、骆驼4～5毫克
	三氮脒	肌内注射，每千克体重，马3～4毫克，牛、羊3～5毫克，犬3.5毫克
抗梨形虫药	双脒苯脲	配制10%无菌水溶液，皮下、肌内注射，每千克体重，马2.2～5毫克；牛1～2毫克（锥虫病3毫克）；犬6毫克
	硫酸喹啉脲	皮下注射，每千克体重，马0.6～1毫克；牛1毫克；猪、羊2毫克；犬0.25毫克
抗滴虫药	甲硝唑	内服，每千克体重，牛60毫克；猪10毫克；犬25毫克；兔40毫克
	地美硝唑	20%预混剂：混饲，每吨饲料，猪1 000～2 500克；鸡400～2 500克
杀虫剂	敌百虫	杀螨可配成1%～3%溶液局部应用或0.2%～0.5%溶液药浴 杀灭虱、蚤、蜱、蚊和蝇配成0.1%～0.5%溶液喷淋
	皮蝇磷	内服，每千克体重，牛100毫克。外用，喷淋，每100升水，加1升24%皮蝇磷溶液
	氧硫磷	药浴、喷淋、浇淋，配成0.01%～0.02%溶液
	倍硫磷	喷淋，配成2%溶液，每千克体重，0.5～1毫升（10～20毫克）
	溴氰菊酯	常用5%溴氰菊酯乳油药浴或喷淋，每1 000升水加100～300毫升
	双甲脒	常用12.5%双甲脒乳油药浴、喷淋或涂擦动物体表，每1 000升水加3～4升双甲脒乳油
	环丙氨嗪	每吨饲料添加5克，连续喂服4～6周，可有效控制苍蝇幼虫在鸡粪内生长

二、兽药使用注意事项

（一）注意阅读兽药说明书

兽药生产企业必须通过国家的兽药生产质量管理规范（GMP）认证，否则其产品不得生产和使用。

兽药包装应当按照规定印有或者贴有标签，附具说明书，并在显著位置注明“兽用”字样。兽药的标签和说明书经国务院兽医行政管理部门批准并公布后，方可使用。兽药的标签或者说明书，应当以中文注明兽药的通用名称、成分及其含量、规格、生产企业、产品批准文号（进口兽药注册证号）、产品批号、生产日期、有效期、适应证或者功能主治、用法、用量、停药期、禁忌、不良反应、注意事项、运输储存保管条件及其他应当说明的内容。有商品名称的，还应当注明商品名称。

兽药的有效期是指在规定的储藏条件下能够保持质量的期限；兽药的失效期是指兽药超过安全有效范围的日期。任何兽药超过有效期或因保存、运输等不当达到失效期者，均不能再销售和使用。

批准文号：农业农村部负责全国兽药产品批准文号的核发和监督管理工作，兽药产品批准文号有效期为五年。

兽药批准文号的编制格式为：兽药类别名称＋年号＋企业所在地省份（自治区、直辖市）序号＋企业序号＋兽药品种编号。

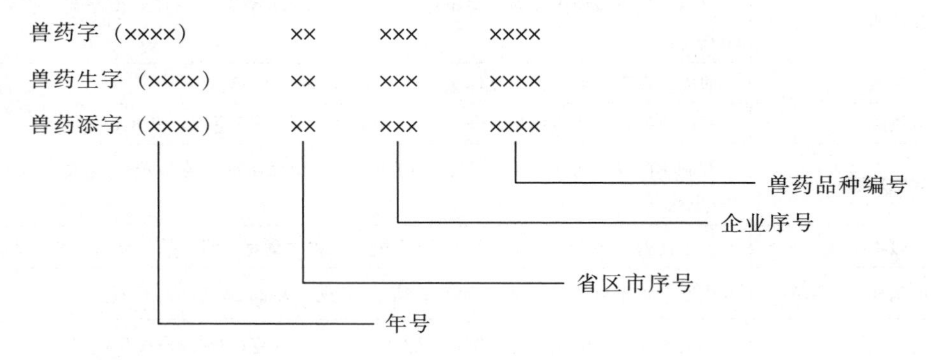

说明：

1. 兽药类别简称：化学药品、抗生素、中药材、中成药、生化药品、放射性药品、外用杀虫剂和消毒剂等的类别简称为“兽药字”；血清制品、疫苗、诊断制品、微生态制品等的类别简称为“兽药生字”；药物添加剂的类别简称为“兽药添字”。
2. 年号在括号内用4位阿拉伯数字表示，即核发兽药产品批准文号时的年份。
3. 兽药生产企业所在地省、自治区、直辖市序号用2位阿拉伯数字表示，由农业农村部规定并公告。
4. 兽药生产企业按所在省、自治区、直辖市排序，用3位阿拉伯数字表示，由农业农村部公告。
5. 兽药品种编号用4位阿拉伯数字表示，由农业农村部规定并公告。

（二）兽药使用注意事项

1. 兽药使用注意事项

（1）要对症下药，不可滥用。每种药物都有它的适应证，用药前一定要先确诊，对症用药，严禁乱用药。

（2）要考虑经济效益。以“少花钱，治好病”为原则。根据疗效高、副作用小、安全、价廉等原则选用药物。

（3）科学联合用药，注意配伍禁忌。两种以上的药物在同一时间里合用，其结果可能：作用更强（协同作用）；减弱一药或两药的作用（拮抗作用）；产生意外的毒性反应。应注意利用协同作用提高疗效（如磺胺与抗菌增效剂联合），尽量避免出现拮抗作用和产生毒副作用。药物的配伍禁忌可分为药理的（药理作用互相抵消或是毒性增加）、化学的（呈现沉淀、产气、变色、燃爆及水解等化学变化）和物理的（产生潮解、液化或析出结晶等）。

（4）遵守停药规定。为了避免畜禽产品中药物的超量残留，危害人体健康，对于食用动物用药，应注意“停药期”，即畜禽停止给药到允许其产品（乳、蛋）上市的间隔时间。

（5）根据畜禽的品种、日龄和所患疾病，科学地选用给药途径、确定剂量和疗程。如危重病例宜采用静注或静滴给药，治疗肠道感染或驱虫时，宜口服给药，治疗慢性病用药时间宜长，为了达到预期效果，减少不良反应，用药剂量、时间和次数应准确。

（6）认真观察畜禽表现。用药期间应密切注意畜禽的状态，观察疗效的同时，注意有无不良反应或中毒迹象，发现异常及时处理，降低损失。

（7）注意种属和个体差异。不同种属动物对同一药物的反应往往有很大的差异，应严格遵守药物使用说明。如家禽对敌百虫最敏感，易中毒不宜使用，而对犬、猪则比较安全。猪对利巴韦林敏感；兔对马杜霉素铵敏感；科利牧羊犬对伊维菌素制剂敏感等，应禁止使用，以免造成中毒。另如吗啡对人、犬等表现为抑制，但对猫、马和虎则表现兴奋。

（8）用药同时，加强饲养管理。在用药的同时，更应精心管理，提供最适宜的环境，饲喂全价日粮，所谓“三分治疗，七分护理”。

2. 注意药物不良反应

（1）副作用。是在常用治疗剂量时产生的与治疗无关的作用或危害不大的不良反应。如应用阿托品松弛平滑肌的作用治疗肠痉挛，可缓解或消除疼痛，但同时抑制了腺体分泌，引起口干，后者就成了副作用。副作用一般是可预见的，往往很难避免，临床可用相反的药物来抵消。

（2）毒性反应。大多数药物都有一定的毒性。一般毒性反应是用药剂量过大或用药时间过长，而引起机体发生严重的功能紊乱或病理变化。用药后立即发生的称急性毒性，多由用药剂量过大引起，常表现为中枢神经、心血管、呼吸系统功能的损害；有的在长期蓄积后逐渐产生称为慢性毒性，多数表现肝、肾、骨髓的损害；少数药物还能产生特殊毒性，即致癌、致畸、致突变（简称“三致”作用）。有些药物在常用剂量也能产生毒性，如氨基糖苷类有肾毒性。

（3）过敏反应。是某些个体对某种药物的敏感性比一般个体高，表现有质的差异。有些过敏反应是遗传因素引起的，称为“特异质”，另一些则是由于首次与药物接触致敏后，再次给药时呈现的特殊反应，其中有免疫机制参加，又称“变态反应”，其本质是免疫反应，如青霉素引起的过敏性休克。这种反应与剂量无关，反应性质各不相同。如用药后动物出现呕吐、打颤、皮疹、皮炎、发热、哮喘、过敏性休克等症状，一般只发生于少数个体。

（4）继发性反应。是药物治疗作用引起的不良后果。如成年草食动物长期应用四环素类抗生素，使胃肠道对药物敏感菌株受到抑制，菌群间相对平衡受到破坏，导致一些不敏感的细菌或抗药的细菌大量繁殖，而引起“二重感染”。

（5）后遗效应。指停药后血药浓度已降至阈值以下时的残存药理效应。后遗效应有些能产生不良反应，如长期应用皮质激素，即使肾上腺皮质功能恢复至正常水平，但对应激反应在停药半年以上时间内可能尚未恢复；有些药物也能产生对机体有利的后遗效应，如抗生素后遗效应，即应用抗生素后可提高吞噬细胞的吞噬能力。

三、食品动物禁用、限用的兽药、饲料药物添加剂

动物源性食品的兽药残留问题日益受到关注，动物源性食品安全，关乎人体健康和社会稳定。动物源性食品残留药物会对人体造成潜在的危害。一是致畸、致突变和致癌作用（俗称“三致”作用）。如丙咪唑类抗蠕虫药残留对人体最大的潜在危害是致畸作用和致突变作用，砷制剂、喹噁啉类药物都已证明有“三致”作用。二是激素（样）作用。兽用激素类药物残留，会影响人体正常的激素水平，并有一定的致癌性，可表现为儿童早熟、儿童异性化倾向、肿瘤等，还能使人出现头痛、心动过速、狂躁不安、血压下降等症状。三是过敏反应。常引起人过敏反应的药物主要有青霉素、四环素类、磺胺类等药物。牛奶中如果含有青霉素或磺胺类药物，可使人发生不同程度的过敏反应。四是环境污染。兽药及其代谢产物通过粪便、尿等进入环境，然后进入食物链，造成危害。

（一）食品动物禁用的兽药及其他化合物

食品动物禁用的兽药及其他化合物见表2-8。

表2-8

药物类别	序号	兽药及其他化合物名称	禁止用途	禁用动物
β-兴奋剂类	1	克仑特罗、沙丁胺醇、西马特罗其盐、酯及制剂	所有用途	所有食品动物
氯霉素类	2	氯霉素及其盐、酯（包括：琥珀氯霉素）及制剂		
氨苯砜类	3	氨苯砜及制剂		
硝基呋喃类	4	呋喃唑酮、呋喃它酮、呋喃苯烯酸钠及制剂		
硝基化合物	5	硝基酚钠、硝呋烯腙及制剂		
催眠、镇静类	6	安眠酮及制剂		
多肽类	8	万古霉素及其盐、酯及制剂		
喹诺酮类	9	洛美沙星、培氟沙星、氧氟沙星、诺氟沙星原料药的各种盐、酯及其各种制剂		
喹噁啉类	10	喹乙醇、卡巴氧及其盐、酯及制剂		
有机胂	11	锥虫胂胺、氨苯胂酸、洛克沙胂		
抗病毒药（人药）	12	金刚烷胺、金刚乙胺、阿昔洛韦、吗啉（双）胍（病毒灵）、利巴韦林等及其盐、酯及单、复方制剂		
抗生素、合成抗菌药（人药）	13	头孢哌酮、头孢噻肟、头孢曲松（头孢三嗪）、头孢噻吩、头孢拉啶、头孢唑啉、头孢噻啶、罗红霉素、克拉霉素、阿奇霉素、磷霉素、硫酸奈替米星、氟罗沙星、司帕沙星、甲替沙星、克林霉素（氯林可霉素、氯洁霉素）、妥布霉素、胍哌甲基四环素、盐酸甲烯土霉素（美他环素）、两性霉素、利福霉素等及其盐、酯及单、复方制剂		

（续）

药物类别	序号	兽药及其他化合物名称	禁止用途	禁用动物
解热镇痛类等其他药物（人药）	14	双嘧达莫、聚肌胞、氟胞嘧啶、磷酸伯氨喹、磷酸氯喹、异噻唑啉酮（防腐杀菌）、盐酸地酚诺酯、盐酸溴己新、西咪替丁、盐酸甲氧氯普胺、甲氧氯普胺（盐酸胃复安）、比沙可啶、二羟丙茶碱、白细胞介素-2、别嘌醇、多抗甲素（α-甘露聚糖肽）等及其盐、酯及制剂 注射用的抗生素与安乃近等化学合成药物的复方制剂 镇静类药物与解热镇痛药等治疗药物组成的复方制剂	所有用途	所有食品动物
农药	15	代森铵、井冈霉素、浏阳霉素、赤霉素及其盐、酯及单、复方制剂		
具有雌激素样作用的物质	16	玉米赤霉醇、去甲雄三烯醇酮、醋酸甲孕酮及制剂		
有机胂	17	氨苯胂酸（阿散酸或对氨基苯胂酸）、洛克沙胂		
性激素类	18	己烯雌酚及其盐、酯及制剂		
	19	甲基睾丸酮、丙酸睾酮、苯丙酸诺龙、苯甲酸雌二醇及其盐、酯及制剂	促生长	
催眠、镇静类	20	氯丙嗪、地西泮（安定）及其盐、酯及制剂		
硝基咪唑类	21	甲硝唑、地美硝唑及其盐、酯及制剂		
有机氮	22	林丹（丙体六六六）	杀虫	
氨基甲酸酯类	23	呋喃丹（克百威）		
有机氮	24	杀虫脒（克死螨）		
杀虫剂	25	酒石酸锑钾、非泼罗尼、氟虫腈		
各种汞制剂	26	氯化亚汞（甘汞）、硝酸亚汞、醋酸汞、吡啶基醋酸汞		
有机氯	27	毒杀芬（氯化烯）	杀虫、清塘	
杀虫剂	28	孔雀石绿	抗菌、杀虫	
有机氯	29	五氯酚酸钠	杀螺	水生食品动物
有机氮	29	双甲脒	杀虫	

注：根据中华人民共和国农业部公告2002年第193号、中华人民共和国农业部公告2005年第560号、中华人民共和国农业部公告2017年第2583号、中华人民共和国农业部公告2018年第2638号。

（二）禁止在饲料和动物饮水中使用的药物品种

禁止在饲料和动物饮水中使用的药物品种见表2-9。

表2-9

药物类别		序号	药物品种
一、肾上腺素受体激动剂	β-肾上腺素受体激动药	1	盐酸克仑特罗
		2	沙丁胺醇
		3	硫酸沙丁胺醇
		4	硫酸特布他林
	β-兴奋剂	5	莱克多巴胺
		6	西马特罗
		7	盐酸多巴胺

（续）

药物类别		序号	药物品种
二、性激素	雌激素类	8	乙烯雌酚
		9	雌二醇
		10	戊酸雌二醇
		11	苯甲酸雌二醇
		12	氯烯雌醚
	避孕药类	13	炔诺醇
		14	炔诺醚
		15	醋酸氯地孕酮
		16	左炔诺孕酮
		17	炔诺酮
	促性腺激素药	18	绒毛膜促性腺激素（绒促性素）
		19	促卵泡生长激素（尿促性素主要含卵泡刺激FSHT和黄体生成素LH）
三、蛋白同化激素		20	碘化酪蛋白
		21	苯丙酸诺龙及苯丙酸诺龙注射液
四、精神药品	镇静、催眠药	22	盐酸氯丙嗪
		23	苯巴比妥
		24	苯巴比妥钠
		25	巴比妥
		26	异戊巴比妥
		27	异戊巴比妥钠
		28	安定（地西泮）
		29	唑吡旦
		30	三唑仑
		31	艾司唑仑
		32	甲丙氨脂
		33	咪达唑仑
		34	硝西泮
		35	奥沙西泮
	抗组织胺药。量大时，具有镇静、催眠作用	36	盐酸异丙嗪
	抗高血压药。量大时，有镇静作用	37	利血平
	中枢兴奋药	38	匹莫林
	其他	39	国家管制的精神药品
五、各种抗生素滤渣		40	抗生素滤渣

注：根据2002年2月9日中华人民共和国农业部、卫生部、国家药品监督管理局公告第176号发布。

（三）禁止在饲料和动物饮水中使用的物质

1. 苯乙醇胺 A（Phenylethanolamine A）：β-肾上腺素受体激动剂。
2. 班布特罗（Bambuterol）：β-肾上腺素受体激动剂。
3. 盐酸齐帕特罗（Zilpaterol Hydrochloride）：β-肾上腺素受体激动剂。
4. 盐酸氯丙那林（Clorprenaline Hydrochloride）：β-肾上腺素受体激动剂。
5. 马布特罗（Mabuterol）：β-肾上腺素受体激动剂。
6. 西布特罗（Cimbuterol）：β-肾上腺素受体激动剂。
7. 溴布特罗（Brombuterol）：β-肾上腺素受体激动剂。
8. 酒石酸阿福特罗（Arformoterol Tartrate）：长效型β-肾上腺素受体激动剂。
9. 富马酸福莫特罗（Formoterol Fumatrate）：长效型β-肾上腺素受体激动剂。
10. 盐酸可乐定（Clonidine Hydrochloride）：抗高血压药。
11. 盐酸赛庚啶（Cyproheptadine Hydrochloride）：抗组胺药。

注：根据 2010 年 12 月 27 日中华人民共和国农业部公告第 1519 号。

（四）饲料药物添加剂使用规定

1. 允许在饲料中添加使用的饲料药物添加剂（表 2-10）

表 2-10

序号	药物添加剂名称	药物添加剂有效成分	药物添加剂有效成分含量（克/千克预混剂）	适用动物	用途	药物添加剂使用量（克/吨配合饲料）	停药期（天）	注意事项
1	二硝托胺预混剂	二硝托胺	250	鸡	球虫病	500	3	蛋鸡产蛋期禁用
2	马杜霉素铵预混剂	马杜霉素铵	10	鸡	球虫病	500	5	蛋鸡产蛋期禁用；不得用于其他动物；在无球虫病时，含百万分之六以上马杜霉素铵盐的饲料对生长有明显抑制作用，也不改善饲料报酬
3	尼卡巴嗪预混剂	尼卡巴嗪	200	鸡	球虫病	100～125	4	蛋鸡产蛋期禁用；高温季节慎用
4	尼卡巴嗪、乙氧酰胺苯甲酯预混剂	尼卡巴嗪	250	鸡	球虫病	500	9	蛋鸡产蛋期和种鸡禁用；高温季节慎用
		乙氧酰胺苯甲酯	16					
5	甲基盐霉素、尼卡巴嗪预混剂	甲基盐霉素	80	鸡	球虫病	310～560	5	蛋鸡产蛋期禁用；马属动物忌用；禁止与泰妙菌素、竹桃霉素并用；高温季节慎用
		尼卡巴嗪	80					
6	甲基盐霉素预混剂	甲基盐霉素	100	鸡	球虫病	600～800	5	蛋鸡产蛋期禁用；马属动物禁用；禁止与泰妙菌素、竹桃霉素并用；防止与人眼接触

（续）

序号	药物添加剂名称	药物添加剂有效成分	药物添加剂有效成分含量（克/千克预混剂）	适用动物	用途	药物添加剂使用量（克/吨配合饲料）	停药期（天）	注意事项
7	拉沙洛西钠预混剂	拉沙洛西钠	150或450	鸡	球虫病	75～125（以有效成分计）	3	马属动物禁用
8	氢溴酸常山酮预混剂	氢溴酸常山酮	6	鸡	球虫病	500	5	蛋鸡产蛋期禁用
9	盐酸氯苯胍预混剂	盐酸氯苯胍	100	鸡、兔	球虫病	鸡300～600，兔1 000～1 500	鸡5、兔7	蛋鸡产蛋期禁用
10	盐酸氨丙啉、乙氧酰胺苯甲酯预混剂	盐酸氨丙啉	250	家禽	球虫病	500	3	蛋鸡产蛋期禁用；每吨饲料中维生素B_1大于10克时明显拮抗
		乙氧酰胺苯甲酯	16					
11	盐酸氨丙啉、乙氧酰胺苯甲酯、磺胺喹噁啉预混剂	盐酸氨丙啉	200	家禽	球虫病	500	7	蛋鸡产蛋期禁用；每吨饲料中维生素B_1大于10克时明显拮抗
		乙氧酰胺苯甲酯	10					
		磺胺喹噁啉	120					
12	氯羟吡啶预混剂	氯羟吡啶	250	家禽、兔	球虫病	鸡500，兔800	5	蛋鸡产蛋期禁用
13	海南霉素钠预混剂	海南霉素钠	10	鸡	球虫病	500～750	7	蛋鸡产蛋期禁用
14	赛杜霉素钠预混剂	赛杜霉素钠	50	鸡	球虫病	500	5	蛋鸡产蛋期禁用
15	地克珠利预混剂	地克珠利	2或5	畜禽	球虫病	1（以有效成分计）		蛋鸡产蛋期禁用
16	莫能菌素钠预混剂	莫能菌素钠	50、100或200	牛、鸡	鸡球虫病和肉牛促生长	以有效成分计：鸡90～110；肉牛每头每天0.2～0.36	5	蛋鸡产蛋期禁用；泌乳期的奶牛及马属动物禁用；禁止与泰妙菌素、竹桃霉素并用；搅拌配料时禁止与人的皮肤、眼睛接触
17	杆菌肽锌预混剂	杆菌肽锌	100或150	牛、猪、禽	促进生长	以有效成分计：犊牛10～100（3月龄以下）、4～40（6月龄以下），猪4～40（4月龄以下），鸡4～40（16周龄以下）	0	
18	黄霉素预混剂	黄霉素	40或80	牛、猪、鸡	促进生长	以有效成分计：仔猪10～25，生长、育肥猪5，肉鸡5，肉牛每头每天30～50毫克	0	

（续）

序号	药物添加剂名称	药物添加剂有效成分	药物添加剂有效成分含量（克/千克预混剂）	适用动物	用　途	药物添加剂使用量（克/吨配合饲料）	停药期（天）	注意事项
19	维吉尼亚霉素预混剂	维吉尼亚霉素	500	猪、鸡	促进生长	猪 20～50，鸡 10～40	1	
20	那西肽预混剂	那西肽	2.5	鸡	促进生长	1 000	3	
21	阿美拉霉素预混剂	阿美拉霉素	100	猪、鸡	猪和肉鸡的促生长	猪 200～400（4 月龄以内），100～200（4～6 月龄），肉鸡 50～100	0	
22	盐霉素钠预混剂	盐霉素钠	50、60、100、120、450 或 500	牛、猪、鸡	鸡球虫病和促进畜禽生长	以有效成分计：鸡 50～70；猪 25～75；牛 10～30	5	蛋鸡产蛋期禁用；马属动物禁用；禁止与泰妙菌素、竹桃霉素并用
23	牛至油预混剂	5-甲基-2-异丙基苯酚和 2-甲基-5-异丙基苯酚	25	猪、鸡	预防及治疗猪、鸡大肠杆菌、沙门氏菌所致的下痢，促进生长	用于预防疾病：猪 500～700，鸡 450；用于治疗疾病：猪 1 000～1 300，鸡 900。连用 7 天。 用于促生长，猪、鸡 50～500		
24	吉他霉素预混剂	吉他霉素	22、110、550 或 950	猪、鸡	防治慢性呼吸系统疾病，促进生长	以有效成分计：用于促生长，猪 5～55，鸡 5～11；用于防治疾病，猪 80～330，鸡 100～330，连用 5～7 天	7	蛋鸡产蛋期禁用
25	土霉素钙预混剂	土霉素钙	50、100 或 200	猪、鸡	革兰氏阳性菌和阴性菌感染，促进生长	以有效成分计：猪 10～50（4 月龄以内），鸡 10～50（10 周龄以内）		蛋鸡产蛋期禁用；添加于低钙饲料（饲料含钙量 0.18%～0.55%）时，连续用药不超过 5 天
26	金霉素（饲料级）预混剂	金霉素	100 或 150	猪、鸡	革兰氏阳性菌和阴性菌感染，促进生长	以有效成分计：猪 25～75（4 月龄以内），鸡 20～50（10 周龄以内）	7	蛋鸡产蛋期禁用
27	恩拉霉素预混剂	恩拉霉素	40 或 80	猪、鸡	革兰氏阳性菌感染，促进生长	以有效成分计：猪 2.5～20，鸡 1～10	7	蛋鸡产蛋期禁用

注：根据 2001 年 7 月 3 日中华人民共和国农业部公告 168 号。2018 年 1 月 11 日中华人民共和国农业部公告第 2638 号。

2. 凭处方购买使用的饲料药物添加剂（表 2－11）

表 2－11

序号	药物添加剂名称	药物添加剂有效成分	药物添加剂有效成分含量（克/千克预混剂）	适用动物	用　　途	药物添加剂添加量（克/吨配合饲料）	连续使用时间	停药期（天）	注意事项
1	磺胺喹噁啉、二甲氧苄啶预混剂	磺胺喹噁啉	200	鸡	球虫病	500		10	连续用药不得超过 5 天；蛋鸡产蛋期禁用
		二甲氧苄啶	40						
2	越霉素 A 预混剂	越霉素 A	20、50 或 500	猪、鸡	猪蛔虫病、鞭虫病及鸡蛔虫病	以有效成分计：加 5～10	8 周	猪 15，鸡 3	蛋鸡产蛋期禁用
3	潮霉素 B 预混剂	潮霉素 B	17.6	猪、鸡	猪蛔虫病、鞭虫病及鸡蛔虫病	以有效成分计：猪 10～13，鸡 8～12	育成猪连用 8 周，母猪产前 8 周至分娩；鸡连用 8 周	猪 15，鸡 3	蛋鸡产蛋期禁用；避免与人皮肤、眼睛接触
4	地美硝唑预混剂	地美硝唑	200	猪、鸡	猪密螺旋体性痢疾和禽组织滴虫病	猪 1 000～2 500，鸡 400～2 500		猪 3，鸡 3	蛋鸡产蛋期禁用；鸡连续用药不得超过 10 天
5	磷酸泰乐菌素、磺胺二甲嘧啶预混剂	磷酸泰乐菌素	22　88　100	猪	预防猪痢疾，畜禽细菌及支原体感染	200（泰乐菌素 100＋磺胺二甲嘧啶 100）	5～7 天	15	
		磺胺二甲嘧啶	22　88　100						
6	硫酸安普霉素预混剂	硫酸安普霉素	20、30、100 或 165	猪	肠道革兰氏阴性菌感染	以有效成分计：80～100	7 天	21	接触本品时，需戴手套及防尘面罩
7	盐酸林可霉素预混剂	盐酸林可霉素	8.8 或 110	猪、鸡	革兰氏阳性菌感染，猪密螺旋体、弓形虫感染	以有效成分计：猪 44～77，鸡 2.2～4.4	7～21 天	5	蛋鸡产蛋期禁用；禁止家兔、马或反刍动物接近含有林可霉素的饲料
8	赛地卡霉素预混剂	赛地卡霉素	10、20 或 50	猪	猪密螺旋体引起的血痢	以有效成分计：75	15 天	1	
9	伊维菌素预混剂	伊维菌素	6	猪	对线虫、昆虫和螨均有驱杀活性，主要用于治疗猪的胃肠道线虫病和疥螨病	330	7 天	5	
10	延胡索酸泰妙菌素预混剂	延胡索酸泰妙菌素	100 或 800	猪	猪支原体肺炎和嗜血杆菌胸膜性肺炎，猪密螺旋体引起的痢疾	以有效成分计：40～100	5～10 天	5	避免接触眼及皮肤；禁止与莫能菌素、盐霉素等聚醚类抗生素混合使用

（续）

序号	药物添加剂名称	药物添加剂有效成分	药物添加剂有效成分含量（克/千克预混剂）	适用动物	用　途	药物添加剂添加量（克/吨配合饲料）	连续使用时间	停药期（天）	注意事项
11	环丙氨嗪预混剂	环丙氨嗪	10	鸡	控制动物厩舍内蝇幼虫的繁殖	500	4～6 周	1	避免儿童接触；蛋鸡产蛋期禁用
12	氟苯咪唑预混剂	氟苯咪唑	50 或 500	猪、鸡	胃肠道线虫及绦虫	以有效成分计：猪 30，鸡 30	猪 5～10 天，鸡 4～7 天	14	
13	复方磺胺嘧啶预混剂	磺胺嘧啶	125	猪、鸡	链球菌、葡萄球菌、肺炎球菌、巴氏杆菌、大肠杆菌和李斯特氏菌等感染	每 1 千克体重，每日添加，猪0.1～0.2 鸡0.17～0.2	猪 5 天，鸡 10 天	猪5，鸡1	蛋鸡产蛋期禁用
		甲氧苄啶	25						
14	盐酸林可霉素、硫酸大观霉素预混剂	盐酸林可霉素	22	猪	防治猪赤痢、沙门氏菌病、大肠杆菌肠炎及支原体肺炎	1 000	7～21 天	5	
		硫酸大观霉素	22						
15	硫酸新霉素预混剂	硫酸新霉素	154	猪、鸡	葡萄球菌、痢疾杆菌、大肠杆菌、变形杆菌感染引起的肠炎	猪、鸡 500～1 000	3～5 天	猪3，鸡5	蛋鸡产蛋期禁用
16	磷酸替米考星预混剂	磷酸替米考星	200	猪	治疗猪胸膜肺炎放线杆菌、巴氏杆菌及支原体引起的感染	2 000	15 天	14	
17	磷酸泰乐菌素预混剂	磷酸泰乐菌素	20、88、100 或 220	猪、鸡	细菌及支原体感染	以有效成分计：猪 10～100，鸡 4～50	5～7 天	5	
18	磺胺氯吡嗪钠可溶性粉	磺胺氯吡嗪钠	300	肉鸡、火鸡、兔	球虫病（盲肠球虫）	以有效成分计：肉鸡、火鸡 600 毫克，兔 600 毫克	肉鸡、火鸡 3 天，兔 15 天	火鸡 4，肉鸡 1	产蛋期禁用

注：1. 根据 2001 年 7 月 3 日中华人民共和国农业部公告 168 号。

2. 所有商品饲料中不得添加上表中所列的兽药成分。

（五）兽药停药期

兽药停药期是指动物从停止给药到许可屠宰或动物产品许可上市的间隔时间。兽药进入动物体内，一般要经过吸收、代谢、排泄等过程，不会立即从体内消失。药物或其代谢产物以蓄积、储存或其他方式保留在组织、器官或可食性产品中，具有一定的残留量。在停药期间，动物组织中存在的具有毒理学意义的残留通过代谢，可逐渐消除，直至达到“安全浓度”，低于“允许残留量”或完全消失，减少或避免供人食用的动物源性食品中残留药物超量，确保食品安全（表 2－12）。

表 2-12 兽药停药期表

序号	兽药名称	停药期	禁用规定
1	乙酰甲喹片	牛、猪35日	
2	二氢吡啶	牛、肉鸡7日	弃奶期7日
3	二硝托胺预混剂	鸡3日	产蛋期禁用
4	土霉素片	牛、羊、猪7日，禽5日	弃蛋期2日、弃奶期3日
5	土霉素注射液	牛、羊、猪28日	弃奶期7日
6	马杜霉素预混剂	鸡5日	产蛋期禁用
7	双甲脒溶液	牛、羊21日，猪8日	禁用于产奶羊、弃奶期48小时
8	巴胺磷溶液	羊14日	
9	水杨酸钠注射液	牛0日	弃奶期48小时
10	四环素片	牛12日、猪10日、鸡4日	产奶期禁用、产蛋期禁用
11	甲砜霉素片	28日	弃奶期7日
12	甲砜霉素散	28日	弃奶期7日
13	甲基前列腺素F2a注射液	牛1日，猪1日，羊1日	
14	甲硝唑片	牛28日	
15	甲磺酸达氟沙星注射液	猪25日	
16	甲磺酸达氟沙星粉	鸡5日	产蛋鸡禁用
17	甲磺酸达氟沙星溶液		
18	亚硒酸钠维生素E注射液	牛、羊、猪28日	
19	亚硒酸钠维生素E预混剂	牛、羊、猪28日	
20	亚硫酸氢钠甲萘醌注射液	0日	
21	伊维菌素注射液	牛、羊35日，猪28日	泌乳期禁用
22	吉他霉素片	猪、鸡7日	产蛋期禁用
23	吉他霉素预混剂		
24	地美硝唑预混剂	猪、鸡28日	
25	地克珠利预混剂	鸡5日	
26	地克珠利溶液		
27	地西泮注射液	28日	
28	地塞米松磷酸钠注射液	牛、羊、猪21日	弃奶期3日
29	安乃近片	牛、羊、猪28日	弃奶期7日
30	安乃近注射液		
31	安钠咖注射液		
32	那西肽预混剂	鸡7日	产蛋期禁用
33	吡喹酮片	28日	弃奶期7日
34	芬苯哒唑片	牛、羊21日，猪3日	弃奶期7日
35	芬苯哒唑粉（苯硫苯咪唑粉剂）	牛、羊14日，猪3日	弃奶期5日
36	苄星邻氯青霉素注射液	牛28日	泌乳期禁用，产犊后4天禁用
37	阿司匹林片	0日	
38	阿苯达唑片	牛14日，羊4日，猪7日，禽4日	弃奶期60小时
39	阿莫西林可溶性粉	鸡7日	产蛋鸡禁用
40	阿维菌素片	羊35日，猪28日	泌乳期禁用
41	阿维菌素注射液		
42	阿维菌素粉		
43	阿维菌素胶囊		
44	阿维菌素透皮溶液	牛、猪42日	
45	乳酸环丙沙星可溶性粉	禽8日	产蛋鸡禁用
46	乳酸环丙沙星注射液	牛14日，猪10日，禽28日	弃奶期84小时
47	注射用三氮脒	28日	弃奶期7日
48	注射用苄星青霉素（注射用苄星青霉素G）	牛、羊4日，猪5日	弃奶期3日
49	注射用乳糖酸红霉素	牛14日，羊3日，猪7日	
50	注射用苯巴比妥钠	28日	弃奶期7日

（续）

序号	兽药名称	停药期	禁用规定
51	注射用苯唑西林钠	牛、羊14日，猪5日	弃奶期3日
52	注射用青霉素钠	0日	
53	注射用青霉素钾		
54	注射用氨苄青霉素钠	牛6日，猪15日	弃奶期48小时
55	注射用盐酸土霉素	牛、羊、猪8日	
56	注射用盐酸四环素	牛、羊、猪8日	
57	注射用酒石酸泰乐菌素	牛28日，猪21日	弃奶期96小时
58	注射用喹嘧胺	28日	弃奶期7日
59	注射用氯唑西林钠	牛10日	弃奶期2日
60	注射用硫酸双氢链霉素	牛、羊、猪18日	弃奶期72小时
61	注射用硫酸卡那霉素	28日	弃奶期7日
62	注射用硫酸链霉素	牛、羊、猪18日	弃奶期72小时
63	环丙氨嗪预混剂（1%）	鸡1日、猪5日	产蛋期禁用
64	苯丙酸诺龙注射液	28日	弃奶期7日
65	苯甲酸雌二醇注射液		
66	复方水杨酸钠注射液		
67	复方阿莫西林粉	鸡7日	产蛋期禁用
68	复方氨苄西林片		
69	复方氨苄西林粉		
70	复方氨基比林注射液	28日	弃奶期7日
71	复方磺胺对甲氧嘧啶片		
72	复方磺胺对甲氧嘧啶钠注射液	28日	弃奶期7日
73	复方磺胺甲噁唑片		
74	复方磺胺氯哒嗪钠粉	猪4日，鸡2日	产蛋期禁用
75	复方磺胺嘧啶钠注射液	牛、羊12日，猪20日	弃奶期48小时
76	枸橼酸乙胺嗪片	28日	弃奶期7日
77	枸橼酸哌嗪片	牛、羊28日，猪21日，禽14日	
78	氟苯尼考注射液	猪14日，鸡28日	产蛋期禁用
79	氟苯尼考粉	猪20日，鸡5日	产蛋期禁用
80	氟苯尼考溶液	鸡5日	产蛋期禁用
81	氢化可的松注射液	0日	
82	氢溴酸东莨菪碱注射液	28日	弃奶期7日
83	洛克沙胂预混剂	5日	产蛋期禁用
84	恩诺沙星片	鸡8日	
85	恩诺沙星可溶性粉		
86	恩诺沙星注射液	牛、羊14日，猪10日，兔14日	
87	恩诺沙星溶液	禽8日	产蛋鸡禁用
88	阿苯达唑片	羊4日	
89	氨茶碱注射液	28日	弃奶期7日
90	海南霉素钠预混剂	鸡7日	产蛋鸡禁用
91	盐酸二氟沙星片	鸡1日	
92	盐酸二氟沙星粉		
93	盐酸二氟沙星溶液		
94	盐酸二氟沙星注射液	猪45日	
95	盐酸大观霉素可溶性粉	鸡5日	产蛋期禁用

（续）

序号	兽药名称	停药期	禁用规定
96	盐酸左旋咪唑	牛2日，羊3日，猪3日，禽28日	泌乳期禁用
97	盐酸左旋咪唑注射液	牛14日，羊28日，猪28日	
98	盐酸多西环素片	28日	
99	盐酸异丙嗪片		
100	盐酸异丙嗪注射液	28日	弃奶期7日
101	盐酸沙拉沙星可溶性粉	鸡0日	产蛋期禁用
102	盐酸沙拉沙星片		
103	盐酸沙拉沙星溶液		
104	盐酸沙拉沙星注射液	猪0日，鸡0日	
105	盐酸林可霉素片	猪6日	
106	盐酸林可霉素注射液	猪2日	
107	盐酸环丙沙星可溶性粉	28日	产蛋鸡禁用
108	盐酸环丙沙星注射液		
109	盐酸苯海拉明注射液	28日	弃奶期7日
110	盐酸氨丙啉、乙氧酰胺苯甲酯、磺胺喹噁啉预混剂	鸡10日	产蛋鸡禁用
111	盐酸氨丙啉、乙氧酰胺苯甲酯预混剂	鸡3日	
112	盐酸氯丙嗪片	28日	弃奶期7日
113	盐酸氯丙嗪注射液		
114	盐酸氯苯胍片	鸡5日，兔7日	产蛋期禁用
115	盐酸氯苯胍预混剂		
116	盐酸氯胺酮注射液	28日	弃奶期7日
117	盐酸赛拉唑注射液		
118	盐酸赛拉嗪注射液	牛、羊14日，鹿15日	
119	盐霉素钠预混剂	鸡5日	产蛋期禁用
120	酒石酸吉他霉素可溶性粉	鸡7日	
121	酒石酸泰乐菌素可溶性粉	鸡1日	
122	维生素 B_{12} 注射液	0日	
123	维生素 B_1 片		
124	维生素 B_1 注射液		
125	维生素 B_2 片		
126	维生素 B_2 注射液		
127	维生素 B_6 片		
128	维生素 B_6 注射液		
129	维生素C片		
130	维生素C注射液		
131	维生素 K_1 注射液		
132	维生素E注射液	牛、羊、猪28日	
133	维生素 D_3 注射液	28日	弃奶期7日
134	喹乙醇预混剂	猪35日	禁用于禽、鱼、35千克以上的猪
135	奥芬达唑片（苯亚砜哒唑）	牛、羊、猪7日	产奶期禁用
136	普鲁卡因青霉素注射液	牛10日，羊9日，猪7日	弃奶期48小时
137	氯羟吡啶预混剂	鸡5日，兔5日	产蛋期禁用
138	氯氰碘柳胺钠注射液	28日	弃奶期28日
139	氯硝柳胺片	牛、羊28日	
140	氰戊菊酯溶液	28日	
141	硝氯酚片		
142	硝碘酚腈注射液（克虫清）	羊30日	弃奶期5日

（续）

序号	兽药名称	停药期	禁用规定
143	硫氰酸红霉素可溶性粉	鸡3日	产蛋期禁用
144	硫酸卡那霉素注射液（单硫酸盐）	28日	
145	硫酸安普霉素可溶性粉	猪21日，鸡7日	产蛋期禁用
146	硫酸安普霉素预混剂	猪21日	产蛋期禁用
147	硫酸庆大—小诺霉素注射液	猪、鸡40日	
148	硫酸庆大霉素注射液	猪40日	
149	硫酸黏菌素可溶性粉	7日	产蛋期禁用
150	硫酸黏菌素预混剂		
151	硫酸新霉素可溶性粉	鸡5日，火鸡14日	
152	越霉素A预混剂	猪15日，鸡3日	
153	碘硝酚注射液	羊90日	弃奶期90日
154	碘醚柳胺混悬液	牛、羊60日	泌乳期禁用
155	精制马拉硫磷溶液	28日	
156	精制敌百虫片		
157	蝇毒磷溶液		
158	醋酸地塞米松片	马、牛0日	
159	醋酸泼尼松片	0日	
160	醋酸氟孕酮阴道海绵	羊30日	泌乳期禁用
161	醋酸氢化可的松注射液	0日	
162	磺胺二甲嘧啶片	牛10日，猪15日，禽10日	
163	磺胺二甲嘧啶钠注射液	28日	产蛋期禁用
164	磺胺对甲氧嘧啶，二甲氧苄氨嘧啶片		
165	磺胺对甲氧嘧啶、二甲氧苄氨嘧啶预混剂	28日	产蛋期禁用
166	磺胺对甲氧嘧啶片	28日	
167	磺胺甲噁唑片		
168	磺胺间甲氧嘧啶片		
169	磺胺间甲氧嘧啶钠注射液		
170	磺胺脒片		
171	磺胺喹噁啉、二甲氧苄氨嘧啶预混剂	鸡10日	产蛋期禁用
172	磺胺喹噁啉钠可溶性粉		
173	磺胺氯吡嗪钠可溶性粉	火鸡4日、肉鸡1日	
174	磺胺嘧啶片	牛28日	
175	加米霉素	牛35日、猪27日	泌乳期牛、预产期在2个月内的怀孕母牛禁用
176	泰拉霉素	牛18日、猪5日	泌乳期牛、未反刍犊牛禁用
177	泰万菌素	猪3日、鸡5日	蛋鸡产蛋期禁用
178	磺胺嘧啶钠注射液	牛10日，羊18日，猪10日	弃奶期3日
179	磺胺噻唑片	28日	
180	磺胺噻唑钠注射液		
181	磷酸左旋咪唑片	牛2日，羊3日，猪3日，禽28日	泌乳期禁用
182	磷酸左旋咪唑注射液	牛14日，羊28日，猪28日	
183	磷酸哌嗪片（驱蛔灵片）	牛、羊28日、猪21日，禽14日	
184	磷酸泰乐菌素预混剂	鸡、猪5日	

注：1. 根据2003年5月22日中华人民共和国农业部公告第278号，2016年中华人民共和国农业部公告第2428号，2015年中华人民共和国农业部公告第2292号、2018年中华人民共和国农业农村部公告第15号。

2. 停药期一栏内没有注明动物品种的，均为所有食品动物。

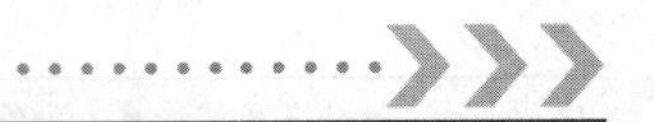

第三章 动物检疫

动物、动物产品检疫是为了防止动物疫病传播，保护养殖业生产和人体健康，维护公共卫生安全，由法定的机构，采用法定的检疫程序和方法，依照法定的检疫对象和检疫标准，对动物、动物产品进行检疫检查、定性和处理。检疫属于政府行为，是由法律、行政法规规定的具有强制性的技术行政措施，必须由法定的动物卫生监督机构和取得国家兽医主管部门颁发的资格证书的检疫人员实施才具有法律效力。逃避检疫将承担相应的法律责任。

依据《动物防疫法》和《动物检疫管理办法》以及国务院兽医主管部门的有关规定实施动物检验。凡是在国内收购、交易、饲养、屠宰和进出我国国境和过境的贸易性、非贸易性的动物、动物产品及其运载工具，均属于动物检疫的范围。按检疫的类别可分为活体动物、动物产品及运输工具。

第一节 活体动物检疫

国内活体畜禽检疫包括产地检疫和运输检疫，产地检疫是各项检疫工作的基础。检疫手段主要有：一是隔离观察，根据临床症状予以判断；二是实验室诊断。

一、产地检疫程序

（一）产地检疫程序

1. 检疫申报 国家对检疫工作实行申报制度。即货主在屠宰、出售或者运输动物以及出售或者运输动物产品之前，应当按照国务院兽医主管部门的规定向当地动物卫生监督机构申报检疫。动物产品、供屠宰或者育肥的动物提前3天；种用、乳用或者役用动物提前15天；因生产、生活特殊需要，出售、调运和携带动物或者动物产品的，随报随检。

2. 现场检疫 动物卫生监督机构接到检疫申报后，应当及时指派官方兽医对动物、动物产品实施现场检疫；检疫合格的，出具检疫证明、加施检疫标志。实施现场检疫的官方兽医应当在检疫证明、检疫标志上签字或者盖章，并对检疫结论负责。为了防止疫病传播，保证检疫质量，申报、检疫必须在动物出栏和屠宰之前。否则即构成违法。

3. 出具检疫证明 官方兽医对检疫合格的动物、动物产品应当按规定出具检疫证明、加施检疫标志。官方兽医必须在检疫证明、检疫标志上签字或者盖章，并对检疫结论负责。

官方兽医如果不在检疫证明、检疫标志上签字或者盖章的，其行为违法，须承担相应的法律责任。

（二）产地检疫步骤与方法

产地检疫主要是以临诊检查为主，结合实验室检验可分为动物的群体检疫和个体检疫。

1. 产地检疫的步骤 一般是先“群体检疫”，后“个体检疫”。在运输、仓储、口岸等环节中，往往动物集中数量较多，必须先进行群体检疫（初检），其目的是从大群动物中，先挑出患病动物或可疑患病动物，再细致地个体检疫（复检），初步鉴别出是传染病、寄生虫病或是普遍病，并尽可能判断出是哪一种传染病或寄生虫病。必要时，还要进行变态反应检查或病原学和血清学检查。对基层收购或进入集贸市场以及其他零星分散、数量较少的动物，可直接进行个体检疫。对已经保定的或笼箱内的动物，可一边进行群检，一边进行个体检疫。在大群检疫时，对个别独立一隅或有异常表现的动物，应进行细致的检查。只有这样反复地进行临床检查，才能较好地完成临诊检疫任务。在临诊检疫后，对病畜或可疑病畜，都要做好标记，并进行分群管理和分别用途，决定是否需要进一步确诊，如供屠宰用的动物，符合《肉品卫生检验试行规程》规定，并有条件屠宰的，就可以立即屠宰。如供种用、役用的动物，必须进一步确诊或在隔离条件下进行治疗。

2. 产地检疫的方法 就是通常所指的“三观一检”。“三观”就是从动物静、动、食三个方面进行观察，“一检”即个体检疫，就是对从群体检疫中剔除的患病动物进行详细检查确诊。群体检疫是畜禽临床检查的初步检查，其目的是通过观察畜禽群体在静态、动态、饮食等状态方面的表现，对整群畜禽的健康状态作出初步的评价，并从大群畜禽中将可疑患病的动物筛选出来，准备进一步作个体检查。动物的个体检疫是在群体检疫基础上，采用“视诊、触诊、叩诊、听诊”等手段，对群体检查时发现的异常个体或抽样（5%～20%）的个体进行更加详细的检查。主要从以下三个方面观察。

静态。在动物处于安静休息状态下悄悄接近，检查其精神状况、外貌、营养、立卧姿势、呼吸、反刍状态，羽、冠、髦等，有无咳嗽、喘息、呻吟、嗜睡、流涎、孤立一隅等情况，从中发现并筛选出可疑患病动物。

动态。先看动物的自然活动情况，然后看驱赶时的活动情况，检查运动时头、颈、腰、背、四肢的运动状态，有无行动困难，跛行掉队，离群和运动后呼吸困难等情况，把异常状态的动物检出来。

食态。在动物自然采食、饮水或者只给少量食物及饮水时进行观察，检查饮食、咀嚼、吞咽时反应状态。同时应检查排便时姿势，粪尿的质度、颜色、含混物、气味，把不食、不饮、少食、少饮或有异常采食、饮水表现的，或有呕吐、流涎，中途退槽等情况的动物筛选出来。

个体检查应首先鉴别患病动物是患传染病还是普通病，并且尽量确诊为何种病。不能确诊时，有的（疑似国家规定不允许剖检的重大动物疫病除外）可以进行解剖检查或采取病料送实验室检验，以便确诊。

实验室检验：一般产地检疫不作实验室检验项目，只有当种用、乳用、役用和实验动物按规定需进行实验室检验时，应依照国家有关标准进行检验。

3. 体温、脉搏及呼吸数的测定 体温、脉搏、呼吸是动物生命活动的重要生理指标，测定这些指标，对产地检疫诊断疾病和判定预后有重要意义。

（1）体温的测定。测定方法：通常测直肠温度。如遇直肠发炎、频繁下痢或肛门松弛时，母畜可测阴道温度（比直肠温度低0.2～0.5℃）。家禽可测腋下温度（比直肠温度约低0.5℃）。

动物正常体温（℃）：

马 37.5～38.5	骆驼 36.0～38.5	骡 38.0～39.0	鹿 38.0～39.0
牛 38.0～39.0	兔 38.0～39.5	水牛 36.5～38.5	犬 37.5～39.0
羊 38.0～40.0	猫 38.5～39.5	猪 38.0～39.5	禽 40.0～42.0

健康动物的体温，清晨较低，午后稍高；幼龄动物较成年稍高；妊娠母畜较空怀母畜稍高；动物兴奋、运动、劳役后体温比安静时略高。这些生理性变动，一般在0.5℃内，最高不超过1℃。

病理变化：

体温升高：根据体温升高的程度，可分为以下四种。

微热：体温升高0.5～1.0℃。见于局限性炎症及轻症疾病，如口炎、鼻炎、胃肠炎等。

中热：体温升高1～2℃。见于消化道和呼吸道的一般性炎症及某些亚急性、慢性传染病，如胃肠炎、咽喉炎、支气管炎、慢性马鼻疽、牛结核、布鲁氏菌病等。

高热：体温升高2～3℃。见于急性传染病和广泛性炎症，如猪瘟、猪肺疫、牛肺疫、马腺疫、流行性感冒、小叶性肺炎、大叶性肺炎、急性弥漫性腹膜炎与胸膜炎等。

极高热：体温升高3℃以上。见于严重的急性传染病，如传染性胸膜肺炎、炭疽、猪丹毒、脓毒败血症、日射病和热射病等。

体温降低：机体产热不足或体热散失过多，致使体温低于常温。见于大失血、内脏破裂，严重脑病及中毒性疾病、产后瘫痪及休克、濒死期等。

热型变化：将每日上、下午所测得体温绘制成热曲线，根据热曲线的特点可分为以下三种。

稽留热：高热持续3天以上，每日温差变动在1℃以内，是因致热源在血液内持续存在，并不断地刺激体温调节中枢所致。见于猪瘟、大叶性肺炎、炭疽等。

弛张热：体温升高后，每天的温度变动常超过1℃以上，但又不降至正常。见于败血症、化脓性疾病、支气管肺炎等。

间歇热：发热期与无热期交替出现，见于牛伊氏锥虫病、亚急性和慢性马传染性贫血、亚急性和慢性钩端螺旋体病等。

注意事项：动物应适当休息待其安静后再测定；测温时应注意人畜安全；大动物插入体温表的2/3，小动物不宜过深；勿将体温表插入宿粪中，应排出宿粪后再进行测定。

（2）脉搏数的测定。计数每分钟的脉搏次数，以次/分表示。

部位及方法：马可检查颌外动脉；牛和骆驼可检查尾动脉；羊、犬可在后肢股动脉检查。

正常脉搏数（次/分）

马、骡 30～45	骆驼 30～60	牛 40～80	猫 110～130
水牛 40～60	犬 70～120	羊 60～80	兔 120～140
猪 60～80	禽（心跳）120～200	鹿 36～78	

动物的脉搏数受年龄、兴奋、运动、劳役等生理因素的影响，会发生一定程度的变化。

病理变化：

脉搏增多：可见于多数发热性病、某些心脏病、严重贫血、剧痛性疾病及某些中毒病。

脉搏减少：主要见于颅内压增高的脑病、中毒及败血症。

（3）呼吸数的测定。计数每分钟的呼吸次数，又称呼吸频率，以次/分表示。

测定方法：可根据胸腹部起伏动作而测定，一起一伏为一次呼吸；寒冷季节可观察呼出气流来测定；鸡的呼吸数可观察肛门下部羽毛起伏动作来测定。

正常值（次/分）：

马、骡 8～16　　骆驼 6～15　　牛 10～25　　猫 10～30

水牛 10～40　　犬 10～30　　羊 12～30　　兔 50～60

猪 10～20　　禽 15～30　　鹿 15～25

动物的呼吸数受某些生理因素和外界条件的影响，可引起一定的变动。幼畜比成年动物稍多；妊娠母畜可增多；运动、使役、兴奋时可增多；当外界温度过高时，某些动物（如水牛、绵羊等）可显著增多；奶牛吃饱后取卧位时，呼吸次数明显增多。

病理变化：

呼吸次数增加：见于肺部疾病、热性病、贫血与失血性疾病、腹压显著增高使膈运动受阻疾病、疼痛性疾病等。

呼吸次数减少：多见于颅内压显著增高的疾病（如脑炎、脑水肿等）、某些代谢病（如产后瘫痪、酮血病）及高度吸入性呼吸困难时，也可引起呼吸次数减少。

二、运输检疫

（一）调出种畜禽起运前的检疫

（1）检疫时间。调出种畜禽于起运前 15～30 天内在原种畜禽场或隔离场进行检疫。

（2）检疫项目和程序。调查了解该畜禽场近 6 个月内的疫情情况，若发现有一类传染病、国家重点防控的二类传染病及人畜共患病疫情时，应停止调运。

（3）查看调出种畜禽的档案和预防接种记录，然后进行群体和个体检疫，并作详细记录。

（4）需作临床检查和实验室检验的疫病，做进一步检验。

（二）种畜禽运输时的检疫

（1）种畜禽装运时，由当地县级以上动物检疫机构派员到现场进行检疫。

（2）运载种畜禽的车辆、船舶、机舱以及饲养用具等必须在装货前进行清扫、洗刷和消毒。经动物检疫人员检疫合格后，签发《出县境动物检疫合格证明》和《动物及动物产品运载工具消毒证明》。

（3）运输途中，不准在疫区车站、港口、机场装填草料、饮水和有关物资。

（4）运输途中，押运员应经常观察种畜禽的健康状况，发现异常及时与当地动物检疫部门联系，按有关规定处理。

对运输动物、动物产品的管理：经铁路、公路、水路、航空运输动物和动物产品的，托运人托运时应当提供检疫证明；没有检疫证明的，承运人不得承运。

（三）种畜禽到达目的地后的检疫

（1）种畜禽到场后，根据检疫需要，在隔离场观察15～40天。

（2）在隔离观察期内，须进行在运输前所进行项目的再次检疫。

（3）经检查确定为健康动物后，方可供繁殖、生产使用。

三、活体动物检疫后的处理

动物产地检疫后的处理是指对检出的患病动物及其污染环境的处理。根据动物产地检疫结果（合格和不合格），进行依法处理。

合格动物：通过动物检疫后没有发现患病动物（即法定检疫疫病）的动物，属于合格动物，应出具《动物产地检疫合格证明》。

不合格动物、动物产品：通过动物检疫发现有检疫对象的感染者，属于不合格动物，对于不合格动物，货主应当在动物卫生监督机构监督下，按照《畜禽病害肉尸及其产品无害化处理规程》（GB 16548—1996）有关规定及时而正确地做无害化处理。处理费用由货主承担。原则上要求感染疫病的动物不出产地"就地处理"。避免疫病传播。

处理的基本方法：动物检疫处理的方法是根据所检疫出疫病的种类而确定的，针对传染源、传播途径和易感动物这三个基本环节，对不同的检疫对象、不同的传染源，采取不同的处理措施。

第二节　动物产品检疫

畜禽产品检疫即是在畜禽屠宰过程中或屠宰后的检疫。

国家对生猪等动物实行定点屠宰、集中检疫。具体屠宰场（点）由市、县人民政府组织有关部门研究确定。动物防疫监督机构对屠宰场（点）屠宰的动物实行检疫并加盖动物防疫监督机构统一验讫印章。

屠宰检疫可划分为宰前检疫和宰后检疫两部分。

一、宰前检疫

指对即将屠宰的动物在屠宰前实施的临床检查。主要包括：查证验物、查验待宰的动物的检疫证（即产地检疫证明或者运输检疫证明等）；了解动物是否来自非疫区；免疫是否在有效期内；是否患病等；同时观察动物的动、静、食及生理指数等有无异常变化。

实施宰前检疫的目的：

（1）及时发现患病动物，实行病健隔离，防止疫病散布，减少对加工环境和产品污染，保证产品的卫生质量和肉品的耐储性。

（2）发现在宰后检疫时难以发现或检出的人畜共患病。如破伤风、脑炎、胃肠炎、李斯特氏菌病、脑包虫病以及某些中毒性疾病。因这些病宰后一般无特殊病理变化或由于解剖部位的关系，在宰后检疫时常有被忽略和漏检，而依据其宰前临床症状能够作出诊断。

（3）及时检出国家禁止宰杀的动物。

二、宰后检疫

指动物屠宰后，对其胴体及各部位组织、器官，依照规程及有关规定所进行的疫病检查。是屠宰检疫中最重要的环节。即在屠畜解体的状态下，直接观察胴体、脏器所呈现的病理变化和异常现象时。全净膛的畜禽，可采用肉体与内脏对照检疫的方法。

动物产品是指动物的生皮、原毛、精液、胚胎、种蛋以及未经加工的胴体、脂、脏器、血液、绒、骨、角、头、蹄等。动物产品检疫包括如下内容：

（一）生猪胴体、肉类检疫

根据《生猪屠宰管理条例》和国家有关法律、行政法规执行屠宰检疫。

1. 头部检查 首先看有无天然孔出血或凝血不良、尸僵不全现象（疑似炭疽不允许剖杀）。通过放血孔切开下颌区皮肤和肌肉，观察左右下颌淋巴结有无充血、出血、发炎、化脓、坏死等病理变化，诊断炭疽、结核、猪瘟和猪肺疫等。去头后，切开两侧咬肌，检查有无囊尾蚴，检查咽喉黏膜、扁桃体及唇、鼻盘和齿龈有无 出血斑、糜烂和水泡，诊断猪口蹄疫和水泡病。

2. 胴体检查

（1）皮肤检验。检查体表有无肿瘤、局部出血、水肿、黄疸、疥癣等，在耳后、腹部毛少处有较大范围的出血点（急性猪瘟）。在全身皮肤出现大小不等的方形、菱形等疹块，稍凸出于皮肤表面（猪丹毒）。毛少处皮肤出现弥漫性瘀（病蓝耳病）；有时全身呈弥漫性出血，严重者肉体皮肤全部红染，其中散布大小不一出血点（猪肺疫猪败血性链球菌）；皮肤出现毛孔根部出血点（附红细胞体）。

（2）胴体内检验。淋巴结的检验：常检的有颌下淋巴结、腹股沟浅淋巴结、腹股沟深淋巴结、髂内淋巴结和深颈淋巴结。看淋巴结有无充血、出血、水肿、发炎、化脓坏死等病理变 化。如淋巴结切面呈大理石样花纹（猪瘟）。

（3）囊尾蚴检验。猪囊尾蚴主要寄生在咬肌、膈肌、腰肌、肩胛 外侧肌和腹部内侧肌等部位。成熟的囊尾蚴的外形呈椭圆形、乳白色，如大米粒大。

（4）旋毛虫检验。从左右膈肌脚取一小块20克左右的肉样，先撕去肌膜观察有无虫体，然后将肉样用剪刀顺纤维方向在不同部位剪取24小片，压片低倍镜镜检，看有无旋毛虫，旋毛虫包囊呈橄榄形0.8～1.00毫米。

（5）内脏检验。

肾脏：剥离肾包膜，观察肾脏色泽、大小、有无瘀血、充血、出血点及其他病变。必要时再剖开肾盂检查。猪瘟肾呈土黄色、针尖状出血；丹毒呈“大红肾”、圆环病毒呈圆形坏死斑；蓝耳病肾呈凸凹不平整。

心、肝、肺、脾：观察心外形、大小、色泽以及心外膜、心包膜状态，同时在左心窝肌肉上纵斜切开、观察有无“虎斑心”（口蹄疫等）和心瓣膜赘生物（ 慢性猪丹毒），并注意血凝状态。血液稀薄、呈水样、不凝固（钩端螺旋体病）；检查肝脏时，看有无肝片吸虫寄生；检查肺部时，观察大小、色泽、肺叶有无出血（猪瘟）、瘀血（蓝耳）、气肿、水肿（弓形虫）、对称形虾肉变（支原体）、纤维素渗出性肺炎（副猪嗜血杆菌）；切开肺组织，看有无结核结节；脾脏发生边缘出血性梗死（猪瘟）、若脾肿呈桃红色，可疑为急性猪丹毒。

胃、肠注意避免胃肠内容物污染场地。检查胃、肠系膜有无出血（猪瘟）、水肿（猪水肿病）、胃肠系膜淋巴结有无出血；并观察胃肠的浆膜，看其表现有无细颈囊尾蚴和结节虫寄生。

（二）其他动物产品的检疫

指精液、种蛋、毛、绒、骨、角、头、蹄、皮张等的检疫、消毒和实验室检验。

动物产品除上所述对动物胴体和内脏进行的屠宰检疫外，对于其他部位一般以消毒为主，不做专门检疫。动物产品符合下列条件即视为合格：动物产品来自非疫区。精液、种蛋的供体应取得健康合格证，包装箱须加贴统一规定的外包装消毒封签标志。对毛、蹄、骨、角应按规定做外包装消毒，并贴统一规定的外包装消毒封签标志。对皮张作炭疽沉淀反应为阴性并消毒。

动物产品检疫证明的有效期，应根据产品种类、用途、运输距离等情况确定，但最长时间不得超过 30 天。

随着使用药物和疫苗种类数量的增多，动物抗体药残留超标情况日益突出。在生猪定点屠宰厂猪胴体检疫过程中采用增检颈部两侧各一刀的检测方法，此方法可检出药物或疫苗残留、脓肿和组织病变坏死等问题。

1. 动物产品的处理 主要是对毛类、皮张、骨角的消毒。由于动物产品来源比较分散，难免混进患病动物的产品，在收购、运输、储存、加工等过程中很容易散播病原，对人、畜都有一定危害。因此，必须进行消毒，避免疫病传播。

（1）角、骨、蹄的消毒。对待运的骨、角、蹄等，一般进行散装消毒，即将杂骨等堆积 20～40 厘米厚，然后用化学消毒剂喷雾或熏蒸消毒。

（2）皮张、毛类的消毒。对传染病患畜的皮张和被污染的毛类，可应用化学方法进行消毒。如猪皮张可置于 5% 的烧碱食盐饱和溶液内，温度在 17～20℃，浸泡 24 小时，或用环氧乙烷消毒（将整捆皮张放置于特制的消毒袋或消毒箱中，通入环氧乙烷进行强力杀菌）或用福尔马林熏蒸消毒法，密闭门窗 16～24 小时。

2. 屠宰检疫后的处理 屠宰检疫结果应具有可追溯性。

（1）合格动物产品的处理。经宰前、宰后检疫合格的动物产品，检疫员应逐头加盖全国动物防疫监督机构统一使用的验讫印章或加封动物防疫监督机构使用的验讫标志，并出具《动物产品检疫合格证明》或《出县境动物产品检疫合格证明》，方能出厂（场、点）销售。

（2）不合格动物产品的处理。经检疫不合格的动物产品，在驻厂（场、点）动物检疫员的监督指导下，按《畜禽病害肉尸及其产品无害化处理规程》（GB 16548—1996）规定的高温、淹制等方法，由厂方（畜主）进行无害化处理，并填写无害化处理登记表。

第四章 动物疫病净化和区域化管理

动物疫病的控制需经历防控、净化、消灭三个阶段。动物疫病净化是从源头消灭重大动物疫病和人兽共患病，动物疫病区域化管理是建立疫病传播隔离区和净化区域，从而促进养殖业发展，保护人类健康，维护公共卫生安全，提高畜产品质量安全水平，最终达到消灭动物疫病的目的。

中华人民共和国成立初期，我国利用区域化控制和免疫相结合的综合措施，于1956年扑灭了严重危害养牛业的牛瘟。1970年停止接种疫苗；2008年5月，在巴黎召开的OIE（世界动物卫生组织）第76届年会上，正式通过了认可我国为无牛瘟国家。其他疫病还处于防控、净化阶段。

第一节 动物疫病净化

动物疫病净化是指在特定区域或场所对某种或某些重点动物疫病实施有计划的消灭过程，达到该范围内个体不发病和无感染状态。其目的就是消灭和清除传染源。疫病净化分非免疫无疫或免疫无疫。净化过程采取监测、检疫检验、隔离、淘杀、生物安全等一系列综合措施。

我国依据《中华人民共和国动物防疫法》和《中长期动物疫病防治规划（2013—2020年）》及动物疫病区域化管理的要求，制定了《动物疫病净化示范场、创建场评估标准（试行）》。自2013年，在全国范围内开展种畜禽场和奶牛场（小区）主要动物疫病净化评估认证工作，农业农村部已公布两批动物疫病净化“示范场”和“创建场”（统称“两场”）。

当前，我国动物疫病净化的畜禽品种为：父母代以上的种鸡、种鸭、种鹅场，原种猪场、种猪场，种牛场、奶牛场，种羊场。净化的疫病病种为：高致病性禽流感、新城疫、禽白血病、沙门氏菌病；猪伪狂犬病、猪瘟、高致病性猪蓝耳病、口蹄疫、布鲁氏菌病、奶牛结核病共10个病种。

一、种畜禽场主要疫病净化现场审查标准

1. 种猪场（表4-1）

表4-1

类别	编号	具体内容	关键项
必备条件	Ⅰ	土地使用符合相关法律法规与区域内土地使用规划，场址选择符合《中华人民共和国畜牧法》和《中华人民共和国动物防疫法》有关规定	

（续）

类别	编号	具体内容	关键项
必备条件	Ⅱ	具有县级以上畜牧兽医主管部门备案登记证明，并按照农业农村部《畜禽标识和养殖档案管理办法》要求，建立养殖档案	
	Ⅲ	具有县级以上畜牧兽医主管部门颁发的《动物防疫条件合格证》，两年内无重大疫病和产品质量安全事件发生记录	
	Ⅳ	种畜禽养殖企业具有县级以上畜牧兽医主管部门颁发的《种畜禽生产经营许可证》	
	Ⅴ	有病死动物和粪污无害化处理设施设备或有效措施	
	Ⅵ	种猪场生产母猪存栏500头以上（地方保种场除外）	
人员管理	1	有净化工作组织团队和明确的责任分工	
	2	全面负责疫病防治工作的技术负责人具有畜牧兽医相关专业本科以上学历或中级以上职称	
	3	全面负责疫病防治工作的技术负责人从事养猪业3年以上	
	4	建立了合理的员工培训制度和培训计划	
	5	有完整的员工培训考核记录	
	6	从业人员有健康证明	
	7	有1名以上本场专职兽医技术人员获得《执业兽医资格证书》	
结构布局	8	场区位置独立，与主要交通干道、居民生活区、屠宰场、交易市场有效隔离	
	9	场区周围有有效防疫隔离带	
	10	养殖场防疫标志明显（有防疫警示标语、标牌）	
	11	分点饲养	
	12	办公区、生产区、生活区、粪污处理区和无害化处理区完全分开且相距50米以上	
	13	对外销售的出猪台与生产区保持有效距离	
	14	净道与污道分开	
栏舍设置	15	有独立的引种隔离舍	
	16	有相对隔离的病猪专用隔离治疗舍	
	17	有预售种猪观察舍或设施	
	18	每栋猪舍均有自动饮水系统	
	19	保育舍有可控的饮水加药系统	
	20	猪舍通风、换气和温控等设施运转良好	
卫生环保	21	场区卫生状况良好，垃圾及时处理，无杂物堆放	
	22	能实现雨污分流	
	23	生产区具备有效的防鼠、防虫媒、防犬猫进入的设施或措施	
	24	场区禁养其他动物，并防止周围其他动物进入场区	
	25	粪便及时清理、转运，存放地点有防雨、防渗漏、防溢流措施	
	26	水质检测符合人畜饮水卫生标准	
	27	具有县级以上环保行政主管部门的环评验收报告或许可	
无害化处理	28	粪污的无害化处理符合生物安全要求	
	29	病死动物剖检场所符合生物安全要求	
	30	建立病死猪无害化处理制度	
	31	病死牛无害化处理设施或措施运转有效并符合生物安全要求	
	32	有完整的病死猪无害化处理记录并具有可追溯性	
	33	无害化处理记录保存3年以上	

（续）

类别	编号	具体内容	关键项
消毒管理	34	有完善的消毒管理制度	
	35	场区入口有有效的车辆消毒池和覆盖全车的消毒设施	
	36	场区入口有有效的人员消毒设施	
	37	有严格的车辆及人员出入场区消毒及管理制度	
	38	车辆及人员出入场区消毒管理制度执行良好并记录完整	
	39	生产区入口有有效的人员消毒、淋浴设施	
	40	有严格的人员进入生产区消毒及管理制度	
	41	人员进入生产区消毒及管理制度执行良好并记录完整	
	42	每栋猪舍入口有消毒设施	
	43	人员进入猪舍前消毒执行良好	
	44	栋舍、生产区内部有定期消毒措施且执行良好	
	45	有消毒剂配液和管理制度	
	46	消毒液定期更换，配制及更换记录完整	
生产管理	47	产房、保育舍和生长舍都能实现猪群全进全出	
	48	制订了投入品（含饲料、兽药、生物制品）管理使用制度，执行良好并记录完整	
	49	饲料、药物、疫苗等不同类型的投入品分类分开储藏，标识清晰	
	50	生产记录完整，包括配种、妊检、产仔、哺育、保育与生长等记录	
	51	有健康巡查制度及记录	
	52	根据当年生产报表，母猪配种分娩率（分娩母猪/同期配种母猪）80%（含）以上	
	53	全群成活率90%以上	
防疫管理	54	卫生防疫制度健全，有传染病应急预案	
	55	有独立兽医室	
	56	兽医室具备正常开展临床诊疗和采样条件	
	57	兽医诊疗与用药记录完整	
	58	有完整的病死动物剖检记录及剖检场所消毒记录	
	59	有动物发病记录、阶段性疫病流行记录或定期猪群健康状态分析总结	
	60	制订了科学合理的免疫程序，执行良好并记录完整	
种源管理	61	建立了科学合理的引种管理制度	
	62	引种管理制度执行良好并记录完整	
	63	国内引种来源于有《种畜禽生产经营许可证》的种猪场；外购精液有《动物检疫合格证明》；国外引进种猪、精液符合相关规定	
	64	引种种猪具有“三证”（种畜禽合格证、动物检疫证明、种猪系谱证）和检测报告	
	65	引入种猪入场前、外购供体/精液使用前、本场供体/精液使用前有猪瘟病原或感染抗体检测报告且结果为阴性	√
	66	引入种猪入场前、外购供体/精液使用前、本场供体/精液使用前有口蹄疫病原或感染抗体检测报告且结果为阴性	√

（续）

类别	编号	具体内容	关键项
种源管理	67	引入种猪入场前、外购供体/精液使用前、本场供体/精液使用前有猪繁殖与呼吸综合征抗原或感染抗体检测报告且结果为阴性	√
	68	引入种猪入场前、外购供体/精液使用前、本场供体/精液使用前有猪伪狂犬病病原检测报告或感染抗体且结果为阴性	√
	69	有近3年完整的种猪销售记录	
	70	本场销售种猪或精液有疫病抽检记录，并附具《动物检疫证明》	
监测净化	71	有猪瘟年度（或更短周期）监测方案并切实可行	
	72	有猪伪狂犬病年度（或更短周期）监测方案并切实可行	
	73	有口蹄疫年度（或更短周期）监测方案并切实可行	
	74	有猪繁殖与呼吸综合征年度（或更短周期）监测方案并切实可行	
	75	检测记录能追溯到种猪及后备猪群的唯一性标识（如耳标号）	√
	76	根据监测方案开展监测，且检测报告保存3年以上	√
	77	开展过动物疫病净化工作，有猪瘟/猪口蹄疫/猪伪狂犬病/猪繁殖与呼吸综合征净化方案	√
	78	净化方案符合本场实际情况，切实可行	√
	79	有3年以上的净化工作实施记录，记录保存3年以上	√
	80	有定期净化效果评估和分析报告（生产性能、发病率、阳性率等）	
	81	实际检测数量与应检测数量基本一致，检测试剂购置数量或委托检测凭证与检测量相符	
场群健康		具有近一年内有资质的兽医实验室监督检验报告（每次抽检头数不少于30头），并且结果符合：	
	82	猪瘟净化示范场：符合净化评估标准；创建场及其他病种示范场：种猪群或后备猪群猪瘟免疫抗体阳性率≥80%	√
	83	口蹄疫净化示范场：符合净化评估标准；创建场及其他病种示范场：口蹄疫免疫抗体阳性率≥70%，病原或感染抗体阳性率≤10%	√
	84	猪伪狂犬病净化示范场：符合净化评估标准；创建场及其他病种示范场：种猪群或后备猪群猪伪狂犬病免疫抗体阳性率≥80%，病原或感染抗体阳性率≤10%	√
	85	猪繁殖与呼吸综合征净化示范场：符合净化评估标准；猪繁殖与呼吸综合征创建场及其他病种示范场：近两年内猪繁殖与呼吸综合征无临床病例	√

2. 种鸡场（表4-2）

表4-2

类别	编号	具体内容	关键项
必备条件	Ⅰ	土地使用符合相关法律法规与区域内土地使用规划，场址选择符合《中华人民共和国畜牧法》和《中华人民共和国动物防疫法》有关规定	
	Ⅱ	具有县级以上畜牧兽医主管部门备案登记证明，并按照农业农村部《畜禽标识和养殖档案管理办法》要求，建立养殖档案	

（续）

类别	编号	具体内容	关键项
必备条件	Ⅲ	具有县级以上畜牧兽医主管部门颁发的《动物防疫条件合格证》，两年内无重大疫病和产品质量安全事件发生记录	
	Ⅳ	种畜禽养殖企业具有县级以上畜牧兽医主管部门颁发的《种畜禽生产经营许可证》	
	Ⅴ	有病死动物和粪污无害化处理设施设备，或有效措施	
	Ⅵ	祖代禽场种禽存栏2万套以上，父母代种禽场种禽存栏5万套以上（地方保种场除外）	
人员管理	1	有净化工作组织团队和明确的责任分工	
	2	全面负责疫病防治工作的技术负责人具有畜牧兽医相关专业本科以上学历或中级以上职称	
	3	全面负责疫病防治工作的技术负责人从事养禽业3年以上	
	4	建立了合理的员工培训制度和培训计划	
	5	有完整的员工培训考核记录	
	6	从业人员有健康证明	
	7	有1名以上本场专职兽医技术人员获得《执业兽医资格证书》	
结构布局	8	场区位置独立，与主要交通干道、生活区、屠宰场、交易市场有效隔离	
	9	场区周围有有效防疫隔离带	
	10	养殖场防疫标志明显（有防疫警示标语、标牌）	
	11	办公区、生产区、生活区、粪污处理区和无害化处理区完全分开且相距50米以上	
	12	有独立的孵化厅，且符合生物安全要求	
	13	净道与污道分开	
栏舍设置	14	鸡舍为全封闭式	
	15	鸡舍通风、换气和温控等设施运转良好	
	16	有饮水消毒设施，及可控的自动加药系统	
	17	有自动清粪系统	
卫生环保	18	场区卫生状况良好，垃圾及时处理，无杂物堆放	
	19	能实现雨污分流	
	20	生产区具备有效的防鼠、防虫媒、防犬猫进入的设施或措施	
	21	厂区内禁养其他动物，并有效防止其他动物进入措施	
	22	粪便及时清理、转运，存放地点有防雨、防渗漏、防溢流措施	
	23	水质检测符合人畜饮水卫生标准	
	24	具有县级以上环保行政主管部门的环评验收报告或许可	
无害化处理	25	粪污无害化处理符合生物安全要求	
	26	病死动物剖检场所符合生物安全要求	
	27	建立了病死鸡无害化处理制度	
	28	病死牛无害化处理设施或措施运转有效并符合生物安全要求	
	29	有完整的病死鸡无害化处理记录并具有可追溯性	
	30	无害化处理记录保存3年以上	

（续）

类别	编号	具体内容	关键项
消毒管理	31	有完善的消毒管理制度	
	32	场区入口有有效的车辆消毒池和覆盖全车的消毒设施	
	33	场区入口有有效的人员消毒设施	
	34	有严格的车辆及人员出入场区消毒及管理制度	
	35	车辆及人员出入场区消毒管理制度执行良好并记录完整	
	36	生产区入口有有效的人员消毒、淋浴设施	
	37	有严格的人员进入生产区消毒及管理制度	
	38	人员进入生产区消毒及管理制度执行良好并记录完整	
	39	每栋鸡舍入口有消毒设施	
	40	人员进入鸡舍前消毒执行良好	
	41	栋舍、生产区内部有定期消毒措施且执行良好	
	42	有消毒剂配液和管理制度	
	43	消毒液定期更换，配制及更换记录完整	
生产管理	44	采用按区或按栋全进全出饲养模式	
	45	制订了投入品（含饲料、兽药、生物制品）管理使用制度，执行良好并记录完整	
	46	饲料、药物、疫苗等不同类型的投入品分类储藏，标识清晰	
	47	生产记录完整，有日产蛋、日死亡淘汰、日饲料消耗、饲料添加剂使用记录	
	48	种蛋孵化管理运行良好，记录完整	
	49	有健康巡查制度及记录	
	50	根据当年生产报表，育雏成活率95%（含）以上	
	51	根据当年生产报表，育成率95%（含）以上	
防疫管理	52	卫生防疫制度健全，有传染病应急预案	
	53	有独立兽医室	
	54	兽医室具备正常开展临床诊疗和采样条件	
	55	兽医诊疗与用药记录完整	
	56	有完整的病死动物剖检记录	
	57	所用活疫苗应有外源病毒的检测证明（自检或委托第三方）	
	58	有动物发病记录、阶段性疫病流行记录或定期（间隔小于3个月）的鸡群健康状态分析总结	
	59	制订了科学合理的免疫程序，执行良好并记录完整	
种源管理	60	建立了科学合理的引种管理制度	
	61	引种管理制度执行良好并记录完整	
	62	引种来源于有《种畜禽生产经营许可证》的种禽场或符合相关规定国外进口的种禽或种蛋，否则不得分	
	63	引种禽苗/种蛋证件（动物检疫合格证明、种禽合格证、系谱证）齐全	
	64	有引进种禽/种蛋抽检检测报告结果：禽流感病原阴性	√
	65	有引进种禽/种蛋抽检检测报告结果：新城疫病原阴性	√

（续）

类别	编号	具体内容	关键项
必备条件	66	有引进种禽/种蛋抽检检测报告结果：禽白血病病原阴性或感染抗体阴性	√
	67	有引进种禽/种蛋抽检检测报告结果：鸡白痢病原阴性或抗体阴性	√
	68	有近3年完整的种雏/种蛋销售记录	
	69	本场销售种禽/种蛋有疫病抽检记录，并附具《动物检疫证明》	
场群健康	70	有禽流感年度（或更短周期）监测方案并切实可行	
	71	有新城疫年度（或更短周期）监测方案并切实可行	
	72	有禽白血病年度（或更短周期）监测方案并切实可行	
	73	有鸡白痢年度（或更短周期）监测方案并切实可行	
	74	育种核心群的检测记录能追溯到种鸡及后备鸡群的唯一性标识（如翅号、笼号、脚号等）	√
	75	根据监测方案开展监测，且检测报告保存3年以上	√
	76	开展过动物疫病净化工作，有禽流感/新城疫/禽白血病/鸡白痢净化方案	√
	77	净化方案符合本场实际情况，切实可行	√
	78	有3年以上的净化工作实施记录，保存3年以上	√
	79	有定期净化效果评估和分析报告（生产性能、每个世代的发病率等）	
	80	实际检测数量与应检测数量基本一致，检测试剂购置数量或委托检测凭证与检测量相符	
场群健康		具有近一年内有资质的兽医实验室监督检验报告（每次抽检头数不少于30头），并且结果符合：	
	81	禽流感净化示范场：符合净化评估标准；创建场及其他病种示范场：禽流感免疫抗体合格率≥90%	√
	82	新城疫净化示范场：符合申报病种净化评估标准；创建场及其他病种示范场：新城疫免疫抗体合格率≥90%	√
	83	禽白血病净化示范场：符合申报病种净化评估标准；创建场及其他病种示范场：禽白血病P27抗原阳性率≤10%	√
	84	鸡白痢净化示范场：符合申报病种净化评估标准；创建场及其他病种示范场：鸡白痢抗体阳性率≤10%	√

3. 规模化奶牛场（表4-3）

表4-3

类别	编号	具体内容	关键项
必备条件	Ⅰ	土地使用符合相关法律法规与区域内土地使用规划，场址选择符合《中华人民共和国畜牧法》和《中华人民共和国动物防疫法》有关规定	
	Ⅱ	具有县级以上畜牧兽医主管部门备案登记证明，并按照农业农村部《畜禽标识和养殖档案管理办法》要求，建立养殖档案	
	Ⅲ	具有县级以上畜牧兽医主管部门颁发的《动物防疫条件合格证》，两年内无重大疫病和产品质量安全事件发生记录	
	Ⅳ	种畜禽养殖企业具有县级以上畜牧兽医主管部门颁发的《种畜禽生产经营许可证》	
	Ⅴ	有病死动物和粪污无害化处理设施设备，或有效措施	
	Ⅵ	奶牛存栏500头以上（种牛场、地方保种场除外）	

（续）

类别	编号	具体内容	关键项
人员管理	1	有净化工作组织团队和明确的责任分工	
	2	全面负责疫病防治工作的技术负责人具有畜牧兽医相关专业本科以上学历或中级以上职称	
	3	全面负责疫病防治工作的技术负责人从事养牛业3年以上	
	4	建立了合理的员工培训制度和培训计划	
	5	有完整的员工培训考核记录	
	6	从业人员有（有关布病、结核病）健康证明	
	7	有1名以上本场专职兽医技术人员获得《执业兽医资格证书》	
结构布局	8	场区位置独立，与主要交通干道、居民区、屠宰场、交易市场有效隔离	
	9	场区周围有有效防疫隔离带	
	10	养殖场防疫标志明显（有防疫警示标语、标牌）	
	11	办公区、生产区、生活区、粪污处理区和无害化处理区完全分开且相距50米以上	
	12	有独立的挤奶厅，挤奶、储存、运输符合国家有关规定	
	13	生产区有犊牛舍、育成（青年）牛舍、泌乳牛舍、干奶牛舍，犊牛舍设置合理	
	14	净道与污道分开	
栏舍设置	15	有独立的后备牛专用舍或隔离栏舍，用于选种或引种过程中牛只隔离	
	16	有相对隔离的病牛专用隔离治疗舍	
	17	有装牛台和预售牛观察设施	
	18	有独立产房，且符合生物安全要求	
	19	牛舍通风、换气和温控等设施运转良好	
卫生环保	20	场区卫生状况良好，垃圾及时处理，无杂物堆放	
	21	生产区具备有效的防鼠、防虫媒、防犬猫进入的设施或措施	
	22	场区禁养其他家畜家禽，并防止周围其他畜、禽进入场区	
	23	粪便及时清理，转运；存放地点有防雨、防渗漏、防溢流措施	
	24	牛舍废污排放符合环保要求	
	25	水质检测符合人畜饮水卫生标准	
	26	具有县级以上环保行政主管部门的环评验收报告或许可	
无害化处理	27	粪污的无害化处理符合生物安全要求	
	28	病死动物剖检场所符合生物安全要求	
	29	建立了病死牛无害化处理制度	
	30	病死牛无害化处理设施或措施运转有效并符合生物安全要求	
	31	有完整的病死牛无害化处理记录并具有可追溯性	
	32	无害化记录保存3年以上	

（续）

类别	编号	具体内容	关键项
消毒管理	33	有完善的消毒管理制度	
	34	场区入口有有效的车辆消毒池和覆盖全车的消毒设施	
	35	场区入口有有效的人员消毒设施	
	36	有严格的车辆及人员出入场区消毒及管理制度	
	37	车辆及人员出入场区消毒管理制度执行良好并记录完整	
	38	生产区入口有有效的人员消毒、淋浴设施	
	39	有严格的人员进入生产区消毒及管理制度	
	40	人员进入生产区消毒及管理制度执行良好并记录完整	
	41	栋舍、生产区内部有定期消毒措施且执行良好	
	42	有消毒剂配液和管理制度	
	43	消毒液定期更换，配制及更换记录完整	
生产管理	44	制订了投入品（含饲料、兽药、生物制品）管理使用制度，执行良好并记录完整	
	45	饲料、药物、疫苗等不同类型的投入品分类分开储藏，标识清晰	
	46	生产记录完整，有生长记录、发病治疗淘汰记录、日饲料消耗记录和饲料添加剂使用记录	
	47	有健康巡查制度及记录	
	48	奶牛年流产率不高于5%	
	49	开展DHI生产性能测定，结果符合要求	
	50	建立奶牛饲养管理、卫生保健技术规范，执行良好并记录完整	
	51	挤奶厅卫生控制符合要求，生鲜乳卫生检测记录完整	
防疫管理	52	卫生防疫制度健全，有传染病应急预案	
	53	有独立兽医室	
	54	兽医室具备正常开展临床诊疗和采样条件	
	55	兽医诊疗与用药记录完整	
	56	有完整的病死动物剖检记录	
	57	有乳房炎、蹄病等治疗和处理方案	
	58	有非正常生鲜乳处理规定，有抗生素使用隔离和解除制度，且记录完整	
	59	对流产奶牛进行隔离并开展布鲁氏菌病检测	
	60	有动物发病记录、阶段性疫病流行记录或定期牛群健康状态分析总结	
	61	制订了口蹄疫等疫病科学合理的免疫程序，执行良好并记录完整	
种源管理	62	建立了科学合理的引种管理制度	
	63	引种管理制度执行良好并记录完整	
	64	引入奶牛、精液、胚胎，证件（动物检疫合格证明、种畜禽合格证、系谱证）齐全	
	65	引入奶牛或种牛，有隔离观察记录	
	66	留用精液/供体牛，抽检检测报告结果：口蹄疫病原检测阴性	√
	67	留用精液/供体牛，抽检检测报告结果：布病检测阴性	√
	68	留用精液/供体牛，抽检检测报告结果：结核病检测阴性	√
	69	有近3年完整的奶牛销售记录	
	70	本场供给种牛/精液有口蹄疫、布病、牛结核病抽检记录	

（续）

类别	编号	具体内容	关键项
监测净化	71	有布鲁氏菌病年度（或更短周期）监测方案并切实可行	
	72	有结核病年度（或更短周期）监测方案并切实可行	
	73	有口蹄疫年度（或更短周期）监测方案并切实可行	
	74	检测记录能追溯到相关动物的唯一性标识（如耳标号）	√
	75	根据监测方案开展监测，且检测报告保存3年以上	√
	76	开展过主要动物疫病净化工作，有布鲁氏菌病/结核病/口蹄疫净化方案	√
	77	净化方案符合本场实际情况，切实可行	√
	78	有3年以上的净化工作实施记录，保存3年以上	√
	79	有定期净化效果评估和分析报告（生产性能、流产率、阳性率等）	
	80	实际检测数量与应检测数量基本一致，检测试剂购置数量或委托检测凭证与检测量相符	
场群健康		具有近一年内有资质的兽医实验室监督检验报告（每次抽检头数不少于30头），并且结果符合：	
	81	口蹄疫净化示范场：符合净化评估标准；创建场及其他病种示范场：口蹄疫免疫抗体合格率≥80%	√
	82	布病净化示范场：符合申报病种净化评估标准；创建场及其他病种示范场：布病阳性检出率≤0.5%	√
	83	结核病净化示范场：符合申报病种净化评估标准；创建场及其他病种示范场：结核病阳性检出率≤0.5%	√

4. 种羊场（表4-4）

表4-4

类别	编号	具体内容	关键项
必备条件	Ⅰ	土地使用符合相关法律法规与区域内土地使用规划，场址选择符合《中华人民共和国畜牧法》和《中华人民共和国动物防疫法》有关规定	
	Ⅱ	具有县级以上畜牧兽医主管部门备案登记证明，并按照农业农村部《畜禽标识和养殖档案管理办法》要求，建立养殖档案	
	Ⅲ	具有县级以上畜牧兽医主管部门颁发的《动物防疫条件合格证》，两年内无重大疫病和产品质量安全事件发生记录	
	Ⅳ	种畜禽养殖企业具有县级以上畜牧兽医主管部门颁发的《种畜禽生产经营许可证》	
	Ⅴ	有病死动物和粪污无害化处理设施设备，或有效措施	
	Ⅵ	种羊场存栏500只以上（地方保种场除外）	
人员管理	1	有净化工作组织团队和明确的责任分工	
	2	全面负责疫病防治工作的技术负责人从事养羊业三年以上	
	3	建立了合理的员工培训制度和培训计划	
	4	有完整的员工培训考核记录	
	5	从业人员有（有关布病）健康证明	
	6	有1名以上本场专职兽医技术人员获得《执业兽医资格证书》	

（续）

类别	编号	具体内容	关键项
结构布局	7	场区位置独立，与主要交通干道、居民生活区、屠宰场、交易市场有效隔离	
	8	场区周围有有效防疫隔离带	
	9	养殖场防疫标志明显（有防疫警示标语、标牌）	
	10	办公区、生产区、生活区、粪污处理区和无害化处理区完全分开且相距 50 米以上	
	11	生产区内种羊、母羊、羔羊、育成（育肥）羊分开饲养或有相应羊舍	
	12	有专用分娩舍或栋舍内有专用分娩栏	
	13	净道与污道分开	
栏舍设置	14	有封闭式、半开放式或开放式羊舍	
	15	有独立的后备羊专用舍或隔离栏舍	
	16	有相对隔离的病羊专用隔离治疗舍	
	17	有预售种羊观察舍或设施	
	18	羊舍通风、换气和温控等设施运转良好	
	19	羊舍内有专用饲槽，有运动场且运动场有补饲槽	
	20	有配套饲草料加工机具	
	21	有与养殖规模相适应的青贮设施及设备和干草棚	
卫生环保	22	场区卫生状况良好，垃圾及时处理，无杂物堆放	
	23	生产区具备有效的预防鼠、防虫媒、防犬猫进入的设施或措施	
	24	场区禁养其他动物，并防止周围其他动物进入场区	
	25	粪便及时清理、转运，存放地点有防雨、防渗漏、防溢流措施	
	26	水质检测符合人畜饮水卫生标准	
	27	具有县级以上环保行政主管部门的环评验收报告或许可	
无害化处理	28	粪污的无害化处理符合生物安全要求	
	29	病死动物剖检场所符合生物安全要求	
	30	建立了病死羊无害化处理制度	
	31	病死牛无害化处理设施或措施运转有效并符合生物安全要求	
	32	有完整的病死羊无害化处理记录并具有可追溯性	
	33	无害化记录保存 3 年以上	
	34	按国家规定处置布病等监测阳性动物，并完整记录	
	35	对流产物实施无害化处理，并记录完整	
消毒管理	36	有完善的消毒管理制度	
	37	场区入口有有效的车辆消毒池和覆盖全车的消毒设施	
	38	场区入口有有效的人员消毒设施	
	39	有严格的车辆及人员出入场区消毒及管理制度	
	40	车辆及人员出入场区消毒管理制度执行良好并记录完整	

（续）

类别	编号	具体内容	关键项
消毒管理	41	生产区入口有有效的人员消毒设备、设施	
	42	有严格的人员进入生产区消毒及管理制度	
	43	人员进入生产区消毒及管理制度执行良好并记录完整	
	44	每栋羊舍（棚圈）有消毒器材或设施，有专用药浴设备或设施	
	45	栋舍、生产区内部有定期消毒措施且执行良好	
	46	有羊只分娩后消毒措施，执行良好	
	47	有消毒剂配液和管理制度	
	48	消毒液定期更换，配置及更换记录完整	
生产管理	49	制订了投入品（含饲料、兽药、生物制品）管理使用制度，执行良好并记录完整	
	50	有饲料库，并且饲料与药物、疫苗等不同类型投入品分类储藏	
	51	生产记录完整，有生长记录、发病治疗淘汰记录、日饲料消耗记录和饲料添加剂使用记录	
	52	有健康巡查制度及记录	
	53	年流产率不高于5%	
防疫管理	54	卫生防疫制度健全，有传染病应急预案	
	55	有独立兽医室	
	56	兽医室具备正常开展临床诊疗和采样条件	
	57	兽医诊疗与用药记录完整	
	58	有完整的病死动物剖检记录	
	59	有预防、治疗羊常见病的规程或方案	
	60	对流产羊进行隔离并开展布鲁氏菌病检测	
	61	有动物发病记录、阶段性疫病流行记录或定期羊群健康状态分析总结	
	62	制订了口蹄疫等疫病科学合理的免疫程序，执行良好并记录完整	
种源管理	63	建立了科学合理的引种管理制度	
	64	引种管理制度执行良好并记录完整	
	65	购进精液、胚胎、引种来源于有《种畜禽生产经营许可证》的单位或符合相关规定国外进口的种羊、胚胎或精液，否则不得分	
	66	引入种羊、精液、胚胎，证件（动物检疫合格证明、种畜禽合格证、系谱证）齐全	
	67	引入动物应有隔离观察记录	
	68	留用种羊/精液，有抽检检测报告结果：口蹄疫病原检测阴性	√
	69	留用种羊/精液，抽检检测报告结果：布鲁氏菌病检测阴性	√
	70	有近3年完整的种羊销售记录	
	71	本场销售种羊、胚胎或精液有疫病抽检记录，并附具完整的系谱及《种畜合格证》《动物检疫证明》	

（续）

类别	编号	具体内容	关键项
监测净化	72	有布鲁氏菌病年度（或更短周期）监测方案并切实可行	
	73	有口蹄疫年度（或更短周期）监测方案并切实可行	
	74	检测记录能追溯到相关动物的唯一性标识（如耳标号）	√
	75	根据监测计划开展监测，且检测报告保存3年以上	√
	76	开展过主要动物疫病净化工作，有布鲁氏菌病/口蹄疫/羊痘净化方案	√
	77	净化方案符合本场实际情况，切实可行	√
	78	有3年以上的净化工作实施记录，记录保存3年以上	√
	79	有定期净化效果评估和分析报告（生产性能、流产率、阳性率等）	
	80	实际检测数量与应检测数量基本一致，检测试剂购置数量或委托检测凭证与检测量相符	
场群健康	具有近一年内有资质的兽医实验室监督检验报告（每次抽检头数不少于30头），并且结果符合：		
	81	口蹄疫净化示范场：符合净化评估标准；创建场及其他病种示范场：口蹄疫免疫抗体合格率≥70%	√
	82	布鲁氏菌病净化示范场：符合申报病种净化评估标准；创建场及其他病种示范场：布鲁氏菌病阳性检出率≤0.5%	√

5. 种公猪站（表4－5）

表4－5

类别	编号	具体内容及评分标准	关键项
必备条件	Ⅰ	土地使用符合相关法律法规与区域内土地使用规划，场址选择符合《中华人民共和国动物防疫法》和《中华人民共和国畜牧法》有关规定	
	Ⅱ	具有县级以上畜牧兽医行政主管部门备案登记证明，并按照农业农村部《畜禽标识和养殖档案管理办法》要求，建立养殖档案	
	Ⅲ	具有县级以上畜牧兽医行政主管部门颁发的《动物防疫条件合格证》，两年内无重大疫病发生记录	
	Ⅳ	具有畜牧兽医行政主管部门颁发的《种畜禽生产经营许可证》	
	Ⅴ	存栏采精公猪不少于30头	
	Ⅵ	有病死动物和粪污无害化处理设施或措施	
人员管理	1	有净化工作组织团队和明确的责任分工	
	2	有专职的精液分装检验人员	
	3	技术人员必须经过专业培训并取得相关证明	
	4	建立了合理的员工培训制度和培训计划	
	5	有完整的员工培训考核记录	
	6	从业人员有健康证明	
	7	有1名以上本场专职兽医技术人员获得《执业兽医资格证书》	

（续）

类别	编号	具体内容及评分标准	关键项
结构布局	8	场区位置独立，与主要交通干道、居民生活区、屠宰场、交易市场有效隔离	
	9	场区周围有有效防疫隔离带	
	10	养殖场防疫标志明显（有防疫警示标语、标牌）	
	11	办公区、生产区、生活区、粪污处理区和无害化处理区完全分开且相距 50 米以上	
	12	有独立的采精室，且功能室布局合理，有专用的精液销售区	
	13	采精室和精液制备室有效隔离，分别有独立的洗澡更衣室	
	14	精液制备室、精液质量检测室洁净级别达到万级	
	15	有独立的引种隔离舍或后备培育舍	
	16	净道与污道分开	
设施设备	17	采精室、精液制备室、精液质量检测室有控温、通风换气和消毒设施设备，且运转良好	
	18	精液分装区域洁净级别达到百级	
	19	猪舍通风、换气和温控等设施运转良好，有独立高效空气过滤系统	
卫生环保	20	场区卫生状况良好，垃圾及时处理，无杂物堆放	
	21	能实现雨污分流	
	22	生产区具备有效的防鼠、防虫媒、防犬猫进入的设施或措施	
	23	粪便及时清理、转运，存放地点有防雨、防渗漏、防溢流措施	
	24	水质检测符合人畜饮水卫生标准	
	25	具有县级以上环保行政主管部门的环评验收报告或许可	
无害化处理	26	粪污无害化处理符合生物安全要求	
	27	建立了病死猪、废弃物及粪污无害化处理制度	
	28	病死牛无害化处理设施或措施运转有效并符合生物安全要求	
	29	有完整的病死猪无害化处理记录并具有可追溯性	
	30	无害化处理记录保存 3 年以上	
	31	有病死猪死亡原因分析	
	32	淘汰猪处理记录完整，并保存 3 年以上	
消毒管理	33	有完善的消毒管理制度	
	34	场区入口有有效的人员消毒设施及覆盖全车的车辆消毒设施	
	35	有严格的车辆及人员出入场区消毒及管理制度	
	36	车辆及人员出入场区消毒管理制度执行良好并记录完整	
	37	生产区入口有有效的人员消毒、淋浴设施	
	38	有严格的人员进入生产区消毒及管理制度	
	39	人员及投入品进入生产区消毒及管理制度执行良好并记录完整	
	40	生产区内部有定期消毒措施且执行良好	
	41	精液采集、传递、配制、储存等各生产环节符合生物安全要求	
	42	采精及各功能室及生产用器具定期消毒，记录完整	
	43	有消毒剂配液和管理制度	
	44	消毒液定期更换，配置及更换记录完整	

（续）

类别	编号	具体内容及评分标准	关键项
生产管理	45	制订了投入品（含饲料、兽药、生物制品等）使用管理制度，执行良好并记录完整	
	46	饲料、药物、疫苗等不同类型的投入品分类分开储藏，标识清晰	
	47	有种公猪精液生产技术规程并严格遵照执行，有保存完整的3年以上的档案记录	
	48	有精液质量检测技术规程并严格遵照执行，有保存完整的3年以上的档案记录	
	49	有种公猪饲养管理技术规程并严格遵照执行，有保存完整的3年以上的档案记录	
	50	采精和精液分装由不同的工作人员完成	
	51	有日常健康巡查制度及记录	
防疫管理	52	有常见疾病防治规程及突发动物疫病应急预案	
	53	动物发病、兽医诊疗与用药记录完整	
	54	有阶段性疫病流行记录或定期猪群健康状态分析总结	
种源管理	55	建立科学合理的引种管理制度、执行良好并有完整的记录	
	56	有引种隔离管理制度，执行良好并有完整记录	
	57	国内引种来源于取得省级《种畜禽生产经营许可证》的种猪场；国外引进种猪符合相关规定	
	58	国内引入种猪入场前猪瘟病毒检测结果阴性，国外引入种猪入场前猪瘟病毒抗体检测阴性	√
	59	国内引入种猪入场前口蹄疫病毒检测结果阴性，国外引入种猪入场前口蹄疫病毒抗体检测阴性	√
	60	国内引入种猪入场前猪伪狂犬病病毒或感染抗体检测结果为阴性，国外引入种猪入场前猪伪狂犬病病毒抗体检测阴性	√
	61	引入种猪入场前猪繁殖与呼吸综合征抗原和抗体检测结果均为阴性	√
	62	有3年以上的精液销售、使用记录	
	63	本场供给精液有猪繁殖与呼吸综合征病毒、猪伪狂犬病病毒、猪瘟病毒的定期抽检记录	
监测净化	64	有猪瘟年度（或更短周期）监测方案并切实可行	
	65	有猪伪狂犬病年度（或更短周期）监测方案并切实可行	
	66	有口蹄疫年度（或更短周期）监测方案并切实可行	
	67	有猪繁殖与呼吸综合征年度（或更短周期）监测方案并切实可行	
	68	检测记录能追溯到种公猪个体的唯一性标识（如耳标号）	√
	69	检测报告保存3年以上	√
	70	有口蹄疫/猪瘟/猪繁殖与呼吸综合征/猪伪狂犬病净化维持方案，并切实可行	√
	71	有净化工作记录，记录保存3年以上	√
	72	有检测试剂购置、委托检验凭证或其他与检验报告相符的证明材料，实际检测数量与应检测数量基本一致	
	73	具有近3年有资质的兽医实验室监督检测报告，并且申报评估病种病原检测结果阴性	√

6. 种公牛站（表 4－6）

表 4－6

类别	编号	具体内容	关键项
必备条件	Ⅰ	土地使用符合相关法律法规与区域内土地使用规划，场址选择符合《中华人民共和国畜牧法》和《中华人民共和国动物防疫法》有关规定	
	Ⅱ	具有县级以上畜牧兽医行政主管部门备案登记证明，并按照农业农村部《畜禽标识和养殖档案管理办法》要求，建立养殖档案	
	Ⅲ	具有县级以上畜牧兽医部门颁发的《动物防疫条件合格证》，两年内无重大疫病和产品质量安全事件发生记录	
	Ⅳ	种畜禽养殖企业具有省级以上畜牧兽医部门颁发的《种畜禽生产经营许可证》	
	Ⅴ	存栏采精种用公牛不少于 50 头	
	Ⅵ	有病死动物和粪污无害化处理设施设备或有效措施	
人员管理	1	有净化工作组织团队和明确的责任分工	
	2	全面负责疫病防治工作的技术负责人具有畜牧兽医相关专业本科以上学历或中级以上职称	
	3	全面负责疫病防治工作的技术负责人从事养牛业 3 年以上	
	4	建立了合理的员工培训制度和培训计划	
	5	有完整的动物防疫员工培训考核记录	
	6	从业人员有（有关布病、结核病）健康证明	
	7	有 1 名以上本场专职兽医技术人员获得《执业兽医资格证书》	
结构布局	8	场区位置独立，与主要交通干道、居民生活区、屠宰场、交易市场有效隔离	
	9	场区周围有有效防疫隔离带	
	10	养殖场防疫标志明显（有防疫警示标语、标牌）	
	11	办公区、生产区、生活区、粪污处理区和无害化处理区完全分开且相距 50 米以上	
	12	有独立的采精（采胚）区，且功能室设置合理，布局科学	
	13	采精室与精液生产室有效隔离，分别有独立的洗澡更衣室	
	14	生产区圈舍布局合理，距离符合要求	
	15	有独立的引种隔离舍或后备培育舍	
	15	净道与污道分开	
	16	种公牛一牛一栏，运动场设置合理	
栏舍设置	17	有相对隔离的病牛专用隔离治疗舍	
	18	精液生产室有控温、通风换气和消毒设施设备，且运转良好	
	19	计量器具通过检定合格或校准	
	20	牛舍通风、换气和温控等设施运转良好	
卫生环保	21	场区卫生状况良好，垃圾及时处理，无杂物堆放	
	22	生产区具备有效的预防鼠、防虫媒、防犬猫进入的设施或措施	
	23	粪便及时清理、转运，存放地点有防雨、防渗漏、防溢流措施	
	24	水质检测符合人畜饮水卫生标准	
	25	具有县级以上环保行政主管部门的环评验收报告或许可	

（续）

类别	编号	具体内容	关键项
无害化处理	26	粪污无害化处理符合生物安全要求	
	27	建立了病死牛、废弃物及粪污无害化处理制度	
	28	病死牛无害化处理设施或措施运转有效并符合生物安全要求	
	29	有完整的病死牛无害化处理记录并具有可追溯性	
	30	无害化记录保存 3 年以上	
	31	有病死牛死亡原因分析	
	32	淘汰牛处理记录完整，并保存 3 年以上	
消毒管理	33	有完善的消毒管理制度	
	34	场区入口有有效的人员消毒设施及覆盖全车的车辆消毒设施	
	35	有严格的车辆及人员出入场区消毒及管理制度	
	36	车辆及人员出入场区消毒管理制度执行良好并记录完整	
	37	生产区入口有有效的人员消毒设施	
	38	有严格的人员进入生产区消毒及管理制度	
	39	人员进入生产区消毒及管理制度执行良好并记录完整	
	40	生产区内部有定期消毒措施且执行良好	
	41	精液采集、传递、配制、储存等各生产环节符合《牛冷冻精液》（GB 4143—2008）要求	
	42	采精/采胚区各功能室及生产用器具定期消毒，记录完整	
	43	有消毒剂配液和管理制度	
	44	消毒液定期更换，配置及更换记录完整	
生产管理	45	制订了投入品（含饲料、兽药、生物制品）管理使用制度，执行良好并记录完整	
	46	饲料、药物、疫苗等不同类型的投入品分类分开储藏，标识清晰	
	47	有精液生产技术规程，严格遵照执行并保存完整的档案记录 3 年以上	
	48	有精液质量检测技术规程，严格遵照执行并保存完整的档案记录 3 年以上	
	49	有种公牛饲养管理技术规程，严格遵照执行并保存完整的档案记录 3 年以上	
	50	有日常健康巡查制度及记录	
防疫管理	51	卫生防疫制度健全，有传染病应急预案	
	52	有专用的兽医室，并具备正常开展临床诊疗和采样条件	
	53	有常见疾病防治规程或方案	
	54	动物发病、兽医诊疗与用药记录完整	
	55	有阶段性疫病流行记录或定期牛群健康状态分析总结	
	56	制订科学合理的免疫程序，执行良好并记录完整	
种源管理	57	建立科学合理的引种管理制度、执行良好并有完整的记录	
	58	有引种隔离管理制度，执行良好并有完整记录	
	59	国内购进种公牛、精液、胚胎、来源于有《种畜禽生产经营许可证》的单位，国外进口的种牛、胚胎或精液符合相关规定	
	60	引入种牛口蹄疫病原检测阴性	√

（续）

类别	编号	具体内容	关键项
种源管理	61	引入种牛布病检测阴性	√
	62	引入种牛结核病检测阴性	√
	63	有3年以上的精液/胚胎及种公牛、种牛销售记录	
	64	本场供给种牛/精液有口蹄疫、布病、牛结核病抽检记录	
监测净化	65	有布鲁氏菌病监测方案并切实可行	
	66	有结核病监测方案并切实可行	
	67	有口蹄疫监测方案并切实可行	
	68	根据监测计划开展检测，每季度至少开展一次检测，年度检测覆盖所有种公牛/种牛	√
	69	检测报告保存3年以上	√
	70	具有根据检测记录编号能追溯到种公牛的唯一性标识（如耳标号）	√
	71	有布鲁氏菌病/结核病/口蹄疫净化维持方案，并切实可行	√
	72	有净化工作记录，记录保存3年以上	√
	73	有检测试剂购置、委托检验凭证或其他与检验报告相符的证明材料，实际检测数量与应检测数量基本一致	
	具有近三年内有资质的兽医实验室监督检测报告，并且结果符合：		
	74	口蹄疫病原检测阴性，采精公牛口蹄疫免疫抗体合格率≥90%	√
	75	布鲁氏菌病检测阴性	√
	76	结核病检测阴性	√

注：必备条件一票否决，且关键项全部合格，为现场评审通过。

二、种畜禽场主要疫病净化评估标准

种畜禽场主要疫病净化场应同时满足以下条款要求，视为达到评估标准。

（一）种猪场

1. 猪伪狂犬病

（1）免疫无疫标准。

① 生产母猪和后备种猪，猪伪狂犬病病毒 gB 抗体阳性率大于 90%。

② 种公猪、生产母猪和后备种猪，猪伪狂犬病病毒 gE 抗体检测均为阴性。

③ 连续两年以上无临床病例。

④ 现场综合审查通过。

（2）净化标准。

① 种公猪、生产母猪和后备种猪，猪伪狂犬病病毒抗体检测均为阴性。

② 停止免疫两年以上，无临床病例。

③ 现场综合审查通过。

采样和检测：采集种公猪、生产母猪、后备种猪血清，ELISA 方法做抗体检测。

2. 猪瘟

（1）免疫无疫标准。

① 生产母猪、后备种猪，猪瘟病毒抗体阳性率90%以上。

② 种公猪、生产母猪和后备种猪，猪瘟病原学检测均为阴性。

③ 连续两年以上无临床病例。

④ 现场综合审查通过。

（2）净化标准。

① 种公猪、生产母猪和后备种猪，猪瘟病毒抗体检测均为阴性。

② 停止免疫两年以上，无临床病例。

③ 现场综合审查通过。

采样和检测：采集种公猪、生产母猪、后备种猪活体扁桃体、血清。病原学检测用荧光PCR方法；抗体检测用ELISA方法。

3. 猪繁殖与呼吸综合征

（1）免疫无疫标准。

① 生产母猪和后备种猪，猪繁殖与呼吸综合征病毒免疫抗体阳性率90%以上；种公猪抗体抽检均为阴性。

② 种公猪、生产母猪和后备种猪，猪繁殖与呼吸综合征病原学检测均为阴性。

③ 连续两年以上无临床病例。

④ 现场综合审查通过。

（2）净化标准。

① 种公猪、生产母猪、后备种猪，猪繁殖与呼吸综合征病毒抗体检测均为阴性。

② 停止免疫两年以上，无临床病例。

③ 现场综合审查通过。

采样和检测：采集种公猪、生产母猪、后备种猪精液、血清。病原学检测用荧光PCR方法，抗体检测用ELISA方法。

4. 口蹄疫免疫无疫标准

（1）生产母猪和后备种猪，口蹄疫病毒免疫抗体合格率90%以上。

（2）种公猪、生产母猪、后备种猪，口蹄疫病原学检测阴性。

（3）连续两年以上无临床病例。

（4）现场综合审查通过。

采样和检测：采集种公猪、生产母猪、后备种猪扁桃体、精液、血清。病原学检测用荧光PCR方法，抗体检测用ELISA方法。

（二）种禽场

1. 高致病性禽流感免疫无疫标准

（1）种鸡群抽检，H5亚型禽流感病毒免疫抗体合格率90%以上。

（2）种鸡群抽检，H5和H7亚型禽流感病原学检测均为阴性。

（3）连续两年以上无临床病例。

（4）现场综合审查通过。

采样和检测：采集种鸡群咽喉和泄殖腔拭子、血清。病原学检测用荧光PCR方法；抗体检测用HI方法。同时检测（H5/H7）亚型抗体。

2. 鸡新城疫免疫无疫标准

（1）种鸡群鸡新城疫病毒免疫抗体合格率 90%以上。

（2）种鸡群鸡新城疫病原学检测均为阴性。

（3）连续两年以上无临床病例。

（4）现场综合审查通过。

采样和检测：采集种鸡群咽喉和泄殖腔拭子、血清。病原学检测用荧光 PCR 方法，抗体检测用 HI 方法。

3. 禽白血病净化标准

（1）种鸡群禽白血病病原学检测均为阴性。

（2）连续两年以上无临床病例。

（3）现场综合审查通过。

采样和检测：采集种鸡群 500 枚种蛋种鸡群、单系 50 份（随机抽样，覆盖不同栋鸡群）、血清。病原学检测用 ELISA 方法检测 p27 抗原，DF－1 细胞病毒分离。

备注：p27 抗原检测全部为阴性，实验室检测通过；p27 抗原检测阳性率高于 1%，实验室检测不通过；检出 p27 抗原阳性且阳性率 1%以内，采用病毒分离进行复测，病毒分离全部为阴性，实验室检测通过；病毒分离出现阳性，实验室检测不通过。

4. 鸡白痢净化标准

（1）血清学抽检，祖代以上养殖场阳性率低于 0.2%，父母代场阳性率低于 0.5%。

（2）连续两年以上无临床病例。

（3）现场综合审查通过。

采样和检测：采集种鸡群全血，做平板凝集试验。

（三）奶 牛 场/ 种牛场

1. 口蹄疫免疫无疫标准

（1）牛群口蹄疫免疫抗体合格率 90%以上。

（2）牛群口蹄疫病原学检测均为阴性。

（3）连续两年以上无临床病例。

（4）现场综合审查通过。

采样和检测：采集成年牛 O－P 液、血清。病原学检测用 PCR 方法；抗体检测用 ELISA 方法。

2. 布鲁氏菌病净化标准

（1）牛群布鲁氏菌抗体检测阴性。

（2）连续两年以上无临床病例。

（3）现场综合审查通过。

采样和检测：采集成年牛血清。抗体检测：虎红平板凝集试验初筛及试管凝集试验确诊（或 C－ELISA 试验确诊）。

3. 牛结核病净化标准

（1）牛群牛结核菌素皮内比较变态反应阴性。

（2）连续两年以上无临床病例。

(3) 现场综合审查通过。

采样和检测：成年牛现场做牛结核菌素皮内比较变态反应试验。

(四) 种羊场

1. 口蹄疫免疫无疫标准

(1) 1种羊群应免口蹄疫免疫抗体合格率85%以上。

(2) 种羊群口蹄疫病原学检测阴性。

(3) 连续两年以上无临床病例。

(4) 现场综合审查通过。

采样和检测：采集成年种羊O-P液、血清。病原学检测用PCR方法，抗体检测用ELISA方法。

2. 布鲁氏菌病净化标准

(1) 种羊群布鲁氏菌抗体检测阴性。

(2) 连续两年以上无临床病例。

(3) 现场综合审查通过。

采样和检测：采集成年种羊血清。抗体检测：虎红平板凝集试验初筛及试管凝集试验确诊（或C-ELISA试验确诊）。

(五) 种公猪站

1. 猪伪狂犬病净化标准

(1) 采精公猪、后备种猪猪伪狂犬病病毒抗体检测阴性。

(2) 停止免疫两年以上，无临床病例。

(3) 现场综合审查通过。

采样和检测：采集种公猪精液、血清，后备公猪100%采样。存栏200头以下，100%采样；存栏200头以上，按照证明无疫公式计算采样数量。

2. 猪瘟净化标准

(1) 采精公猪、后备种猪猪瘟病毒抗体检测阴性。

(2) 停止免疫两年以上，无临床病例。

(3) 现场综合审查通过。

采样和检测：同种公猪站猪伪狂犬病。

3. 猪繁殖与呼吸综合征净化标准

(1) 采精公猪、后备种猪抽检，猪繁殖与呼吸综合征病毒抗体阴性。

(2) 停止免疫两年以上，无临床病例。

(3) 现场综合审查通过。

采样和检测：同种公猪站猪伪狂犬病。

(六) 种公牛站

1. 口蹄疫免疫无疫标准

(1) 采精公牛、后备公牛应免口蹄疫免疫抗体合格率90%以上。

（2）采精公牛、后备公牛口蹄疫病原学检测均为阴性。

（3）连续两年以上无临床病例。

（4）现场综合审查通过。

采样和检测：存栏 50 头以下，100%采样；存栏 50 头以上，按照证明无疫公式计算采样数量；后备公牛 100%抽样。采集公牛精液、O－P 液、血清。

2. 布鲁氏菌病净化标准

（1）采精公牛、后备公牛布鲁氏菌抗体检测均为阴性。

（2）连续两年以上无临床病例。

（3）现场综合审查通过。

采样和检测：存栏 50 头以下，100%采样；存栏 50 头以上，按照证明无疫公式计算采样数量；后备公牛 100%抽样。采集公牛血清。抗体检测用虎红平板凝集试验初筛及试管凝集试验确诊（或 C－ELISA 试验确诊）。

3. 牛结核病净化标准

（1）采精公牛、后备公牛牛结核菌素皮内比较变态反应阴性。

（2）连续两年以上无临床病例。

采样和检测：存栏 50 头以下，100%采样；存栏 50 头以上，按照证明无疫公式计算数量，后备公牛 100%抽样。对采精公牛做牛结核菌素皮内比较变态反应。

各种疫病现场抽样数量计算方法：①病原检测（包括布鲁氏菌病、结核等非免疫净化病种）。按照证明无疫公式计算（置信度 $CL=95\%$，预期流行率 $P=3\%$），随机抽样，覆盖不同畜群。②抗体检测。按照预估期望值公式计算（置信度 $CL=95\%$，期望值 $P=90\%$，误差 $e=10\%$），随机抽样，覆盖不同畜群。

第二节　动物疫病区域化管理

实施动物疫病区域化管理是控制动物疫病的重要措施，OIE 和 WTO 制定了动物疫病区划的国际标准和贸易认可原则。据 OIE 统计，目前全世界已有 74%的国家实行动物疫病区域化管理。对于那些难以在国界或边界处控制其传入的疫病，在整个国家水平或在一定区域水平建立和维持无疫状态是比较困难的。因此，在 2003 年 6 月 WTO－SPS 会议上，OIE 代表提出了动物疫病区域化政策的新理念——生物安全隔离区划。2005 年 6 月，OIE 第 73 届年会上，关于“生物安全隔离区划”条款的修订获得了通过，并载入了 2005 年《陆生动物卫生法典》。这种区域化模式是以企业为核心和基础的，即通过采取生物安全管理控制措施等手段，建设无疫生物安全隔离区。

1998 年，我国农业部启动了第一期动物保护工程规划建设。2001 年，我国在自然条件好、相对封闭、易于管理的胶东半岛、辽东半岛、四川盆地、松辽平原和海南岛 5 片区域，开展无疫区示范区建设。参照 OIE《陆生动物卫生法典》要求，出台了《无规定动物疫病区管理技术规范》《无规定动物疫病区评估管理办法》。通过加强和完善动物疫病控制体系、动物卫生监督体系、动物疫情监测体系、动物防疫屏障体系四大工程体系建设，开展口蹄疫、鸡新城疫、猪瘟、高致病性禽流感等重大动物疫病免疫无疫区建设。动物疫病区域化管理措施，按照“建设一片，巩固一片，扩大一片”的原则，在全国范围得到普遍展开。

一、动物疫病区域化管理模式

动物疫病区域化管理是当前国际通行的动物卫生管理方式，在OIE《陆生动物卫生法典》中，区域化模式包括区域区划和生物安全隔离区划两类基本类型。区域区划又包括无规定动物疫病区（以下简称“无疫区”）和感染区两种类型，监测区、缓冲区、控制区等区域的设置是为区域无疫服务的。无疫区主要适用于以地理屏障（采用自然、人工或法定边界）为基础界定的动物亚群体（如胶东半岛无疫区），而生物安全隔离区划主要适用于以生物安全管理和饲养操作规范为基础界定的动物亚群体（如无高致病性禽流感生物安全隔离区）。无疫区能够在一个国家的一定区域内更为有效地利用资源。生物安全隔离区可以使一个动物亚群与其他家养或野生动物通过生物安全措施实现功能性的隔离，当疫病暴发时，尽管地理位置不同，采用生物安全隔离区划可以使一个成员国利用动物亚群体间的关联或共同的生物安全管理措施，促进疫病控制，保持贸易持续。无疫区则无法实现这一点。

我国地域广阔，各地自然条件、生态环境、经济水平、动物卫生和疫病状况、动物疫病防控水平以及畜牧业养殖情况等不同，难以完全在统一管理模式下，控制和扑灭动物疫病。我国根据《无疫区评估管理办法》中规定了三类无疫区，一为省（自治区、直辖市）的部分或全部区域；二为毗邻省的连片区域；三为同一生物安全管理体系下的若干养殖屠宰加工场所构成的一定区域（即生物安全隔离区）。

（一）区域区划模式

实施动物疫病区域化管理的区域，应为畜牧业较发达、产业布局合理、规模化生产水平较高，且有较好的动物防疫工作基础的地区。对动物疫病采取区域区划管理。一是需要充分考虑畜牧业经济和公共卫生基础。因此，在规划实施区域区划时，有针对性地开展无疫区建设，如某一区域养羊业发达，就针对危害羊的疫病开展动物疫病区域化管理，如果该区域养殖业基础差，难以形成规模和产业，开展动物疫病的区域化管理的意义就不大。二是需要划定特定区域。区域可以是一个省的部分或全部，也可以是毗邻省的连片区域。三是对该区域建立屏障体系。屏障体系包括自然屏障和人工屏障。充分利用区域周围的海洋、沙漠、河流、山脉、铁路、高速公路等自然屏障；在自然屏障难以保障阻止带毒的动物从区域外自由进入区域内的某些地方通过设置电子篱笆，围墙或检查站等，人为地阻止风险动物进入。

1. 无规定动物疫病区 无规定动物疫病区是指在规定期限内，没有发生过某种或几种疫病、同时在该区域及其边界和外围一定范围内，对动物和动物产品、动物源性饲料、动物遗传材料、动物病料、兽药（包括生物制品）的流通，官方有效控制并获得国家认可的特定地域。

无规定动物疫病区包括：免疫无规定疫病区和非免疫无规定疫病区。

（1）免疫无规定动物疫病区（简称“免疫无疫区”）。仅适用用于某些特定疫病。在无疫病国家，为防止外来疫病威胁，或在有疫情的国家应谨慎按规定实施免疫接种。

（2）非免疫无规定动物疫病区（简称“非免疫无疫区”）。仅适用用于某些特定疫病。某一国家即使仍有疫情，也可建立非免无规定动物疫病区。

2. 感染区　指在某一确定区域，相关疫病的状态没有被证明达到规定的要求。

（二）生物安全隔离区划模式

生物安全隔离区划模式，一是对生产单元进行管理；二是对这些生产单元在同一生物安全管理体系下进行管理。一个生物安全隔离区是一个动物亚群体，该亚群体所有成员在相互关系和卫生状况上保持了统一性，作为一个整体，它在利益、地理特征等条件上处于一个明确的状况。

生物安全隔离区的基本要求为：建立生物安全隔离区的养殖、孵化（繁育）、屠宰、加工企业应是一个独立的法人实体，且地理位置相对集中，原则上处于同一县级行政区域内、半径50千米的地理区域内；在实施良好生物安全管理措施及有效的风险管理基础上，区域范围可适当扩大。

二、无规定动物疫病区和生物安全隔离区的评估

无疫区和生物安全隔离区的评估的核心是对区域内规定动物疫病无疫状况和维持无疫能力的验证和确认，按照“监测证明无疫、监管维持无疫、应急恢复无疫”等原则，全面核查区域内按《无规定动物疫病区管理技术规范》和《肉禽无规定动物生物安全隔离区建设通用规范（实行）》《肉禽无禽流感生物安全隔离区标准（试行）》要求的执行和落实情况。

无疫区评估可分为四种情况：一是无疫区建成后，申请国家评估的；二是已公布为无疫区，发生规定动物疫病后解除封锁，需要恢复为无疫区的；三是发生重大动物疫情解除封锁后，需要国家确认为无疫状况的；四是动物及动物产品对外贸易活动中需要进行无疫区状况评估的。

1. 阶段性评估　评估可分为事前评估、事中评估、事后评估三个部分。

（1）事前评估。对区域化管理建设申报及方案可行性的评估

（2）事中评估。评估兽医基础设施和基础体系、动物疫病控制体系、动物防疫监督体系、动物疫情监测体系、动物防疫屏障体系等建设情况。

（3）事后评估。在已有的评估制度和评估程序的基础上，完善维持无疫状况评估的相关程序。

2. 无疫区评估的要素

（1）区域区划地理和畜牧业情况。

（2）兽医体系建设情况。

（3）动物疫情报告体系。

（4）动物疫病流行情况。

（5）控制、扑灭策略和措施。

（6）免疫情况。

（7）监测情况。

（8）实验室建设。

（9）屏障及边界控制措施。

（10）应急反应。

3. 评价和确认生物安全隔离区的要素

生物安全隔离区评估采用“企业自愿建设，国家评估认可”的方式。

(1) 生物安全隔离区范围的确定。生物安全隔离区必须清楚地进行界定，指出生物安全隔离区中包括养殖场在内的所有组成部分的地理位置、相关功能单位（如饲料厂、屠宰场及炼制厂）、这些功能单位之间的相互关系及其对生物安全隔离区内的动物和具有不同卫生状况的动物亚群体之间在流行病学隔离上的影响。

(2) 生物安全隔离区同潜在感染源的流行病学隔离。与卫生相关的生物安全；影响生物安全隔离区内生物安全状况的物理、空间和位置因素；先决条件是存在有效地追溯系统。

(3) 确定生物安全隔离区的要素文件。应有标准操作程序以记录生物安全隔离区的所有操作。

(4) 兽医机构对生物安全隔离区的监管和控制。

(5) 病原或疾病的监测。监测包括收集和分析疾病或感染的数据。

(6) 诊断能力。应有官方指定的实验室从事样品检测工作，并且实验室的设施设备应符合《OIE 陆生和水生动物疫病诊断试验和疫苗手册》中规定的质量保证标准。

(7) 突发事件反应、控制和通报能力。

第三节 重大动物疫病特定无疫标准

见表 4-7。

表 4-7 重大动物疫病特定无疫标准

动物疫病名称	序号	无疫类型	无疫标准
口蹄疫	1	非免疫无疫	①为法定报告疫病，监测体系完善；②12 个月内未发生过疫情，且没有监测到感染动物；③停止免疫接种 12 个月；④停止免疫后，未引进过免疫接种动物
		免疫无疫	①为法定报告疫病，监测体系完善；②2 年内未发生过疫情，且 12 个月内没有监测到感染动物；③免疫接种程序化，所用疫苗符合规定标准；④停止免疫 12 个月后，可以转变为非免疫无疫状态
水疱性口炎	2		①为法定报告疫病；②2 年内未发现临床病例，无流行病学和其他迹象
猪水疱病	3		①过去 2 年内没有疫情发生；或②采取捕杀政策时，9 个月内未发现疫情
牛瘟	4	无牛瘟感染	①实施捕杀政策，禁止免疫接种，进行血清学监测，最后一例病例消灭后 6 个月；或②实施捕杀政策和紧急免疫接种（免疫动物标识完整），进行血清学监测，最后一个免疫动物宰杀后 6 个月；或③不实施捕杀政策而采取免疫接种（免疫动物标识完整）及血清学监测，最后一例病例出现或最后免疫接种动物宰杀后（后发生者为准）12 个月
小反刍兽疫	5		①过去 3 年内没有疫情发生；或②采取捕杀政策时，6 个月内未发现疫情

（续）

动物疫病名称	序号	无疫类型	无疫标准
牛肺疫	6		①连续10年未接种过疫苗；②期间未发现临床或病理学病例；③覆盖全部易感动物的监督和报告系统停止免疫接种12个月；④鉴别诊断程序完善
结节性皮肤病	7		①为法定报告疫病，监测体系完善；②过去3年内未发生疫情
裂谷热	8		①为法定报告疫病；②过去3年内未发现临床或血清学病例；③期间未从感染国家进口过易感动物
蓝舌病	9		①监测体系完善；②12个月内未接种疫苗且2年内无感染证据
羊痘	10		①过去3年内没有疫情；或②采取捕杀政策时，6个月内未发现疫情
非洲马瘟	11		①为法定报告疫病；②过去2年内未发现临床或血清学病例，或无流行病学迹象；③过去12个月内没有对马科动物进行免疫接种
非洲猪瘟	12		①过去3年内没有疫情；或②采取捕杀政策时，12个月内未发现疫情③监测证实没有家猪和野猪感染
猪瘟	13		①为法定报告疫病，监测体系完善；②养猪场进行注册编号，追溯体系完善；③严禁饲喂未灭毒的泔水；④对易感动物及其产品实施有效检疫；⑤实施捕杀政策，不进行免疫接种时，连续6个月无疫；捕杀与免疫相结合，或不实施捕杀政策而实施免疫接种时，12个月无疫，且连续6个月内未监测到感染
高致病性禽流感、新城疫	14		①过去3年内没有疫情发生；或②采取捕杀政策，最后1例感染动物捕杀后6个月内未发现疫情

第五章　重要动物疫病防制与净化要点

第一节　一类动物疫病

一、口 蹄 疫

口蹄疫（Foot-and-mouth disease，FMD）是由口蹄疫病毒引起的一种偶蹄动物共患的急性、热性、高度接触性传染病。临诊上以口腔黏膜、蹄部及乳房皮肤发生水疱和溃烂为特征，严重时蹄壳脱落、跛行、不能站立。本病有强烈的传染性，一旦发病，传播迅速，往往造成大流行，不易控制和消灭，带来严重的经济损失。因此，OIE 将本病列为通报性动物疫病名录之首。该病不属于人兽共患病。

FMD 在世界分布很广，是国际间相互传播流行蔓延的世界性传染病，常在牛群及猪群大范围流行。于 1514 年首次在意大利发现。最近一个世纪先后在美国、加拿大、墨西哥、英国、丹麦、我国台湾等国家和地区大流行。据联合国粮农组织和 OIE 家畜卫生年鉴统计，1953 年，欧洲、非洲、拉丁美洲有 66 个国家流行 FMD。1959 年，有 57 个国家流行，1979 年仍有 68 个国家和地区流行 FMD。据 1987 年不完全统计，48 个国家和地区有发生 FMD 的报告。目前，该病仍在世界范围内流行。

【病原学】口蹄疫病毒（foot - and - mouth disease viruses，FMDV）为微 RNA 病毒科（picornaviridae）口蹄疫病毒属（*Aphthovirus*），完整病毒含有单链正股 RNA、衣壳蛋白，并含有少量装配过程中夹带的非结构蛋白和宿主细胞肌动蛋白。FMDV 抗原结构是由病毒颗粒表面的抗原位点构成的。抗原位点研究最多的是 O 型 FMDV。

口蹄疫病毒具有多型性、易变异的特点。根据其血清学特性，现已知有 7 个血清型，即 O、A、C、SAT_1、SAT_2、SAT_3（南非 1、2、3 型）及 $Asia_1$（亚洲 1 型），每一型内又有多个亚型，亚型内又有众多抗原差异显著的毒株。1977 年世界口蹄疫中心公布有 7 个型 65 个亚型，由于不断发生抗原漂移，每年还会有新的亚型出现。目前，已知的 A 型有 35 个亚型，O 型有 15 个亚型，C 型有 5 个亚型，南非 1 型有 7 个亚型，南非 2 型有 3 个亚型，南非 3 型有 3 个亚型，亚洲 1 型有 3 个亚型。各型之间无交叉免疫保护作用，同型各亚型之间交叉免疫变化幅度较大，也只有部分交叉免疫性，口蹄疫病毒的这种特性给该病的防控工作带来很大困难。

本病毒在发病动物的水疱皮和水疱液中含量最多。病毒对酸非常敏感，在 4℃环境条件下，pH6.5时14小时可使90%的病毒灭活；pH5.5时1分钟可使90%的病毒被灭活；pH3.0时瞬间即可全部灭活。本病毒对碱也十分敏感，pH9.0以上可迅速灭活；1%的氢氧化钠溶液，1分钟可杀死病毒。在pH7.2～7.6的环境中病毒最稳定。

病毒对化学消毒剂有一定的抵抗力。对口蹄疫病毒有杀灭作用的消毒药物有：2%～4%的氢氧化钠、5%～8%的福尔马林、0.05%的戊二醛、5%的氨水、0.5%的复合酚、0.5%的有机氯、0.5%的无机氯、0.5%的络合碘、0.5%～1%的过氧乙酸等。酒精、石炭酸、来苏儿、食盐、新洁尔灭等对口蹄疫病毒无杀灭效能。

口蹄疫病毒对外界环境的抵抗力较强。在干燥垃圾中可存活14天；在湿垃圾内可存活8天；在30厘米厚的厩肥内可存活6天以上；在土壤表面，秋季可存活28天，夏季可存活3天；在干草中可存活140天；在畜舍污水中可存活21天；在未发酵的粪尿中可存活39天；在阴暗低温（－70～－50℃）环境中可存活数年。

病毒对热敏感，在低温条件下可长期存活。在1～4℃条件下可存活数周，26℃可存活3周，37℃可存活2天，60℃15分钟、70℃10分钟、85℃1分钟均可被杀死，－70～－30℃或冻干可存活数年。在50%甘油生理盐水中5℃可存活1年以上。

【流行病学】口蹄疫病毒能感染多种偶蹄动物，以牛最易感（黄牛、奶牛易感，水牛次之），其次是猪，再次为绵羊、山羊和骆驼，鹿、犬、猫、兔亦可感染。此病对成年动物致死率很低，唯犊牛和仔猪不但易感而且致死率高。

患病动物和带毒动物是主要的传染源。病毒随分泌物和排泄物同时排出，发病初期排毒量最大、传染性最强，恢复期排毒量逐渐减少。水疱液、水疱皮含毒量最高，毒力最强，传染性也最强。愈后动物可持续排毒，仍是危险的传染源。

本病主要通过消化道、呼吸道以及损伤的皮肤和黏膜感染。空气也是重要的传播媒介，常可发生远距离气源性传播，病毒在陆地可随风传播到50～100千米以外的地方，在水面可随风传播到300千米以外的地方。本病也可呈跳跃式传播流行，多系输入带毒产品和家畜所致。被污染的物品、运输工具、饲草饲料、畜产品及昆虫、飞鸟和鼠类等非易感动物也可机械性传播病毒。

该病一年四季均可发生，以冬、春季多发。其流行却有明显的季节规律，多在秋季开始，冬季加剧，春季减缓，夏季平息，常呈地方性流行或大流行。

在没有其他病继发感染的情况下，成年动物病死率低于5%，但幼畜因心肌炎可导致病死率高达20%～50%。

【临诊症状】由于多种动物的易感性、病毒的数量和毒力以及感染门户不同，潜伏期长短和症状也不完全一致。

牛：潜伏期平均2～4天，最长可达一周左右。病牛体温升高达40～41℃，精神委顿，食欲减退，闭口，流涎，开口时有吸吮声，1～2天后，在唇内面、齿龈、舌面和颊部黏膜发生蚕豆至核桃大的水疱，口温高，此时口角流涎增多，呈白色泡沫状，常常挂满嘴边，采食、反刍完全停止。水疱约经一昼夜破裂形成浅表的红色糜烂；水疱破裂后，体温降至正常，糜烂逐渐愈合，全身症状逐渐好转。如有细菌感染，则糜烂加深，发生溃疡，愈合后形成瘢痕。有时并发纤维蛋白性坏死性口膜炎、咽炎和胃肠炎。有时在鼻咽部形成水疱，引起呼吸障碍和咳嗽。在口腔发生水疱的同时或稍后，趾间及蹄冠的柔软皮肤上表现红肿、疼痛、迅速发生水疱，并很快破溃，出现糜烂，或干燥结成硬痂，然后逐渐愈合。若病牛衰弱或饲养管理不当，糜烂部位可能发生继发性感染化脓、坏死，病畜站立不稳，行路跛拐，甚至蹄匣脱落。乳头皮肤有时也可出现水疱，很快破裂形成烂斑，如涉及乳腺引起乳房炎，泌乳量显著减少，有时乳量损失高达75%，甚至泌乳停止。乳房出现口蹄疫病变多见于纯种奶牛，黄牛较少发生。

本病一般取良性经过，约经1周即可痊愈。如果蹄部出现病变时，则病期可延至2～3周或更久。病死率很低，一般不超过1%～3%。但在某些情况下，当水疱病变逐渐痊愈，病牛趋向恢复之际有时可能突然恶化——病牛全身虚弱，肌肉发抖，特别是心跳加快，节律失调，反刍停止，食欲废绝，行走摇摆，站立不稳，因心脏麻痹而突然倒地死亡，这种病型称为恶性口蹄疫，病死率高达20%～50%，主要是由于病毒侵害心肌所致。

哺乳犊牛患病时，水疱症状不明显，主要表现为出血性肠炎和心肌麻痹，死亡率很高。病愈牛可获得一年左右的免疫力，并不再排毒。

羊：潜伏期1周左右，症状与牛大致相同，但感染率较牛低。山羊多见于口腔呈弥漫性口膜炎，水疱发生于硬腭和舌面，羔羊有时有出血性胃肠炎，常因心肌炎而死亡。

猪：潜伏期一般为18～20小时。病初体温升高到41～42℃，精神不振，食欲减少或废绝，在口腔黏膜（包括舌、唇、齿龈、咽、腭）形成小水疱或糜烂，蹄冠、蹄叉、蹄踵出现局部红肿、微热、敏感等症状，不久出现小水疱，并逐渐融合变大，呈白色环状。破溃后常形成出血性溃疡面，不久干燥后形成痂皮，严重的蹄壳脱落，卧地不起；有的病猪鼻端、乳房也出现水疱，破溃后形成溃疡面，影响猪的正常采食。如无继发感染，本病多为良性经过，大猪很少发生死亡，但初生仔猪常因发生严重心肌炎和胃肠炎而突然死亡。

骆驼：以老、弱、幼骆驼发病较多，与牛的症状大致相同，水疱发生于口腔和蹄部。先在舌面两侧或齿龈发生水疱和烂斑，口腔流涎，不食。继而蹄冠出现大小不一的水疱，水疱破裂后易感染化脓，致使蹄壳与肌肉脱离或全脱落，病驼不能行走。

鹿：与牛的症状相同。病鹿体温升高，口腔有散在的水疱和烂斑，口腔流涎。四肢患病时，呈现跛行，严重者蹄壳脱落。

【病理变化】易感动物除蹄部、口腔、鼻端、乳房等处出现水疱、溃疡及烂斑外，咽喉、气管、支气管和胃黏膜也有烂斑和溃疡，小肠、大肠可见出血性炎症。另具有诊断意义的是心脏病变，心包膜有弥散性及点状出血，心肌松软似煮肉状，心肌切面有灰白色或淡黄色斑点或条纹，好似老虎皮上的斑纹，故称“虎斑心”。

【诊断】根据流行特点、临诊症状、病理变化，可做出初步诊断，确诊需进行实验室检查，并鉴定毒型。严格按照《口蹄疫诊断技术》（GB/T 18935—2003）进行。

病料样品采取：取病猪水疱皮或水疱液，置于50%甘油生理盐水中（加冰或液氮容器保存运输），迅速送往实验室进行诊断。

1. 病原检测 采取病畜水泡皮或水泡液或咽部-食道刮取物（O-P液）。

（1）病毒分离鉴定。

（2）荧光RT-PCR方法检测病毒。

（3）采取水泡皮制成混悬浸出液，接种乳鼠继代培养并用阳性血清作乳鼠保护试验或中和试验。主要用于型和亚型鉴定。

（4）取水泡皮混悬浸出液作抗原，用标准阳性血清作补体结合试验或微量补体结合试验，可以进行定型诊断或分型鉴定。

2. 血清学检测

（1）常用酶联免疫吸附试验（ELISA），进行抗体水平检测和免疫效果评估。它具有敏感、特异且操作快捷等优点。

（2）间接血凝试验（IHA）。

（3）化学发光病毒抗体检测方法。

【防控措施】

1. 预防措施 坚持“预防为主”的方针，采取以免疫预防为主的综合防控措施，预防疫情发生。

（1）实行强制普免。免疫预防是控制本病的主要措施，非疫区要根据接邻国家和地区发生口蹄疫的血清型选择同血清型的疫苗。发生口蹄疫的地区，应当鉴定口蹄疫血清型，然后选择同血清型的疫苗。目前，我国口蹄疫强制免疫常用疫苗是O型、A型口蹄疫灭活疫苗，O型-亚洲1型口蹄疫灭活疫苗、O型-亚洲Ⅰ型-A型三价灭活疫苗和O型合成肽口蹄疫疫苗。

（2）依法进行检疫。带毒活畜和畜产品的流动是口蹄疫暴发和流行的重要原因之一，因此要依法进行产地检疫和屠宰检疫，严厉打击非法经营和屠宰病畜；依法做好流通领域运输活畜和畜产品的检疫、监督和管理，防止口蹄疫传入；对进入流通领域的偶蹄动物必须具备检疫合格证明和疫苗免疫注射证明。

（3）坚持“自繁自养”，尽量不从外地引进动物，必须引进时，需了解当地近1～3年内有无口蹄疫发生和流行，只从非疫区、健康群中购买，并需经产地检疫合格。购买后，仍需隔离观察1个月，经临诊检查、实验室检查，确认健康无病方可混群饲养。发生口蹄疫的动物饲养场，全场动物不能留作种用。

（4）严防通过各种传染媒介和传播渠道传入疫情：严格隔离饲养，杜绝外来人员参观，加强对进场的车辆、人员、物品消毒，不从疫区购买饲料，严禁从疫区调运动物及其产品等。

（5）监测和净化。种公牛站、奶牛场和种羊场必须进行口蹄疫净化，严格按照农业农村部净化方案开展疫情监测。疫苗免疫后21天以上，应采血检测，评价免疫效果，免疫抗体合格率达到70%以上，净化场达到90%以上，不达标的畜群应查找原因，及时补免补防。

2. 控制扑灭措施 严格按《口蹄疫防治技术规范》，采取紧急、强制性、综合性的扑灭措施。一旦有口蹄疫疫情发生，当地县级以上地方人民政府畜牧兽医行政管理部门应当立即派人到现场，划定疫点、疫区、受威胁区，采集病料，调查疫源，及时报请同级人民政府决定对疫区实行封锁，并将疫情等情况逐级上报国务院畜牧兽医行政管理部门。

县级以上地方人民政府应当立即组织有关部门和单位采取隔离、扑杀、销毁、消毒、紧急免疫接种等强制性控制、扑灭措施，迅速扑灭疫病，并通报毗邻地区。

疫区范围涉及两个以上行政区域的，由有关行政区域共同的上一级人民政府决定对疫区实行封锁，或者由各有关行政区域的上一级人民政府共同决定对疫区实行封锁。

在封锁期间，禁止染疫和疑似染疫的动物、动物产品流出疫区，禁止非疫区的动物进入疫区，并根据扑灭动物疫病的需要对出入封锁区的人员、运输工具及有关物品采取消毒和其他限制性措施。

最后一头病畜死亡或扑杀后14天，经彻底消毒，可由原决定机关宣布疫点、疫区、受威胁区和疫区封锁的解除。

二、猪水疱病

猪水疱病（Swine vesicular disease，SVD）是由猪水疱病病毒引起猪的急性、热性、接触性传染病。其特征是流行性强、发病率高，蹄部、口腔、鼻端、腹部及乳头周围皮肤和黏膜发生水疱，偶有脑脊髓炎。家畜中仅猪感染发病，在症状上与口蹄疫极为相似，但牛、羊等偶蹄家畜不发病，人偶可感染。

本病1966年首先发现于意大利，1971年见于香港地区，随后英国、奥地利、法国、波兰、比利时、德国、日本、瑞士、匈牙利等国家先后报道发生本病。

【病原学】 猪水泡病病毒（swine vesicular disease virus，SVDV），属于微RNA病毒科肠病毒属，病毒基因组为单股RNA。SVDV只有一个血清型，它与人的肠道病毒——柯萨奇B5相关；与口蹄疫、猪水疱性疹、猪水疱性口炎病毒无抗原关系。

病毒无类脂质囊膜，因此对乙醚不敏感；对pH3.0～5.0表现稳定，在低pH及4℃能存活160天、低温中可长期保存。对环境和消毒药有较强抵抗力，在50℃30分钟仍有感染力，但80℃1分钟和60℃30分钟可灭活；病毒在污染的猪舍内存活8周以上；病毒在泔水中可存活数月之久，在火腿中可存活半年，在香肠和加工的肠衣中可分别存活1年和2年以上，病猪肉腌制后3个月仍可检出病毒。3%NaOH溶液在33℃24小时能杀死水泡皮中病毒，1%过氧乙酸60分钟可杀死病毒。

【流行病学】 在自然流行中，本病仅发生于猪，不分年龄、性别、品种均可感染。

潜伏期的猪、病猪和病愈带毒猪是本病的主要传染来源，通过唾液、粪、尿、奶排出病毒。病畜的水疱皮、水疱液、血液、毒血症期所有组织均含有大量病毒，是危险的传染源。

直接接触是本病的主要传播方式，病毒通过黏膜（消化道、呼吸道和眼结膜）和损伤的皮肤感染，孕猪可经胎盘传播给胎儿，也可经消化道感染。病猪的粪便是主要传递物，未经消毒的泔水和屠宰下脚料、生猪交易场所、被污染的车、船等运输工具是传染媒介。被病毒污染的饲料、垫草、运动场和用具以及饲养员等也能造成本病的传播。本病在农村主要由于饲喂泔水，特别是洗猪头和蹄的污水而感染。

本病一年四季均可发生，但冬季较为严重，尤其在养猪密度较高的地区传播速度快、发病率高，一般不引起死亡。发病率差别很大，从20%～100%不等，有时与猪口蹄疫同时或交替流行。在猪只高度集中或调运频繁的单位和地区，容易造成本病的流行，尤其是在猪集中的仓库，集中的数量和密度愈大，发病率愈高。在分散饲养的情况下，很少引起流行。

【临诊症状】 本病的潜伏期，自然感染一般为2～5天，有的延至7～8天或更长；人工感染最早为36小时。根据感染量、感染途径和饲养条件的不同临诊症状可表现为典型型、温和型和亚临诊型。

1. 典型型 典型的水疱病，其特征性水疱常见于主趾和附趾的蹄冠上。早期症状为上皮苍白肿胀，在冠和蹄踵的角质与皮肤结合处首先见到。经36～48小时，水疱明显凸出，里面充满水疱液，有的很快破裂、糜烂，但有时维持数天。水疱破后形成溃疡，暴露真皮，颜色鲜红。常常环绕蹄冠皮肤与蹄壳之间裂开，病变严重时蹄壳脱落。部分猪的病变部位因继发细菌感染而成化脓性溃疡。由于蹄部受到损害，有痛感并出现跛行；有的猪呈犬坐式或卧地不起，严重者用膝部爬行。水疱也见于鼻盘、舌、唇和母猪乳头上。仔猪多数病例在鼻盘发生水疱，体温升高（40～42℃），水疱破裂后体温下降至正常。病猪精神沉郁、食欲减退或停食，肥育猪显著消瘦；有的猪偶尔（约有2%）可见中枢神经紊乱现象，表现前冲、转圈或撕咬等。

在一般情况下，如无并发或继发感染不引起死亡，但初生仔猪可造成死亡。病猪康复较快，病愈后2周，创面可痊愈，如蹄壳脱落，则相当长时间后才能恢复。

2. 温和型（亚急性型） 只见少数猪出现水疱，传播缓慢，症状轻微，往往不容易被察觉。

3. 亚临诊型（隐性感染） 本病在猪群中流行，有部分猪呈隐性感染，以无症状耐过，但血清中可测出高滴度的中和抗体，并可排毒；若与健康猪混群，可导致同群感染。

【病理变化】特征性病变是在蹄部、鼻盘、唇、舌面、乳房出现水疱。水疱破裂、水疱皮脱落后，暴露出的创面有出血和溃疡。其他内脏器官无可见病变，个别病例在心内膜有条状出血斑。

【诊断】根据流行特点、临诊症状和剖检病变无法区分猪水疱病、口蹄疫、猪水疱性疹和猪水疱性口炎，因此必须依靠实验室诊断加以区别。

病料样品采集：病毒分离应采集水疱皮、水疱液（至少1克置于pH7.2～7.4的50%甘油PBS液中）、抗凝全血样品（在发热期采集）和粪便；血清学试验应采集发病猪及同群猪的血清样品。

【防控措施】

1. 预防措施 加强检疫，在收购和调运时，应逐头进行检疫，一旦发现疫情立即向主管部门报告，按早、快、严、小的原则，实行隔离封锁。控制猪水疱病很重要的措施是防止将病源带到非疫区，应特别注意监督牲畜交易和转运的畜产品。

严格消毒，常用于本病的消毒剂及有效浓度为0.5%～1%有效氯制剂（含有效氯50～100毫克/千克）；0.1%～0.5%过氧乙酸、0.5%～1%复合酚、0.5%～1%次氯酸钠、5%氨水、2%氢氧化钠和4%福尔马林。福尔马林和氢氧化钠的消毒效果较差，且有较强腐蚀性和刺激性，已不广泛应用。

免疫接种，据报道应用豚鼠化弱毒疫苗和细胞培养弱毒疫苗对猪免疫，其保护率达80%以上，免疫期6个月以上。用水疱皮和仓鼠传代毒制成灭活苗有良好免疫效果，保护率为75%～100%。

2. 扑灭措施 严格按《中华人民共和国动物防疫法》及有关规定，采取紧急、强制性、综合性的扑灭措施。

【公共卫生学】猪水疱病与人的柯萨奇B_5病毒有密切相关，实验人员和饲养员因感染SVDV而得病，症状与柯萨奇B_5病毒感染相似。近年来一些研究者指出，SVDV感染后，小鼠、猪和人都有程度不同的神经系统损害，因此，实验人员和饲养员均应小心处理这种病毒和病猪，加强自身防护。

三、猪　瘟

猪瘟（Hog cholera or classical fever，HC or CSF）俗称烂肠瘟，美国称猪霍乱，英国称为猪热病，是一种由猪瘟病毒引起猪的急性、热性、败血性和高度接触性传染病。

本病在亚洲、非洲、中南美洲仍然不断发生，美国、加拿大、澳洲及欧洲若干国家已经消灭，但在欧洲某些国家近10年来仍有再次发病的报道。

【病原学】 猪瘟病毒（Classical swine fever virus，CSFV）美国称为Hog cholera virus（HCV），属于黄病毒科瘟病毒属，基因组为单链正股RNA，仅有一个血清型，但病毒株的毒力有强、中、弱之分。猪瘟病毒与牛病毒性腹泻/黏膜病病毒（BVDV）的基因组序列有高度的同源性，抗原关系密切，既有血清学交叉反应，又有交叉保护作用。用BVDV抗血清与猪瘟病毒株作中和试验，可将猪瘟病毒分为H群（强毒株）和B群（弱毒株）。猪瘟野毒株的毒力变化很大，H群不能被BVDV抗血清中和，可引发急性发病和高病死率；B群能被BVDV抗血清中和，一般引起亚急性或慢性传染。

猪瘟病毒分布于病猪全身各体液和各种组织内，以淋巴结、脾和血液含量最高，每克含数百万个猪最小感染量。病猪的尿、粪便等排泄物和分泌物都含有大量病毒，发热期含病毒量最高。

猪瘟病毒对环境的抵抗力不强，对乙醚、氯仿、β-丙烯内酯和碱性消毒药物敏感，如1%～2%氢氧化钠、生石灰等；1%的福尔马林、碳酸钠（4%无水或10%结晶碳酸钠+0.1%去污剂）、离子和无离子去污剂、含1%碘伏的磷酸能将其灭活。

【流行病学】 本病在自然条件下只感染猪。不同品种、年龄、性别的猪均可感染发病。

病猪和隐性感染的带毒猪为主要传染源。猪感染猪瘟病毒后1～2天，未出现临诊症状前就能向外界排毒；病猪痊愈后仍可带毒和排毒5～6周；病猪的排泄物、分泌物和屠宰时的血、肉、内脏和废料、废水都含有大量病毒；被猪瘟病毒污染的饲料、饮水、用具、物品、人员、环境等也是传染源。随意抛弃病死猪的肉尸、脏器或者病猪、隐性感染猪及其产品处理不当均可传播本病。带毒母猪产出的仔猪可持续排毒，也可成为传染源。

猪瘟主要通过直接或间接接触方式传播，一般经消化道传染，也可经呼吸道、眼结膜感染或通过损伤的皮肤、阉割时的创口感染。非易感动物和人可能是病毒的机械传递者。

妊娠母猪感染猪瘟后，病毒可经胎盘垂直感染胎儿，产出弱仔、死胎、木乃伊等，分娩时排出大量病毒。先天带毒猪无明显症状但终身带毒、散毒，是猪瘟病毒的主要储存宿主。

本病一年四季均可发生，一般以深秋、冬季、早春较为严重。急性暴发时，先是几头猪发病，突然死亡。继而病猪数量不断增加，多数呈急性经过并死亡，3周后逐渐趋于低潮，病猪多呈亚急性或慢性，如无继发感染，少数慢性病猪在1个月左右恢复或死亡，流行终止。

【临诊症状】 本病的潜伏期一般为5～7天，最短2天，长的21天。根据病程长短和临诊症状可分为最急性型、急性型、亚急性型、慢性型、繁殖障碍型、温和型和神经型。

1. 最急性型　多见于流行初期，主要表现为突然发病，高热稽留，体温可达41℃以上，全身痉挛，四肢抽搐，皮肤和可视黏膜发绀、有出血点，倒卧地上很快死亡，病程1～5天。

2. 急性型　体温升高到41～42℃，稽留不退；精神沉郁，行动缓慢、低头垂尾、嗜睡、发抖，行走时拱背、不食。病猪早期有急性结膜炎，眼结膜潮红，眼角有多量脓性分泌物，甚至眼睑粘连；口腔黏膜发绀、有出血点。公猪包皮内积尿，用手可挤出浑浊恶臭尿液。病初出现便秘，排出球状并带有血丝或假膜的粪球，随病程的发展呈现腹泻或腹泻便秘交替出现。皮肤初期潮红充血，随后在耳、颈、腹部、四肢内侧出现出血点和出血斑。濒死前，体温降至常温以下，病程一般1～2周。

3. 亚急性型　症状与急性型相似，但较缓和，病程一般3～4周。不死亡者常转为慢性型。

4. 慢性型 主要表现消瘦，全身衰弱，体温时高时低，便秘腹泻交替，被毛枯燥，行走无力，食欲不佳，贫血。有的病猪在耳端、尾尖及四肢皮肤上有紫斑或坏死痂，病程1个月以上。病猪很难恢复，不死者长期发育不良，形成僵猪。

5. 繁殖障碍型（母猪带毒综合征） 有的孕猪感染后可不发病但长期带毒，并能通过胎盘传给胎儿。有的孕猪出现流产、早产，产死胎、木乃伊胎、弱仔或新生仔猪先天性头部、四肢颤抖，一般数天后死亡，存活的仔猪可出现长期病毒血症。

6. 温和型 症状较轻且不典型，有的耳部皮肤坏死，俗称干耳朵；有的尾部坏死，俗称干尾巴；有的四肢末端坏死，俗称紫斑蹄。病猪发育停滞，后期四肢瘫痪，不能站立，部分病猪跗关节肿大。病程一般半个月以上，有的经2～3个月后才能逐渐康复。

7. 神经型 多见于幼猪。病猪表现为全身痉挛或不能站立，或盲目奔跑，或倒地痉挛，常在短期内死亡。

【病理变化】 根据病程长短和继发感染情况，病理变化有所不同。

1. 最急性型 多无明显病理变化，一般仅见到黏膜、浆膜和内脏有少数点状出血，淋巴结轻度肿胀和出血。

2. 急性型 主要表现为典型的败血性病变，全身皮肤、浆膜和内脏实质器官有不同程度的出血，皮肤出血主要见于耳根、腹下和四肢内侧。以淋巴结、肾脏、膀胱、喉头、会厌软骨、心外膜和大肠黏膜的出血最为常见。两侧扁桃体坏死。全身淋巴结肿大、多汁、充血和出血，切面呈大理石状花纹；脾脏大小、色泽基本正常，边缘及尖端有大小不一、紫红色、隆起的出血性或贫血性梗死灶最有诊断意义。肾脏色泽变淡，呈土黄色，皮质部有针尖大的出血点。小肠卡他性炎症，回肠、盲肠（回盲瓣处）和结肠常有特征性的坏死、纽扣状溃疡。

3. 亚急性型 全身出血性症状较急性型轻，但坏死性肠炎和肺炎变化明显。

4. 慢性型 主要变化为坏死性肠炎，全身出血变化不明显。特征是在盲肠、回盲口及结肠黏膜上形成纽扣状溃疡。肋骨病变也很常见，表现为突然钙化，从肋骨、肋软骨联合到肋骨近端有半硬的骨结构形成的明显横切线。

繁殖障碍型、温和型和神经型的剖检病变特征性不明显。

【诊断】 典型的急性猪瘟暴发可根据流行特点、临诊症状和剖检病变做出相当准确的诊断。但确诊还需进行实验室诊断（ELISA、PCR方法）。

病料样品采集：病毒分离、鉴定应采集扁桃体（首选样品）、淋巴结（咽、肠系膜）、脾、肾、远端回肠、抗凝全血（最好用EDTA抗凝），冷藏保存（不能冻结）尽快送检；血清学试验应采集发病猪及同群猪、康复猪的血清样品。

在国际贸易中，指定诊断方法为过氧化物酶联中和试验（NPLA）、荧光抗体病毒中和试验（FAVN）、酶联免疫吸附试验（ELISA）。我国常用的检测方法有以下几种：

1. 病原检测

（1）反转录聚合酶链式反应（RT-PCR）方法。

（2）直接荧光抗体（FA）试验。冰冻切片方法检查猪瘟病毒抗原，扁桃体是首选病料，其次是脾、肾和回肠远端。把新鲜样品放在冰中冷藏，并在不加任何保护剂的情况下送到诊断实验室，2～3小时即可确诊，检出率为90%左右。

（3）病毒分离与增殖试验。有和非转录区域cDNA直接DNA序列分析，可用于分离病毒和扩增病毒数量以提高检验的敏感性。

2. 抗体检测

（1）猪瘟单克隆抗体纯化酶联免疫吸附（ELISA）试验，检测经猪瘟弱毒疫苗免疫后产生的抗体，进行免疫效果评估，也可检测感染猪瘟强毒后产生的抗体。

（2）化学发光病毒抗体检测方法。

【防控措施】

1. 预防措施 坚持“预防为主”，采取综合性防控措施。

（1）免疫接种是当前预防猪瘟的主要手段。

（2）监测和净化。种公猪站和种猪场必须按农业农村部净化方案进行猪瘟净化。疫苗免疫21天以上，应采血检测免疫抗体，评价免疫效果，免疫抗体合格率达到70%以上，净化场达到90%以上，不达标的猪群及时补免补防。根据母源抗体水平或残留抗体水平，适时免疫，再次免疫仍不合格者，属免疫耐受猪或野毒感染猪，应坚决予以淘汰。

（3）及时淘汰隐性感染带毒猪。应用直接免疫荧光抗体试验检测种猪群，只要检查出阳性带毒猪，坚决扑杀，进行无害化处理，消灭传染源，降低垂直传播的危险。

（4）加强检疫，防止引入病猪。实行自繁自养，尽可能不从外地引进新猪。必须由外地引进猪只时，应到无病地区选购，并做好免疫接种；回场后，应隔离观察2～3周，并应用免疫荧光抗体试验或酶标免疫组织抗原定位法检疫。确认健康无病，方可混群饲养。

（5）建立“全进全出”的管理制度，消除连续感染、交叉感染。

（6）做好猪场、猪舍的隔离、卫生、消毒工作：禁止场外人员、车辆、物品等进入生产区，必须进入生产区的人员应经严格消毒，更换工作衣、鞋后方可进入；进入生产区的车辆、物品也必须进行严格消毒；生产区工作人员应坚守工作岗位，严禁串岗；各猪舍用具要固定，不可混用；生产区、猪舍要经常清扫、消毒，认真做好驱虫、灭鼠工作。

（7）加强市场、运输检疫。控制传染源流动，防止传播猪瘟。

（8）科学饲养管理。提高机体抵抗力。

2. 扑灭措施 发生猪瘟的地区或猪场，应根据《猪瘟防治技术规范》的规定采取紧急、强制性的控制和扑灭措施。

四、非洲猪瘟

非洲猪瘟（African swine fever，ASF）是由非洲猪瘟病毒引起猪的一种急性、热性、高度致死性传染病。其临诊症状和病理变化与猪瘟相似，但传播更快，病死率更高，内脏器官和淋巴结出血性变化更严重。

本病1910年原发于非洲，后来传入葡萄牙、西班牙、法国、意大利等，2006年年底，由非洲经黑海传入格鲁吉亚、亚美尼亚。2011年，传入俄罗斯，对全世界养猪业造成严重威胁。2017年3月，俄罗斯远东地区伊尔库茨克州发生非洲猪瘟疫情，疫情发生地距离我国仅为1 000千米左右。我国于2018年8月1日在辽宁省沈北区首次发生非洲猪瘟，在后来的2个多月时间内，全国发生了30余起非洲猪瘟疫情，涉及9个省份。

经国家外来动物疫病研究中心检测，我国非洲猪瘟病毒B646L/p72基因序列417个碱基与俄罗斯毒株100%匹配，与俄罗斯和东欧目前流行的格鲁吉亚毒株（Georgia 2007）属于同一进化分支。

【病原学】 非洲猪瘟病毒（African swine fever virus，ASFV）属非洲猪瘟病毒科，该科仅ASFV一属一种，ASFV是唯一已知的病毒基因为DNA的虫媒病毒，有囊膜，结构很复杂，结构蛋白有28种。

非洲猪瘟病毒对外界环境抵抗力很强，室温下保存18个月的血清或血液仍能分离到病毒；在感染猪肉制成的火腿内能存活5～6个月；在土壤中可存活3个月。该病毒能在pH很广的范围内存活，但在3.9>pH>11.5的无血清介质中能被灭活。血清能增强病毒的抵抗力，如pH达13.4时，若无血清存在仅存活21小时，有血清存在则可存活7天。该病毒对热抵抗力不高，55℃30分钟或60℃10分可将其灭活。2%NaOH溶液、5%福尔马林24小时可杀灭病毒，其他许多脂溶剂（如乙醚、氯仿等）和消毒剂（如2.3%有效氯的次氯酸盐、碘化合物等）也都能将其杀灭。

【流行病学】 猪是自然感染非洲猪瘟病毒的唯一动物，不同品种、年龄、性别的猪和野猪均易感。易感性与品种有关，非洲野猪（疣猪和豪猪）常呈隐性感染，自然条件下，仅家猪易感。

病猪、隐性感染猪是本病的主要传染源，病猪在发热前1～2天就可排毒；隐性感染猪、康复猪带毒时间很长，有些是终生带毒，也是重要的传染源；野猪呈隐性感染，但野猪能直接把病毒传给家猪，是危险的传染源。钝缘蜱属的软蜱也是传染源。

病毒存在于病猪的各种组织、体液、分泌物和排泄物中，主要通过被污染的用具、饲料、饮水等经消化道传染，也可经呼吸道传染，吸血昆虫（猪蜱、虱、蚊等）能带病毒，是重要的传染媒介或贮主。在非洲有两种野公猪——疣猪和豪猪通常是非洲猪瘟病毒的保毒宿主。

在非洲和西班牙半岛有几种软蜱是非洲猪瘟病毒的储藏宿主和传播者。近来发现美洲等地分布广泛的很多其他蜱种也可传播非洲猪瘟病毒。在非洲，非洲猪瘟病毒在软蜱和有些野猪间形成循环感染，感染野猪虽然在血液和组织中的含毒量低，但足够使蜱传播。这种循环感染使ASF在非洲很难消灭。

非洲猪瘟病毒传入无病地区都与用来自国际机场和港口的未经煮过的感染猪制品或残羹喂猪有关，或由于接触了感染的家猪的污染物、胎儿、粪便、尿、病猪组织，或喂了污染饲料而发生。本病发病急、传播迅速、发病率和病死率都很高，流行时病死率可达100%。

【临诊症状】 自然感染的潜伏期差异很大，短的4～8天，长的15～19天；人工感染为2～5天，潜伏期的长短与接毒剂量和接毒途径有关。根据病毒的毒力和感染途径不同，ASF可表现为最急性型、急性型和亚急性或慢性型等不同的类型。

1. 最急性型 由非洲古典型毒株引起，突然体温升高，未见任何症状和病变而死亡。

2. 急性型 流行开始多为急性型，以食欲废绝、高热（部分病猪、幼龄猪多为间歇热）、白细胞减少（下降至正常的40%～50%）、血小板及淋巴细胞明显减少、内脏器官出血、皮肤出血或发绀（尤其是耳、鼻、尾、外阴和腹部等无毛或少毛处）和死亡率高为特征。体温升高至41～42℃，稽留4天，当体温下降或死前1～2天病猪才出现临诊症状，表现精神沉郁、厌食、喜卧、不走，呼吸、心跳加快，腹泻、粪便带血，行走时后躯无力，眼鼻有浆液性或黏液性分泌物，鼻端、耳、腹部等处的皮肤发绀。怀孕母猪可发生流产。病程6～13天，长的达20多天，病死率95%左右，幸存者将终生带毒。

3. 亚急性或慢性型 可由欧洲新型毒株引起，或发生在已接种过弱毒疫苗的猪。症状较轻，病程较长，发病后15～45天死亡，病死率30%～70%。亚急性型表现为暂时性的血小板和白细胞减少，并可见大量出血灶；慢性表现以不规则波浪热、呼吸道疾病、流产和低病死率为特征，只呈现慢性肺炎症状，咳嗽、气喘，消瘦，生长停滞。有些慢性型还可见皮肤坏死、溃疡、斑块或小结；耳、关节、尾、鼻、唇可见坏死性溃疡脱落；关节呈无痛性肿胀。病程可持续数月，病死率低。

【病理变化】

1. 急性型 主要是内脏各器官和皮肤的出血性败血性变化。脾脏、淋巴结的变化最为典型，以肠系膜淋巴结最明显，表现严重出血、水肿等病变。耳、鼻端、会阴及四肢皮肤出现紫色斑块；胸腔、腹腔及心包内积有多量浆液性黄色液体；喉头、会咽部严重出血，肺小叶间水肿，气管黏膜有瘀血斑；胃肠黏膜有斑点或弥漫性出血、溃疡；肠系膜水肿，呈胶样浸润；脾脏肿胀至正常的2～3倍；肝表现瘀血和实质性的病变，与胆囊接触部间质水肿，胆囊肿大，充满胆汁，胆囊壁增厚有出血点；肾脏皮质有少量出血斑，部分病例膀胱有出血斑。

2. 慢性型 以呼吸道、淋巴结和脾脏的病变为主要特征，表现为纤维素性心包炎、胸膜肺炎、胸膜黏连和肺脏的干酪样肺炎区。

【诊断】根据流行特点、临诊症状、病理变化，可做出初步诊断，确诊需进行实验室检查。

病料样品采集：病毒分离鉴定应采集全血样品、脾脏、肾脏、扁桃体、淋巴结（至少2克）置于2～4℃保存或送检，但不能冻结；血清学试验应采集发病猪及同群猪的血清样品(感染后8～12天，处在恢复期猪的血清）。

实验室检测病原检测采用聚合酶链反应（PCR），抗体检测采用酶联免疫吸附试验（ELISA）。

【防控措施】目前，尚无有效疫苗和药物可以防治。应按照《非洲猪瘟防治技术规范》要求进行防控和处置。对饲养场来说，一是封闭、隔离生猪饲养场。禁止外来人员、车辆、物品、生猪等进入场区。必须进入时，要进行严格隔离、彻底消毒后，方可接触猪群。二是杀灭中间宿主钝缘软蜱、蚊蝇等昆虫。三是严禁用泔水或餐厨剩余物以及含血粉的饲料喂猪。四是加强消毒。可选用20%生石灰乳、5%～8%火碱、复合酚、戊二醛、二氧化氯、聚维酮碘等消毒剂。五是加强猪群饲养管理。不要散放饲养。

五、非洲马瘟

非洲马瘟（African horse sickness，AHS）是由非洲马瘟病毒引起马属动物的一种急性和亚急性传染病。本病以发热、肺和皮下水肿及脏器出血为特征，感染后的死亡率马为95%、骡为50%～70%、驴为10%，最初主要发生在非洲南部，但不断北移，直至北非、南欧及中东。我国迄今尚无本病发生。

【病原学】本病病原为呼肠孤病毒科环状病毒属中的非洲马瘟病毒（African horse sickness virus，AHSV），与蓝舌病病毒同属。病毒无囊膜，基因组具有10个片段的双股RNA。现已知有9个血清型，其中6型和9型之间具有较强的免疫交叉反应，而1型和3型、3型和7型、5型和8型也有一定程度的免疫交叉反应，但9个血清型均具有非洲马瘟病毒的共同抗原。

本病毒对酸的抵抗力弱，pH5.9 以下即被灭活；对乙醚等具有耐受性；对热的抵抗力强，45℃下可以存活 6 天，50℃10 分钟或 70℃5 分钟病毒仍具有感染活性；含毒液体在－20℃时效价会逐渐消失，但组织中的病毒在 4℃或－40℃以下可以保存，冷冻干燥状态下的病毒可以长期保存。

【流行病学】自然条件下马属动物对本病易感，且马最为易感，特别是幼龄马、骡、猴次之，驴具有耐受性。此外，犬、山羊、黄鼠狼、大象和骆驼等动物也可以通过人工感染本病。人亦可感染，表现为脑炎、脉络丛视网膜炎等。

病马、带毒马以及被感染的其他动物是本病的传染源。感染马在康复后的 90 天内仍然携带病毒；斑马感染后仅出现轻微的发热而无其他症状，但在相当长的时间内持续存在病毒血症。

吸血昆虫是本病的传播媒介，主要是通过库蠓属昆虫传播的，其次伊蚊、蛰蝇、蚊也可传播，并证明是生物学传播；不能经口和接触传播。但犬及雪貂可以经过摄食感染马的脏器和肉而经消化道感染。

本病一年四季均可发生，但在多雨炎热的季节尤为高发。该病毒在库蠓体内可以越冬，温暖地带的马群可呈持续性感染状态；在寒冷地带，本病有明显的季节性，常呈流行性或地方流行性，传播迅速。幼龄马对本病的易感性最高，病死率可高达 95%。该病的病死率变化幅度很大，最低 10%～25%，最高 90%～95%，骡、驴病死率较低；耐过的马匹只能对同一型的病毒有免疫力。

【临诊症状】本病的潜伏期为 5～7 天。由于感染动物和病毒株的不同，临诊表现有较大差异。根据临诊症状可以将该病分为肺型、心型、肺心型、发热型及神经型 5 种病型。

1. 肺型 呈急性经过，多见于流行初期或新发病的地区。潜伏期 3～5 天。病马体温迅速升高达 40～42℃，咳嗽、呼吸困难、心跳加快，发病后 6～7 天症状最为明显；不久鼻孔扩张，流出大量泡沫样的鼻汁，结膜发绀，头向下伸直，耳向下垂，前肢开张并有大面积出汗；死前 1～2 天出现严重肺水肿。该类病马多数因呼吸困难而死亡，仅有少数病例恢复，病程为 11～14 天。

2. 心型 呈亚急性经过，多见于部分免疫马匹或弱毒株病毒感染的马匹，病程发展很慢，有部分病例可恢复。表现为头部、颈部皮下水肿、发热，上眼睑、口唇和腭等部位肿胀，并向胸、肩及腹部扩展。有时呼吸次数增加，呈腹式呼吸。濒死期病马出现呼吸次数迅速增加、倒地横卧、肌肉震颤、出汗等表现。

3. 肺心型 较常见，呈现肺型和心型两种病型的临诊症状，多呈亚急性经过，常因肺水肿和心脏衰竭导致 1 周内死亡。

4. 发热型 是最轻型，病程短，很快恢复正常。多发生于具有一定抵抗力的动物感染。潜伏 5～9 天后体温升高，经过 4～5 天后又恢复。表现为发热初期的食欲不振、结膜轻度发炎、脉搏和呼吸次数增加等症状，病程为 1～2 周。

5. 神经型 一般很少见到。

【病理变化】本病肺型和心型病变各异。

肺型的病变特征是肺水肿、小叶间充满透明的液体；全肺呈粉红色或红色，压迫肺组织时则从切面流出泡沫样液体；急性死亡的病马可见气管和鼻腔内具有来自肺脏的白色泡沫；胸腔内充满大量黄色透明的液体。胃底部充血，肠系膜、腹膜、盲肠和结肠的浆膜有点状出血。

心型常见皮下组织和肌间组织出现大量的黄色明胶样水肿，肌肉呈茶褐色并有出血。心包内充满黄色或红褐色液体，心脏表面存在点状或斑状出血。肺脏在非混合型感染时萎陷，有时有点状出血。消化道变化与肺型相似，肝脏肿大呈暗褐色，脂肪变性及充血。脾脏肿大，有大量出血点。

【诊断】该病的临诊症状与病变相当特异，根据本病的特征性症状及病变，结合流行病学材料可做出诊断，但确诊必须进行病毒分离鉴定和血清学检查。

病料样品采集：病毒分离、鉴定应采集发热期病畜全血，最好用肝素 10 IU/毫升或 OPG（50%甘油水溶液＋0.5%草酸钠溶液＋0.5%石炭酸溶液）抗凝，4℃保存待检。刚死亡动物的脾、肺和淋巴结，置于含 10%甘油的缓冲液中，4℃保存或送检。血清学检查应采集病畜血清，最好双份，分别在急性期和康复期或相隔 21 天采集，于－20℃保存。

【防控措施】

1. 预防措施 该病是马属动物唯一的一类疫病，可通过库蠓属雌蠓传播。因此，季节、生态和地理等因素对本病的流行具有重要影响。防控本病时应根据该病传播媒介的存在状况、当地的环境条件以及可能的自然屏障等具体情况决定。

清净地区严禁从发生本病国家进口或过境运输马属动物及其精液和胚胎等相关材料；严禁引进接种过疫苗的马属动物，若要引进，必须在接种后至少 30 天但最长不超过 12 个月，再隔离观察 30 天；对进口的马属动物，要通过法定程序检疫、检验，同时应隔离观察 2 个月，其间进行 1～2 次补体结合反应检查。在国际机场、码头及车站用杀虫剂消灭可能带进的蠓、蚊，还应隔离观察从疫区或可疑疫点进口的犬及山羊。

2. 控制扑灭措施 当发生可疑病例时，应及时确诊，并进行严格隔离；一旦确诊，立刻按照《中华人民共和国动物防疫法》的规定采取紧急、强制性的控制和扑灭措施。封锁疫区，扑杀病畜并作无害化处理，彻底消毒被病畜污染的环境，喷洒杀虫剂、驱虫剂等消灭媒介昆虫。

六、牛　瘟

牛瘟（Rinderpest）又名烂肠瘟、胆胀瘟，是由牛瘟病毒引起的主要危害牛的一种急性、败血性、高度接触性传染病，其临诊特征为体温升高、病程短，黏膜特别是消化道黏膜发炎、出血、糜烂、坏死和剧烈腹泻。

本病是记载最早的家畜疫病之一。起源于亚洲，1920 年在欧洲暴发的牛瘟导致在巴黎建立了国际兽医局。在我国于公元 402 年《史书》上已有记载，是牛病中毁灭性最大的一种疫病。新中国成立前本病几乎遍及全国各地，造成巨大的经济损失；新中国成立后通过综合防控，至 1956 年已在全国范围内消灭。2008 年 5 月 25～30 日，在巴黎召开的 OIE 第 76 届年会上正式通过了认可中国为无牛瘟国家。

目前世界上少数国家和地区（特别在非洲和亚洲的部分地区）仍有本病发生，应保持高度警惕，以防再度由国外传入。

【病原学】牛瘟病毒（Rinderpest virus）属于副黏病毒科、副黏病毒亚科、麻疹病毒属。在结构上和麻疹、犬瘟热、鸡新城疫以及其他副黏病毒极为相似。病毒颗粒由单股 RNA 组成，病毒粒子在宿主细胞浆里繁殖，可产生中和抗体、补体结合抗体和沉淀抗体；

其抗原性和麻疹病毒以及犬瘟热病毒非常相近。犬感染牛瘟病毒或麻疹病毒后，所产生的免疫力能抵抗犬瘟热病毒，但牛接种犬瘟热病毒后不能抵抗牛瘟，而抗牛瘟抗体及抗犬瘟热抗体可以抑制麻疹病毒的血凝作用。

牛瘟病毒对环境很敏感，抵抗力不强，干燥曝晒易被灭活，但在冷冻的组织中可存活很长时间。病牛分泌物、排泄物中的病毒一般可于 36 小时死亡，病牛的皮张在日光下曝晒 48 小时后病毒被灭活；但病毒在盐渍后的牛皮于荫凉处可生存 4～12 天，在风干骨骼中 30 天后仍有传染性。病毒经 56 ℃60 分钟或 60 ℃30 分钟一般能被灭活，但少数能抵抗。在 pH4.0～10.0 稳定。对脂溶剂和多数普通消毒剂如石炭酸、甲酚、氢氧化钠敏感。

【流行病学】牛、绵羊及山羊，角马、鹿、羚羊及河马等野生动物均可感染；所有种类的猪均易感染，但只有亚洲的家猪和非洲的野生疣猪表现临诊症状。危害较大的主要是牛，由于牛的品种、年龄以及流行经历不同，易感性也有差异：牦牛的易感性最大，犏牛次之，黄牛再次之。绵羊、山羊和猪仅有轻度感染，病死率也不高；骆驼虽可感染，但不表现临诊症状。此外，牛瘟还见于许多野生反刍动物，主要呈隐性经过。

病牛和无症状的带毒畜是主要传染源。病毒主要存在于血液、分泌物、排泄物中，感染牛在潜伏期及出现临诊症状时，均可排出病毒。病毒主要通过病畜或带毒畜的分泌物和排泄物排出，鼻分泌液、粪、尿是主要的排出途径，特别在体温升高前 2 天内。病畜康复后具有终生免疫力，无带毒和长期排毒现象。山羊、绵羊在牛瘟流行中可遭受传染，有时甚至是最初感染对象，随后传播于牛。野生反刍动物是一种常见的传染源。在流行地区野生反刍动物常具有先天抵抗力，但可以成为带毒宿主，是扑灭本病的障碍。

本病通过直接和间接接触传播。接触病畜的分泌物、排泄物等可经消化道、呼吸道、眼结膜、子宫内膜感染发病。本病也可通过吸血昆虫以及与病牛接触的人员而机械传播。

本病的流行具有明显的季节性，多发生于冬季 12 月至翌年的 4 月；有一定周期性，通常每隔三五年发生一次小流行，十年左右发生一次大流行。在老疫区呈地方流行性；在新疫区通常呈暴发式流行，发病率近 100%，病死率可高达 90%，一般为 25%～50%。

【临诊症状】由于病毒株毒力和宿主易感性不同，症状的差异很大。自然病例，一般潜伏期 3～9 天，平均 4～6 天，最多 15 天。常分为急性、非典型及隐性等病型。

1. 急性型　多见于新发地区、青年牛，病程一般为 7～10 天，平均 4～7 天。病牛高热稽留，体温高达 41～42℃。全身症状明显后，即出现牛瘟特征性黏膜坏死性炎性变化。此时结膜高度潮红，眼睑肿胀流泪，逐渐变成黏液性或黏液脓性，结膜表面可形成假膜，但角膜一般不变浑浊。鼻孔黏膜也有类似变化，鼻液初为透明黏液性后为黏液脓性，有时带血液，黏膜敏感，常发生喷嚏和摇头，鼻镜常附有棕黄色痂皮，剥脱后露出红色真皮。口腔黏膜变化更具有特征性，黏膜潮红，以口角、齿龈、颊内和硬腭黏膜最为显著，涎液增加，呈丝状流出，不久黏膜表面出现粟粒大的灰色或灰白色小结节，小结节相互融合成为灰色或黄色假膜，状似撒布一层麸皮，脱落后露出红色易出血的边缘不整的烂斑或成为溃疡。

发病早期病牛便秘，粪便干燥并常覆盖黏膜和血液，继而发生剧烈腹泻，粪稀如水，有时带血，或混有血液、黏液、黏膜片、假膜等，异常恶臭，后期大便失禁，体温下降。母牛发生阴道炎，孕牛常流产。体温开始下降时，由于腹泻脱水，常导致循环衰竭和死亡。

2. 非典型及隐性型　多见于长期流行地区。病程多短促，也有慢长者，常出现顿挫型经过。死亡率较低，较难与其他相似疾病做出鉴别。

山羊与绵羊症状一般表现轻微。严重病例则表现高度虚弱和昏迷，眼鼻流出黄白色分泌液，咳嗽，呼吸困难，不断排出棕黄色混有黏液的粪便。口腔一般不发生变化，经过 3～8 天可能死亡。

骆驼表现高热，食欲消失，反刍停止，继而肌肉震颤、不安、磨牙、流泪、咳嗽和腹泻。一般很少死亡，多能恢复。

猪常为隐性感染，有的出现症状。病程长达 10 余天，多数可自愈，很少死亡。

【病理变化】特征性病理变化主要见于消化道。整个消化道黏膜呈现糜烂和纤维素性坏死等变化，尤其以口腔、真胃和大肠最为显著。特别是第四胃幽门附近最明显，呈砖红色至暗棕红或暗紫色，黏膜肿胀，黏膜下层水肿，进而可见到灰白色上皮坏死斑、假膜、烂斑等。小肠特别是十二指肠黏膜充血、潮红、肿胀、点状出血和烂斑，盲肠、直肠黏膜严重出血、假膜和糜烂。呼吸道黏膜潮红肿胀、出血，鼻腔、喉头和气管黏膜覆有假膜，其下有烂斑，或覆以黏脓性渗出物。阴道黏膜可能有同于口腔黏膜的变化。

【诊断】本病可根据临诊症状、病理变化和流行病学材料进行诊断，但在非疫区疑为牛瘟时还必须进行病毒分离或血清学试验。

病料样品采集：病毒分离、鉴定应采集特征性症状出现前 3～4 天的抗凝血（最好用肝素 10 IU/毫升或 EDTA0.5 毫克/毫升抗凝）、眼鼻分泌物拭子、活体表层淋巴结和其他组织、剖检时的脾和淋巴结，置于含抗生素的缓冲盐水中，0℃保存待检；若不能立即接种，应于−70℃以下保存。血清学检查应采集病牛血清。

【防控措施】预防本病必须严格执行兽医检疫措施，不从有牛瘟的国家和地区引进反刍动物和鲜肉。同时，在疫区和邻近受威胁区用疫苗进行预防接种，建立免疫防护带。

我国消灭牛瘟曾经使用过的疫苗有：牛瘟兔化疫苗、牛瘟山羊化兔化弱毒疫苗、牛瘟绵羊化兔化弱毒疫苗等。有资料报道，使用麻疹疫苗可以预防牛瘟。

七、牛传染性胸膜肺炎

牛传染性胸膜肺炎（Contagious bovine pieuropneumonia，CBP）也称牛肺疫，是由丝状霉形体丝状亚种所致牛的一种特殊的传染性肺炎，以纤维素性肺炎和浆液纤维素性胸膜肺炎为主要特征。

本病最早于 1693 年在德国和瑞士发现，18 世纪传遍欧洲，19 世纪传入美洲、大洋洲和非洲，20 世纪传入亚洲各国。全世界各养牛国均受到不同程度侵害，造成巨大损失。19 世纪末许多国家采取扑灭措施，相继消灭了本病。目前非洲大陆、拉丁美洲、大洋洲和亚洲还有一些国家存在本病。

我国最早发现本病是 1910 年在内蒙古西林河上游一带，系由俄国西伯利亚贝加尔地区传来，此后我国一些地区时有发生和流行；新中国成立后，由于成功地研制出了有效的牛肺疫弱毒疫苗，结合严格的综合性防控措施，已于 1996 年 1 月 16 日宣布在全国范围内消灭了此病。

【病原学】病原为丝状霉形体丝状亚种（Mycoplasma subsp mycoides），属于霉形体科、霉形体属。霉形体极其多形，可呈球菌样、丝状、螺旋体与颗粒状；它对一般染料着色较差，以姬姆萨氏液或瑞氏液染色较好，革兰氏染色阴性；在加有血清的肉汤琼脂中可生长成典型菌落。

霉形体对外界环境因素抵抗力不强。暴露在空气中，特别在直射日光下，几小时即失去毒力。干燥、高温都可使其迅速死亡，反之，在冰冻下却能保存很久，－20℃以下能存活数月，真空冻干低温保存可活10年之久。对化学消毒药抵抗力不强，常用的消毒剂都能将它彻底杀死。

【流行病学】 本病易感动物主要是牦牛、奶牛、黄牛、水牛、犏牛、驯鹿及羚羊，其中奶牛最易感。各种牛对本病的易感性，依其品种、生活方式及个体抵抗力不同而有区别，发病率为60%～70%，病死率30%～50%；山羊、绵羊及骆驼在自然情况下不易感染，其他动物及人无易感性。

病牛、康复牛及隐性带菌牛是主要的传染源，病牛康复15个月甚至2～3年后还能感染健牛。病原主要由呼吸道随飞沫排出，也可由尿及乳汁排出，在产犊时还可由子宫分泌物中排出。

自然感染主要传播途径是呼吸道，也可经消化道传播。牛吸入污染的空气、尘埃或食入污染的饲料、饮水即可感染发病。

年龄、性别、季节和气候等因素对易感性无影响，饲养管理条件差、畜舍拥挤、转群或气温突然降低，均可以促进本病的流行。引进带菌牛常引起本病的急性暴发，以后转为地方流行性。牛群中流行本病时，流行过程常拖延很久；舍饲者一般在数周后病情逐渐明显，全群患病一般经过数月。

【临诊症状】 潜伏期一般为2～4周，短者8天，长者可达4个月。症状发展缓慢者，常是在清晨冷空气或冷饮刺激或运动时才发生短干咳嗽（起初咳嗽次数少，进而逐渐增多），继之食欲减退，反刍迟缓，泌乳减少，此症状易被忽视；症状发展迅速者则以体温升高0.5～1℃开始，随病程发展，症状逐渐明显。按其经过可分为急性和慢性两型。

1. 急性型 症状明显而有特征性，主要呈急性胸膜肺炎的症状。体温升高到40～42℃，呈稽留热，干咳，呼吸加快而有呻吟声，鼻孔扩张，前肢外展，呼吸极度困难，发出“吭”音，按压肋间有疼痛反应。由于胸部疼痛不愿行动或下卧，呈腹式呼吸。咳嗽逐渐频繁，呈疼痛性短咳，咳声低沉、弱而无力。有时流出浆液性或脓性鼻液，可视黏膜发绀。呼吸困难加重后，叩诊胸部，有浊音或实音区。听诊患部，可听到湿性啰音，肺泡音减弱乃至消失，代之以支气管呼吸音，无病变部分则呼吸音增强，有胸膜炎发生时，则可听到摩擦音，叩诊可引起疼痛。

病后期，心脏常衰弱，脉搏细弱而快，每分钟可达80～120次，有时因胸腔积液，只能听到微弱心音或不能听到。此外，还可见到胸下部及肉垂水肿，食欲丧失，泌乳停止，尿量减少而比重增加，便秘与腹泻交替出现。病畜体况迅速衰弱，眼球下陷，眼无神，呼吸更加困难，常因窒息而死。急性病程一般在症状明显后经过5～8天，约半数转归为死亡；有些患畜病势趋于缓和，全身状态改善，体温下降、逐渐痊愈；有些患畜则转为慢性。整个急性病程为15～60天。

2. 慢性型 多数由急性转来，少数病畜一开始即取慢性经过，除体况消瘦，多数无明显症状。病牛食欲时好时坏，体瘦无力，偶发干性短咳，胸部听诊、叩诊变化不明显，胸前、腹下、颈部常有浮肿。此种患畜在良好护理及妥善治疗下，可以逐渐恢复，但常成为带菌者。若病变区域广泛，或饲养管理不好或使役过度，则患畜日益衰弱，预后不良。

【病理变化】 特征性病变主要在肺脏和胸腔。典型病例是大理石样肺和浆液性、纤维素性胸膜肺炎。肺和胸膜的变化，按其发生发展过程，分为初期、中期和后期三个时期。

初期病变以小叶性支气管肺炎为特征。肺炎灶充血、水肿，呈鲜红色或紫红色。

中期呈典型的浆液性—纤维素性胸膜肺炎。病肺肿大、增重，灰白色，多为一侧性，以右侧较多。肺实质肝变，切面红灰相间，呈大理石样花纹。肺间质水肿。胸膜、心包膜增厚，表面有纤维素性附着物，并与肺病部粘连，多数病例的胸腔内积有淡黄透明或混浊液体，多的可达1万～2万毫升，内杂有纤维素凝块或凝片。心包内有积液，心肌脂肪变性。

后期肉眼病变有两种。一种是不完全治愈型，局部病灶形成脓腔或空洞；局部结缔组织增生，形成瘢痕。另一种是完全治愈型，病灶完全瘢痕化或钙化。

本病病变还可见腹膜炎、浆液性纤维性关节炎等。

【诊断】可依据流行病学资料、临诊症状及病理变化综合判断，确诊有赖于实验室诊断。

病料样品采集：细菌学检查，需无菌采集鼻汁、肺病灶、胸腔渗出液、淋巴结、肺组织；血清学检查，需采集发病动物血清。

【防控措施】我国消灭牛肺疫的经验证明，根除传染源、坚持开展疫苗接种是控制和消灭本病的主要措施，即根据疫区的实际情况，扑杀病牛和与病牛有过接触的牛只，同时在疫区及受威胁区每年定期接种牛肺疫兔化弱毒苗或兔化绵羊化弱毒苗，连续3～5年。我国研制的牛肺疫兔化弱毒疫苗和牛肺疫兔化绵羊化弱毒疫苗免疫效果良好，曾在全国各地广泛使用，对消灭曾在我国存在达80年之久的牛肺疫起到了重要作用。

本病预防工作应注意自繁自养，不从疫区引进牛只，必须引进时，对引进牛要进行检疫，做补体结合反应两次，证明为阴性者，接种疫苗，经4周后启运，到达后隔离观察3个月，确认无病时，方能与原有牛群接触。原牛群也应事先接种疫苗。

因治愈的牛长期带菌，是危险的传染源，病牛必须扑杀并进行无害化处理。

八、牛海绵状脑病

牛海绵状脑病（Bovine Spongiform Encephalopathy，BSE）俗称“疯牛病”，是由朊病毒引起牛的一种以潜伏期长、病情逐渐加重为特征的传染病，主要表现行为反常、颤抖、感觉过敏、体位异常、运动失调、轻瘫、有攻击行为甚至狂暴、产奶减少、体重减轻、脑灰质海绵状水肿和神经元空泡形成。病牛终归死亡。

本病1985年首次发现于英国的苏格兰，在短短的几年里就传到爱尔兰、美国、加拿大、瑞士、葡萄牙、法国和德国等，随后于20世纪90年代传播到整个欧洲。近几年又传到亚洲，日本和韩国已经相继确诊了疯牛病和几例由牛海绵状脑病引起的“疯人”。因而，牛海绵状脑病实际上已成为继艾滋病之后，比艾滋病更难制服的全球性的特殊传染病。由西欧10多年前产生的“疯牛危机”和“谈牛色变”已演变成全球性恐慌，给人类健康和畜牧业的发展造成重大威胁。目前我国尚无发生本病的报道。

【病原学】本病病原是与痒病病毒相类似的一种朊病毒（PrP^{scj}）。朊病毒实质上不是传统意义上的病毒，它没有核酸，是具有传染性的蛋白质颗粒，但又与常规病毒具有许多共同特性：能通过25～100纳米孔径的滤膜；用易感动物可滴定其感染滴度；感染宿主后先在脾脏和网状内皮系统内复制，然后侵入脑并在脑内复制达很高滴度（108～1 012/克）。

一般认为，BSE是因“痒病相似病原”跨越了“种属屏障”引起牛感染所致。目前倾向的学说认为它是一种人体和动物体内固有的蛋白质因构型发生了转化，由主要是α型折叠变成β折叠，从无害变成了致病，学术上叫做“构型转化”或由良性蛋白变成恶性蛋白，即正常的朊蛋白在未知因素的作用下转变成具有感染性的朊蛋白。初步认为是牛食用了污染绵羊痒病病毒或牛海绵状脑病病毒的骨肉粉而发病的。

1986年，Well首次从BSE病牛脑乳剂中分离出痒病相关纤维（SAF），经对发病牛的SAF的氨基酸分析，确认其与来源于痒病羊的PrP^{sc}是同一性的。BSE朊病毒在病牛体内的分布仅局限于病牛脑、颈部脊髓、脊髓末端和视网膜等处。

初步认为是牛食用了污染绵羊痒病病毒或牛海绵状脑病病毒的骨肉粉而发病的。

病毒对热的抵抗力极强。100℃也不能完全使其灭活，134～138℃高压蒸汽18分钟可使大部分病原灭活，360℃干热条件下可存活1小时，焚烧是最可靠的杀灭办法。用20℃含2%有效氯的次氯酸钠或2N的氢氧化钠，用于表面消毒须作用1小时以上，用于设备消毒则须作用24小时；但在干燥和有机物保护之下，或经福尔马林固定的组织中的病原，不能被上述消毒剂灭活。动物组织中的病原，在10～12℃福尔马林中可保持感染性几个月，乙醇、过氧化氢、酚等均不能将其灭活，经过油脂提炼后仍有部分存活。病原在土壤中可存活3年，紫外线、放射线不能将其灭活。

【流行病学】本病的发生与牛的品种、性别等因素无关，多发生于3～5岁的成年牛，最早可使22月龄牛发病，最晚到17岁才发病。牛海绵状病朊病毒无宿主特异性，猫、多种野生动物、人均可感染。已知由朊病毒引起的人和动物致死性神经系统疾病有10多种，如人的新克雅氏病、库鲁病、格—斯综合征、致死性家族性失眠症、绵羊和山羊的痒病、牛海绵状脑病、传染性水貂脑病、鹿慢性消耗性疾病和猫海绵状脑病等。

患病牛及带毒牛、患痒病的绵羊和其他感染动物是本病的传染源。

动物主要是由于摄入混有痒病病羊或病牛尸体加工成的肉骨粉而经消化道感染的，也可通过除呼吸道之外的其他途径感染，如：血液、皮肤、黏膜等。经脑内和静脉注射可使小鼠、牛、绵羊、山羊、猪和水貂感染，经口感染可使绵羊和山羊发病，猪、禽的经口感染试验正在进行中，在牛可垂直传递。

发病牛年龄为3～11岁，但多集中于4～6岁青壮年牛，2岁以下和10岁以上的牛很少发生；奶牛因饲养周期较肉牛长，且肉骨粉用量大，因而发病率高。发病无明显季节性，一年四季均可发生。

【临诊症状】牛海绵状脑病的平均潜伏期约为5年，病程一般为14～180天，其症状不尽相同，多数病例表现出中枢神经系统的症状，临诊表现为精神异常、运动和感觉障碍。

精神异常：主要表现为烦躁不安，行为反常，常由于恐惧、狂躁而表现出攻击性。少数病牛可见头部和肩部肌肉颤抖和抽搐。后期出现强直性痉挛，泌乳减少。

运动障碍：主要表现为耳对称性活动困难，常一只伸向前，另一只向后或保持正常；共济失调，步态不稳，乱踢乱蹬以致摔倒。

感觉障碍：主要表现为对触摸、声音和光过分敏感，这是牛海绵状脑病病牛很重要的临床诊断特征。用手触摸或用钝器触压牛的颈部、肋部，病牛会异常紧张颤抖，用扫帚轻碰后蹄，也会出现紧张的踢腿反应；病牛听到敲击金属器械的声音，会出现震惊和颤抖反应；在黑暗环境中，对突然打开的灯光，出现惊恐和颤抖反应。

病牛食欲正常，粪便坚硬，体温偏高，呼吸频率增加，最后常极度消瘦而死亡。

【病理变化】肉眼变化不明显。但组织学变化具有明显的特征性。表现为：

（1）在神经元的突起部和神经元胞体中形成空泡，前者在灰质神经纤维网中形成小囊形空泡（即海绵状变化），后者则形成大的空泡并充满整个神经元的细胞核周围。

（2）常规HE染色可见神经胶质增生，胶质细胞肥大。

（3）神经元变性、消失。

（4）大脑淀粉样变性，用偏振光观察可见稀疏的嗜刚果染料的空斑。

空泡主要发现于延髓、中脑的中央灰质部分、下丘脑的室旁核区和丘脑以及其中隔区，而在小脑、海马回、大脑皮层和基底神经节等处通常很少发现。无任何炎症反应。

【诊断】目前定性诊断以大脑组织病理学检查为主，但需在牛死后才能确诊，且检查需要较高的专业水平和丰富的神经病理学观察经验。

病料样品采集：组织病理学检查，在病畜死后立即取整个大脑以及脑干或延脑，经10%福尔马林固定后送检。

【鉴别诊断】应注意与以下疾病相鉴别：有机磷农药中毒（有明显的中毒史、发病突然、病程短）；低镁血症、神经性酮病（可通过血液生化检查和治疗性诊断确诊）；李氏杆菌感染引起的脑病（病程短，有季节性，冬春多发，脑组织大量单核细胞浸润）；狂犬病（有狂犬咬伤史、病程短、脑组织有内基氏小体）；伪狂犬病（通过抗体检查即可确诊）；脑灰质软化或脑皮质坏死、脑内肿瘤、脑内寄生虫病等（通过脑部大体剖检即可区别）。

【防控措施】本病尚无有效治疗方法。应采取以下措施，减少传染性海绵状脑病病原在动物中的传播。

1. 根据OIE《陆生动物卫生法典》的建议，建立牛海绵状脑病的持续监测和强制报告制度。

2. 禁止用反刍动物源性饲料饲喂反刍动物。

3. 禁止从牛海绵状脑病发病国或高风险国进口活牛、牛胚胎、精液、脂肪、肉骨粉或含肉骨粉的饲料、牛肉、牛内脏及有关制品。

4. 一旦发现可疑病牛，立即隔离并报告当地动物防疫监督机构，力争尽早确诊。确诊后扑杀所有病牛和可疑病牛，甚至整个牛群，对其接触牛群亦应全部处理，尸体焚毁或深埋3米以下。不能焚烧的物品及检验后的病料，应用高压蒸汽136℃处理2小时或用2%有效氯的次氯酸钠浸泡。

牛海绵状脑病的预防和控制困难极大。我国尚未发现疯牛病，但仍有从境外传入的可能。为此，提出防范牛海绵状脑病的九字方针："堵漏洞、查内源、强基础"，要加强口岸检疫和邮检工作，严禁携带和邮寄牛肉及其产品入境。

九、痒　病

痒病（Scrapie）又称"驴跑病""瘙痒病""震颤病"或"摇摆病"，是成年绵羊（偶尔发生于山羊）的一种由痒病朊病毒侵害中枢神经系统引起的慢性、进行性、传染性、致死性疾病。其特征为潜伏期长、中枢神经系统变性、剧痒、肌肉震颤、衰弱、委顿、进行性运动失调和最终死亡。

本病早在18世纪中叶就发生于英格兰，随后传播到欧洲许多国家以及北美和世界其他地区。目前，广泛分布于欧洲及北美，亚洲和非洲散发。1983 年，我国四川从英国苏格兰引进的边区莱斯特羊群中发现疑似病例，根据病羊症状并通过脑组织病理组织学检查确诊为本病，由于采取严格的扑灭措施，及时消灭了疫情。

【病原学】本病的病原属于朊病毒，是一种特殊传染因子，它不同于一般病毒，也不同于类病毒，它没有核酸，而是一种有传染性的特殊的糖蛋白，许多种正常动物和人的脑细胞及其他细胞也有这类朊蛋白，用 PrP 代表。该病毒能引起人和动物多种传染性海绵状脑病。

PrP 有两类：一类是正常细胞的一种糖蛋白，对蛋白酶敏感，易被其消化降解，存在于细胞表面，无感染性，用 PrP^{c} 代表；当结构异常时，就成为另一类有致病性的 PrP，对蛋白酶 K 有一定抵抗力，用 PrP^{sc} 代表。两者在 mRNA 和氨基酸水平无任何差异，但生物学特性和立体结构不同。PrP^{sc}（致病性朊病毒）大小为 20～50 纳米，因与正常机体细胞膜成分结合在一起，不易为机体免疫系统所识别，因而用一般的抗原-抗体反应很难检测出来。

痒病因子是一种弱抗原物质，不能引起免疫应答；无诱生干扰素的性能，也不受干扰素的影响；抵抗力很强，对热、辐射、酸碱和常规消毒剂有很强的抗性。在 pH2.1～10.5 酸碱环境中稳定，能耐受 2 摩尔/升的氢氧化钠达 2 小时；可被丙酮、90%石炭酸、0.52%次氯酸盐、0.02 摩尔/升高锰酸钾、0.01 摩尔/升偏碘酸钠灭活。可耐受 80℃ 30 分钟，在 100℃或以上被显著致弱，但是仍保持一定感染力；121℃高压 30 分钟被灭活，但是也有在经受 121℃高压处理 30 分钟后，脑内接种绵羊，仍有致病力的报道。病畜脑组织匀浆经 134～138℃高温 1 小时，对实验动物仍有感染力；用含有 PrP^{sc} 的组织制成的饲料（肉骨粉）或用于人类食品或化妆品的添加剂，干热 180℃1 小时仍有部分感染力；病畜组织在 10%～20%福尔马林中室温放置 6～28 个月仍有感染性。

PrP^{sc} 单个无侵袭力，3 个相结合后才具有侵袭力。SAF 发现于自然感染和人工感染痒病的绵羊脑组织内，也见于牛海绵状脑病和人类克雅氏病的脑组织内，因其具有一定的特异性，因此，可作为各种海绵状脑病的病理学诊断指标。

PrP^{sc} 在感染动物的各种组织中的含量不同，按感染滴度高低，以脑为最高，脊髓次之，其他如脾脏、淋巴结、骨骼、肺、心、肾、肌肉、胎盘等的感染滴度均甚低。脑内所含的病毒比脾脏多 10 倍以上。

【流行病学】绵羊最易感，偶尔发生于山羊。不同性别、不同品种均可发生痒病，但品种间的易感性有很大差异。一般发生于 2～4 岁的羊，18 月龄以下的幼羊很少表现临诊症状，绵羊与山羊间可以接触传播。

病羊是本病的传染源。痒病因子大量存在于受感染羊的脑、脊髓、脾脏、淋巴结和胎盘中；血液、尿液、乳汁、唾液中的病原较少。

关于痒病的传播途径，还不完全清楚，但已知可垂直和水平传播。普遍认为痒病可经口腔或黏膜感染，也可在子宫内直接感染胎儿。已证实感染母羊的胎膜和胎盘内含有痒病病毒，可从母羊垂直传染胎羊和羔羊。皮下、腹腔或静脉接种痒病病毒可发病，脑内接种不仅发病，而且潜伏期大为缩短。取病羊血液和血清接种易感绵羊，均可使之发病。此外，被病毒污染而又消毒不当的手术刀和注射针头等，在传播本病中的作用也不容忽视。

本病无明显的季节性。在首次发生痒病的地区，发病率为 5%～20%；有时可达 40%。病死率极高，几乎 100%。在已受感染的羊群中，以散发为主，常常只有个别动物发病。

【病理变化】除摩擦和啃咬引起的羊毛脱落、皮肤创伤和消瘦外，内脏常无肉眼可见的病变。病理组织学变化仅见于脑干和脊髓。特征性的病变包括神经元的空泡变性与皱缩，灰质的海绵状疏松，星形胶质细胞增生等。神经元的空泡形成表现为单个或多个的空泡出现在胞质内。典型的空泡呈圆形或卵圆形，界限明显，它代表液化的胞质团块。海绵状疏松是神经基质的空泡化，使基质纤维分解而形成许多小孔。

【临诊症状】自然感染的潜伏期为1～5年或更长，因此，1岁半以下的羊极少出现临诊症状；人工感染的潜伏期为0.5～1年。经过潜伏期后，神经症状逐渐加剧。临诊症状以剧痒、肌肉震颤、进行性运动失调为特征。

病初可见病羊表现沉郁和敏感、易惊，有癫痫症状。抓提病羊时，这些症状更易发生，表现剧烈或表现过度兴奋、抬头、竖耳、眼凝视，以一种特征的高抬腿的姿态跑步（似驴跑的僵硬步态），驱赶时常反复跌倒。随着病程的进展，运动时共济失调逐渐严重。耳部颤动，头颈部发生震颤，在兴奋时肌肉震颤加重，休息时减轻。

在发展期，病羊靠着栅栏、树干和器具不断摩擦其背部、体侧、臀部和头部，一些病羊还用其后肢搔抓胸侧、腹侧和头部，并自咬其体侧和臀部皮肤。由于摩擦的作用，在颈部、体侧、背部和荐部大面积的皮肤表面出现秃毛区。除机械性擦伤外，没有皮肤炎症。如果触摸发痒的皮肤，可反射性地引起病羊伸颈、摆头、咬唇和舔舌。当视力丧失时常与栅栏和器具之类的物体相碰撞。

病的后期，机体衰弱，出现昏睡或昏迷，卧地不起。

在整个患病期间，体温正常，虽有食欲但采食量减少，体重下降。病程从几周到几个月，甚至一年以上，所有病羊终归死亡。

【诊断】依靠临诊症状观察与病理组织学检查进行确诊。但确诊还必须进行有关的实验室诊断。

【鉴别诊断】本病应与螨病、虱病、梅迪-维斯纳病相区别，前两种病也可表现擦痒，脱毛及皮肤损伤，但不表现脑炎症状，且可发现螨与虱加以排除。梅迪-维斯纳病具有与痒病相似的脑炎症状及缓慢的发展过程，但缺乏痒病的表现，可通过血清学方法区别。

【防控措施】由于本病具有潜伏期长、发展缓慢、无免疫应答、不能用血清学检疫检验等特殊性，一般的消毒、隔离等防控措施效果不好。因此，在没有发生本病的国家，引进种羊时应加强检疫，将其在规定的期限内隔离饲养，限制其活动。如发现本病应将患病羊及同群羊全部扑杀，进行无害化处理。羊舍、器具等可用次氯酸钠等有效药物彻底消毒。禁止用可疑动物源性饲料饲喂反刍动物或水貂、猫等。

【公共卫生学】痒病病原可使人致病。据报道1967年国外7名研究绵羊神经系统疾病的人中有4人发生一种称为多发性脑脊髓硬化的疾病。将死于此病的人脑组织接种于冰岛绵羊，发生一种与绵羊痒病无法区别的疾病。另外，人类库鲁病的中枢神经系统病变也与痒病病变非常相似。

十、蓝舌病

蓝舌病（Blue tongue）是由蓝舌病病毒引起的反刍动物的一种虫媒传染病。主要发生于绵羊，牛、山羊和鹿等也可发病。其临诊特征为发热，白细胞减少，消瘦，口、鼻和胃黏膜的溃疡性炎症，蹄叶炎和心肌炎等变化。由于舌、齿龈黏膜充血肿胀、瘀血呈青紫色而得名蓝舌病。本病一旦流行，传播迅速，发病率高，死亡率高，且不易消灭，对绵羊的危害很大，可造成重大的经济损失。

本病最早于1876年发现于南非的绵羊，1906年定名为蓝舌病。1943年发现于牛。本病的分布很广，主要见于非洲，欧洲、美洲、大洋洲、东南亚等50多个国家和地区也有本病发生。1979年，我国云南省首次确定发生绵羊蓝舌病，1990年在甘肃省又从黄牛分离出蓝舌病病毒。

【病原学】 蓝舌病病毒（Blue tongue virus，BTV）属于呼肠孤病毒科、环状病毒属、蓝舌病病毒亚群，病毒基因组由双股RNA片段组成。

用中和试验目前可将BTV分为25个血清型，各型之间无交互免疫力，这是BTV感染后的临诊表现和结果差异较大的原因之一；血清型的地区分布不同，如非洲有9个，中东有6个，美国有6个，澳大利亚有4个，我国已鉴定有1型、6型等共7个型。由于病毒有基因序列漂移和重配现象的存在，今后还可能有新的血清型出现。病毒存在于病畜血液和各器官中，在康复畜体内存在达4～5个月之久。

蓝舌病病毒抵抗力很强，在干燥的血液、血清和腐败的肉、在水中可长期存活；对乙醚、氯仿、0.1%去氧胆盐有耐受力，但对3%氢氧化钠溶液、2%过氧乙酸溶液很敏感，60℃30分钟被杀死，在pH 3.0或更低的环境中迅速灭活。

【流行病学】 几乎所有的反刍动物都易感，以绵羊最易感，不分品种、性别和年龄，尤其是1岁左右的绵羊易感性最强，致死率高者可达95%。吃奶的羔羊有一定的抵抗力。牛和山羊的易感性较低，以隐性感染为主。野生动物中鹿和羚羊易感，其中以鹿的易感性较高，可以造成死亡。

患病动物和带毒畜是本病的传染源；病愈绵羊血液能带毒达4个月之久；牛多为隐性感染，感染后长期带毒，并在流行期间成为该病的主要储存宿主。病毒可在库蠓体内长期生存和大量增殖且可越冬，这说明库蠓也是一种重要的传染源。

本病主要通过吸血昆虫传播，库蠓是主要的传染媒介。羊虱、羊蜱蝇、蚊、蜱和其他叮咬昆虫也能机械传播本病。公牛感染后，其精液内带有病毒，可通过交配和人工授精传染给母牛。病毒也可通过胎盘感染胎儿，导致流产、死胎或胎儿先天性异常。

本病的发生有严格的季节性和地区性。它的发生和分布与库蠓的分布、习性和生活史密切相关，多发生在湿热的晚春、夏季和早秋，特别是池塘、河流较多的低洼地区。

【临诊症状】 潜伏期为3～9天，多数不超过1周；人工感染的潜伏期为2～6天。

蓝舌病有显性感染和隐性感染两种感染类型。自然病例的显性感染几乎局限于绵羊，表现典型或非典型的临诊症状；牛和山羊及其他反刍动物的蓝舌病则以隐性感染为主，在自然感染情况下，虽然也有少数临床型病例，其症状与绵羊蓝舌病相比要缓和或轻微得多，一般只有轻度或中度发热及短时间的轻微的精神不振和食欲障碍。但在美国1980年的一次流行中，大约40%的牛有明显口腔糜烂，并有一些牛发生跛行。

绵羊蓝舌病的典型症状：以体温升高和白细胞显著减少开始。体温在发病后2～3天内达到40.5～42℃，同时白细胞数也明显降低。高温稽留约5～6天以后，体温降至正常值，白细胞数也逐渐回升至生理范围。表现精神委顿，厌食，唾液和鼻液增多，口腔和鼻腔黏膜潮红、水肿，舌肿胀、发绀，呈青紫色，唇、颊、齿龈、舌黏膜糜烂并形成溃疡。口腔分泌物变成污秽不洁的暗红色并有恶臭，鼻腔分泌物也从初期的浆液性转变为黏液脓性；鼻孔周围结痂，引起呼吸困难和鼾声。有时蹄冠、蹄叶发生炎症，触之敏感，呈不同程度的跛行，甚至膝行或卧地不动。病羊消瘦、衰弱，有的便秘或腹泻，有时下痢带血。

病程一般为6～14天，发病率30%～40%，病死率20%～30%，有时可高达90%。患病不死的绵羊经10～15天痊愈，6～8周后蹄部也恢复。怀孕母羊遭受感染后，可造成流产、胚胎吸收或产出先天性异常的羔羊，如脑积水、小脑损伤、脊髓病变、视网膜发育不良和其他眼部异常或骨骼畸形等。怀孕4～8周的母羊遭受感染时，其分娩的羔羊中约有20%发育缺陷。绵羊感染蓝舌病病毒后日光可加重临诊症状。

但绵羊感染蓝舌病病毒也可出现亚临床感染。

山羊的症状与绵羊相似，但一般比较轻微。

牛通常缺乏症状。但在饲养管理或环境条件差的情况下以及野外暴发的某些蓝舌病病毒毒株能引起临床发病，约有5%的病例可显示轻微症状，其临诊表现与绵羊相同。

【病理变化】主要病变见于口腔、瘤胃、心、肌肉、皮肤和蹄部。口腔出现糜烂和深红色区，舌、齿龈、硬腭、颊黏膜和唇水肿。瘤胃有暗红色区，表面有空泡变性和坏死。真皮充血、出血和水肿。肌肉出血，肌纤维变性，有时肌间有浆液和胶冻样浸润。呼吸道、消化道和泌尿道黏膜及心肌、心内外膜均有点状或斑状出血，蹄冠周围皮肤出现线状充血带。严重病例，消化道黏膜有坏死和溃疡，脾脏肿大，肾和淋巴结轻度充血和水肿，有时有蹄叶炎变化。

【诊断】根据典型症状和病变可以作初步诊断，确诊或对处于恢复阶段和亚临床的病例必须依赖实验室检验。

病料样品采集：病毒分离、鉴定应采集全血，动物病毒血症期的肝、脾、淋巴结、精液（冷藏容器保存24小时内送到实验室）及捕获的库蠓。

在国际贸易中指定的诊断方法是病原鉴定、琼脂凝胶免疫扩散试验、酶联免疫吸附试验和PCR。替代方法为病毒中和试验。

【鉴别诊断】牛蓝舌病与口蹄疫、牛病毒性腹泻-黏膜病、恶性卡他热、牛传染性鼻气管炎、水疱性口炎、茨城病、牛瘟等有相似之处，应注意鉴别。羊蓝舌病应与口蹄疫、羊传染性脓疱、羊痘、光过敏症等进行鉴别。

【防控措施】

1. 预防措施 为了防止本病的传入，严禁从有本病的国家和地区引进牛羊。加强检疫和国内疫情监测，切实做好冷冻精液的管理工作，严防用带毒精液进行人工授精。夏季宜选择高地放牧以减少感染的机会，夜间不在野外低湿地过夜。定期进行药浴、驱虫，做好牧场的管理工作，控制和消灭本病的媒介昆虫（库蠓）。

在流行地区可在每年发病季节前1个月接种疫苗；在新发病地区可用疫苗进行紧急接种。

应当注意的是，本病病原具有多型性，型与型之间无交互免疫力，因此，在免疫接种前要查清当时、当地流行毒株的血清型，选用相应血清型的疫苗；如果在一个地区存在两个以上血清型时，则需选用二价或多价疫苗。但因不同血清型病毒之间可产生相互干扰作用，二价或多价疫苗的免疫效果不理想。目前所用疫苗有弱毒疫苗、灭活疫苗和亚单位疫苗，以弱毒疫苗比较常用。

2. 扑灭措施 当发现蓝舌病病例时，立刻按照《中华人民共和国动物防疫法》的规定采取紧急、强制性的控制和扑灭措施。封锁疫区，扑杀病畜，并作无害化处理，彻底消毒被病畜污染的环境。

十一、小反刍兽疫

小反刍兽疫（Peste des petits ruminants，PPR）又叫小反刍兽瘟或羊瘟，是由小反刍兽疫病毒引起小反刍动物的一种急性接触传染性疾病。该病的临诊表现与牛瘟相似，故也被称为伪牛瘟，其特征是发病急剧、高热稽留、眼鼻分泌物增加、口腔糜烂、腹泻和肺炎。主要感染绵羊和山羊，危害相当严重。目前，未见有人感染该病的报道。

小反刍兽疫于1940年在象牙海岸首次记述的，直到1942年才确认是一种新病。现流行于非洲、阿拉伯半岛及大多数中东国家和南亚、西亚等，自2003年以来，我国周边国家均暴发了大规模的小反刍兽疫疫情。2007年7月，本病首次传入我国西藏阿里地区，以后我国新疆、甘肃、宁夏、内蒙古、湖南、安徽、山东、河南等地均有发生，呈地方性流行。

【病原学】小反刍兽疫病毒（Peste des petits ruminants virus，PPRV）为副黏病毒科、麻疹病毒属，与麻疹病毒、犬瘟热病毒、牛瘟病毒等有相似的理化及免疫学特性。病毒基因组为单分子负股单股RNA，PPRV只有一个抗原型，在临诊上见到不同症状，不是由于毒株毒力的强弱，而是由于动物品种、年龄尤其是气候和饲养管理条件不同而出现的敏感性不一样。牛注射PPRV后可抵抗牛瘟；减弱的牛瘟病毒可保护绵羊和山羊免于PPR感染。

小反刍兽疫病毒的抵抗力不强，在50℃半小时即死亡，4℃储存4个月、18℃储存4周，pH3的条件下3小时能灭活。病毒对乙醚、氯仿敏感，在pH6.7～9.5最稳定。实验感染山羊的尸体，在4℃保存8天后，从淋巴结内仍可找到PPRV但是滴度显著降低。

【流行病学】自然发病主要见于山羊、绵羊、羚羊、美国白尾鹿等小反刍动物，但山羊发病时比较严重，时常呈最急性型，很快死亡。绵羊次之，一般呈亚急性经过而后痊愈，或不呈现病状。野生动物、牛、猪等偶尔隐性感染，通常为亚临床经过。2～18个月的幼年动物比成年的易感。

该病的传染源主要为患病动物和隐性感染者，处于亚临床状态的羊尤为危险。病畜的分泌物和排泄物均含有大量病毒。

本病通过直接接触患病动物和隐性感染者的分泌物和排泄物传染，也可通过呼吸道飞沫传播。还有可能经人工授精或胚胎移植传染，感染的母羊发病前1天至发病后45天期间经乳汁传染。尚无间接感染病例的报告。非疫区多因引入感染动物而扩散，故须管制感染区羊只及相关物品的移出。患病羊康复后不会成为慢性带毒者。病毒在体外不易存活。

本病的流行无明显的季节性。在首次暴发时易感动物群的发病率可达100%，严重时致死率为100%；中度暴发时致死率达50%。但在老疫区，常为零星发生，只有在易感动物增加时才可发生流行。幼年动物发病严重，发病率和死亡率都很高。

【临诊症状】由于动物品种、年龄差异以及气候和饲养管理条件不同而出现的敏感性不一样，临诊症状表现有以下几个类型。

1. 最急性型　常见于山羊。在平均2天的潜伏期后，出现高烧（40～42℃），精神沉郁，感觉迟钝，不食，毛竖立。同时出现流泪及浆液、黏性鼻涕。口腔黏膜出现溃烂，或在出现之前即死亡。但常见齿龈充血，体温下降，突然死亡。整个病程5～6天。

2. 急性型 潜伏期为3～4天，症状和最急性的一样，但病程较长。自然发病多见于山羊和绵羊，患病动物发病急剧，高热41℃以上，稽留3～5天，初期精神沉郁，食欲减退，鼻镜干燥，口鼻腔流黏液脓性分泌物，并很快堵塞鼻孔，呼出恶臭气体。口腔黏膜和齿龈充血，进一步发展为颊黏膜出现广泛性损害，导致涎液大量分泌排出；从发病第5天起，黏膜出现溃疡性病灶，感染部位包括下唇、下齿龈等处，严重病例可见坏死病灶波及齿龈、腭、颊部及其乳头、舌等处。舌被覆一层微白色浆性恶臭的浮膜，当向外牵引时，即露出鲜红和很易出血的黏膜。后期常出现带血的水样腹泻，病羊严重脱水，消瘦，并常有咳嗽、胸部啰音以及腹式呼吸的表现。死前体温下降。幼年动物发病严重，发病率和死亡率都很高。母畜常发生外阴—阴道炎，伴有黏液脓性分泌物，孕畜可发生流产。病程8～10天，有的并发其他病而死亡，有的痊愈，也有的转为慢性型。

3. 亚急性或慢性型 病程延长至10～15天，常见于急性期之后。早期的症状和上述的相同。口腔和鼻孔周围以及下颌部发生结节和脓疱是本型晚期的特有症状，易与传染性脓疱混同。本病易感羊群发病率通常达60%以上，病死率可达50%以上。

【病理变化】尸体病变与牛瘟相似。本病最特殊的病变是结膜炎、坏死性口炎等肉眼病变，严重病例可蔓延到硬腭及咽喉部。开始为白色点状的小坏死灶，直径数毫米。待数目增多即汇合成片，形成底面红色的糜烂区，上覆以脱落的上皮碎片。在舌面、齿龈、上腭这些溃疡很快就被覆一层由浆液性渗出和脱落碎屑以及多核白细胞混合构成的黄白色浮膜。若无细菌性并发症，这些病变很快即结瘢痊愈。

皱胃呈现有规则、有轮廓的糜烂，盲肠、结肠结合处出现特征性线状出血或斑马样条纹。原发性肺炎显示为病毒感染具有诊断意义。淋巴结肿大，脾脏出现坏死灶病变。

【诊断】根据该病的流行病学、临诊表现和病理变化可做出初步诊断，确诊需要进行实验室检查。在国际贸易中指定的检测方法是病毒中和试验。

病料样品采集：病毒分离、鉴定应采集抗凝血（最好用肝素10 IU/毫升或EDTA0.5毫克/毫升抗凝），眼鼻分泌物拭子，鼻腔、颊部和直肠黏膜、脾和淋巴结（尤其是肠系膜和支气管淋巴结）。血清检查应采集病畜血清。用于组织病理学检验的组织应放入10%的福尔马林中。

1. 病原检测

（1）病毒分离鉴定。病料样品采集：应采集抗凝血（用肝素10 IU/毫升或EDTA0.5毫克/毫升抗凝）。病料接种适当的细胞，然后用标记抗体、电镜或PCR方法鉴定。

（2）实验室常用荧光RT-PCR方法检测病原。

2. 血清学检验 常用的方法是ELISA抗体检测。

【鉴别诊断】该病应与牛瘟、蓝舌病、口蹄疫、羊传染性脓疱病进行区别，小反刍兽疫可引起绵羊和山羊临诊症状，但被感染的牛不表现症状，因此，仅限绵羊和山羊发病时应首先怀疑为小反刍兽疫。蓝舌病与PPR相反，主要感染绵羊；羊传染性脓疱病，舌无溃烂。

【防控措施】

1. 预防措施 按照《全国小反刍兽疫消灭计划》，划定为非免疫无疫区建设区域的，可以不实施免疫，其他区域所有羊进行小反刍兽疫免疫。小反刍兽疫弱毒疫苗安全有效，保护期长，一次免疫可保护3年。怀孕母羊、羔羊均可接种。但对健康状况不良的羊，应待康复后接种。所有1月龄以上的羊进行一次全面免疫后，每年春、秋两季对未免疫的新生羊进行补免，同时对免疫满3年的羊追加免疫一次。有疫情的地区1年免疫1次。免疫后1～3月抽检免疫抗体，合格率低于70%的场点应及时补免。做好免疫记录，通过牲畜耳标和信息追溯平台上传免疫信息，每个养羊场、每个村（散养户）应建立免疫档案，做到免疫记录档案完整，确保免疫率达到100%、免疫合格率达到70%以上。

2. 扑灭措施 一旦发现疑似疫情，要立即报告，并采样送国家诊断中心确诊，严格按照《小反刍兽疫防控技术规范》要求，按照一类动物疫情处置方式扑灭疫情。

十二、绵羊痘和山羊痘

绵羊痘和山羊痘（Sheep pox and goat pox）是由痘病毒科（DNA病毒）、山羊痘病毒属的绵羊痘病毒和山羊痘病毒引起的绵羊和山羊的一种急性、热性传染病。

该病在非洲的赤道以北地区、中东、土耳其、伊朗、阿富汗、巴基斯坦、印度及尼泊尔等地区呈地方性流行，1984年以后还流行于孟加拉国。现由于引种频繁等原因我国也有该病发生。

（一）绵羊痘

绵羊痘又名绵羊“天花”，是各种家畜痘病中危害最为严重的一种热性、接触性传染病。其特征是无毛或少毛部位皮肤和黏膜上发生特异的痘疹，可见到典型的斑疹、丘疹、水疱、脓疱和结痂、脱落等病理过程。

【病原学】绵羊痘病毒和山羊痘病毒隶属痘病毒科羊痘病毒属。绵羊痘病毒（Sheeppox virus）为双股DNA病毒，主要存在于病羊皮肤、黏膜的丘疹、脓疱以及痂皮内，鼻分泌物、发热期血液内也有病毒存在。

痘病毒对皮肤和黏膜上皮细胞具有特殊的亲和力。病毒侵入机体后，先在网状内皮系统增殖，而后进入血液（病毒血症），扩散全身，在皮肤和黏膜的上皮细胞内繁殖，引起一系列的炎症过程而发生特异性的痘疹。

病毒对热、直射阳光、碱和多数常用消毒药均较敏感，如58℃5分钟或37℃24小时即可杀死病毒。但对寒冷和干燥的抵抗力较强，冻干至少可保存3个月以上；在痂皮中痘病毒能耐受干燥，自然环境中能存活6～8周；在动物毛中保持活力2个月。

病毒对热、直射阳光、碱和多数常用消毒药均较敏感，如58℃5分钟或37℃24小时即可杀死病毒。但对寒冷和干燥的抵抗力较强，冻干至少可保存3个月以上；在痂皮中痘病毒能耐受干燥，自然环境中能存活6～8周；在动物毛中保持活力2个月。

【流行病学】在自然情况下，绵羊痘病毒只感染绵羊，不传染山羊和其他家畜；山羊痘病毒的少数毒株则可感染绵羊和山羊并引起绵羊和山羊的恶性痘病。不同品种、性别、年龄的绵羊都有易感性，以细毛羊最为易感；羔羊比成年羊易感，病死率亦高。易引起妊娠母羊流产，因此，在产羔前流行羊痘，可导致很大损失。但本土动物的发病率和病死率较低，主要感染从外地引进的绵羊新品种，对养羊业的发展影响极大。

病羊和带毒羊是主要的传染源。病毒由病羊分泌物、排泄物和痂皮排出。

传播途径为皮肤的伤口，本病主要经呼吸道感染，也可通过损伤的皮肤或黏膜感染。在流行时，病毒可能通过呼吸道传染，也可由厩蝇等吸血昆虫叮咬而感染。饲养管理人员、护理用具、皮毛、饲料、垫草、外寄生虫等是传播的媒介。

本病多发生于冬末春初，呈地方流行性。气候严寒、雨雪、霜冻、饲草缺乏和饲养管理不良等因素都可促使本病发生和病情加重。

【临诊症状】 潜伏期平均为6～8天，典型病羊体温升高达41～42℃，食欲减少，精神不振，结膜潮红，有浆液、黏液或脓性分泌物从鼻孔流出，呼吸和脉搏增速，经1～4天出现痘疹。

痘疹多发生于皮肤无毛或少毛部位，如眼周围、唇、鼻、乳房、外生殖器、四肢内侧和尾内侧。开始为红斑，1～2天后形成丘疹，突出皮肤表面，随后丘疹逐渐扩大，变成灰白色或淡红色、半球状的隆起结节。结节在几天之内变成水疱，水疱内容物起初呈浆液性，后变成脓性，如果无继发感染则在几天内干燥成棕色痂块，痂块脱落后形成红斑，随着时间的推移颜色逐渐变淡。

非典型病例不呈现上述典型症状或经过，仅出现体温升高和黏膜卡他性炎症，不出现或仅出现少量痘疹，或仅出现硬结状，在几天内干燥后脱落，不形成水疱和脓疱，此为良性经过，即所谓的顿挫型。有的病例见痘疹内出血，呈黑色痘。还有的病例痘疱发生化脓和坏疽，形成很深的溃疡，发出恶臭。常为恶性经过，病死率达20%～50%。

【病理变化】 特征性病变是在咽喉、气管、肺和前胃或第四胃黏膜上出现痘疹，有大小不等的圆形或半球形坚实的结节，单个或融合存在，有的病例还形成糜烂或溃疡。咽和支气管黏膜亦常有痘疹，在肺见有干酪样结节和卡他性肺炎区，肠道黏膜少有痘疹变化。此外，常见细菌性败血症变化，如肝脂肪变性、心肌变性、淋巴结急性肿胀等。病羊常死于继发感染。

【诊断】 典型病例可根据临诊症状、病理变化和流行情况进行诊断。对非典型病例，可结合群体的不同个体发病情况和实验室检验做出诊断。

在国际贸易中，无指定的诊断方法。替代方法为病毒中和试验。

【防控措施】

1. 预防措施　平时加强饲养管理，抓好秋膘，特别是冬春季适当补饲，注意防寒过冬。

在绵羊痘常发地区的羊群，每年定期预防接种；受威胁的羊群均可用羊痘鸡胚化弱毒疫苗进行紧急接种，注射后4～6天产生可靠的免疫力，免疫期可持续一年。

2. 扑灭措施　当发现病例时，立刻按照《中华人民共和国动物防疫法》的规定采取紧急、强制性的控制和扑灭措施。封锁疫区，对病羊隔离、扑杀，并作无害化处理，彻底消毒被病畜污染的环境。

（二）山羊痘

本病在欧洲地中海地区、非洲和亚洲的一些国家均有发生。我国1949年后在西北、东北和华北地区有流行，少数地区疫情较严重。目前，我国由于广泛应用自己研制的山羊痘细胞弱毒疫苗，结合有力的防控措施，疫情已得到控制。病原为与绵羊痘病毒同属的山羊痘病毒，山羊痘病毒能免疫预防羊传染性脓疱（口疮），但羊传染性脓疱病毒对山羊痘却无免疫性。

山羊痘病毒在自然条件下只感染山羊，仅少数毒株可感染绵羊。

山羊痘的临诊症状和剖检病变与绵羊相似。临诊特征是发热，有黏液性、脓性鼻漏及全身性皮肤丘疹。在诊断时注意与羊的传染性脓疱鉴别，后者发生于绵羊和山羊，主要在口唇和鼻周围皮肤上形成水疱、脓疮，后结成厚而硬的痂，一般无全身反应。患过山羊痘的耐过山羊可以获得坚强免疫力。中国兽药监察所将山羊痘病毒通过组织细胞培养制成的细胞弱毒疫苗对山羊安全，免疫效果确实，以0.5毫升皮内或1毫升皮下接种效果很好，已推广应用。

防控措施参见绵羊痘。

十三、高致病性禽流感

高致病性禽流感（Highly pathogenic avain influenza，HPAI）是由禽流感病毒的高致病力毒株引起禽类的一种急性、烈性、高度致死性传染病，近年来，人感染该病死亡的病例在越南、泰国、荷兰及我国时有报道。2007年新版OIE《陆生动物卫生法典》禽流感的名称，由旧版高致病性禽流感（HPAI）更名为通报性禽流感（NAI），分为通报性高致病性禽流感（HPAI）和通报性低致病性禽流感（LPHAI）。本病被OIE列入国际生物武器公约动物类传染病名单。

本病于1878年首次发现于意大利，1955年证实病原是A型流感病毒（AIV）。第一次世界大战期间，本病曾流行于许多欧洲国家，后来还发生于美、非、亚洲等不少国家。2003—2005年本病在全球蔓延，特别是东南亚地区流行更为严重。2004年春节前后，日本、韩国、越南、泰国、加拿大、美国等国家暴发的禽流感疫情，造成了巨大的经济损失，并造成亚洲多人死于禽流感；由于候鸟的迁徙和H5N1病毒的不断变异，2004年之后，HPAI在我国大部分省份均有发生，2008年、2013—2014年出现两次地方性流行。2017年5月以来，部分地区发生H7N9亚型高致病性禽流感。禽流感疫情的暴发，使我国养禽业生产和禽类产品出口受阻，带来了严重的经济损失。

【病原学】 禽流感病毒（Avian influenza virus，AIV）属于正黏病毒科、A型（又称甲型）流感病毒属。正黏病毒科包括A型、B型、C型流感病毒属，B型和C型一般只见于人类；所有禽流感病毒都是A型，A型流感病毒也见于人、马、猪、水貂等哺乳动物及多种禽类。

根据AIV的致病性分为两种：高致病性禽流感病毒（HPAIV）和低致病性禽流感病毒（LPAIV）。HPAIV在鸡群中传播极其迅速，具有高度致死性，而LPAIV并不导致严重的病变。

本病毒基因组单股RNA，病毒表面有两种纤突，一种对红细胞具有血凝性，称为血凝素（HA）；另一种具有神经氨酸酶活性，称为神经氨酸酶（NA）。根据HA和NA抗原性的差异又可将其分为不同的亚型。目前，A型流感病毒的HA已经发现16种，分别以H1～H16命名。NA已发现10种，分别以N1～N10命名。根据1980年世界卫生组织公布的AIV命名方法，一株AIV的名称包括几项内容：抗原型别/宿主/分离地点/毒株序号/分离年代（HA亚型和NA亚型）。这些抗原又以不同的组合，产生极其多样的毒株。目前，AIV中多见H5和H7亚型能够导致HPIV。

AIV的显著特点是H和N二者的抗原性漂移及转移而导致的抗原性变异。漂移发生在某个亚型之内，是点突变的积蓄，转移则骤然获得一个全新的H或N基因，从而产生新的亚型，可能在全世界引起新型流感的暴发流行。AIV的变异与进化有时具有特殊性，往往造成严重后果。

Toshiro等的研究表明，在由低到中等致病力流感病毒相关的疾病中，并发的细菌感染起主要作用。这是由于细菌提供了可裂解低或中等致病力流感病毒HA的酶，使病毒得以复制并在宿主体内大范围传播。至今发现能直接感染人的禽流感病毒亚型有：H5N1、H7N1、H7N2、H7N3、H7N7、H9N2和H7N9等。

禽流感病毒有囊膜，对乙醚、氯仿、丙酮等有机溶剂敏感。AIV对热比较敏感，56℃加热30分钟，60℃加热10分钟，65～70℃加热数分钟即丧失活性。直射阳光下40～48小时即可灭活。紫外线照射也可迅速破坏病毒的感染性。常用消毒药均可将其灭活。

【流行病学】 禽流感的易感动物包括家禽（鸡、火鸡、鹧鸪、珍珠鸡、石鸡、鸽子、鹌鹑、雉、鹅和鸭）、野禽（野鸡、野鸭、野鹅、鸵鸟、燕鸥、天鹅、鹭）、人类和其他动物群体（猪、马、猫、豹、虎、狗、海洋哺乳动物、鼬科动物等），其中对家养火鸡和鸡引起的危害最严重。野生鸟类和迁徙性的水禽是禽流感病毒的自然宿主，自然迁徙水禽特别是野鸭中分离到的病毒比其他禽类多，家禽与它们接触，可以引起流感的暴发。

病禽是主要传染源。野生水禽是自然界A型流感病毒的主要带毒者，观赏鸟类也有携带病毒和传播病毒的作用。由于粪便中含有大量病毒，被其污染的一切物品，如饲养管理具、设备、动物、饲料、饮水、衣物、运输车辆等均可成为传播来源。其他哺乳动物，如猪源的禽流感病毒也有引起火鸡发病的报道。

病毒主要通过病禽的各种排泄物、分泌物及尸体等污染饲料、饮水经消化道、结膜、伤口和呼吸道感染。近距离的家禽之间可以通过空气传播。母鸡感染本病后，可在所产蛋中分离出病毒，因此，AIV还可经蛋垂直传播。孵化器中，感染病毒的破损鸡蛋可感染健康的雏鸡。禽流感病毒的致病力差异很大，有的毒株发病率虽高，但病死率较低；有些毒株致病力很强，如强毒株在自然条件下，鸡群的发病率和病死率可达100%。近年来还发现弱毒株在流行过程中其毒力可变强。高致病性禽流感病毒在鸡群中传播极其迅速，具有高度致死性。

在各种家禽中，火鸡最常发生流感暴发。常突然发生，传播迅速，呈流行性或大流行性。多发生于天气骤变的晚秋、早春以及寒冷的冬季。阴雨、潮湿、寒冷、贼风、运输、拥挤、营养不良和内外寄生虫侵袭可促进该病的发生和流行。

【临诊症状】

鸡：潜伏期一般为3～5天，人工感染潜伏期为几个小时至几天不等。因宿主和毒株以及环境条件不同，症状差异很大。流行初期的急性病例，不出现任何症状而突然死亡。一般病初表现精神沉郁、厌食、羽毛松乱，垂头缩颈，鸡冠和肉髯发绀。头部水肿、眼睑肿胀，眼有分泌物，结膜肿胀充血，偶尔伴随出血。气管因渗出物不同表现不同的呼吸道症状，有时表现呼吸困难，常发出“咯咯”声，鼻腔分泌物增多，病鸡常摇头甩出分泌物，严重者可引起窒息，口腔中黏液分泌物也增多。拉黄绿色稀便。有的病鸡出现神经症状、惊厥，打滚或圆圈运动，共济失调和失明。产蛋下降或停止，感染前产软壳蛋、畸形蛋，存活的蛋鸡体况较差，恢复产蛋量需要几周的时间。有的腿部鳞片有紫黑色出血斑。虽然死亡经常发生在

48 小时之内，但是也可能发生在症状表现之前或症状表现之后几周的时间内。在隐性传染时可不表现任何症状。

火鸡的症状与鸡类同。

家鸭和鹅：潜伏期 3～7 天。精神沉郁，食欲不振，拉黄绿色稀便。鼻窦水肿，有黏液性分泌物，鼻孔经常堵塞，一侧或两侧眶下窦肿胀、呼吸困难，摆头、张口喘息。青年鸭（鹅）有神经症状。产蛋鸭的产蛋下降，突然死亡，急性病例的病死率可达 100%。慢性病例，羽毛松乱，消瘦，生长发育缓慢。

鸽：潜伏期一般为 3～5 天，常无先兆症状而突然发病死亡。病程稍长的会出现体温升高（44℃以上），精神沉郁，被毛松乱，呆立，食欲废绝，有鼻液、泪液和结膜炎，头、颈和胸部水肿，呼吸困难，严重的可窒息死亡。拉灰绿色或红色稀便。有的出现神经症状。通常发病后几小时至 5 天死亡，病死率 50%～100%。慢性经过的以咳嗽、呼吸困难等呼吸道症状为特征。

鸵鸟：潜伏期 3～7 天，精神沉郁，食欲不振，拉绿色稀便，眼、鼻有分泌物，呼吸困难，突然死亡。

【病理变化】

鸡：禽流感的特征性病理变化是腺胃黏膜（特别是与肌胃交界处）和腹部脂肪出血，肌胃内层出血、糜烂。肠黏膜出血更为广泛和明显，有时在胸骨内侧、胸肌和全身组织出血，胸骨内侧有瘀血斑。肝、脾、肾和肺出现多发性出血坏死灶。眼结膜充血，有时有瘀血点，气管内黏液分泌物过多，气管黏膜严重出血。心外膜有出血点，心肌软化。头部颜面、鸡冠、肉垂水肿部皮下呈黄色胶样浸润、出血。产蛋鸡的输卵管有白色黏稠分泌物，并常见卵黄性腹膜炎。有的腹腔有卡他性到纤维素性腹膜炎。

火鸡病变和鸡类似，但没有鸡那么严重。家鸭和鸡类似，但不那么明显，甚至以上病变一个也不出现。特征性病理组织学变化为水肿、充血、出血和“血管套”（血管周围淋巴细胞聚积）的形成，主要表现在心肌、肺、脑、脾等。另外，还有坏死性胰腺炎和心肌炎。

【诊断】根据禽流感流行病学、临诊症状和剖检变化等综合分析可以做出初步诊断。进一步确诊还应作病毒分离鉴定和血清学检查等。

病料样品采取：用于病原鉴定，可采集病死禽的气管、肺、肝、肾、脾、泄殖腔等组织样品。活禽可用棉拭子涂擦活病禽的喉头、气管后，置于每毫升含 1 000 IU 青霉素、2 毫克链霉素、pH7.2～7.6 的肉汤中（无肉汤时可用 Hank's 液或者 25%～50%的甘油盐水），泄殖腔拭子用双倍量上述抗生素进行处理。样品如在短期内（48 小时内）处理可置于 4℃保存，若长时间待检应放于低温下（−70℃储存最好）保存。

病原检测：实验室常用荧光 RT－PCR 检测方法。可快速检出禽流感通用型、H5 亚型、H7 等亚型。

血清学检查：常用血凝抑制试验（IHA）方法，用于免疫抗体检测。

【防控措施】各个国家和地区都高度重视该病的防控工作，采取了不同的防控措施，大致可分为两大类，一种是采取以扑杀和生物安全方法为主的控制措施，韩国、日本、泰国、越南、中国台湾等即是这种做法；另一种是采取以扑杀、强制性免疫和生物安全相结合为主的扑灭措施，印度尼西亚、老挝、柬埔寨和中国等即是，这种做法防控效果较好，疫情较稳定。世界卫生组织（WHO）的专家也建议免疫接种可作为扑杀的补充手段。

1. 预防措施

（1）免疫接种。禽流感病毒可使机体产生免疫性，少数康复鸡具有坚强的免疫力。应用高效价中和抗体的血清，给易感鸡注射后，可获得被动免疫；采用灭活疫苗接种，也可使免疫鸡获得主动免疫。免疫鸡分别以多株致死性禽流感病毒进行交叉攻毒，结果证明以同种或同一亚型病毒免疫的鸡，能获得完全保护；并发现血凝素相同的病毒之间能够交叉保护，但神经氨酸酶相同的病毒，只有部分的保护，说明免疫保护性主要来自抗血凝素抗体。

禽流感免疫接种面临的主要问题是病毒抗原的多样性，不仅有许多亚型，而且各个亚型之间有一定的抗原性差异，缺乏明显的交叉保护作用，这就给疫苗应用带来困难。

我国曾经或正在使用的疫苗毒株有H5亚型（Re-1株、Re-4株、Re-5株、Re-6株、Re-7株、Re-8株）、H7N9亚型、PH5GD型二价或二联疫苗等禽流感疫苗。

（2）监测和净化。种鸡场必须开展禽流感净化工作，按净化方案开展疫情监测，淘汰病原检测阳性鸡群；疫苗免疫后21天以上采血检测，评价免疫效果，免疫抗体合格率要求70%以上（净化场90%以上），免疫抗体合格率不达标的鸡群应查找原因，及时补免补防。

2. 控制扑灭措施 严格按照《高致病性禽流感疫情判断及扑灭技术规范》（NY/T 764—2004）处理。一旦发现可疑病例时，应及时上报疫情。组织专家到现场诊断，对怀疑为高致病性禽流感疫情的，及时采集病料送省级实验室进行血清学检测（水禽不能采用琼脂扩散试验），诊断结果为阳性的，可确定为高致病性禽流感疑似病例；对疑似病例必须派专人将病料送国家禽流感参考实验室（哈尔滨兽医研究所）进行病原分离和鉴定，并将结论报农业农村部；农业农村部最终确认或排除高致病性禽流感疫情。

确定为高致病性禽流感疑似疫情后，立即启动应急预案，落实以下措施：

（1）划定疫点、疫区、受威胁区。

（2）立即封锁。由政府立即发布封锁令。疫点周围200米范围内不允许任何人员、车辆、动物进入；严禁禽类及其产品进出疫区，在主要交通路口设立消毒检查站点，对过往行人和车辆进行消毒，实行24小时值班把守。

（3）宣传发动。立即召开疫区及威胁区乡村组干部动员会，分析形势，讲明利害，安排扑杀、防疫、封锁、消毒等措施，抽调人员分组行动，明确责任、严明纪律。并分头召开群众大会宣讲政策、陈述利害、层层发动。同时张贴布告，印发宣传材料，达到一家一张明白纸。

（4）扑杀。首先开展流调和疫情检测。严格遵守《高致病性禽流感疫情判定及扑杀技术规范》和《高致病性禽流感无害化处理技术规范》，对疫点周围3千米范围内的所有禽类进行登记、评估，然后扑杀、焚烧、深埋（坑深不少于2米）。

（5）消毒。严格遵守《高致病性禽流感 消毒技术规范》，对疫点及周围3千米范围内的道路、村庄所有场所进行认真、彻底消毒。

（6）紧急免疫接种。严格遵守《高致病性禽流感 免疫技术规范》对疫点外3～8千米范围之间的健康禽全部进行紧急免疫接种，并建立详细免疫档案，签发免疫证。

（7）卫生部门启动人间禽流感应急预案，对与发病禽接触的饲养人员进行隔离观察，对疫区人员健康状况进行认真监视，并指导参与扑疫工作的所有人员做好自身防护。

（8）封锁期间由工商部门负责关闭疫区所有禽类及其产品交易市场。

封锁期间对受威胁区内的易感禽类及其产品进行监测、检疫和监督管理。疫点内所有禽类按规定扑杀并无害化处理后，在当地动物防疫监督机构的监督下，进行彻底消毒，经过21天观察、终末消毒，并经动物防疫监督人员审验，认为可以解除封锁时，由当地畜牧兽医行政管理部门向原发布封锁令的政府申请发布解除封锁令。

【公共卫生学】 禽流感病毒有感染宿主多样性的特点，不仅感染家禽和野禽，也感染猪、马以及鲸鱼、雪貂等多种动物。H5亚型和H7亚型禽流感病毒能直接感染人并造成死亡，我国、越南、印度等均有不等数量的人感染并死亡，使得禽流感病毒作为人畜共患病的公共卫生地位更显突出。

人感染后潜伏期1～2天。发病突然，表现发热，畏寒，头痛，肌痛，有时衰竭。常见结膜发炎、流泪、干咳、喷嚏、流鼻液。一般2～7天可以恢复，但老人康复较慢，病情严重者常因呼吸综合征而死亡。发生细菌感染时，常并发支气管炎或支气管肺炎。

1997年8月，在香港发现的H5N1不经猪作为中介直接传染人，并致4人死亡，对此次流行株进行的基因分析表明，人的毒株保留了禽毒株的全部基因。尽管目前就人间的发病情况看，还没有发现人传染人的证据，但是人传人的风险还是很大的。截至2009年1月22日，全球报告人感染高致病性禽流感病例399例，死亡251例，病死率为62.9%。自2005年以来，我国共发现并确诊人感染禽流感病毒A（H5N1）病例32例，死亡20例。仅2009年1月份1个月内，我国确诊8例人感染高致病性禽流感病例，其中5例死亡。

2004年4月，荷兰发生H7N7亚型引起的高致病性禽流感，荷兰国家流感中心采集了与禽曾经接触的293例人的结膜和喉头拭子，其中260例具有结膜炎或流感相似症状，结果260例中83例呈H7阳性。另有一位4月份曾到感染禽场调查疫情和采集病料的57岁兽医4月17日死于急性呼吸道综合征，从其体内分离到H7N7型流感病毒，这是一次H7亚型高致病性禽流感暴发感染人最严重的事例。

我国已经建立了可以快速检测禽流感的技术手段，今后要加强监测。在高致病性禽流感暴发时，要严格遵守《高致病性禽流感　人员防护技术规范》（NY/T 768—2004）和《高致病性禽流感　消毒技术规范》（NY/T 767—2004），应特别重视人的安全，在疫区所有参与疫情处理的人员，尤其是接触过病禽的人员都必须做好卫生消毒工作，做好个人防护，确保人的健康，防止疫情扩大。

十四、新城疫

新城疫（Newcastle disease，ND）也称亚洲鸡瘟或伪鸡瘟，是由新城疫病毒引起鸡和火鸡的急性、高度接触性传染病，常呈败血症经过。主要特征是呼吸困难、下痢、神经紊乱、黏膜和浆膜出血。

本病1926年于爪哇首次发现，同年于英国新城（Newcastle）发现，因此得名。1927年首次分离到病原，并根据发现地名而命名为新城疫。本病分布于世界各地，造成严重的经济损失。我国1928年已有本病的记载，目前，由于广泛的疫苗免疫接种和净化的深入，该病在我国已经得到有效控制。

【病原学】 新城疫病毒（Newcastle disease virus，NDV）隶属副黏病毒科、副黏病毒亚科、腮腺炎病毒属，是禽副黏病毒1型的代表株，基因组为单分子负股单股RNA。NDV有囊膜，在囊膜的外层血凝素神经氨酸酶（HN）及融合蛋白（F），能刺激宿主产生抑制红细胞凝集素和病毒中和抗体的抗原成分。本病毒存在于病鸡所有器官、体液、分泌物和排泄物，以脑、脾和肺含毒量最高，骨髓含毒时间最长。

NDV至今仍只有一个血清型，但毒株的毒力差异较大。根据不同毒力毒株感染鸡表现的不同，可将NDV分为三种致病型：①强毒型或速发型毒株，在各种年龄易感鸡引起急性致死性感染；②中毒型或中发型毒株，仅在易感的幼龄鸡造成致死性感染；③弱毒型即缓发型或无毒型毒株，表现为轻微的呼吸道感染或无症状肠道感染。速发型病毒株多属于地方流行的野毒株及用于人工感染的标准毒株；中发型病毒株和缓发型病毒株多用做疫苗毒株。NDV一个很重要的生物学特性就是能吸附于鸡、火鸡、鸭、鹅及某些哺乳动物（人、豚鼠）的红细胞表面，并引起红细胞凝集（HA），这种特性与病毒囊膜上纤突所含血凝素和神经氨酸酶有关。这种血凝现象能被抗新城疫病毒的抗体所抑制（HI），因此，可用HA和HI来鉴定病毒和进行流行病学调查。病毒感染鸡体后抗体产生迅速。HI抗体在感染后4～6天即可检出，可持续至少2年。HI抗体的水平是衡量免疫力的指标。雏鸡的母源抗体保护可有3～4周。血液中IgG不能预防呼吸道感染，但可阻断病毒血症。分泌性IgM在呼吸道及肠道的保护方面作用最大。

新城疫病毒对消毒剂、日光及高温的抵抗力不强；对乙醚、氯仿敏感；对pH稳定，pH3～10不被破坏。病毒在60℃30分钟失去活力，真空冻干病毒在30℃可保存30天，在直射阳光下，病毒经30分钟死亡。病毒在冷冻的尸体可存活6个月以上。常用的消毒药如2%氢氧化钠、5%漂白粉、70%酒精在20分钟即可将新城疫病毒杀死。

【流行病学】在自然条件下，本病主要发生于鸡、鸽和火鸡，但近年来在我国常对鹅严重致病，野鸭、鹌鹑、鸵鸟、孔雀、观赏鸟等也常有发病的报道。自然发病的禽种增多成为本病流行病学上的新特点之一。在所有易感禽类中，以鸡最易感；不同年龄的鸡，易感性也有差异，幼雏和中雏易感性最高，两年以上鸡较低；近年来甚至发现4～10日龄的雏鸡也可发病死亡。哺乳动物对本病有很强的抵抗力，但人可感染，表现为结膜炎或头痛、发热等类似流感症状。

本病的主要传染源是病鸡以及在流行间歇期的带毒鸡，但对鸟类的作用也不可忽视。在流行停止后的带毒鸡，常呈慢性经过，精神不好，有咳嗽和轻度的神经症状；保留这种慢性病鸡，是造成本病继续流行的原因。

本病的传播途径主要是呼吸道和消化道，鸡蛋也可带毒而传播本病。创伤及交配也可引起传染，非易感的野禽、外寄生虫、人畜均可机械地传播病原。

本病一年四季均可发生，但以春秋两季多发。污染的环境和带毒的鸡群，是造成本病流行的常见因素。未免疫的鸡群一旦感染新城疫病毒，传播迅速，4～5天可波及全群，发病率和死亡率可达90%以上。根据对免疫鸡群中新城疫病毒强毒感染流行的流行病学研究表明，新城疫病毒一旦在鸡群建立感染就会在群内长期维持，无法通过疫苗免疫的方法将其从群中清除，当鸡群的免疫力下降时，就可能表现出症状。

【临诊症状】自然感染的潜伏期一般为2～14天，平均为5天；人工感染者2～5天。由于病毒的毒力和禽的敏感性不同，其症状也有差异。国际上依据鸡的临诊症状，将新城疫归纳分为5个病型：速发嗜内脏型新城疫：可致所有年龄鸡急性致死性感染，常见消化道的出血性损害。嗜神经速发型或脑肺型新城疫：常致所有年龄鸡急性致死性感染，以出现呼吸道和神经症状为特征。中发型新城疫：死亡仅见于幼禽。缓发型新城疫：表现为轻微的或不明显的呼吸道感染。无症状肠型或缓发嗜肠型新城疫：主要为肠道感染。

我国则根据临诊表现和病程的长短，分典型和非典型两种病型。

（1）典型性新城疫。感染鸡群无任何先兆而突然出现个别鸡只死亡，主要指在非免疫或免疫力较低的鸡群中感染强毒株所引起的速发嗜内脏和速发嗜脑肺型新城疫，发病率和死亡率都很高。多见于流行初期，各种年龄的鸡都可发生，但以30～50日龄的鸡群多发。

随后，在感染鸡群中出现比较典型的症状：病鸡体温升高达43～44℃，咳嗽，呼吸困难，有黏液性鼻漏，常伸头、张口呼吸并发出“咯咯”的喘鸣声或尖锐的叫声。嗉囊内充满液体内容物，倒提时常有大量酸臭液体从口内流出。粪便稀薄，呈黄绿色或黄白色，有时混有少量血液，后期排出蛋清样的排泄物。食欲减退或废绝，有渴感，精神委靡，不愿走动，垂头缩颈或翅膀下垂，眼半开或全闭，状似昏睡，鸡冠及髯渐变暗红色或暗紫色。随着病程的发展，有的病鸡还出现神经症状，如翅、腿麻痹等，最后体温下降，不久在昏迷中死亡。病程约2～5天。1月龄内的小鸡病程较短，症状不明显，病死率高；成年母鸡在发病初期产蛋量急剧下降、产软壳蛋或停止产蛋，产蛋鸡常有卵黄泄漏到腹腔形成卵黄性腹膜炎，卵巢滤泡松软变性，其他生殖器官出血或褪色。

（2）非典型性新城疫。主要发生于免疫鸡群和有母源抗体的雏鸡群。主要表现为发病率和死亡率参差不齐、临诊症状不明显、病理变化不典型，缺乏典型新城疫的特征。发病率和死亡率的变动幅度很大，可从百分之几至百分之几十。这主要取决于鸡群的免疫状态、免疫后发病的时间、病毒株毒力的强弱及组织嗜性、饲养管理条件、各种应激因素的存在以及感染其他病原体（如支原体、大肠杆菌、球虫等）的情况。

雏鸡和中鸡发生非典型新城疫时，常见呼吸道症状、拉黄绿色稀粪。病程稍长的出现神经症状，如腿翅麻痹或头颈歪斜、脚软、站立不稳、转圈等；有的鸡状似健康，但若受到惊扰刺激或抢食时，突然后仰倒地，全身抽搐就地旋转，数分钟后又恢复正常。

成鸡症状不很典型，仅表现呼吸道和神经症状，其发病率和病死率较低，有时在产蛋鸡群仅表现产蛋下降，幅度为10%～30%，半个月后开始逐渐回升，但要2～3个月才能恢复正常。在产蛋率下降的同时，软壳蛋增多，蛋壳褪色。

幼龄鹌鹑感染NDV，表现神经症状，死亡率较高，成年鹌鹑多为隐性感染。火鸡和珠鸡感染新城疫病毒后，一般与鸡相同，但成年火鸡症状不明显或无症状。鸽子感染新城疫后主要症状与鸡相似，表现为排绿色或黄白色水样稀粪以及神经症状，乳鸽多为急性经过，大批死亡；成年鸽多为亚急性和慢性经过。

各种年龄的鹅对这些毒株均易感，但以雏鹅的损失最大。临诊表现为食欲废绝，肿头，流泪，共济失调，拉绿色稀便，急性死亡；产蛋鹅产蛋量下降明显。

【病理变化】本病的主要病变是全身黏膜和浆膜出血，淋巴系统肿胀、出血和坏死，尤其以消化道和呼吸道为明显。嗉囊充满酸臭味的稀薄液体和气体。腺胃黏膜水肿，其乳头或乳头间有鲜明的出血点，或有溃疡和坏死，这是比较特征的病变。肌胃角质层下也常见有出血点。

由小肠到盲肠和直肠黏膜有大小不等的出血点，肠黏膜上有纤维素性坏死性病变，有的形成假膜，假膜脱落后即成溃疡。盲肠扁桃体常见肿大、出血和坏死。

气管出血或坏死，周围组织水肿。肺有时可见瘀血或水肿。心冠脂肪有细小如针尖大的出血点，产蛋母鸡的卵泡和输卵管显著充血，卵泡膜极易破裂以致卵黄流入腹腔引起卵黄性腹膜炎。脾、肝、肾无特殊的病变；脑膜充血或出血，而脑实质无眼观变化，仅于组织学检查时见明显的非化脓性脑炎病变。

非典型新城疫眼观病变不明显，不同日龄的鸡亦有差异，必须在多剖检或连续几天跟踪剖检死、病鸡的基础上，综合观察才能做出判断。雏鸡一段仅见喉头及气管充血、出血、水肿，并有多量黏液。除少数病例外，大多数缺乏典型新城疫的腺胃乳头出血、肠道出血和坏死等典型的特征性病变。中鸡病变主要在喉头、气管黏膜有明显充血、出血，小肠有轻度卡他性炎症，有时肠黏膜出血，约 30%的病鸡腺胃乳头黏膜有小点出血。成鸡盲肠扁桃体肿胀并有出血点，喉头及气管出血，个别病鸡腺胃有少量出血点，盲肠与直肠黏膜有出血性溃疡，泄殖腔黏膜出血，硬脑膜下有出血点。产蛋鸡有卵黄性腹膜炎现象。

鸽新城疫的主要病变在消化道，如十二指肠、空肠、回肠、直肠、泄殖腔等多有出血性炎症变化。有的病例在腺胃、肌胃角质层下有少量出血点，颈部皮下广泛出血。

鹅感染新城疫病毒的特征病变为广泛性渗出和出血坏死，尤以消化道、脾脏、胰脏等病变严重。

【诊断】 对于典型新城疫一般根据鸡群的免疫接种情况、流行病学、临诊症状和剖检病变特征可以做出初步诊断。但是非典型新城疫通常在现场难以做出判断，确诊有赖于实验室检测。

病料样品采取：用于病原鉴定，可采集病死禽的脑、肺、肝、肾、脾、心、肠、泄殖腔等组织样品。对活禽可用棉拭子涂擦其喉头、气管后，置于每毫升含 1 000 IU 青霉素、2 毫克链霉素、pH7.2～7.6 的 Hank's 液中（或者 25%～50%的甘油盐水中），泄殖腔拭子用双倍量上述抗生素进行处理。样品如在短期内（48 小时内）处理可置于 4℃保存，若长时间待检应放于低温下（－30℃储存最好）保存。

1. 病原检测 实验室常采用荧光（RT-PCR）方法。

病毒分离和鉴定亦是诊断新城疫最可靠的方法，常用的是鸡胚接种、HA 和 HI 试验、中和试验及荧光抗体。但应注意，分离出的新城疫病毒不一定是强毒，不能证明该鸡群流行新城疫，还必须结合流行病学、临诊症状和剖检变化进行综合分析，并对分离的毒株作毒力测定后，才能作出确诊。

毒力测定以最小致死量鸡胚平均致死时间（MDT）、1 日龄鸡脑内接种致病指数（ICPI）以及 6 周龄鸡静脉接种致病指数（IVPI）等指标为依据。

耐热性试验是一项区别有毒力和无毒力病毒的快速方法。植物血凝素结合试验可用于病毒的鉴定和分类。单克隆抗体技术可区分 NDV 各毒株抗原性的轻微差异。

2. 血清学试验 主要用于本病的流行病学调查、疫情回顾性诊断和免疫抗体监测。常用的方法主要是血凝试验（HA）和血凝抑制试验（HI）。其他方法还包括病毒中和试验（VN）、酶联免疫吸附试验（ELISA）等。

【鉴别诊断】 本病应注意与禽霍乱、传染性支气管炎和禽流感相区别。

禽霍乱可侵害各种家禽，鸭最易感，呈急性败血经过，病程短，病死率高，慢性的可见肉髯肿胀、关节炎、无神经症状，肝脏有灰白色坏死点，心血涂片和肝触片染色镜检可见两极染色的巴氏杆菌，抗生素治疗有效。而新城疫有呼吸道和神经症状，腺胃乳头出血，消化道黏膜出血，盲肠扁桃体出血和坏死，肝脏没有坏死点。

传染性支气管炎，主要侵害雏鸡，成年鸡表现为产蛋下降。病毒接种鸡胚，胚胎发育受阻成为侏儒胚，无神经症状，消化道无明显病变。

高致病性禽流感潜伏期和病程较短，人工感染的潜伏期为18～24小时，病程10～24小时，没有明显呼吸困难和神经症状，嗉囊没有大量积液。肉眼变化，见皮下水肿和黄色胶样浸润，黏膜、浆膜和脂肪出血比新城疫更为明显和广泛。低致病性禽流感在有新城疫强毒感染流行的鸡群中发生时，往往发生致病协同作用，损失严重，在诊断时应特别注意。

【防控措施】

1. 预防措施 包括两个方面的内容：一是采取严格的生物安全措施，防止新城疫病毒强毒侵入鸡群；二是免疫接种，提高鸡群的特异性免疫力。

近年来的研究表明，只要新城疫病毒强毒侵入鸡群，就能在鸡群内长期持续传播，无论采取何种免疫措施都不能将其根本清除。从这个意义上说，防止新城疫病毒强毒进入鸡群是头等重要的。要防止新城疫病毒强毒侵入鸡群，必须采取严格的生物安全措施：日常坚持隔离、卫生、消毒制度；防止一切带毒动物（特别是鸟类、鼠类和昆虫）和污染物进入鸡群；进出的人员、车辆及用具进行消毒处理；饲料和饮水来源安全；不从疫区引进种蛋和苗鸡；新购进的鸡须隔离观察两周以上，证明健康者方可合群；科学的管理制度，如全进全出等；合理的鸡场选址；适当的生产规模等。

（1）免疫。疫苗免疫接种是防控新城疫的重要措施之一，可以提高禽群的特异免疫力，减少新城疫病毒强毒的传播，降低新城疫造成的损失。

免疫效果与多方面因素直接相关。要了解本地区该病的流行情况及发生的特点，根据本场饲养数量、饲养方式、鸡群抗体水平来制订合理的免疫程序，选择合适的疫苗及适宜的免疫方法，并认真执行和不断充实完善；还要注意以下几个问题：

① 正确认识不同基因型毒株。近年来对NDV的基因型研究取得了显著进展，并发现世界上不同地区和时期流行毒株的基因型有差异。但大量实验表明，不同基因型毒株之间的抗原性差异非常细微，仍然只有一个血清型。传统的弱毒疫苗和灭活疫苗对不同地区发生的新城疫均有一致的预防作用。

② 正确选择疫苗。疫苗分为活疫苗和灭活疫苗两大类，活疫苗接种后疫苗毒在体内增殖复制，刺激产生体液免疫和局部黏膜免疫；灭活疫苗接种后，在体内以接受的抗原量刺激产生体液免疫。活疫苗目前国内使用的有5种：Ⅰ系苗（Mukteswar株）、Ⅱ系苗（HBI株）、Ⅲ系苗（F株）、Ⅳ系苗（LaSota株）和一些克隆化疫苗（如克隆-30等）。其中Ⅰ系苗的毒力最强，不适宜在未做基础免疫的禽群中使用。如不得已要将该疫苗用于雏禽，必须在使用方法和用量上严格控制。生产实践中为取得较好的免疫效果，两类疫苗常配合使用。

③ 选择正确的免疫接种途径。一般Ⅱ系和Ⅳ系疫苗接种常用滴鼻、滴眼、饮水、喷雾方法，Ⅰ系疫苗和灭活疫苗接种可用肌肉注射方法。

④ 制订合理的免疫程序。主要是根据雏禽的母源抗体水平来决定首免时间，以及根据疫苗接种后的抗体滴度和禽群生产特点来确定强化免疫的时间。母源抗体对ND免疫应答有很大的影响，母鸡经过鸡新城疫疫苗接种后，可将其抗体通过卵黄传播给雏鸡，雏鸡在3日龄抗体滴度最高，以后逐渐下降，每日大约下降13%。具有母源抗体的雏鸡既有一定的免疫力，又对疫苗接种有干扰作用，首免最好在母源抗体刚刚消失之前的7日龄进行，在21～28日龄日龄时作第二次接种。但在有本病流行的地区，对带有母源抗体的1日龄雏

鸡采用活毒疫苗点眼或喷雾免疫，或者灭活疫苗和活毒疫苗同时免疫接种，可控制早期感染。

⑤ 坚持 HI 抗体监测。抗体监测可全面了解鸡群的免疫状况、现行免疫程序的合理性以及疫苗接种的整体效果，也可为制订或修改免疫程序提供可靠依据，要将其制度化、规范化。监测时间一般是弱毒疫苗接种后 15～20 天，灭活疫苗接种后 30 天。监测抽样数量视鸡群大小而定，小群（100 只以上）的采样比例为 3%～10%，但不少于 10 只；大群的采样比例为 0.1%～0.5%，但不少于 50～100 只。规模鸡场，根据鸡群 HI 抗体免疫监测的结果确定初次免疫和再次免疫的时间。由于鸡在免疫接种后 15 天仍能排出疫苗毒，因此鸡群免疫接种 21 天后方可调运。

（2）监测和净化。种鸡场开展鸡新城疫净化工作。按净化方案开展疫情监测。淘汰病原检测阳性鸡群；疫苗免疫后 21 天以上采血检测，评价免疫效果，免疫抗体合格率 70%以上（净化场 90%以上）。

（3）严格控制其他疫病的发生。如果禽群混合感染禽流感、传染性法氏囊病、鸡传染性贫血病、网状内皮组织增生症、马立克氏病、支原体病、鸡白病、球虫病等会影响新城疫免疫效果。

2. 扑灭措施 一旦发生疫情，应对可能被污染的场地、物品、用具采取严格的消毒措施，并将病死禽进行无害化处理，以消灭传染源。参照《新城疫防治技术规范》严格处理。

十五、高致病性猪蓝耳病

高致病性猪蓝耳病（Hihly pathogenic porcine reprocuctiveand respiratory syndrome，HPPRRS）是由高致病性猪蓝耳病病毒（HPPRRSV）引起的一种急性高致死性疫病。不同年龄、品种和性别的猪均能感染，但以妊娠母猪和 1 月龄以内的仔猪最易感；该病以母猪流产、死胎、弱胎、木乃伊胎以及仔猪呼吸困难、败血症、高死亡率（仔猪发病率可达 100%、死亡率可达 50%以上，母猪流产率可达 30%以上，育肥猪也可发病死亡）为特征。

2006 年夏季，我国安徽、江西、浙江、湖南、湖北、江苏等省份猪群暴发以高热为主要症状的传染病，而后波及全国，起始由于人们不清楚该病的主要病原，故称为“猪高热病”。该病的发生给我国养猪业带来了巨大经济损失。由于采用以免疫和净化相结合的综合防控措施，目前该病得到了有效控制。

【病原学】 高致病性猪蓝耳病毒（highly pathogenic Porcine reproductive and respiratory syndrome，HPPRRSV），为变异的猪繁殖与呼吸综合征病毒（PRRSV）即猪繁殖与呼吸综合征（俗称蓝耳病）病毒变异株。

PRRSV 隶属套式病毒目、动脉炎病毒科、动脉炎病毒属。在美国被称为猪繁殖和呼吸综合征病毒（PRRSV），而在欧洲则称其为来利斯塔德病毒（Lelystad virus，LV）。病毒基因组为单链 RNA。现已证实至少存在 2 种完全不同类型的病毒，代表毒株是欧洲的 Lelystad 毒株和美洲的 ATCC VR－2332 株。PRRSV 可在猪肺泡巨噬细胞上增殖并产生细胞病变，也可在其他细胞上增殖。

病猪的呼吸道上皮及脾巨噬细胞内均有病毒抗原存在。从死胎、弱仔的血液、腹水、肺、脾等处可以分离到病毒。

经过对分离的 HPPRRSV 全序列测序表明：病原的基因序列变化主要是在 NSP2 区缺失了 30 个氨基酸，其中仅在一段基因序列中连续缺失 29 个氨基酸。在研究中发现有部分病例 PRRSV 变异株和 PRRSV 经典株同时存在，协同致病。

HPPRRSV 对外界的抵抗力不强，对高温、紫外线、多种消毒药敏感，容易被杀死。热稳定性差，56℃存活 15～20 分钟，37℃存活 10～24 小时。pH 高于 7 或低于 5 时，感染力可以减少 90%以上。但病毒存在于有机物中时，能存活较长时间。

【流行病学】自然条件下，猪是唯一的易感动物。目前在许多国家的家猪及野猪均有报道。各种年龄猪对 HPPRRSV 均具有易感性，但以孕猪（特别是怀孕 90 日龄后）和初生仔猪最易感。目前尚未发现其他动物对本病有易感性。

感染猪和康复带毒猪是主要的传染源。康复猪在康复后的 15 周内可持续排毒，甚至超过 5 个月还能从其咽喉部分离到病毒。病毒可以通过鼻、眼分泌物、胎儿及子宫甚至公猪的精液排出，感染健康猪。空气传播是本病的主要传播方式。本病主要通过呼吸道或通过公猪的精液在同猪群间进行水平传播，也可以进行母子间的垂直传播。此外，风媒传播在本病流行中具有重要的意义，通过气源性感染可以使本病在 3 千米以内的猪场中传播。鸟类、野生动物及运输工具也可传播本病。

新疫区常呈地方性流行，而老疫区则多为散发性。由于不同分离株的毒力和致病性不同，发病的严重程度也不同。许多因素对病情的严重程度都有影响，如猪群的抵抗力、环境、管理、猪群密度以及细菌、病毒的混合感染等。康复猪通常不再发生感染。

该病一年四季均可发生，以夏秋季多发；猪不分品种、年龄、大小、性别，均可感染发病。

【临诊症状】起初个别猪只发烧，随后迅速传播至大部分猪，体温升高至 40～41.5℃，出现个别猪突然死亡；病猪精神沉郁，采食量下降，发病严重者，食欲废绝，嗜睡，呕吐，拉稀，流鼻涕，呼吸困难。病猪耳后耳缘发绀、腹下和四肢末梢等身体多处皮肤有斑块状、呈紫红色，多数发病猪在腿部有小型扣状的溃疡结痂。耳朵出血，有的呈现蓝色；有的出现紫斑。病猪呼吸困难，喜伏卧，部分猪出现严重的腹式呼吸，气喘急促，有的表现喘气或呈不规则呼吸；部分患猪流鼻涕，打喷嚏，咳嗽，眼分泌物增多，出现结膜炎症状；部分猪伴有腹泻。发病猪群死亡率很高。有的猪场高达 50%以上，其中以保育肥猪最为严重。部分母猪在怀孕后期（100～110 天）出现流产、死胎。病程稍长的病猪全身苍白，出现贫血现象，被毛粗乱，部分病猪后肢无力，个别病猪濒死前不能站立，最后全身抽搐而死。病程可达 15 天以上。

【病理变化】淋巴结出血，有的腹股沟淋巴结、肠系膜淋巴结出血严重；有的腹股沟淋巴结只是肿大，无出血现象；但是所有猪的肺门淋巴结出血，大理石外观为本病的特征之一。有的病死猪心壁上有出血点或出血斑；有的在心脏冠状沟处有胶冻样坏死；实验室感染发病时间较长的病例，心脏质地发硬。少数猪肝表面有纤维素性渗出物；有的有针尖大的出血点；有的胆囊充盈。有的病猪脾脏肿大、质脆；有的脾脏边缘出血。肾脏肿大，出血，急性型死亡的病例，可见到肾脏上布满大小不一的、弥散型的出血点，呈现雀斑肾。胃肠道出血，大肠壁有出血点、出血块。多数发病猪的胃黏膜层发生不同程度的溃疡，有的胃的黏膜几乎全部脱落，在胃黏膜脱落处充血、出血严重，大部分猪幽门部有黑色干酪样坏死病变。

弥漫性间质性肺炎，肺肿胀、硬变；肺边缘发生弥散性出血，有的有类似于支原体肺炎的症状，在心叶和尖叶上出现肉变、胰变和出血性病变；有的肋面和膈面上有较多的大小不一的棕红色出血灶；有的病例肺脏发生萎缩，苍白色，缺乏弹性，部分肺有硬块。

最急性型：肺肿胀，切面外翻，肉眼可以观察到间质增宽；无论在肺脏的肋面或腹面，均可以见到从针尖到核桃大小不一的棕色或暗红色的出血点或出血块，心叶和尖叶可以见到肉变、胰变，不过肺脏的弹性较好。

急性型：从发病到死亡时间较长的病例，肺脏的变化较为明显，肺的弹性减弱，出血点或出血块呈现暗红，略现陈旧，发生肉变或胰变的区域明显增多。

亚急性型：从发病到死亡时间长的病例，肺的变化更明显，肺脏颜色变白，肺脏已经几乎没有弹性，大部分肺泡塌陷、萎缩，有的地方出现块状凸起，触之较硬。

【诊断】根据该病的流行病学和临床症状，可以初步做出诊断。确诊必须经实验室诊断，诊断的方法有病毒分离、分子生物学诊断（RT－PCR）和基于血清学试验的免疫过氧化物酶细胞单层测定法（IPMA），中和试验（SN），酶联免疫吸附试验（ELISA），间接免疫荧光试验（ILFT）等进行RPRS诊断。

对于分子生物学诊断，可采用高致病性和经典PRRSV二重RT－PCR鉴别诊断检测方法，通过一个PCR反应，可对样品中的高致病性和经典PRRSV进行快速检测。也可扩增PRRSV的NSP2基因，测序后通过软件进行比较，证实本地的流行株是否在NSP2处发生缺失或缺失的区域是否与报道的缺失区域相同。

病料样品采集：血清、肺脏、淋巴结。

【防控措施】由于该病传染性强、传播快，发病后可在猪群中迅速扩散和蔓延，给养猪业造成的损失较大，因此应严格执行兽医综合性防疫措施加以控制。

1. 通过加强检疫措施，防止国外其他毒株传入国内，或防止养殖场内引入阳性带毒猪只。由于抗体产生后病猪仍然能够较长时间带毒，因此，通过检疫发现的阳性猪只应根据本场的流行情况采取合理的处理措施，防止将该病毒带入阴性猪场。在向阴性猪群中引入更新种猪时，应至少隔离3周，并经抗体检测阴性后才能够混群。

2. 加强饲养管理和环境卫生消毒，降低饲养密度，保持猪舍干燥、通风，创造适宜的养殖环境以减少各种应激因素，并坚持全进全出制饲养。

3. 免疫　对疫区和易感猪群选用高致病性猪繁殖与呼吸综合征-猪瘟二联活疫苗、高致病性猪繁殖与呼吸综合征病毒活疫苗进行免疫接种。

4. 监测和净化　原种猪、种猪按照农业农村部监测净化方案开展工作，最终达到免疫无疫。免疫猪群免疫后及时进行免疫抗体检测，免疫抗体合格率达到70%以上。

5. 发病猪群早期应用猪白细胞干扰素或猪基因工程干扰素肌内注射，1次/天，连用3天，可收到较好的效果。适当配合免疫增强剂以提高猪体免疫力和抵抗力，但不可同时联合应用多种免疫增强剂，避免无谓地增加治疗成本。无继发感染时应用抗生素治疗对本病的康复几乎收不到任何效果，反而会加速病猪的死亡；有继发感染时可应用适当的抗生素以防治细菌病的混合或继发感染。

6. 正确处理疫情，防止疫情传播。发现本病猪后按《高致病性猪蓝耳病防治技术规范》进行处理。

第二节　二类动物疫病

一、伪狂犬病

伪狂犬病（Pseudorabies PR；Aujesky's disease，AD）是由伪狂犬病病毒引起家畜和多种野生动物的一种急性传染病。除猪以外的其他动物发病后通常具有发热、奇痒及脑脊髓炎等典型症状，均为致死性感染，但呈散发形式。该病对猪的危害最大，可导致妊娠母猪流产、死胎、木乃伊胎；初生仔猪具有明显神经症状的急性致死。

PR最早发生于1813年美国的牛群，病牛极度瘙痒，最后死亡。瑞士于1849年首次采用“伪狂犬病”病名。

目前，世界许多国家均有报道，且猪、牛及绵羊等动物的发病率逐年增加。我国自1948年报道首例猫伪狂犬病以来，已陆续有猪、牛、羊、貂、狐等发病的报道，尤其是近年来猪的感染和发病有扩大蔓延趋势，成为危害养猪业最严重的猪的传染病之一。

【病原学】伪狂犬病病毒（Pseudorabies virus，PRV），属于疱疹病毒科、甲型疱疹病毒亚科，猪疱疹病毒Ⅰ型。基因组为双股DNA。PRV的毒力是由几种基因协同控制，主要有糖蛋白gE、gD、gI和TK（胸苷激酶）基因。研究发现TK基因一旦灭活，则PRV TK缺失变异株对宿主毒力将丧失或明显降低。因此，PR基因工程疫苗株都是缺失以下一种或同时缺失几种基因，如gE、gC、gG和TK。糖蛋白gE、gC和gD在病毒免疫诱导方面起着重要作用。PRV只有一个血清型，但毒株间存在差异。

伪狂犬病毒对外界抵抗力较强，在污染的猪舍能存活1个多月，在肉中可存活5周以上。在干燥的条件下，尤其是在阳光直射条件下，病毒很快失活；55℃ 50分钟、80℃ 3分钟、100℃瞬间即可将其杀死；－70℃适合于病毒培养物的保存，冻干的培养物可保存数年。该病毒对各种化学消毒剂敏感，常用的消毒药均可将其灭活。

【流行病学】猪对本病最易感，其他家畜如牛、羊、猫、犬、猫、鼠、兔、貂、狐狸等也可自然感染；许多野生动物、肉食动物也易感染。除猪以外，其他所有易感动物感染伪狂犬病毒都是致死性的。人类对本病有抵抗力。

病猪、带毒猪以及带毒鼠类为本病重要传染源，猪是PRV的原始宿主和储存宿主。

猪自然感染本病是经鼻腔与口腔，也可通过交配、精液、胎盘传播；被伪狂犬病毒污染的工作人员和器具在传播中起着重要的作用；有资料报道通过吸血昆虫叮咬也可传播本病。病毒可直接接触传播，更容易间接传播，如吸入带病毒粒子的气溶胶或饮用污染的水等。健康猪与病猪、带毒猪直接接触可感染本病，大鼠在猪群之间传递病毒。病鼠或死鼠可能是犬、猫的感染源，犬、猫常因吃病鼠、病猪内脏经消化道感染，鼠可因吃进病猪肉而感染。

本病亦可经皮肤伤口感染，如猪感染本病后其鼻分泌物中有病毒，此时如用病猪鼻盘摩擦兔皮肤伤面即可使之感染而发病。

母猪感染本病后6～7天乳中有病毒，持续3～5天，乳猪可因吃奶而感染本病；妊娠母猪感染本病时，常可侵及子宫内的胎儿。

无论是野毒感染猪还是弱毒疫苗免疫猪都会导致潜伏感染。是该病传播过程中不可忽视的环节。牛常因接触病猪而发病，但病牛不会传染其他牛。

伪狂犬病的发生具有一定的季节性，多发生在寒冷的季节。伪狂犬病毒对猪的致病作用依赖于许多因素，包括感染猪的年龄、毒株、感染量以及感染途径等。哺乳仔猪日龄越小，发病率和病死率越高，随着日龄增长而下降。

人对伪狂犬病毒不具易感性。在近十年内，尽管人们在猪场与感染猪群或在实验室与病毒广泛的接触，但仍没有关于人感染伪狂犬病毒的报道。

【临诊症状】潜伏期一般为3～6天，短者36小时，长者达10天。

猪：伪狂犬病的临诊表现主要取决于毒株和感染量，最重要的是感染猪的年龄。强毒株、弱毒株均可感染各种年龄的猪，强毒株在所有猪均表现临诊症状，而弱毒株只在2～3周龄以内的仔猪表现临诊症状。与其他动物的疱疹病毒一样，幼龄猪感染伪狂犬病毒后病情最重。神经症状多见于哺乳仔猪和断奶仔猪，呼吸症状见于育成猪和成年猪。

猪感染后其症状因日龄而异，但不发生奇痒。新生仔猪表现高热、神经症状，还可侵害消化系统。成年猪常为隐性感染，妊娠母猪常表现流产、产死胎和木乃伊胎。

2周龄以内哺乳仔猪，病初发热（41℃），呕吐、下痢、厌食、精神不振，有的见眼球上翻，视力减退，呼吸困难，呈腹式呼吸，继而出现神经症状，发抖，共济失调，间歇性痉挛，角弓反张，有的后躯麻痹呈犬坐姿势，有的作前进或后退转动，有的倒地作划水运动。常伴有癫痫样发作或昏睡，触摸时肌肉抽搐，最后衰竭而死亡。有中枢神经症状的猪一般在症状出现24～36小时死亡。哺乳仔猪的病死率可高达100%。

3～9周龄猪主要症状同上，但比较轻微，多便秘，病程略长，少数猪出现严重的中枢神经症状，导致休克和死亡。病死率可达40%～60%。部分耐过猪常有后遗症，如偏瘫和发育受阻，如果能精心护理，及时治疗，无继发感染，病死率通常不会超过10%。这些猪出栏时间比其他猪长1～2个月。

2月龄以上猪以呼吸道症状为特征，表现轻微或隐性感染，一过性发热，咳嗽，便秘，发病率很高，达100%，但无并发症时，病死率低，为1%～2%。有的病猪呕吐，多在3～4天恢复。如体温继续升高，病猪又会出现神经症状：震颤、共济失调，头向上抬，背拱起，倒地后四肢痉挛，间歇性发作。呼吸道症状严重时，可发展至肺炎，剧烈咳嗽，呼吸困难。如果继发有副嗜血杆菌或其他细菌，症状明显加重。

怀孕母猪表现为咳嗽、发热、精神不振，流产、产死胎和木乃伊胎，且以产死胎为主。流产常发生于感染后的10天左右，新疫区可造成60%～90%的怀孕母猪流产和死胎；母猪临近足月时感染，则产弱胎；接近分娩期时感染，则所产仔猪出生时就患有伪狂犬病，1～2天死亡。弱仔猪1～2天内出现呕吐和腹泻，运动失调，痉挛，角弓反张，通常在24～36小时内死亡。感染伪狂犬病毒的后备母猪、空怀母猪和公猪病死率很低，不超过2%。

牛、羊和兔：对本病特别敏感，感染后病死率高、病程短，症状比较特殊，主要表现体表任何病毒增殖部位的奇痒，并因瘙痒而出现各种姿势。如鼻黏膜受感染，则用力摩擦鼻镜和面部；眼结膜感染时，以蹄拼命搔痒，有的因而造成眼球破裂塌陷；有的呈犬坐姿势，使劲在地上摩擦肛门或阴户；有的在头颈、肩胛、胸壁、乳房等部位发生奇痒，奇痒部位因强烈搔痒而脱毛、水肿，甚至出血。此外，还可出现某些神经症状如磨牙，流涎，强烈喷气，狂叫，甚至神志不清，但无攻击行为。病初体温短期升高，后期多因麻痹而死亡，病程2～

3天。个别病例发病后无奇痒症状，数小时内即死亡。

犬和猫：感染伪狂犬病毒的症状是病毒入侵门户范围内瘙痒，有时由于不断地搔抓和咬啃而导致出血。病犬不安，拒食，蜷缩而坐，时常更换蹲坐的地点。体温有时升高，常发生呕吐。经消化道感染的病犬流涎，吞咽困难。病犬舔皮肤受伤处，在几小时后可能产生大范围的烂斑，周围组织肿胀。部分病例还可见类似狂犬病的症状：病犬撕碎各种物体，冲撞墙壁，摔倒在地。部分病犬头部和颈部屈肌及唇肌间断抽搐，呼吸困难。常在24～36小时内死亡。猫与犬相似。

【病理变化】

猪：一般无特征性病变。但经常可见浆液性到纤维素性坏死性鼻炎、坏死性扁桃体炎，口腔和上呼吸道局部淋巴结肿胀或出血。有时可见肺水肿以及肺脏散在有小坏死灶、出血点或肺炎灶。如有神经症状，脑膜明显充血、出血和水肿，脑脊髓液增多。另外，也常发现有胃炎、肠炎和肾脏表面的针尖状出血等变化。仔猪及流产胎儿的脑和臀部皮肤出血，肝、脾表面可见到黄白色坏死灶，心肌出血，肺出血坏死，肾脏出血坏死，扁桃体有出血性坏死灶。流产母猪有轻度子宫内膜炎。公猪有的表现为阴囊水肿。

其他动物主要是体表皮肤局部擦伤、撕裂、皮下水肿，肺充血、水肿，心外膜出血，心包积水。

组织变化见中枢神经系统呈弥漫性非化脓性脑膜炎和神经节炎，有明显血管套和胶质细胞坏死。病变部位的胶质细胞、神经细胞、神经节细胞出现嗜酸性核内包涵体。在肺、肾、肾上腺及扁桃体等组织器官具有坏死灶，病变部位周围细胞可见与神经细胞一样的核内包涵体。

【诊断】根据病畜典型的临诊症状和病理变化，以及流行病学资料，可做出初步诊断。但若只表现呼吸道症状，或者感染只局限于育肥猪和成年猪则较难做出诊断而容易被误诊，所以确诊本病必须进行实验室检查。按照《伪狂犬病诊断技术》（GB/T 18641—2002）进行。在国际贸易中，指定诊断方法为酶联免疫吸附试验和病毒中和试验。

病料样品采集：用于病毒分离和鉴定一般采集流产胎儿、脑、扁桃体、肺组织以及脑炎病例的鼻咽分泌物等病料；牛可采集瘙痒病畜的脊髓；对于隐性感染猪三叉神经节是病毒最密集的部位。用于血清学检查，采集感染动物的血清。上述样品需冷藏送检。

1. 病原检测　实验室常采用PCR方法和RT-PCR方法。

2. 抗体检测　常用酶联免疫吸附试验（ELISA）方法检测免疫gB抗体。猪伪狂犬病毒化学发光抗体检测法更加简便、实用。gE-ELISA方法可以检测野毒感染抗体（用于检测使用伪狂犬基因缺失疫苗猪群野毒感染的诊断）。

对血清学检测结果的分析应慎重。对幼龄猪，仔猪的母源抗体可以持续存在到4～6周龄；对免疫猪群，应结合免疫疫苗种类和毒株评估免疫效果。

本病应与李斯特氏菌病、猪脑脊髓炎、狂犬病等相区别。

【防控措施】按照《猪伪狂犬病防治技术规范》（农办牧〔2002〕74号）实施。

1. 加强检疫和管理　引进动物时进行严格的检疫，防止将野毒引入健康动物群是控制伪狂犬病的一个非常重要和必要的措施。严格灭鼠，控制犬、猫、鸟类和其他禽类进入猪场，禁止牛、羊和猪混养，控制人员来往，搞好消毒及血清学监测对该病的防控都有积极的作用。

2. 免疫接种 猪伪狂犬病疫苗包括灭活疫苗和基因缺失弱毒苗。由于伪狂犬病病毒属于疱疹病毒科，动物感染后具有长期带毒和散毒的危险性，而且可以终身潜伏感染，随时都有可能被其他因素激发而引起暴发流行，因此，欧洲一些国家规定只能在其动物群中使用灭活疫苗，禁止使用弱毒疫苗。我国在猪伪狂犬病的控制过程中没有规定使用疫苗的种类，但从长远考虑最好也只使用灭活苗。在已发病猪场或伪狂犬病阳性猪场，建议所有的猪群都进行免疫，其原因是免疫后可减少排毒和散毒的危险，且接种疫苗后可促进育肥猪群的生长和增重。

3. 监测和净化 猪群免疫后及时进行免疫抗体监测。净化猪群应严格按照农业农村部监测净化方案开展工作，最终达到免疫无疫并根除该病。

4. 治疗 本病尚无有效药物治疗，紧急情况下用高免血清治疗，可降低病死率，但对已发病到了晚期的仔猪效果较差。发病早期利用猪白细胞干扰素对发病猪群进行治疗，可收到较好的疗效。

二、狂犬病

狂犬病（Rabies）俗称疯狗病或恐水病，是由狂犬病病毒引起的一种人畜共患接触性传染病。临诊特征是患病动物出现极度的神经兴奋、嚎叫、狂暴和意识障碍，最后全身麻痹而死亡。该病潜伏期较长，病死率极高，一旦发病常常因严重的脑脊髓炎而以死亡告终。几乎所有的温血动物都能感染发病，是人和动物最可怕的传染病之一。近年世界流行趋势还有所上升，严重地威胁人体健康和生命安全。

该病呈世界性分布，是人类最古老的疾病之一，狂犬病曾经给人和动物的生命安全造成极大威胁，目前有不少国家已经消灭。过去我国曾是本病的高发区，现在该病的发病数量虽然已明显减少，但随着犬猫等宠物养殖量的逐渐扩大，对该病的防控仍需要高度重视。

【病原学】狂犬病病毒（Rabies Virus）属于弹状病毒科的狂犬病病毒属。根据血清学和抗原关系可以将狂犬病毒分为四个血清型。血清Ⅰ型包括古典狂犬病毒、街毒和疫苗株。血清Ⅱ、Ⅲ、Ⅳ型为狂犬相关病毒。但各型病毒的交叉免疫保护力相同。

狂犬病毒对外界因素的抵抗力不强，可被各种理化因素灭活，不耐湿热，56℃15～30分钟或100℃2分钟均可使之灭活；反复冻融、紫外线和阳光照射以及常用的消毒剂如石炭酸、新洁尔灭、70%乙酸溶液、0.1%升汞溶液、5%福尔马林、1%～2%肥皂水、43%～70%酒精、0.01%碘溶液都能使之灭活。病毒能抵抗自溶及腐败，在自溶的脑组织中可保持活力达7～10天。

【流行病学】几乎所有的温血动物都对本病易感，但在自然界中主要的易感动物是犬科和猫科动物，以及翼手类（蝙蝠）和某些啮齿类动物。野生动物（狼、狐、貉、臭鼬和蝙蝠等）是狂犬病病毒主要的自然储存宿主。野生啮齿动物如野鼠、松鼠、鼬鼠等对本病易感，在一定条件下可成为本病的危险疫源而长期存在，当其被肉食兽吞食后则可能传播本病。蝙蝠是本病病毒的重要宿主之一，除了拉丁美洲的吸血蝙蝠外，欧美一些国家还发现多种食虫蝙蝠、食果蝙蝠和杂食蝙蝠等体内带有狂犬病病毒。我国的蝙蝠是否带毒尚无人进行调查研究。人被患病动物咬伤后并不全部发病，在狂犬病疫苗使用以前的年代，被狂犬咬伤后的发病率约为30%～35%，而目前被狂犬咬伤后如能得到及时的疫苗接种，其发病率可降至0.2%～0.3%。

患病和带毒动物是本病的传染源，它们通过咬伤、抓伤其他动物而使其感染。患狂犬病的犬是人感染的主要传染源，其次是猫。在患病动物体内以中枢神经组织、唾液腺和唾液中的含毒量最高，其他脏器、血液和乳汁中也可能有少量病毒存在。患狂犬病的病人在个别情况下可以从唾液中分离到病毒，虽然由人传播到人的例子极其罕见，但护理病人的人员必须注意个人防护。

多数患病动物唾液中带有病毒，由患病动物咬伤或伤口被含有狂犬病病毒的唾液直接污染是本病的主要传播方式。此外，还存在着非咬伤性的传播途径，健康动物的皮肤黏膜损伤时如果接触病畜的唾液则也有感染的可能性；人和动物都有经由呼吸道、消化道和胎盘感染的病例。1957年，有一位昆虫学家在蝙蝠穴居的岩洞中工作，不幸通过空气而感染了狂犬病；接着把狐狸放入这个岩洞，狐狸也死于狂犬病，后来从这个岩洞的空气中分离出狂犬病病毒。在拉丁美洲吸血蝙蝠是家畜和人类狂犬病的传播媒介。

患病动物唾液中含有大量病毒，通过咬伤而使病毒随同唾液进入皮下组织，然后沿感觉神经纤维进入神经中枢。病毒在中枢神经组织增殖，并按离心方向由中枢沿神经向外周扩散，抵唾液腺，随唾液进入口腔。病毒在中枢神经系统内可继续复制，损害神经细胞和血管壁，因而引起一系列的神经症状。

传统上，将本病分为两种流行形式：一种是城市型，主要由犬传播；另一种是野生型，主要由野生动物传播。

本病多为散发，发病率受被咬伤口的部位等因素的影响。一般头面部咬伤者比躯干、四肢咬伤者发病率高，因头面部的周围神经分布相对较多，使病毒较易通过神经通路进入中枢神经系统。同样理由，伤口越深，伤处越多者发病率也越高。还有，被狼咬伤者其发病率可比被犬咬伤者高一倍以上，这是因为野生动物唾液腺中含病毒量比犬高，且含毒时间更为持久。

本病的发生有季节性，一般春夏比秋冬多发，这与犬的性活动期是一致的；没有年龄和性别的差异，唯有雄犬易发生咬架，所以发病较多。

人类发生本病也有明显的年龄性别特征和季节性，一般以青少年及儿童患者较多，男性较多，温暖季节发病较多。出现这种差别的主要原因是在温暖季节这些人的户外活动较多，与犬接触机会多，增加了被咬伤感染的机会。

对一些兽医和洞穴工作人员作血清学检查，发现其中一部分人有狂犬病中和抗体，说明这些人曾受狂犬病病毒感染，但没有发病而产生了免疫力。

迄今尚无犬从自然感染发病后能康复的报道，但自然感染的犬却有不表现症状而存活的记录。国内外均曾发现多例犬猫咬人后使人发生狂犬病死亡，而这些犬猫却仍然健康存活，无异常表现。这些动物唾液内可间歇性地发现病毒，血清内发现中和抗体，这是因为疫区的动物经常接触狂犬病病毒而产生了一定的免疫性，这些带毒动物（疫区的犬、猫、蝙蝠、啮齿动物和野生食肉兽等）在自然界传播狂犬病方面起了重要的作用。

【病理变化】 常见犬尸体消瘦，体表有伤痕。本病无特征性剖检变化，口腔和咽喉黏膜充血或糜烂；胃肠道黏膜充血或出血；内脏充血、实质变性；硬脑膜充血；胃空虚或有反常的胃内容物，如石块、瓦片、泥土、木片、干草、破布、毛发等。

病理组织学检查见有非化脓性脑炎变化，以及在大脑海马角、大脑或小脑皮质等处的神经细胞中可检出嗜酸性包涵体——内基氏小体。

【临诊症状】 潜伏期长短差别很大，这与伤口距中枢的距离、侵入病毒的毒力和数量有关。短者1周，长者数月或一年以上，一般为2～8周。咬伤头面部及伤口严重者潜伏期较短；咬伤下肢及伤口较轻者潜伏期较长。

各种动物和人的主要症状分述如下：

1. 犬 潜伏期10天至2个月，有时更久。一般可分为狂暴型和麻痹型两种类型。

（1）狂暴型。可有前驱期、兴奋期和麻痹期。

前驱期1～2天。病犬精神沉郁，常躲在暗处，不愿和人接近，不听呼唤，强迫牵引则咬畜主。性情、食欲反常，喜吃异物如石块、瓦片、泥土、木片、干草、破布、毛发等，喉头轻度麻痹，吞咽时颈部伸展。瞳孔散大，反射机能亢进，轻度刺激即易兴奋。有的病犬表现不安，用前爪抓地，经常变换蹲卧地点，在院中或室内不安地走动。或者没有任何原因而望空吠叫。只要有轻微的外界刺激，如光线刺激、突然的声音、抚摸等即可使之高度惊恐或跳起。有的病犬搔擦被咬伤之处，甚至将组织咬伤直达骨骼。性欲亢进，嗅舐自己或其他犬的性器官。唾液分泌增多，后躯软弱。

兴奋期2～4天。病犬高度兴奋，表现狂暴并常攻击人畜。狂暴发作常与沉郁交替出现。病犬疲惫卧地不动，但不久又立起，表现一种特殊的斜视和惶恐表情。当再次受到外界刺激时，又可出现一次新的发作，狂乱攻击，自咬四肢、尾及阴部等。病犬在野外游荡，多半不归，到处咬伤人畜。随着病程发展，陷于意识障碍，反射紊乱，狂咬，显著消瘦，吠声嘶哑，夹尾，眼球凹陷，散瞳或缩瞳。

麻痹期1～2天。麻痹症状急速发展，下颌下垂，舌脱出口外，流涎显著，不久后躯及四肢麻痹，行走摇摆，卧地不起。最后因呼吸中枢麻痹或衰竭而死。整个病程7～10天。

（2）麻痹型。病犬以麻痹症状为主，一般兴奋期很短或仅见轻微表现即转入麻痹期。麻痹始见于头部肌肉，病犬表现吞咽困难，使主人疑为正在吞咽骨头，当试图加以帮助时常招致咬伤。张口流涎、恐水，随后发生四肢麻痹，进而全身麻痹以致死亡。一般病程5～6天。

2. 猫 一般表现为狂暴型，症状与犬相似，但病程较短，出现症状后2～4天死亡。在发作时攻击其他猫、动物和人。因常接近人，且行动迅速，常从暗处忽然跳出，咬伤人的头部，因此，猫得病后可能比犬更为危险。

3. 牛、羊 多表现为狂暴型。潜伏期变动范围很大，平均为30～90天。牛病初见精神沉郁，反刍、食欲降低，不久咬伤部位发生奇痒，表现起卧不安，前肢搔地，有阵发性兴奋乃至狂暴不安，神态凶恶，意识紊乱。如试图挣脱绳索，冲撞墙壁，跃踏饲槽，磨牙，流涎，性欲亢进，不断嚎叫，声音嘶哑，因此，有些地区称之为“怪叫病”等，一般少有攻击人畜现象。当兴奋发作后，往往有短暂停歇，以后再度发作，并逐渐出现麻痹症状，如吞咽麻痹、伸颈、流涎、反刍停止、里急后重等。最后倒地不起，衰竭而死，病程3～4天。羊的狂犬病较少见，症状与牛相似，多无兴奋症状，或兴奋期较短，末期常麻痹而死。

4. 马、驴 潜伏期为4～6周。病初常见咬伤局部奇痒，以致摩擦出血，性欲亢进。兴奋时亦冲击其他动物或人，有时将自体咬伤，吞食异物等。最后发生麻痹，流涎，不能饮食，衰竭而死，病程4～6天。

5. 猪 多表现为狂暴型。典型的发病过程是突然发作，共济失调，呆滞和后期的衰竭。

病猪兴奋不安，横冲直撞，叫声嘶哑，流涎，反复用鼻掘地，攻击人畜。在发作间歇期常钻入垫草中，稍有音响立即跃起，无目的地乱跑，最后常发生麻痹症状，经2～4天死亡。有的猪鼻子反复抽动，就像刚被穿上鼻环一样，随后可能出现衰竭，口齿急速地咀嚼，流涎，全身肌肉发生痉挛。随着病程的发展，痉挛逐渐减弱，最后只见肌肉频繁微颤、病猪不能尖声嘶叫，体温不升高。1963年，有人报道了苏联猪狂犬病的一种麻痹形式，其病程为5～6天。1971年，有人报道了人工感染猪的临诊症状，包括后腿间断性的软弱无力，肩部软弱无力，共济失调，后躯麻痹，做滑水状运动，最后死亡。

6. 鹿 常突然发病，病鹿离群，发呆或惊恐，发出怪叫，惊散鹿群。冲撞墙壁，攻击人畜。啃咬自身躯体或其他鹿只。有的病鹿出现渐进性运动失调，运步障碍，有时跌倒，进而截瘫。后期倒地不起，角弓反张，咬牙吐沫，眼球震颤，四肢划动，大汗淋漓，常于1～2天后死亡。

7. 野生动物 其自然感染见于大多数犬科动物和其他哺乳动物。潜伏期差异很大，有短于10天或长于6个月的。人工感染狐、臭鼬和浣熊的症状与犬的症状相似，绝大多数表现为狂暴型，也有少数表现为麻痹型。狐的病程持续2～4天，而臭鼬的病程可达4～9天。

8. 人 发病开始时有焦躁不安的感觉，头痛，体温略升，不适，感觉异常，尤在咬伤部位常感疼痛刺激难忍。随后发生兴奋症状，对光、声极度敏感，瞳孔放大，流涎增加。随着病程的发展，咽肌痉挛，由于肌肉收缩使液体返流，大部分患者表现吞吐困难，当看到液体时发生咽喉部痉挛，以致不能咽下自己的唾液，表现为恐水症。呼吸道肌肉也可能痉挛，并有全身抽搐，兴奋期可能持续直至死亡，或在最后出现全身麻痹。有些病例兴奋期很短，而以麻痹期为主。症状可持续2～6天，有时可更久，一旦发病，即使有最好的医护，最后还是以死亡告终。

【病理变化】常见犬尸体消瘦，体表有伤痕。本病无特征性剖检变化，口腔和咽喉黏膜充血或糜烂；胃肠道黏膜充血或出血；内脏充血、实质变性；硬脑膜充血；胃空虚或有反常的胃内容物，如石块、瓦片、泥土、木片、干草、破布、毛发等。

病理组织学检查见有非化脓性脑炎变化，以及在大脑海马角、大脑或小脑皮质等处的神经细胞中可检出嗜酸性包涵体——内基氏小体。

【诊断】本病的诊断比较困难，有时因潜伏期较长，查不清咬伤史，症状又易与其他脑炎相混而误诊。如患病动物出现典型的病程，每个病期的临诊表现十分明显，则结合病史可以做出初步诊断。但因狂犬病患者在出现症状前1～2周即已从唾液中排出病毒，所以当动物或人被可疑病犬咬伤后，应及早对可疑病犬做出确诊，以便对被咬伤的人畜进行必要的处理。为此，应将可疑病犬拘禁观察或扑杀，进行必要的实验室检验。按照《狂犬病诊断技术》（GB/T 18639—2002）进行。

病料样品采集：取扑杀或死亡的可疑动物脑组织，最好是海马角或延髓组织。各切取1平方厘米小块，置灭菌容器，在冷藏条件下运送至实验室。

【防控措施】按照《狂犬病防治技术规范》（农办牧〔2002〕74号）实施。

1. 控制和消灭传染源 犬是人类狂犬病的主要传染源，因此对犬狂犬病的控制，包括对家犬进行大规模免疫接种和消灭野犬是预防人狂犬病最有效的措施，世界上很多控制和消灭了狂犬病的国家的经验已证实这一点。应普及防制狂犬病的知识，提高对狂犬病的识别能力。如果家犬外出数日，归时神态失常或蜷伏暗处，必须引起注意。邻近地区若已发现疯犬或狂犬病人，则本地区的犬、猫必须严加管制或扑杀。对患狂犬病死亡的动物一般不应剖检，更不允许剥皮食用，以免狂犬病病毒经破损的皮肤黏膜而使人感染，而应将病尸无害化处理。如因检验诊断需要剖检尸体时，必须做好个人防护和消毒工作。

2. 咬伤后防止发病的措施 人被可疑动物咬伤后，应立即采取积极措施防止发病，其中包括及时而妥善地处理伤口，个人的免疫接种以及对咬人动物的处理。

伤口的局部处理是极为重要的。根据动物试验报告，用有效的消毒剂局部处理伤口可减少50%病死率，目前认为紧急处理伤口以清除含有狂犬病毒的唾液是关键性步骤。伤口应用大量肥皂水或0.1%新洁尔灭和清水冲洗，再局部应用75%酒精或2%～3%碘酒消毒。不论使用何种溶液，充分冲洗是重要的，尤其是贯通伤口，应将导管插入伤口内接上注射器灌输液体冲洗，如引起剧痛可予局部麻醉，如有条件还可应用抗狂犬病免疫血清或人源抗狂犬病免疫球蛋白围绕伤口局部作浸润注射。局部处理在咬伤后早期（尽可能在几分钟内）进行的效果最好，但数小时或数天后处理亦不应疏忽。局部伤口不应过早缝合。

在咬人的动物未能排除狂犬病之前，或咬人的动物已无法观察时，被咬伤者应注射狂犬病疫苗。除被咬伤外，凡被可疑狂犬病动物吮舐过皮肤、黏膜，抓伤或擦伤者也均应接种疫苗，凡咬伤严重、多处伤口，或头、面、颈和手指被咬伤者，在接种疫苗的同时应注射免疫血清，因免疫血清能中和游离病毒，也能减低细胞内病毒繁殖扩散的速度，可使潜伏期延长，争取自动抗体产生的时间而提高疗效。

对咬人动物的处理，凡已出现典型症状的动物，应立即捕杀，并将尸体焚化或深埋。不能确诊为狂犬病的可疑动物，在咬人后应捕获隔离观察10天；捕杀或在观察期间死亡的动物，脑组织应进行实验室检验。牛被狂犬病狗咬伤后，有条件者可在3天内注射抗狂犬病血清，每千克体重0.5毫升，然后接种疫苗，效果更好。

3. 免疫接种 在流行区给家犬和家猫进行强制性疫苗预防免疫普种并登记挂牌是控制和消灭狂犬病的最基本措施。国内外的很多资料足以证明，只要持之以恒地使用有效的狂犬疫苗，使其免疫覆盖率连续数年达到75%以上时，就可有效地控制狂犬病的发生。欧美很多国家在消灭家犬间狂犬病的基础上，目前的防控重点正转移至对野生动物的免疫，将研制成的口服疫苗采用空投疫苗诱饵。

咬伤前的预防性免疫，免疫接种对象仅限于受高度感染威胁的人员，如兽医、实验室检验人员、饲养员和野外工作人员等。目前即使在本病流行地区也不推荐采用大规模集体免疫接种的办法，因为还没有一种疫苗是完全无害的。

该病的控制措施还应包括以下几个方面内容：一是加强动物检疫，防止从国外引进带毒动物和国内转移发病或带毒动物；二是建立并实施有效的疫情监测体系，及时发现并扑杀患病动物；三是认真贯彻执行所有防止和控制狂犬病的规章制度，包括扑杀野犬、野猫以及各种限养犬等动物的措施。

【公共卫生学】 人患狂犬病大都是由于被患狂犬病的动物咬伤所致。其潜伏期较长，多数为2～6个月，甚至几年。因此，人类在与动物的接触过程中，若被可疑动物咬后应立即用20%肥皂水冲洗伤口，并用3%碘酊处理患部，然后迅速接种狂犬病疫苗和免疫血清或免疫球蛋白。

三、炭　疽

炭疽（Anthrax）是由炭疽芽孢杆菌引起的一种人兽共患的急性、热性、败血性传染病。其特点是发病急、高热、可视黏膜发绀和天然孔出血，脾脏显著肿大，皮下及浆膜下结缔组织出血性浸润，血液凝固不良，成煤焦油样，间或以体表出现局灶性炎性肿胀（炭疽痈）。

炭疽杆菌是1849年从死于炭疽的病羊脾脏和血液中发现的，在世界各国几乎都有分布，印度、巴基斯坦、非洲、南美洲等热带、亚热带地区多发。我国炭疽自然疫源地分布广泛，炭疽病例时有发生，7～9月是炭疽的高发季节。

【病原学】炭疽芽孢杆菌惯称炭疽杆菌，为芽孢杆菌属。是革兰氏染色阳性的大杆菌，大小为（1.0～1.2）微米×（3～5）微米。在一般动物组织内，细菌单在或2～5个细菌连成短链，菌体两端平直，相连的菌端平截而呈竹节状，有荚膜。在培养基中形成较长链条，一般不形成荚膜。本菌在病畜体内和未剖开的尸体中不形成芽孢，但暴露于充足空气时，在12～42℃条件下遇到自由氧则可形成具有很强抵抗力的芽孢，芽孢呈卵圆形位于菌体中央。炭疽杆菌为兼性需氧菌，对培养基要求不严，在普通琼脂平板上生长成灰白色不透明、大而扁平、表面干燥、边缘呈卷发状的粗糙（R）型菌落。

炭疽杆菌菌体对外界理化因素的抵抗力不强，60℃30～60分钟或75℃5～15分钟即可杀死。常用消毒剂均能于短时间内将其杀死，如1∶5 000洗必泰、1∶10 000新洁尔灭在5分钟即可将其杀死。但芽孢则有坚强的抵抗力，在干燥的状态下可存活32～50年，150℃干热60分钟方可杀死。现场消毒常用20%的漂白粉、0.1%升汞、2%～4%甲醛、0.5%过氧乙酸。来苏儿、石炭酸和酒精的杀灭作用较差。

【流行病学】自然条件下，草食兽最易感，常表现为急性败血症。以绵羊、山羊、马、牛易感性最强，骆驼、水牛及野生草食兽次之；猪的感受性较低，多表现为慢性的咽部局限感染；犬、猫、狐狸等肉食动物很少见，多表现为肠炭疽；家禽一般不感染。许多野生动物也可感染发病。人对炭疽的易感性介于草食动物和猪之间，主要发生于那些与动物及其产品接触机会较多的人员。

患畜是本病的主要传染源，当患畜处于菌血症时，可通过粪、尿、唾液及天然孔出血等方式排菌，如尸体处理不当，大量病菌散播于周围环境，污染土壤、水源或牧场，尤其是形成芽孢，则可成为长久疫源地。

本病主要通过采食污染的饲料、饲草和饮水经消化道感染，但也可经呼吸道和吸血昆虫叮咬而感染。此外，从疫区输入病畜产品，也常引起本病暴发。

该病常呈散发性流行，一年四季均可发生，但以夏季和干旱季节多发。干旱或多雨、洪水涝积、吸血昆虫多都是促进炭疽暴发的因素，例如干旱季节，地面草短，放牧时牲畜易于接近受污染的土壤；河水干枯，牲畜饮用污染的河底浊水；大雨后洪水泛滥，易使沉积在土壤中的炭疽芽孢泛起，并随水流扩大污染范围。

【临诊症状】潜伏期一般为1～5天，最长的可达14天。临诊表现不一，可分为以下四种类型：

1. 最急性型　多见于流行初期，常见于绵羊和山羊，偶尔也见于牛、马，表现为脑猝中的经过（猝中型）。外表完全健康的动物突然发病，行如醉酒或突然倒地，全身战栗，昏迷、磨牙，呼吸极度困难，可视黏膜发绀，天然孔流出带泡沫的暗色血液，常于数小时内死亡。死后可见血液凝固不良，口腔、鼻孔、肛门、阴门流血，胃肠迅速膨胀，尸僵不全。病程短者几小时，长者1～2天。

2. 急性型 多见于牛、马。随炭疽芽孢侵入的部位不同，临诊表现有一定的差异。

病牛体温升高至42℃，脉搏每分钟80～100次，口渴喜饮水。兴奋不安，惊慌鸣叫或顶撞人畜、物体，兴奋后又高度沉郁，食欲、反刍、泌乳减少或停止，初便秘后腹泻带血，尿暗红，有时混有血液，乳汁量减少并带血，常有不同程度的臌气，孕牛多迅速流产，后期体温下降，痉挛而死。病程一般1～2天。

马的急性型与牛相似，还常伴有剧烈的腹痛。

3. 亚急性型 也多见于牛、马。症状与上述急性型相似，但病情较轻。除急性热性病征外，常在颈部、咽部、胸部、腹下、肩胛或乳房等部皮肤、直肠或口腔黏膜等处发生水肿，颈部水肿可波及咽喉，加重呼吸困难。局部温度增高有时龟裂，渗出淡红黄色液体，即炭疽痈，病程可长达1周。

4. 慢性型 主要发生于猪，多不表现临诊症状或仅表现食欲减退和长时间伏卧，在屠宰时才发现颌下淋巴结、肠系膜及肺有病变。有的发生咽型炭疽，呈现发热性咽炎，咽喉部和附近淋巴肿胀，导致病猪吞咽、呼吸困难，黏膜发绀最后窒息死亡。肠炭疽多伴有便秘或腹泻等消化道失常的症状。

【病理变化】 凡炭疽病例或疑似炭疽病例禁止剖检，以防炭疽芽孢污染环境，而造成持久疫源地。

急性炭疽为败血症病变，尸僵不全，尸体极易腐败，天然孔流出带泡沫的黑红色血液，黏膜发绀。剖检时，血凝不良，黏稠如煤焦油样；全身多发性出血，皮下、肌间、浆膜下结缔组织水肿；脾脏变性、瘀血、出血、水肿，肿大2～5倍，脾髓呈暗红色，煤焦油样、粥样软化。

局部炭疽死亡的猪，咽部、肠系膜以及其他淋巴结常见出血、肿胀、坏死，邻近组织呈出血性焦样浸润，还可见扁桃体肿胀、出血、坏死，并有黄色痂皮覆盖。局部慢性炭疽，肉检时可见限于几个肠系膜淋巴结的变化。

【诊断】 随动物种类不同，本病的经过和表现多样，最急性病例往往缺乏临诊症状，对疑似病死畜又禁止解剖，因此最后诊断一般要依靠微生物学及血清学方法。

病料样品采集：如疑为炭疽不可进行剖检，可采取病畜的末梢静脉血或切下一块耳朵，必要时切下一小块脾脏，病料须放入密封的容器中。

【防控措施】

1. 预防措施 在疫区或2～3年内发生过的地区，每年春季或秋季对易感动物进行一次预防注射，常用的疫苗是无毒炭疽芽孢苗，接种14天后产生免疫力，免疫期为一年。另外，要加强检疫和大力宣传有关本病的危害性及防控办法，特别是告诫广大群众不可食用死于本病动物的肉品。

2. 扑灭措施 发生本病时，应尽快上报疫情，划定疫点、疫区，采取隔离封锁等措施。禁止动物、动物产品和草料出入疫区，禁止食用患病动物乳、肉等产品，并妥善处理患病动物及其尸体，其处理方法如下：

（1）对死亡家畜应在天然孔等处，用浸泡过消毒液的棉花或纱布堵塞，连同粪便、垫草一起焚烧，尸体可就地深埋。病死畜躺过的地面应除去表土 15～20 厘米并与 20%漂白粉混合后深埋，畜舍及用具、场地均应彻底消毒；对病畜要在采取严格防护措施的条件下进行扑杀并无害化处理；对受威胁区及假定健康动物作紧急预防接种，逐日观察至 2 周。

（2）可疑动物可用药物防治，选用的药物有青霉素、土霉素、链霉素及磺胺类药等。牛、山羊、绵羊发病后因病程短促往往来不及治疗，常在发病前进行预防性给药，除去病畜后，全群用药 3 天有一定效果。

（3）全场进行彻底消毒，污染的地面连同 15～20 厘米厚的表层土一起取下，加入 20%漂白粉溶液混合后深埋。污染的饲料、垫草、粪便焚烧处理。动物圈舍的地面和墙壁可用 20%漂白粉溶液或 10%烧碱水喷洒 3 次，每次间隔 1 小时，然后认真冲洗，干燥后火焰消毒。

（4）在最后 1 头动物死亡或痊愈 14 天后，若无新病例出现时，报请有关部门批准，并经终末消毒后可解除封锁。

3. 治疗措施 对有价值的病畜要隔离治疗，禁止流动。凡发病畜群要逐一测温，凡体温升高的可疑患畜可用青霉素等抗生素或抗炭疽血清注射，或两者同时注射效果更佳；也可对发病畜群全群预防性给药。

【公共卫生学】人炭疽的预防重点是与家畜及其畜产品频繁接触的人员，凡在近 2～3 年内有炭疽发生的疫区人群、畜牧兽医人员，应在每年的 4～5 月前接种“人用皮上划痕炭疽减毒活菌苗”，连续 3 年。发生疫情时，病人应住院隔离治疗，病人的分泌物、排泄物及污染的被子衣服等用具物品均要严格消毒，与病人或病死畜接触者要进行医学观察，皮肤有损伤者同时用青霉素预防，局部用 2%碘酊消毒。

人感染后潜伏期 12 小时至 12 天，一般为 2～3 天。临床上可分为三种病型：

（1）皮肤炭疽。较多见，约占人炭疽的 90%以上。主要在面颊、颈、肩、手、足等裸露部位出现小斑丘疹，以后出现有痒性水疱或出血性水疱；渐变为溃疡，中心坏死，形成暗红色或黑色焦痂（即炭疽痈），周围组织红肿，绕有小水疱群；全身症状明显。严重时可继发败血症。

（2）肺炭疽。患者表现高热、恶寒、咳嗽、咯血、呼吸困难，可视黏膜发绀等急剧症状，常伴有胸膜炎、胸腔积液，经 2～3 天死亡。

（3）肠炭疽。发病急，高热、持续性呕吐、腹痛、便秘或腹泻，呈血样便，有腹胀、腹膜炎等症状，全身症状明显。

以上三型均可继发败血症及脑膜炎。本病病情严重，尤其是肺型和肠型，一旦发生应及早送医院治疗。

四、魏氏梭菌病

魏氏梭菌病（Clostridiosis welchii）是由产气荚膜杆菌（旧称魏氏梭菌）引起的多种动物的一类传染病的总称，包括猪梭菌性肠炎、家畜 A 型魏氏梭菌病、羊肠毒血症（注：三类疫病）、羊猝狙、羔羊痢疾、兔梭菌性腹泻、鹿肠毒血症、鸡坏死性肠炎、犊牛肠毒血症等。

【病原学】产气荚膜梭菌旧称魏氏梭菌或产气荚膜杆菌，为梭菌属，是两端钝圆的粗大杆菌，大小为（1～1.5）微米×（4～8）微米，单在或成双排列，无鞭毛，不能运动，在动物体内形成荚膜，能产生与菌体直径相同的卵圆形芽孢，位于菌体中央或近端。革兰染色阳性，但陈旧培养物可变为阴性。在普通培养基上迅速生长。

本菌分为A型、B型、C型、D型、E型5个型。A型菌主要是引起人气性坏疽和食物中毒的病原，也引起动物的气性坏疽，还可引起牛、羔羊、新生羊驼、野山羊、驯鹿、仔猪、家兔等的肠毒血症；B型菌主要引羔羊痢疾，还可引起驹、犊牛、羔羊、绵羊和山羊的“肠毒血症或坏死性肠炎”；C型菌是绵羊猝狙的病原，也引起羔羊、犊牛、仔猪、绵羊的肠毒血症和坏死性肠炎以及人的坏死性肠炎；D型菌引起羔羊、绵羊、山羊、牛以及灰鼠的肠毒血症；E型菌可致犊牛、羔羊肠毒血症，但很少发生。该菌在自然界分布极广泛，可见于土壤、污水、饲料、粪便以及人畜肠道中。

一般消毒药均易杀死产气荚膜杆菌繁殖体，但芽孢抵抗力较强，在95℃下经2.5小时方可杀死；冻干保存至少10年其毒力和抗原性不发生变化。环境消毒时，必须用强力消毒药如20%漂白粉、3%～5%的氢氧化钠溶液等。

（一）猪梭菌性肠炎

梭菌性肠炎又称仔猪传染性坏死性肠炎，俗称仔猪红痢，是由C型产气荚膜梭菌（魏氏梭菌）引起的1周龄仔猪高度致死性的肠毒血症，以血性下痢，病程短，病死率高，后段小肠黏膜的弥漫性出血或坏死性变化为特征。近年来，发现A型魏氏梭菌也可导致新生仔猪或断奶仔猪的肠道炎症。

【流行病学】 C型魏氏梭菌主要危害1～3日龄仔猪，1周龄以上仔猪很少发病，也有报道2～4周龄及断奶猪中发生本病；A型魏氏梭菌性肠炎则可发生于新生仔猪和断奶仔猪。除猪易感外，还可感染绵羊、马、牛、鸡、兔等。

A型魏氏梭菌性肠炎通常发生在出生后48小时内的仔猪或断奶仔猪，排出面糊状或奶油样稀粪或软粪，体况急剧下降，病仔猪被毛粗乱，会阴部粘有粪便；腹泻可持续5天以上，猪栏地面有黏液样粪便，呈粉红色，但通常不发热，也很少出现死亡。

该类细菌在自然界中的分布很广，存在于人畜肠道、土壤、下水道和尘埃中，特别是发病猪群母猪肠道中更为多见，可随粪便排出，污染哺乳母猪的乳头及垫料。

本病主要经消化道感染。当初生仔猪吮吸污染哺乳母猪的乳头或吞入污染物，细菌进入空肠繁殖，侵入绒毛上皮组织，产生毒素，使受害组织充血、出血和坏死。猪场一旦发生本病，常顽固地在猪场存在，很难清除，在同一猪群各窝仔猪的发病率不同，最高可达100%，病死率一般为20%～70%。

【临诊症状】 同一猪场不同窝之间和同窝仔猪之间病程差异很大，按病程不同可将C型魏氏梭菌性肠炎分为最急性型、急性型、亚急性型和慢性型，各型的临诊症状通常出现于分娩后的2～3天。

1. 最急性型 仔猪出生后10小时内比较正常，随后开始发病，突然排出血便，后躯沾满血样稀粪，病猪衰弱无力，迅速处于濒死状态。少数仔猪没有出现血痢便昏倒死亡。多数在出生当天或次日死亡。

2. 急性型 此病型最常见。病猪消瘦、虚弱，整个病程中病猪排出含有灰色组织碎片的红褐色液状稀粪。病猪日益消瘦和虚弱，病程常维持2天，一般在第三天死亡。

3. 亚急性型 病猪呈持续性腹泻，病初排出黄色软粪，以后变为液状，内含坏死组织碎片。病猪极度消瘦和脱水，一般5～7天死亡。

4. 慢性型 病猪在1周以上时间呈现间隙性或持续性腹泻，粪便呈黄灰色糊状。病猪逐渐消瘦，生长停滞，于数周后归于死亡或淘汰。

【诊断】根据流行病学、临诊症状和病变的特点，如本病发生于1周内的仔猪，红色下痢、病程短、病死率高；肠腔充满含血的液体，以坏死性炎症为主等，可作初步诊断。进一步确诊必须进行实验室检查。

【防控措施】

1. 加强管理 搞好猪舍和周围环境的卫生与消毒工作，特别是产房更为重要。接生前对母猪的奶头进行清洗和消毒，可以减少本病的发生和传播。

2. 疫苗预防 目前多采用给怀孕母猪注射C型魏氏梭菌氢氧化铝菌苗和仔猪红痢干粉菌苗，方法是对第1胎和第2胎怀孕母猪分别于产前1个月和产前半个月各注射1次，剂量为5～10毫升；第三胎怀孕母猪在产前半个月注射1次，剂量为3～5毫升，使母猪免疫，仔猪出生后吸吮母猪初乳可获得被动免疫，这是预防本病最有效的办法。

3. 药物预防 由于本病发病迅速，病程短，发病后用药物治疗往往疗效不佳，必要时用抗生素对刚出生仔猪立即口服，每日2～3次，作为紧急的药物预防。仔猪出生后注射抗猪红痢血清，每千克体重肌肉注射3毫升，可获得充分保护，但注射要早，否则效果不佳。

（二）家畜A型魏氏梭菌病

近年来，国内许多省区的牛、羊、猪、马、鹿等家畜流行一种以急性死亡为特征的疾病，俗称“猝死症”。1995—1996年，经全国性的调查研究，已明确此病的主要病原为魏氏梭菌，优势菌为A型魏氏梭菌，少数为C型、D型魏氏梭菌。

但是，也有人主张是与其他细菌联合致病的。因为除魏氏梭菌外，还培养出多杀性巴氏杆菌和大肠杆菌。

【流行病学】多种家畜均可发病，无性别之差；膘情中或上等的家畜，发病率较高；新购入或引进的品种其发病率及病死率较高。各种年龄的家畜均可发病，但猪在2～6月龄、羊在0.5～2岁、牛在2～5岁或其以上的期间，感染发病率较高。

本病的发生无明显的季节性，但以冬春发病较多（大约占3/4），夏季显著减少，秋季又逐渐回升；长期休闲的牛，突使重役时发病较多。同时又有一定的区域性，在我国南方各省猪发生的较多，而北方各省则以反刍类动物（牛、羊）较为严重。

本病的病死率较高。以牛为例，有人报道了在1 003头发病的商品肉牛中，死亡921头，病死率高达91.8%；耕牛也与此相差无几，有人统计发病32例，死亡30例，病死率高达93.8%。

【临诊症状】主要特征是：发病急，死亡快，因此又称为“暴死症”或“急性死亡症候群”。一般分为最急性型、急性型、亚急性型三个型。

1. 最急性型 无前驱症状，常突然发病，死亡前突然倒地，四肢划动或蹦跳，哞叫数声，立即死亡，病程只有数分钟或数十分钟。

2. 急性型 多突然发生抽搐、震颤，被毛逆立，继而倒地，常试图挣扎站起，结果往往是失败；继而有呼吸困难，大量流涎，磨牙，腹胀腹痛，体温下降，有的口鼻流出多量带有泡沫的红色水样物；特别是使役的牛只，突然出现不愿行走，臀部肌肉颤抖，步态蹒跚，后肢软弱无力，倒地后四肢划动，并呈游泳状，多于1日内死亡。

3. 亚急性型 精神沉郁，食欲减少或废绝，口腔黏膜发绀，阵发性不安，精神高度紧张，视力模糊，反应迟钝，肌肉震颤，站立困难，走路摇摆或后肢蹒跚，有的呈犬坐姿势或拱腰，体温偏低并继而下降，二便频繁而量少，大便带有黏液或血液，全身出汗，眼睛对光过敏，心跳加速，心律不齐，继而昏迷，静脉血液黏稠而颜色暗紫，角膜反射消失，瞳孔散大，多于两三天内死亡。

牛、羊、猪等其临诊症状都相差无几；不过，猪发病多属于最急性型或急性型，短则几分钟、长也不过数小时，而且神经症状比较明显。猪患病后大多横冲直撞，时而转圈，时而向前盲目奔跑，不顾阻挡，冲撞障碍物时，随即倒下，口吐白沫，肌肉紧张抽搐，四肢不断划动（猪若为白色者，可见其腹底部、耳根、鼻盘部发绀），空嚼，嚎叫，随后很快死亡。牛、羊发病后呈急性经过，而且致死率极高。牛、山羊临诊表现为呼吸迫促、不安、并出现神经症状，“死前惨叫”为本病特征之一；绵羊患本病的临诊表现及病理变化与绵羊肠毒血症基本一致。

【病理变化】动物死亡后，尸僵完全，肛门外翻，腹部迅速膨胀，口鼻流出混有气泡的液体或血液，眼结膜发绀，舌、口腔与结膜有出血点；体表可见挣扎时留下的擦伤痕迹。内部的病理变化，主要表现为全身性的“实质器官”出血或充血等。胃（反刍动物的瘤胃）及肠腔广泛胀气。胸腔内蓄积有多量暗红色液体。

心包腔积液呈黄绿色，心脏和心内膜有针尖或稻米粒大小的出血点，有的心外膜呈大片状出血，心肌变性和脆弱，有的还呈条状出血；心脏质地变软，心冠状沟呈弥漫性出血，后腔大动脉均有出血点，心耳有紫黑色的瘀血块，有的心脏扩大。肺水肿，并有充血和出血，呈鲜红色，有的呈典型的“间质性肺炎”变化；支气管和细支气管内，有大量的黏液或充满带血之泡沫。

肝、脾、肾肿大，质脆易碎。肝脏轻度瘀血，胆囊肿大，胆汁淤积（呈茶色）。脾脏略微肿大，边缘有小出血点；也有严重肿大者，并呈紫黑色；有的髓质糜烂，脾小梁明显。个别还有胰腺瘀血或出血。肾的颜色较淡，被膜紧张，易剥离，但切面不外翻；肾脏表面有淡黄色之斑块和点状出血，有的则呈广泛出血；膀胱亦有出血点，而且多半积有血样尿。

反刍动物瘤胃充盈，真胃空虚，胃底黏膜有出血点或弥漫性出血或有溃疡；贲门也有出血点。肠道有不同程度的卡他性或出血性炎症，肠黏膜严重脱落；尤以空肠、回肠为重，呈紫红色或蓝紫色，个别局部坏死；有的全部肠道呈深红色，肠内容物呈酱油状，并高度臌气，肠壁变薄。肠系膜淋巴结肿胀和出血，切面呈暗紫色，或有坏死现象。

普遍性脑血管扩张，脑膜充血或出血，大脑回变浅；纵切大脑半球时，可见灰质部有出血点，脑室微血管有出血，延脑、脑桥等也有密集的出血点。

【诊断】一般通过综合判断而确诊，凡是青壮年家畜、发病急、死亡快、而又无其他特殊原因引起者，再加上流行病学特征，可以初步认为是该病。确诊要进行实验室检验。

【防控措施】

1. 预防 主要应做好以下几方面的工作：

（1）对圈舍、畜体、饲槽及其内外应保持经常性的环境卫生。

（2）注意定期消毒，实践证明，用3%福尔马林溶液或2%烧碱溶液消毒效果较好。

（3）注意家畜饲草饲料的合理搭配，补充富含营养的草料，并依据不同的自然环境条件，添加适量的铜或硒等微量元素。

（4）加强饲养管理，减少应激性刺激，农区大家畜的休闲与使役要有机结合，休闲时加强运动，使役时逐渐增加劳动强度。

（5）免疫疫苗。在流行地区使用魏氏梭菌—巴氏杆菌二联疫苗具有显著的效果，牛5毫升/次、羊及猪3毫升/次，一个月后再加强免疫注射一次。亦可使用羊三联疫苗（羊快疫、羊猝狙、羊肠毒血症），对牛、羊、猪等进行免疫注射。

2. 治疗　由于死亡迅速，往往来不及治疗。

（三）羊猝击

羊猝击又称羊猝狙，是由C型魏氏梭菌引起的一种毒血症，以急性死亡、腹膜炎和溃疡性肠炎为特征。

本病最早发现于英国，本病在美国和前苏联也曾发生过。1953年夏季，我国内蒙古东部地区发生羊快疫及羊猝狙的混合感染，造成流行。在我国其他地区，也曾发生过类似疫情。

【流行病学】本病发生于成年绵羊，以1～2岁的绵羊发病较多。常流行于低洼、沼泽地区，发于冬春季节。主要经消化道感染，常呈地方流行性。

【临诊症状】病程短促，常未见到症状即突然死亡。有时发现病羊掉群、卧地，表现不安、衰弱和痉挛，在数小时内死亡。

【诊断】根据成年绵羊突然发病死亡，剖检见糜烂和溃疡性肠炎、腹膜炎、体腔积液可做出初步诊断。确诊需从体腔渗出液、脾脏等取材作细菌的分离和鉴定，以及从小肠内容物里检查有无C型魏氏梭菌所产生的毒素。

【防控措施】由于本病的病程短促，往往来不及治疗，因此，必须加强防疫措施。发生本病时，将病羊隔离，对病程较长的病例进行对症治疗。当本病发生严重时转移牧地，可减少发病或停止发病，同时用羊快疫、猝狙二联菌苗进行紧急接种。

平时加强饲养管理和环境卫生。对常发地区，每年可定期注射1～2次羊快疫、猝狙二联苗或羊快疫、猝狙、肠毒血症三联苗。近年来，我国又研制成功厌气菌七联干粉苗（羊快疫、羊猝狙、羔羊痢疾、肠毒血症、黑疫肉毒中毒、破伤风七联菌苗）。怀孕母羊在产前进行两次免疫，第一次在产前1～1.5个月，第二次在产前15～30天，母羊获得的抗体，可经初乳授给羔羊。但在发病季节，羔羊也应接种菌苗。

（四）羔羊痢疾

羔羊痢疾是由B型魏氏梭菌引起初生羔羊的一种急性毒血症，以剧烈腹泻和小肠发生溃疡为特征。常引起羔羊大批死亡，该病可给养羊业造成重大的经济损失。

【流行病学】该病主要发生于7日龄以内羔羊，尤以2～3日龄羔羊发病最多，7日龄以上的羔羊很少患病。主要经过消化道感染，也可通过脐带或创伤感染。本病呈地方性流行。

促进羔羊痢疾发生的不良诱因，主要是母羊怀孕期营养不良，羔羊体质瘦弱；气候寒冷，特别是大风雪后，羔羊受冻；哺乳期哺乳不当、饥饱不匀或卫生不良。因此，羔羊痢疾的发生和流行，就表现出一系列明显的规律性。饲草质量差而又没有搞好补饲的年份，常易发生；气候最冷和变化较大的月份，发病最为严重；纯种细毛羊的适应性差，发病率和病死率最高，杂种羊则介于纯种与土种羊之间，其中杂交代数愈高者，发病率和病死率也愈高。

【临诊症状】 潜伏期1～2天。病初精神委顿，低头拱背，不想吃奶，不久即发生腹泻。粪便恶臭，有的稠如面糊，有的稀薄如水，粪便呈黄绿色、黄白色甚至灰白色。后期粪便带血并含有黏液和气泡；肛门失禁、严重脱水、卧地不起，若不及时治疗常在1～2天死亡，只有少数病轻者可能自愈。个别病羔表现腹胀而不下痢或只排少量稀粪（也可能带血），主要呈现神经症状，四肢瘫软，卧地不起，呼吸急促，口吐白沫，最后昏迷，头向后仰，体温下降至常温以下，于数小时至十几小时内死亡。

【诊断】 根据本病多发于7日龄以内羔羊，剧烈腹泻，很快死亡，并迅速蔓延全群，剖检小肠发生溃疡即可做出初步诊断。确认需进行实验室检查以鉴定病原菌及其毒素。在诊断过程中应注意与沙门氏菌、大肠杆菌和肠球菌所引起的初生羔羊下痢相区别。

【防控措施】 加强饲养管理、增强孕羊体质，产羔季节注意保暖，做好消毒隔离工作并及时给羔羊哺以新鲜、清洁的初乳。每年秋季注射羔羊痢疾菌苗或五联苗，母羊产前14～21天再接种1次可以提高其抗体水平，使新生羔羊获得足够的母源抗体。

羔羊出生后可灌服抗菌药物，每日1次，连用3天有一定预防效果。用土毒素、磺胺类药等药物治疗，同时根据其他症状进行对症治疗。

（五）兔梭菌性肠炎

兔梭菌性肠炎，又称兔魏氏梭菌病，是由A型魏氏梭菌及其毒素引起兔的一种急性肠道传染病。临诊上以急剧腹泻、排出多量水样或血样粪便、盲肠浆膜出血斑和胃黏膜出血、溃疡、脱水、死亡为主要特征。

【流行病学】 除哺乳仔兔外，不同年龄、品种、性别的家兔对本病均有易感性，毛用兔及獭兔最易发病，1～3月龄幼兔发病率最高。病兔和带菌兔是主要的传染源。A型魏氏梭菌的芽孢广泛分布于土壤、粪便、污水和劣质面粉中。主要经消化道和伤口感染。

本病一年四季均可发生，但冬春季节青饲料缺乏时更易发生，这与青饲料显著减少，饲喂过多的精饲料有关。在饲养管理不当、突然更换饲料、气候骤变、长途运输等应激因素下极易导致本病的暴发。

【临诊症状】 最急性病例常突然发病，几乎看不到明显症状而突然死亡。多数病例以下痢为特征，病初排稀薄灰褐色软便，并带有胶冻样的黏稠物，精神和食欲无明显异常；随后突然出现水泻，排出物呈黄绿色或棕色，有特殊的腥臭味，并污染臀部及后腿。此时病兔体温一般偏低，精神沉郁，不饮不食，眼球下陷，被毛蓬松无光泽，两耳下垂，腹部膨胀，有轻度胸式呼吸。大多数病兔于出现水泻的当天或次日死亡，少数可拖延1周，极个别的可拖延1个月，最终死亡。

【病理变化】 尸体外观无明显消瘦，但眼球下陷，显出脱水症状。肛门附近及后肢关节下端被毛污染有黑褐色或绿色稀粪。剖开腹腔可嗅到特殊腥臭味。胃内多充满饲料，胃底黏膜脱落，并常见有出血或黑色溃疡。肠壁弥漫性充血或出血，小肠充满气体和稀薄的内容物，肠壁薄而透明。肠系膜淋巴结充血、水肿。盲肠浆膜明显出血，盲肠与结肠内充满气体和黑绿色水样内容物，有腥臭气味。心外膜血管怒张呈树枝状。肝与肾瘀血、变性、质脆。膀胱多有茶色尿液。

【诊断】 根据本病多发于1～3月龄幼兔，急剧腹泻和脱水死亡，胃黏膜出血、溃疡和盲肠浆膜出血等可做出初步诊断。确诊需做进一步的微生物学或血清学检查。

【防控措施】应加强饲养管理，消除诱发因素，饲喂精料不宜过多。严格执行各项兽医卫生防疫措施。

有本病史的兔场可用A型魏氏梭菌苗预防接种。发生疫情时应立即隔离或淘汰病兔，兔舍、兔笼及用具严格消毒，病死兔及分泌物、排泄物一律深埋或烧毁。病兔应及早用抗血清配合抗菌药物（如庆大霉素、卡那霉素、金霉素等）治疗，同时进行对症治疗才能收到良好效果。每千克体重皮下或肌肉注射抗血清2～3毫升，每日2次，连用2～3天；庆大霉素，每次4万IU口服，每日2次，连用5天；卡那霉素，每千克体重20毫克肌肉注射，每日2次，连用3天；金霉素，每千克体重20～40毫克肌肉注射，每日2次，连用3天。对症治疗，如腹腔注射5%葡萄糖生理盐水进行补液（每只兔50～70毫升），内服食母生（每只兔5～8克）和胃蛋白酶（每只兔1～2克）等。

（六）鹿肠毒血症

鹿肠毒血症是由A型魏氏梭菌引起鹿的一种急性传染病。以突然发病、病程短促、病死率高为特征。

【流行病学】鹿、麝对本病最易感。水貂等毛皮动物也可感染。本病鹿营养多为中上等，年龄多在半岁至1岁之间。

病鹿和带菌鹿是主要的传染源。A型魏氏梭菌常以芽孢形式分布于低洼地、熟耕地及沼泽之中。

鹿采食污染的饲料和饮水后，芽孢即随之进入鹿的消化道。

许多鹿的消化道平时即有A型魏氏梭菌存在，但并不发病。当存在不良的外界诱因，特别是秋末气候骤变，阴雨连绵，鹿舍泥泞、粪尿污水蓄积、污秽不洁。鹿受寒湿刺激，使其抵抗力减弱，而感染发病。

【临诊症状】突然发病，病程短，很难见到症状。待看到症状后鹿便很快死亡。有的鹿体温升高至40℃以上，食欲明显减退，呆立不安，拉水样的稀便，呼吸困难。症状较重病例，食欲废绝，初期粪便呈暗红色或黑色似牛粪样，后期剧烈腹泻，拉黏液性血样稀粪，血尿，脱水。由于严重脱水，病鹿眼眶下陷，腹紧缩，结膜苍白。最后极度衰竭倒地，抽搐、四肢作划桨运动、颈歪斜等，四肢末梢发凉，呈昏迷状态，2～3小时后死亡。症状较轻的病鹿经护理和治疗后，10天左右康复。

【防控措施】由于本病病程短促，往往来不及治疗，同时也无特效药物。对病程较长的病例可用抗生素进行对症治疗，并配合支持疗法。对未发病的鹿，立即更换饲料，并在饲料或饮水中添加乳酸诺氟沙星，以预防病情发展。

鹿场要加强卫生消毒工作，鹿群加强饲养管理。发病时实行隔离和彻底消毒。在本病常发地区，每年4月对全群鹿用羊快疫、猝狙、肠毒血症三联苗定期预防接种。

（七）鸡坏死性肠炎

鸡坏死性肠炎是由A型或C型魏氏梭菌引起鸡的肠道传染病。

【流行病学】各种日龄和品种的鸡均可感染。病鸡和带菌鸡是主要的传染源。魏氏梭菌主要存在于粪便、土壤、灰尘、污染的饲料、垫草以及肠内容物中。从正常鸡的排泄物中可分离到魏氏梭菌。本病主要经消化道感染。

一年四季均可发生，但在炎热潮湿的夏季多发。在本病的历次暴发中，污染的饲料及垫料起着很重要的传播媒介作用。饲料中鱼粉多及小麦多是导致本病暴发的潜在因素或促进该病发生。肠黏膜损伤也是本病发生的一个重要因素。

【临诊症状】病鸡常突然发生即死亡。病程稍长的可见病鸡精神委顿、食欲减退、呆立、羽毛蓬乱、拉绿色或黑色稀便。

【诊断】参考羊肠毒血症。

【防控措施】用林可霉素、硫酸黏杆菌素饮水，二甲硝咪唑、甲硝哒唑混饲对本病治疗有较好的疗效。饲料中添加杆菌肽等抗生素能减少本病的发生。

（八）犊牛肠毒血症

C型魏氏梭菌是本病最常见的病原，但偶尔从犊牛或成年牛中也分离到B型或D型。C型魏氏梭菌是人和动物胃肠道的常在菌，只有在易发酵饲料摄取过量或肠道正常菌群因疾病或饲料改变而增殖时才致病。

本病主要发生于幼龄犊牛，但3月龄犊牛也有零星发病。成年牛偶尔也可发生。

【临诊症状】本病多呈最急性或急性，表现为急性腹痛、腹部鼓胀脱水、沉郁和腹泻。最急性病例，犊牛猝死或病程发展极快，尚未见到症状犊牛已死。急性腹痛和腹部鼓胀常先于腹泻。一些犊牛粪便带有明显的血液和黏液。以腹部鼓胀和急性腹痛为特征的急性病例易与肠梗阻相混淆，只有出现腹泻，才能排除肠梗阻。叩击触诊右下腹部，可感觉小肠内液体增多。如果不采取紧急治疗，则很快会发生进行性脱水、沉郁、腹部鼓胀和休克。在C型肠毒血症死亡病例的末期偶尔可观察到神经症状，但在B型和D型则常见到。被感染的犊牛多是生长良好的，采食也很好。

【防控措施】本病无特殊疗法，抗毒素在疾病的早期可以使用，其疗效难以确定。常采用支持疗法和对症治疗。支持疗法需静脉补液，补充合适的电解质和葡萄糖以缓解犊牛的脱水。前24小时静脉注射青霉素钠5IU/千克体重，每天4次，以后肌肉注射，一天2次。

对已发生过肠毒血症的牛群可用魏氏梭菌类毒素进行免疫接种。通常应用含C型和D型的类毒素，所有的干奶期奶牛和小母牛均应免疫2次，间隔2～4周。每年在产犊前一个月再加强免疫1次，犊牛也应在4、8和12周时用同种菌苗免疫。

五、副结核病

副结核（Paratuberculosis）又称扬氏病、副结核性肠炎，是由副结核分枝杆菌引起反刍动物（主要是牛，羊、鹿也可发生）的慢性消化道传染病。其临诊特征是呈周期性或持续性腹泻、进行性消瘦；剖检常见肠黏膜增厚并形成脑回样皱襞。

1895年，Johne和Frothingnanl等于下痢牛的肠黏膜中发现大量的抗酸菌；1910年，Twort等成功地分离到副结核分枝杆菌。本病分布于世界各国，在养牛业发达国家广泛流行，其中以肉牛和奶牛业发达的国家和地区受害最重。我国于1953年报道有该病发生，1975年由吉林农业大学韩有库等分离出病原菌。

【病原学】副结核分枝杆菌为分枝杆菌属，是一种细长杆菌，有的呈短棒状，有的呈球杆状，不形成芽孢、荚膜和鞭毛，革兰氏和抗酸染色均为阳性，与结核杆菌相似。该菌主要存在于患病动物及隐性感染动物的肠壁黏膜、肠系膜淋巴结和粪便中，有成丛、成团排列的特征，具有诊断意义。

本菌对热和化学药品的抵抗力较强。在干燥状况下生存 47 天；在尿中存活 7 天，粪便中存活 246 天，蒸馏水中保持活力 270 天；阳光直射下可存活 10 个月；在牛乳和甘油盐水中也可保持 10 个月的活力；在厩肥和泥土中 11 个月仍有活力；－14℃冻结保存 1 年以上。但 60℃30 分钟、80℃15 分钟即可将其杀灭；10%～20%漂白粉液、5%甲醛、5%来苏儿、3%～5%石炭酸等 10 分钟可将其致死；对酸、碱有抵抗力。

【流行病学】 牛最易感本病，山羊、绵羊、鹿和骆驼也有易感性，马、驴、猪虽有自然感染的病例，但不呈现症状。一般 6 月龄以内犊牛易感性较强，2 岁以上成年有抵抗力。牛的品种不同，易感性也有差异。娟姗牛、短角牛发病较多，爱尔兰牛、黑白花牛则较少发生。我国草原红牛、延边黄牛均有发病。

病畜及隐性带菌畜是主要传染源，不仅症状明显的开放性病畜，即使在隐性期内，也能向体外排菌，主要随粪便排出体外，污染用具、草地、水源及周围环境。据报道，排菌阳性牛中 1～3 岁的占 70%，未满 1 岁者占 5%。

健康牛主要是采食了污染的饲料、饮水，经消化道感染；怀孕母牛可经胎盘传染犊牛。有的学者提出，本病的胎儿感染率达 45.5%～84.6%，即使无临诊症状和病理组织学变化的母牛，也能感染胎儿。

本病的发生虽没有季节性，但在春秋两季多发。主要呈散发，有时呈地方流行性。妊娠、分娩、寄生虫病、饲养管理不当、长途运输等是本病发生的诱因，饲料中缺乏矿物质能促进本病的发展。流行的特点是发展缓慢，发病率不高但病死率极高，并且一旦发生很难根除。在污染的牛群中病牛数量通常不多，各个病例的发生和死亡间隔较长，表面上看似呈散发，实际上是一种地方流行性疾病。感染牛群的病死率可达 2%～10%，个别可增高到 25%。

【临诊症状】 潜伏期长短不一，由数月至数年（3～4 年）。该病的病程很长，为典型的慢性传染病。有时幼年牛感染直到 2～5 岁时才表现临诊症状，当牛怀孕、分娩、泌乳或营养缺乏等诱因存在时更容易发病。

初期没有明显症状，一般由软便开始，以后症状逐渐明显，出现间歇性腹泻，再发展到持续性下痢，继之变为水样的喷射状下痢，持久而顽固；有的患畜突然呈现严重下痢，粪便恶臭，带泡沫；体温始终不高，这是本病特征之一。随着病程的进展，全身状况恶化，皮肤粗糙，被毛粗乱，贫血，营养不良，高度消瘦；高产奶牛的生产性能急减或停止泌乳，并伴发水肿（下颌、胸垂、腹部），最后患畜全身衰弱而死亡。

有时对初期下痢患畜采用对症治疗，可得到缓解，以致往往误诊为一般性消化不良。尚有部分患畜虽未经治疗亦可自然恢复，暂停下痢，食欲和体重增加，但经几个月或数年后又复发下痢，最后转归死亡。

绵羊和山羊患本病时症状与牛相似，潜伏期亦很长，达数月至数年。体温、食欲基本正常，但病羊体重逐渐减轻，出现间歇性或持续性腹泻，个别病羊的粪便只是变软，经数月后逐渐消瘦、脱毛、衰弱，病程末期可并发肺炎。羊群的发病率在 1%～10%，多数以死亡为转归。

【病理变化】 病牛尸体极度消瘦，剖检可见以肠系膜淋巴结肿大、肠黏膜肥厚为特征的病理变化。

消化道病变常见于空肠、回肠和结肠的前段，尤以回肠和回盲瓣部位的病变较明显。有的严重病例由第四胃（真胃）到肛门，均可出现病变，但实质脏器未见异常病变，这也是本病的特征。肠黏膜高度肥厚，比正常增厚3～20倍，形成较硬而弯曲的纵横皱褶，类似脑回样变化。肠管内空虚或见少量混有黏液的饲料物质；在肠黏膜面覆有大量的灰黄色或黄白色不易洗去的黏稠似面糊状的黏液；有时发现大面积出血区，皱褶顶点有充血、溢血现象。但病羊（山羊、绵羊）有时可见干酪化结节。

浆膜下淋巴管和肠系膜淋巴管肿大呈索状，淋巴结切面湿润，表面有黄白色病灶，有时则有干酪样病变。邻近肠管损害部的淋巴结比正常淋巴结肿大2～3倍，切面可见乳白色水样液体，但未见充血现象。病羊（山羊、绵羊）有时可见干酪样结节，但牛淋巴结未见小结节、脓肿、干酪化病灶或钙化病灶等，这是与牛结核不同之处。

有的病例剖检变化的明显程度与临诊症状的严重程度不相一致，有的患畜尽管临诊症状严重，但肠黏膜几乎正常，只有经过镜检才能判明其病变。另外，肠管病变的严重程度和检菌结果不一定一致，病变严重的，细菌数却很少，反之有的病变虽轻微，但检菌数相当多。

【诊断】根据该病的流行病学、临诊症状和病理变化，可做出初步诊断。但顽固性腹泻和渐进性消瘦也可见于其他疾病，如冬痢、沙门氏菌病、内寄生虫病、肝脓肿、肾盂肾炎、创伤性网胃炎、铅中毒、营养不良等，因此必须进行实验室的鉴别诊断。

【防控措施】

1. 预防措施 应在加强饲养管理、搞好环境卫生和消毒的基础上，强化引进动物的检疫。无该病的地区或养殖场禁止从疫区引进种牛或种羊，必须引进时则应进行严格检疫，确认健康无本病时方可混群。

在免疫接种方面，各国学者很早就进行了研究，迄今尚未获得免疫原性好、安全有效、免疫期长的疫苗。

2. 扑灭、控制措施

①扑杀开放性病牛（排菌牛）和补反阳性牛，隔离隐性病牛（变态反应阳性牛），积极分化疑似牛。

②对假定健康群，应在随时观察和定期临诊检查的基础上，所有牛只每年定期进行4次（间隔3个月）变态反应或酶联免疫吸附试验检疫，连续3次检疫不出现阳性反应牛时，可视为健康牛群。每年定期进行检疫，最后可达到净化病牛场的目的。

③固定放牧区，严禁病牛与健牛混群或交叉放牧。

④对被病畜污染的畜舍、栏圈、饲槽、用具、绳索和运动场等，用生石灰、来苏儿、氢氧化钠、漂白粉、石炭酸等消毒药品进行喷洒、浸泡或冲洗消毒。

⑤病牛粪便及吃剩残料，要发酵处理。

⑥在组群或调整畜舍时，对畜舍要铲掉污土、垫上新土，清扫后用消毒药物消毒。

⑦扑杀的病牛，消化器官不准食用，须深埋或焚烧处理，牛皮用3%氢氧化钠处理。

尚无特效药物治疗。

六、布鲁氏菌病

布鲁氏菌病（Brucellosis）是由布鲁氏杆菌引起人和动物共患的慢性传染病。本病以引起雌性动物流产、不孕等为特征，故又称为传染性流产病；雄性动物则出现睾丸炎；人也可感染，表现为长期发热、多汗、关节痛、神经痛及肝、脾肿大等症状。本病严重损害人和动物的健康。

本病流行范围甚广，几乎遍及世界各地，但其分布不均。1981年报告家畜中有本病的国家160个，在160个国家和地区中有123个国家和地区人间有本病发生。我国的内蒙古、东北、西北等牧区曾一度有该病的流行，北方农区也有散发。通过多年的检疫淘汰，目前该病已基本得到控制；但资料显示近年发病率有上升的趋势，应加强监测、净化，密切注视疫情动态。

本病的危害是双重性的，即人、畜两个方面均受损害。由于病畜常常出现流产、不孕、空怀，繁殖成活率降低，致使生产效益明显减少，还直接影响优良品种的改良和推广。病人常因误诊误治而转成慢性，反复发作长期不愈，影响健康。

【病原学】布鲁氏杆菌又名布鲁菌，为布氏杆菌属，革兰阴性短小杆菌。菌体无鞭毛，不形成芽孢，有毒力的菌株可带非薄的荚膜。WHO布鲁氏菌病专家委员会根据其病原性、生化特性等的不同将布鲁氏菌属分为6个种20个生物型，即马耳他布鲁氏菌（羊布鲁氏菌）有3个生物型（1型、2型、3型）、流产布鲁氏菌（牛种布鲁氏菌）有9个生物型（1～9型）、猪布鲁氏菌菌有5个生物型（1～5型）、绵羊附睾种布鲁氏菌（1个生物型）、沙林鼠布鲁氏菌（1个生物型）、犬布鲁氏菌（1个生物型）。本菌有A、M、G三种抗原成分，一般牛布鲁氏菌以A抗原为主；羊布鲁氏菌以M抗原为主，羊布鲁氏菌的致病力最强。

布鲁氏菌在自然环境中生活力较强，在患病动物的分泌物、排泄物及病死动物的脏器中能生存4个月左右，在食品中约生存2个月；在干燥的土壤中，可生存2个月以上；在毛、皮中可生存3～4个月之久。但由于气温、酸碱度的不同，各个种的细菌在自然条件下的其生存时间则有差异。在日光直射、消毒药的作用下和干燥条件下，抵抗力较弱，在腐败的动物体中很快死亡；60℃30分钟、80～95℃5分钟可将其杀死；对常用化学消毒剂均较敏感。

【流行病学】家畜、人和野生动物均易感染。各种布鲁氏菌对相应动物具有最强的致病性，而对其他种类动物的致病性较弱或缺乏致病性，但目前已知有60多种家畜、驯养动物、野生动物是布鲁氏菌的宿主，家禽及啮齿动物被感染的也不少见。其中羊布鲁氏菌对绵羊、山羊、牛、鹿和人的致病性较强；牛布鲁氏菌对牛、水牛、牦牛、马和人的致病力较强；猪布鲁氏菌对猪、野兔、人等的致病力较强；绵羊附睾种布鲁氏菌只感染绵羊；犬种、沙林鼠种布鲁氏菌只感染本动物。

发病及带菌的羊、牛、猪是本病的主要传染源，其次是犬。患病动物的分泌物、排泄物、流产胎儿及乳汁等含有大量病菌，患睾丸肿的公畜精液中也有病菌。

传播途径包括消化道、皮肤黏膜、呼吸道以及苍蝇携带和吸血昆虫叮咬等。经口感染是本病的主要传播途径，如健畜摄取被污染的饲料、水源等，通过消化道而感染。经皮肤感染也较常见。布鲁氏菌不仅可从有轻微损伤的皮肤，并可由健康皮肤侵入机体而致病。此外，也可经配种和呼吸道感染。

一年四季都有发生，但有明显的季节性。羊种布病春季开始，夏季达高峰，秋季下降；牛种布病以夏秋季节发病率较高。牧区发病率明显高于农区，牧区存在自然疫源地，但其流行强度受布鲁氏菌种、型及气候、牧场管理等情况的影响。造成本病的流行有社会因素和自然因素。社会因素，如检疫制度不健全，集市贸易和频繁的流动，毛、皮收购与销售等，都能促进布鲁氏菌病的传播。自然因素，如暴风雪、洪水或干旱的袭击，迫使家畜到处流窜，很容易增加传播机会，甚至暴发成灾。动物是长期带菌者，除相互传染外，还能传染给人。

【临诊症状】牛布鲁氏菌病，潜伏期长短不一，通常依赖于病原菌毒力、感染剂量及感染时母牛的妊娠阶段，一般在14～180天。患牛多为隐性感染。怀孕母牛的流产多发生于怀孕后6～8个月，流产后常伴有胎衣滞留和子宫内膜炎。通常只发生1次流产，第2胎多正常，这是因为布鲁氏菌长期存在于体内，已获得免疫力的结果，即或再度发生也属少见。有的病牛发生关节炎、淋巴结炎和滑液囊炎。公牛发生睾丸炎和附睾炎，睾丸肿大，触之疼痛。

当布鲁氏菌进入妊娠期母牛的生殖系统以后，胎儿、胎盘和羊水便成为其繁殖最旺盛的场所。首先在绒毛膜的绒毛上皮中增殖，并在绒毛膜和子宫黏膜之间扩散，使绒毛膜发生纤维素性化脓性炎和坏死性炎，同时产生纤维蛋白性脓样渗出物，逐渐使胎儿胎盘与母体胎盘松离，导致胎儿明显的血液循环障碍，因而发生死亡并流产。在病程缓慢的母畜，由于胎盘结缔组织的增生，使之与胎儿胎盘牢固粘连，乃出现胎盘停滞现象。除此之外，常患子宫炎及阴道黏膜红肿，间或有小结节，从阴道流出灰黄色的黏性分泌物。早期流产的犊牛，常在流产前已经死亡。发育完全的犊牛，流产后可存活1～2天。

羊布鲁氏菌病：是由羊种布鲁氏菌所引起的。绵、山羊流产时，一般为无症状经过。有的在流产前2～3天长期躺卧，食欲减退，常发生阴户炎和阴道炎，从阴道排出黏性或黏液血样分泌物。在流产后的5～7天内，仍有黏性红色分泌物从阴道流出。母羊流产多发生在妊娠期的3～4个月，也有提前或推迟的。不论流产的早与晚，都容易从胎盘及胎儿中分离到布鲁氏菌。病母羊一生中很少出现第2次流产，胎衣不下也不多见，病母羊有时可出现子宫炎、关节炎或体温反应。公羊发病时，常见睾丸炎和附睾炎。

猪布鲁氏菌病：是由猪种布鲁氏菌所引起的。感染大部分为隐性经过，少数呈现典型症状，表现为流产、不孕、睾丸炎、后肢麻痹及跛行、短暂发热或无热、很少发生死亡。母猪的症状是流产，常发生在妊娠后的4～12周，但也有提早或推迟的。流产前母猪出现精神抑郁，食欲不振，乳房和阴唇肿胀，有时可从阴道排出黏性脓样分泌物，分泌物通常于1周左右消失。很少出现胎盘停滞。子宫黏膜常出现灰黄色粟粒大结节或卵巢脓肿，以致不孕。正常分娩或早产时，除可产下虚弱的仔猪外，还可排出死胎，甚至木乃伊胎。病猪如发生脊椎炎，可致后躯麻痹。发生脓性关节炎、滑液囊炎时，可出现跛行。病公猪常呈现一侧或两侧睾丸炎，病初睾丸肿大，硬固，热痛。病程长时，常导致睾丸萎缩，病公猪性欲减退，甚至消失，失去配种能力。

绵羊附睾种布鲁氏菌病：仅限于公绵羊。表现体温上升，附睾肿胀，睾丸萎缩，以至两者愈合在一起，触诊时无法区别。本病多发生在一侧睾丸。

犬种布鲁氏菌病：多发生在犬。母犬表现为流产或不孕，无体温反应，长期从阴道排出分泌物。流产胎儿伴有出血和浮肿，大多为死胎，也有活胎但往往在数小时或数天内死亡，感染胎儿有肺炎和肝炎变化，全身淋巴结肿大。公犬常发生附睾炎、睾丸炎、睾丸萎缩、前列腺炎和阴囊炎等，性欲消失，睾丸常常出现萎缩和缺乏精子，晚期附睾可肿大4～5倍。但大多数病犬缺乏明显的临诊症状，尤其是青年犬和未妊娠犬。犬感染牛、羊或猪种布鲁氏菌时，常呈隐性经过，缺乏明显的临诊症状。

马布鲁氏菌病：多数是由牛种布鲁氏菌或猪种布鲁氏菌所引起。患病母马并不流产，最特征的症状，是项部和鬐甲部的滑液囊炎，从发炎的滑液囊中流出一种清澈丝状或琥珀黄色的渗出液，逐渐成为脓性。晚期病例可出现项瘘和鬐甲瘘。有的可引起关节炎或腱鞘炎，患肢跛行。

鹿布鲁氏菌病：鹿感染布鲁氏菌后多呈慢性经过，初期无明显症状，随后可见食欲减退，身体衰弱，皮下淋巴结肿大。有的病鹿呈波状发热。母鹿流产多发生在妊娠第6～8个月，分娩前后可见从子宫内流出污褐色或乳白色的脓性分泌物，带恶臭味。流产胎儿多为死胎。母鹿产后常发生乳腺炎、胎衣不下、不孕等。公鹿感染后出现睾丸炎和附睾炎，呈一侧性或两侧性肿大。

【病理变化】牛布鲁氏菌病：除流产外，最特征的变化是在绒毛叶上有多数出血点和淡灰色不洁渗出物，并覆有坏死组织。胎膜粗糙、水肿，严重充血或有出血点，并覆盖一层脓性纤维蛋白物质。子宫黏膜呈卡他性炎或化脓性内膜炎，以及脓肿病变，胎儿胃底腺有淡黄色黏液样絮状或块状物。皮下组织和肌肉间结缔组织呈出血性浆液性的浸润，淋巴结、肝、脾明显肿胀。病母牛常常有输卵管炎、卵巢炎或乳房炎。公牛患本病时，精囊常有出血和坏死病灶。囊壁和输精管的壶部变厚或变硬。睾丸和附睾肿大，出现脓性病灶、坏死病灶或整个睾丸坏死。

羊布鲁氏菌病：主要表现是流产，病变多发生在生殖器官。子宫增大，黏膜充血和水肿，质地松弛，肉阜明显增大出血，周围被黄褐色黏液性物质所包围，表面松软污秽。公羊可发生睾丸肿大，质地坚硬，附睾可见到脓肿。

猪布鲁氏菌病：胎儿变化与牛基本相似，但距流产或分娩前较久死亡的胎儿，可成为木乃伊。胎衣上绒毛充血、水肿或伴有小出血点，或为灰棕色渗出物所覆盖。即或没有怀孕的子宫深层黏膜，也可见到灰黄色针头大乃至粟粒大的结节，此即所谓子宫颗粒性布鲁氏菌病。这是猪布鲁氏菌病的特征。公猪患病时，可见到结节性退行性变化的睾丸炎。

鹿布鲁氏菌病：剖检可见鹿流产时胎衣变化明显，多呈黄色胶样浸润，有些部位覆盖灰色或黄绿色纤维蛋白及脓性絮片，有时还见有脂肪状渗出物。胎儿胃内有淡黄色或黄绿色絮状物，胃肠和膀胱黏膜有点状出血或线状出血，淋巴结、脾脏和肝脏有程度不同肿胀，并有散在的炎性坏死灶。胎儿和新生鹿仔有肺炎病灶。公鹿的精囊有出血点和坏死灶，睾丸和附睾有炎性坏死和化脓灶。

【诊断】布鲁氏菌病的诊断主要是依据流行病学、临诊症状和实验室检查。发现可疑患病动物时，应首先观察有无布鲁氏菌病的特征，如流产、胎盘滞留、关节炎或睾丸炎，了解传染源与患病动物接触史，然后通过实验室的细菌学、生物学或血清学检测进行确诊。按照《动物布鲁氏菌病诊断技术》（GB/T 18646—2002）进行。

病料样品采集：流产胎儿、胎盘、阴道分泌物或乳汁。

在国际贸易中，指定诊断方法为缓冲布鲁氏杆菌抗原试验（BBAT）、补体结合试验和酶联免疫吸附试验，替代诊断方法为荧光偏振测定法（FPA）。

该病的血清学诊断应区分免疫和非免疫动物，对于非免疫动物，若检测出抗体阳性即为感染；对于免疫动物，需区分免疫抗体和非免疫抗体。基因缺失疫苗可解决这些问题。另外，因该病的免疫应答属细胞免疫，所以畜群检测抗体水平的高低，不能用于评估其免疫水平。

鉴别诊断本病应与有流产症状的其他疫病进行区别，鉴别诊断的主要方法是病原体的分离鉴定和特异抗体的检出。

【防控措施】按照《布鲁氏菌病防治技术规范》（农办牧〔2002〕74号）实施。采取以净化为主的综合性防范措施。

布鲁氏菌病的非疫区，应通过严格的动物检疫阻止带菌动物被引入该区；加强动物群的保护措施，不从疫区引进可能被病菌污染的饲草、饲料和动物产品；尽量减少动物群的移动，防止误入疫区。

该病疫区应采取有效措施控制其流行。对易感动物群每2～3个月进行一次检疫，检出的阳性动物及时清除淘汰，直至全群获得两次以上阴性结果为止。如果动物群经过多次检疫并将患病动物淘汰后仍有阳性动物不断出现，则可应用菌苗进行预防注射。

1. 免疫接种 采用菌苗接种，提高畜群免疫力，是综合性防控措施中的重要一环。

在布鲁氏菌病一类地区，对牛羊（不包括种畜）进行布鲁氏菌病免疫；种畜禁止免疫；奶畜原则上不免疫，在布鲁氏菌病二类地区，原则上禁止对牛羊免疫；确需实施免疫的，按照《根据布鲁氏菌病防治计划》要求执行。如畜群中有散在的阳性病畜和有受外围环境侵入的危险时，应及早进行接种。

目前，国际上已广泛使用的活菌苗有牛种A19号菌苗和猪种2号弱毒菌苗（简称S_2菌苗）；灭活菌苗有牛种45/20和羊种53H38。牛种A19号菌苗，对牛有坚强的免疫力，犊牛生后3个月左右接种1次，8个月左右再接种1次，免疫效果可达6年之久；S_2弱毒菌苗毒力稳定、安全，对牛、羊、猪都具有良好的免疫力，已广泛在生产中应用；羊种五号弱毒菌苗（简称M_5菌苗），其毒力低，安全，稳定，对牛、山羊、绵羊、鹿都有良好的免疫力。被免疫动物的血清凝集素消失比较快，为鉴别人工免疫和自然感染提供了方便。在免疫方法上，M_5、S_2两菌苗除常用于皮下接种外，对大群牲畜免疫时，多采用气雾、饮水和喂服等方法进行。不仅节省了大量劳动力，效果也较好。

各种活菌苗虽属弱毒菌苗，但仍具有一定的剩余毒力，为此防疫中的有关人员应注意自身防护。

2. 建立检疫隔离制度，彻底消灭传染源 根据畜群的清净与否，每年检疫次数应有所区别。健康畜群（牛、羊群），每年至少检疫1次。对污染群，每年至少检疫2～3次，连年检疫直至无病畜出现时再减少检疫次数。在不同畜群中，对所检出的阳性牲畜以及随时发现的病畜，均需隔离饲养管理。病畜所生的仔畜，应另设群以培育健康幼畜。所检出的阳性病畜，如数量不多，宜采取淘汰办法处理。如数量较大，应成立病畜群，严格控制与健康畜群等直接或间接接触，并制订相应的消毒制度，防止疫病外传。污染畜群及病畜群所生的仔畜，犊牛生后喂以健康乳或消毒乳，羔羊在离乳后，分别设群培育，每隔2～3个月检疫1次，连续1年呈阴性反应的，即可认为健康幼畜。病猪所生仔猪，在离乳后进行检疫，阴性的隔离饲养，阳性的淘汰。

3. 切断传播途径，防止疫情扩大 杜绝污染群、病畜群与清净地区的畜群接触，人员往来、工具使用、牧区划分和水源管理等必须严加控制。购入新畜时，应选自非疫区，虽呈阴性反应的动物，也应隔离观察2～3个月，方可混群。因布鲁氏菌病流产的牲畜，除立即隔离处理外，所有流产物、胎儿等应深埋或烧毁。对所污染的环境、用具均应彻底消毒（屠宰处理病畜所造成的污染同样处理）。消毒通常用10%石灰乳、10%漂白粉，或3%～5%来苏儿。病畜的肉、乳采取加热消毒方法处理，皮、毛在自然干燥条件下存放3～4个月，使布鲁氏菌自然死亡。病畜的粪便，应堆放在安全地带，用泥土封盖，发酵后利用。

4. 监测净化 我国已于2013年在全国范围内开展对父母代以上的种牛、奶牛、种羊开展该病的监测净化工作。所有净化场严格执行农业农村部净化标准。

5. 治疗 对一般病畜应淘汰屠宰，不做治疗。对价值昂贵的种畜，可在隔离条件下进行治疗。

布鲁氏菌病人的治疗：急性期病例主要应用抗生素治疗。利福平与强力霉素联合治疗效果很好。利福平，成人每天600～900毫克，配合用强力霉素每天200毫克。这两种药物在每天上午1次服用，21天为一个疗程，治愈后至少再用6周，很少复发。慢性病例治疗较难，可应用中草药治疗。另外，还有特异性抗原疗法和激素疗法等。

【公共卫生学】 人类可感染布鲁氏菌病，患病牛、羊、猪、犬是主要传染源。传染途径是食入、吸入或皮肤和黏膜的伤口，动物流产和分娩之际是感染机会最多的时期。

人类布鲁氏菌病的流行特点是患病与职业有密切关系，凡与病畜、染菌畜产品接触多的如畜牧兽医人员、屠宰工人、皮毛工等，其感染和发病显著高于其他职业。一般来说，牧区感染率高于农区，农村高于城镇，主要原因是与生产、生活特点，家畜（传染源）数量以及人们的活动有关。本病虽然一年四季各月均有发病，但有明显季节性。夏季由于剪羊毛、挤奶，有吃生奶者，可出现1个小的发病高峰。人对布鲁氏病的易感性，主要取决于接触传染机会的多少，与年龄、性别无关。羊种布鲁氏菌对人有较强的侵袭力和致病性，易引起暴发流行，疫情重，且大多出现典型临床症状；牛种布鲁氏菌疫区，感染率高而发病率低，呈散在发病；猪种布鲁氏菌疫区，人间发病情况介于羊种和牛种布鲁氏菌之间。

人感染布鲁氏菌病潜伏期长短不一。其长短与侵入机体病原菌的菌型、毒力、菌量及机体抵抗力等诸因素有关。一般情况下，潜伏期为1～3周，平均为2周。多数病例发病缓慢（占90%）。

发病缓慢者，常出现前驱期症状。其临床表现颇似重感冒，全身不适，乏力倦怠，食欲减退，肌肉或大关节酸痛、头痛、失眠，出汗等。发病急者，一般没有前驱期症状，或易被忽略，一开始就表现为恶寒、发热、多汗等急性期症状。

急性期和亚急性期主要症状是持续性发热。有的患者热型呈波浪状，但多数病例的体温呈间歇热、弛张热型，或是不规则的长期低热。出汗是急性期布鲁氏病的另一主要症状，其特点是量大而黏，体温开始下降时则出汗更显著。骨关节、肌肉和神经痛等，也是重要的症状。其他症状还有乏力衰弱，食欲不振，腹泻或便秘，部分病人有顽固性咳嗽，少数女患者可出现乳房肿痛，极个别情况下可流产。个别病例可侵害到肠系膜淋巴结而出现剧烈腹痛，往往被误诊为“急腹症”。

慢性期病人主要表现为乏力、倦怠、顽固性的关节和肌肉疼痛。性质多为持续性钝痛或游走痛，肢体活动受障碍。部分病人最后可导致骨质破坏，关节面粗糙或关节强直。有的病人出现关节腔积液，滑液囊炎，腱鞘炎，关节周围小脓肿样的包块。有的病人肢体不能伸直。

人间布病防疫措施如下：

（1）加强个人防护。主要防护装备有工作服、口罩、帽子、胶鞋、围裙、橡胶或乳胶手套、线手套、套袖、面罩等。工作人员可根据工作性质不同，酌情选用。

各种防护装备的作用在于保护人体，防止布鲁氏菌侵入体内。因此，必须合理使用，妥善保管，认真消毒。

（2）提高人群的免疫力。接种104M菌苗使人群对布鲁氏菌的易感性降低，但由于布鲁氏菌苗重复接种会产生迟发性变态反应，甚至造成病毒损害。所以，在接种前要进行皮内变态反应检查，阴性者方可接种，阳性者不应接种。

我国人类应用104M菌苗免疫，接种方法为皮上划痕，剂量为50亿菌体/人。严禁肌肉、皮下或皮内注射。

接种对象：密切接触布病疫区家畜和畜产品的人员，以及其他可能遭受布病威胁的人员，但需经布氏菌素皮内变态反应检查和血清学检查为阴性者。

接种时间：农牧区人群的接种，应在家畜产仔旺季前2～3个月进行。其他职业人群，宜在生产旺季前2～3个月接种。

七、弓形虫病

弓形虫病（Toxoplasmosis）又称弓形体病或弓浆虫病，是由龚地弓形虫或刚第弓形虫寄生于多种动物的细胞内引起的一种人畜共患原虫病。该病以患病动物的高热、呼吸困难及出现神经系统症状，动物死亡，妊娠动物的流产、产死胎、胎儿畸形为特征。该病传染性强，发病率和病死率较高，对人畜危害严重。

我国于20世纪50年代首先在福建猫、兔动物体内发现了本病的病原体，但直至1977年后才陆续在上海、北京等地发现过去所谓的“猪无名高热”是弓形虫病，并引起普遍的重视。目前各省市均有本病的存在。

【病原及发育史】 龚地弓形虫（简称弓形虫）属真球虫目，弓形虫科、弓形虫属。目前只有一个种，但有不同的虫株。弓形虫发育需以猫及其他猫科动物为终末宿主，人、畜、禽以及许多野生动物为中间宿主。卵囊随猫的粪便排到外界环境中，经2～4天的孢子生殖过程形成孢子化卵囊即感染性卵囊，通过污染饲料和饮水等被猪、人等中间宿主吃入而感染。弓形虫为细胞内寄生虫。

卵囊抵抗力很强，在宿主体内可存活数年之久，在外界环境中可存活数月至半年，一般消毒药对卵囊无杀灭作用。速殖子的抵抗力弱，在生理盐水中数小时即丧失感染力，各种消毒药均能迅速将其杀死。肉尸经－15℃冷冻3天可杀死虫体。

【流行病学】 弓形虫是一种多宿主原虫，对中间宿主的选择不严，包括猪、猫、人等200多种哺乳动物、70种鸟类、5种冷血动物及爬虫类等。终末宿主为猫科的家猫、野猫、美洲豹、亚洲豹等，其中家猫在本病的传播上起重要作用。

病畜和带虫动物是传染源。其脏器、肉、血液、乳汁、粪、尿及其他分泌物、排泄物、流产胎儿体内、胎盘及其他流产物中都含有大量的滋养体、速殖子、缓殖子；尤其是随猫粪排出的卵囊污染的饲料、饮水和土壤，都可作为传染来源。

本病主要经消化道传染，也可通过黏膜和受损的皮肤而感染，还可通过胎盘垂直感染。经口吃入被卵囊或带虫动物肉、内脏、分泌物等污染的饲料和饮水是猪的主要感染途径。速殖子可通过受损的皮肤、呼吸道、消化道黏膜及眼、鼻等途径侵入猪体内造成感染；也可经胎盘感染胎儿；虫体污染的采血、注射器械、手术器械及其他用具可机械性传播；多种昆虫如食粪甲虫、蟑螂、污蝇等和蚯蚓也可机械性传播卵囊。人主要是因吃入含虫肉、乳及污染蔬菜的卵囊或玩猫时吃入卵囊而感染。

弓形虫属兼性二宿主寄生虫，在无终末宿主参与情况下，可在猪、人等中间宿主之间循环；在无中间宿主存在时，可在猫等终末宿主之间传播。

弓形虫病的发生和流行无严格的季节性，但在5～10月的温暖季节发病较多。各品种、年龄和性别的动物均可感染和发病，猪以 3～5 月龄发病最严重。猪的流行形式有暴发型、急性型、零星散发、隐性感染。

本病 20 世纪 60～70 年代在我国发生和流行时，多以暴发型和急性型为主，给养猪业造成极大的损失；近年来虽仍有零星散发或局部小范围暴发，但以隐性感染为主要流行形式，受感染猪一般无可见临诊症状，但血清学检测阳性率较高。

【临诊症状】 虽然弓形虫的宿主范围广泛，但以对猪的致病力最强，危害最严重，其临诊症状依感染猪的年龄、弓形虫毒力、感染数量及感染途径等不同而异。

一般猪急性感染后，经 3～7 天的潜伏期，呈现和猪瘟极相似的症状。体温升高达 40～42℃，稽留 7～10 天，精神沉郁，食欲减退或废绝，但常饮水。粪干，以后拉稀。鼻端干燥，被毛逆立，结膜潮红，眼分泌物增多，呈黏液性或脓性；呼吸困难、咳嗽、气喘；体表淋巴结肿大，尤以腹股沟淋巴结肿大最明显。后期，病猪耳、鼻、四肢内侧和下腹部皮肤出现紫红色斑块或间有出血点，有的病猪出现癫痫样痉挛等神经症状，最后昏迷或因窒息而死。病程数天至半月。急性病例耐过的猪一般于两周后恢复，但常遗留咳嗽、呼吸困难及后躯麻痹、癫痫样痉挛等神经症状，生长发育缓慢。怀孕母猪急性感染后，虫体经胎盘侵害胎儿，表现为高热、废食、精神委顿和昏睡，此种症状持续数天后，常引起流产、死胎、胎儿畸形，即使产出活仔也会发生急性死亡或发育不全，不会吃奶或畸形怪胎。母猪常在分娩后迅速自愈。

亚急性病例潜伏期 10～14 天或更长，症状似急性病例但较轻，病程亦缓慢。

慢性病例、隐性感染及愈后的带虫猪，一般无可见临诊症状，此类情况尤其在老疫区较多。

绵羊：大多数成年羊呈隐性感染，妊娠羊发生流产，其他症状不明显。流产常发生于正常分娩前 4～6 周。少数病羊可出现神经系统和呼吸系统的症状。病羊呼吸促迫，明显腹式呼吸，流泪，流涎，走路摇摆，运动失调，视力障碍，心跳加快。体温 41℃以上，呈稽留热。青年羊全身颤抖，腹泻，粪恶臭。

牛：牛弓形虫较少见。犊牛有呼吸困难、咳嗽、发热、头震颤、精神沉郁和虚弱等症状，常于 2～6 天内死亡。青年牛和劳役牛发病剧烈，病死率高。表现为高热稽留，淋巴结肿大，视网膜炎，结膜苍白或黄染，呼吸频数，共济失调，皮肤溃疡，衰竭等。在高热病牛的末梢血液中可查见弓形虫速殖子。

鹿：表现为绝食，不饮水，濒死期体温升高到 41℃，大小便失禁，后期大便干燥，走路摇摆或麻痹，最后横卧不起，经 1～2 小时死亡。

【病理变化】 在病的后期，病猪体表尤其是耳、四肢、下腹部和尾部因瘀血有紫红色斑点。全身各脏器有出血斑点，全身淋巴结肿大，有大小不等的出血点和灰白色坏死灶，尤以肺门淋巴结、腹股沟淋巴结和肠系膜淋巴结最为显著。肺高度水肿，呈暗红色，小叶间质增宽，其内充满半透明胶冻样渗出物，气管和支气管内有大量黏液性泡沫，有的并发肺炎。肝脏呈灰红色，散在有灰白或黄色小点状坏死灶。脾脏早期肿大呈现棕红色，有少量出血点及灰白色小坏死灶，后期萎缩。肾脏呈现黄褐色，常见有针尖大出血点和坏死灶。肠黏膜肥厚，糜烂，有出血斑点。

【诊断】 根据流行特点、临诊症状和病理变化及磺胺类药的良好疗效而抗生素类药无效等可做出步诊断，确诊需检查病原。

【防控措施】

1. 预防 猪场、猪舍应保持清洁，定期消毒，猪场内禁止养猫，防止猫进猪舍和猫粪污染猪舍、饲料和饮水，避免饲养人员与猫接触；尽一切可能灭鼠，不用未煮熟的碎肉或洗肉水喂猪；流产的胎儿排出物以及死于本病的尸体等应按《畜禽病死肉尸及其产品无害化处理规程》进行处理，防止污染环境；本病易发季节或发生过该病的猪场，可饲喂添加磺胺嘧啶、磺胺六甲氧嘧啶或乙胺嘧啶的饲料预防连喂7天。

2. 治疗 绝大多数抗生素对弓形虫病无效，仅螺旋霉素有一定效果。磺胺类药物和抗菌增效剂联合使用效果最好，单独使用磺胺类药物也有很好效果，但所有药物均不能杀死包囊内的慢殖子。使用磺胺类药物时，首次剂量加倍。一般应连续用药3～5天。目前常用的治疗药物与用法如下：

（1）磺胺嘧啶和乙胺嘧啶：分别按70毫克和6毫克/千克体重，一次内服，2次/天，连用3～5天。

（2）磺胺嘧啶和甲氧苄胺嘧啶，前者70毫克/千克体重，后者14毫克/千克体重，一次内服，2次/天，连用3～5天。

（3）10%磺胺嘧啶钠注射液或10%磺胺-6-甲氧嘧啶注射液，50～100毫克/千克体重，肌肉注射，1～2次/天，连用3～5天。

（4）磺胺-6-甲氧嘧啶和甲氧苄胺嘧啶，每千克体重前者70毫克，后者14毫克，服2次/天，连用3～5天。

其他磺胺类药，如磺胺-5-甲氧嘧啶、磺胺甲氧嗪、磺胺甲基嘧啶、磺胺二甲基嘧啶等亦有较好疗效。此外，还应注意对症治疗。

【公共卫生学】大多数人为隐性感染，仅少数患者表现严重症状。临床上分为先天性和获得性两类。

先天性弓形虫病发生于感染弓形虫的怀孕妇女，虫体经胎盘感染胎儿。母体很少出现临床症状。妊娠头3个月胎儿受感染时，可发生流产、死胎或生出有严重先天性缺陷或畸形的婴儿，而且往往死亡。轻度感染的婴儿主要表现为视力减弱，重症者可呈现四联症的全部症状，包括视网膜炎、脑积水、痉挛和脑钙化灶等变化，其中以脑积水最为常见。能存活的婴儿常因脑部先天性疾患而遗留智力发育不全或癫痫。有些患儿可表现足及下肢浮肿，口唇发绀，呼吸促迫，体温升高到38.5℃，并出现黄疸、皮疹、淋巴结肿大、肝脾肿大、中性粒细胞增加等变化，甚至引起死亡。

获得性弓形虫病可表现为长时间低热，疲倦，肌肉不适。部分患者有暂时性脾肿大，偶尔可出现咽喉肿痛、头痛、皮肤斑疹或丘疹，很少出现脉络膜视网膜炎。最常见的为淋巴结硬肿，受害最多的为颈深淋巴结，疼痛不明显，于感染后数周或数月内自行恢复。根据临床表现常分为急性淋巴结炎型、急性脑膜炎型和肺炎型。

为了避免人体感染，在接触牲畜、屠肉、病畜尸体后，应注意消毒，肉类或肉制品应充分煮熟或冷冻处理（－10℃15天，－15℃3天）后方可出售。儿童与孕妇不要逗猫玩狗。

八、棘球蚴病

棘球蚴病（Echinococcusis）也叫包虫病，是棘球绦虫的幼虫寄生于牛、羊、猪及人等多种哺乳动物的内脏器官引起的。棘球绦虫的幼虫主要寄生于肝脏，其次是肺，也可寄生于脾、肾、脑、纵隔、腹盆腔等处，由于幼虫呈囊包状，因而称为棘球蚴或包虫；成虫寄生于犬科动物的小肠中。包虫病是一种慢性人兽共患寄生虫病，人畜感染以后，一般不易发现，但一旦察觉，人体健康已经受害很重，畜群也几乎全部受染。所以，它比许多烈性传染病更具有危害性，造成的损失也更严重，故许多人把包虫病比作“寄生虫癌症”。包虫病分布于全世界，尤其是第三世界国家更为严重，全世界各地每年有成千上万的人因患包虫病而丧失劳动力和生命。动物的感染更不计其数。在我国，包虫病主要流行于西北、华北及东北广大牧区，危害相当严重。

【病原学与发育史】棘球绦虫属带科棘球属，其种类较多。目前，世界上公认的有四种：①细粒棘球绦虫，寄生于狗、狼小肠内；②多房棘球绦虫，寄生于狐、狗、猫小肠内；③少节棘球绦虫；④福氏棘球绦虫。细粒棘球蚴和多房棘球蚴两种虫体均为小型绦虫，仅3～4个体节，1.2～7毫米长，头节上有4个吸盘，顶突上有2排钩，成节内含一套雌雄同体的生殖器官，寄生于犬、狼、狐狸、猫等的小肠中。

棘球绦虫需要2个哺乳动物作为宿主，才能完成发育史。其终末宿主均为肉食动物，如狗、狼、狐狸、猫等。中间宿主的范围广泛，细粒棘球绦虫的中间宿主包括猪、牛、绵羊、马等家畜及多种野生动物和人；多房棘球蚴的中间宿主包括田鼠、麝鼠、旅鼠、大沙鼠、小白鼠等啮齿类，牛、绵羊、猪及人类。含卵体节和虫卵随终末宿主粪便排到体外，中间宿主由于吞食了虫卵而引起感染。在肝、肺等其他器官和组织经6～12个月发育为棘球蚴；棘球蚴约需5个月才形成生发囊和原头蚴；被终宿主吞食感染后4～6周在小肠壁发育为成虫。成虫的寿命为3～3.5个月。

绦虫虫卵在外界环境中，对理化因素有很强的抵抗力，如酸碱和一般常用的消毒液——70%酒精、10%甲醛及0.4%来苏儿液等均不能将其杀死。虫卵对低温的耐受力也很强，但在高温和干燥中很快死亡。

【流行病学】羊、牛、猪、骆驼和马等家畜及多种野生动物和人对细粒棘球蚴均易感，其中绵羊的感染率最高；鼠类及人对多房棘球蚴易感，在牛、绵羊和猪的肝脏亦可发现有多房棘球蚴寄生，但不能发育至感染阶段。

患棘球绦虫病的狗、狼、狐、猫（较少见）等肉食动物是主要的传染源。

动物与人主要通过与犬等染虫肉食动物接触，误食棘球绦虫卵而经消化道感染。染虫动物把虫卵及孕节排到外界，在适宜的环境下，体节可保持其活力达几天之久。有时体节遗留在狗肛门周围的皱褶内。体节的伸缩活动，使狗瘙痒不安，到处摩擦，或以嘴啃舐，这样在狗的鼻部和脸部，就可沾染虫卵，随着狗的活动，可把虫卵散播到各处，从而增加了人和家畜感染棘球蚴的机会。此外，虫卵还可借助风力散布，鸟类、蝇、甲虫及蚂蚁也可机械搬运而散播本病。棘球蚴的传播与养犬密切相关。人的感染是由于直接与犬或狐狸等接触，致使虫卵粘在手上经口感染；或因吞食了被虫卵污染的水、蔬菜、水果而引起，也可通过虫卵污染的生活用具而感染。猎人在处理和加工狼或狐狸的皮毛过程中易遭感染。

本病一年四季均可发生，但动物的死亡多发于冬季和春季。本病为世界性分布，但以牧区为多。在我国有20多个省（自治区）有报道，其中以新疆最为严重，绵羊的感染率在50%以上，有的地区甚至高达100%；其次是青海、宁夏、甘肃、陕西、内蒙古、西藏和四川等省、自治区流行严重；其他地区仅有零星分布。

【临诊症状】棘球蚴在家畜体内寄生时，由于虫体逐渐增大，对动物和人可引起机械性压迫，引起组织萎缩和机能障碍。随着寄生部位不同，出现的临诊症状也各异。当肝、肺寄生囊蚴数量多且大时，则实质受压迫而高度萎缩，能引起死亡。囊蚴数量少且小时，则呈现消化障碍，呼吸困难，腹水等症状，患畜逐渐消瘦，终因恶病质或窒息死亡。棘球蚴的代谢产物被吸收后，使周围组织发生炎症和全身过敏反应，严重者可致死。对人的危害尤其明显。

细粒棘球蚴：绵羊对细粒棘球蚴较敏感，病死率也较高，严重感染者表现为消瘦，被毛逆立，脱毛，咳嗽，倒地不起。牛严重感染细粒棘球蚴者，常见消瘦，衰弱，呼吸困难或轻度咳嗽，剧烈运动时症状加剧。产奶量下降。各种动物都可因囊包破裂而产生严重的过敏反应，突然死亡。人患病后，呈慢性经过，常可数年无明显症状，其严重性依寄生部位、棘球蚴的体积和数量而不同，寄生在脑、心、肾时危害最为严重。成虫对犬的致病作用不明显，甚至寄生数千条亦无临诊表现。

多房棘球蚴：多房棘球蚴的危害远比细粒棘球蚴严重，它的生长特点是弥漫性浸润，形成无数个小囊包，压迫周围组织，引起器官萎缩和功能障碍，如同恶性肿瘤一样；还可转移到全身各器官中。

【病理变化】肝、肺表面凹凸不平，寄生有大量的棘球蚴，有时也可在皮下、肌肉、脾、肾、脑、脊椎管、骨、腹水等处发现。严重时可在腹腔见到很多游离的棘球蚴，附着于肠系膜的棘球蚴。切开棘球蚴可见有液体流出，将液体沉淀后，除不育囊外，可用肉眼或在解剖显微镜下看到许多生发囊和原头蚴（即包囊砂）；有时眼观也能见到液体中的子囊，甚至孙囊。另外，也偶然见到钙化的棘球蚴或化脓灶。

【诊断】仅凭临诊症状很难确诊。确诊还需进行实验室检查。

1. 物理学诊断 超声波、X线及同位素扫描等已广泛应用于人体棘球蚴病的诊断。

2. 免疫学诊断 常用皮内试验。取新鲜的棘球蚴囊液以无菌过滤后，在动物的颈部皮内注射0.1～0.2毫升，注射后5～10分钟，如有1～2厘米的肿胀时即为阳性，无肿胀为阴性，因与其他绦虫蚴有交叉反应，故有70%的可靠性。另外，在尸体剖检和动物屠宰时看到具体的病变，并镜检看到原头蚴。此外，间接血凝试验、酶联免疫吸附试验等血清学试验，均可用于棘球蚴病的辅助诊断。

【防控措施】

棘球蚴病的主要防控措施为：

（1）加强屠宰检疫 监督屠宰企业对病害脏器和病死动物进行无害化处理，屠宰检疫率和病害脏器无害化处理率达到100%。加强对农牧民自食宰杀和分散宰杀牲畜的管理，教育农牧民群众将牲畜有病内脏深埋或煮熟后供犬食用。依托屠宰现场掌握畜间包虫病患病情况和疫情动态。疫区加强新生羔羊免疫，强化免疫周岁羊并对免疫效果进行评价。

（2）强化犬只管理和驱虫。

①减少城市养犬数量，牧区要少养犬。调查掌握农牧区家养犬数量，设计、制作标识牌，对家养犬实行登记和挂牌管理，统一佩戴有芯片的项圈，采取捕杀或收容等方式减少无主犬数量，从源头上降低感染风险。

②对农牧区犬类进行定期驱虫。调查掌握犬只感染包虫病情况，积极落实“犬犬驱虫、月月投药”策略，建立犬只驱虫信息化管理数据库，动员和指导农牧民群众对犬粪进行无害化处理。常用的药物有：吡喹酮，剂量为5毫克/千克体重，口服，疗效可达100%；氢溴

酸槟榔碱，剂量为2毫克/千克体重，口服。驱虫要在隔离监督下进行，防止排出的虫卵或节片污染环境和饲料、饮水，造成新的传播。

③不让犬吃生的家畜内脏，宰杀家畜的内脏和死亡牲畜要无害化处理，防止被犬生吃，实现病害内脏100%无害化处理。

(3) 降低鼠类密度，降低传播风险。开展饲养场内及外周1千米半径范围内的灭鼠行动，降低泡型包虫病传播风险。

(4) 加强农牧区饲料和水源保护，防止虫卵污染。平时应保持饲料、饮水和畜舍的清洁卫生，防止被犬粪污染。与犬等肉食兽有接触的人员，应注意个人防护和生活卫生。

(5) 对内蒙古、四川、西藏、甘肃、青海、宁夏、新疆等地的羊实行免疫。使用羊棘球蚴（包虫）病基因工程亚单位疫苗于12～16周龄首免，间隔4周加强免疫，一年后进行第3次强化免疫，可取得长达2年的免疫效果。

(6) 治疗。对绵羊棘球蚴可用丙硫咪唑治疗，剂量为90毫克/千克体重，口服，1次/天，连服两次，对原头蚴的杀虫率为82%～100%。吡喹酮的疗效也较好，剂量为25～30毫克/千克体重。其他动物可参考具体药物的说明。

【公共卫生学】人可以感染棘球蚴而患病。人患棘球蚴病后可用外科手术治疗，亦可用丙硫咪唑和吡喹酮治疗。预防措施应在流行区以多种方法进行广泛的卫生宣传教育，使农牧民及广大居民知道棘球绦虫的生活史和传播途径及防治方法，防止感染。

九、钩端螺旋体病

钩端螺旋体病（简称钩体病）(Leptospirosis) 是由钩端螺旋体（简称钩体）引起的一种重要而复杂的人兽共患病和自然疫源性传染病。钩体可以感染多种动物，其中对猪、牛、犬和人危害最大；在家畜中以猪、牛、犬的带菌率和发病率较高，临诊表现形式多样，主要有发热、黄疸、血红蛋白尿、皮肤黏膜坏死、水肿、妊娠动物流产等。

本病在世界各地流行，热带、亚热带地区多发，是地理分布最广泛的疫病之一。我国有28个省份发现有人和动物感染，其中以长江流域及其以南各省区发病最多。

【病原学】本病病原为螺旋体科、钩端螺旋体属的问号钩端螺旋体。钩端螺旋体很纤细，中央有一根轴丝，菌体两端弯曲呈钩状，故得其名。常用镀银染色法和姬姆萨染色法进行染色观察。观察未染色的菌体需用暗视野或相差显微镜。

钩端螺旋体在宿主体内主要分布于肾脏、尿液和脊髓液中，但在急性发热期则可广泛存在于血液和各内脏器官中。

钩端螺旋体对外界环境有一定的抵抗力，在污染河水、池塘水和潮湿泥土中可存活数个月，在尿液中可存活2天左右，这在本病的传播上有重要意义。在低温下可存活较长时间。对酸、碱、热均较敏感，一般消毒剂和常用消毒方法都可将其杀灭。水源污染后常用漂白粉消毒。该菌对链霉素及四环素族药物较敏感，但对砷制剂有抗性。

【流行病学】钩端螺旋体的宿主非常广泛，易感动物近百种，包括几乎所有的温血动物以及爬行类、两栖类和节肢动物，其中啮齿目的鼠类是最重要的储存宿主；而且每种动物都不仅限于感染1种血清群或型的钩端螺旋体。各种年龄动物均可感染，但以幼龄动物发病较多。家畜中猪、牛、水牛、犬、羊、马、骆驼、鹿、兔、猫，家禽中鸭、鹅、鸡、鸽以及其他野禽、野鸟均可感染和带菌。其中以猪、水牛、牛和鸭的感染率较高。

发病和带菌动物是主要的传染源，猪、马、牛、羊带菌期半年左右，犬的带菌期2年左右，病原体随这些动物的尿、乳和唾液等排出体外造成环境污染。这几种畜禽饲养普遍，污染环境严重，是重要的传染源。病原性钩端螺旋体几乎遍布于世界各地，尤其是气候温暖，雨量较多的热带亚热带地区的江河两岸、湖泊、沼泽、池塘和水田地带为甚。

鼠类感染后，大多数呈健康带菌者，尤以黄胸鼠、沟鼠、黑线姬鼠、罗赛鼠、鼷鼠等分布较广，带菌率也较高。鼠类带菌时间长达1～2年，甚至终生。鼠类繁殖快，分布广，带菌率高，是本病自然疫源的主体。带菌的鼠类和带菌的畜禽构成自然界牢固的疫源地。

该病通过直接或间接方式传播，主要途径是皮肤，其次为消化道、呼吸道及生殖道黏膜。吸血昆虫如蜱、虻、蝇等叮咬、人工授精及交配等也可传播本病。钩端螺旋体侵入动物机体后，进入血流，最后定位于肾脏的肾小管，生长繁殖，间歇地或连续地从尿中排出，污染周围环境如水源、土壤、饲料、栏圈和用具等，感染家畜和人。鼠类、家畜和人的钩端螺旋体感染常常相互交错，构成错综复杂的传染锁链。

低湿草地、死水塘、水田、淤泥沼泽等呈中性和微碱性有水地方被带菌的鼠类、家畜的尿污染后成为危险的疫源地。人和家畜在那里耕作、放牧，肢体浸在水里就有被传染的可能。

本病有明显的流行季节，每年以7～10月为流行的高峰期，其他月份常仅为个别散发。可发生于各种年龄的家畜，但以幼畜发病较多。

饲养管理与本病的发生和流行有密切关系，饥饿、饲养不合理或其他疾病使机体衰弱时，原为隐性感染的动物表现出临诊症状，甚至死亡。管理不善，畜舍、运动场的粪尿、污水不及时清理，常常是造成本病暴发的重要因素。

【临诊症状】 不同血清型的钩端螺旋体对各种动物的致病性有差异，动物机体对各种血清型的钩端螺旋体的特异性和非特异性抵抗力又有不同，因此，各种动物感染钩端螺旋体后的临诊表现是多种多样的。总的来说，感染率高，发病率低，症状轻得多，症状重的少。多为隐性感染、长期排菌。潜伏期2～20天。

猪：急性、亚急性、慢性以及流产这几种类型的症状可同时出现于一个猪场，但多数不同时存在，经一段时间（两三个月或半年）的连续观察，这些症状才有可能在一个猪场中见到。至少有12个血清型的钩端螺旋体可以感染猪，其中最重要的有波摩那型、犬热型、出血黄疸型和嗒拉索型等。

急性型、黄疸型多发生于大猪和中猪，呈散发性，偶也见暴发。病猪体温升高，厌食，皮肤干燥，有时见病猪用力在栏栅或墙壁上摩擦至出血，1～2天内全身皮肤和黏膜泛黄，尿浓茶样或血尿。几天内，有时数小时内突然惊厥而死，病死率很高。

亚急性和慢性型多发生于断奶前后至30千克以下的小猪，呈地方流行性或暴发，常引起严重的损失。病初有不同程度的体温升高，眼结膜潮红，有时有浆性鼻漏，食欲减退，精神不振。几天后，眼结膜有的潮红浮肿、有的泛黄，有的在上下颌、头部、颈部甚至全身水肿，指压凹陷，俗称“大头瘟”。尿液变黄、茶尿、血红蛋白尿甚至血尿，一进猪栏就闻到腥臭味。有时粪干硬，有时腹泻，病猪逐渐消瘦，无力。个别病例有脑膜炎症状。病程由十几天至一个多月。病死率50%～90%。恢复的猪往往生长迟缓，有的成为“僵猪”。

孕猪突然发生大批流产可能是猪群暴发钩端螺旋体的先兆。怀孕母猪感染钩端螺旋体

14～30天可出现流产，流产率20%～70%，母猪在流产前后有时兼有其他症状，甚至流产后发生急性死亡。但除了流产以外常见不到其他症状。流产的胎儿有死胎、木乃伊，也有衰弱的弱仔，常于产后不久死亡。也可导致初生仔猪感染钩端螺旋体。

牛：急性型多见于犊牛，常表现为突然高热，黏膜发黄，尿色很暗，有大量白蛋白、血红蛋白和胆色素。常见皮肤干裂、坏死和溃疡。常于发病后3～7天内死亡，病死率甚高。妊娠母牛感染出现流产或“弱犊综合征”，尤其是青年母牛多发。某些牛群发生该病时的唯一症状就是流产。

亚急性型常见于奶牛，体温有不同程度升高，食欲减少，黏膜发生黄疸，产奶量显著下降或停止。乳汁黏稠呈初乳状、色黄并且含有血凝块，病牛很少死亡，经6～8周产奶量可能逐渐恢复。某些牛群感染时，主要表现为“产奶下降综合征”；有时则表现为繁殖障碍或不育。

羊：羊感染钩端螺旋体后的症状基本上与牛相似，但发病率较低。

马：急性病例呈高热，稽留数日，食欲废绝，皮肤与黏膜发黄，点状出血。皮肤干裂和坏死，病的中后期出现胆色素尿和血红蛋白尿。病程数天至两周，病死率40%～60%。

亚急性病例有发热、委顿、黄疸等症状。病程较长2～4周，病死率较低，为10%～18%。

犬：表现发热、嗜睡、呕吐、便血、黄疸及血红蛋白尿等，严重者可归于死亡。以幼犬发病较多，成犬常呈隐性感染。

鹿：本病曾在我国北方地区的养鹿场中发生，以当年仔鹿易感性最强。主要临诊表现为体温升高到41℃以上，可视黏膜黄染，贫血，血尿，食欲减退或废绝，精神委顿，心跳加快，如治疗不及时，预后往往不良。

貂：摩波那型感染的病例，主要表现为排黄色稀便，渴欲增加，大量喝水，食欲减退，心率及呼吸增数，精神沉郁。有些病例，出现眼结膜炎、发热、贫血、后肢瘫痪、血尿等症状，往往归于死亡。

【病理变化】 钩端螺旋体在家畜所引起的病变基本是一致的。急性病例，眼观病变主要是黄疸、出血、血红蛋白尿以及肝和肾不同程度的损害，皮肤干裂和坏死，口腔黏膜溃疡，肝肿大，棕黄色，胆囊充盈，瘀血。肾脏肿大，有出血点和散在的灰白色坏死灶。膀胱黏膜出血，膀胱内积有黄色或红色尿液。肺、脾等实质器官有斑点状出血。肠系膜、肠黏膜出血，肠系膜淋巴结肿大。胸腔和心包有黄色积液，心脏、心内膜出血。有些病例头、颈、下颌、背部及胃壁等水肿。

慢性或轻型病例，则以肾的变化为突出。

【诊断】 本病易感家畜种类繁多，钩端螺旋体的血清群和血清型又十分复杂，临诊和病理变化也是多种多样，单靠临诊症状和病理剖检难于确诊，只有结合微生物学和免疫学诊断进行综合性分析才有可能把诊断搞清楚。

病料样品采集：急性发病动物的内脏器官（肝、肺、肾、脑）及体液（血、乳、脑脊髓、胸水、腹水）；慢性感染母畜的流产胎儿；带菌动物的肾、尿道和生殖道。

猪钩端螺旋体病应注意与猪附红细胞体病、新生仔猪溶血性贫血症等相区别。其他动物的钩端螺旋体病也应注意与其相似疾病的区分，如丝虫病，水貂阿留申病，狐传染性肝炎，兔球虫病等。

【防控措施】 防控本病的措施包括三个部分，即消除带菌排菌的各种动物（传染源）；消除和清理被污染的水源、污水、淤泥、牧地、饲料、场合、用具等以防止传染和散播；实行药物预防及免疫接种，加强饲养管理，提高家畜的特异性和非特异性抵抗力。药物预防可用土霉素、四环素等拌料，连用5～7天。免疫接种可用人钩端螺旋体5价或3价菌苗，疫苗注射后有良好的免疫预防效果。初次免疫2天后，应进行再次接种，以后可每年接种1次。钩体恢复后，可获得长期的高度免疫性。

发生本病时应及时采取相应措施控制和扑灭疫情，防止疫病蔓延。对受威胁动物可利用钩端螺旋体多价苗进行紧急预防接种。同时搞好消毒、处理病尸等工作。发病动物可采取抗生素治疗，常用的抗生素有土霉素、四环素、青霉素和链霉素等，若结合对症治疗如强心、利尿、补充葡萄糖和维生素C等则可提高疗效。治疗钩端螺旋体感染有两种情况，一种是无症状带菌者的治疗，另一种是急性亚急性病畜的抢救。

【公共卫生学】人的潜伏期平均7～13天。人感染本病主要是因在污染的水田或池塘中劳作，病原通过浸泡皮肤、黏膜而侵入机体；也可通过污染的食物经消化道感染。根据病人临床症状可分为6型，即黄疸出血型、流感伤寒型、脑膜脑炎型、肺出血型、胃肠炎型和肾型。病人表现发热、头疼、乏力、呕吐、腹泻、皮疹、淋巴结肿大、肌肉疼痛（尤以腓肠肌疼痛并有压痛为特征）、腹股沟淋巴结肿痛、关节炎、鼻衄等，严重时可见咯血、肺出血、蛋白尿、黄疸、皮肤黏膜出血、血尿、肾炎、脑膜炎、败血症甚至休克等。有的病例出现上呼吸道感染类似流行性感冒的症状。也有表现为咯血，或脑膜炎等症状。临床表现轻重不一，大多数经轻或重的临床反应后恢复，多数病例退热后可痊愈；部分人可于急性期过后半年左右再次复发，并损伤组织器官，称为后发症；少数严重者，如治疗不及时则可引起死亡。

人钩端螺旋体病的治疗，应按病的表现确定治疗方案。预防本病，人医和兽医必须密切配合，平时应做好灭鼠工作，加强动物管理，保护水源不受污染；注意环境卫生，经常消毒和清理污水、垃圾；发病率较高的地区要用多价疫苗定期进行预防接种。

十、猪乙型脑炎

猪乙型脑炎（Porcine epidemic encephalitis B）又称日本乙型脑炎（Japanese encephalitis B），简称乙脑，是由日本脑炎病毒引起的一种人兽共患、虫媒传播的急性病毒性传染病。该病属自然疫源性疾病，多种动物均可感染，其中人、猴、马和驴感染后出现明显的脑炎症状、病死率较高，猪群感染最为普遍，其他动物呈隐性感染。猪乙脑的特征是：妊娠母猪流产和产死胎，公猪发生睾丸炎，育肥猪持续高热和新生仔猪呈现典型脑炎症状。

本病的地理分布主要限于日本、韩国、印度、越南、菲律宾、泰国、缅甸和印度尼西亚等亚洲地区。我国大部分地区也有发生该病。

【病原学】日本脑炎病毒（Japanese encephatitis virus，JEV）属于黄病毒科、黄病毒属，基因组为单股RNA，分为4个基因型，我国主要为3个型，近年来又发现1个型。病毒主要存在于病猪的脑、脑脊液、血液、脾、睾丸。

本病毒对外界抵抗力不强，在56℃30分钟或100℃2分钟可灭活，－70℃可存活数年，在pH7以下或pH10以上，活性迅速下降，对酸、胰酶、乙醚和氯仿敏感，一般消毒药如2%氢氧化钠、3%来苏儿、碘酊等都有效。

【流行病学】 马、猪、牛、羊、鸡、鸭等多种动物和人都可感染，感染后都可能出现病毒血症。但除人、马和猪外，其他动物多为隐性感染。不同品种、性别、年龄的猪均可感染，幼猪较易发病；初产母猪发病率高，流产、产死胎等症状也严重。

病畜和带毒畜是主要传染源，不论有无临诊症状，均在感染初期出现短暂的病毒血症，成为危险的传染源。家畜中以猪的数量多，繁殖更新快，总保持有大量的新的易感猪，在散播病毒方面的作用最大。同时由于猪群感染率几乎可达100%，病毒感染后可长期存在于中枢神经系统、脑脊髓液和血液中，病毒血症的持续时间也较长，因此猪是乙脑病毒最主要的扩散和储存宿主，人和其他动物的乙脑主要来自于猪。马属动物特别是幼驹对本病非常易感，多数呈温和型隐性经过，只有少数出现临诊症状，病死率较低，但感染马通常为该病毒的终末宿主。乙脑病毒可在苍鹭和蝙蝠等动物体内长期增殖而不引起这些动物发病，在越冬蚊子体内长期存活并可传递给后代，这些情况是该病毒在自然界长期存在的主要原因。

乙脑主要通过蚊子叮咬而传染。蚊子感染乙脑病毒后可终身带毒，并且病毒可在蚊子体内增殖经卵传代，随蚊子越冬，成为次年感染猪的传染源，因此蚊子不仅是传播媒介，也是一种储存宿主，乙脑病毒通过蚊—猪—蚊的传播循环得以传代。公猪精液带毒，也可通过交配传播。

本病发生具有明显的季节性，与当地蚊虫的活动有关。在蚊子猖獗的夏秋季节（7～9月）发病严重。乙脑发病具有高度散发的特点，但局部地区的大流行也时有发生。

【临诊症状】 人工感染潜伏期一般为3～4天，自然感染的潜伏期2～4天。临诊表现突然发病，体温升高40～41℃，稽留几天至十几天。精神沉郁，食欲减退，饮欲增加，喜卧嗜睡。结膜潮红，粪便干燥，尿呈深黄色。仔猪可发生神经症状，磨牙，口流白沫，转圈，视力障碍，盲目冲撞，倒地不起而死亡，有的后肢关节肿胀而跛行。

妊娠母猪突然发生早产、流产，产木乃伊胎儿、死胎、弱仔等，死胎儿大小不等，小的如人的大拇指，大的与正常胎儿相差无几。弱仔产下后几天内出现痉挛症状，抽搐死亡。母猪流产后，症状很快减轻，体温、食欲慢慢恢复。也有部分母猪流产后，胎衣滞留，发生子宫炎，发烧不退，并影响下次发情和怀孕。

公猪发病体温升高后，可出现单侧或双侧的睾丸炎，睾丸肿大、发红、发热、手压有痛感，肿胀常呈一侧性，也有两侧睾丸同时肿胀的，肿胀程度不等，一般多大于正常0.5～1倍，大多患病2～3天，肿胀消退，逐渐恢复正常。少数患猪睾丸逐渐萎缩变硬，性欲减退，精子活力下降，失去配种能力而淘汰。病猪可以通过精液排出病毒。

【病理变化】 流产母猪子宫内膜充血、水肿，并覆有黏稠的分泌物，少数有出血点。发高烧或产死胎的子宫黏膜下组织水肿，胎盘呈现炎性浸润。

早产或产出的死胎根据感染的阶段不同而大小不一，部分死胎干缩，颜色变暗称为木乃伊。产下的死胎皮下多有出血性胶样浸润，有些头部肿大，腹水增加，各实质器官变性，有散在出血点，血凝不良。

公猪睾丸肿大，切面潮红充血、出血和坏死。萎缩的睾丸多硬化并与阴囊粘连。

临诊出现神经症状的病猪，可见到脑膜和脊髓膜充血、出血、水肿，脑实质有点状出血或不同大小的软化灶。

【诊断】 根据流行特点、临诊症状可做出初步诊断，但确诊需要按照《流行性乙型脑炎诊断技术》（GB/T 18638—2002）进行实验室诊断。

病料样品采集：采集流行初期濒死或死亡猪的脑组织材料、血液或脑脊髓液。若不能立即检验，应置于－80℃保存。

【防控措施】根据本病发生和流行的特点，消灭蚊子和免疫接种是预防本病的重要措施。

1. 免疫接种 在该病流行地区，每年于蚊虫活动前1～2个月，对后备和生产种猪进行乙型脑炎弱毒疫苗或灭活疫苗的免疫接种，第一年以两周的间隔注射2次，以后每年注射1次。

2. 消灭蚊虫 在蚊虫活动季节，注意饲养场的环境卫生，经常进行沟渠疏通以排除积水、铲除蚊虫滋生地，同时进行药物灭蚊，冬季还应设法消灭越冬蚊。

3. 扑灭措施 发生乙脑疫病时，按《中华人民共和国动物防疫法》及有关规定，采取严格控制、扑灭措施，防止疫病扩散。患病动物予以扑杀并进行无害化处理；死猪、流产胎儿、胎衣、羊水等，均须无害化处理；污染场所及用具应彻底消毒。

4. 治疗 无特效疗法。

【公共卫生学】带毒猪是人乙型脑炎的主要传染源，往往在猪乙型脑炎流行高峰过后一个月便出现人乙型脑炎的发病高峰。病人表现高热、头痛、昏迷、呕吐、抽搐、口吐白沫、共济失调、颈部强直，儿童发病率、病死率均高，幸存者常留有神经系统后遗症。在流行季节到来之前，加强人体防护、做好卫生防疫工作对防控人感染乙型脑炎特别重要。

十一、猪细小病毒病

猪细小病毒病（Porcine parvovirus infection）是由猪细小病毒引起猪的一种繁殖障碍性传染病。其特征是受感染母猪，特别是初产母猪死胎、畸形胎、木乃伊胎，偶有流产。目前没有发现非怀孕母猪感染后出现临诊症状或造成经济损失的报道。

该病最早是在1967年发现于英国，世界各个国家几乎均有流行报道。我国自20世纪80年代从各地相继分离到猪细小病毒，给各地养猪业造成了相当大的损失。

【病原学】猪细小病毒（Porcine parvovirus，PPV）属于细小病毒科的细小病毒属。毒力有强弱之分，但至今只有一个血清型。PPV具有血凝活性，能凝集人、猴、豚鼠、猫及小鼠等多种动物的红细胞。

猪细小病毒对环境的抵抗力极强，能耐受56℃48小时、70℃2小时处理仍不能将其杀灭，在80℃经5分钟才能使其灭活。急性感染猪分泌物和排泄物的病毒可在污染圈舍中存活9个月之久。该病毒耐酸范围大，pH3～9时，经90分钟仍稳定；pH2时，90分钟才能将其灭活。0.5%漂白粉液、2%氢氧化钠液、0.3%的次氯酸钠5分钟可杀死病毒。

【流行病学】猪是唯一的易感动物。不同年龄、品种、性别的家猪和野猪均可感染。感染的公猪、母猪和持续性感染的外表健康猪、感染或死亡的胎儿、木乃伊胎，或产出的仔猪都带毒，是本病的主要传染源。污染的猪舍是病毒的储存场所。感染猪排毒可达数月，病毒可通过多种途径排出体外。感染母猪由阴道分泌物、粪、尿及其他分泌物排毒，公猪随精液排毒。妊娠55天前感染的母猪，所产仔猪出现免疫耐受而呈现该病毒的持续感染状态，体内检测不到特异性抗体存在，这种仔猪会终生带毒和排毒。

本病主要通过直接接触或接触被污染的饲料、饮水、用具、环境等经消化道传染，也可经配种传播，妊娠母猪可通过胎盘传给胎儿。猪在出生前后最常见的感染途径分别是胎盘和口鼻。通过呼吸道感染也是非常重要的途径。

本病呈地方流行性或散发，多发生于产仔旺季，以头胎妊娠母猪发生流产和产死胎的较多。细小病毒在世界各地的猪群中广泛存在，几乎没有母猪免于感染，细小病毒一旦传入猪场则连续几年不断地出现母猪繁殖障碍。因此，大部分小母猪怀孕前已受到自然感染，而产生了主动免疫，甚至可能终生免疫。

【临诊症状】仔猪和母猪感染本病后，通常都呈亚临诊症状，但在体内许多器官和组织中都能发现该病毒。细小病毒感染的主要（通常也是唯一的）临诊表现为母猪的繁殖障碍，如果感染发生在怀孕早期，可造成胚胎死亡，母猪可能再度发情，也可能既不发情也不产仔，也可能每胎只产出几个仔猪或产的胎儿大部分都已木乃伊化；如果感染发生在怀孕中期或后期，胚胎死亡后胎水被母体重吸收，母猪腹围逐渐缩小，最后可出现木乃伊胎、死胎或流产等。妊娠30～50天感染主要产木乃伊胎，妊娠50～60天感染主要产死胎，至于木乃伊化程度，则与胎儿感染死亡日龄有关。如早期死亡，则产生小的、黑色的、枯僵样木乃伊；如晚期死亡，则产生大的木乃伊；死亡越晚，木乃伊化的程度越低。怀孕70天后感染，母猪多能正常生产，但产出的仔猪带毒，有的甚至终身带毒而成为重要的传染源。细小病毒感染引起繁殖障碍的其他表现还有母猪发情不正常、返情率明显升高、新生仔猪死亡、产出弱仔、妊娠期和产仔间隔延长等现象。病毒感染对公猪的受精率或性欲没有明显的影响。此外，本病还可引起母猪发情不正常，久配不育。

【病理变化】怀孕母猪感染后，缺乏特异性的眼观病变，仅见母猪轻度子宫内膜炎，胎盘部分钙化，胎儿在子宫内有被溶解吸收的现象。受感染的胎儿可见不同程度的发育障碍和生长不良，胎儿充血、水肿、出血、胸腹腔有淡红色或淡黄色渗出液、脱水（木乃伊胎）及坏死等病变。组织学病变为母猪的妊娠黄体萎缩，子宫上皮组织和固有层有局灶性或弥散性单核细胞浸润。死亡胎儿多种组织和器官有广泛的细胞坏死、炎症和核内包涵体。其特征性组织病变是大脑灰质、白质和软脑膜出现非化脓性脑膜脑炎的变化，内部有以外膜细胞、组织细胞和浆细胞形成的血管套。

【诊断】根据流行病学、临诊症状和病理变化可作初步诊断。当猪场中出现以胎儿死亡、胎儿木乃伊化等为主的母猪繁殖障碍，而母猪本身及同一猪场内公猪无变化时，可怀疑为该病。此外，还应根据本场的流行特点、猪群的免疫接种以及主要发生于初产母猪等现象进行初步诊断。但应注意与伪狂犬病、猪乙型脑炎、衣原体感染、猪繁殖呼吸综合征、温和型猪瘟和布氏杆菌病区别，最后确诊必须依靠实验室检验。

病料样品采集：流产胎儿、死亡胎儿的肾、脑、肺、肝、睾丸、胎盘、肠系膜淋巴结或母猪胎盘、阴道分泌物。

【防控措施】本病目前尚无有效治疗方法，应在免疫预防的基础上，采取综合性防控措施。

1. 免疫预防 由于细小病毒血清型单一及其高免疫原性，因此，疫苗接种已成为控制细小病毒感染的一种行之有效的方法，目前常用的疫苗主要有灭活疫苗和弱毒疫苗。

2. 综合防控，严防传入 坚持自繁自养的原则，如果必需引进种猪，应从未发生过本病的猪场引进。引进种猪后应隔离饲养半个月，经过两次血清学检查，HI效价在1∶256以下或为阴性时，才合群饲养。

加强种公猪检疫：种公猪血清学检查阴性，方可作为种用。

在本病流行地区，将母猪配种时间推迟到9月龄后，因为此时大多数母猪已建立起主动免疫，若早于9月龄时配种，需进行HI检查，只有具有高滴度的抗体时才能进行配种。

3. 疫情处理 猪群发病后应首先隔离发病动物，尽快做出确诊，划定疫区，制订扑灭措施。对其排泄物、分泌物和圈舍、环境、用具等进行彻底消毒；扑杀发病母猪、仔猪，尸体无害化处理。发病猪群，其流产胎儿中的幸存者或木乃伊同窝的幸存者，不能留作种用。由于猪细小病毒对外界物理和化学因素的抵抗力较强，消毒时可选用福尔马林、氨水和氧化剂类消毒剂等。

十二、猪繁殖与呼吸综合征（经典猪蓝耳病）

猪繁殖和呼吸综合征（Porcine reprocuctiveand respiratory syndrome，PRRS）现国内学者称为经典株猪蓝耳病是由美洲型猪繁殖与呼吸综合征病毒经典株或低致病力毒株所引起猪的一种接触性传染病。临诊上以母猪的繁殖障碍及呼吸道症状和仔猪的死亡率增高为主要特征。母猪的繁殖障碍可表现为怀孕后期流产、死产和弱仔，生后仔猪的死淘率增加，断奶仔猪死亡率高，母猪再次发情时间推迟。哺乳仔猪死亡率超过30%，断奶仔猪的呼吸道症状明显，主要表现为高热、呼吸困难等肺炎的症状。

【病原学】 猪繁殖与呼吸综合征病毒（PRRSV）为套式病毒目、动脉炎病毒科、动脉炎病毒属。现已证实至少存在2种完全不同类型的病毒，即分布于欧洲的A亚群及分布于美洲的B亚群。欧洲分离株（欧洲株）与美洲分离株（美洲株）虽然在形态及理化特性方面相似，但用多克隆和单克隆抗体进行血清学检查发现存在着较大的差异。

病猪的呼吸道上皮及脾巨噬细胞内均有病毒抗原存在。从死胎、弱仔的血液、腹水、肺、脾等处可以分离到病毒。

PRRSV对热和pH敏感。37℃48小时，56℃45分钟即丧失活性。37℃12小时后病毒的感染效价降低到50%；4℃时，1周内病毒感染性丧失90%，但是在1个月内仍然能够检测到低滴度的感染性病毒。−70℃或−20℃下可以长期稳定（数月到数年），感染猪的肺组织Hsnk's液匀浆中的病毒在−70℃保存18个月毒力不变。在pH6.5～7.5环境中稳定，但在pH低于5或高于7的环境下很快被灭活。

本病1987年在美国初次发现，并呈地方流行性。1990年起先后在美洲、欧洲、大洋洲与太平洋岛屿、亚洲等国家和地区蔓延。目前在世界上的主要生猪生产国均发现了PRRS。我国于1996年郭宝清等首次在暴发流产的胎儿中分离到PRRSV，由PRRSV引起的“流产风暴”给我国的养猪业造成了巨大的经济损失。

【临诊症状】 潜伏期通常为14天。由于年龄、性别和猪群机体的免疫状态、病毒毒力强弱、猪场管理水平及气候条件等因素的不同，感染猪的临诊表现也不同。

繁殖母猪：急性发病后的主要表现是发热，精神沉郁，食欲减退或废绝，嗜睡，咳嗽，不同程度的呼吸困难，间情期延长或不孕。欧洲猪群中病猪出现耳部蓝紫色，同时在病猪的腹部及阴部也出现青紫色。有时出现呼吸系统的临诊表现。在急性期有1%～3%的母猪可能流产，流产一般发生在妊娠的第21～109天（Hopper等，1992；White，1992）。急性病例发作约1周后，疾病进入第二阶段。这是病毒通过胎盘传播的结果，其特征为妊娠母猪多数在妊娠后期繁殖障碍。它可发生于先前无临诊症状感染的母猪，也可出现于在疾病的第一阶段有临诊感染的母猪。第二阶段开始时与第一阶段重叠在一起，但第二阶段比第一阶段长，常为1～4个月。在第二阶段，妊娠100～114天的母猪，有5%～80%可能发生繁殖障碍。大多数繁殖障碍为母猪早产，但也可产妊娠足月或超出妊娠期的仔猪，或者出现流产。所产窝中有不同数量的正常猪、弱小猪、新鲜死胎（分娩过程中死亡）、自溶死胎（分娩前死亡）和部分木乃伊胎儿或完全木乃伊胎儿。当1～4个月流行期进一步发展时，每窝仔猪的主要异常情况从死胎和大的部分木乃伊化的胎儿变为小的较完全木乃伊化的胎儿，到小弱胎儿，到正常大小和有活力的仔猪。在一些猪场，主要的异常猪为活产、早产、体弱和体小，但少数为死胎。人工接种妊娠84～93天后的母猪时，潜伏期为2～4天，继之出现呼吸系统症状和皮肤颜色的改变如耳尖变蓝等，于感染后6～12天可以观察到该母猪的流产现象。

哺乳猪：在母猪表现繁殖障碍的1～4个月期间，出生时弱胎和正常胎儿的断奶前病死率都高（可达60%）。几乎所有的早产弱猪，在出生后的数小时内死亡。其余的猪在出生后的第一周病死率最高，并且死亡可能延续到断奶和断奶后。在分娩舍内受到感染的仔猪，临诊上表现为精神沉郁、食欲不振、消瘦、外翻腿姿势、发热（持续1～3天）和呼吸困难（闷气）和眼结膜水肿。

断奶和肥育猪：持续性的厌食、沉郁、呼吸困难，皮肤充血，皮毛粗糙，发育迟缓，耳、鼻端乃至肢端发绀。病程后期常由于多种病原的继发性感染（败血性沙门氏菌病、链球菌性脑膜炎、支原体肺炎、增生性肠炎、萎缩性鼻炎、大肠杆菌、疥螨等）而导致病情恶化、病死率较高。老龄猪和肥育猪受PRRSV感染的影响小，仅出现短时间的食欲不振、轻度呼吸系统症状及耳朵皮肤发绀现象，但可因继发感染而加重病情，导致病猪的发育迟缓或死亡。

公猪：公猪感染后出现食欲不振、沉郁、呼吸道症状，缺乏性欲，其精液的数量和质量下降，可以在精液中检查到PRRSV，并可以通过精液传播病毒而成为重要的传染源。

【病理变化】PRRSV能引起猪多系统感染，导致所有的组织都可能被病毒感染，然而，大体病变仅出现于呼吸系统和淋巴组织。通常感染猪子宫、胎盘、胎儿乃至新生仔猪无肉眼可见的变化。剖检死胎、弱仔和发病仔猪常能观察到肺炎病变。患病哺乳仔猪肺脏出现重度多灶性乃至弥漫性黄褐色或褐色的肝变，可能对本病诊断具有一定的意义。此外，尚可见到脾脏肿大，淋巴结肿胀，心脏肿大并变圆，胸腺萎缩，心包、腹腔积液，眼睑及阴囊水肿等变化。

组织学变化是新生仔猪和哺乳猪纵隔内出现明显的单核细胞浸润及细胞的灶状坏死，肺泡间质增生而呈现特征性间质性肺炎的表现。有时可以在肺泡腔内观察到合胞体细胞和多核巨细胞。

【诊断】本病主要根据流行病学、临诊症状、病毒分离鉴定及血清抗体检测进行综合诊断。在生产的任何阶段只要出现呼吸道疾病临诊症状，发现有繁殖障碍，并且当猪群的性能表现不理想时，就应当考虑PRRS。常常有轻度或亚临床感染，因此，当缺少临诊症状时，并不表明猪群中无PRRSV。确诊则必须按照《猪繁殖和呼吸综合征诊断方法》（GB/T 18089—2000）进行实验室检测。

病料样品采集：采集流产胎儿、死亡胎儿或新生仔猪的肺、心、脑、肝、肾、扁桃体、脾、外周血白细胞、支气管外周淋巴结、胸腺和骨髓制成匀浆用于病毒分离；也可采集发病母猪的血液、血浆、外周血白细胞用于病毒分离。

【防控措施】由于该病传染性强、传播快，发病后可在猪群中迅速扩散和蔓延，给养猪业造成的损失较大，因此，应严格执行兽医综合性防疫措施加以控制。

（1）通过加强检疫措施，或防止养殖场内引入阳性带毒猪只。由于抗体产生后病猪仍然能够较长时间带毒，因此通过检疫发现的阳性猪只应根据本场的流行情况采取合理的处理措施，防止将该病毒带入阴性猪场。在向阴性猪群中引入更新种猪时，应至少隔离3周，并经PRRS抗体检测阴性后才能够混群。

（2）加强饲养管理和环境卫生消毒，降低饲养密度，保持猪舍干燥、通风，创造适宜的养殖环境以减少各种应激因素，并坚持全进全出制饲养。

（3）受威胁的猪群及时进行疫苗免疫接种。国内外有弱毒疫苗和灭活疫苗。一般认为弱毒苗效果较佳，特别在疫区用弱毒疫苗进行紧急免疫接种，能较快的控制疫情。但只适用于受污染的猪场。公猪和妊娠母猪不能接种弱毒疫苗。

使用弱毒苗时应注意：疫苗毒在猪体内能持续数周至数月；接种疫苗的猪能散毒感染健康猪；疫苗毒能跨越胎盘导致先天感染；有的毒株保护性抗体产生较慢；有的免疫往往不产生抗体；疫苗毒持续在公猪体内可通过精液散毒。因此，没有被污染的猪场不能使用弱毒疫苗。

灭活苗很安全，可以单独使用或与弱毒疫苗联合使用。

（4）通过平时的猪群检疫，发现阳性猪群应做好隔离和消毒工作，污染群中的猪只不得留作种用，应全部育肥屠宰。有条件的种猪场可通过清群及重新建群净化该病。

（5）发病猪群早期应用猪白细胞干扰素或猪基因工程干扰素肌内注射，1次/天，连用3天，可收到较好的效果。

十三、猪丹毒

猪丹毒（Swine Erysipelas，SE）是由红斑丹毒丝菌（俗称猪丹毒杆菌）引起的一种急性、热性、人兽共患传染病，也是一种自源性传染病。其特征主要表现为急性败血症和亚急性疹块型，也有表现慢性非化脓性多发性关节炎或心内膜炎。这种菌还能引起绵羊和羔羊的多发性关节炎，以及使火鸡大批死亡。

1882年Pasteur首先自病猪体内分离到猪丹毒菌。1909年Rosenbach描述了人类丹毒的病原体，几乎与鼠败血杆菌相同。本病呈世界性分布，是欧洲、亚洲、美洲和澳洲大陆重要的疾病之一，对养猪业危害很大。我国许多地区也有发生，近年有增加趋势。

人类亦可被感染，称为类丹毒，常在皮肤形成局部皮肤疹块。它是一种职业病，主要发生于从事肉品、禽、鱼的加工人员、脂肪提取加工工人、兽医、猎场管理员、皮业工人、实验室工作人员及类似的职业者。

【病原学】红斑丹毒丝菌属于丹毒杆菌属。本菌为革兰氏阳性菌，呈多变性。纤细、平直或稍弯的杆菌，单在或呈V形、堆状或短链排列。无鞭毛，不能运动，不形成荚膜和芽孢。在病料的组织触片或血片中多单在、成对或成丛排列。在人工培养物上经过传代，多呈长丝状；在老龄培养物中菌体着色能力较差，常呈球状或棒状。病菌主要存在于感染动物的肾、肝、脾 扁桃体以及回盲瓣的腺体等处。

目前认为有25个血清型和1a、1b及2a、2b亚型。大多数菌株为1型和2型，从急性败血型分离的菌株为1a型，从亚急性及慢性病病例分离的则多为2b型。

猪丹毒杆菌对不良环境的抵抗力相当强，抗干燥，动物组织内的细菌在各种条件下能存活数月，在深埋的尸体中可存活9个月；在病死猪熏制的火腿中3个月后仍可在深部分离出活菌。对盐腌、熏制、干燥、腐败和日光的抵抗力较强，耐酸性亦较强。但对热较敏感，70℃经5～15分钟可完全杀死。常用消毒药即使浓度较低，也能迅速将其杀死，0.5%甲醛数十分钟可杀死。用10%生石灰乳或0.1%过氧乙酸涂刷墙壁和喷洒猪圈是目前较好的消毒方法。但石炭酸杀菌力很低，本菌在0.5%石炭酸中可存活99天。对青霉素很敏感。

【流行病学】本病主要发生于猪，尤以架子猪更为易感，小于3个月或大于3年的猪很少感染，其他家畜、家禽也可发病，如马、牛、羊、犬、鸡、鸭、鹅、火鸡、鸽、麻雀、孔雀等也有发病的报道。人可以感染发病，常取良性经过。

病猪和带菌猪是本病的主要传染源。病猪的分泌物和排泄物中均含有本菌。本菌主要存在于带菌猪的扁桃体、胆囊、回盲瓣的滤泡处和骨髓里，当猪体抵抗力降低时，可发生内源性感染。病猪及带菌动物主要由粪尿排菌，污染饲料、饮水、土壤、用具和场舍等，经消化道传染。屠宰场、肉食品加工厂的废料、废水、食堂泔水、动物性蛋白饲料等喂猪常是引起发病的主要原因。鱼粉也曾多次查到本菌。本病也可通过损伤的皮肤及蚊、蜱、蝇、虱等吸血昆虫传播；通过消化道感染后，进入血流，而后定殖在局部或引致全身感染。

本病一年四季都有发生，但以炎热多雨季节发病较多，秋凉以后逐渐减少，而另一些地区不但夏季发生，在冬春季节也出现流行高峰。本病常呈散发性或呈地方流行性，有时也发生暴发性流行。营养不良、寒冷、酷热、疲劳等恶劣环境和应激因素可能引起猪丹毒。

【临诊症状】该病的潜伏期一般为3～5天，个别短的为1天，长的可延至7天。本病在临诊上一般可分为下述三型：

1. 急性败血型　最为常见，一般占总病例的2/3。在暴发初期，有一两头猪无任何症状而突然死亡，其他猪相继发病。表现不食，间有呕吐，体温高达42～43℃。精神沉郁，静卧不动。强迫驱赶，发尖叫声，步态僵硬或跛行，短时站立，又迅速卧下。结膜充血，两眼清亮有神。粪干结，病后期可能发生腹泻。发病1～2天后，皮肤潮红继而发绀，以耳、腹、腿内侧较为多见，指压暂时褪色。有的突然死亡。病程3～4天，病死率80%～90%。

哺乳仔猪和刚断奶的小猪发生本病时，一般突然发病，表现神经症状，抽搐，倒地而死。病程不超过1天。

2. 亚急性疹块型　通常取良性经过。其特征是皮肤表面出现疹块，俗称“打火印”。病初除与上述症状相似外，常于发病后2～3天在胸、腹、背、肩、四肢等处的皮肤发生疹块。初期充血，指压褪色，后期瘀血，紫黑色，压之不褪。疹块呈方块形、菱形，偶有圆形，稍突起于皮肤表面，大小约1厘米至数厘米，从几个到几十个不等，经一段时间后体温开始下降，数日病猪多自行康复。病程为1～2周。也有少部分病猪在发病过程中，病情恶化转变为急性而死亡。

3. 慢性型　一般由上述两型转变而来，也有为原发性的。常见的有以下三种类型：

（1）关节炎型　病猪主要表现受害关节（多见于腕、跗关节）肿痛，病肢僵硬，步态强拘，跛行或卧地不起。食欲正常，但渐瘦，衰弱。病程数周至数月。

（2）心内膜炎型　病猪主要表现消瘦，贫血，全身衰弱，不愿走动。强迫驱赶，则举步缓慢，身体摇晃。听诊心脏有杂音，心律不齐。有时在激烈行动中突然倒地死亡。

（3）皮肤坏死型 常发生于背、耳、肩、蹄、尾等处。局部皮肤变黑色，干硬，似皮革状。坏死的皮肤逐渐与其下层新生组织分离，犹如一层甲壳。有时可在部分耳壳、尾巴末梢和蹄发生坏死。经两三个月坏死皮肤脱落，遗留一片无毛色淡的瘢痕而愈。如有继发感染，则病情复杂，病程延长。

【病理变化】

1. 急性败血型 主要以急性败血症的全身变化和体表皮肤出现红斑为特征。鼻、唇、耳及腿内侧等处皮肤和可视黏膜呈不同程度的紫红色。在各个组织器官都可见到弥漫性的出血。心肌和心外膜上有斑点状出血。胃肠道具有卡他性—出血性炎症变化，尤其是胃底部和幽门部出血明显，胃浆膜面也有出血点。脾脏充血、肿胀明显，呈樱桃红色，感染数天后的动物脾脏切面可见“白髓周围红晕”现象。肾脏瘀血、肿大，外观呈暗红色，皮质部有出血点。肝脏充血、肿大。肺脏充血、水肿。淋巴结充血、肿大，有浆液性出血性炎症变化。组织学变化主要是毛细血管和静脉管损伤，在血管周围有淋巴细胞和成纤维细胞浸润。心脏、肾脏、肺脏、肝脏、神经系统，骨骼肌和滑膜出现血管病变。

2. 亚急性疹块型 以皮肤疹块为特征性变化。疹块内血管扩张，皮肤及皮下组织水肿浸润，压迫血管，使疹块中央变为苍白，仅周围呈红色。有的全部变红色。死亡病例还有如上的败血症病变。

3. 慢性型 关节炎型时，四肢的一个或多个关节肿胀，关节囊增生肥厚，不化脓，切开关节囊，流出多量浆液性、纤维素性渗出液，黏稠并带有红色。心内膜炎型时，见1个或数个瓣膜表面覆有菜花样疣状赘生物。它是由肉芽组织和纤维素性凝块所组成。主要见于二尖瓣，其次为主动脉瓣等处。

【诊断】本病可根据流行病学、临诊症状及病理变化等进行综合诊断，必要时进行病原学检查。

病料样品采集：可采取病猪高温期的耳静脉血或疹块边缘部皮肤血和渗出液，死后取心血、脾、肾、肝、淋巴结、骨髓和心瓣膜病灶作为病料。

【防控措施】

1. 免疫接种 免疫接种是预防本病最有效的办法，国内外的疫苗对本病的预防效果都很好，只要猪的健康状况良好，免疫方法正确，对本病的免疫预防是可以取得满意效果的。在活疫苗接种前至少3天和接种后至少7天内，不能给猪投服抗生素类药物以及饲喂含抗生素的饲料，否则会造成免疫失败。

2. 治疗 以抗生素疗法为主。根据试管和活体试验结果，青霉素对本菌高度敏感，故治疗本病以青霉素疗效为最好。对急性败血型病猪，最好用水剂青霉素按1万IU/千克体重首先进行静脉注射，同时再肌内注射常规剂量，以后按常规疗法，直至体温降至正常，食欲恢复并维持24小时以上。不能停药过早，以免复发或转为慢性。其次，头孢噻呋、头孢喹肟、金霉素、土霉素和四环素等也相当敏感，疗效较佳，均可应用。若发现青霉素疗效不佳时，应及时改用四环素或土霉素（0.5万～2万IU/千克体重）肌内注射，每天1～2次，直至痊愈为止。用牛或马制备的抗猪丹毒血清可用于紧急预防和治疗。

3. 控制措施 加强饲养管理，经常保持猪舍卫生，定期严密消毒，禁止泔水喂猪，消灭蚊、蝇和鼠类，做好粪、尿、垫草等无害化处理。加强农贸市场、交通运输的检疫和屠宰检验。

一旦发病，应及时隔离病猪，并对猪群、饲槽、用具等彻底消毒，粪便和垫草进行烧毁或堆积发酵；对病死猪、急宰猪的尸体及内脏器官进行无害化处理或化制，同时严格消毒病猪及其尸体污染的环境和物品；与病猪同群的未发病猪用青霉素注射，连续3～4天，并注意消毒工作，必要时考虑紧急接种预防；慢性病猪应及早淘汰。

【公共卫生学】人也可以感染猪丹毒，称为类丹毒。人的病例多经皮肤损伤感染引起，感染3～4天后，感染部位发红肿胀，肿胀可向周围扩大，但不化脓。感染部位邻近的淋巴结肿大，也有发生败血症、关节炎、心内膜炎和手部感染肢端坏死的病例。若用青霉素及早治疗，可取得良好的治疗效果。类丹毒是一种职业病，许多兽医、屠宰场工人和肉食品加工人员等都曾经感染过本病。从事这类职业的人员，工作过程中应注意自我防护。发现感染后应及早用抗生素治疗。

十四、猪 肺 疫

猪肺疫（Swine plague）又称猪巴氏杆菌病或猪出血性败血症，是由多杀性巴氏杆菌引起猪的一种急性、热性传染病。其特征是最急性型呈败血症和咽喉炎；急性型呈纤维素性胸膜肺炎；而慢性型较少见，主要表现慢性肺炎。本病分布广泛，遍布全球。在我国为猪常见传染病之一。

【病原学】多杀性巴氏杆菌属于巴氏杆菌属，为革兰氏阴性，两端钝圆、中央微凸的球杆菌或短杆菌，大小为（0.25～0.4）微米×（0.5～2.5）微米。不形成芽孢，无鞭毛不能运动，新分离的强毒菌株有荚膜，常单个存在有时成双排列。用病料涂片，以瑞特氏、姬姆萨氏或美蓝染色时，可见典型的两极着色，似两个并列的球菌，菌体多呈卵圆形。

本菌抵抗力不强，在无菌蒸馏水和生理盐水中很快死亡。在阳光中暴晒10分钟，或在56℃15分钟、60℃10分钟，可被杀死。在干燥空气中2～3天可死亡。3%石炭酸、3%福尔马林、10%石灰乳、2%来苏儿、0.5%～1%氢氧化钠等5分钟即可杀死本菌。但在腐败的尸体中可生存1～3个月。

【流行病学】多杀性巴氏杆菌对多种动物（家畜、野兽、禽类）均有致病性，年龄、性别、品种无明显差别，尤其是猪、牛、禽、兔更易感。小猪和中猪易感，人偶可感染。

病猪和健康带菌猪是主要传染源。据报道，有30.6%的健康猪的鼻道深处及喉头带有本菌；有人检查屠宰猪的带菌率（扁桃体）竟高达63%。

多杀性巴氏杆菌随病猪和健猪的分泌物和排泄物排出，污染饲料、饮水、用具和外界环境，经消化道传染；或由咳嗽、喷嚏排菌，通过飞沫经呼吸道而传染。也可以吸血昆虫为媒介经皮肤和黏膜的伤口发生传染。健康带菌猪因某些应激因素，如寒冷、闷热、气候剧变、潮湿、拥挤、圈舍通风不良、阴雨连绵、营养缺乏、饲料突变、过度疲劳、长途运输、寄生虫病等，特别是上呼吸道黏膜受到刺激而使猪体抵抗力降低时，也可发生内源性传染。

一年四季均可发生，但以冷热交替、气候剧变、多雨、潮湿、闷热的时期多发，并常与猪瘟、猪气喘病等混合感染或继发。最急性型猪肺疫常呈地方流行性，南方多发于5～9月，北方则多见于秋末或初春；急性型和慢性型猪肺疫多呈散发性。多种应激因素均可促进本病的发生和传播。本病多发生于3～10周龄的仔猪，发病率为40%以上，病死率为5%左右。

【临诊症状】潜伏期1～5天，一般为2天左右。

1. 最急性型 俗称“锁喉风”和“大红颈”，常突然发病，无明显症状而死亡。病程稍长的可表现为体温升高（41～42℃），精神沉郁，食欲废绝，心跳加快，呼吸困难。结膜充血、发绀。耳根、颈部、腹侧及下腹部等处皮肤发生红斑，指压不完全褪色。最特征的症状是咽喉部的红肿、发热、肿胀、疼痛、急性炎症，触之病猪表现明显颤抖，严重者局部肿胀可扩展至颌下、耳根及颈部。呼吸极度困难，口鼻流血样泡沫，呈犬坐姿势。多经数小时至4天窒息而死。

2. 急性型 为常见病型。除败血症一般症状外，主要呈现纤维素性胸膜肺炎。病初体温升高（40～41℃），发短而干的痉挛性咳嗽，有鼻漏和脓性结膜炎。呼吸急促，常作犬坐姿势，胸部触诊有痛感，听诊有啰音和摩擦音。初便秘，后腹泻。随着病程发展，呼吸更加困难，皮肤有瘀斑或小点出血。病猪消瘦无力，卧地不起，最后心脏衰竭，多因窒息、休克死亡。病程4～6天，不死者转为慢性。

3. 慢性型 多见于流行后期，主要呈现慢性肺炎或慢性胃肠炎。病猪精神沉郁，持续性咳嗽，呼吸困难，鼻孔不时流出黏性或脓性分泌物，胸部听诊有啰音和摩擦音。病猪食欲减退，时发腹泻，进行性生长不良进而发育停滞，消瘦无力。有时皮肤上出现痂样湿疹，关节肿胀。如不及时治疗，多拖延2周以上，最后多因衰竭致死。病程2～4周，病死率60%～70%。

【病理变化】

1. 最急性型 全身黏膜、浆膜和皮下组织有大量出血斑点。最突出的病变是咽喉部、颈部皮下组织有出血性、浆液性炎症，切开皮肤时，有大量胶冻样淡黄色水肿液，水肿自颈部延至前肢。喉头气管内充满白色或淡黄色胶冻样分泌物为特征性病变。全身淋巴结肿大，呈浆液性出血性炎症，特别是咽喉部淋巴结尤其显著。心内外膜有出血斑点。肺充血、急性水肿，胸、腹腔和心包腔的液体增多。脾出血但不肿大。胃肠黏膜有出血性炎症。

2. 急性型 除全身黏膜、浆膜和皮下组织有出血性病变外，以胸腔内的病变为主，表现为化脓性支气管肺炎，纤维素性胸膜肺炎，心包炎及化脓性关节炎。肺水肿，有不同程度的肝变、气肿、瘀血和出血等病变，主要位于尖叶、心叶和膈叶前缘。病程稍长者，肝变区内有坏死灶，肺小叶间浆液浸润，大多数病例在膈叶有小指头到乒乓球大小的局灶性化脓灶、出血灶，肺炎部切面常呈大理石状。肺肝变部的表面有纤维素絮片，并常与胸膜粘连，肺胸膜表面可见到红褐色到灰红色斑点状病变区。胸腔及心包腔积液，胸腔淋巴结肿大，切面发红、多汁。支气管、气管内有多量泡沫样黏液，黏膜有炎症病变。一般情况下，淋巴结只是轻度肿胀。

3. 慢性型 病尸极度消瘦、贫血。肺有较大坏死灶，且有结缔组织包囊，内含干酪样物质，有的形成空洞。心包和胸腔内液体增多，胸膜增厚，粗糙，上有纤维素絮片或与病肺粘连。支气管周围淋巴结、肠系膜淋巴结以及扁桃体、关节和皮下组织见有坏死灶。无全身败血病变。

【诊断】本病发病急，高热，呼吸高度困难，口鼻流出泡沫，咽喉部炎性水肿，或呈现纤维素性胸膜肺炎。剖检咽喉部、颈部有炎性水肿和出血变化，气管有多量泡沫，肺和胸膜有炎症变化，淋巴结肿大，切面红色，脾无明显病变，再结合流行病学，可初步诊断为本病。必要时，尚需进行病原学诊断。

病料样品采集：败血症病例可无菌采取取心、肺、脾或体腔渗出液；其他病例可无菌采取病变部位渗出液、脓液。

【防控措施】

1. 加强管理 应坚持自繁自养，加强检疫，合理地饲养管理（分离与早期断奶，全进全出式生产，尽量减少猪群的混群及分群，减小猪群的密度等），改善环境卫生，定期接种菌苗等。

2. 免疫接种 用菌落荧光色泽检查和交互免疫试验筛选出的Fg型菌株制成的氢氧化铝甲醛菌苗，对猪有良好免疫原性。

3. 治疗 本菌对青霉素、链霉素、广谱抗生素、磺胺类药物都敏感，均可用于治疗，病初应用均有一定疗效。抗猪肺疫血清也可用于本病的防治，如配合抗生素和磺胺类药治疗，疗效更佳。

4. 发病处置 一旦猪群发病，应立即采取隔离、消毒、紧急接种、药物防治等措施。病尸应进行深埋或高温等无害化处理。

十五、猪链球菌病

猪链球菌病（Swine streptococcosis）是由多种不同群的链球菌引起的猪的一种多型性传染病。该病的临诊特征是急性者表现为出血性败血症和脑炎，慢性者则表现为关节炎、心内膜炎和淋巴结脓肿。以C群、R群、D群、S群引起的败血型链球菌病危害最大，发病率及病死率均很高；以E群引起淋巴结脓肿最为常见，流行最广。

国外1945年首次报道本病，世界许多国家均有本病发生，目前很多猪场受本病的严重困扰。国内最早是于1949年由吴硕显报道，在上海郊区首次发现，1963年在广西部分地区开始流行，20世纪70年代末已遍及全国大部分省（自治区），已成为当前养猪业最常见的重要细菌病之一。

本病可感染人并致死亡。1968年丹麦首次报道了人感染猪链球菌导致脑膜炎的病例，目前全球已有几百例人感染猪链球菌病例报告，地理分布主要在北欧和南亚一些养殖和食用猪肉的国家和地区。2005年6～8月，我国四川省资阳、内江等9个市相继发生猪链球菌病疫情，并造成多人感染猪链球菌病，给当地畜牧业发展和群众生产生活带来很大影响，造成了巨大的经济损失。

【病原学】链球菌属菌体呈球形或卵圆形，可单个、成对或不同长度的链状，一般致病性链球菌的链较长，肉汤内培养常呈长链排列。革兰阳性菌，致病性链球菌对营养要求比较苛刻，需在培养基中加入血液、血清或葡萄糖。在血液琼脂平板上培养24小时后形成灰白色、圆形、隆起、光滑、半透明的小菌落，直径0.5～1.0 mm。多数致病菌株能形成β型溶血，菌落周围出现完全透明的溶血环。

引起猪链球菌病的链球菌主要是C群的马链球菌兽疫亚种、D群的类马链球菌、S群的猪链球菌1型及R群的猪链球菌2型、E群的类猪链球菌及L群链球菌。本菌除广泛存在于自然界外，也常存在于正常动物及人的呼吸道、消化道、生殖道等。感染发病动物的排泄物、分泌物、血液、内脏器官及关节内均有病原体存在。本菌对动物的致病性与其荚膜、毒素和酶类有关。

链球菌对外界的抵抗力较强，对热敏感。0℃以下可存活150天以上，常温下可存活6天，60℃30分钟可以灭活，煮沸可很快被杀死。常用浓度的各种消毒药均能杀死。对青霉素、红霉素、金霉素、四环素及磺胺类均敏感。

【流行病学】猪链球菌病可见于各种年龄、品种和性别的猪，其中仔猪、怀孕母猪及保育猪较常见。R 群猪链球菌 2 型可致人类脑膜炎、败血症、心内膜炎并可致死，尤其是从事屠宰或其他与猪肉接触频繁的人易发。还有禽感染猪链球菌的报道。

发病猪和带菌猪是主要的传染源，其分泌物、排泄物中均含有病原菌。病死猪肉、内脏及废弃物处理不当、活猪市场及运输工具的污染等都是造成本病流行的重要因素。

本病主要经伤口、消化道和呼吸道感染，体表外伤、断脐、阉割、注射器消毒不严等往往造成感染发病。

本病一年四季均可发生，但有明显的季节性，以夏秋季节流行严重。一般为地方性流行，新疫区及流行初期多为急性败血型和脑炎型，来势凶猛，病程短促，病死率高；老疫区及流行后期多为关节炎或淋巴结脓肿型，传播缓慢，发病率和病死率低，但可在猪群中长期流行。饲养管理不当，卫生条件差，消毒不严格，圈舍不平整或过于光滑易引起猪只跌倒、形成外伤而促使本病的发生。

【临诊症状】该病的潜伏期一般为 1～5 天，慢性病例有时较长。根据猪的临诊表现和病程，通常将该病分为急性败血型、脑膜炎型、化脓性淋巴结炎型和皮肤型。

1. 急性败血型 病原主要为 C 群的马链球菌兽疫亚种、D 群的类马链球菌、S 群的猪链球菌 1 型及 R 群的猪链球菌 2 型，L 群链球菌也能引发本病。根据病程的长短和临诊症状表现，又分为最急性、急性和慢性三种类型。

①最急性型多见于成年猪，常呈暴发性，无任何症状而突然死亡。

②急性型体温高达 41～43℃，全身症状明显，结膜潮红，流泪，流鼻涕，不食，便秘，跛行和不能站立的猪只突然增多，呈现急性多发性关节炎症状。有些猪共济失调、磨牙、空嚼或嗜睡。当耳、颈、腹下、四肢内侧皮肤出现紫斑后，常预后不良，多在 1～3 天死亡，即使治疗也很难治愈。死前出现呼吸困难，体温降低，天然孔流出暗红色或淡黄色液体，病死率可达 80%～90%。

③慢性型多由急性型转化而来。主要表现为多发性关节炎。一肢或多肢关节发炎。关节周围肌肉肿胀，高度跛行，有痛感，站立困难。严重病例后肢瘫痪。最后因体质衰竭、麻痹死亡。

2. 脑膜脑炎型 主要由 R 群和 C 群链球菌引起，有时也可由 L 群及 S 群引起，以脑膜脑炎为主症。该型多见于哺乳仔猪和断奶仔猪。哺乳仔猪的发病常与母猪带菌有关，较大的猪也可能发生。常因断齿、去势、断乳、转群、气候骤变或过于拥挤而诱发。可见病猪体温高至 40.5～42.5℃，精神沉郁，不食，便秘，很快出现特征性的神经症状，如共济失调、转圈、磨牙、空嚼、仰卧、四肢泳动或后肢麻痹，爬地而行，最后昏迷而死。病程短者几小时，长者 1～5 天，病死率极高。个别病例可出现关节炎，头、颈、背部有皮下水肿。

3. 化脓性淋巴结炎型 多由 E 群链球菌引起。以颌下、咽部、颈部等处淋巴结化脓和形成脓肿为特征。淋巴结脓肿以颌下淋巴结最常见，也可侵及其他淋巴结，严重病例可出现全身体表淋巴结脓肿、硬、热、疼，从枣大小至柿子大小不等，外观呈圆形隆起，可不同程度地影响采食、咀嚼、吞咽、呼吸等功能。时间较长时化脓灶可自行成熟破溃，排出脓汁后逐渐自愈，病程一般 1 个月左右，较少引起死亡，但病猪生长发育受阻。

4. 皮肤型 皮肤型链球菌病初感染部位发红，继而遍及全身，几天后结痂。病猪精神萎靡、食欲减退。

此外，C、D、E、L 群 β-型溶血性链球菌也可经呼吸道感染，引起肺炎或胸膜肺炎，经生殖道感染引起不育和流产。

【病理变化】

1. 急性败血型 表现为血液凝固不良，皮下、黏膜、浆膜出血，鼻腔、喉头及气管黏膜充血，内有大量气泡。全身淋巴结肿胀、出血。肺肿胀、充血、出血。心包有淡黄色积液，心内膜出血，有些病例心瓣膜上有菜花样赘生物。脾肿大、出血，色暗红或蓝紫。肾肿大、出血。胃及小肠黏膜充血、出血。浆膜腔、关节腔有纤维素性渗出物。脑膜充血或出血。慢性病例可见关节腔内有黄色胶冻样或纤维素性、脓性渗出物，淋巴结脓肿。

2. 脑膜脑炎型 主要表现脑膜充血、出血甚至溢血，个别脑膜下积液，脑组织切面有点状出血，其他病变与急性败血型相同。

3. 化脓性淋巴结炎型 淋巴结肿胀化脓，脓黏稠、无臭带绿色。

4. 皮肤型 除皮肤有结痂外，内脏变化不明显。

【诊断】由于临诊症状、病变较复杂，临床诊断有一定困难，确诊需按照 GB/T 19915.1～GB/T 19915.9 进行实验室检测。

病料样品采集：无菌采取病猪肝、脾、淋巴结、血液、关节液、脓汁等装入灭菌容器，冷藏保存待检。

【鉴别诊断】本病主要应与李斯特菌病、猪丹毒、副伤寒和猪瘟相区别。李斯特菌虽然也有神经症状，但主要发生于小猪，一般无关节炎和淋巴结脓肿，且很少大群发生。猪丹毒虽然也有关节炎、神经症状及皮肤发红变化，但一般只发生于大猪，而且以亚急性疹块型为主。副伤寒早期虽有耳尖、四肢末端、腹下等处皮肤发紫，个别或伴有神经症状，但发病率高，多以腹泻为主，且常见于断奶前后的猪，其他猪很少发病。猪瘟由病毒引起，大小猪均可发生，便秘、腹泻均明显，但无关节炎和淋巴结脓肿。

【防控措施】按照《猪链球菌病应急防治技术规范》（农医发〔2005〕20 号）实施。

1. 加强饲养管理 搞好环境卫生，猪只出现外伤及时进行外科处理，坚持自繁自养和全进全出制度，严格执行检疫隔离制度以及淘汰带菌母猪等措施对预防本病的发生都有重要作用。

2. 免疫接种 该病流行的猪场可用菌苗进行预防，目前，国内有猪链球菌弱毒活苗和灭活苗，也可应用当地菌株制备多价菌苗进行预防。

3. 治疗 发病猪应严格隔离和消毒，早期可用大剂量敏感抗生素进行治疗。

4. 疫情处理 一旦发生疫情，应按《猪链球菌病应急防治技术规范》进行诊断、报告、处置。对病猪作无血扑杀处理，对病死猪及排泄物、可能被污染饲料、污水等按要求进行无害化处理；对可能被污染的物品、交通工具、用具、畜舍进行严格彻底消毒。

【公共卫生学】2005 年 6～8 月，四川省发生了猪链球菌疫情，出现人感染猪链球菌病病例。此次疫情有五个特点：①生猪发病急，死亡快，生猪一般发病几小时死亡；②生猪发病呈点状散发，流行病学调查表明，疫点之间无流行病学联系；③病原污染面大，四川省有 7 个地市发生疫情；④疫情发生与饲养条件差有直接关系，疫情全部发生在散养户，饲养卫生条件普遍较差；⑤人感染死亡病例多与病死猪有关，病人都有宰杀、加工病死猪或食用病死猪肉的经历。

病人的主要临床表现为潜伏期短，平均常见潜伏期 2～3 天，最短可数小时，最长 7 天。感染后起病急，畏寒、发热、头痛、头昏、全身不适、乏力、腹痛、腹泻。外周血白细胞计数升高，中性粒细胞比例升高，严重患者发病初期白细胞可以降低或正常；重症病例迅速进展为中毒性休克综合征，出现皮肤出血点、瘀点、瘀斑，血压下降，脉压差缩小。可表现出凝血功能障碍、肾功能不全、肝功能不全、急性呼吸窘迫综合征、软组织坏死、筋膜炎等；部分病例表现为脑膜炎，恶心、呕吐（可能为喷射性呕吐），重者可出现昏迷。有些脑膜刺激征阳性，脑脊液呈化脓性改变，皮肤没有出血点、瘀点、瘀斑，无休克表现；还有少数病例在中毒性休克综合征基础上，出现化脓性脑膜炎症状。

对于人感染猪链球菌病，主要采取以控制传染源（病、死猪等家畜）、切断人与病（死）猪等家畜接触为主的综合性防控措施。在有猪链球菌疫情的地区强化疫情监测，各级各类医疗机构的医务人员发现符合疑似病例、临床病例诊断的立即向当地疾病预防控制机构报告。疾控机构接到报告后立即开展流行病学调查，同时按照突发公共卫生事件报告程序进行报告。病（死）家畜应在当地有关部门的指导下，立即进行消毒、焚烧、深埋等无害化处理。对病例家庭及其畜圈、禽舍等区域和病例发病前接触的病、死猪所在家庭及其畜圈、禽舍等疫点区域进行消毒处理。同时要采取多种形式开展健康宣传教育。

十六、猪传染性萎缩性鼻炎

猪传染性萎缩性鼻炎（Swine infectious atrophic rhiniris，SAR）是由支气管败血波氏杆菌单独或与产毒性多杀性巴氏杆菌联合引起猪的一种慢性传染病。临诊上以鼻炎、鼻梁变形、鼻甲骨萎缩（以鼻甲骨下卷曲部最常见）和生产性能下降为特征。现在已把这种疾病归类于两种：一种是非进行性萎缩性鼻炎（NPAR），这种病主要由支气管败血波氏杆菌所致；另一种是进行性萎缩性鼻炎（PAR），主要由产毒性多杀性巴氏杆菌引起或与其他因子共同感染引起。该病的危害主要是造成病猪的生长受阻，饲料报酬降低，给不少国家和地区养猪业造成严重的经济损失。

本病最早于 1830 年在德国发现。现在广泛分布于世界各地的猪群密集饲养地区，是一种很普通的传染病。我国 1964 年浙江余姚从英国进口“约克”种猪发现本病，20 世纪 70 年代我国一些省、市从欧、美等国家大批引进瘦肉型种猪使 SAR 多渠道传入我国，一些猪场曾一度发生流行，造成较大经济损失。因此，造成 SAR 在我国传播，主要原因是对国外引进种猪缺乏严格检疫。

【病原学】该病病原为波氏菌属支气管败血波氏杆菌和产毒性多杀性巴氏杆菌 D 型，偶尔为 A 型。革兰阴性小杆菌，两极着染，有运动性，但不形成芽孢，为严格需氧菌。本菌在鲜血琼脂中能产生 β-型溶血，可使马铃薯培养基变黑而菌落呈黄棕色或微带绿色。

本菌对外界环境的抵抗不强，常用消毒药均可达到消毒的目的。在液体中 58℃15 分钟可将其灭活。

【流行病学】各种年龄的猪都可感染，但以仔猪的易感性最大。品种不同的猪，易感性也有差异，国内土种猪较少发病。1 月龄以内仔猪感染常常在几周内出现鼻炎和鼻甲骨萎缩症状，1 月龄以上感染时通常无临诊表现。有时多杀性巴氏杆菌也可以感染人而造成与猪的病变相似的疾病。

病猪和带菌猪是主要传染源。其他动物如犬、猫、家畜、禽、兔、鼠、狐及人均可带菌，甚至引起鼻炎、支气管肺炎等，因此也可成为传染源。猫、犬和后备猪的扁桃体中普遍存在巴氏杆菌。

该病通常是通过飞沫水平传播，主要通过直接接触和气溶胶传染。感染或发病的母猪，经呼吸道感染仔猪，常使出生后仔猪发生早期感染，不同月龄猪再通过水平传播扩大到全群。

本病在猪群内传播比较缓慢，多为散发或地方流行性。各种应激因素可使发病率增加。猪舍空气中氨气、尘埃和微生物浓度在本病发生和严重程度上起重要作用，过度拥挤、通风不良和卫生条件差等促进本病的扩散和蔓延。感染通常是因为购入感染猪。猪断奶后混群时的扩散机会增高，可造成70%～80%断奶猪被感染，通过减少饲养密度可使感染率降低。

【临诊症状】临诊症状依疾病的不同发展阶段而异。早期病例的表现是3～9周龄仔猪出现喷嚏，少数病猪出现浆液性、黏脓性鼻卡他以及一过性的单侧或两侧鼻出血。喷嚏频率可作为衡量发病严重程度的指标。随着病程的发展，严重病例出现呼吸困难、发绀；由于受到局部炎症的刺激，鼻孔周围瘙痒，病猪不断摩擦鼻端；由于鼻炎导致鼻泪管阻塞，鼻和眼分泌物从眼角流出，从而在眼内角下面皮肤上形成半月状、因尘土黏结而呈灰黑色的斑块，俗称泪斑。病情再进一步地发展，病猪在打喷嚏时会喷出黏稠分泌物；出现面部变形，鼻骨和上颌骨缩短，嘴巴向上弯曲，下切齿突出。最后，脸部变形扭曲，严重凹陷和多余皮肤形成皱纹，或者两眼间距变小，整个头部轮廓发生改变呈"哈巴狗面"；如果是鼻甲骨单侧性萎缩则上颌扭向一侧。若鼻炎蔓延到筛板，则可使大脑感染而发生脑炎症状。有时病原体可侵入肺部而引起肺炎。这些变化最常见于8～10周龄的仔猪，偶尔也可发生于年龄更小的仔猪。发病仔猪体温一般正常，生长发育受阻，饲料报酬降低，甚至形成僵猪。

【病理变化】病变限于鼻腔和邻接组织，最有特征的变化是鼻腔软骨组织和骨组织的软化和萎缩，主要是鼻甲骨萎缩，特别是鼻甲骨的下卷曲最为常见。严重病例，鼻甲骨完全消失，鼻中隔弯曲或消失，鼻腔变成为一个鼻道。鼻黏膜常附有黏脓性或干酪样渗出物。窦黏膜充血，有时窦内充满黏脓性分泌物。

【诊断】对于典型的病例，可根据临诊症状、病理变化做出诊断，但在该病的早期，典型症状尚未出现之前需要依靠实验室方法确诊。

病料样品采集：细菌分离与鉴定可采取鼻拭子或锯开鼻骨采取鼻甲骨卷曲的黏液，进行细菌分离培养、生化鉴定和药敏试验。采集时首先70%乙醇溶液清洁消毒鼻盘和鼻孔周围，将灭菌拭子插入鼻腔到鼻孔与内眼角交界处，在鼻腔周壁轻轻转动几周后取出，立即将拭子头部剪下并置于含有5%胎牛血清、pH7.3的PBS液中送检。血清学检查采集病畜血清。

【防控措施】根据本病的病原学和流行病学特点，要有效地控制该病的流行及其给生产带来的损失，必须有一套综合性的兽医卫生措施，并在生产中严格执行。

（1）规模化猪场在引进种猪时，应进行严格的检疫，防止带菌猪引入猪场，引进后至少观察3周，并放入易感仔猪，经一段时间病原学检测阴性者方可混群。

（2）根据经济评价的结果，在有本病严重流行的猪场，建议采用淘汰病猪、更新猪群的控制措施，并经严格消毒后，重新引进健康种猪群。而在流行范围较小、发病率不高的猪场应及时将感染、发病仔猪及其母猪淘汰出来，防止该病在猪群中扩散和蔓延。

（3）严格执行全进全出和隔离饲养的生产制度，加强4周龄内仔猪的饲养管理，创造良好的生产环境、适当通风，并采取隔离饲养，以防止不同年龄猪只的接触。

(4) 适时进行疫苗免疫接种，降低猪群的发病率。

(5) 抗生素治疗可明显降低感染猪发病的严重性。通过抗生素群体治疗能够减少繁殖猪群、断奶前后猪群的发病或病原携带状态。预防性投药一般于产前2周开始，并在整个哺乳期定期进行（如从2日龄开始每周注射1次长效土霉素，连用3次；或每隔1周肌肉注射1次增效磺胺，用量为磺胺嘧啶12.5毫克/千克体重，加甲氧苄胺嘧啶2.5毫克/千克体重，连用3次），结合哺乳仔猪的鼻腔内用药（2.5%硫酸卡那霉素喷雾，滴注0.1%高锰酸钾液、2%硼酸液等），可以在一定程度上达到预防或治疗的目的。常用的药物包括土霉素、恩诺沙星和各种磺胺类药物，但在应用前最好先通过药敏试验选择敏感药物。

十七、猪支原体肺炎

猪支原体肺炎（Mycoplasmal pneumonia of swine，MPS）又称猪喘气病、猪地方流行性肺炎、猪霉形体肺炎，是由猪肺炎霉形体引起猪的一种慢性呼吸道传染病。该病的主要临诊症状是咳嗽和气喘，病变的特征是融合性支气管肺炎，可见肺尖叶、心叶、中间叶和膈叶前缘呈“肉样”或“虾肉”样实变。急性病例以肺水肿和肺气肿为主，亚急性和慢性病例患猪生长缓慢或停止，饲料转化率低，育肥期延长。单独感染时病死率不高，但与PRRSV和其他病原混合感染时常引起病死率升高。

本病在世界各地广泛分布，发病率高，一般情况下病死率不高，但继发其他病原感染可造成严重死亡，所致的经济损失很大，给养猪业发展带来严重危害。

【病原学】 猪肺炎霉形体又称猪肺炎支原体，为霉形体属。在肉汤中的菌体形态，姬姆萨或瑞氏染色良好；革兰氏染色阴性，着色不佳。常可见几个菌体聚集成团，干燥后观察形态多样，大小不等，以环形为主也见球状、点状、新月状、丝状、两极杆状，可通过0.3微米孔径滤膜。

该病的病原由Mare、Switzer和Goodwin等于1965年证实为猪肺炎支原体。我国上海畜牧兽医研究所于1973年首次分离到一株致病性支原体。

猪肺炎支原体对外界环境抵抗力较弱，存活一般不超过26小时。常用的化学消毒剂均有消毒效果，如1%氢氧化钠、20%草木灰等均可数分钟内将其灭活病原。

【流行病学】 该病的自然病例仅见于猪，其他家畜和动物未见发病。不同年龄、性别和品种的猪均能感染，以哺乳仔猪和幼猪的易感性最强，发病率和病死率也较高；其次是生产母猪，特别是怀孕后期和哺乳期的母猪有较高的易感性；育肥猪发病较少，病势也较轻。公猪和成年猪多呈慢性或隐性感染。性别与本病的易感性无关。

病猪和带菌猪是本病的传染源。当猪场从外地引进带菌猪时，常可引起本病的暴发。哺乳仔猪通常从患病的母猪受到感染。有的猪场连续不断地发病是由于病猪在临诊症状消失后仍能在相当长时间内不断排菌的缘故。一旦本病传入后，如不采取严密措施则很难彻底清除。

猪肺炎支原体主要通过呼吸道传播，也可经健康猪与病猪的直接接触传播。其他途径如给健康猪皮下、静脉、肌肉注射或胃管投入病原菌都不能发病。

本病一年四季均可发生，但在寒冷、多雨、潮湿或气候骤变时，猪群发病率上升。饲养管理和卫生条件较好时可减少发病和死亡；饲料质量差，猪舍拥挤、潮湿、通风不良易诱发本病。继发感染其他病原时，常引起临诊症状加剧和病死率升高，最常见的继发性病原体有蓝耳病病毒、多杀性巴氏杆菌、肺炎球菌、嗜血杆菌和猪鼻支原体等。

支原体和PRRSV是引起猪呼吸道疾病综合征的主要元凶，尤其是当这两种病原同时感染，将会出现严重的呼吸道症状。

【临诊症状】潜伏期人工感染一般为10～21天，自然传染为21～30天。但潜伏期的长短与菌株毒力的强弱、感染剂量的大小、气候、个体、应激、饲养管理等因素密切相关。根据临诊经过，大致可分为急性型、慢性型和隐性型。

1. 急性型 常见于新疫区的猪群，尤以妊娠后期至临产前的母猪以及断奶仔猪多见。病猪常无前驱症状，突然精神不振，头下垂，站立一隅或伏卧，体温一般正常，呼吸次数剧增，达60～120次/分，呈明显腹式呼吸。咳嗽次数少而低沉，有时也会发生痉挛性阵咳。如有继发感染，病猪呼吸困难，严重者张口伸舌喘气，发出哮鸣声。此时，病猪前肢开张，站立或犬坐姿势，不愿卧地，体温升高可达40℃以上，鼻流浆液性液体，食欲大减甚至绝食，饮水量减少。由于饲养管理和卫生条件的不同，疾病的严重程度及病死率差异很大，条件好则病程较短，症状较轻，病死率低；条件差则易出现并发症，病死率较高。病程一般为1～2周。

2. 慢性型 一般由急性病例转变而来，也有部分病猪开始时就取慢性经过。本型常见于老疫区的架子猪、肥育猪和后备母猪，主要症状是咳嗽，初期咳嗽次数少而轻，以后逐渐加剧，咳嗽时病猪站立不动，背弓起，颈伸直，头下垂至地，直至呼吸道的分泌物排出为止。当凌晨气温下降、冷空气刺激、运动及进食后，咳嗽更为明显，严重者呈连续的痉挛性咳嗽。常出现不同程度的呼吸困难，呼吸次数增加，呈腹式呼吸（喘气）。这些症状时而明显、时而缓和，食欲变化不大。病猪的眼、鼻常有分泌物，可视黏膜发绀。若继发巴氏杆菌或其他病原微生物感染则可能发生急性肺炎。病程很长，可拖延两三个月，甚至长达半年以上。

3. 隐性型 可由急性或慢性转变而来，有的猪在较好的饲养管理条件下，感染后不表现症状，但它们体内存在不同程度的肺炎病灶，用X线检查或剖杀时可以发现。这些隐性患猪外表看不出明显变化，无明显的临诊表现或轻度咳嗽，而呼吸、体温、食欲、大小便常无变化，该型在老疫区猪群中的比例较大。如加强饲养管理，肺炎病变可逐渐吸收消退而康复；反之则病情恶化而出现急性或慢性的症状，甚至引起死亡。

【病理变化】主要病理变化部位在肺、肺门淋巴结和纵膈淋巴结。急性病例见肺有不同程度的水肿和气肿，其心叶、尖叶、中间叶及膈叶前缘出现融合性支气管肺炎病灶，以心叶最为显著，尖叶和中间叶次之，然后波及膈叶。早期病变发生在心叶，出现粟粒大至绿豆大肺炎灶，逐渐扩展成为融合性支气管肺炎。初期病灶的颜色多为淡红色或灰红色，半透明状，病变部位界限明显，像鲜嫩的肌肉样，肉变明显。随着病程延长或病情加重，病灶颜色逐渐转为浅红色、灰白色或灰红色。气管和支气管内充满浆液性渗出液，并含有小气泡。肺门淋巴结肿大。若继发细菌感染可导致肺和胸膜的纤维素性、化脓性和坏死性病变。

组织学变化主要是早期以间质性肺炎为主，以后则演变为支气管性肺炎。主要表现为支气管和细支气管上皮细胞纤毛数量减少，小支气管周围的肺泡扩大，肺泡间组织出现淋巴细胞浸润，肺泡腔内充满多量炎性渗出物。

【诊断】对于急性型和慢性型病例，可根据流行病学、临诊症状和病理变化进行诊断；

对于症状不典型或隐性感染的猪则需要依靠实验室方法或结合使用X线透视胸部进行诊断。确诊需参照NY/T 573—2005、GB/T 35909—2018进行实验室检测。

病料样品采集：采集流行初期濒死或死亡猪的肺进行分离培养。血清学检测可采集发病及同群动物血清。

【鉴别诊断】该病应注意与猪肺疫、猪肺丝虫以及猪流感的鉴别。猪肺疫为散发性或地方流行性，临诊症状主要是体温升高，食欲废绝，病程较短，病死率高，主要病变为败血症变化或纤维素性肺炎，取病猪心血或肝抹片，经染色镜检可见两极浓染的多杀性巴氏杆菌。肺丝虫病解剖后可见气管、支气管管腔内有肺丝虫堵塞，集约化养猪由于不接触中间宿主，一般不易发生肺丝虫病。猪流感以病程短为特征，喷嚏、流鼻液和肌肉疼痛明显，常于秋冬季流行。

【防控措施】预防或消灭猪气喘病主要在于坚持采取综合性的防控措施，疾病的有效控制取决于猪舍的环境包括空气质量、通风、温度及合适的饲养密度。根据该病的特点应采取的措施主要有以下几点。

1. 目前尚未发病地区和猪场的主要措施 应坚持“自繁、自养、自育”原则，尽量不从外地引进猪只，如必需引进时，应严格隔离和检疫，将引进的猪只至少隔离观察2个月才能混群。在一定地区内，加强种猪繁育体系建设，控制传染源，切断传播途径，搞好疫苗接种是规模化猪场疫病控制的重要措施。

2. 发病地区和养猪场的措施 如果该病新传入本地区或养殖场，发病猪只的数量不多，涉及的动物群较为局限，为了防止其蔓延和扩散，应通过严格检疫淘汰所有的感染和患病猪只，同时做好环境的严格消毒。

3. 生产措施 在感染猪群中控制这种疾病的最有效的办法是尽可能使用严格的全进全出的生产程序。如果该病在一个地区或猪场流行范围广、发病率高，严重影响猪群的生长和出栏，并且由于长期投药控制，产品质量和经济效益出现大幅度下降，此时应根据经济核算的结果考虑该病综合性控制规划的具体措施，如一次性更新猪群、逐渐更新猪群、免疫预防和/或药物防治等。以康复母猪培育无病后代，建立健康猪群的主要措施是：

(1) 自然分娩或剖腹取胎，以人工哺乳或健康母猪带乳培育健康仔猪，配合消毒切断传播因素。

(2) 仔猪按窝隔离，防止串栏；留作种用的架子猪和断奶小猪分舍单独饲养。

(3) 利用各种检疫方法清除病猪和可疑病猪，逐步扩大健康猪群。

符合以下健康猪场鉴定标准之一者，可判为无气喘病猪场。

(1) 观察3个月以上未发现有该病猪群，放入易感小猪2头同群饲养也不被感染者。

(2) 一年内整个猪群未发现气喘病症状，所有宰杀或死亡猪的肺部无该病病变者。

(3) 母猪连续生产两窝仔猪，在哺乳期，断奶后到架子猪，经观察无气喘病症状，一年内经X线检查全部哺乳仔猪和架子猪，间隔1个月再行复查，均未发现气喘病病变者。

4. 免疫预防 应用疫苗是减少和控制本病的有效措施。

5. 药物治疗 目前可用于猪气喘病治疗的药物很多，如泰妙菌素、加米霉素、泰拉霉素、替米考星、恩诺沙星和多西环素等抗生素，在治疗猪气喘病时，这些药物的使用疗程一般都是5～7天，必要时需要进行2～3个疗程的投药。在治疗过程中应及时进行药物治疗效果的评价，选择最佳的药物和治疗方案。

十八、旋毛虫病

旋毛虫病（Trichinellosis）是由旋毛形线虫的成虫和幼虫寄生于体内所引起的重要的人畜共患寄生虫病。旋毛虫的成虫寄生于人和多种动物的肠内，又称肠旋毛虫，幼虫寄生于同一动物的横纹肌中，又称肌旋毛虫。

1835年，Owen发现旋毛虫。旋毛虫病为世界性分布，欧、美、亚、非许多国家均有流行。我国动物感染旋毛虫极为普遍，福建、贵州、云南、西藏、湖北、河南、甘肃、辽宁、吉林、黑龙江等均有报道。家畜中则多见于猪、犬。我国人旋毛虫病例自1965年首次报道以来，陆续在云南、西藏、黑龙江、吉林、河南等地均有发现。近年来，随着饲养管理条件的改善，防控措施的落实，发病率已降至很低水平。

【病原学与发育史】旋毛形线虫属毛尾目、毛形科、毛形属。成虫细小，肉眼几乎难以辨识。雌雄异体。幼虫寄生于同一动物的横纹肌细胞之间，长可达1.15mm，形成包囊。虫体卷曲在包囊内，包囊呈椭圆形或圆形。其发育史为成虫与幼虫寄生于同一个宿主。

动物采食有活的旋毛虫幼虫的肌肉后，在小肠内发育为成虫，产生幼虫。一条雌虫约能生活6周，产出幼虫可达1500条左右。在肠内雌雄交配后，雌虫钻入肠黏膜淋巴间隙，产出幼虫，幼虫随淋巴经胸导管、前腔静脉流入心脏，然后随血流散布到全身肌肉，形成包裹或钙化。

旋毛虫包囊幼虫对低温的抵抗力很强，－12℃可保持活力57天，－23℃20天、－29℃12天才被杀死，盐渍或烟熏不能杀死肌肉内部的幼虫；在腐败的肉里能活100天以上。

【流行病学】旋毛虫病作为一种自然疫源性疾病，分布于世界各地，已为国内外许多研究工作者所证实。现已知有100多种动物在自然条件下可以感染旋毛虫，宿主包括人、猪、鼠、犬、猫、狐、狼、貂、黄鼠狼等几乎所有的哺乳动物，连不吃肉的鲸也可发生。家畜中，牛也有自然感染的，主要是通过肌肉中的包囊幼虫而在宿主间传播。

染虫的生猪肉及加工不当的染虫猪肉制品，旋毛虫包囊污染的食品、废肉屑、洗肉水和泔水，染虫的老鼠等均为传染源。

本病经消化道感染。猪感染旋毛虫病的主要途径，是吃了未经煮沸的洗肉泔水、废弃碎肉渣和副产物；其次为吃入鼠尸、腐肉、昆虫和别的动物粪便中排出的活的幼虫或完整的包囊所致，尤以放养猪为甚。狗、猫、鼠经常有吃肉的机会，它们的粪便对猪是一个很大的威胁。

【临诊症状】各种动物对旋毛虫都有较大的耐受力。自然感染的病猪，肠型期影响极小；肌型期无临诊状，宰杀后仅见寄生部位肌纤维横纹消失，萎缩，肌纤维膜增厚等。用大量幼虫人工感染猪，在感染后3～7天，可见初期有食欲减退、呕吐、腹泻等症状，以后有肌肉疼痛，运动障碍，声音嘶哑，呼吸、咀嚼和吞咽有不同程度的障碍，体温升高，消瘦等症状。有时眼睑和四肢水肿。死亡的极少，多于4～6周后康复。

实验证明，一个人按每千克体重吞食5条旋毛虫即可致死，而猪要10条以上，故旋毛虫对人的致病力比猪高一倍。

【诊断】动物患旋毛虫病，大多在宰后肉检中发现。其检查方法：取膈肌左右角（或腰肌、腹肌）各一小块，再剪成麦粒大的小块24块，用厚玻片作压片镜检（20～50倍）。发现包囊或尚未形成包囊的幼虫，即可确诊。但应注意与肉孢子虫及肌肉萎缩而形成的小囊相区别。前者为米氏囊，内含小型橘瓣样虫体；后者除结晶颗粒外，无虫体存在。

【防控措施】预防本病，关键在于加强卫生宣传教育，普及有关旋毛虫病方面的科学知识；加强肉品卫生检验工作，不仅要检验猪肉，还要检验狗肉及其他兽肉，发现含旋毛虫的肉应按肉品检验规程处理；提倡圈养猪、不放牧，更不宜到荒山野地去放牧；大力扑灭饲养场及屠宰场内的鼠类；改变饮食习惯，提倡熟食，不食各种生肉或半生不熟的肉类。

旋毛虫病的治疗研究工作，自20世纪60年代苯丙咪唑甲酸盐类问世以来，出现了新的局面。各种苯丙咪唑甲酸盐对旋毛虫的成虫和幼虫，均有良好的作用，且对移行期幼虫的敏感性较成虫更大，其中噻苯哒唑（Thiabendazol）被认为是能够杀死猪肌肉中旋毛虫包囊幼虫的首选药物。

苯丙咪唑单剂量（100毫克/千克）及食物中混饲（含0.025%）的方法试着人工感染小鼠，结果认为该药对旋毛虫成虫和各期幼虫的效果，分别比噻苯哒唑大4倍和2倍。

丙硫苯咪唑我国已于1979年由农业部兽医药品监察所研制成功。用于猪旋毛虫病治疗，按100千克体重200毫克计算总剂量，以橄榄油或液体石蜡按6∶1配制，分两次深部肌肉注射，间隔2天，效果良好。

【公共卫生学】人感染旋毛虫主要是由于吃生的或半生的猪肉、野猪肉、狗肉等而发病。调查证明，90%以上的病人，大多是吃生肉或半生肉所致。此外，通过肉屑污染餐具、手指和食品等也可感染。

人感染旋毛虫后的症状表现与感染强度和身体强弱有关。人的旋毛虫病可分为由成虫引起的肠型和由幼虫引起的肌型两种，成虫侵入肠黏膜时，引起肠炎，有半数病人出现呕吐、恶心、腹痛和粪中带血等早期胃肠道症状。感染15天左右，幼虫进入肌肉，出现肌型症状，其特征为急性肌炎、发热和肌肉疼痛；发热时，用一般解热剂无效。幼虫移行期（2～3周），破坏血管内膜，可发生全身性血管炎、水肿，以脸部特别是眼周围更为明显，甚至波及四肢。当肌肉严重感染时，可出现呼吸、咀嚼、吞咽及说话发生困难，肌肉疼痛，尤以四肢和腰部明显，其中以腓肠肌疼痛尤甚。其持续时间，最短12天，最长70天，但多数病例在3周左右消失。此种疼痛，不能以止痛剂所减轻。患者体温常常升高，嗜酸性粒细胞显著增多。由于心肌炎，脉搏减弱，血压降低，病人可出现虚脱，精神失常，视觉丧失，呈脑炎、脑膜炎症状。此类病人可取死亡转归。后期（成囊期），急性症状与全身症状消失，但肌肉疼痛可持续数月之久。国外报道，病死率可达6%～30%，国内现有资料的病死率在3%左右。病程为2～3周至2个月以上不等。

对于人旋毛虫病，可根据临床症状，本地区旋毛虫病的流行情况以及最近有否吃生肉或不熟肉的病史，血中嗜酸性粒细胞增多等做出初步诊断。人旋毛虫病的治疗，目前多采用噻苯哒唑，已在我国的云南、西藏、吉林等省（自治区）应用，效果良好，剂量为25～40毫克/千克体重，分2～3次口服，5～7天为一疗程，可驱杀成虫及肌肉内幼虫。用药后，可出现减食、头昏、恶心、呕吐、腹泻、皮疹等暂时性副作用，不久可自行消失。若同时应用激素治疗，可减轻副作用。丙硫苯咪唑也可试用。

十九、猪囊尾蚴病

猪囊尾蚴病（Porcine Cysticercus）又称猪囊虫病，是猪带绦虫的中绦期（猪囊尾蚴）

寄生于猪的肌肉及组织器官内所引起的危害严重的人兽共患寄生虫病。它不仅严重影响养猪事业的发展，而且给人体健康带来严重威胁。

本病广泛流行于以猪肉为主要肉食的国家和地区，目前世界上还有 22 个国家发生此病。我国的东北、华北、西北、华东和广西、云南等省、自治区发生也较多。

【病原学与发育史】猪囊尾蚴又称猪囊虫是链状带绦虫（猪带绦虫）的中绦期，链状带绦虫只寄生于人体小肠中。成虫为有钩绦虫，全长 2～5 米，有 700～1 000 个节片，背腹扁平腰带状，由头节、颈节和体节三部分组成。虫卵呈圆形或椭圆形。

猪囊尾蚴寄生于人、猪各部横纹肌以及心脏、脑、眼等组织器官。虫体为黄豆粒大小、椭圆形、乳白色半透明的囊泡。大小为（6～20）毫米×（5～10）毫米，其内充满无色透明液体，囊壁是一层薄膜，囊壁上有 1 个圆形、小高粱米粒大小的头节。

人是有钩绦虫的唯一终末宿主，猪带绦虫只寄生于人的小肠中。人还可充当中间宿主。猪囊尾蚴主要感染猪和人，犬、猫、兔、牛、骆驼也有感染的报道。

【流行病学】猪、野猪、猫、犬等动物易感，人也可感染。猪囊尾蚴的唯一感染来源是猪带绦虫的患者，它们每天向外界排出节片和虫卵，而且可持续数年。

猪吃了绦虫病人粪便中的绦虫节片和虫卵，或吃了绦虫卵污染的饲料，即可发生猪囊尾蚴病。

本病流行主要是由于不合理的饲养方式和不良的卫生习惯所致。有些地方养猪不用圈，居民无卫生保肥的厕所，猪到处乱跑，人随处大便。我国北方某些省区，有散养猪的习惯，因此猪的感染率较高。辽宁省某县猪囊尾蚴感染率曾高达 30.5%，当采取相应防控措施，实行猪有圈，人有厕后，感染率很快降到 2.5%。据询查，在囊尾蚴病猪高达 10%的地区，人体有钩绦虫感染率在 0.5%左右。据吉林省 1980 年在猪囊尾蚴病流行区调查，有钩绦虫病患者约占该地区人口的 0.5%～1%，感染猪囊尾蚴的病人约占 0.05%。人感染有钩绦虫主要是由于生食或吃了未煮熟的含有猪囊尾蚴的病肉所致。在云南西部和南部地区，当地群众有吃生猪肉的习俗，如果检疫不严格，很容易感染。

【临诊症状】囊尾蚴进入宿主机体后，在其移行的初期能引起各部组织的创伤。其症状随虫体寄生部位和感染强度的不同而有所差异。在肌肉内寄生时不呈现明显致病作用，但在脑、眼内寄生时能引起一定的功能障碍，尤其是人症状更为明显。在重度感染时，囊尾蚴的代谢产物对宿主有毒害作用，如引起营养不良、发育障碍、肌肉水肿等。

猪：轻症囊尾蚴病猪在生前没有任何临诊表现，只有重症病猪才有症状。病猪由于肌肉水肿，表现肩部肌肉增宽，两肩显著外张，臀部隆起，显得异常肥胖宽阔。病猪前胸、后躯及四肢异常肥大，体中部窄细，整个猪体呈哑铃状或葫芦形，头呈狮子头形。病猪行走时，前肢僵硬，后肢不灵活，左右摇摆，形如醉酒。平时反应迟钝，不爱活动。视力减退，眼神痴呆，眼球转动不灵活，有的眼球稍向外突出，严重的病猪视力消失，翻开眼睑可看到豆粒大小的青白色透明隆起的囊尾蚴。病猪发育迟缓，当囊尾蚴寄生于喉头肌肉时，可表现呼吸短促或憋气等现象，常有打呼噜或喘鸣音。虫体在舌肌寄生时，可发现舌底或舌根部有带弹性的虫体结节。触摸股内侧肌肉时，有时也可触摸到带有弹性的虫体结节。

【病理变化】猪囊尾蚴病的病理变化视其寄生部位、数目及发育时期而异。因六钩蚴随血液运行散布，故寄生部位极为广泛。死后剖检可在骨髓肌、心、脑等处发现黄豆粒大乳白色虫体包囊。重症者肌肉高度变性、水肿。经病理组织学检查，囊尾蚴包囊分为两层：外层为细胞浸润，在急性期主要为中性粒细胞和嗜酸性粒细胞浸润，在慢性期主要为淋巴细胞和浆细胞浸润；内层为纤维组织或玻璃样变性。此外，还可见到坏死层和肉芽肿。

【诊断】按照《猪囊尾蚴病诊断技术》（GB/T 18644—2002）进行。

猪囊尾蚴病的生前诊断比较困难，根据其临诊特点可按以下方法进行。①听病猪喘气粗，叫声嘶哑；②看病猪肩胛、颜面部肌肉宽松肥大，眼球突出，整个猪体呈哑铃形；③检查舌部，眼结膜和股内侧肌，可触摸到颗粒样硬结节。死后诊断通常比较容易，切开咬肌、腰肌、股内侧肌、肩胛外侧肌和舌肌等处，常可见到囊尾蚴结节。

免疫学诊断也可在实践中应用：从猪囊尾蚴取得无菌囊液制成抗原，进行皮内变态反应、沉淀反应、乳胶凝集试验、快速ELISA试验、补体结合试验、间接血凝试验等，对于诊断人和猪的猪囊尾蚴病有重要意义。生前免疫学诊断常用的方法是酶联免疫吸附试验（ELISA）和间接血凝试验。

【防控措施】猪囊尾蚴的生活史决定该病在防控方面必须采取综合措施：

1. 加强宣传教育，提高人民对猪囊尾蚴危害性和感染途径与方式的认识，自觉防控猪囊尾蚴。

2. 注意个人卫生，不吃生的或半生的猪肉，以防感染猪带绦虫。

3. 加强肉品卫生检验，推广定点屠宰，集中检疫　严禁囊虫猪肉进入市场。检出的阳性猪肉应严格按照国家规定进行无害化处理。

4. 查治病人，认真开展驱绦灭囊　猪囊尾蚴病与有钩绦虫病在猪和人之间交替发生发展，互为因果引起循环感染。若不采取积极的卫生防治措施，就会形成恶性循环，加剧人、猪患病。普查绦虫病患者，驱除人体的有钩绦虫，检出囊虫病猪，加强肉品卫生检验，对检出的囊虫病猪及猪肉必须进行无害化处理，同时要求做到猪有圈、人有厕，人厕与猪圈分开，人粪及时发酵处理。

5. 治疗　近年来随着低毒、广谱驱虫药相继问世，在驱绦、灭囊工作方面已取得了突破性进展，使过去无药可治的囊虫病患者恢复了健康，而且在防治猪的囊虫病方面也收到良好效果。

（1）猪囊尾蚴病。

①人的猪囊尾蚴病。治疗前需经卫生部门详细检查，同时应充分考虑疗程的长期性和药物可能产生的严重反应，做好必要的应急措施。治疗药物如下：

吡喹酮：对人体囊尾蚴病的疗效是肯定的，药物总有效率为100%。总剂量为每3天120毫克/千克，每天3次，连服3天为一疗程。对皮肌型患者，总剂量为每6天120毫克/千克，每天量分3次内服，连服6天为一疗程，共治疗2～3个疗程。脑型患者总剂量为每4天180毫克/千克，每天量分3次内服，连服4天，共服3～4疗程。每疗程满后，通常间隔1～3个月再服下一疗程，一般最少应服2～3疗程才能取得疗效。同时每天配合强的松5毫克，3次/日；或地塞米松5毫克，1次/日；吡喹酮疗程满时，再延长2～3天后再停用。

丙硫咪唑：该药对病程短的患者疗效高，对囊尾蚴结节吸收效果好，并可用于吡喹酮治疗无效的患者。按每天20毫克/千克给药，连用10天，每天量分2次（或分3～4次）口服。休息15～20天再进行下一疗程。皮肌型应服2～3个疗程，脑型患者需服4～6个疗程。总有效率达93.9%。同时配合强的松5毫克，3次/日，连用12天，适当应用甘露醇脱水。

②猪的囊尾蚴病。治疗药物如下：

吡喹酮：按50毫克/千克给药，每天1次，混于饲料内服用，连用3天；也可按60～100毫克/千克给药，与液体石蜡按1∶5比例制成混悬液，分多点肌肉注射。

丙硫咪唑：按60～65毫克/千克给药，用橄榄油或豆油制成6%悬液肌肉注射；20毫克/千克给药，1次口服，隔48小时再服1次，共服3次即可治愈。

吡喹酮或丙硫咪唑治疗4个月后，经屠宰后检查，虫体已死亡，并被吸收、钙化。丙硫咪唑治疗效果更为满意，杀死的虫体被迅速吸收，不留钙化灶。肉质营养成分与健康猪肉基本一致，肉品外观上不受影响，可以食用。

（2）绦虫病的治疗。目前驱绦虫药较多，且均有较好疗效，绝大多数均可迅速排虫。

①吡喹酮。对各类绦虫均有效。

②氯硝柳胺（灭绦灵）。对各类绦虫均有效，服后不吸收。

③仙鹤草根芽。于深秋至早春季节采集仙鹤草地下部分的根芽，水洗后趁湿搓去皮，晒干研制成粉备用。治愈率90%以上。

此外，还有使用硫双二氯酚、二氯甲双酚、阿的平、丙硫咪唑、甲苯哒唑驱虫的，也有较好效果。

【公共卫生学】人感染囊尾蚴病主要由体内自身感染、体外自身感染和外来感染三种方式引起。体内自身感染是有钩绦虫患者因恶心、呕吐将小肠有钩绦虫节片或虫卵返回胃内而引起，这类病人往往病情重，体内囊尾蚴寄生数量多；体外自身感染是由于绦虫病人不注意卫生，便后不洗手，用沾染虫卵的手拿食物吃而引起感染，据统计，在绦虫病人中有14.9%（2.3%～25%）伴发囊尾蚴病；外来感染主要是通过吃了有钩绦虫卵污染的瓜果、蔬菜，饮用了虫卵污染的河水、井水而感染。

人感染囊尾蚴病的主要临床症状：

1. 囊尾蚴病的症状 根据囊尾蚴寄生部位和感染程度的不同，出现的症状也不相同。人体寄生的囊尾蚴可由一个至数千个不等。

皮肌型（轻型或无症状型）：囊尾蚴仅寄生在皮下浅层肌肉组织，可见到手指甲大小（平均直径为1厘米）圆形或椭圆形的结节，触摸有弹性，可移动，无压痛。数月内可由1～2个增至数千个，以背部及躯干为多，四肢较少，常分批出现。即使在数目较多时，也不出现严重症状，仅有肌肉酸痛感觉。

脑型：由于囊尾蚴在脑内寄生部位、感染程度、存活时间长短以及宿主反应性等的不同，表现的症状复杂多样化。有的可全无症状，有的则极为严重甚至突然死亡。脑型囊尾蚴病以癫痫发作最多见。临床可见头痛、神志不清、视力模糊、记忆力减退、颅压增高等症状。脑血流量障碍时，还可引起瘫痪、麻痹、半身不遂、失语和眼底病变等症状。脑脊液白细胞显著增多，尤其是淋巴细胞。如诱发脑炎则可引起死亡。

眼型：囊尾蚴可寄生于眼的任何部位，但绝大多数寄生在眼球深部，即玻璃体（占40.5%）及视网膜下（占32.7%）。轻者表现为视力障碍，常有虫体蠕动感；重者可失明。囊尾蚴在眼球内的寿命为1～2年。虫体存活时，患者尚可忍受。一旦虫体死亡，释放的毒素强烈刺激，可引起炎性渗出性反应，如视网膜炎，脉络膜炎或脓性全眼球炎，甚至产生视网膜脱落，并发白内障、青光眼，直至眼球萎缩等。

2. 有钩绦虫病症状 有钩绦虫病患者一般症状轻微，但有时症状也较重。绦虫在肠道内通过体表膜夺取人体大量营养，头节上的吸盘和小钩以及虫体表面的微绒毛给人以机械性刺激，损伤肠黏膜。绦虫分泌的毒素和代谢产物引起患者食欲异常，消化不良、腹部不适、隐痛、腹胀、腹泻或便秘、恶心、呕吐等消化道症状。此外，患者还可表现无力、失眠、头晕、神经衰弱、劳动力减退等变化；严重者表现贫血、发育迟缓等。

二十、猪圆环病毒病

猪圆环病毒病（Porcine circovirus infection）是由猪圆环病毒 2 型引起猪的一种多系统功能障碍性疾病，出现严重的免疫抑制。临诊上以新生仔猪先天震颤（CT）、猪皮炎和肾病综合征（PDNS）、断奶仔猪多系统衰竭综合征（PMWS）和 PCV2 相关性繁殖障碍为其主要的表现形式。

该病病原是 1982 年由 TisCher 等发现并鉴定的，1999 年我国首次进行的血清学调查结果表明，在许多猪群中也存在着猪圆环病毒感染，此后从国内发病猪中分离并鉴定了 2 株野毒。

【病原学】猪圆环病毒 2 型（Porcine circovirus 2，PCV2）属于圆环病毒科、圆环病毒属的成员。根据致病性、抗原性和核酸序列的差异，将 PCV 分为 PCV1 和 PCV2。PCV1 无致病性，PCV2 却具有致病性，能引起猪表现多种临床症状。PRRSV、MPS、HPS 等与 PVC2 有协同致病作用。

在病猪鼻黏膜、支气管、肺脏、扁桃体、肾脏、脾脏和小肠中有 PCV 粒子存在、淋巴组织、相关免疫细胞和血液中的细胞存在大量的 PCV2 抗原。胸腺、脾、肠系膜、支气管等处的淋巴组织中均有该病毒，其中肺脏及淋巴结中检出率较高。病毒与巨噬细胞/单核细胞、组织细胞和胸腺巨噬细胞相伴随，导致患猪体况下降，形成免疫抑制。

该病毒可抵抗 pH 为 3 的酸性环境和 56℃、70℃的高温环境，经氯仿处理也不失活。

【流行病学】各日龄的猪均可感染。PCV2 主要感染哺乳期的仔猪、育肥猪和母猪。传染性仔猪先天性震颤（CT）常见于出生后第 1 周内仔猪；断奶仔猪多系统衰竭综合征（PMWS）的常见于 6～8 周龄的断奶仔猪，5～16 周龄仔猪也有发生；猪皮炎和肾病综合征（PDNS）通常散发于哺乳期至生长发育期的猪；PCV2 相关性繁殖障碍主要发生于母猪等。

PCV2 在自然界分布很广，猪群血清阳性率达 20%～80%。病猪和带毒猪是传染源。成年猪通常呈亚临诊状态，是重要的带毒者。病毒除类-口途径感染外，还可垂直传染。

本病在感染猪群中仔猪的发病率差异很大，通常为 8%～10%，高的可达 20%左右。发病的严重程度也有明显的差别。

【临诊症状】

1. 传染性仔猪先天性震颤 震颤的严重程度不等。通常表现为双侧性震颤，可影响到骨骼肌，当仔猪休息或睡眠时震颤可得到缓和。但突然的噪声或寒冷等外界刺激时，震颤可重新激发或加重。出生后第 1 周内出现严重震颤的仔猪由于不能得到哺乳而引起死亡，1 周龄以上的仔猪常常能耐过。有时仔猪的震颤症状始终不消失，直到生长期或育肥期还不时表现出来。

2. 断奶猪多系统衰竭综合征 主要发生于 5～13 周龄的猪，很少影响哺乳仔猪。主要的临诊症状有体重下降、生长缓慢、消瘦、被毛粗乱、贫血、可视黏膜苍白、呼吸急促，呼吸困难，黄疸。严重者下痢或腹泻、咳嗽和中枢神经系统紊乱。康复猪常成为僵猪。该型的发病率低，但病死率高。

3. 猪皮炎和肾病综合征 常见皮肤发生圆形或不规则形的隆起，呈现红色或紫色中央为黑色的病灶。病灶常融合成条带和斑块。病灶通常在后躯、后肢和腹部最早发现，有时亦可扩展到胸肋或耳朵。发病温和的猪无症状，常自动康复。发病严重者可能显示跛行、发热、厌食或体重减轻。

4. PCV2 相关性繁殖障碍 表现母猪的返情率增加，流产，产木乃伊胎、死胎和弱仔；在后备母猪或初产母猪多的猪场，其流产或产木乃伊的情况更严重。PCV2 经常与伪狂犬病毒（PRV）、细小病毒（PPV）、繁殖与呼吸综合征病毒（PRRSV）等病毒混合感染。

【病理变化】

1. 先天性震颤 尚未见眼观病变，组织学变化主要是脊索神经的髓鞘形成不全。

2. 断奶猪多系统衰竭综合征 病猪营养不良，有不同程度的肌肉萎缩和严重消瘦，皮肤中度苍白，部分病猪出现黄疸。所有淋巴结均增大 3～4 倍，淋巴结切面呈均质白色。肺呈弥漫性间质性肺炎病变，质地硬如橡皮，肺表面一般呈灰色到褐色的斑驳样外观，有些病例肺小叶出血，在肺的上部和中部常见灰红色的膨胀不全或实变区。病猪肾脏肿大、苍白，体积可增大到正常体积的 5 倍。肝脏出现不同程度的萎缩或退化。脾脏肿大、坏死。胃肠道也出现不同程度的充血和出血性变化。

组织学病变是肺、肾、肝、胰腺和所有淋巴组织均出现淋巴细胞—组织细胞浸润。肺表现为部分或全部上皮脱落，淋巴器官和组织显示 B 细胞滤泡消失，T 细胞区由于组织细胞和多核细胞浸润而扩张膨大。肾脏皮质和髓质萎缩，输尿管间组织水肿。肝细胞肿大和不同程度的坏死。

3. 猪皮炎和肾病综合征 典型的皮肤损害，在猪的躯体发生瘀血、瘀点或瘀斑，呈紫红色；肾肿大、苍白，常被出血小点覆盖；可视的浅表淋巴结肿大，可肿至 3～4 倍，可出现黄色胸水或心包积液。特征性的显微损害为全身性坏死性脉管炎和纤维蛋白坏死性肾小球性肾炎。这种病损是Ⅲ型过敏反应的特征，属免疫介导性障碍，由免疫复合物在脉管和肾小球微血管的管壁上沉淀引起。

【诊断】一般性诊断要了解的该病流行病学、临诊症状、病理变化等特点，实验室诊断包括对 PCV2 病毒的分离和鉴定、PCV2 抗体的检测等。确诊需按照 GB/T 35901—2008、GB/T 35910—2018 进行实验室检测。

【防控措施】目前尚无特效的治疗方法，应采取全进全出的饲养管理制度，保持良好的卫生及通风状况，确保饲料品质和使用抗生素控制继发感染，以及淘汰发病猪并进行无害化处理等综合性防控措施。生产实践中，要因地制宜、分阶段采取针对性措施：

1. 分娩期 ①仔猪全进全出，两批猪之间要彻底清扫消毒。②分娩前要清洗母猪和驱除体内外寄生虫。③限制交叉哺乳，如果确实需要也应限制在分娩后 24 小时之内。

2. 断乳期（保育期） ①原则上一窝一圈，猪圈分隔坚固（壁式分隔）。②坚持严格的全进全出制度（进猪时间上要求同一猪舍内的进猪先后严格控制在一周之内，并有与邻舍分割的独立的粪尿排污系统）。③降低养猪密度：不少于 0.33 平方米/猪。④增加喂料器空间：大于 7 厘米/仔猪。⑤改善空气品质 NH_3＜10 毫克/千克，CO_2＜0.1%，相对湿度＜85%。⑥猪舍温度控制和调整：3 周内仔猪控制在 28℃，每隔一周调低 2℃，直至常温。⑦批与批之间不混群。

3. 生长/育肥期 ①育肥猪，采用壁式分隔饲养。②坚持严格的全进全出，坚持空栏、清洗和消毒制度。③断奶后从猪圈移出的猪不混群。④降低饲养密度：不少于0.75平方米/猪。⑤改善空气质量和温度。

4. 免疫接种 目前，我国已有SH株、LG株、DBN-SX07株、WH株、ZJ/C株5个毒株全病毒灭活疫苗可供使用。这5个毒株均处于1个分支，均有较好的免疫效果。2周龄首免，间隔21天可以加强免疫一次，但并不能完全控制PCV2感染。

二十一、副猪嗜血杆菌病

副猪嗜血杆菌病（Haemophilus parasuis，HPS）又称猪格氏病（Glasser's disease），是由副猪嗜血杆菌（*H. parasuis*）引起的一种以猪多发性浆膜炎和关节炎为特征的接触性传染病。目前，该病呈世界性分布，其发生呈递增趋势，以高发病率和高死亡率为特征，影响猪生产的各个阶段，给养猪业带来了严重损失。

【病原学】副猪嗜血杆菌（*HPs*）为嗜血杆菌属，革兰氏阴性短小杆菌，非溶血性，形态多变，无鞭毛，无芽胞，新分离的致病菌有荚膜。副嗜血杆菌有15个以上血清型，其中血清型4、5、13最为常见（占70%以上）。一般条件下难以分离和培养，尤其是应用抗生素治疗过病猪的病料，因而给本病的诊断带来困难。

本菌对外界抵抗力不强，常用消毒剂均可将其灭活。*HPs*干燥环境易死亡，60℃可存活5～20分钟，4℃可存活7～10天。由于抗菌药物的广泛使用，副猪嗜血杆菌对多种药物产生了耐药性。副猪嗜血杆菌多存在于猪的上呼吸道，通常在鼻腔和气管分离到，极少从肺和血液中分离到，从未从扁桃体分离到。

【流行病学】本病只感染猪，从2～17周龄均易感，其中以5～10周龄最多见。以30～60千克的仔猪和架子猪最易感，成年猪多呈隐形感染或仅见轻微的症状。病猪和带菌猪是主要传染源，呼吸道是主要的传播途径，也可经消化道感染，病菌通过飞沫随呼吸运动进入健康的仔猪体内，或通过污染饲料和饮水经消化道侵入体内。另外，本菌还可通过创伤侵害皮肤，引起皮肤的炎症和坏死。密度过大、通风不良，卫生条件不良时本病多发。断奶、转群、混群或长途运输也是常见的诱因。发病率一般为40%～50%，病死率可达50%以上。本病虽四季均可发生，但以早春和深秋天气变化比较大的时候多发。该病常与其他病原混合感染或继发感染。

【临诊症状】

1. 急性型 往往首先发生于膘情良好的猪，病猪发热（40.5～42.0℃）、精神沉郁、食欲下降，呼吸困难，腹式呼吸，皮肤发红或苍白，耳梢发绀，眼睑皮下水肿，行走缓慢或不愿站立，腕关节、跗关节肿大，共济失调，临死前侧卧或四肢呈划水样。有时会无明显症状突然死亡。一般在1～4日内死亡，个别的转化为亚急性或慢性型。怀孕母猪可发生流产，公猪则出现跛行。

2. 亚急性型和慢性型 多见于保育猪，食欲下降，被毛粗乱，四肢无力或跛行，反复发热，咳嗽，呼吸困难，耳边缘发绀，有的下腹和四肢末端发绀，腕关节或跗关节肿胀疼痛，生长不良，诊疗不及时常衰竭死亡。

大多数病例呈非典型症状。临诊表现为咳嗽、呼吸困难、跛行、关节肿大、消瘦、被毛粗乱等。隐性感染者不表现临诊症状，成为重要的传染源。

【病理变化】死于本病的猪，体表常有大面积的瘀血斑，病情严重者，四肢末端、耳朵和胸背的皮肤呈紫色。特征性病变主要在单个或多个浆膜面，包括胸膜、腹膜、心包膜、脑膜和关节滑膜，出现浆液性、化脓性纤维蛋白渗出。发生心包粘连。肺脏瘀血、水肿，表面常被覆薄层纤维蛋白膜，并常与胸壁发生粘连。关节周围组织发炎和水肿，关节囊肿大，关节液增多、混浊，内含黄绿色纤维素性化脓性渗出物。脑软膜充血、瘀血和轻度出血，脑回变得扁平，脑膜与头骨的内膜以及脑实质之间粘连。其他表现为肺、肝、脾、肾充血与局灶性出血和淋巴结肿胀等。腹膜与腹腔各脏器之间发生粘连等。

【诊断】本病可根据病史、临床症状和特征性病变作出初步诊断，确诊需进行病料涂片镜检，副猪嗜血杆菌分离培养鉴定。确诊需按照 GB/T 34750—2017 进行。

病料样品采集：血清、血液、关节液、心包液、病变的实质脏器。

【防控措施】副猪嗜血杆菌病的有效防控，应加强主要病毒性疾病的免疫、选择有效的药物组合对猪群进行常规的预防保健、改善猪群饲养管理条件等综合性措施。

1. 免疫接种 副猪嗜血杆菌多价油乳剂灭活苗，给母猪接种，通过初乳可使 4 周龄以内的仔猪获得保护力，仔猪 4 周龄时，再接种同样疫苗，使其产生免疫力。必须注意本病血清型众多，如接种的疫苗所含血清型的种类与所发生的血清型相同，则效果优良，否则会致免疫失败。

2. 加强饲养管理 保持清洁卫生，通风良好，防寒防暑，尽量减少其他呼吸道病原的入侵，杜绝大小猪只混养，减少猪的流动，提高猪的抗病力。

提倡自繁自养，因本病血清型具有明显的地方特性，尽量从本地区购进仔猪，以防将新的血清型病原带入本地区。

本菌对氟苯尼考、喹诺酮类、头孢菌素类、阿莫西林/克拉维酸钾等药物敏感。发病猪可用上述一种或联合用药，进行肌肉注射或静脉注射。

二十二、鸡传染性喉气管炎

鸡传染性喉气管炎（Infectious laryngotracheitis，ILT）是由传染性喉气管病毒引起鸡的一种急性接触性呼吸道传染病。其特征为呼吸困难，咳嗽，咳出含有血液的渗出物，喉部和气管黏膜肿胀，出血并形成糜烂。该病传播快，病死率较高，是目前严重威胁养鸡业的重要呼吸道传染病之一。

本病 1925 年首次报道于美国，现已广泛流行于世界许多养禽的国家和地区；我国于 1986 年发现了血清学阳性病例，1992 年分离到病毒。

【病原学】传染性喉气管炎病毒（Infectious laryngotra cheitis virus，ILTV），属疱疹病毒科、疱疹病毒甲亚科类传染性喉气管炎病毒属的禽疱疹病毒 1 型，基因组由双股 DNA 组成。ILTV 的不同毒株在致病性和抗原性均有差异，但目前只有一个血清型。由于不同毒株对鸡的致病力差异很大，给本病的控制带来困难。

传染性喉气管炎病毒的抵抗力很弱，对乙醚、氯仿、热和一般消毒剂都敏感，如 3%来苏儿或 1%氢氧化钠溶液 1 分钟即可杀死，在 38℃肉汤中 48 小时失活，55～75℃生理盐水中很快即被灭活。

【流行病学】 在自然条件下，主要侵害鸡，不同年龄的鸡均易感，但以 4～10 月龄的成年鸡症状最为特征。野鸡、孔雀、幼火鸡也可感染，而其他禽类和实验动物有抵抗力。

病鸡和康复后的带毒鸡是主要传染源。病毒存在于喉头、气管和上呼吸道分泌液中，通过咳出血液和黏液而传播；约 2%康复鸡可带毒，时间可长达 2 年。

传染性喉气管炎病毒的自然侵入门户是上呼吸道和眼结膜，经消化道途径也能感染但很少见。易感鸡与接种活苗的鸡长时间接触，也可感染本病，说明接种活苗的鸡可在较长时间内排毒。被病鸡分泌物和排泄物污染的空气、设备、工作人员衣物、垫料、饲料和饮水，可成为传播媒介。目前还没有垂直传播的证据。

本病一年四季均可发生，但以冬、春季节多发。在易感鸡群内传播很快，感染率可达 90%以上，病死率为 5%～70%，一般平均在 10%～20%，高产的成年鸡病死率较高。急性病鸡传播本病比临诊康复带毒鸡的接触性传播更为迅速。

【临诊症状】 潜伏期自然感染的为 6～12 天，人工气管内接种为 2～4 天。

急性感染的特征症状是鼻孔有分泌物，呼吸时发出湿性啰音，继而咳嗽和喘气。严重病例，呈现明显的呼吸困难，甩头，咳出血痰或带血的黏液，有时还能咳出干酪样的分泌物；检查口腔时，可见喉部黏膜上有淡黄色凝固物附着，不易擦去，多为窒息死亡。病鸡精神沉郁、流泪、羞明、眼睑部肿胀、食欲减退、迅速消瘦，鸡冠发绀，有时排绿色稀粪，衰竭死亡。产蛋率可下降 10%～20%或更多。病程 5～7 天或更长。有的逐渐恢复成为带毒者。

温和型感染多表现为黏液性气管炎、窦炎、流泪、结膜炎，有些呈地方流行性，其症状为生长迟缓，产蛋减少，严重病例见眶下窦肿胀，发病率仅为 2%～5%，病程长短不一，病鸡多死于窒息，呈间歇性发生死亡。

【病理变化】 典型的病变为喉头、气管黏膜充血和出血、肿胀，并覆盖有黏液性分泌物，有时这种渗出物呈干酪样假膜或呈成条状的黏液出血块，甚至会完全堵塞气管。炎症可扩散到支气管、肺和气囊或眶下窦。比较缓和的病例，仅见结膜和窦内上皮的水肿及充血。

组织学变化主要见于喉头和气管，可见黏膜下水肿，有细胞浸润。在病的早期可见核内包涵体。

【诊断】 根据流行病学，特征性症状和典型的病变，即可做出诊断。在症状不典型，与传染性支气管炎、鸡毒支原体病不易区别时，须进行实验室诊断。

病料样品采集：从活鸡采集病料，最好用气管拭子，将采集好的拭子放入含有抗生素的运输液中保存；从病死鸡采集病料，可取病鸡的整个头颈部或气管、喉头送检；用于病毒分离的，应将病料置于含抗生素的培养液中。

【防控措施】

1. 预防 坚持严格隔离、消毒等措施是防止本病流行的有效方法，封锁疫点，禁止可能污染的人员、饲料、设备和鸡只的流动是成功控制的关键。野毒感染和疫苗接种都可造成传染性喉气管炎病毒带毒鸡的潜伏感染，因此避免将康复鸡或接种疫苗的鸡与易感鸡混群饲养尤其重要。

目前有两种疫苗可用于免疫接种。一种是弱毒疫苗，经点眼、滴鼻免疫。但 ILT 弱毒疫苗一般毒力较强，免疫鸡可出现轻重不同的反应（精神委靡，采食下降或不食，闭眼流泪，呼吸啰音，有的出现和自然发病相同的症状），甚至引起成批死亡，接种途径和接种量应严格按说明书进行。另一种是强毒疫苗，可涂擦于泄殖腔黏膜，4～5天后，黏膜出现水肿和出血性炎症，表示接种有效，但排毒的危险性很大，一般只用于发病鸡场。首次免疫时间一般在35～40日龄，二次免疫时间在90～95日龄。接种后4、5天即可产生免疫力，并可维持大约一年。鸡群存在有支原体感染时，禁止使用以上疫苗，否则会引起较严重的反应，非用不可时，在接种前后三天内应使用有效的抗生素治疗支原体。

对暴发ILT的鸡场，所有未曾接种过疫苗的鸡只，均应进行疫苗的紧急接种。紧急接种应从离发病鸡群最远的健康鸡只开始，直至发病群。

2. 控制 发现病鸡，采取严格控制、扑灭措施，防止疫情扩散。

3. 治疗 使用药物对症疗法，仅可使呼吸困难的症状缓解。发生本病后，可用消毒剂每日进行消毒1～2次，以杀死环境中的病毒。中药制剂在生产上应用有较好效果，可根据鸡群状况选用。

二十三、鸡传染性支气管炎

鸡传染性支气管炎（Infectious bronchitis of chicken，IB）又称禽传染性支气管炎，是由禽传染性支气管炎病毒引起的鸡的一种急性、高度接触性传染的呼吸道和泌尿生殖道疾病。其特征是病幼鸡以咳嗽、喷嚏、流涕、呼吸困难和气管发生啰音等呼吸道症状为主；产蛋鸡则表现产蛋减少、品质下降，输卵管受到永久性损伤而丧失产蛋能力。肾病变型传支的病鸡还表现拉淀粉糊样粪便，肾脏苍白、肿大，呈"花斑肾"。肾小管和输尿管内有尿酸盐沉积。

该病具有高度传染性，因病原系多血清型，而使免疫接种复杂化。感染鸡生长受阻，耗料增加、产蛋和蛋质下降、死淘率增加，给养鸡业造成巨大经济损失。

1930年，美国首先发现了该病，目前在世界各养鸡国均有发现。我国于1972年由邝荣禄在广东首先发现IB的存在，现已在我国大部分地区蔓延。

【病原学】 禽传染性支气管炎病毒（Avrian infectious bronchitis virus，AIBV）属于套式病毒目、冠状病毒科、冠状病毒亚科、丙型冠状病毒属、禽冠状病毒的传染性支气管炎病毒，病毒基因组为RNA病毒。现已发现IBV血清型有30多种，各血清型间没有或仅有部分交叉免疫作用，且在混合感染的情况下，IBV可以发生重组，因此，很容易出现新的血清型或基因型。我国主要是M_{41}型。引起肾病变的AIBV株有澳大利亚T株，美国主要是Gray和Holte株，意大利为11 731株。对肾的致病性T株是100%、Holte株为90%、Gray株为85%、M_{41}株为20%。国内已证实了后3种毒株的存在。

禽传染性支气管炎病毒对乙醚敏感，多数病毒株在56℃15分钟或45℃90分钟即被灭活，但－20℃能保存7年、－30℃能保存24年之久。病毒对一般消毒剂敏感，如在0.01%高锰酸钾3分钟内死亡，1%甲醛溶液很快既被杀死。

【流行病学】 禽传染性支气管炎病毒主要感染鸡，此外还对雉、鸽、珍珠鸡有致病性。各种年龄的鸡都可发病，但雏鸡和产蛋鸡最为易感，肾型IB多发生于20～50日龄的幼鸡。有母源抗体的雏鸡有一定抵抗力（约4周）。适应于鸡胚的毒株，脑内接种乳鼠，可引起乳鼠死亡。

病鸡和康复后带毒鸡主要通过呼吸道和泄殖腔向外排毒，是主要的传染源；病鸡康复后可带毒49天，在35天内具有传染性。

本病的主要传播途径是呼吸道。病鸡从呼吸道和泄殖腔等途经排出病毒，经飞沫传染给易感鸡。此外，通过饲料、饮水等，也可经消化道传染。飞沫、尘埃、饮水、饲料、垫料等是最常见的传播媒介。

鸡传染性支气管炎属于高度接触性传染病，一年四季均有流行，但以冬春寒冷季节最严重。在鸡群中传播迅速，几乎在同一时间内有接触史的易感鸡都发病。过热、严寒、拥挤、通风不良和维生素、矿物质、其他营养缺乏以及疫苗接种应激等均可促进本病的发生，发病率和病死率与毒株的毒力强度及环境因素有很大关系，青年鸡的感染率通常为25%～30%，高者可达75%。

【临诊症状】该病病型复杂，通常分为呼吸型、肾型等，其中还有一些变异的中间型。该病毒血清型多、变异快、易引起免疫失败，并导致鸡的增重和饲料报酬率降低。

1. 呼吸型 潜伏期36天或更长一些，人工感染为18～36小时。本病以病鸡看不到前驱症状，突然出现呼吸症状，并迅速波及全群为特征。4周龄以下幼鸡常表现伸颈、张口呼吸、喷嚏、咳嗽、啰音、病鸡全身衰弱，精神不振，食欲减少，羽毛松乱，昏睡、翅下垂；常挤在一起，借以保暖；个别鸡鼻窦肿胀，流黏性鼻汁，眼泪多，逐渐消瘦；康复鸡发育不良。

6周龄以上的育成鸡发病症状与幼鸡相似，同时伴有减食、沉郁或下痢，但通常无鼻涕。产蛋鸡呼吸道症状较温和，在鸡群安静时可听到喷嚏、咳嗽、气管啰音，但产蛋性能的变化更为明显，产蛋量下降，持续4～8周，产畸形蛋、软壳蛋、粗壳蛋，蛋清变稀呈水样，蛋黄与蛋清分离以及蛋白黏着于壳膜表面等。产蛋鸡幼龄时感染鸡传染性支气管炎病毒可形成永久性的输卵管损伤，鸡只外观正常但终生不产蛋，俗称“假母鸡”。

病程一般为1～2周，有的拖延至3周。雏鸡的病死率可达25%，6周龄以上的鸡病死率很低。康复后的鸡具有免疫力，血清中的相应抗体至少有一年可被测出，但其高峰期是在感染后3周前后。

2. 肾型 主要发生于2～6周的幼鸡，呼吸道症状轻微或不出现，或呼吸症状消失后，病鸡沉郁、持续排白色石灰样稀粪或水样下痢、迅速消瘦、饮水量增加。发病率高，病死率常随感染日龄、病毒毒力大小和饲养管理条件而不同，雏鸡病死率为10%～45%，6周龄以上鸡病死率在0.5%～1%。

肠型和生殖型：外观症状与呼吸型、肾型类似，大部分为混合型。

【病理变化】主要发生在呼吸道、消化、泌尿与生殖系统。

呼吸型：剖检病鸡可见气管、支气管、鼻腔和窦内有浆液性、卡他性和干酪样渗出物。气囊可能混浊或含有黄色干酪样渗出物。在死亡鸡的后段气管或支气管中有时有一种干酪性的栓子。在大的支气管周围可见到小灶性肺炎。产蛋母鸡的腹腔内可以发现液状的卵黄物质，卵泡充血、出血、变形。18日龄以内的幼雏，有的见输卵管发育异常，致使成熟期不能正常产蛋。

肾型：主要病变为幼鸡肾肿大出血、苍白、小叶突出，多数呈斑驳状的“花斑肾”，肾小管和输尿管因尿酸盐沉积而扩张。在严重病例，白色尿酸盐沉积可见于其他组织器官表面。发生尿石症的蛋鸡，往往一侧肾脏高度肿大，另一侧萎缩。皱缩的肾脏大多与内含坚硬结石而扩张的输尿管相通，少数鸡输尿管两侧均可见结石。

生殖型：主要见输卵管发育不良，管腔较窄，管壁薄而透明。

【诊断】根据临诊病史、病理变化、血清转阳或抗体滴度升高等可做出初步诊断。确诊需进行实验室检验，包括病毒分离鉴定、病毒干扰试验、气管环培养、对鸡胚致畸性检验、病毒中和试验、琼脂扩散试验、ELISA、血凝及血凝抑制试验和 RT－PCR 检测技术。

病料样品采集：最好采集气管拭子或采集刚扑杀的病鸡支气管和肺组织，放入含有抗生素（青霉素 10 000 IU/毫升、链霉素 100 毫克/毫升）的运输液中，置冰盒内保存送至实验室；对于肾型和产蛋下降型的病鸡，可取病鸡的肾和输卵管送检；从大肠尤其是盲肠扁桃体和粪便分离病毒成功率最高。

【防控措施】严格执行隔离、检疫等卫生防疫措施。鸡舍要注意通风换气，防止过挤，注意保温，加强饲养管理，补充维生素和矿物质饲料，增强鸡体抗病力。同时配合疫苗进行人工免疫。免疫接种可有效控制该病的发生。常用 M_{41} 型的弱毒苗如 H_{120}、H_{52} 及其灭活油剂苗，M_{41} 型对其他型病毒株有交叉免疫作用。H_{120} 毒力较弱、对雏鸡安全；H_{52} 毒力较强、适用于 20 日龄以上鸡；油苗各种日龄均可使用。一般免疫程序为 5～7 日龄用 H_{120} 首免；25～30 日龄用 H_{52} 二免；种鸡于 120～140 日龄用油苗作三免。使用弱毒苗应与 NDV 弱毒苗同时或间隔 10 天再进行 NDV 弱毒苗免疫，以免发生干扰作用。弱毒苗可采用点眼（鼻）、饮水和气雾免疫，油苗可作皮下注射。

本病尚无特效疗法。发病鸡群注意保暖、通风换气和鸡舍带鸡消毒，增加多维素饲用量。

发生疫病时，应按《动物防疫法》的规定，采取严格控制、扑灭措施，防止疫情扩散。污染场地、用具彻底消毒后，方能引进建立新鸡群。

二十四、传染性法氏囊病

鸡传染性法氏囊病（Infectious bursal disease，IBD）又称甘保罗病，是由传染性法氏囊病病毒引起幼鸡的一种急性、热性、高度接触性传染病。主要症状为发病突然，传播迅速，发病率高，病程短，剧烈腹泻，极度虚弱。特征性的病变是法氏囊水肿、出血、肿大或明显萎缩，肾脏肿大并有尿酸盐沉积，腿肌、胸肌点状或刷状出血，腺胃和肌胃交界处条状出血。幼鸡感染后，可导致免疫抑制，并可诱发多种疫病或使多种疫苗免疫失败，是目前危害养鸡业的最严重的传染病之一，OIE 将本病列为 B 类动物疫病。

本病最早于 1957 年发生于美国特拉华州的甘保罗镇（Gumboro），所以又称为甘保罗病（Cumboro disease），目前在世界养鸡的国家和地区广泛流行。我国于 1979 年先后在北京、广州等地发现本病并分离到病毒，之后逐渐蔓延至全国各地，是近年来严重威胁我国养鸡业的重要传染病之一。一方面死亡率、淘汰率增加，另一方面导致免疫抑制，使多种有效疫苗对鸡的免疫应答下降，造成免疫失败，使鸡对病原易感性增加，造成巨大的经济损失。

【病原学】传染性法氏囊病病毒（Infectious bursal disease virus，IBDV）属于双 RNA 病毒科、禽双 RNA 病毒属，IBDV 是禽双 RNA 病毒属的唯一成员。它的基因组由两个片段的双股 RNA 构成，故命名为双股双节 RNA 病毒。病毒是单层衣壳，无囊膜，病毒粒子呈球形。

IBDV 由 5 种结构蛋白组成，分别为 VP1、VP2、VP3、VP4、VP5。VP2 能诱导产生

具有保护性的中和抗体，VP2与VP3是IBDV的主要蛋白，可共同诱导具有中和病毒活性的抗体产生。抗VP2单克隆抗体可鉴别病毒的2个血清型，而抗VP3单克隆抗体能确定2个血清型共有的群特异性抗原。已知IBDV有2个血清型，即血清Ⅰ型（鸡源性毒株）和血清Ⅱ型（火鸡源性毒株）。二者有较低的交叉保护，仅Ⅰ型对鸡有致病性，火鸡和鸭为亚临诊感染。

病毒在外界环境中极为稳定，在鸡舍内可存活4个月以上，在饲料中可存活7周左右。病毒特别耐热，56℃3小时病毒效价不受影响，60℃90分钟病毒不被灭活。对乙醚、氯仿不敏感，耐酸不耐碱，对甲醛、过氧化氢、复合碘胺类消毒药敏感，70℃30分钟可灭活病毒。

【流行病学】自然感染仅发生于鸡，各种品种的鸡都能感染，但土种散养鸡发生较少。主要发生于2～15周龄的鸡，3～6周龄的鸡最易感，且在同一鸡群中可反复发生；1～14日龄的鸡通常可得到母源抗体的保护易感性较小。成年鸡因法氏囊已退化，一般呈隐性经过，但近年120～130日龄的鸡也有本病发生。国内有鸭和鹌鹑等自然感染发病的报道，并有人从麻雀中分离到病毒。

病鸡和带毒鸡是主要传染源，其粪便中含有大量的病毒，它们可通过粪便持续排毒1～2周。病毒可持续存在于鸡舍中。

感染途径包括消化道、呼吸道和眼结膜等，带毒鸡胚可垂直传播。本病可直接接触传播，也可经病毒污染的饲料、饮水、垫料、用具、空气、人员等间接传播。小粉甲虫蚴是本病传播媒介。

本病往往突然发生，传播迅速，当鸡舍发现有被感染鸡时，在短时间内该鸡舍所有鸡都可被感染，通常在感染后第3天开始死亡，5～7天达到高峰，以后很快停息，表现为高峰死亡和迅速康复的曲线。病死率差异很大，有的仅为3%～5%，严重发病群病死率可达60%以上，一般为15%～20%。据不少国家报道发现有IBD超强毒毒株存在，病死率可高达70%。由于本病易造成免疫抑制，使鸡群对大肠杆菌病、新城疫、鸡支原体等病易感性增加，常出现混合感染，导致病死率提高；饲养管理不当、卫生条件差、消毒不严格等因素的存在可加重本病的流行。

本病无明显的季节性和周期性，只要有易感鸡存在并暴露于污染的环境中，任何时候均可发生。

【临诊症状】本病潜伏期为2～3天。根据临诊表现可分为典型感染和非典型（或叫亚临床型）感染。

1. 典型感染 多见于新疫区和高度易感的鸡群，常呈急性暴发，有典型的临诊表现和固定的病程。最初常见个别鸡突然发病，1天左右波及全群。病鸡精神委顿，羽毛蓬松，采食减少，畏寒，常打堆在一起，随即出现腹泻，排出白色黏稠和水样稀粪，泄殖腔周围的羽毛被粪便污染。严重者病鸡头垂地，闭眼呈昏睡状态，对外界刺激反应迟钝或消失。后期体温低于正常，严重脱水，极度虚弱，最后死亡，病程1～3天。整个鸡群的死亡高峰在发病后3～5天，以后2～3天逐渐平息，病死率一般在30%左右，严重者可达60%以上。部分病鸡的病程可拖延2～3周，但耐过鸡往往发育不良，消瘦，贫血，生长缓慢。

2. 非典型（或叫亚临床型）**感染** 主要见于老疫区或具有一定免疫力的鸡群，或是感染低毒力毒株的鸡群。表现感染率高，发病率低，症状不典型，法氏囊萎缩，病死率较低，但由于产生免疫抑制严重，而危害性更大。

【病理变化】 IBD的病死鸡表现脱水，胸部、腿部肌肉出血。法氏囊的病变具有特征性，可见法氏囊内黏液增多，法氏囊水肿和出血，体积增大，重量增加，比正常值重2倍以上，有些呈胶胨样水肿，5天后法氏囊开始萎缩，切开后黏膜皱褶多混浊不清，黏膜表面有点状出血或弥漫出血；严重者法氏囊出血肿大呈紫葡萄状，内有干酪样渗出物。肾脏有不同程度的肿胀。腺胃和肌胃交界处见有条状出血点。泄殖腔内积有大量灰白色稀粪，内含石灰渣样物质。盲肠扁桃体出血、肿胀，有时可见肝、脾、肺等器官出血。

非典型（或叫亚临床型）感染的病例常见法氏囊萎缩，皱襞扁平，囊腔内有干酪样物质。组织学变化，可见法氏囊髓质区的淋巴细胞坏死和变性，使正常的滤泡结构发生改变。

【诊断】 根据本病的流行病学、症状、病变的特征，如突然发病，传播迅速，发病率高，有明显的高峰死亡曲线和迅速康复的特点；法氏囊水肿和出血，体积增大，黏膜皱褶多混浊不清，严重者法氏囊内有干酪样分泌物等，就可做出诊断。由IBDV变异株感染的鸡，只有通过法氏囊的病理组织学观察和实验室检验才能做出诊断。病毒分离鉴定、血清学试验和易感鸡接种是确诊本病的主要方法。按照《传染性囊病诊断技术》（GB/T 19167—2003）进行诊断。

病料样品采集：采集发病鸡的法氏囊、脾、肾和血液。

在国际贸易中，无指定诊断方法，替代诊断方法为琼脂凝胶免疫扩散试验（AGID）和酶联免疫吸附试验（ELISA）

【鉴别诊断】 IBD病鸡通常有急性肾炎，因此，应注意与鸡传染性支气管炎肾病变型相鉴别。患肾病型鸡可见肾肿大，有时输尿管扩大沉积尿酸盐，法氏囊充血和轻度出血，但法氏囊无水肿，耐过鸡法氏囊不见萎缩，腺胃和肌胃交界处无出血。

【防控措施】 鸡感染传染性法氏囊病病毒或用疫苗免疫后，都能刺激机体产生免疫应答，体液免疫是该病保护性免疫应答的主要机制。目前发现应用血清Ⅰ型的疫苗毒株，对雏鸡免疫后所产生的免疫应答不能抵抗亚型或变异毒株的感染。国内也有报道以五种常用的血清Ⅰ型疫苗对雏鸡进行免疫，并应用当地分离的6株亚型毒株分别攻毒，结果最高保护率为78%；最低仅为51%。

患IBD的病愈鸡或人工高免血清、卵黄内具有保护性的被动免疫抗体，在雏鸡2周龄左右能抵抗IBD野毒的感染，因此应用高免血清和卵黄抗体，对刚发病的雏鸡注射有较好治疗效果。此方法可能人为传播多种传染病，除非不得已，不应作为IBD的控制方法来提倡。

目前，国内已有“鸡传染性法氏囊病精制蛋黄抗体”，可用于本病早、中期感染的治疗和紧急预防，具有很好的效果。且可避免蛋源性疫病的传播。该产品主要含鸡传染性法氏囊病蛋黄抗体，AGP效价≥1∶32，皮下或肌肉注射均可，治疗用量35日龄以下，1.5～2.0毫升；35日龄以上，2.0～2.5毫升。紧急预防剂量35日龄以下，0.5～1毫升；35日龄以上，1～1.5毫升；必要时可以重复注射2～3次，注射后的被动免疫保护期为5～7日。

传染性法氏囊病的预防和控制，需要采取综合防控措施：

1. 严格的兽医卫生措施　在防控本病时，首先要注意对环境的消毒，特别是育雏室。将有效消毒药对环境、鸡舍、用具、笼具进行喷洒，经4～6小时后，进行彻底清扫和冲洗，然后再经 2～3 次消毒。因为雏鸡在疫苗接种到抗体产生需经一段时间，所以必须将免疫接种的雏鸡，放置在彻底消毒的育雏室内，以预防传染性法氏囊病病毒的早期感染。如果被病毒污染后的环境，不采取严格、认真、彻底消毒措施，在污染环境中饲养的雏鸡，由于大量病毒先于疫苗侵害法氏囊，再有效的疫苗也不能获得有效的免疫力。

2. 提高种鸡的母源抗体水平 种鸡群经疫苗免疫后，可产生高的抗体水平，可将其母源抗体传播给子代。如果种鸡在 18～20 周龄和 40～42 周龄经 2 次接种传染性法氏囊油佐剂灭活苗后，雏鸡可获得较整齐和较高的母源抗体，在 2～3 周龄内得到较好的保护，能防止雏鸡早期感染和免疫抑制。

3. 雏鸡的免疫接种 雏鸡的母源抗体只能维持一定的时间。确定弱毒疫苗首次免疫日龄是很重要的，首次接种应于母源抗体降至较低水平时进行。因为母源抗体高会影响疫苗免疫效果，过迟接种疫苗会使传染性法氏囊病母源抗体低的或无抗体的雏鸡感染，而失去免疫接种的意义。所以确定首免日龄可应用琼扩试验测定雏鸡母源抗体消长情况，当 1 日龄雏鸡测定，阳性率不到 80%的鸡群在 10～16 日龄间首免；阳性率达 80%～100%的鸡群，在7～10 日龄再检测一次抗体，阳性率在 50%时，可确定于 14～18 日龄首免。

4. 由于传染性法氏囊病病毒毒株的变异及毒力的增强，使得近年来该病的免疫失败增多。

发现疫情，应采取严格控制、扑灭措施，防止扩散蔓延。

二十五、马立克氏病

鸡马立克氏病（Marek's disease，MD）是由马立克氏病病毒引起鸡的一种高度接触传染的淋巴组织增生性肿瘤疾病，以各种内脏器官、外周神经、性腺、虹膜、肌肉和皮肤单独或多发的淋巴样细胞浸润，形成淋巴肿瘤为特征。

1907 年匈牙利学者马立克氏（Marek's）首先报道了该病，当时称之为“鸡麻痹”，以后相继报道。我国从 20 世纪 70 年代中期开始建立规模化养鸡场，因从国外频繁引种，使得 MD 在国内广为传播。

【病原学】马立克氏病病毒（Marek's disease virus，MDV）属于疱疹病毒目、疱疹病毒科、甲型疱疹病毒亚科、马立克氏病毒属的禽疱疹病毒 2 型。病毒具有囊膜，基因组核酸为线性双链 DNA。

MDV 是一种典型的细胞结合性病毒，它和细胞相互作用的类型在 3 种：即增殖性感染（或生产性感染），潜伏感染和转化感染。

根据抗原性不同，马立克氏病病毒可分为三种血清型，即血清 1 型、2 型和 3 型。血清 1 型包括所有致瘤的马立克氏病病毒（含强毒及其致弱的变异毒株）；而血清 2 型包括所有不致瘤的马立克氏病病毒；血清 3 型包括所有的火鸡疱疹病毒及其变异毒株。

不同的 MDV 株，其毒力差异很大。Settnes（1982）根据病毒的致病力不同将其分为四类：

1. 引起急性型 MD 的毒株 这类毒株的毒力强，可在内脏器官、皮肤和肌肉中引起淋巴细胞性肿瘤。

2. 引起古典型 MD 的毒株 这类毒株的毒力较低，主要引起外周神经和性腺的病变。

3. 无致病力的毒株 不产生肉眼可见的肿瘤病变。

4. 毒力超强的毒株 这类毒株的毒力超强，HVT疫苗对其无免疫保护作用。

MDV对理化因素的抵抗力较强，污染的垫草在室温下经16周仍有感染力。但常用的化学消毒剂以及温热（60℃）可在10分钟内使其灭活。pH4以下或10以上能迅速死亡。

【流行病学】鸡是马立克氏病最重要的宿主，鹌鹑、火鸡也可以自然感染。鸡的年龄与本病的易感性关系密切，年龄越轻易感性越高，1日龄雏鸡最易感。

病鸡和隐性感染鸡是主要的传染源。隐性感染鸡可终生带毒并排毒，是重要的传染源。呼吸道是病毒进入体内的最重要途径。此外，病鸡羽囊上皮细胞中具有高度传染性的病毒可以随羽毛和皮屑散播到周围环境中，通过孵化箱、育雏室和空气进行传播。昆虫（甲虫）和鼠类也可成为传播媒介。但马立克氏病病毒不经卵传播。

本病具有高度接触传染性，病毒一旦侵入鸡群，其感染率几乎可达100%。本病的发生与饲养管理条件有密切关系，饲养密度越大，感染机会越多，发病率和病死率也越高。

除了环境、疾病因素之外，应激与本病的发生关系也很大，如长途运输、注射疫苗、捕捉、更换饲料等均可促进本病的发生。

【临诊症状】本病人工感染的潜伏期比较短。若在1日龄攻毒，感染鸡于2～3周龄开始排毒，3～4周龄出现症状和肉眼病变。自然感染病例的潜伏期受病毒的毒力和感染剂量等影响，大多比较长，3～4周至几个月不等。一般以8～9周龄以上鸡发病严重，也有3～4周龄鸡暴发本病的报道。产蛋鸡可能在16～20周龄才出现症状。根据病变发生的主要部位和症状，可分为急性型（内脏型）、神经型（古典型）、皮肤型、眼型4种类型：

1. 内脏型 常侵害幼龄鸡，病死率高。病程初期，因肿瘤体积小，患鸡常无明显症状。随着肿瘤的迅速生长和扩散，病鸡逐渐出现精神委靡，呆钝，食欲下降，明显消瘦，常缩颈蹲在墙角处。病鸡羽毛松乱无光泽，皮肤苍白，排绿色稀便。往往发病半个月左右死亡。

2. 神经型 由于病变部位不同，症状有很大区别。当支配腿部运动的坐骨神经受到侵害时，病鸡开始走路不稳，逐渐看到一侧或两侧腿麻痹，严重时瘫痪不起。典型症状是一腿向前伸，一腿向后伸的“大劈叉”姿势。病侧肌肉萎缩，有凉感，爪子多弯曲。当支配翅膀的臂神经受侵害时，病侧翅膀松弛无力，有时下垂，如穿“大褂”。当颈部神经受侵害时，病鸡的脖子常斜向一侧，有时见大嗉囊及病鸡蹲在一处呈无声张口气喘的症状。

3. 皮肤型 病鸡褪毛后可见体表的毛囊腔形成结节及小的肿瘤状物。在颈部、翅膀、大腿外侧较为多见。肿瘤结节呈灰黄色，突出于皮肤表面，有时破溃呈“桑葚样”。

4. 眼型 病鸡一侧或两侧眼睛失明，瞳孔边缘不整齐呈锯齿状，虹彩消失，眼球如鱼眼，呈灰白色。

【病理变化】

1. 内脏型 以众多的内脏出现肿瘤为特征。肿瘤病灶广泛见于肝脏、腺胃、心脏、卵巢、肺脏、肌肉、脾脏、肾脏等器官组织。其中以肝脏、腺胃的发生率最高。肝脏表现为肿大、质脆，有时为弥漫型的肿瘤，有时见粟粒大至黄豆大的灰白色瘤，几个至几十个不等。这些肿瘤质韧，稍突出于肝表面，有时肝脏上的肿瘤如鸡蛋黄大小。腺胃肿大、增厚、质地坚实，浆膜苍白，切开后可见黏膜出血或溃疡。心脏的肿瘤常突出于心肌表面，米粒大至黄豆大。卵巢呈菜花状，肿大4～10倍不等。肺脏呈实质样变，质硬，在一侧或两侧可见灰白色肿瘤。肌肉的肿瘤多发生于胸肌和腿肌，呈白色条块状。脾脏肿大3～7倍不等，表面可见针尖大小或豆粒大的肿瘤结节。严重者可见嗉囊肿瘤。

2. 神经型 病变多见坐骨神经、臂神经、迷走神经肿大，粗细不均，银白色纹理和光泽消失，有时发生水肿。除神经组织受损外，性腺、肝、脾、肾等内脏器官也会形成肿瘤。

3. 皮肤型 病变主要表现为皮肤毛囊肿大，毛囊周围组织有大量单核细胞浸润，真皮内出现血管周围淋巴细胞、浆细胞等增生。

4. 眼型 特征性病变是虹膜和睫状肌肉的单核细胞浸润，有时出现骨髓样变细胞。病变部的浸润细胞常为多种细胞的混合物，其中有小淋巴细胞、中淋巴细胞、浆细胞及淋巴母细胞。

马立克氏病的病理组织学特征表现为各感染组织和器官的血管周围有淋巴细胞、浆细胞、网状细胞、淋巴母细胞以及少量巨噬细胞等多形态细胞的增生、浸润。

【诊断】对本病的诊断可根据流行病学特点、临诊症状、病理变化、病毒分离鉴定和血清学检查等进行。其中病理组织学检查对该病诊断具有特别的指征意义，可用于确诊。按照《鸡马立克氏病诊断技术》（GB/T 18643—2002）进行诊断。

病料样品采集：用于病毒分离的材料可以是羽髓或从抗凝血中分离的白细胞，也可以是淋巴瘤细胞或脾细胞悬液。

【防控措施】出壳即接种疫苗是预防本病的主要措施，但必须结合综合卫生防疫措施，防止出雏和育雏阶段早期感染以保证和提高疫苗的保护效果。

鸡马立克氏病814液氮苗，是目前控制马立克氏病病毒感染的较为理想的疫苗。“814株”是从国内市场分离的自然弱毒株，免疫原性好，更适合我国使用。

发生本病时，应按《动物防疫法》的规定，采取严格控制措施严防疫情扩散。

本病没有公共卫生学意义。因为大量研究已表明马立克氏病病毒或相关疫苗毒均与人类癌症没有病原学联系。

二十六、产蛋下降综合征

鸡产蛋下降综合征（Eggs drop syndrome’76，EDS_{76}）又称为“减蛋综合征-76”，是由减蛋综合征病毒（学名为鸭腺病毒甲型）引起鸡的一种以产蛋下降为主的传染病，主要临诊特征是鸡群产蛋量急剧下降，蛋壳颜色变浅，软壳蛋、无壳蛋、粗壳蛋数量增加。本病广泛流行于世界各地，对养鸡业危害极大，已成为蛋鸡和种鸡的主要传染病之一。

本病最早报道于1976年的荷兰。我国在1991年分离到病毒，证实有本病存在。

【病原学】减蛋综合征病毒（Eggs drop syndrome’76 Virus，EDSV）属于腺病毒科、禽类腺病毒属、禽腺病毒Ⅲ群。病毒粒子为球形、无囊膜、核酸为双链DNA，直径76～80纳米，表面有纤突，纤突上有与细胞结合的位点和血凝素，能凝集鸡、鸭、鹅、火鸡和鸽红细胞。

EDSV有3种基因型，第一种引起经典的EDS，许多国家均有发生；第二种仅发生于英国的鸭；第三种发生于澳大利亚的鸡。已知EDSV只有一个血清型，国际标准株为荷兰的127株（EDS76-127）。本病毒只对产蛋鸡有致病性，影响产蛋，存在于鸡的输卵管伞、蛋壳分泌腺、输卵管狭窄部及鼻黏膜等上皮细胞中，在细胞核内复制，并可随卵子的形成而进入蛋中。

减蛋综合征病毒对外界环境的抵抗力比较强，对乙醚、氯仿不敏感，对 pH 适应范围广（pH3～10）。对热有一定耐受性，56℃3 小时可存活，但 70℃很快被灭活。0.3%福尔马林 48 小时可使病毒完全灭活，甲醛、强碱对其有较好的消毒效果。

【流行病学】鸡、鸭、鹅均可感染本病毒，鸭、鹅为其天然宿主，但一般感染后不发病，可以成为病毒的长久宿主，但也有鸭发病的报道。

减蛋综合征病毒既可经卵垂直传播，又可通过水平方式传播，其中垂直传播是主要方式。水平传播是通过带毒的粪便和破壳、无壳蛋污染饲料、饮水、用具、环境等再经消化道传播。健康鸡直接啄食带毒的鸡蛋也可感染。

本病的发生无明显的季节性。当病毒侵入鸡体后，在性成熟前对鸡不表现致病性，在产蛋初期由于应激反应，致使病毒活化而使产蛋鸡发病。

【临诊症状】突出的症状就是产蛋变化，表现产蛋率突然下降，或停止上升，一般比正常要低 20%左右，个别鸡群可下降 50%。发病后 2～3 周产蛋率降至最低点，并持续 3～10 周，以后逐渐恢复。但大多很难恢复到正常水平，且发病周龄越晚，恢复的可能性越小。在产蛋下降的同时，可见蛋壳颜色变浅或带有色素斑点，蛋壳变薄，出现破壳蛋、软壳蛋、无壳蛋和小型蛋，还有畸形蛋及砂粒壳蛋等，不合格蛋可达 10%～15%，甚至更高。蛋清的 pH 由正常的 8.5～8.8 降为 7.2～8.0，且往往仅在蛋黄周围形成浓稠浑浊区，其余则呈水样，透明，无黏稠性。种鸡群发生 EDS_{76}时，种蛋的孵化率降低，弱雏数增加。若开产前感染，则开产期可推后 5～8 周。

【病理变化】本病一般不发生死亡，故无肉眼病变，剖检时个别鸡可见卵巢萎缩，输卵管有卡他性炎症，有时有出血。组织学变化主要是输卵管腺体水肿，单核细胞浸润，黏膜上皮细胞变性坏死，受感染细胞有核内包涵体。

【诊断】根据流行特征和产蛋变化可以做出初步诊断。确诊需依靠实验室检查。

病料样品采集：发病鸡产的软壳蛋或薄壳蛋，也可取可疑病鸡的输卵管、泄殖腔内容物或粪便；血清学检测采集发病鸡的血清。

【防控措施】应采取综合性防控措施。对该病尚无成功的治疗方法，发病后应加强环境消毒和带鸡消毒。

1. 防止病毒传入　从非疫区鸡群中引种，引进的种鸡应严格隔离饲养。严格执行兽医卫生措施，加强鸡场和孵化厅消毒工作，饮水经氯处理，切断各种传播途径。另外，应注意不要在同一场内同时饲养鸡和鸭，防止鸡与其他禽类尤其是水禽接触。

2. 免疫接种　控制本病主要是通过对种鸡群和产蛋鸡群实行免疫接种。商品化的鸡新城疫、传染性支气管炎、减蛋综合征三联灭活疫苗（La Sota 株＋M_{41}株＋H_SH_{23}株和 La Sota 株＋M_{41}株＋AVI127 株）均有较好的免疫效果。

二十七、禽白血病

禽白血病（Avian leukosis，AL）又称禽白细胞增生病，是由禽白血病/肉瘤病毒群的病毒引起的禽类多种肿瘤性疾病的通称，包括淋巴细胞性白血病、成红细胞性白血病、成髓细胞性白血病、骨髓细胞瘤、血管瘤、内皮瘤、肾瘤和肾胚细胞瘤、肝癌、纤维肉瘤、骨石化（硬化）病、结缔组织瘤等。自然条件下最常见的是淋巴细胞性白血病。

禽白血病是一种世界性分布的疾病，目前在许多国家已得到很好的控制，但该病在我国几乎波及所有的商品鸡群。近年来，该病的发生呈上升趋势，个别蛋鸡群的病死率达35%以上，给蛋鸡养殖者造成了巨大的经济损失。

【病原学】 禽白血病/肉瘤病毒（Aian Leukosis/sarcoma virus，ALV），属逆转录病毒科（又名反录病毒科）、正逆转录病毒亚科（RNA病毒）、甲型逆转录病毒属。病毒粒子有囊膜，基因组为单股RNA。根据病毒中和试验、宿主范围及分子特性，分离自鸡的白血病/肉瘤病毒可分为A亚群、B亚群、C亚群、D亚群、E亚群和J亚群六个亚群，每一亚群由几种不同种类的抗原型组成，同一亚群的病毒具有不同程度的交叉中和反应，但除了B亚群和D亚群外，不同亚群之间没有交叉反应。

A～D亚群为外源性病毒，宿主为鸡，具有完整的病毒颗粒，有传染性。在蛋鸡群中A亚群最为普遍，其次为B亚群，主要引起3月龄以上的鸡发生肿瘤。C、D亚群致病力低，也能引起肿瘤的发生，但比较少见。E亚群是内源性病毒，可整合进鸡的染色体中，通常不致病。J亚群于1988年在英国发现，外源性，宿主为鸡，引起髓细胞瘤，对肉用鸡危害严重。

此外，从几个品种的野鸡中分离到的内源性病毒归属于F亚群、G亚群，从斑鸠中分离到的内源性病毒归属于H亚群，从鹌鹑中分离到的内源性病毒归属于I亚群。

病毒对脂溶剂和去污剂敏感，乙醚、氯仿和十二烷基硫酸钠可破坏病毒。对热不稳定，在50℃半衰期为9分钟，60℃半衰期为40秒，56℃30分钟可使之灭活。该病毒只有在－60℃以下才能较长时间保存而不丧失感染力，但不耐反复冻融。0.3%福尔马林48小时病毒可完全灭活。

【流行病学】 鸡、鸭、鹅和野鸭是该群病毒中所有病毒的自然宿主，尤其以肉鸡最易感。鹧鸪、鹌鹑也会感染此病。鸡的品种不同其易感性有差异，产褐色蛋的母鸡易感性较强。主要侵害26～32周龄鸡，35周龄以上很少发病。

病鸡和带毒鸡是本病的传染源。公鸡是病毒的携带者，它通过接触及交配成为感染其他禽的传染源。

经卵垂直传播是病毒的主要传播方式，接触及交配等水平传播也是本病的重要传播方式。母鸡的输卵管壶腹部含有大量的病毒并可在局部复制，因此，鸡胚和卵白蛋白也携带有白血病病毒，从而使新生雏鸡长期持续携带病毒。另外，污染的粪便、飞沫、脱落的皮屑等都可通过消化道使易感鸡感染。人工接种污染了禽白血病病毒的各种禽用疫苗可造成本病水平传播。

【临诊症状】 自然感染潜伏期长短不等，传播缓慢，持续时间长，无发病高峰。

由禽白血病/肉瘤病毒引起的肿瘤种类很多，其中对养禽业危害较大、流行较广的白血病类型包括淋巴细胞性白血病、成红细胞性白血病、成骨髓细胞性白血病、骨髓细胞瘤病、血管瘤、肾瘤和肾胚细胞瘤、肝癌、骨石化（硬化）病、结缔组织瘤等。各病型的表现有差异。

1. 淋巴细胞性白血病 自然病例多见于14周龄以上的鸡。临诊见鸡冠苍白、腹部膨大，触诊时常可触摸到肝、法氏囊和肿大的肾，羽毛有时有尿酸盐和胆色素沾污的斑。

2. 成红细胞性白血病 病鸡虚弱、消瘦和腹泻，血液凝固不良，致使羽毛囊出血。

3. 成髓细胞性白血病 病鸡贫血、衰弱、消瘦和腹泻，血凝固不良致使羽毛囊出血。

外周血液中白细胞增加，其中成髓细胞占3/4。

4. 血管瘤 见于皮肤表面，血管腔高度扩大形成“血疱”，通常单个发生。“血疱”破裂可引起病禽严重失血而死亡。

一般情况下，禽白血病病鸡无特异的临诊症状，有的病鸡甚至可能完全没有症状，感染率高的鸡群产蛋量很低。

【病理变化】各病型的病理变化有差异。

1. 淋巴细胞性白血病 剖检（16周龄以上的鸡）可见结节状、粟粒状或弥漫性灰白色肿瘤，主要见于肝、脾和法氏囊，其他器官如肾、肺、性腺、心、骨髓及肠系膜也可见。结节性肿瘤大小不一，以单个或大量出现。粟粒状肿瘤多见于肝脏，呈均匀分布于肝实质中。肝发生弥散性肿瘤时，呈均匀肿大，比正常增大几倍，且颜色为灰白色，俗称“大肝病”，这是本病的主要特征。根据肝脏肿瘤形态和分布特点，可分为结节型、弥漫型、颗粒型和混合型4种类型。

结节型：肝肿大，可见黄豆大到鸽蛋大或鸡蛋大的灰白色肿瘤结节，在器官表面一般呈扁平或圆形，与周围界限清楚，瘤体柔软、平滑、有光泽。

弥漫型：肝脏肿瘤细胞弥漫性增生，肝内有无数细小的灰白色瘤灶，使肝肿大呈灰白色或黄白色，比正常大几倍。

颗粒型：肝肿大，有多量灰白色小点，肝表面呈颗粒状而高低不平。

混合型：主要表现为肝内有大量灰白色或灰黄色大小不等的瘤体，形态各异，有的呈颗粒状，有的呈结节状，有的呈弥漫性大片病灶。

脾脏变化与肝相同，体积增大，呈灰棕色或紫红色，在表面和切面上可见许多灰白色肿瘤病灶，偶尔也有凸出于表面的结节。法氏囊肿大，剖面皱襞有白色隆起或结节增生，随瘤体发育法氏囊也增大，失去原有结构，瘤体剖面有时有干酪样坏死或豆腐渣样物质。腿骨的红骨髓中有明显的白色结节性瘤病变，有时也可见弥漫性增生，骨髓褪色。肺脏、肾脏肿大，色变淡，切面常有颗粒性增生结节或有较大的灰白色瘤组织。

鸡到开产期胸腺已萎缩，呈小豆大或米粒大扁平状，如遭白血病侵害，胸腺肿大呈指头状串珠样排列，切面白色均匀。胰腺肿大2～3倍。卵巢间质有瘤组织增生，受侵害的卵巢为灰白色呈均匀肿块状，整体外观呈菜花状。此外，心、肺、肠、睾丸等也可见肿瘤结节。

2. 成红细胞性白血病 血液凝固不良致使羽毛囊出血。分增生型（胚型）和贫血型两种类型。

增生型：以血流中成红细胞大量增加为特点。特征病变是肝、脾、肾弥散性肿大，呈樱桃红色或暗红色，且质软易脆。骨髓增生、软化或呈水样，呈暗红色或樱桃红色。

贫血型：以血流中成红细胞减少，血液淡红色，显著贫血为特征。剖检可见内脏器官（尤其是脾）萎缩，骨髓色淡呈胶胨样。

3. 成髓细胞性白血病 骨髓质地坚硬，呈灰红或灰色。实质器官增大而质脆，肝脏有灰色弥漫性肿瘤结节。晚期病例，肝、肾、脾出现弥漫性灰色浸润，使器官呈斑驳状或颗粒状外观。

骨髓细胞瘤：特征病变是骨骼上长有暗黄白色、柔软、脆弱或呈干酪状的骨髓细胞瘤，通常发生于肋骨与肋软骨连接处、胸骨后部、下颌骨和鼻腔软骨处，也见于头骨的扁骨，常见多个肿瘤，一般两侧对称。

4. 血管瘤 可见于内脏表面，血管腔高度扩大形成“血疱”。

近年来出现的J亚群白血病病毒感染，原发肿瘤主要是骨髓，骨髓瘤扩张时可挤破骨质到达骨膜下而成为肉眼可见的肿瘤病灶。

【诊断】 病理解剖学和病理组织学在白血病的诊断上有重要的价值，因为各型的白血病都出现特殊的肿瘤细胞及性质不同的肿瘤，它们之间无相同之处，也不见于其他疾病。另外，外周血在某些类型白血病的诊断上也特别有价值，如成红细胞性白血病可于外周血中发现大量的成红细胞（占全部红细胞的90%～95%）。白血病与马立克氏病也可通过病理切片区分开，因为白血病病毒引起的是全身性骨髓细胞瘤，而马立克氏病病毒引起的是淋巴样细胞增生性肿瘤。

病料样品采集：取患鸡的口腔冲洗物、粪便、血液、肿瘤、感染母鸡新产的蛋。正在垂直传播病毒的母鸡所产的蛋孵化10日龄的鸡胚可做病毒分离。

【防控措施】 目前，该病无有效的药物可治，也没有疫苗。防控策略和方法是通过对种鸡检疫、淘汰阳性鸡，以培育出无禽白血病/肉瘤病毒的健康鸡群，也可通过选育对禽白血病有抵抗力的鸡种，结合其他综合性疫病控制措施来实现。用于制备疫苗的鸡胚尤其要加强病毒的监测，严防污染。

我国自2013年将鸡白血病列入种鸡场必须净化的首要病种。鸡白血病净化的重点在祖代场和种鸡场。防控策略和方法是通过对种鸡群定期普检，淘汰阳性鸡，切断垂直传播。假定健康的非带毒鸡严格隔离饲养，最终达到净化种群的目的。所有的设备如孵卵器、育雏舍等都应在每次使用前彻底消毒，不同年龄的鸡不应混群，鸡群应采取全进全出饲养模式，切断水平传播。也可通过选育对禽白血病有抵抗力的鸡种，结合其他综合性疫病控制措施来实现。

对于某些污染严重的原种场，应及时更换品系。某些祖代和父母代种鸡场存在该病时，采取上述净化措施常常并不现实，应以提高饲养管理水平，及时淘汰瘦弱、贫血及患大肝病病鸡，并加强日常尤其是孵化后的阶段卫生管理和消毒措施。

二十八、禽　　痘

禽痘（Avian pox）是由禽痘病毒引起的禽类的一种急性、热性、高度接触传染性疾病，以无毛处皮肤的痘疹和口腔、咽部黏膜的纤维素性坏死性炎症为特征。其中危害最严重的是鸡痘，因为它对鸡群造成的影响除引起死亡外，还有增重降低，产蛋减少，产蛋期推迟等。

本病广泛分布于世界各国，在大型鸡场中常有流行。病禽生长迟缓，产蛋减少；如存在强毒感染或并发其他传染病、寄生虫病以及饲养管理不善时，则可引起大批死亡。在雏鸡造成的损失往往更为严重。

【病原学】 禽痘病毒（Arianpox virus）属痘病毒科、禽痘病毒属，基因组是双股DNA，包括鸡痘病毒、火鸡痘病毒、金丝雀痘病毒、鸽痘病毒、鹌鹑痘病毒、麻雀痘病毒和燕八哥痘病毒等，它们都是痘病毒科禽痘病毒属的成员。其代表种是鸡痘病毒繁殖的主要场所是鸡的皮肤、毛囊和黏膜的上皮细胞，以及鸡胚的外胚层细胞，并在其中形成经典的包涵体和基质包涵体。

禽痘病毒对干燥的抵抗力较强。病毒对消毒剂的抵抗力不强，常用浓度可使之在 10 分钟内灭活。阳光照射数周仍保持活力，1%氢氧化钠、1%醋酸、1%升汞 5 分钟即可灭活。病毒于 50℃30 分钟和 60℃8 分钟可杀死，－15℃可存活三年。

【流行病学】家禽中以鸡的易感性最高，不分年龄、性别和品种，都可感染。其次是火鸡，其他如鸭、鹅等家禽也可发生，但并不严重。鸟类如金丝雀、麻雀、燕八哥、鸽等也常发痘疹。病禽和带毒禽是本病的传染源。

禽痘的传染常由健康禽与病禽的接触造成。脱落和碎散的痘痂是病毒散布的主要形式。一般需经有损伤的皮肤和黏膜感染。蚊子及体表寄生虫的叮咬可传播本病，是本病重要的传播媒介。蚊子带毒的时间可达 10～30 天。

本病一年四季均可发生，以夏秋两季和蚊子活跃的季节最易流行。拥挤、通风不良、阴暗、潮湿、体表寄生虫、维生素缺乏和饲养管理不当可使病情加重。

【临诊症状】鸡、火鸡和鸽的潜伏期 4～10 天不等，金丝雀的潜伏期为 4 天。病程3～4 周，如有并发病症，则病程延长。

临诊症状依侵犯部位不同，分为皮肤型、黏膜型和混合型，偶尔还有败血型。

1. 皮肤型 在头部、腿、爪、泄殖腔周围和翅内侧的皮肤形成一种特殊的痘疹。常见于冠、肉髯、喙角、眼皮和耳球上。起初出现细薄的灰色麸皮状覆盖物，随即迅速长出结节，初呈灰色，后变为灰黄色，逐渐增大如豌豆，表面凹凸不平，呈干而硬的结节，内含有黄脂状糊块。有时结节数目很多，相互连接融合，产生大块的厚痂，以至眼缝完全闭合。一般无明显的全身症状，但病重的小鸡则有精神委顿、食欲消失、体重减轻等现象。产蛋鸡产蛋减少或停止。

2. 黏膜型 又称白喉型、眼鼻型，多发生于小鸡和生长鸡，病死率较高，小鸡可达50%。病初呈鼻炎症状，病禽委顿厌食，鼻液初为浆液性，后转为脓性。如蔓延至眶下窦和眼结膜，则眼睑肿胀，结膜充满脓性或纤维蛋白性渗出物，甚至可引起角膜炎而失明。鼻炎出现后 2～3 日，口腔和咽喉等处黏膜发生痘疹，初呈圆形黄色斑点，逐渐扩散成为大片的沉着物，即为假膜，随后变厚而成棕色痂块，凹凸不平，且有裂缝。痂块不易剥落，若强行撕脱，则留下易出血的表面。假膜有时伸入喉部，引起呼吸和吞咽困难，甚至造成病鸡窒息死亡。

3. 混合型 即皮肤和黏膜均被侵害，表现出上述二型共同的临诊症状。

4. 败血型 很少见。以严重的全身症状开始，继而发生肠炎。病禽有时迅速死亡，有时急性症状消失，转为慢性腹泻而死。

火鸡痘与鸡痘的症状基本相似，因增重受阻造成的损失比因病死亡者还大。产蛋火鸡表现产蛋减少和受精率降低，病程一般是 2～3 周，严重者为 6～8 周。

鸽痘的痘疹一般发生在眼睑或靠近喙角基部、腿、爪，个别的可发生口疮。

金丝雀患痘，有时在头部、上眼睑的边缘、趾和腿上也可出现痘疹，全身症状严重，常发生死亡。

【病理变化】病理变化与临诊所见相似。口腔黏膜的病变有时可蔓延到气管、食道和肠，咽喉、气管等处黏膜充血、发生痘疹。肠黏膜可能有小点出血。肝、脾和肾常肿大。心肌有时呈实质变性。最重要的组织学变化特征是黏膜和皮肤的感染上皮肥大增生，细胞变大，伴有炎症变化和特征性的嗜伊红 A 型细胞浆包涵体。包涵体以形成的不同阶段存在，依感染后的时间而定。包涵体可占据几乎整个细胞浆，伴以细胞坏死。病鸽剖检时可见浆膜下出血、肺水肿和心包炎。

【诊断】 皮肤型和混合型根据症状和眼观变化可做出诊断。发生疑问时可通过组织病理学方法检查细胞浆内包涵体或分离病毒来证实。

病料样品采集：无菌采集痘病变部位，以新形成的痘疹最好。

【防控措施】

1. 免疫接种 目前国内使用的疫苗是鸡痘鹌鹑化弱毒疫苗。接种方法是用鸡痘刺种针或无菌钢笔尖蘸取稀释的疫苗，于鸡翅内侧无血管处皮下刺种。初生（6 日龄以上）雏鸡用 200 倍稀释液刺种 1 针，超过 20 日龄的雏鸡，用 100 倍稀释疫苗刺种 1 针；1 月龄以上的可用 100 倍稀释疫苗刺种 2 针。鸡群于接种后 7～10 天应检查是否种上。种上的鸡在接种后 3～4 天刺种部位出现红肿，随后产生结节并结痂，2～3 周痂块脱落。免疫期大鸡 5 个月，初生雏鸡 2 个月。免疫接种一般在春秋两季进行。对前一年发生过鸡痘的鸡场，所有的雏鸡都应接种鸡痘疫苗。如一年养几批，则每批都应在适当的日龄免疫。

2. 控制措施 平时做好卫生防疫工作。及时消灭蚊虫，避免各种原因引起的啄癖和机械性外伤。新引进的家禽应隔离观察，证明无病时方可合群。一旦发生本病，应隔离病禽，病重者淘汰，死禽深埋或焚烧。禽舍、运动场和一切用具要严格消毒。存在于皮肤病痕中的病毒对外界环境的抵抗力很强，所以鸡群发生本病时，隔离的病鸡应在完全康复 2 个月后方可合群。

二十九、鸭　　瘟

鸭瘟（Duck plague）又名鸭病毒性肠炎，是由鸭瘟病毒引起的鸭、鹅等雁形目禽类的一种急性、败血性及高度致死性传染病。临诊上以发病快、传播迅速、发病率和病死率高，部分病鸭肿头流泪、下痢、食道黏膜出血及坏死，肝脏出血或坏死等为主要特征。该病给世界养鸭业造成了巨大的经济损失。

该病于 1923 年在荷兰首次报道，1967 年在美国东海岸流行，更名为鸭病毒性肠炎，几乎呈全球性分布，我国于 1957 年在广州首先发现该病。

【病原学】 鸭瘟病毒（Duck plague virus，DPV），又称鸭疱疹病毒 1 型，系疱疹病毒目、疱疹病毒科、甲型病毒亚科、马立克病毒属，病毒粒子有囊膜，基因组由单分子双股线状 DNA 组成。该病毒只有一个血清型，但不同毒株的毒力有差异。鸭瘟病毒具有广泛的组织嗜性，在病（死）鸭脏器、血液、分泌物及排泄物中均含有病毒，但以肝、脾、脑、食道、泄殖腔的含毒量最高。

鸭瘟病毒对外界环境抵抗力较强，在 22℃条件下其感染力可维持 30 天，－7～－5℃时可存活 3 个月。在 pH3.0 以下或 pH1.0 以上的环境中很快被灭活。对一般常用消毒剂敏感。

【流行病学】 自然易感动物为鸭、鹅、天鹅等水禽，不同品种、日龄均可感染该病，其中以家鸭、番鸭、野鸭、鹅、天鹅等易感性较高。在自然感染病例中，以 1 月龄以上的鸭多见，发病率可高达 100％，病死率达 95％以上。

病鸭、病愈不久的带毒鸭及潜伏期的感染鸭是主要的传染源。被病鸭分泌物、排泄物污染的饮水、饲料、场地、水域、用具、运输工具以及某些带毒的野生水禽（如野鸭）和飞鸟等也可成为本病的传染源。

消化道是主要的感染途径，但也可通过交配、眼结膜及呼吸道等途径感染。该病主要通过水平传播，吸血昆虫可能是本病潜在的传播媒介，目前尚未发现该病有垂直传播。

本病一年四季均可发生但以夏秋流行最为严重。

【临诊症状】自然感染的潜伏期一般为2～5天，而人工感染的潜伏期为2～3天。患病鸭特征性的临诊病状为高热稽留（43℃以上），病鸭精神委顿、多蹲伏，不愿下水，食欲减退或废绝、渴欲增强，羽毛松乱，两翅下垂，两脚麻痹无力，不愿行走和下水，如强迫驱赶其下水，则漂浮于水面并挣扎回岸。眼周围羽毛沾湿，流泪，严重者眼睑水肿或翻出于眼眶外，眼结膜充血或有小出血点，甚至形成小溃疡。部分鸭头颈部肿胀（俗称“大头瘟”或“肿头瘟”），严重下痢，排青绿色或灰白色粪便。口流黄色液体，鼻腔流出分泌物，呼吸困难，叫声嘶哑。外翻泄殖腔黏膜时，可见表面有黄绿色假膜、不易剥离，强行剥离后留下溃疡灶，公鸭有时可见阴茎脱垂。本病病程一般为2～5天，慢性病例可延至1周以上，导致生长发育迟缓。

自然或人工感染鸭瘟的病鹅主要表现体温升高（42.5～43℃）、精神委顿、流泪、两脚发软、排灰白色或青绿色稀粪，个别病鹅还表现出神经症状，头颈扭曲和不随意旋转。

【病理变化】剖检可见喉头、食道及泄殖腔黏膜出血，出现灰黄色或黄绿色假膜性溃疡，尤其是食道常可见纵行排列的灰黄色假膜覆盖或出血斑点。头颈部水肿的病鸭，切开头颈部皮肤流出淡黄色透明液体。心冠脂肪、肝脏、脾脏、肺、肾脏、腺胃与肌胃交界处、腺胃与食道膨大部交界处、肠道、卵黄蒂、法氏囊、脑膜等出血或充血，尤其是肝脏和肠道病变具有诊断意义。肝脏除出血外还有多量大小不一的不规则的灰白色或灰黄色坏死点或坏死灶，少数坏死点中心有小出血点或其外围有出血带。肠道环状出血，呈深红色或深棕色，以十二指肠和直肠出血最为严重，也多见于腺胃与食道交界处。

产蛋母鸭发生鸭瘟时除以上剖检病变外，还可见卵巢充血、出血，卵泡膜出血，有时卵泡破裂而引起腹膜炎，输卵管黏膜充血、出血。

雏鸭感染鸭瘟时，其剖检病变与成年鸭基本相同，但法氏囊病变更为明显，表现为明显出血，黏膜表面有针尖大小的坏死灶并附有白色干酪样渗出物。喉头、食道和泄殖腔等黏膜的病变较轻微，但肝脏出血点和腺胃出血带较为明显。

鹅感染鸭瘟的病变与鸭相似，主要表现在肝脏和消化器官，肝脏以出血和坏死为特征，消化道表现为充血、出血和假膜性坏死。

【诊断】根据该病的流行病学特点，特征性临诊症状有诊断意义的剖检病变可做出初步诊断，确诊有赖于进行实验室检查。

病料样品采集：无菌采集病死禽的肝、脾和肾。

【防控措施】

1. 加强饲养管理，坚持自繁自养 由于鸭瘟的传播速度快，致死率高，一旦传入鸭群可造成巨大的经济损失，因此对该病的防控应给予足够的重视。在该病的非疫区，要禁止到鸭瘟流行区域和野禽出没的水域放鸭，加强本地良种繁育体系建设，坚持自繁自养，尽量减少从外地，尤其是从疫区引种的机会，防止该病的引入。加强饲养管理，防止带毒野生水禽进入鸭群。

2. 加强检疫、消毒和免疫接种 受威胁地区除应加强检疫、消毒等兽医卫生措施外，易感鸭群应及时进行鸭瘟疫苗的免疫接种。疫苗免疫接种是预防和控制鸭瘟的主要措施，目前国内应用的疫苗主要是鸭瘟病毒弱毒苗。

种用鸭或蛋用鸭于30日龄左右首免，以后每隔4～5个月加强免疫1次。3月龄以上鸭免疫1次即可，免疫有效期可达一年。但免疫接种应注意安排在开产前20天左右或停蛋期或低产蛋率期间。对于肉用鸭，于7日龄左右首免，20～25日龄时二免。

3. 控制扑灭措施 发生鸭瘟时，应采取严格的封锁和隔离措施，及时扑杀销毁发病鸭群，病鸭污染的场地、水域和工具等进行彻底消毒，粪便堆积发酵处理。疫点周围受威胁的鸭群立即接种鸭瘟高免血清或鸭瘟弱毒疫苗，防止该病扩散传播。

三十、鸭病毒性肝炎

鸭病毒性肝炎（Duck virus hepatitis，DH）是由鸭肝炎病毒引起的小鸭的一种急性、接触性、高度致死性的传染病，临诊上以发病急、传播快、病死率高，肝脏有明显出血点和出血斑为特征。

本病于1949年首次由在美国纽约长岛鸭群流行中确诊。我国在1958年曾报道有本病流行，1980年分离到病毒。该病在我国大部分养鸭地区仍有发生，给养鸭业造成很大的经济损失。

【病原学】鸭肝炎病毒（Duck hepatitis virus，DHV），属微RNA病毒科、肠病毒属的成员。引起鸭肝炎的病毒有3种，分别称为1型、2型及3型，其中1型及3型均为微RNA病毒科肠病毒属，2型为星状病毒，应称为鸭星状病毒。以1型鸭肝炎病毒最常见，呈世界性分布。美国还分离到1株1型肝炎病毒变异株，经鸡胚交叉中和试验表明与1型病毒有部分交叉反应，引起的肝炎称为1a型鸭肝炎。2型鸭肝炎病毒仅见于英国，主要引起10日龄至6周龄鸭发病，其病理变化与1型肝炎类似。3型仅发生于美国，且致病力不如1型，经中和试验和荧光抗体试验证实3型肝炎病毒与1型病毒之间无共同抗原成分。因此，一般所说的鸭肝炎病毒均指1型。我国流行的多为1型。

鸭肝炎病毒对外界的抵抗力较强，可耐受乙醚和氯仿，并具有一定的热稳定性，在自然界能存活较长时间。在污染的育雏室内能生存75天，在潮湿的粪便中能存活1个多月但62℃30分钟可致死。病毒对常用的消毒药亦有明显的抵抗力，1%福尔马林几小时才能灭活。

【流行病学】自然情况下，本病主要感染鸭，鸡、火鸡和鹅有抵抗力，野生水禽可能成为带毒者。主要引起5周龄以内的小鸭发病和死亡，1周内的雏鸭发病率可达100%、病死率可达95%；1～3周龄的雏鸭病死率为50%或更低。4周龄以上小鸭感染发病较少。成年鸭即使在病毒严重污染的环境也无临诊表现，并且对种鸭产蛋率无影响。病鸭和带毒鸭是本病的主要传染源。

本病主要通过与病鸭直接接触感染，病鸭粪便所污染的饲料和饮水经消化道、呼吸道感染，也能通过人员的参观，饲养人员的串舍以及污染的用具、垫料和车辆等传播。

本病一年四季均可发生，但主要在孵化季节。饲养密度过大，鸭舍过于潮湿，卫生条件差，饲料内缺乏维生素和矿物质等可促使本病的发生。

【临诊症状】自然感染潜伏期很短，通常为1～4天；人工感染易感雏鸭，其潜伏期可短至24小时左右。鸭肝炎的发病急，传播快，病死率高，一般死亡多发生在3～4天内。雏鸭感染发病时表现精神委顿、缩颈、行动呆滞、蹲伏、翅下垂、眼半闭，食欲不振或不采食。感染0.5～1天，鸭群中即有部分病鸭出现全身抽搐、身体侧卧、两腿痉挛性踢蹬、有时在地上旋转、头向后背呈“背脖”姿势。喙端和爪尖瘀血呈暗紫色，少数病鸭死前排黄白色和绿色稀粪。一般病鸭出现抽风后十几分钟迅速死亡，有的可持续5小时左右才死亡。个别雏鸭不出现明显症状，突然死亡。

【病理变化】剖检病变主要表现在肝脏肿大，质地发脆，色暗淡或发黄。肝脏表面呈斑驳状，有大量的出血点和出血斑，部分鸭肝脏有刷状出血带。胆囊肿大、胆汁充盈。肾脏轻度瘀血、肿大，有时脾脏肿大有斑驳状出血。但也有一些病死鸭无肉眼可见的变化。

【诊断】根据该病的流行病学特点、临诊症状和病理变化特征可做出初步诊断。确诊则需要进行实验室诊断。

病料样品采集：无菌采集病死鸭的肝脏供病毒分离与鉴定或PCR病原检测。

【防控措施】坚持严格防疫、检疫和消毒制度，坚持自繁自养、全进全出，防止本病传入鸭群是该病防控的首要措施。疫区及其受本病威胁地区的鸭群进行定期的疫苗免疫预防是防止本病发生的有效措施。

对于无母源抗体的雏鸭，1～3日龄时可用鸭肝炎弱毒疫苗进行免疫能有效地防止本病的发生。如果种鸭在开产前间隔15天左右接种2次鸭肝炎疫苗，之后隔3～4个月加强免疫1次，其后代可获得较高的母源抗体，从而能够得到良好的免疫保护作用。但是对于病毒污染比较严重的鸭场，部分雏鸭在10日龄以后仍有可能被感染，应考虑避开母源抗体的高峰期接种疫苗或注射高免卵黄或高免血清。

发生本病时，采取严格的封锁和隔离措施，及时扑杀销毁发病鸭群，病鸭污染的场地、水域和工具等进行彻底消毒，粪便堆积发酵处理。发病或受威胁的雏鸭群可紧急注射高免卵黄或血清以降低病死率，控制疫情发展。

三十一、鸭浆膜炎

鸭浆膜炎是由鸭疫里氏杆菌感染引起的一种败血性传染病。又名“三包病”（鹅感染里氏杆菌称鹅流感）。以纤维素性心包炎、肝周炎、气囊炎、输卵管炎和脑膜炎为特征。呈急性、热性、急性败血性或慢性经过。本病的发病率和致死率均很高，特别是在商品肉鸭场，可引起雏鸭大批死亡或感染鸭的生长发育迟缓、淘汰率增加，给养鸭业造成巨大的经济损失。

本病最早于1932年在美国纽约州发现，目前呈世界性分布。我国1982年首次报道发现本病，目前各养鸭省区均有发生，是危害养鸭业的重要传染病之一。

鸭疫里氏杆菌的血清型比较复杂，目前已报道有21个血清型，国内不同地区或鸭场流行的血清型有所不同，据调查我国目前至少存在7个血清型（1、2、6、10、11、13、14），但以1、2型比较多见，近年分离的菌株经鉴定多数属1型。不同血清型及同型不同毒株的毒力有差异。绝大多数血清型之间无免疫交叉反应。

【病原学】鸭疫里默氏杆菌，原名鸭疫巴氏杆菌，为巴氏杆菌科、里氏杆菌属。为革兰阴性菌，菌体呈杆状或椭圆形，多为单个，少数成双或呈短链状排列。可形成荚膜，无芽孢，无鞭毛，无运动性。瑞氏染色大部分菌体呈两极着色，印度墨汁染色时可见有荚膜。

该菌营养要求较高，在麦康凯琼脂和普通琼脂上不生长，可与大肠杆菌区别。细菌在巧克力琼脂、血液琼脂、胰酶大豆琼脂、马丁肉汤、胰酶大豆肉汤等培养基中生长良好。初代分离该细菌时可将其放置于5%～10%CO_2培养箱或烛缸中可提高细菌的分离率。

本菌对外界环境抵抗力不强，一般消毒药均可将其灭活。4℃条件下，肉汤培养物可存活2～3周。对庆大霉素、新霉素、磺胺喹噁啉等敏感，但易形成耐药性。

【流行病学】鸭疫里氏杆菌感染主要发生于圈养鸭群，1～8周龄鸭均易感，其中以2～3周龄鸭感染最常见，自然感染发病率一般为20%～40%，有的鸭群可高达70%以上，发病鸭病死率为5%～80%不等，感染耐过鸭多转为僵鸭或残鸭。不同品种鸭发病率和病死率有一定的差异，其中北京鸭、樱桃谷鸭和番鸭发病率与病死率较高。随着日龄的增大，感染和发病则明显减少。成年鸭和种鸭对本病不敏感。

除鸭外，雏鹅感染在国内也有报道，国外有火鸡、雉、鸡等感染本病的报道。

病鸭及带菌鸭是主要传染源。本病主要经呼吸道感染。在实验条件下脚蹼刺种、肌肉注射等途径可引起发病、死亡，因此皮肤伤口，特别是足部的刺伤也可能是一个重要的感染途径。

本病一年四季均可发生，但冬春季发病率明显增多。在我国现有的养鸭环境条件下，造成该病广泛存在和发病率高的主要原因是由于鸭舍饲养密度过大，空气流通不畅，潮湿，环境卫生差，饲养粗放，过冷过热，饲料中维生素、微量元素以及蛋白质含量不足或营养不均衡，从而造成机体的抵抗力下降，促进了疾病的发生和传播。饲养方式的改变，如由圈养改为放牧时会促进本病的发生。

【临诊症状】急性病例多见于2～4周龄的小鸭，病鸭主要表现为精神沉郁、蹲伏、缩颈、头颈歪斜、步态不稳和共济失调，采食减少或不食，病鸭眼和鼻孔周围有浆液性或黏液性分泌物，排绿色或黄绿色稀粪。随着病程的发展，鸭群中出现神经症状者明显增多，表现为头颈歪斜、角弓反张、转圈等运动失调，不久抽搐死亡，病程1～3天；部分幸存的病鸭转为僵鸭或残鸭，生长不良，极度消瘦。

4周龄以后的较大鸭多呈亚急性或慢性经过，病程1周或更长，时而会出现上述症状，若有惊吓则不断鸣叫，颈部弯转90°左右，转圈或倒退运动，能长期存活但发育不良。

【病理变化】最明显的剖检病变为纤维素性心包炎、肝周炎、气囊炎和脑膜炎，其纤维蛋白性渗出物可波及全身浆膜面。病程较急的病例可见心外膜表面有纤维蛋白性渗出物，而病程较慢者则心包膜增厚，表面及心包腔内有大量的干酪样渗出物，心包粘连。肝脏肿大，表面有纤维蛋白性渗出物，严重者形成一层厚厚的纤维蛋白膜覆盖于整个肝脏表面。自然感染病例气囊明显增厚，并有大量的干酪样渗出物。脾脏肿大、表面呈大理石样外观。少数病例见有输卵管炎，输卵管膨大，内有干酪样物蓄积。

屠宰去毛后，可见慢性感染病鸭的体表局部肿胀、表面粗糙、颜色发暗，切开后皮下组织出血、有多量渗出液，切面呈海绵状。慢性局灶性感染偶尔也出现在关节。

【诊断】根据该病典型的临诊症状和剖检病变，结合流行病学特点一般可初步诊断。进一步确诊则需要进行鸭疫里氏菌的分离和鉴定。

【鉴别诊断】本病在临诊上应注意与雏鸭大肠杆菌病、衣原体感染相区别。

【防控措施】应在认真执行综合性防控措施的基础上，重点做好以下工作。

1. 加强管理 预防本病要改善鸭舍的卫生条件，特别注意通风、干燥、防寒及降低饲养密度，地面育雏要勤换垫料。做到“全进全出”，以便彻底消毒。

2. 免疫预防 雏鸭在4～7日龄接种鸭疫里氏杆菌油乳灭活疫苗或蜂胶佐剂灭活疫苗可以有效地预防本病的发生，肉鸭免疫力可维持到上市日龄。以铝胶为佐剂的灭活疫苗也有较好的免疫效果，但免疫持续时间较短，需要进行2次免疫。由于鸭疫里氏杆菌的血清型较多，疫苗中应含有主要血清型菌株。美国已研制出1、2和5型鸭疫里氏杆菌弱毒疫苗。

3. 药物防治 应根据细菌的药敏试验结果选用敏感的抗菌药物进行预防和治疗。目前较常用的防治药物有阿莫西林/克拉维酸钾、头孢噻呋、喹诺酮类药物等。

三十二、小鹅瘟

小鹅瘟（Gosling plague）又称鹅细小病毒感染、Derzsy氏病，是由小鹅瘟病毒引起雏鹅和雏番鸭的一种急性或亚急性的败血性传染病。本病主要侵害4～20日龄的雏鹅，以传播快、高发病率、高病死率、严重下痢、渗出性肠炎、肠道内形成腊肠样栓子为特征。在自然条件下成年鹅常呈隐性感染，但经排泄物和卵可传播该病。该病是危害养鹅业的主要病毒性传染病。

本病最早由我国学者方定一等于1956年首先在江苏省扬州地区发现，并以鹅胚分离到病毒，定名为小鹅瘟。1965年以后，东欧和西欧许多国家报道了本病的存在。1978年将小鹅瘟更名为鹅细小病毒感染。目前，世界许多饲养鹅及番鸭地区都有本病的发生。

【病原学】 鹅细小病毒（Goose parvovirus，GPV），为细小病毒科，细小病毒属的成员。病毒粒子呈球形、无囊膜、核酸为单链DNA。本病毒无血凝活性，不凝集鸡、鹅、鸭、兔、豚鼠、小鼠、猪、牛、羊和人O型红细胞，但可凝集黄牛精子。迄今国外分离到的GPV毒株抗原性几乎相同，均为同一个血清型。

鹅细小病毒对环境的抵抗力强，65℃加热30分钟、56℃3小时其毒力无明显变化，能抵抗氯仿、乙醚、胰酶和pH3.0的环境。蛋壳上的病毒虽经1个月孵化期也不能被消灭。对2%～5%氢氧化钠、10%～20%石灰乳敏感。

【流行病学】 自然条件下，只有雏鹅和雏番鸭对本病易感，其他禽类和哺乳动物均无感染性。本病多发于1月龄内的雏鹅和雏番鸭，各种品种的雏鹅对本病具有相同的易感性。雏鹅的易感性随日龄的增长而降低，一周内的雏鹅，病死率可高达100%，10日龄以上的鹅病死率一般不超过60%，20日龄以上的鹅发病率低、病死率也低，而1月龄以上鹅则很少发病。

病鹅、病番鸭和带毒鹅、带毒番鸭是主要的传染源。被发病雏鹅或番鸭、康复带毒雏鹅或番鸭以及隐性感染成年鹅的排泄物、分泌物污染的水源、饲料、用具、草场、蛋等，也可成为传染源。

发病雏鹅或番鸭从粪便中排出大量病毒，通过直接或间接接触，经消化道感染而迅速传播全群。带毒大龄鹅可通过蛋将病毒垂直传染给孵化器中的易感雏鹅，造成雏鹅在出壳后3～5天内大批发病和死亡。最严重的暴发是发生于病毒垂直传播后的易感雏鹅群；孵化环境及用具的严重污染，使孵出的雏鹅大批发病。

本病一年四季均有流行发生，但我国南方和北方由于饲养鹅、番鸭的季节及饲养方式的不同，发生本病的季节也有所不同。

【临诊症状】本病的潜伏期与感染雏鹅、雏番鸭的日龄密切相关，2周龄内雏鹅无论是自然感染，还是人工感染，其潜伏期均为2～3天；2周龄以上雏番鸭潜伏期为4～7天。本病的病程也随发病雏鹅、雏番鸭的日龄不同而异，可分为最急性型、急性型和亚急性型三种病型。

1. 最急性型 多见于流行初期和1周龄内的雏鹅或雏番鸭，发病、死亡突然，传播迅速，发病率100%，病死率高达95%以上。病初雏鹅表现精神沉郁，数小时内即出现衰弱、倒地、两腿划动并迅速死亡。死亡雏鹅喙端、爪尖发绀。

2. 急性型 常发生于1～2周龄内的雏鹅，患病雏鹅具有典型的消化系统紊乱和明显的神经症状，表现为全身委顿、食欲减退或废绝，喜蹲伏，渴欲增强，严重下痢，排灰白色或青绿色稀粪，粪中带有未消化的饲料，临死前头多触地、两腿麻痹或抽搐。病程2天左右。

3. 亚急性型 多发生于2周龄以上的雏鹅，常见于流行后期。患病雏鹅以精神沉郁、拉稀和消瘦为主要症状。少数幸存者在一段时间内生长不良。病程一般为3～7天甚至更长。

【病理变化】感染雏鹅或雏番鸭的剖检病变以消化道炎症为主，尤其是小肠急性浆液性—纤维素性炎症最具特征。随病型不同有一定差异。

1. 最急性型 剖检病变不明显，一般只有小肠前段黏膜肿胀、充血，表现为急性卡他性炎症。胆囊肿大、胆汁稀薄。其他脏器无明显病变。

2. 急性型和亚急性型 常有典型的肉眼病变，尤其是肠道的病变具有特征性。小肠的中、后段显著膨大，呈淡灰白色，形如香肠样，触之坚实较硬，剖开膨大部肠道可见肠黏膜坏死脱落，与凝固的纤维素性渗出物形成栓子或包裹在肠内容物表面堵塞肠道。心脏变圆、心肌松软，肝脏肿大、瘀血，胰腺充血，脾脏瘀血或充血。

【诊断】根据本病的流行病学、临诊症状和剖检病变特征即可做出初步诊断，确诊需要进行实验室诊断。

病料样品采集：无菌采集病死雏鹅、雏番鸭的肝脏、脾脏和胰脏等病料。

【防控措施】应采取综合性防控措施。本病的预防主要在两方面，一是孵化房中的一切用具和种蛋彻底消毒，刚出壳的雏鹅、雏番鸭不要与新引进的种蛋和成年鹅、番鸭接触，以免感染。二是做好雏鹅、雏番鸭的预防，对未免疫种鹅、番鸭所产蛋孵出的雏鹅、雏番鸭于出壳后1日龄注射小鹅瘟弱毒疫苗，且隔离饲养到7日龄；而免疫种鹅、番鸭所产蛋孵出的雏鹅、雏番鸭一般于7～10日龄时需注射小鹅瘟高免血清或小鹅瘟精制抗体，每只皮下或肌肉注射0.5～1.0毫升。

雏鹅群一旦发生本病，采取严格的封锁和隔离措施，及时扑杀销毁发病鹅群，病鹅污染的场地和工具等进行彻底消毒，粪便堆积发酵处理。疫点周围受威胁的鹅群立即注射小鹅瘟高免血清或弱毒疫苗，防止该病扩散传播。

三十三、禽 霍 乱

禽霍乱（Fowl cholera）又名禽巴氏杆菌病、禽出血性败血病，是由多杀性巴氏杆菌引起的鸡、鸭、鹅和火鸡等多种禽类的一种急性败血性传染病，急性型的特征为突然发病，下泻，出现急性败血症症状，发病率和病死率均高；慢性型发生肉髯水肿和关节炎，病程较长，病死率较低。

该病在世界所有养禽的国家均有发生，是威胁养禽场的主要疫病之一。

【病原学】多杀性巴氏杆菌是巴氏杆菌科巴氏杆菌属的成员。本菌为两端钝圆、中央微凸的革兰氏阴性短杆菌，多单个存在，不形成芽孢，无鞭毛，新分离的强毒菌株具有荚膜。病料涂片用瑞氏、姬姆萨或美蓝染色呈明显的两极浓染，但其培养物的两极染色现象不明显。

多杀性巴氏杆菌的抵抗力很低，在干燥空气中2～3天死亡，在血液、排泄物和分泌物中能生存6～10天，直射阳光下数分钟死亡；一般消毒药在数分钟内均可将其杀死。

【流行病学】各种家禽及野禽均能感染。鸡、鸭、鹅、火鸡和鸽最易感。鸭、鸡常呈急性经过，鹅次之。

病死禽、康复带菌禽和慢性感染禽是主要传染源。本病主要经消化道感染，其次是经呼吸道感染，也可经损伤的皮肤而感染。

禽霍乱的发生无明显的季节性，但潮湿、拥挤、突然换群和并群，气候剧变、寒冷、闷热、阴雨连绵、禽舍通风不良、营养缺乏、寄生虫、长途运输及其他疾病等，都可成为发病的应激因素。本病多呈地方流行性，特别是鸭群发病时，多呈流行性。

【临诊症状】

鸡：本病的潜伏期为2～9天。临诊上分为最急性型、急性型和慢性型。

1. 最急性型 在流行初期，肥壮、高产的鸡只，常呈最急性经过。病鸡无前驱症状而突然发生不安，倒地挣扎，翅膀扑动几下迅即死亡。或者头晚精神及食欲均好，次日发现死于鸡舍里，病程数小时。

2. 急性型 最为常见，病鸡体温升高，42～43.5℃，精神沉郁，羽毛松乱，弓背，缩头或将头藏于翅膀下，呆立一隅，闭目，食欲减少或不食，常有剧烈腹泻，粪呈灰黄、灰白色、污绿色，有时混有血液。冠及肉髯发绀呈黑紫色，呼吸困难；口、鼻分泌物增多，常流出带有泡沫的黏液；产蛋鸡停止产蛋；最后衰竭、昏迷痉挛而死。病程1～3天，病死率高。

3. 慢性型 由急性不死转为慢性，多见于流行后期。精神不振，鼻孔流出少量黏液。经常腹泻，体渐消瘦，鸡冠及肉髯苍白。有的病鸡一侧或两侧肉髯肿大，有的可能发生干结、坏死。有的病鸡发生关节炎，关节肿大、疼痛、跛行，甚至不能走动。病程可达数周。生长发育不良，产蛋停止。

鸭：发生禽霍乱症状不如鸡的明显，常以病程短促的急性型为主。一般表现为精神沉郁，停止鸣叫，不愿下水，不愿走动，眼半闭，少食或不食，口渴。即使下水，行动缓慢，也常落于鸭群后面或呆立一隅。鼻和口中流出黏液，病鸭咳嗽，打喷嚏，呼吸困难，张口，摇头，企图甩出喉头部黏液，故有“摇头瘟”之称。亦见发生下痢，病鸭排出铜绿色或灰白色稀粪，少数病鸭粪中混有血液，腥臭。病程较长者，有的病鸭发生关节炎或瘫痪，一侧或两侧局部关节肿大，不能行走。还可见鸭的掌部肿胀、变硬，切开可见干酪样坏死。病鸭群用抗生素或磺胺类药物治疗时，死亡下降，但停药后又复上升，如此断续零星发生，尤以种鸭或填鸭群当气候骤变后易发生。

成年鹅的症状与鸭相似，仔鹅发病和死亡较成年鹅严重，以急性为主，病程1～2天。

【病理变化】死于最急性的病鸡，剖检无特征病变，仅见心冠状脂肪有小点出血。

（1）急性病例病变较为特征，病鸡皮下、腹腔浆膜和脂肪有小点出血。肝脏肿大，棕红色，质脆，肝表面可见很多灰白色针头或粟粒大的坏死点。肠道充血、出血、发炎，尤以十二指肠最为严重，肠内容物含有血液，黏膜红肿，有很多出血点或小出血斑，黏膜上常覆有黄色纤维素小块。心外膜和心冠脂肪常有多量出血点，心包内积有多量淡黄色液体，并混有纤维蛋白，心肌和心内膜亦见出血点。肺有充血或出血。产蛋鸡卵泡充血、出血、变性，呈半煮熟状。

（2）慢性病例除见上述部分病变外，鼻腔、鼻窦及上呼吸道内积有黏液。有关节炎的病例，可见关节肿大，切开见有炎性渗出物或干酪样坏死物。公鸡的肉髯水肿，内有干酪样物。有时母鸡的卵巢和腹膜亦见变性和干酪样物。

鸭的病理变化与鸡基本相似。心包囊内充满透明橙黄色液体，心冠状沟脂肪、心包膜、心肌出血。肝略肿胀，脂肪变性，表面有针头大小的灰白色坏死点。肠道有充血和出血，尤以小肠前段和大肠黏膜为甚，小肠内容物呈淡红色。肺见出血或急性肺炎病变。雏鸭为多发性关节炎时，关节面粗糙，内附有黄色干酪样物或肉芽组织，关节囊增厚，内含红色浆液或灰黄色混浊黏稠液体。

【诊断】仅根据临诊症状不易确诊，但通过剖检病理变化观察，结合流行病学及防治效果进行综合分析，可做出确诊。必要时可进行实验室检查。

病料样品采集：无菌采集病死禽的肝、脾和心血等病料。

【鉴别诊断】鸡霍乱应与鸡新城疫、鸭霍乱应与鸭瘟相鉴别。

【防控措施】做好平时的饲养管理，使家禽保持较强的抵抗力，对防止本病发生是最关键的措施。养禽场严格执行定期消毒卫生制度，引进种禽或幼雏时，必须从无病的禽场购买。新购进的鸡鸭必须隔离饲养 2 周，无病时方可混群。

常发本病的地方可用禽霍乱菌苗预防接种或定期投喂有效的药物。

1. 免疫接种 在本病流行地区可用疫苗进行免疫接种，目前我国生产使用的禽霍乱菌苗有灭活菌苗和弱毒活菌苗。禽霍乱灭活菌苗有氢氧化铝菌苗和蜂胶菌苗。

禽霍乱氢氧化铝菌苗，2 月龄以上鸡或鸭一律肌肉注射 2 毫升，免疫期 3 个月；如第 1 次注射后 8～10 天再注射一次，免疫效力较好。

禽霍乱蜂胶灭活菌苗，即可常温保存又可低温保存，应用效果较好。2 月龄以上禽肌肉注射 1 毫升；2 月龄以下禽肌肉注射 0.5 毫升。免疫后 5～7 天产生坚强免疫力，免疫期 6 个月，保护率 90%～95%。

2. 治疗 早期确诊，及时应用敏感的抗生素治疗，有较好的效果。

（1）抗生素。及时用链霉素、土霉素、头孢类抗生素等进行治疗，对禽霍乱均有较好的疗效。链霉素，在成年鸭、鸡（体重 1.5～2 千克），每只肌肉注射 10 万 IU（0.1 克），每天注射两次，连用 2～3 天。在饲料中添加 0.05%～0.1%土霉素，连用 5 天。

（2）喹诺酮类。恩诺沙星 50 毫克/千克饮水，连饮 3～5 天。其他的喹诺酮类药也有较好的疗效。

（3）磺胺类。在病禽的饲料中添加 0.05%～0.1%磺胺喹锷啉，或饮水中配成 0.1%溶液，连喂 3～4 天。成年鸡、鸭每只口服长效磺胺 0.2～0.3 克，每日 1 次，或在饲料中添加 0.4%～0.5%，每天一次。复方新诺明按 0.02%混于饲料中喂服 3～5 天。磺胺-间-甲氧嘧啶与抗菌增效剂甲氧苄氨嘧啶（TMP），按 5∶1 比例配合，按每千克体重 30 毫克拌料喂服，每天一次，连服5天。

3. 疫情控制措施 禽群发生霍乱后，进行无害化处理，病禽进行隔离治疗。同禽群中尚未发病的家禽，全部喂给抗生素或磺胺类药物，以控制发病。污染的禽舍、场地和用具等进行彻底消毒。距离较远的健康家禽紧急注射菌苗。

三十四、鸡 白 痢

鸡白痢（Pullorosis）是由鸡白痢沙门氏菌引起的鸡和火鸡的一种细菌性传染病。雏鸡和雏火鸡呈急性败血性经过，以肠炎和灰白色下痢为特征；成鸡以局部和慢性感染为特征。

本病发于世界各地，对人和动物的健康构成了严重的威胁，除能引起动物感染发病外，还能因食品污染造成人的食物中毒。

【病原学】鸡白痢沙门氏菌，属肠杆菌科沙门氏菌属。该细菌菌体两端钝圆、中等大小、无荚膜、无芽孢、无鞭毛不运动，革兰氏阴性，兼性厌氧，在普通培养基上能生长。能分解葡萄糖、甘露醇和山梨醇，并产酸产气，不分解乳糖，也不产生靛基质，不发酵麦芽糖。

本菌对干燥、腐败、日光等环境因素有较强的抵抗力，在粪便中能存活1～2个月，在冰冻土壤中可存活过冬。该菌对热的抵抗力不强，60℃15分钟即可被杀灭。对于各种化学消毒剂的抵抗力也不强，常规消毒剂及其浓度均能达到消毒目的。

【流行病学】各种品种的鸡对本病均有易感性。各种年龄的鸡均可感染，但幼年鸡较成年鸡易感，其中以2～3周龄内的雏鸡发病率与病死率最高，呈流行性。人偶有发病，但只有通过食物一次摄入大量本菌才有可能引起发病。

病鸡和带菌鸡是本病的主要传染源，病鸡的分泌物、排泄物、蛋、羽毛等均含有大量的病原菌。

禽沙门氏菌病常形成相当复杂的传播循环。可以通过消化道、呼吸道或眼结膜水平传播，但经卵垂直传播具有非常重要的意义，感染的小鸡大部分死亡，耐过鸡长期带菌，而后也能产卵，卵又带菌，若以此作为种蛋时，则可周而复始地代代相传。隐性感染者的自然交配或用其精液进行人工授精也是该病水平传播的重要途径。同时，沙门氏菌也可通过带菌鸡蛋垂直传递给子代而引起发病。

本病一年四季均可发生。一般呈散发或地方流行性。在育雏季节可表现为流行性。卫生条件差、密度过大可促使本病的发生。种鸡场如被该菌污染，种鸡中即有一定比例的病鸡或带菌鸡，这些鸡所产的种蛋同样有一定比例是带菌的，在孵化过程中可以造成胚胎死亡，孵出的雏鸡有弱雏、病雏。这些弱雏和病雏又不断排出病菌感染同群的鸡。本病所造成的损失与种鸡场此病的净化程度、饲养管理水平以及防控措施是否适当有着密切关系。

【临诊症状】不同日龄的鸡发生白痢的临诊表现有较大的差异。

雏鸡白痢：潜伏期4～5天，经卵垂直感染的雏鸡，在孵化器或孵出后不久即可看到虚弱、昏睡，继而死亡。出壳后感染的雏鸡，多于孵出后3～5天出现症状，第2～3周龄是雏鸡白痢发病和死亡高峰。污染严重的种鸡场，其后代雏鸡白痢的病死率可高达20%～30%，甚至更高。病雏表现为不愿走动，聚成一团，不食，羽毛松乱，两翼下垂，低头缩颈，闭眼昏睡。排白色糨糊样粪便，肛门周围的绒毛被粪便污染，干涸后封住肛门周围，影响排粪。由于肛门周围炎症引起疼痛，故病雏排便时常发出叫声。有的病雏表现呼吸困难、喘气。有的可见关节肿大、跛行。病程4～7天。3周龄以上发病的极少死亡，耐过鸡生长发育不良，成为慢性病鸡或带菌鸡。

育成鸡白痢：多见于40～80日龄的鸡，地面平养的鸡群发病率比网上和笼养鸡高。鸡群密度大、环境卫生条件差、饲养管理差及饲料营养水平低等对发病率有很大的影响。本病发生突然，全群鸡食欲精神无明显变化，但鸡群中不断出现精神、食欲差和下痢者，常突然死亡。死亡不见高峰而是每天都有鸡死亡，数量不一。该病病程较长，可拖延20～30天，病死率可达10%～20%。

成年鸡白痢：多呈慢性经过或隐性感染。一般无明显症状，当鸡群感染比例较大时，可明显影响产蛋量，产蛋高峰不高，维持时间短，死淘率增高。部分病鸡面色苍白、鸡冠萎缩、精神委顿、缩颈垂翅、食欲丧失、产卵停止，排白色稀粪。有的感染鸡可因卵黄性腹膜炎而呈“垂腹”现象。

【病理变化】雏鸡白痢可见尸体瘦小、羽毛污秽，泄殖腔周围被粪便污染。病死鸡脱水，眼睛下陷，脚趾干枯。剖检可见肝脏、脾脏和肾脏肿大、充血，有时肝脏可见大小不等的坏死点。卵黄吸收不良，内容物呈奶油状或干酪样黏稠物。有呼吸道症状的雏鸡肺脏可见有坏死或灰白色结节。心包增厚，心脏上可见有坏死或结节，略突出于脏器表面；肠道呈卡他性炎症，盲肠膨大。

育成鸡白痢的突出变化是肝脏肿大，有的比正常肝脏大数倍，瘀血、质脆，极易破裂，表面有大小不等的坏死点。脾脏肿大，心包增厚，心肌可见有数量不一的黄色坏死灶，严重的心脏变形、变圆。有时在肌胃上也可见到类似的病变。肠道呈卡他性炎症。

成年鸡最常见的病变在卵巢，有的卵巢尚未发育，输卵管细小。多数卵巢仅有少量接近成熟的卵子。已发育正常的卵巢质地改变，卵子变色，呈灰色、红色、褐色、淡绿色，甚至铅黑色，卵子内容物呈干酪样。卵黄膜增厚、卵子形态不规则。变性的卵子有长短粗细不同的卵带（柄状物）与卵巢相连。脱落的卵子进入腹腔，可引起广泛的腹膜炎及腹腔脏器粘连。产蛋鸡患病后输卵管内充满炎性分泌物。

成年公鸡的病变常局限于睾丸和输精管，睾丸极度萎缩，同时出现小脓肿。输精管腔增大，充满浓稠渗出液。

【诊断】根据流行病学、临诊症状和剖检变化可作初步诊断。确诊需采取肝、脾、心肌、肺和卵黄等样品接种选择性培养基进行细菌分离，进一步可进行生化试验和血清学分型试验鉴定分离株和PCR病原检测。

病料样品采集：病原分离鉴定可无菌采取病、死禽的肝、脾、肺、心血、胚胎、未吸收的卵黄、脑组织及其他病变组织。成年鸡采取卵巢、输卵管和睾丸等。

【防控措施】防控禽沙门氏菌病的原则是杜绝病原菌的传入和垂直传播，清除群内带菌鸡，同时严格执行卫生、消毒和隔离制度。

1. 加强严格的卫生检疫和检验措施 通过严格的卫生检疫和检验，防止饲料、饮水和环境污染。根据本地特点建立完善的良种繁育体系，慎重引进种禽、种蛋，必须引进时应了解对方的疫情状况，防止病原菌进入本场。

2. 定期检疫，及时淘汰阳性鸡和可疑鸡 健康鸡群应定期通过全血平板凝集反应进行全面检疫，淘汰阳性鸡和可疑鸡；有该病的种鸡场或种鸡群，应每隔 4～5 周检疫一次，将全部阳性带菌鸡检出并淘汰，以建立健康种鸡群。

3. 加强消毒 坚持种蛋孵化前的消毒工作，可通过喷雾、浸泡等方法进行，同时应对孵化场、孵化室、孵化器及其用具定期进行彻底消毒，杀灭环境中的病原菌。

4. 加强饲养管理 保持育雏室、养禽舍及运动场的清洁、干燥，加强日常的消毒工作。防止飞禽或其他动物进入而散播病原菌。

发现病禽，迅速隔离（或淘汰）消毒。全群进行抗菌药物预防或治疗，可选用的药物有氟苯尼考、磺胺类、喹诺酮类、硫酸黏杆菌素、硫酸新霉素等，但是治愈后的家禽可能长期带菌，不能作种用。

三十五、禽 伤 寒

禽伤寒（Typhus avium）是由鸡沙门氏菌所引起的禽类的一种败血性传染病，主要发生于鸡，以发热、贫血、败血症和肠炎下痢为临诊特征，一般呈散发性。

【病原学】鸡沙门氏菌又称鸡伤寒沙门氏菌，为沙门氏菌属、肠道沙门氏菌成员，革兰氏阴性，两端略浓染，无鞭毛，不运动。本菌含有 O1 抗原、O9 抗原、O12 抗原，但 O12 抗原无变异型。在肉汤中培养产生一种耐热内毒素，静脉注射可致死家兔。

鸡沙门氏菌对干燥、腐败、日光等因素具有一定的抵抗力，在外界条件下可以生存数周或数月。对化学消毒剂的抵抗力不强，一般常用消毒剂和消毒方法均能达到消毒目的。

【流行病学】鸡最易感，火鸡、鸭、珠鸡、鹌鹑、孔雀、雉鸡等鸟类也可感染，但鹅、鸽不易感。病禽、带菌禽是主要的传染源。健康禽类的带菌现象相当普遍。

病禽、带菌禽的粪便污染饮水、饲料和垫草等，经消化道或呼吸道感染健康禽类，但最常见的是通过带菌蛋而传播。带菌蛋有的是从康复或带菌母鸡所产的蛋而来，有的是健康蛋壳污染有病菌，通过蛋壳的气孔而成为感染蛋。染菌蛋孵化时，有的形成死鸡胚，有的孵出病雏鸡。病雏粪便和飞绒中的病菌，又污染饲料、饮水、孵化器、育雏器等。通过消化道、呼吸道或眼结膜而使同群饲养的健康雏鸡感染。被感染的小鸡若不加治疗，则大部死亡，耐过本病的鸡长期带菌，成年后又产出带菌蛋，如此周而复始地代代相传，给养禽业造成严重经济损失。

本病一年四季均可发生，一般呈散发。环境条件恶劣和饲养管理不善等可促使本病的发生。

【临诊症状】潜伏期一般为 4～5 天。在青年鸡和成年鸡，急性经过者突然停食，精神委顿，排黄绿色稀粪，羽毛松乱。由于严重的溶血性贫血，冠和肉髯苍白而皱缩。体温上升 1～3℃。病鸡可迅速死亡或在 4 天内死亡，一般在 5～10 天死亡。自然发病的病死率为 10%～50%或更高些。急性症状明显者常死亡。雏鸡和雏鸭发病时，发病后很快死亡，无特殊症状。

【病理变化】雏鸡病变与鸡白痢病变相似。成年鸡，最急性眼观病变轻微或不明显，急性者常见肝脏、脾脏、肾脏充血肿大，亚急性和慢性病例，特征病变是肝脏肿大呈青铜色，肝脏和心肌有灰白色粟粒大坏死灶，卵子及腹腔病变与鸡白痢相同。

【诊断】根据本病在鸡群中的流行病史、症状和病理变化，可以做出初步诊断。确诊有赖于从病鸡的内脏器官取材料作鸡沙门氏菌的分离培养鉴定。

病料样品采集：病原学检查可无菌采集病死鸡的肝、脾、肺、心血、胚胎、未吸收的卵黄、脑组织及其他病变组织；成年鸡取卵巢、输卵管及睾丸。血清学检测采集病鸡血液分离血清。

【防控措施】我国自2013年将禽沙门氏菌病列入种鸡场必须净化的病种。防控本病必须严格贯彻消毒、隔离、检疫、药物预防等一系列综合性措施；病鸡群及带菌鸡群，应定期反复用凝集试验进行检疫，将阳性鸡及可疑鸡全部剔出淘汰，最终净化鸡群。

发生本病时，病禽应进行无害化处理，严格消毒鸡舍及用具。运动场铲除一层地面并加垫新土，填平水沟，防止鸟、鼠等动物进入鸡舍。

饲养员、兽医、屠宰人员以及其他经常与畜禽及其产品接触的人员，应注意卫生消毒工作，防止本病从畜禽传染给人。

1. 免疫接种 疫苗免疫效果不太理想。

2. 治疗 由于抗菌药物的广泛使用和耐药性产生，应根据药物敏感试验结果进行用药治疗。常用药物氟苯尼考、硫酸新霉素、硫酸黏杆菌素等。

三十六、鸡败血支原体感染

鸡败血支原体感染（Mycoplasma gallisepticum infection）又称鸡毒霉形体感染也称为鸡败血霉形体感染或慢性呼吸道病，在火鸡则称为传染性窦炎，是由禽毒霉形体引起鸡和火鸡等多种禽类的慢性呼吸道病。临诊上以呼吸道症状为主，特征表现为咳嗽、流鼻液、呼吸道啰音，严重时呼吸困难和张口呼吸。火鸡发生鼻窦炎时主要表现眶下窦肿胀。病程发展缓慢且病程长，并经常见到与其他病毒或细菌混合感染。感染此病后，幼鸡发育迟缓，饲料报酬降低，产蛋鸡产蛋下降，病原可在鸡群中长期存在和蔓延，还可通过蛋垂直传染给下一代。

【病原学】鸡毒支原体又名鸡毒霉形体或禽败血霉形体。菌体通常为球形、卵圆形或梨形，也有丝状及环状的。用姬姆萨氏染色着色良好，革兰染色为弱阴性，着色较淡。本菌为好氧和兼性厌氧，鸡毒支原体对培养基的要求相当苛刻，不同的菌株对培养基的要求也可能不同。几乎所有的菌株在生长过程中都需要胆固醇、一些必需氨基酸和核酸前体，因此在培养基中需加入10%～15%的猪、牛或马灭活血清。MG在37℃ pH7.8左右的培养基中生长最佳。液体培养基接种前pH以7.8左右为宜，接种后24～48小时下降到pH7.0以下。MG在固体培养基上，生长缓慢，培养3～5天可形成微小的光滑而透明的露珠状菌落，用放大镜观察，具有一个较密集的中央隆起，呈油煎蛋样，但某些种不呈此典型形态。

禽败血霉形体对外界抵抗力不强，离开禽体即失去活力。对紫外线敏感，在阳光直射下很快失去活力。一般消毒药也可很快将其杀死。

【流行病学】禽败血霉形体在国内的鸡群中感染相当普遍，根据血清学调查，感染率平均在70%～80%。

禽败血霉形体主要感染鸡和火鸡。也可感染鹌鹑、珠鸡、鹧鸪、孔雀和鸽。火鸡较鸡易感，雏鸡比成鸡易感，成鸡常无明显临诊症状。

病鸡和带菌鸡是本病的主要传染源。病原体存在于病鸡和带菌鸡的呼吸道、卵巢、输卵管和精液中。

本病的传播有垂直和水平传播两种方式。易感鸡与带菌鸡或火鸡接触可感染此病。病原体一般通过病鸡咳嗽、喷嚏，随呼吸道分泌物排出，又随飞沫和尘埃经呼吸道传染。被支原体污染的饮水、饲料、用具也能使本病由一个鸡群传至另一个鸡群。被感染的种鸡可以通过种蛋传播病原体，感染早期和疾病较严重的鸡群经卵传播率较高，使本病在鸡群中连续不断地发生。用带有禽败血霉形体的鸡胚制作弱毒苗时，易造成疫苗污染而散播本病。创伤、气管损伤也能加剧禽败血霉形体的感染。

本病一年四季均可发生。影响禽败血霉形体感染流行的因素除了菌株本身的致病性以外，还包括鸡的年龄、环境条件以及其他病原的并发感染等。鸡对支原体感染的抵抗力随着年龄的增长而加强，雏鸡比成年鸡易感，病情表现也更严重；寒冷、拥挤、通风不良、潮湿等应激因素可促进本病的发生；新城疫、传染性支气管炎等呼吸道病毒感染及大肠杆菌混合感染会使呼吸道病症明显加重，使病情恶化；当禽败血霉形体内存在时，用弱毒疫苗气雾免疫时很容易激发本病。鸡群一旦染病即难以彻底根除。

【临诊症状】人工感染潜伏期为4～21天。

幼龄鸡发病时，症状较典型，表现为浆液性或黏液性鼻液，使鼻孔堵塞影响呼吸，频频摇头、喷嚏、咳嗽，还见有窦炎、结膜炎和气囊炎。当炎症蔓延至下呼吸道时，喘气和咳嗽更为显著，并有呼吸道啰音。后期因鼻腔和眶下窦中蓄积渗出物而引起眼睑肿胀。成年鸡很少死亡，幼鸡如无并发症，病死率也低。

【病理变化】病鸡明显消瘦。单纯感染禽败血霉形体的病鸡，可见鼻道、气管、支气管和气囊内含有混浊黏稠或干酪样的渗出物，气囊壁变厚、混浊。呼吸道黏膜水肿、充血、增厚。窦腔内充满黏液和干酪样渗出物，并可波及肺和气囊。自然感染的病例多为混合感染，如有大肠杆菌、传染性支气管炎病毒参与，则容易见到纤维素性肝周炎和心包炎。鸡和火鸡还常见到明显的鼻窦炎或输卵管炎。

【诊断】禽败血霉形体感染与其他一些呼吸道疾病的症状类似，因此确诊须进行病原分离鉴定、PCR病原检测和血清学检测。

病料样品采集：病原分离鉴定可采取病、死鸡的气管、气囊和鼻窦渗出物及鼻甲骨或肺组织等。血清学检测采集血液或血清。

病原检查：病料直接涂片镜检；接种于普通肉汤、营养琼脂平板、SS或麦康凯琼脂平板、鲜血琼脂平板分离；生化反应、动物接种试验鉴定。

血清学检查：平板和试管凝集反应。在中鸡和成年鸡用血清学试验，有助于本病的诊断。鸡伤寒沙门氏菌和鸡白痢沙门氏菌具有相同的“O”抗原，因此，做凝集反应时，也可用鸡白痢标准抗原。方法与鸡白痢同。

【鉴别诊断】鸡毒支原体感染与鸡传染性支气管炎、传染性喉气管炎、传染性鼻炎、禽曲霉菌病等呼吸道传染病极易混淆，应注意从病原和治疗方面加以鉴别。

【防控措施】由于支原体感染在养鸡场普遍存在，在正常情况下一般不表现临诊症状，但如遇环境条件突然改变或其他应激因素的影响时，可能暴发本病或引起死亡，因此，必须加强饲养管理和兽医卫生防疫工作。

1. 疫苗免疫接种　免疫接种是减少支原体感染的一种有效方法。国内外使用的疫苗主要有弱毒疫苗和灭活疫苗。弱毒疫苗既可用于尚未感染的健康小鸡，也可用于已感染的鸡群，免疫保护率在80%以上，免疫持续时间达7个月以上。灭活疫苗以油佐剂灭活疫苗效果较好，多用于蛋鸡和种鸡。免疫后可有效地防止本病的发生和种蛋的垂直传递，并减少诱发其他疾病的机会，增加产蛋量。

2. 消除种蛋内支原体 阻断经卵传播是预防和减少支原体感染的重要措施之一，也是培育无支原体鸡群的基础。

3. 培育无支原体感染鸡群 主要程序如下：

（1）选用对支原体有抑制作用的药物降低种鸡群支原体的带菌率和带菌强度，从而降低种蛋的污染率；

（2）种蛋入孵后先45℃处理14小时，杀灭蛋中支原体；

（3）小群饲养，定期进行血清学检查，一旦出现阳性鸡，立即将小群淘汰；

（4）在进行上述程序的过程中，要做好孵化箱、孵化室、用具、房舍等的消毒和兽医生物安全工作，防止外来感染。

通过上述程序育成的鸡群，在产蛋前进行一次血清学检查，无阳性反应时可用做种鸡。当完全阴性反应亲代鸡群所产种蛋不经过药物或热处理孵出的子代鸡群，经过几次检测未出现阳性反应后，可以认为已建成无支原体感染群。

4. 严格执行全进全出制的饲养方式 进鸡前的鸡舍进行彻底消毒，有利于降低该病的发病率及经济损失。

鸡群一旦出现该病，可选用抗生素进行治疗。常用的药物中以泰妙菌素、泰乐菌素、红霉素、柱晶白霉素等疗效较好，但该病临诊症状消失后极容易复发，且禽败血霉形体易产生耐药性，所以治疗时最好采取交替用药的方法。病鸡康复后具有免疫力。

三十七、鸡球虫病

鸡球虫病（Coccidiosis of chickens）是由球虫引起的幼鸡常见的一种急性流行性原虫病，以3～7周龄的雏鸡最易感染。本病的主要特征是患鸡消瘦、贫血和血痢，病愈小鸡生长发育受阻。成年鸡多为带虫者，增重和产蛋都受到影响。

该病是一种全球性的原虫病，发生于世界各地，是集约化养鸡业最为多发、危害严重且防控困难、威胁养鸡业发展的疾病之一。

【病原学与发育史】病原是孢子虫纲、真球虫目艾美耳科、艾美耳属的9种球虫（其中前7种受到公认），即：柔嫩艾美耳球虫、毒害艾美耳球虫、堆形艾美耳球虫、早熟艾美耳球虫、布氏艾美耳球虫、巨型艾美耳球虫、缓艾美耳球虫、变位艾美耳球虫和哈氏艾美耳球虫。它们寄生于鸡的肠道中，其中对鸡危害最大的球虫有两种，即：柔嫩艾美耳球虫，寄生于鸡的盲肠中，引起急性盲肠球虫；毒害艾美耳球虫，主要寄生在小肠中段，引起急性小肠球虫。

一般在鸡粪便中见到的是处于卵囊阶段的球虫，卵囊呈圆形或椭圆形，外层为卵囊壁，壁的厚薄不一，多光滑。卵囊随鸡的粪便排出体外，在适宜的温度、湿度条件下，发育成孢子化卵囊，当鸡吃了孢子化卵囊后，卵囊壁被胃肠消化液所溶解，子孢子游离出来，进入肠壁上皮细胞内吸取营养，发育成熟为裂殖体。裂殖体以裂殖生殖（无性生殖）的方式进行分裂，成为裂殖子。每个裂殖体能繁殖900个裂殖子，此时，鸡肠上皮细胞遭到破坏。裂殖子从被破坏的细胞内逸出，又侵入新的上皮细胞，以同样方式破坏新的上皮细胞。经过几次后，鸡的肠道黏膜破坏严重，临诊出现血样粪便。经过几代的裂殖生殖后，进入配子生殖（即有性生殖）。雌、雄配子结合形成合子，合子迅速形成一层被膜，即粪便检查中所见的卵囊。卵囊随粪便排出后，重复上述过程。从感染性卵囊进入鸡体内，至新一代卵囊排出所需的时间一般为4～10天。

球虫卵囊在土壤中能生存4～9个月，在有树荫的运动场上可达15～18个月。球虫卵囊对高温、干燥的抵抗力较弱，但孢子卵囊在土壤中可生存半年以上，一般消毒药不易将其杀死，1%氢氧化钠溶液4小时、1%～2%的甲醛溶液或1%的漂白粉3小时、2%农乐溶液1小时才被灭活，生产上常用0.5%次氯酸钠溶液进行消毒，高温能很快将其杀死。

【流行病学】鸡是上述各种球虫的唯一天然宿主。所有日龄和品种的鸡对球虫都有易感性，刚孵出的雏鸡由于小肠内没有足够的胰凝乳蛋白酶和胆汁使球虫脱去孢子囊，因而对球虫是不易感的。球虫病主要发生于3个月以内的幼鸡，其中以15～50日龄的幼鸡最易感染。

病鸡和带虫鸡是主要的传染源。被病鸡和带虫鸡粪便污染过的饲料、饮水、土壤或用具等，都有卵囊存在。鸡摄入有活力的孢子化卵囊通过消化道感染是本病的主要传播途径。一年四季均可发病，发病时间与气温和雨量有密切关系，通常球虫病多在湿热多雨季节里最易流行，每年在春夏季多发。

鸡舍及运动场阴湿，鸡舍饲养密度过大，卫生条件差，饲料中缺乏维生素A、维生素K及日粮配合不当等，都可成为本病流行的诱发因素。

【临诊症状】患球虫病的鸡，其症状和病程常因病鸡的感染程度、球虫种类及饲养管理条件而异。

1. 急性型　多见于雏鸡，病程1～3周，发病早期，病鸡精神不佳，羽毛松乱，双翅下垂，闭目呆立，食欲减退而饮欲增加，粪便增多变稀，泄殖腔周围羽毛常因液状粪便粘连在一起。随着病情的发展，病鸡翅膀轻瘫，运动失调，食欲废绝，粪如水样并带有血液，重者全为血粪。病鸡消瘦，可视黏膜、冠及肉髯苍白，后期发生神经症状，如痉挛、两脚外翻或直伸，不久死亡。雏鸡病死率可达50%，严重者可达80%以上。死亡鸡泄殖腔周围常沾污有血迹。

2. 慢性型　多见于4～6月龄的鸡或成年鸡。病鸡逐渐消瘦，间歇性下痢，病程长短不一。成年鸡主要表现体重增长慢或减轻，产蛋减少。也有些成年鸡为无症状型带虫者。

【病理变化】患球虫病的鸡尸体消瘦，黏膜苍白，泄殖腔周围羽毛被混血的粪便污染。

鸡盲肠球虫主要侵害盲肠，两侧盲肠显著肿大，盲肠上皮增厚并有坏死灶。盲肠外表呈暗红色，肠腔内充满暗红色或红色的血凝块，或充满血液及肠黏膜坏死的物质，肠壁的浆膜面可见有灰白色小斑点。切开病变部位，肠壁增厚，肠黏膜有点状出血或坏死点。

毒害艾美耳球虫主要损害小肠中段，可使肠壁扩张、松弛、肥厚和严重的坏死。肠黏膜上灰白色斑点状坏死灶和小出血点相间，肠腔内有凝固的血液。

堆形艾美耳球虫主要损害十二指肠和小肠前段，有大量淡灰色斑点，汇合成带状横过肠管。

巨形艾美耳球虫主要损害小肠中段，肠管扩张，肠壁肥厚，肠内容物呈黏稠的淡灰色、淡褐色或淡红色液状，肠壁有溢血点。

哈氏艾美尔球虫危害十二指肠和小肠前段，肠黏膜有严重的卡他性出血性炎症，其特征为肠壁上可见到大头针大小的红色圆形出血斑点。

日龄稍大的鸡，呈慢性型，其主要病变是小肠管增粗，肠壁肥厚，肠黏膜有炎性肿胀。

【诊断】根据临诊症状和病理变化可做出初步诊断，确诊需按照《动物球虫病诊断技术》（GB/T 18647—2002）进行实验室检验。

病料采集：粪便及病变肠管。

【防控措施】

1. 搞好环境卫生，消灭传染源。

2. 搞好隔离工作，切断传染源 孵化室、育雏室、成鸡舍。都要分开，饲养管理人员要固定，互不来往，用具不混用。发现病鸡及时诊断，立即隔离，轻者治疗，重者淘汰，并对整个鸡舍进行消毒。

3. 加强饲养管理，提高鸡体抗病力 合理搭配日粮，保障正常营养需要。幼龄鸡维生素K的需要量最高，补充维生素K可降低盲肠球虫病的病死率。鸡群要密度适宜，分群合理，保持环境条件稳定等以提高鸡的抗病力。

4. 药物预防 在鸡未发病时或有个别鸡只发病时，应用预防剂量的药物，如莫能霉素、盐霉素、尼卡巴嗪、常山酮、氯苯胍、海南霉素、马杜霉素铵、氨丙林、球痢灵等药物饲喂或饮水，均可取得一定的预防效果。

5. 免疫预防 应用抗球虫药尽管有效，但药物残留问题却一直困扰着人们，相当多的药物都已规定了不同的停药期，考虑到出口肉鸡的限制，选择抗球虫药物时应予注意。为克服这一问题，国内外的学者一直致力于球虫弱毒活疫苗的研究。商品化的球虫弱毒株疫苗，已产生了较为满意的结果，可克服抗药性和药物残留的影响，正逐步取代药物预防。

一旦发病，治疗球虫病的药物很多，常用的有下列几种：

（1）二硝托铵，每千克饲料中加入0.2克，或配成0.02%的水溶液，饮水3～4天。

（2）磺胺氯吡嗪钠（Esb_3）按0.03%混入饮水，连用3天。

（3）磺胺-6-甲氧嘧啶（SMM）和抗菌增效剂（甲氧苄胺嘧啶“TMP”或二甲氧苄胺嘧啶“DVD”），将上述两种药剂按5∶1的比例混合后，以0.02%的浓度混于饲料中，连用不得超过7天。

（4）磺胺二甲基嘧啶，以1%的浓度饮水2天，或0.5%的浓度饮水4天。

（5）磺胺喹噁啉（SQ），按0.1%混入饲料，喂2～3天，停药3天后用0.05%混入饲料，喂药2天，停药3天，再给药2天。磺胺类药物以早期应用效果较好，在治疗过程中适当添加维生素K_3，且磺胺类药物对鸡副作用大，应慎重应用。

（6）青霉素，每只雏鸡用2 000～6 000单位，溶于水中，每500只鸡用清水3 000～3 500毫升饮水，连用3天。

（7）氨丙林（Amprolium），按0.012%～0.024%混入饮水，连用3天。

（8）1.0%马杜霉素铵，每吨饲料应用500克，逐级混匀饲喂，饲料中马杜霉素不得高于5毫克/千克。

(9) 托曲珠利：每升水加25毫克，连用2天。

因球虫易产生抗药性，所以无论应用哪种药物防治，都不能长期应用，应间隔使用或轮换使用。

三十八、低致病性禽流感

低致病性禽流感（Lowerly pathological avain influenza，LPAI）是由A型流感病毒H9N2等亚型（如H1～H4、H6和H8～H15亚型）低致病性毒株引起的家禽的以呼吸困难、蛋鸡产蛋性能下降为特征的一种急性传染病。尽管H9亚型等低致病性禽流感病毒是低致病力毒株，本身并不一定造成鸡群的大规模死亡，但它感染后往往造成生产性能急剧下降，鸡群的免疫力下降，对各种病原的抵抗力降低，常常发生继发感染，因而给养鸡业造成巨大的经济损失。该病呈世界性分布。近年来，发现H9N2也可由禽直接传染人。

我国自1984年已有从鸭体内分离到AIV的报道，至1992年陈伯伦、张泽纪、毕英佐等报道广东的某些蛋鸡、肉鸡场发生H9N2亚型禽流感以来，1996年唐秀英、1997年陈福勇等也相继介绍了我国从病鸡、鸭体内分离到多株H9N2亚型禽流感病毒和发病情况，根据我国部分养鸡场的禽流感血清学调查，221个禽流感阳性鸡群中，H9亚型阳性鸡群占93.67%，表明H9亚型流感在我国广大地区存在。

在2002年召开的第15届禽流感国际研讨会上，将家禽中发生的较温和的、所有不符合高致病性禽流感（HPAI）标准的禽流感命名为LPAI。OIE规定的法定低致病性禽流感，仅包括低致病性H5和H7亚型禽流感。

美国、荷兰、丹麦等国家曾发生H5、H7亚型LPAI，在我国低致病性禽流感代表为H9亚型禽流感。

【流行病学】 参考高致病性禽流感。

低致病性H5或H7亚型禽流感多为亚临床感染，病死率较低。禽感染H_9亚型等禽流感病毒后发病率虽高（鸡群的发病率可达100%），但病死率较低。近年来还发现弱毒株在流行过程中其毒力可变强。

在各种家禽中，火鸡最常发生流感暴发。常突然发生，传播迅速，呈流行性或大流行性。多发生于天气骤变的晚秋、早春以及寒冷的冬季。阴雨、潮湿、寒冷、贼风、运输、拥挤、营养不良和内外寄生虫侵袭可促进该病的发生和流行。

本病多发于1月龄以上家禽，主要发生于成年产蛋鸡、鹌鹑、鸭、鹅，也有15日龄肉鸡发病的报告。

本病一年四季均可发生，但主要多发于秋冬季节，尤其是秋冬交界、冬春交界气候变化大的时节。气候多变，饲养管理不当，密度过大，通风不良、有害气体过多损伤上呼吸道黏膜，都是低致病性禽流感发生的诱因，也极易造成细菌和病毒的多重感染，尤其是呼吸道病毒最易感染。

【临诊症状】 潜伏期从几小时到3天不等。疾病的症状依感染禽类的种别、日龄、性别、并发感染、病毒亚型及饲养管理、环境因素等而不一致。典型症状如下：

精神沉郁，羽毛逆立，闭眼呆立，嗜睡；采食量、饮水量、蛋鸡产蛋量急速下降（较重病鸡群可下降90%以上，即所谓的“不吃、不喝、不下蛋”，高峰期产蛋下降严重，下降幅度为30%～95%)；轻重不一的呼吸道症状，咳嗽、打喷嚏、啰音；嗉囊空虚，排黄白绿稀便，蛋清样稀便；头部、肉髯水肿，发绀；蛋壳颜色变浅，破壳蛋增加。整个病程7～10天，若继发致病性大肠杆菌，将导致鸡死亡，死亡率在3%～30%。病愈后，产蛋性能恢复需30～60天不等，但不能恢复至发病前水平，产蛋率仅能恢复到原来的70%～90%，在恢复阶段，蛋壳的质量非常差，有大量的无壳蛋、软壳蛋、薄壳蛋、沙皮蛋、小鸡蛋、无黄蛋等。

【病理变化】鸡冠轻度发绀，有的病鸡头部皮下呈黄色胶胨样肿胀。喉头有针尖状出血点，气管黏膜呈条状充血、出血，支气管分支处，常有淡黄色栓子堵塞。肺脏充血、出血。胃肠道内容物呈绿色，肠黏膜出血性，盲肠扁桃体出血、充血。卵泡充血、出血，常见卵泡破裂，腹腔充满卵黄液，输卵管内，有乳白色脓性分泌物。若继发致病性大肠杆菌，可见肝周炎、心包炎、气囊炎和输卵管炎。

【诊断】根据禽流感流行病学、临诊症状和剖检变化等综合分析可以做出初步诊断。进一步确诊还应作病毒分离鉴定和血清学检查等。

病料样品采取：参考高致病性禽流感。

【鉴别诊断】鸡低致病性禽流感病毒所出现的临床症状和病理变化与多种疫病相似，极易与非典型鸡新城疫相混淆。两者的主要区别为：①低致病型禽流感多发于1月龄以上家禽，主要发生于成年产蛋鸡群，也有15日龄肉鸡发病的报告，死亡率不高；非典型鸡新城疫可发生于任何日龄的鸡群，主要发生于40～60日龄、100～120日龄和产蛋后期，这与其免疫状态有关，且伴随着较高的死亡率。后者对鸭群的感染临床表现不明显。②低致病性禽流感主要表现产蛋量的急剧下降，一般在7～10天的时间内可以使产蛋率下降50%以上；非典型鸡新城疫的发病相对比较温和，产蛋下降30%左右。③低致病性禽流感鸡群有发热的表现，表现精神不振，而且呼吸道表现严重，解剖可见到气管的黏性分泌物和出血点；非典型鸡新城疫主要是呼吸道症状，喉头、气管黏膜出血。④解剖的区别，低致病性禽流感表现卵泡的充血和液化很明显，另外还有输卵管的水肿和炎性分泌物。非典型鸡新城疫的表现以腺胃和肌胃的肿胀出血为特征，肠道上表现淋巴集结的肿胀、出血，输卵管有轻微的炎症，但没有水肿和炎性分泌物，卵泡膜充血。⑤蛋品质方面，低致病性禽流感表现蛋壳质量严重下降，畸形蛋、破壳蛋、无壳蛋明显增多；非典型鸡新城疫多表现蛋壳质量变薄，蛋壳颜色变浅。

【防控措施】采用加强饲养管理、卫生消毒、检疫等综合性措施防止本病发生。

免疫接种：禽流感病毒可使机体产生免疫性，少数康复鸡都有坚强的免疫力。采用灭活疫苗接种，也可使免疫鸡获得主动免疫，我国现有的H9亚型流感灭活疫苗，具有较好的免疫保护率。

【公共卫生学】禽流感病毒有感染宿主多样性的特点，不仅感染家禽和野禽，也感染猪、马以及鲸鱼、雪貂等多种动物。使得禽流感病毒作为人畜共患的公共卫生地位更显突出。

1999年2月，郭元吉等发现5个禽源H9N2病毒感染人的病例时有发生，5个病人全部康复。1999年3月，香港从2个年龄分别是4岁和1岁的女孩体内分离出2株H9N2禽流感病毒，在使用了常规的抗流感药物后，2人也全部康复。这2株H9N2比1997年分离到的H5N1温和，造成的损失和影响也不及1997年的H5N1。2008年12月30日，香港从一名2月龄婴儿体内分离出H9N2亚型人禽流感病毒。这些事件的发生，无疑又增加了禽流感病毒直接感染人并致病的例证。香港在20世纪70～80年代从鸭体内分离到16株H9N2病毒，90年代初从鸡体内分离到1株H9N2病毒，1998年又从猪体内分离到1株H9N2病毒。近年来，由于H9N2亚型禽流感病毒在我国也广泛流行，接触病禽的人员必须做好卫生消毒工作好个人防护，确保人的健康。

三十九、禽网状内皮组织增殖症

禽网状内皮组织增殖症（Avian reticuloendothelisis，RE）是由禽网状内皮组织增殖症病毒引起禽类的一组症状不同的综合征。包括免疫抑制、急性致死性网状内皮细胞瘤、矮小综合征以及淋巴组织和其他组织的慢性肿瘤形成等。

该病不仅是一种肿瘤性疾病，而且还是一种免疫抑制性疾病。20世纪90年代以来，它在感染率、致病性和传播力上都发生了较大的变化，因此是养禽业的又一潜在威胁。

【病原学】禽网状内皮组织增殖病病毒（Avian recticuloendotheliosis viruses，REV）属于逆转录病毒科、丙型反转录病毒属，REV有壳粒和囊膜，病毒基因组是线状正单股RNA。与哺乳动物和爬行动物C型反录病毒有遗传学的亲缘关系。自1958年英国的Robinson和Twiehaus首次在美国分离到REV-T株以来，目前已分离到30多株REV，其中代表毒株有T株病毒、鸭传染性贫血病毒株、鸭脾坏死病毒株及鸡合胞体病毒。虽然不同毒株的致病力不同，但都具有相似的抗原性，即属同一血清型。根据病毒中和试验等方法，将REV分成不同的抗原亚型，即1、2和3亚型。

病毒在-70℃长期保存而不降低活性。在4℃下病毒比较稳定，37℃20分钟感染力失活50%，1小时失活99%；REV可被脂溶剂如乙醚、氯仿和消毒剂破坏；但对紫外线有相当的抵抗力；感染的细胞加入二甲基亚砜后可以在-196℃下长期保存。

【流行病学】REV的自然宿主仅限于禽类，有鸡、火鸡、鸭、鹅、日本鹌鹑等，其中鸡和火鸡最易感。鸡和火鸡也是最常用的实验宿主，特别是鸡胚及新孵出的雏鸡，感染后引起严重的免疫抑制或免疫耐受。血清学阳性鸡的分泌物、排泄物、羽毛以及感染REV的种蛋是传播的来源。商业禽用疫苗的REV污染（如马立克火鸡疱疹病毒疫苗、鸡新城疫苗）也是该病的重要传染源。REV主要通过水平传播，也可垂直传播。有证据表明病毒可经蚊子叮咬传播。本病主要通过与感染鸡、火鸡的接触而传播。RE的垂直传播在鸡、火鸡和鸭中都已有报道（通常传播率很低），并从感染公鸡的精液、母鸡生殖道及所产鸡蛋和感染鸭所产鸭蛋卵白蛋白中分离出REV。注射污染REV的商业禽用疫苗可引起该病传播，是本病传播的重要问题。本病通常为散发，但注射污染REV的禽用疫苗可引起数量较大的发生。

【临诊症状和病理变化】该病在临诊上可分为以下几种病型：

1. 急性网状细胞增生　主要是由于不完全复制型REV-T株引起，潜伏期最短3天，通常接种后6～21天死亡，很少有特征性临诊表现，但新生雏鸡或火鸡接种后病死率常达100%。病理变化为肝、脾肿大，并伴有局灶性或弥漫性的浸润病变。病变也常见于胰脏、性腺、心脏和肾脏。组织学变化是网状内皮细胞浸润和增生，同时伴有淋巴样细胞增生。

2. 矮小综合征　感染禽生长受阻、瘦弱、羽毛发育不良。病鸡矮小，胸腺和法氏囊萎缩，腺胃炎、肠炎、贫血、肝脾坏死，并伴有细胞和体液免疫应答降低。

3. 慢性肿瘤的形成 主要包括鸡法氏囊源性淋巴瘤，非法氏囊源性淋巴瘤和火鸡淋巴瘤。感染禽肠系膜上布满大量肿瘤。

【诊断】在典型病理变化的基础上，结合检测 REV 或其抗体进行。

病料样品采集：血清、血液、病变组织器官。

【鉴别诊断】RE 在病理学上和 MD 及淋巴细胞性白血病十分相似，单纯依靠肉眼和病理组织学观察较难区分，应结合发病年龄、病毒抗原和抗体检测等实验室技术加以区别。PCR 可准确诊断本病，特异性非常强。此外，电镜技术也可有助于鉴别诊断。

【防控措施】对本病的控制尚无比较成熟的方法。现阶段防控的主要对策是加强原种鸡群中 REV 抗体和蛋清样本中病毒抗原的检测，淘汰阳性鸡，净化鸡群，同时对阳性鸡所污染的鸡舍及其环境进行严格消毒。加强禽用疫苗生产的管理和监督，防止 REV 污染疫苗，慎用非 SPF 蛋生产的疫苗，以防注射疫苗引起本病的传播。目前 RE 疫苗的研究仅停留在实验室阶段，尚无商业化生产。

四十、牛传染性鼻气管炎

牛传染性鼻气管炎（Infectioys bovine rhinotracheitis，IBR）又称“坏死性鼻炎”、“红鼻病”、牛传染性脓疱性外阴—阴道炎，是由疱疹病毒目（DNA 病毒）、疱疹病毒科、甲型疱疹病毒亚科、水痘病毒属的牛疱疹病毒 1 型（又称牛传染性鼻气管炎病毒）引起牛的一种急性接触性传染病。其特征是鼻道及气管黏膜发炎、发热、咳嗽、呼吸困难、流鼻汁等症状，有时伴发阴道炎、结膜炎、脑膜脑炎、乳房炎，也可发生流产。

本病最早于 1950 年在美国发现，1956 年分离并确认了病原。目前，该病呈世界性分布，美国、澳大利亚、新西兰以及欧洲许多国家都有本病流行，但丹麦和瑞士已经消灭了该病。1980 年，我国从新西兰进口奶牛中首次发现本病，并分离到了传染性牛鼻气管炎病毒。其危害性在于病毒侵入牛体后，可潜伏于一定部位，导致持续性感染，病牛长期乃至终生带毒，给控制和消灭本病带来极大困难。

【病原学】牛传染性鼻气管炎病毒（Infectious bovine rhinotracheitis virus，IBRV），又称牛疱疹病毒Ⅰ型，是疱疹病毒科、疱疹病毒甲亚科、单纯疱疹病毒属的成员。本病毒基因组为双股 DNA，有囊膜，只有一个血清型，与马鼻肺炎病毒、马立克氏病病毒和伪狂犬病病毒有部分相同的抗原成分。病毒可潜伏在三叉神经节和腰、荐神经节内，中和抗体对潜伏于神经节内的病毒无作用。

牛传染性鼻气管炎病毒对外界环境的抵抗力较强，寒冷季节、相对湿度为 90%时可存活 30 天；在温暖季节中，该病毒也能存活 5～13 天；－70℃保存的病毒可存活数年。对热敏感，56℃21 分钟可灭活；对乙醚和酸敏感，对一般常用消毒药敏感。

【流行病学】本病主要感染牛，尤以肉用牛较为多见，其次是奶牛。肉用牛群的发病有时高达 75%，其中又以 20～60 日龄的犊牛最为易感，病死率也较高。

病牛和带毒牛为主要传染源，潜伏感染的带毒牛可能终生排毒。病毒存在于病牛的鼻腔、气管、眼睛、血液、精液及流产胎儿内。当存在应激因素（如长途运输、过于拥挤、分娩和饲养环境发生剧烈变化）时，潜伏于三叉神经节和腰、荐神经节中的病毒可以活化，并出现于鼻汁与阴道分泌物中，因此隐性带毒牛往往是最危险的传染源。牛传染性鼻气管炎病毒一般需密切接触通过空气经呼吸道传染，尤其是通过交配、舔等，也可经胎盘传染。病毒可通过持续感染代代相传，此种动物周期性排毒，某些情况下也可垂直感染。

牛传染性鼻气管炎的发生无明显的季节性，但寒冷的季节易发生流行。有时呈地方流行性发生。舍饲牛过分拥挤、密切接触时更易迅速传播。通风不良、气温寒冷、饲养环境发生剧烈变化、分娩及长途运输等可诱发本病迅速传播。

【临诊症状】潜伏期一般为4～6天，有时可达20天以上，人工滴鼻或气管内接种可缩短到18～72小时。根据侵害的组织不同，本病可有6种类型，但是它们往往是不同程度地同时存在，很少单独发生，其中较为多见的病型是呼吸道型，伴有结膜炎、流产和脑膜脑炎，其次是脓疱性外阴-阴道炎或龟头-包皮炎。

1. 呼吸道型　该病型在临诊上最为常见，为最重要的一种类型。通常于每年较冷的月份出现，病情有的很轻微甚至不能被觉察，也可能极严重。常见于围栏牛，极少发生于舍饲牛。急性病例可侵害整个呼吸道，病初发高热39.5～42℃，极度沉郁，拒食，咳嗽，呼吸困难，流泪，流涎，有多量黏液脓性鼻漏，鼻黏膜高度充血，出现浅溃疡，鼻窦及鼻镜因组织高度发炎而称为“红鼻子”。常因鼻黏膜的坏死，呼气中常有臭味。乳牛病初产乳量即大减，后完全停止，病程如不延长（5～7天）则可恢复产量。重型病例数小时即死亡；大多数病程10天以上。严重的流行，发病率可达75%以上，但病死率只10%以下。以犊牛症状急而重，常因窒息或继发感染而死亡。

2. 生殖道感染型（生殖器型）　在美国又称传染性脓疱外阴—阴道炎，在欧洲国家又称交合疹。潜伏期1～3天。由配种传染，可发生于母牛及公牛。病初发热，沉郁，无食欲，尿频，有痛感。产乳稍降。阴户联合下流黏液线条，污染附近皮肤，阴门阴道发炎充血，阴道底面上有不等量黏稠无臭的黏液性分泌物。阴门黏膜上出现小的白色病灶，大量小脓疱使阴户前庭及阴道壁形成广泛的灰色坏死膜，当擦掉或脱落后遗留发红的破损表皮，急性期消退时开始愈合，经10～14天痊愈。

公牛患本病型又称传染性脓疱性包皮—龟头炎，潜伏期2～3天；沉郁、不食，生殖道黏膜充血，轻症1～2天后消退，继而恢复；严重的病例发热，龟头、包皮内侧、阴茎上充血，形成小脓疱或溃疡，尤其当有细菌继发感染时更重。同时，多数病牛精囊腺变性、坏死。种公牛失去配种能力，或康复后长期带毒，一般出现临诊症状后10～14天开始恢复。

3. 脑膜脑炎型　仅见于犊牛，表现为脑炎症状。体温升高达40℃以上，在出现呼吸道症状的同时，伴有神经症状，视力障碍，共济失调，沉郁，随后兴奋，惊厥抽搐，角弓反张，磨牙，四肢划动，口吐白沫，最终倒地，病程短促，多归于死亡。发病率高，病死率可达50%以上。

4. 眼结膜炎型（结膜角膜型）　多与上呼吸道炎症合并发生。主要症状是结膜角膜炎。轻者结膜充血、眼睑水肿，大量流泪；重者眼睑外翻，结膜表面出现灰色假膜，呈颗粒状外观，角膜轻度混浊呈云雾状，但不出现溃疡；流黏液脓性分泌物，很少引起死亡。

5. 流产型（流产不孕型）　一般认为是病毒经呼吸道感染后，从血液循环进入胎膜、胎儿所致。胎儿感染为急性过程，7～10天后以死亡告终，再经24～48小时排出体外。因组织自溶，难以证明有包涵体。如果是妊娠牛，可在呼吸道和生殖器症状出现后的1～2个月内流产，也有突然流产的。如果是非妊娠牛，则可因卵巢功能受损害导致短期内不孕。

6. 肠炎型 见于2～3周龄的犊牛，在发生呼吸道症状的同时，出现腹泻，甚至排血便。病死率20%～80%。

【病理变化】呼吸型时，呼吸道（咽喉、气管及大支气管）黏膜高度发炎、有浅溃疡，其上被覆腐臭黏液脓性渗出物，可能有成片的化脓性肺炎；呼吸道上皮细胞中有核内包涵体，于病程中期出现；常伴有第四胃黏膜发炎及溃疡，大小肠可有卡他性肠炎。生殖道感染型病变，见阴道出现特殊性的白色颗粒和脓疱。脑膜脑炎的病灶呈非化脓性脑炎变化。流产胎儿肝、脾有局部坏死，有时皮肤有水肿。

【诊断】根据该病在流行病学、临诊症状和病理变化等方面的特点，可进行初步的诊断。在新疫区要确诊本病，必须依靠病毒分离鉴定和血清学诊断。

病料样品采集：分离病毒所用的病料，可以是发热期的鼻腔洗涤物，也可以用流产胎儿的胸腔液或胎盘子叶。

【防控措施】由于本病病毒可导致持续性的感染，防控本病最重要的措施是在加强饲养管理的基础上，加强冷冻精液检疫、管理制度，不从有病地区或国家引进牛只或其精液，必须引进时需经过隔离观察和严格的病原学或血清学检查，证明未被感染或精液未被污染方准使用。在生产过程中，应定期对牛群进行血清学监测，发现阳性感染牛应及时淘汰。

在流行较严重的国家，一般用疫苗预防控制，常用各种弱毒疫苗及基因缺失疫苗。疫苗虽不能防止感染，但可明显降低发病率及患病严重程度。在发病率低的欧洲国家，则采取淘汰阳性牛的严厉措施，不再允许使用疫苗。

本病尚无特效疗法，病畜应及时严格隔离，最好予以扑杀或根据具体情况逐渐将其淘汰。

关于本病的疫苗，目前有弱毒疫苗、灭活疫苗和亚单位苗（用囊膜糖蛋白制备）三类。研究表明，用疫苗免疫过的牛，并不能阻止野毒感染，也不能阻止潜伏病毒的持续性感染，只能起到防御临诊发病的效果。因此，采用敏感的检测方法（如PCR技术）检出阳性牛并予以扑杀可能是目前根除本病的唯一有效途径。

四十一、牛恶性卡他热

牛恶性卡他热（Bovine malignant catarrhal fever，BMCF）又名恶性头卡他或坏疽性鼻卡他，是由恶性卡他热病毒引起牛的一种高度致死性淋巴增生性病毒性传染病，以高热、口鼻眼黏膜的黏脓性坏死性炎症、角膜混浊并伴有脑炎为特征。

18世纪末欧洲就有本病存在，19世纪中叶南非发生本病，20世纪初该病在北美被发现，亚洲则是在近半个世纪因引进非洲角马才被发现。目前，本病散发于世界各地，我国也有该病的报道。

【病原学】牛恶性卡他热病毒（Bovine malignant catarrhalfever virus，BMCFV），属于疱疹病毒科、γ-疱疹病毒亚科、猴病毒属，基历组为双股DNA。BMCFV分为两型，即角马疱疹病毒Ⅰ型或猬羚疱疹病毒Ⅰ型和绵羊疱疹病毒Ⅱ型或猬羚疱疹病毒Ⅱ型；前者的自然宿主是角马，常呈隐性感染，对牛的致病力较强，为非洲区域内的牛以及世界范围内动物园多种反刍动物BMCF的病原；后者则可引起绵羊的亚临床感染，是世界绝大多数地区反刍动物 BMCF 的病原。病毒粒子核芯由双股线状 DNA 与蛋白质缠绕而成。

病毒存在于病牛的血液、脑、脾等组织中，在血液中的病毒紧紧附着于白细胞上，不易脱离，也不易通过细菌滤器。

MCFV 对外界环境的抵抗力不强，是疱疹病毒中最为脆弱的成员，对外界环境的抵抗力不强，不能抵抗冷冻及干燥，无论是低温冷冻或在冻干条件下，只能存活数天，因而病毒较难保存。含病毒的血液在室温中 24 小时，冰点以下温度可使病毒失去传染性。对乙醚和氯仿敏感。

【流行病学】 恶性卡他热在自然情况下主要发生于黄牛和水牛，其中 1～4 岁的牛较易感，老牛发病者少见。绵羊及非洲角马（African wildebeest）是本病毒的储主，仅传播病毒，本身并不发病。

本病的传染源在非洲主要是角马，在欧洲主要是绵羊，二者是牛恶性卡他热病毒的储主，仅传播病毒，本身并不致病。感染牛为终末宿主。牛多经呼吸道感染。该病的发生主要是牛与绵羊、角马接触而感染，通过吸血昆虫传播病毒的可能性比较小。病牛的血液、分泌物和排泄物中含有病毒，但病毒在牛与牛之间并不传播。

本病在流行病学上的一个明显特点是牛恶性卡他热病毒不能由病牛直接传递给健康牛，其流行有 3 种形式：

第一种是非洲型，在非洲牛及野生反刍兽患病，主要以角马为传播媒介，鼻腔分泌液中含有大量病毒。非洲型恶性卡他热病毒已分离成功，并作为病毒分类的依据。第二种是绵羊型牛及鹿患病，通过与绵羊密切接触而感染，我国流行的属于绵羊型。第三种流行于北美，围栏养殖的牛患病，无需绵羊接触。病毒特性尚待进一步鉴定。非洲型及绵羊型均可感染兔，使之发生类似牛恶性卡他热。

一般认为绵羊无症状带毒是牛群暴发本病的主要原因。许多兽医工作者早就注意到，发病牛多与绵羊有接触史。

本病一年四季均可发生，更多见于冬季和早春，主要与角马分娩有关，并且与分娩角马、绵羊胎盘或胎儿接触的牛群最易发生本病；多呈散发，有时呈地方流行性。多数地区发病率较低，而病死率可高达 60%～90%。昆虫传播此病的作用，有待进一步证实。

【临诊症状】 自然感染的潜伏期，长短变动很大，一般 4～20 周或更长，最多见的是 28～60 天。人工感染犊牛通常 10～30 天。

恶性卡他热有几种病型，即最急性型、消化道型、头眼型、良性型及慢性型等。头眼型最典型，在非洲是常见的一型。在欧洲则以良性型即消化道型最常见。这些型可能互相重叠，并且常出现中间型。所有病例都有高热稽留（40.5～42.2℃）、肌肉震颤、寒战、食欲锐减、瘤胃弛缓、泌乳停止、呼吸及心跳加快、鼻镜干热等症状。

1. 最急性型 病程短至 1～3 天即死亡，主要表现为口腔和鼻腔黏膜的剧烈炎症和出血性胃肠炎，死于严重的病毒血症和主要器官的脉管炎。

2. 头眼型 该型最为常见。其特征是高热稽留（40.5～42.2℃），持续至死亡之前。严重的鼻腔和口腔黏膜损伤，眼损伤和明显的沉郁。常伴发神经紊乱，预后不良。一般病程为 4～14 天，症状轻微时可以恢复，但常复发，病死率很高。高热同时还伴有鼻眼少量分泌物，一般在 2 天以后，发生各部黏膜症状，口腔与鼻腔黏膜充血、坏死及糜烂。数日后，鼻孔前端分泌物变为黏稠脓样，在典型病例中，形成黄色长线状物直垂于地面。这些分泌物干涸后，聚集在鼻腔，妨碍气体通过，引起呼吸困难。病牛的鼻镜外观干燥或“晒伤”状，随后表皮脱离。鼻黏膜脱落后可形成固膜性痂并堵塞呼吸道。口腔黏膜广泛坏死及糜烂，并流出带有臭味涎液。每一典型病例，几乎均具有眼部症状，畏光、流泪、眼睑闭合，继而虹膜睫状体炎和进行性角膜炎，角膜水肿是最常见是病变，可能在8小时内变得完全不透明，也有发展较为迟缓的。如咽黏膜肿胀，可以引起窒息。炎症蔓延到额窦，会使头颅上部隆起；如蔓延到牛角骨床，则牛角松离，甚至脱落。体表淋巴结肿大。白细胞减少。初便秘，后拉稀，排尿频数，有时混有血液和蛋白质。母畜阴唇水肿，阴道黏膜潮红、肿胀。有些患牛发生神经症状。病程较长时，皮肤出现红疹、小疱疹等。

3. 消化道型 以腹泻为主要症状的严重小肠结肠炎，常死亡。发热，并具有某种程度的黏膜损伤、眼损伤和其他器官病变。该病另一罕见的急性型为严重的出血性膀胱炎，表现为血尿、痛性尿淋漓和尿频。发生这一类型MCF的病牛出现高热，仅能存活1～4天。

4. 慢性型 牛恶性卡他热的特征是临诊病程较长，一般为数周，病牛出现高热，黏膜糜烂和溃疡，双侧性眼色素层炎。皮肤丘疹或角化过度，淋巴结病变和趾部损伤。黏膜损伤往往较严重，组织脱落，并引起流涎和厌食。某些病例恢复后仅隔数周到数月又出现复发，在间隔期间病牛表现健康，但复发后体温升高和黏膜、眼及皮肤出现病变并导致衰竭。该型病牛极少完全恢复和存活。

5. 良性型 在临诊上实际表现为亚临床感染。

鹿的恶性卡他热通常为最急性型或亚急性型，主要症状是出血和腹泻，末期症状是弥漫性血管内凝血。

水牛发病后，主要表现为持续高热、颌下及颈胸部皮下水肿，并出现全身性败血症的变化。发病率不高，但病死率可达90%以上。水牛发病与其接触山羊有关，水牛和水牛间不能直接传播。

【病理变化】 病理剖检变化依临诊症状不同而异。所有病例的淋巴结出血、肿大，其体积可增大2～10倍，并以头、颈和腹部淋巴结最明显。

最急性病例没有或只有轻微变化，可以见到心肌变性，肝脏和肾脏浮肿，脾脏和淋巴结肿大，消化道黏膜特别是真胃黏膜有不同程度发炎。

头眼型以类白喉性坏死性变化为主，可能由骨膜波及骨组织，特别是鼻甲骨、筛骨和角床的骨组织。喉头、气管和支气管黏膜充血，有小点出血，也常覆有假膜。肺充血及水肿，也见有支气管肺炎。全眼脉管炎。

消化道型以消化道黏膜变化为主。口腔黏膜溃疡、糜烂，真胃黏膜和肠黏膜出血性炎症，有部分形成溃疡。在较长的病程中，泌尿生殖器官黏膜也呈炎症变化。脾正常或中等肿胀，肝、肾浮肿，胆囊可能充血、出血，心包和心外膜有小点出血，脑膜充血，有浆液性浸润。

【诊断】 根据流行特点、临诊症状及病理变化可做出初步诊断，确诊需进行实验室检查，包括病毒分离培养鉴定、动物试验和血清学诊断等。

病料样品采集：病毒分离用的血液用EDTA或肝素抗凝，脾、淋巴结、甲状腺等组织应无菌采集，冷藏下迅速送检。

【防控措施】 目前本病尚无特效治疗方法。控制本病最有效的措施，是立即将绵羊等反刍动物清除出牛群，不让与牛接触，特别是在媒介动物的分娩期，更应阻止相互接触。同时注意畜舍和用具的消毒。当动物园和养殖场必须引进媒介动物时，必须经血清中和试验证明为阴性，并隔离观察一个潜伏期后才能允许其活动。

对病牛，一旦发现应立即扑杀并无害化处理，污染的场地应用卤素类消毒药物进行彻底消毒。

有人曾研制灭活疫苗，应用效果不佳，弱毒疫苗也已研制出来，但尚未推广使用。

四十二、牛白血病

牛白血病（Leukaemia bovum）又称牛白血组织增生症、牛淋巴肉瘤、牛恶性淋巴瘤，是由牛白血病病毒引起的牛的一种慢性肿瘤性疾病，其特征为淋巴样细胞恶性增生，进行性恶病质和高度病死率。分为地方流行型白血病（EBL）和散发型白血病（SBL）两大类。前者主要发生于成年牛，病原体是逆转录病毒科的牛白血病病毒；后者主要见于犊牛，病原体尚不清楚。牛白血病是OIE规定通报的疫病。

EBL病早在18世纪末即被发现，目前本病分布广泛，几乎遍及全世界养牛的国家。我国自1977年以来，先后在江苏、安徽、上海、陕西、新疆等地发现本病，并有不断扩大与蔓延的趋势，给养牛业造成了严重的威胁。

【病原学】牛白血病病毒（Bovine leukemia virus，BLV）属于逆转录病毒科、丁型逆转录病毒属。病毒含单股RNA是一种外源性反转录病毒，存在于感染动物的淋巴细胞DNA中。本病毒具有凝集绵羊和鼠红细胞的作用。

病毒具有囊膜糖蛋白抗原和内部结构蛋白抗原，囊膜上的糖基化蛋白，主要有gp35、gp45、gp51、gp55、gp60、gp69；芯髓内的非糖基化蛋白，主要有P10、P12、P15、P19、P24、P80。其中，以gp51和P24的抗原活性最高，用这两种蛋白作为抗原进行血清学试验，可以检出特异性抗体。BLV与其他逆转录病毒的囊膜蛋白抗原间无交叉免疫反应。

病毒对外界的抵抗力低，对温度较敏感，可经巴氏消毒灭活，60℃以上迅速失去感染力。紫外线照射和反复冻融对病毒有较强的灭活作用。

【流行病学】本病主要发生于成年牛，尤以4～8岁的牛最常见；也发生于绵羊、瘤牛和水牛，水豚亦能感染。人工接种黑猩猩、猪、兔、蝙蝠、野鹿均能感染。

病畜和带毒者是本病的传染源。健康牛群发病，往往是由引进了感染的牲畜，但一般要经过数年（平均4年）才出现肿瘤的病例。感染后的牛群并不立即出现临诊症状，多数为隐性感染者而成为传染源。

本病可由感染牛以水平传播方式传染给健康牛。感染的母牛也可以垂直传播方式传染给胎儿或犊牛。血液水平传播通常是医源性的，即通过注射器、针头、去角器、耳号钳、去势工具、鼻环。直肠检查也会造成本病的传播。近年来证明吸血昆虫在本病传播上具有重要作用。病毒存在于淋巴细胞内，吸血昆虫吸吮带毒牛血液后，再去刺吸健康牛就可引起疾病传播。垂直传播包括子宫内传播、胚胎移植传播和饲喂感染的牛奶或初乳引起感染。

本病一般呈地方流行性发生，但3岁以下的牛多为散发性。牛群越大越密集，污染率和发病率越高。本病呈明显的垂直传播。感染母牛所生的胎儿在摄食初乳前约10%抗体阳性，而在摄食初乳后24小时则全部阳转，并且初乳在犊牛体内的维持时间也较长，故在诊断或检疫时应在犊牛6月龄以后进行。

目前尚无证据证明本病毒可以感染人，但要做出本病毒对人完全没有危险性的诊断还需进一步研究。

【临诊症状】各种年龄牛都可感染牛白血病病毒，一般为亚临诊经过，表现为淋巴细胞增多症，少数病牛演变为淋巴肉瘤，但典型的淋巴肉瘤则常见于3岁以上牛。白血病病毒阳性牛只有不到5%的牛发展成肿瘤或与淋巴肉瘤相关的疾病。许多阳性牛没有临诊症状，有免疫能力并有与血清学阴性牛一样的生产能力。即使一些病例特异性靶器官上有淋巴肉瘤，可出现一些典型的临诊症状，但多数病例需要与多种其他疾病做鉴别诊断。淋巴肉瘤可能以牛的多种炎性或虚弱性疾病的形式表现出来。本病有临床型和亚临床型两种表现。

1. 临床型 常见于3岁以上牛，通常均取死亡转归。随瘤体生长部位的不同，可表现为消化紊乱，食欲不振、体虚乏力、产奶量降低，体重减轻。体温一般正常，有时略为升高。淋巴肉瘤可发生在所有淋巴结，从体表或经直肠可摸到某些淋巴结呈一侧或对称性增大。腮淋巴结或股前淋巴结常显著增大，触摸时可移动。如一侧肩前淋巴结增大，病牛的头颈可向对侧偏斜；眶后淋巴结增大可引起眼球突出，咽后和纵膈淋巴结有肿瘤时可引起呼吸困难和臌气。胃肠道是淋巴肉瘤的常发部位，可引起不同程度的前胃机能障碍，以及迷走神经性消化不良，皱胃的淋巴肉瘤可引起黑粪症，病畜由于疼痛而磨牙。子宫和生殖道的肿瘤可呈局灶性、多灶性或弥漫性。心脏淋巴肉瘤可引起心律不齐、心脏杂音、心包积液及心力衰竭等。脊髓硬膜外区的淋巴肉瘤肿块可引起进行性轻瘫，最后发展为完全瘫痪。泌尿系统肿瘤可引起血尿、急腹痛、里急后重、尿点滴及肾性氮血症等。弥散型脾肿瘤常导致脾破裂、致死性腹腔内出血和急性死亡。淋巴肉瘤成年牛很少发生皮肤肿瘤，一旦发生表现为皮肤肿瘤坚实，呈结节状或斑状。

散发型或幼稚型、胸腺型、皮肤型淋巴肉瘤少见，常见于2岁以下的牛，似乎与白血病病毒感染无关，因为这些牛大多数都是白血病病毒血清阴性。最明显的临诊症状是弥散型淋巴结病，导致几乎全部体表淋巴结明显的或触诊可知的增大。这些犊牛常出现复发性或持续性臌气或呼吸困难。

2. 亚临床型 无肿瘤形成，其特点是淋巴细胞增生，可持续多年或终身，对健康状况没有任何扰乱。这样的牲畜有些可进一步发展为临床型。

【病理变化】尸体常消瘦、贫血。最常受侵害的器官有皱胃、右心房、脾脏、肠道、肝脏、肾脏、肺、瓣胃和子宫等。脾脏结节状肿大；心脏肌肉出现界限不明显的白色斑状病灶；肾脏表面布满大小不等的白色结节；膀胱黏膜出现肿瘤块，伴有出血、溃疡；瓣胃浆膜部出现白色实体肿瘤；空肠系膜脂肪部形成肿瘤块。腮淋巴结、肩前淋巴结、股前淋巴结、乳房上淋巴结和腰下淋巴结常肿大，被膜紧张，呈均匀灰色，柔软，切面突出。肾、肝、肌肉、神经干和其他器官亦可受损，但脑的病变少见。

【诊断】根据临诊症状和病理变化即可诊断，触诊肩前、股前、后淋巴结肿大，直检骨盆腔及腹腔内有肿瘤块存在，腹股沟和髂淋巴结的肿大；血液学检查可见白细胞总数增加，淋巴细胞数量增加75%以上，并出现成淋巴细胞（瘤细胞）；活组织检查可见成淋巴细胞和幼稚淋巴细胞；尸体剖检及组织学检查具有特征性病变等。

具有特别诊断意义的是腹股沟和髂淋巴结的增大；由于淋巴细胞增多症经常是发生肿瘤的先驱变化，它的发生率远远超过肿瘤形式，因此，检查血象变化是诊断本病的重要依据。对感染淋巴结做活组织检查，发现有成淋巴细胞（瘤细胞），可以证明有肿瘤的存在。尸体剖检可以见到特征的肿瘤病变。最好采取组织样品（包括右心房、肝、脾、肾和淋巴结）作显微镜检查以确定诊断。

亚临床型病例或症状不典型的病例则需要通过实验室方法确诊。

病料采集：淋巴结、血液、实质脏器。

国际贸易指定的诊断方法试琼脂凝胶免疫扩散试验或 ELSA，检测血清中病毒 gp51 和 p24 的抗体，gp51 的抗体出现较早且稳定。

【防控措施】 本病尚无特效疗法。根据本病的发生呈慢性持续性感染的特点，防控本病应采取以严格检疫、淘汰阳性牛为中心，包括定期消毒、驱除吸血昆虫、杜绝因手术、注射可能引起的交叉传染等在内的综合性措施。

无病地区应严格防止引入病牛和带毒牛；引进新牛必须进行认真的检疫，发现阳性牛立即淘汰，但不得出售，阴性牛也必须隔离 3～6 月方能混群。

染疫场每年应进行 3～4 次临诊、血液和血清学检查，不断清除阳性牛；对感染不严重的牛群，可借此进行净化，当所有牛群连续 2 次以上均为琼扩阴性结果时，即可认为是白血病的净化群。如感染牛只较多或牛群长期处于感染状态，应采取全群扑杀的坚决措施。对检出的阳性牛，如因其他原因暂时不能扑杀时，应隔离饲养，控制利用；肉牛可在肥育后屠宰。阳性母牛可用来培养健康后代，犊牛出生后 6 月龄、12 月龄和 18 月龄时，各做一次血检，阳性牛必须淘汰，阴性者单独饲养，喂以健康牛乳或消毒乳，阳性牛的后代均不可作为种用。

国外已有实验性灭活疫苗用于该病的预防，并证明疫苗的特异性。

四十三、牛出血性败血病

牛出血性败血病（Haemorrhagic septicaemia）又名牛巴氏杆菌病，是由多杀性巴氏杆菌引起牛的一种急性、热性传染病。该病的特征是高热、肺炎、急性胃肠炎和内脏广泛出血，慢性者则表现为皮下、关节以及各脏器的局灶性化脓性炎症。本病分布于世界各地，我国各地均有本病发生。

【病原学】 多杀性巴氏杆菌（*Pasteurella multocida*）属于巴氏杆菌属，为两端钝圆、中央微凸的革兰氏阴性短杆菌，多单个存在，有时成双排列。无鞭毛，不形成芽孢，新分离的强毒菌株具有荚膜。病料涂片用瑞氏、姬姆萨或美蓝染色呈明显的两极着色，但培养后细菌两极着色现象不明显。本菌为需氧及兼性厌氧菌，在加有血清或血液的培养基中生长良好，37℃培养 18～24 小时，菌落为灰白色、光滑、湿润、隆起、边缘整齐的中等大小菌落，并有荧光性，但不溶血。

根据细菌的荚膜抗原将多杀性巴氏杆菌分为 6 个型，用大写英文字母 A、B、C、D、E、F 表示；根据菌体抗原将多杀性巴氏杆菌分为 16 个型，以阿拉伯数字表示，两者结合起来形成更多的血清型。不同血清型的致病性和宿主特异性有一定的差异。引起本病的血清型以 6：B（东南亚）和 6：E（南非）多见。病菌可存在于患病动物的各组织器官、体液、分泌物和排泄物中；濒死时，血液中仅有少量细菌，死亡后经几个小时在机体防御能力完全消失后才迅速大量繁殖，使各脏器、体液及渗出液中菌量增多，便于分离培养和直接涂片镜检。

本菌的抵抗力很低，在干燥空气中 2～3 天死亡，在血液、排泄物和分泌物中能生存6～10 天，直射阳光下数分钟死亡；一般消毒药在数分钟内均可将其杀死。近年来发现巴氏杆菌对抗菌药物的耐药性也在逐渐增强。

【流行病学】多杀性巴氏杆菌对多种动物均有致病性，动物中以牛、羊、猪发病较多，且多见于犊牛。病畜和带菌动物是本病的传染源。病原体通过病畜的分泌物和排泄物排出体外，污染外界环境、饲料与饮水而散布传染。

该病经过消化道和呼吸道传染，也可经皮肤、损伤的黏膜和吸血昆虫叮咬感染；健康带菌者在机体抵抗力降低时可发生内源性传染。多杀性巴氏杆菌通过外源性传染和内源性传染侵入动物机体后，很快通过淋巴进入血液形成菌血症，并可在 24 小时内发展为败血症而死亡。

本病一年四季均可发生，但以冷热交替、气候剧变、闷热、潮湿、多雨时期发生较多。一般为散发，有时可呈地方流行性。一些诱发因素如营养不良、寄生虫感染、长途运输、饲养管理条件不良等可促进本病发生。

【临诊症状】潜伏期 2～5 天，病死率可达 80%以上，痊愈牛可产生坚强的免疫力。根据临诊症状和病程可分为四型。

1. 急性败血型 在热带地区呈季节性流行，发病率和病死率较高。体温突然升高到 40～42℃，精神沉郁，食欲废绝，呼吸困难，黏膜发绀，有的鼻流带血泡沫，有的腹泻，粪便带血，一般于 12～24 小时内因虚脱而死亡，甚至突然死亡。

2. 肺炎型 此型最常见。病牛呼吸困难，干咳，鼻腔流出无色或带血泡沫，后呈脓性。叩诊胸部，一侧或两侧有浊音区；听诊有支气管呼吸音和啰音，或胸膜摩擦音。严重时，呼吸极度困难，头颈前伸，张口伸舌，病牛迅速窒息死亡。2 岁以下的小牛多伴有带血的剧烈腹泻。病程较长的一般可到 3 天至 1 周。

3. 水肿型 多见于水牛、牦牛。除全身症状外，病牛胸前和头颈部水肿，严重者波及腹下，肿胀硬固热痛。舌咽高度肿胀，伸出齿外，呈暗红色，高度呼吸困难，皮肤和黏膜发绀，眼红肿、流泪。病牛常因窒息而死。也可伴发血便。病程 12～36 小时。

4. 慢性型 少见。由急性型转变而来，病牛长期咳嗽，慢性腹泻，消瘦无力。

【病理变化】

1. 急性败血型 剖检时往往没有特征性病变，呈一般败血症变化。黏膜和内脏表面有广泛性的点状出血，胸腹腔内有大量渗出液，淋巴结明显肿大。

2. 肺炎型 主要病变为纤维素性胸膜肺炎，胸腔内有大量浆液性纤维素性渗出液，似蛋花样液体；肺与胸膜、心包粘连，肺有不同肝变期的变化，切面红色、灰黄色或灰白色，散在有小坏死灶，小叶间质稍增宽，呈大理石花纹状。发生腹泻的病牛，胃肠黏膜严重出血。

3. 水肿型 肿胀部呈出血性胶样浸润，切开水肿部流出深黄色透明液体，间或有出血。咽淋巴结和前颈淋巴结高度急性肿胀，上呼吸道黏膜卡他性潮红。

【诊断】根据流行病学特点、临诊症状和病理剖检变化可做出初步诊断，但确诊需要通过实验室方法进行。

病料样品采集：采取急性病例的心、肝、脾或体腔渗出物以及其他病型的病变部位、渗出物、脓汁等病料。

【防控措施】本病的发生与各种应激因素有关，因此综合性的预防措施应包括加强饲养管理，增强机体抵抗力；注意通风换气和防暑防寒，避免过度拥挤，减少或消除降低机体抗病能力的应激因素；并定期进行牛舍及运动场消毒，杀灭环境中可能存在的病原体。

新引进的牛要隔离观察1个月以上，证明无病时方可混群饲养。

在经常发生本病的疫区，可按计划每年定期进行牛出血性败血症菌苗的免疫接种。

发生本病时，应立即隔离患病牛并严格消毒其污染的场所，在严格隔离的条件下对患病动物进行治疗，常用的治疗药物有青霉素、链霉素、庆大霉素、恩诺沙星、壮观霉素、头孢噻呋、头孢喹肟、磺胺类、四环素类等多种抗菌药物。其中，最近应用于临床的头孢噻呋效果很好。也可选用高免或康复动物的血清进行治疗。周围的假定健康动物应及时进行紧急预防接种或药物预防，但应注意弱毒菌苗紧急预防接种时，被接种动物应于接种前后至少1周内不得使用抗菌药物。

四十四、牛结核病

牛结核病（Bovin tuberculosis）是由牛分枝杆菌引起人和动物共患的一种慢性传染病，目前在牛群中最常见。临诊特征是病程缓慢、渐进性消瘦、咳嗽、衰竭，病理特征是在体内多种组织器官中形成特征性肉芽肿、干酪样坏死和钙化的结节性病灶。

该病是一种古老的传染病，曾广泛流行于世界各国，以奶牛业发达国家最为严重。由于各国政府都十分重视结核病的防治，一些国家已有效地控制或消灭了此病，但在有些国家和地区仍呈地区性散发和流行。我国的人畜结核病虽得到了控制，但近年来发病率又有增高的趋势。因该病严重危害人畜健康，所以引起了人们的高度关注。

【病原学】牛分枝杆菌（M. bovis）属于分枝杆菌属。本菌为平直或微弯的细长杆菌，在陈旧培养基上或干酪性淋巴结内的菌体，偶尔可见分枝现象，常呈单独或平行排列。不产生芽孢，无荚膜，不能运动。牛分枝杆菌比人型短而粗，菌体着色不均匀，常呈颗粒状。革兰染色阳性，用可鉴别分枝杆菌的Ziehl－Neelsen（萋尼二氏或齐尼二氏）抗酸染色法染成红色。

本菌对外界环境的抵抗力较强。特别是对干燥、腐败及一般消毒药耐受性强，在干燥的痰中10个月，粪便土壤中6～7个月，常水中5个月，奶中90天，在直射阳光下2小时仍可存活。对低温抵抗力强，在0℃可存活4～5个月。对湿热抵抗力弱，水中60～70℃经10～15分钟、100℃立即死亡。对紫外线敏感，波长265纳米的紫外线杀菌力最强。一般的消毒药作用不大，对4%NaOH、3%HCl、6%H_2SO_4有抵抗力，15分钟不受影响，对无机酸、有机酸、碱类和季铵盐类等也具有抵抗力。5%来苏儿48小时，5%甲醛溶液12小时方可杀死本菌，而在70%的乙醇溶液、10%漂白粉溶液中很快死亡，碘化物消毒效果最佳。

【流行病学】本病主要侵害牛，亦可感染人、灵长目动物、绵羊、山羊、猪及犬、猫等肉食动物，其中以奶牛的易感性最高。病人和牛互相感染的现象在结核病防治中应给予充分注意。

病牛和病人，特别是开放型患者是主要传染源，其粪尿、乳汁、生殖道分泌物及痰液中都含有病菌，污染饲料、食物、饮水、空气和环境而散播传染。

该病主要通过呼吸道和消化道感染，也可通过交配感染。饲草饲料被污染后通过消化道感染是一个重要的途径；犊牛的感染主要是吮吸带菌奶或喂了病牛奶而引起。成年牛多因与病牛、病人直接接触而感染。

牛结核病多呈散发性。无明显的季节性和地区性。各种年龄的牛均可感染发病。饲养管理不当，营养不良，使役过重，牛舍过于拥挤、通风不良、潮湿、阳光不足、卫生条件差、缺乏运动等是造成本病扩散的重要因素。

【临诊症状】潜伏期一般为16～45天，长者可达数月或数年。通常取慢性经过。根据侵害部位的不同，本病可分为以下几型：

1. 肺结核 以长期顽固的干咳为特点，且以清晨最明显。病初食欲、反刍无明显变化，常发生短而干的咳嗽，随着病情的发展咳嗽逐渐加重、频繁，并有黏液性鼻涕，呼吸次数增加，严重时发生气喘。胸部听诊常有啰音和摩擦音。病牛日渐消瘦、贫血。肩前、股前、腹股沟、颌下、咽及颈淋巴结肿大。纵隔淋巴结肿大时可压迫食道，引起慢性瘤胃鼓气。病势恶化时可见病牛体温升高（达40℃以上），呈弛张热或呈稽留热，呼吸更加困难，最后可因心力衰竭而死亡。

淋巴结核：见于结核病的各个病型。常见肩前、股前、腹股沟、颌下、咽及颈淋巴结等肿大，无热痛。

2. 肠道结核 多见于犊牛，以消瘦和持续性下痢或便秘下痢交替出现为特点。表现消化不良，食欲不振，顽固性下痢，粪便带血或带脓汁，味腥臭。

生殖器官结核：以性机能紊乱为特点。母牛发情频繁，且性欲亢进，慕雄狂与不孕；妊娠牛流产。公牛出现附睾及睾丸肿大，阴茎前部发生结节、糜烂等。

3. 脑与脑膜结核 常引起神经症状，如癫痫样发作或运动障碍等。

4. 乳房结核 一般先是乳房上淋巴结肿大，继而后两乳区患病，以发生局限性或弥散性硬结为特点，硬结无热无痛。泌乳量逐渐下降，乳汁初期无明显变化，严重时乳汁常变得稀薄如水。由于肿块形成和乳腺萎缩，两侧乳房变得不对称，乳头变形、位置异常，甚至泌乳停止。

【病理变化】结核病变随动物机体的反应性而不同，可分为增生性和渗出性结核两种，有时在机体内两种病灶同时混合存在。抵抗力强时机体对结核菌的反应常以细胞增生为主，形成增生性结核结节，即由类上皮细胞和巨细胞集结在结核菌周围构造特异性的肉芽肿，外周是一层密集的淋巴细胞和成纤维细胞从而形成非特异性的肉芽组织。抵抗力低时，机体的反应则以渗出性炎症为主，即在组织中有纤维蛋白和淋巴细胞的弥漫性沉积，随后发生干酪样坏死、化脓或钙化，这种变化主要见于肺和淋巴结。

牛结核的肉眼病变：最常见于肺、肺门淋巴结、纵隔淋巴结，其次为肠系膜淋巴结，其表面或切面常有很多突起的白色或黄色结节，切开后有干酪样的坏死，有的见有钙化，刀切时有沙砾感。有的坏死组织溶解和软化，排出后形成空洞。胸腔或腹腔浆膜可发生密集的结核结节，这些结节质地坚硬，粟粒大至豌豆大，呈灰白色的半透明或不透明状，即所谓“珍珠病”。胃肠黏膜可能有大小不等的结核结节或溃疡。乳房结核多发生于进行性病例，是由血行蔓延到乳房而发生。切开乳房可见大小不等的病灶，内含干酪样物质。

【诊断】当发现动物呈现不明原因的逐渐消瘦、咳嗽、肺部异常、慢性乳腺炎、顽固性下痢、体表淋巴结慢性肿胀等症状时，可怀疑为本病。通过病理剖检的特异性结核病变不难做出诊断；结核菌素变态反应试验是结核病诊断的标准方法。但由于动物个体不同，结核菌素变态反应试验尚不能检出全部结核病动物，可能会出现非特异性反应，因此必须结合流行病学、临诊症状、病理变化和微生物学等检查方法进行综合判断，才能做出可靠、准确的诊断。应按照《动物结核病诊断技术》（GB/T 18645—2002）《结核病病原菌实时荧光 PCR 检测方法》（GB/T 27639—2011）进行诊断。

病料样品采集：无菌采集患病动物的痰、尿、脑脊液、腹水、乳及其他分泌物，病变淋巴结和病变器官（肺、肝、脾等）。

在国际贸易中，指定诊断方法为结核菌素试验，无替代诊断方法。目前已有 PCR 和 ELISA 诊断方法用于实验室检测。

【防控措施】 按照《牛结核病防治技术规范》（农办牧〔2002〕74 号）实施。

该病的综合性防控措施通常包括以下几方面，即加强引进动物的检疫，防止引进带菌动物；净化污染群，培育健康动物群；加强饲养管理和环境消毒，增强动物的抗病能力、消灭环境中存在的牛分枝杆菌等。

（1）引进动物时，应进行严格的隔离检疫，经结核菌素变态反应确认为阴性时方可解除隔离、混群饲养。

（2）每年对牛群进行反复多次的普检，淘汰变态反应阳性病牛。通常牛群每隔 3 个月进行 1 次检疫，连续 3 次检疫均为阴性者为健康牛群。检出的阳性牛应无害化处理，其所在的牛群应定期进行检疫和临诊检查，必要时进行病原学检查，以发现可能被感染的病牛。

（3）每年定期进行 2～4 次的环境彻底消毒。发现阳性病牛时要及时进行 1 次临时的大消毒。常用的消毒药为为 20％石灰水或 20％漂白粉悬液。

（4）患结核病的动物应无害化处理，不提倡治疗。

（5）监测和净化。我国已于 2013 年在全国范围内开展对父母代以上的种牛、奶牛、种羊开展该病的监测净化工作。所有净化场严格执行农业农村部净化标准。

【公共卫生学】 病人和牛互相感染的现象在结核病防控中应当充分注意。人结核病多由牛分枝杆菌所致，特别是儿童常因饮用带菌牛奶而感染，所以饮用消毒牛奶是预防人患结核病的一项重要措施。但为了消灭传染源，必须对牛群进行定期检疫，无害化处理病牛才是最有效的办法。

四十五、牛梨形虫病（牛焦虫病）

牛焦虫病（Babesiasis of cattle）也叫牛梨形虫病、牛血孢子虫病，包括牛巴贝斯虫病和牛泰勒虫病，是一类经硬蜱传播，由梨形虫纲巴贝斯科或泰勒科原虫引起的血液原虫病的总称。本病在世界上许多地区发生和流行，我国各地也常有发生，使畜牧业遭受巨大损失。

（一）牛巴贝斯虫病

牛巴贝斯虫病是由巴贝斯科巴贝斯属的多种巴贝斯虫寄生于牛的红细胞内引起的一种原虫病。临诊主要特征为高热、贫血、黄疸和血红蛋白尿。

在我国引起牛的巴贝斯虫病的病原体有 3 种，即双芽巴贝斯虫、牛巴贝斯虫和卵形巴贝斯虫。牛巴贝斯虫常和双芽巴贝斯虫混合感染。

【病原学】在我国引起牛的巴贝斯虫病的病原体有 3 种，即双芽巴贝斯虫、牛巴贝斯虫和卵形巴贝斯虫。

1. 双芽巴贝斯虫（Babesia bigemina） 国外称双芽巴贝斯虫病为“红尿热”“得克萨斯热（因最早出现于美国得克萨斯州而得名）”“塔城热”“蜱热”，寄生于黄牛、水牛的红细胞内，分布较广。文献记载有 5 种牛蜱、3 种扇头蜱、1 种血蜱可以传播双芽巴贝斯虫。我国已查明微小牛蜱为双芽巴贝斯虫的传播者，由次代若虫和成虫阶段传播，幼虫阶段无传播能力。微小牛蜱是一宿主蜱，主要寄生于牛体，它以经卵传递方式传播双芽巴贝斯虫，虫体在蜱体内可保持传递 3 个世代之久。微小牛蜱每年可繁殖 2～3 代，每代所需时间约 2 个月。

2. 牛巴贝斯虫（B. bovis） 寄生于黄牛、水牛的红细胞内，偶见于人。分布于湖南、安徽、贵州、陕西、河南、河北等地。文献记载有 2 种硬蜱、2 种牛蜱和一种扇头蜱可以传播牛巴贝斯虫。我国已证实微小牛蜱为牛巴贝斯虫的传播者，以经卵传播方式，由次代幼虫传播，次代若虫和成虫阶段无传播能力。

3. 卵形巴贝斯虫（B. ovata） 20 世纪 80 年代发现于日本及我国黄牛的红细胞内（1986 年在河南卢氏县犊牛体内分离到），淋巴细胞内也有寄生。卵形巴贝斯虫的传播媒介为长角血蜱。以经卵传播方式，由次代幼虫、若虫和成虫传播。雄虫也可传播病原。

巴贝斯虫在中间宿主牛的红细胞内进行无性生殖，以出芽方式形成 2 个或 4 个虫体，当带虫红细胞破裂时，虫体释出，然后又侵入新的红细胞内重复以上过程。

蜱为巴贝斯虫的终末宿主。当蜱食入带虫血后，先进行裂体生殖，随后在蜱肠道进行有性生殖。裂体生殖产生长棒状虫样体可移行到蜱卵巢进一步复分裂，同时虫样体还可侵入卵传给下一代。在幼蜱组织中继续繁殖，当幼蜱吸血时虫样体迅速进入唾液腺在几天内形成感染性子孢子而感染牛。双芽巴贝斯虫、牛巴贝斯虫和卵形巴贝斯虫均可经卵传递。

【流行病学】黄牛、奶牛、牦牛、犏牛和水牛都能感染、发病。此外，牛巴贝斯虫（B. bovis）偶尔可感染人，特别是当人处于摘脾、脾功能缺陷，或其他代谢、内分泌失调等不利条件下，都可增强对巴贝斯虫的易感性。

患牛和带虫牛是主要传染源。病牛病愈后 3 个月或更长时期（可能在病后 10～20 年）血中仍可带虫。耐过牛或治愈牛均产生带虫免疫。带虫牛可因饲养管理不当，使役过度或发生其他疾病导致免疫力或抗病力下降而引起本病复发。

牛是本虫的中间宿主，而蜱是终末宿主。本病是经吸血昆虫蜱进行传播。

该病以两岁以内的牛感染率高，但症状不明显，致死率低，易耐过；成年牛感染率低，但症状显著，发病严重，致死率高。本病一年内可暴发数次，一般多在春、夏、秋三季。由于传播本病的蜱是在野外发育繁殖的，因此，本病多在放牧时感染。

【临诊症状】牛的巴贝斯虫病潜伏期 12～25 天。病牛首先表现发热（40～42℃），呈稽留热型。脉搏及呼吸加快，精神沉郁，喜卧地，食欲减退或消失，反刍迟缓或停止，便秘或腹泻，有的病牛排黑褐色、恶臭带有黏液的粪便。患牛迅速消瘦，贫血，黏膜苍白黄染。血红蛋白尿，尿的颜色由淡红变为棕红乃至黑色。血液稀薄，红细胞数降为（1～2）$\times 10^{12}$/L（100 万～200 万/立方毫米），血红蛋白量减少到 25%，红细胞大小不均，着色淡，有时可见幼稚型红细胞。孕牛常发生流产。重症时如不治疗，可在 2～6 天内死亡。慢性病例，体温持续数周波动于 40℃上下，渐进性贫血消瘦，需经数周或数月才能康复。幼年病牛，仅几天中度发热，心跳略快，食欲减退，略现虚弱，黏膜苍白或微黄，热退后迅速康复。

【病理变化】病死牛尸体消瘦，尸僵明显；血液稀薄，色淡，凝固不全；可视黏膜贫血，黄疸；皮下组织充血，黄染，水肿。肝脏肿大，质脆，呈黄棕色，被膜上有时有少量小出血点；胆囊扩张，胆汁浓稠，色暗。脾脏肿大2～3倍，脾髓软化，呈暗红色或黄红色，在剖面上见小梁突出呈颗粒状，被膜上散布少数出血点。肾盂和膀胱内均藏红色尿液，肾脏和膀胱散布出血点。真胃和小肠黏膜水肿，散布出血斑和糜烂。尤以幽门部为显著。部分病死牛的浆膜和肌间结缔组织水肿、黄染。

【诊断】根据流行病学资料及临诊表现往往可以做出诊断。为了确诊，可采取血液涂片，姬姆萨染色，检查红细胞中的虫体。有时需反复多次或改用集虫法进行检查，才能发现虫体。在没有实验室检查条件时，可采取诊断性治疗，如注射黄色素或贝尼尔等有效药物后，体温下降，病情好转，则可认为是巴贝斯虫病。

【防控措施】因本病是蜱传播的，所以在预防方面应采取以下措施：

1. 牛体灭蜱 春季第一批牛蜱幼蜱侵害牛体时，用1%～2%敌百虫溶液喷洒牛体。夏、秋季对牛体喷洒或药浴，在蜱活动频繁季节，每周处理一次。

2. 避蜱放牧 牛群应避免到蜱大量孳生和繁殖的牧场去放牧，以免受到蜱叮咬。必要时改为舍饲。

3. 药物预防 对在疫区放牧的牛群，在发病季节到来前，每隔15天用贝尼尔注射一次，剂量为2毫克/千克体重。如用咪唑苯脲预防效果更佳。

4. 严格引种 严格从有蜱有虫地区输入牛群。牛群要运输到无蜱无虫地区时必须将牛体上的蜱彻底杀灭。牛群要运输到有蜱有虫地区时，最好选1岁以内的牛犊；如在发病季节或到了发病季节，应于到达后数日至十余日，应用药物预防。

目前，国外一些地区已广泛应用抗巴贝斯虫弱毒虫苗和分泌抗原虫苗进行预防。

在治疗方面，对于牛的巴贝斯虫病采取特效药物治疗与对症治疗相结合的原则可取得良好的效果。常用治疗药物有下列几种：

1. 锥黄素（黄色素） 按3～4毫克/千克体重，配成0.5%～1%溶液静脉注射，症状未见减轻时，间隔24小时再注射1次。病牛在治疗后的数日内，须避免烈日照射。

2. 贝尼尔（血虫净、三氮咪） 按3.5～3.8毫克/千克体重，配成5%～7%溶液深部肌肉注射。黄牛偶见腹痛等副作用，但很快消失。水牛对该药较敏感，一般用药一次较为安全，连续使用，易出现毒性反应，甚至死亡。

3. 阿卡普林（硫酸喹啉脲、焦虫素） 按0.6～1毫克/千克体重，配成5%溶液皮下注射。有时注射后数分钟出现起卧不安、肌颤、流涎、出汗及呼吸困难等副作用，妊娠牛可流产。一般于1～6小时后自行消失，皮下注射阿托品（10毫克/千克体重）可迅速缓解。

4. 咪唑苯脲（苯脲咪唑） 按1～3毫克/千克体重，配成10%溶液肌肉注射，效果很好。该药安全性较好，增大剂量至8毫克/千克，仅出现一过性的呼吸困难，流涎，肌肉颤抖，腹痛和排出稀便等副反应，约经30分钟后消失。该药在体内不进行降解并排泄缓慢，导致长期残留在动物体内，由于这种特性，使该药具有较好的预防效果，但同时也导致了组织内长期药物残留。因此，牛用药后28天内不可屠宰供食用。

（二）牛泰勒虫病

牛泰勒虫病又名泰勒原虫病、泰氏原虫病，是指由泰勒科泰勒属的数种泰勒虫寄生于牛体内引起的一种原虫病。主要临诊特征为高热、贫血、出血、消瘦及体表淋巴结肿胀。文献记载寄生于牛的泰勒虫共有5种，我国共发现两种：环形泰勒虫和瑟氏泰勒虫。

【病原学】

1. 环形泰勒虫（Theileria annulata） 寄生于红细胞内的虫体呈多形性，有环形、椭圆形（圆形类）、逗点形、杆形（杆形类）及十字形。红细胞感染率一般为10%～20%，重症者可达95%。

环形泰勒虫寄生于网状内皮系统细胞时，进行裂体增殖，形成多核虫体，称为裂殖体，也叫石榴体或柯赫氏蓝体。

2. 瑟氏泰勒虫（T. Sergenti） 寄生于红细胞内的虫体，形态亦呈环形、椭圆形、逗点形和杆形等，它与环形泰勒虫的主要区别点为杆形类虫体始终多于圆形类虫体，杆圆之比为1∶（0.19～0.85）。

发育史：当感染泰勒虫的蜱在牛体吸血时，虫体的子孢子随蜱的唾液进入牛体，主要在脾、淋巴结、肝等网状内皮细胞内进行裂体增殖，先形成大裂殖体（无性型）。

幼蜱或若蜱在病牛身上吸血时，把带有配子体的红细胞吸入体内，配子体由红细胞逸出并变为大小配子，二者结合形成合子，进而发育为能运动的棒形动合子，动合子穿入蜱的肠管到达蜱体腔各部。当蜱完成其蜕皮时，动合子进入唾液腺的腺泡细胞内变为圆形孢子体、孢子体随之进行于孢子生殖，分裂产生许多子孢子，在蜱吸牛血时，子孢子被接种到牛体内，重新开始在牛体内的发育繁殖过程。

【流行病学】环形泰勒虫病的传播者为璃眼蜱属的蜱，我国主要为残缘璃眼蜱。它是一种二宿主蜱，主要寄生于牛，由蜱经变态传播。由于蜱生活在牛圈，因此本病主要在舍饲条件下发生传播。在北方6～8月发病，7月达高潮，病死率16%～60%。在流行区，以满1岁到3岁的牛发病率较高。患过本病的核牛成为带虫者，不再发病。但在饲养环境变劣、使役过度、或其他疾病并发时可复发，且病情比初发重。由外地调运到流行区的牛，其发病并不因年龄、体质而有差别。当地牛一般发病较轻，有时红细胞感染率虽达7%～15%亦无明显症状，且可耐过自愈。外地牛、纯种牛和改良牛则反应敏感，即使红细胞感染率很低（2%～3%），亦可出现明显症状。瑟氏泰勒虫病的传播者是血蜱属的蜱，我国发现为长角血蜱，青海牦牛瑟氏泰勒虫病的传播者为青海血蜱。长角血蜱为三宿主蜱。血蜱的幼蜱或若蜱吸食了带虫牛的血液后，瑟氏泰勒虫在蜱体内发育繁殖，当若蜱或成蜱再吸血时即可传播此病。瑟氏泰勒虫不能经卵传递。长角血蜱主要生活于山野或农区，因此本病主要在放牧条件下发生传播。发病季节为5～10月，6～7月为高峰。

【临诊症状】环形泰勒虫病潜伏期14～20天。常取急性经过，大部分病牛经3～20天死亡。病牛体温40～42℃，为稽留热，维持4～10天；少数病牛呈弛张热或间歇热。病牛随体温升高而表现沉郁，呼吸困难。眼结膜初充血肿胀，以后贫血黄染，布满绿豆大溢血斑；其他可视黏膜也出现溢血斑点。有的可在颌下、胸前、腹下及四肢发生水肿。

本病特征是病初食欲减退，中、后期病牛喜啃舐其他异物，反刍减少以至停止，常磨牙、流涎，病牛出现前胃弛缓，体表淋巴结肿大。病牛迅速消瘦，血液稀薄，红细胞减少至100万～200万/立方毫米，血红蛋白降至正常值的20%～30%，血沉加快，红细胞大小不均，出现异形现象。濒死前体温降至常温以下，往往卧地不起而死。耐过的病牛成为带虫的动物。

瑟氏泰勒虫病的症状与环形泰勒虫病基本相似。其特征是病程长，一般 10 天以上，个别可长达数月之久。症状缓和，病死率较低。在过度使役、饲养管理不当和长途运输等不良条件下，可促使病情迅速恶化。

【病理变化】 剖检可见全身皮下、肌间、黏膜和浆膜上均有大量的出血点和出血斑。全身淋巴结肿大。第四胃黏膜肿胀，有许多针头至黄豆大、暗红色或黄白色的结节，结节部上皮细胞坏死后形成中央凹陷、边缘不整稍隆起的溃疡病灶，黏膜脱落是该病的特征性病理变化，具有诊断意义。脾、肝、肾肿大，肺脏有水肿和气肿。

【诊断】 根据流行病学、临诊症状和典型病理变化可做出初步诊断，确诊需进一步做淋巴结穿刺涂片镜检和耳静脉采血涂片镜检。在流行区，对于临诊上出现高热、贫血、黄疸等症状的病牛，可初步怀疑为泰勒虫病。如果血液涂片姬姆萨染色，红细胞中发现虫体即可确诊。红细胞染虫率计算对该病的发展和转归有很重要的诊断意义。如染虫率不断上升，临诊症状日益加剧，则预后不良；如染虫率不断下降，食欲恢复，则预示治疗效果好，转归良好。

此外，淋巴结穿刺涂片检查石榴体，荧光抗体试验也可用于泰勒虫病的诊断。

病料采集：淋巴结、血液。

【防控措施】 预防的关键在灭蜱。残缘璃眼蜱是一种圈舍蜱，在每年 3～4 月和 11 月向圈舍内，特别是墙缝等处喷洒药物灭蜱。同时，做好牛体的灭蜱工作。在流行区，牛舍和牛体可用 1%～2%敌百虫等杀虫剂进行喷洒和药浴，消灭蜱类。对瑟氏泰勒虫病，在发病季节前每隔 15 天注射一次贝尼尔，有较好的预防效果。国内已研制出预防环形泰勒虫病的裂殖体胶胨细胞苗，接种 20 天后产生免疫力，免期 82 天以上，但该苗对瑟氏泰勒虫无交叉保护作用。

在治疗方面，对于环形泰勒虫病目前还没有特效药物。如能早期应用比较有效的药物，同时配合对症治疗，特别是输血疗法可以大大降低病死率。治疗药物为磷酸伯氨喹林，剂量为 0.75 毫克/千克，每天口服 1 次，连用 3 次。

对于泰勒氏虫病可交替使用贝尼尔与黄色素治疗，7 天为 1 个疗程，效果较好。

四十六、牛锥虫病

牛锥虫病（Trypanosomiasis evansi）又名苏拉病，俗名“肿脚病”，是由伊氏锥虫所引起的一种多种动物共患的血液原虫病。多发于热带和亚热带地区。临诊上以高热、黄疸、贫血、进行性消瘦以及高病死率为特征。

本病呈世界性分布，在我国主要流行于长江中下游、华南、西南和西北等地。

【病原学】 伊氏锥虫（Trypanosomiasis evansi）属于锥虫科、锥虫亚属。虫体细长，呈卷曲的柳叶状。伊氏锥虫主要寄生在血浆（包括淋巴液）及各种脏器，后期可侵入脑脊液，主要在动物的血液（包括淋巴液）和造血器官中以纵分裂法进行繁殖。由虻及吸血蝇类（螯蝇和血蝇）在吸血时进行传播。这种传播纯粹是机械性的，即虻等在吸家畜血液后，锥虫进入其体内并不进行任何发育，生存时间亦较短暂，而当虻等再吸其他动物血时，即将虫体传入后者体内。人工抽取病畜的带虫血液，注射入健畜体内，能成功地将本病传入给健畜。

伊氏锥虫在外界环境中抵抗力很弱，干燥、日光直射都能使其很快死亡，消毒药液或常水能使虫体立即崩解。锥虫对热极为敏感，50℃5分钟即死亡。锥虫的保存随温度降低而时间延长。

【流行病学】伊氏锥虫具有广泛的宿主群。家畜中马、骡、驴等单蹄兽易感性最强，骆驼、水牛、黄牛等次之，山羊、绵羊、犬及猫在实验接种时对伊氏锥虫很敏感，但较少有自然发病的现象，特别是犬及猫更为少见。许多野生动物也都对伊氏锥虫病有感受性，已报道自然感染的动物有鹿、虎、象、狐狸、蝙蝠、野犬、猩猩、猴、野羊、水豚、羚羊等。

各种带虫动物，包括急性感染、隐性感染和治愈的病畜是本病的传染源。特别是隐性感染和临诊治愈的病畜，症状虽不明显，但其血液中却时常保存有活泼的锥虫，是本病最主要的带虫宿主，有的可带虫5年之久。此外，某些动物如猫、犬、野生动物、啮齿动物、猪等也可成为本病的保虫宿主。

吸血昆虫机械性传播是主要传播途径。传播者为虻及厩螯蝇。在这两个传播者中，厩螯蝇不论雌雄均吸血，而虻只有雌性吸血，故雄虻并不参与传播本病，其传播能力有人估算1只虻相当于500个厩螯蝇。孕畜患病还能使胎儿感染，食肉动物采食带虫动物生肉时可以通过消化道的伤口感染。在疫区给家畜采血或注射时，如不注意消毒也可能传播本病。

该病主要流行于东南亚及非洲热带和亚热带地区，各地伊氏锥虫病的发病季节和流行地区与吸血昆虫的出现时间和活动范围相一致。在我国南方各省（自治区），虻及厩螯蝇的活动以夏秋季最为猖獗，一般以6～10月较多，尤以7～9月最多，因此主要在每年7～9月流行。在牛和一些耐受性较强的动物，吸血昆虫传播后，常感染而不发病，待到枯草季节或劳役过度、抵抗力下降时，才引起发病。

【临诊症状】潜伏期黄牛6～12天，水牛6天左右。多为慢性经过或带虫状态，急性发病的较少。黄牛的抵抗力较水牛稍强。外周血液中常查不到虫体，只能通过接种实验动物而得到证实。个别急性病例，往往临诊上无任何症状，体温突然升高，血液中出现大量锥虫，很快死亡。有的牛可呈急性发作，表现为突然发病，食欲减少或废绝，体温升高到41℃以上，持续1～2天，呈不定型的间歇热。体力衰弱，流泪，反应迟钝或消失，多卧地不起，经2～4天死亡。大多数病牛为慢性经过，表现为食欲减低，反刍缓慢、衰弱，进行性贫血，逐渐消瘦，精神迟钝，被毛粗乱，皮肤干裂、脱毛。眼结膜潮红，有时有出血点，流泪。体表淋巴结肿大。四肢下部水肿，肿胀部有轻度热痛，时间久则形成溃疡、坏死、结痂。有的尾尖部坏死脱落。有的病牛体表皮肤肌肉出现掌大或拇指大的坏死斑。有的出现神经症状，两眼直视，无目的地运动或瘫痪不能起立，终因恶病质而死亡。

【病理变化】尸体消瘦，血液稀薄，黏膜呈黄白色。皮下及浆膜胶样浸润，全身性水肿、出血，淋巴结、脾、肝、肾、心等均肿大，有出血点。心肌变性呈煮肉样，心室扩张，心包液增多。胸膜、腹膜和胃肠浆膜下有出血点。

【诊断】在疫区，根据流行病学及临诊症状可做出初步诊断。确诊尚需进行实验室检查。

病料样品采集：病原检查需采集血液、骨髓液、脑脊液、组织脏器等。血清学检测需采集发病动物血清。

【防控措施】在预防方面应改善饲养条件，搞好环境和厩舍卫生。在疫区及早发现病畜和带虫动物，及早隔离治疗，控制传染源，同时定期喷洒杀虫药，尽量消灭吸血昆虫，对控制疫情发展有一定效果。必要时可进行药物预防。非疫区从疫区引进易感动物时，必须进行血清学检疫，防止将带虫动物引入。

本病治疗要早（后期治疗效果不佳），药量要足（防止产生耐药性），观察时间要长（防止过早使役引起复发）。常用药物有：

①安锥赛（喹嘧胺）。每千克体重用药3～5毫克，用灭菌生理盐水配成10%的溶液，皮下或肌肉注射，隔日1次，连用2～3次，也可与拜耳205交替使用。

②钠嘎诺（拜耳205，德国制品）。每千克体重12毫克，用灭菌蒸馏水或生理盐水配成10%的药液，静脉注射，1周后再注射1次，对严重或复发的病牛，可与"914"交替使用，"914"每千克体重15毫克，配成5%的溶液，静脉注射，第一和第十二天用拜耳205，第四和第八天用"914"为一个疗程。

③贝尼尔。每千克体重5～7毫克，配成5%～7%的溶液，深部肌肉注射，每天1次，连用3次。

上述药物都有一定毒性，要严格按说明书使用，同时要配合对症治疗，方可收到较好的疗效。

四十七、日本血吸虫病

日本血吸虫病（Schistosomiasis Japonica）又叫日本分体吸虫病，是由日本血吸虫引起的一种人兽共患的严重地方性寄生虫病，以下痢、便血、消瘦、实质脏器散布虫卵结节等为特征。

本病分布于中国、日本、菲律宾和印尼等，马来西亚发现有类似日本血吸虫。本病对人、畜均可引起不同程度的损害和死亡，是湖区水牛、黄牛的主要寄生虫病之一，对养牛业危害极大。

【病原学】日本血吸虫属于分体科，其成虫寄生在门静脉和肠系膜静脉中，成虫雌雄异体，雌虫细长，呈黑褐色，雄虫呈乳白色，雌虫常居雄虫的抱雌沟内，呈合抱状态，交配产卵。

成虫寄生在人和动物的门静脉和肠系膜静脉内，一般雌雄合抱。雌虫交配受精后，在血管内产卵，一条雌虫每天可产卵1 000个左右。产出的虫卵一部分顺血流到达肝脏，被结缔组织包围；另一部分逆血流沉积在肠黏膜下形成结节。虫卵在肠壁或肝脏内逐渐发育成熟，由卵细胞变为毛蚴。由于卵内毛蚴分泌溶细胞物质，能透过卵壳破坏血管壁，并使肠黏膜组织发炎和坏死，加之肠壁肌肉的收缩作用，使结节及坏死组织向肠腔破溃，虫卵即进入肠腔，随宿主粪便排出体外。虫卵在适宜的条件下孵出毛蚴。如在温度25～30℃、pH7.4～7.8时，经几小时即可孵出毛蚴。毛蚴借自身的纤毛在水中游动，遇到钉螺，即以头腺分泌物的溶蛋白酶作用，钻入钉螺体内继续发育成许多尾蚴，而后离开钉螺。如果毛蚴未遇到钉螺，一般在孵出后1～2天内自行死亡。含尾蚴的疫水与人畜皮肤、口腔等接触而感染，随血流经右心、肺、体循环到达肠系膜静脉、门静脉内寄生，发育为成虫。成虫在动物体内的寿命一般为3～4年，也可能达20～30年，或者更长。

【流行病学】血吸虫以牛、羊感染为主，其次有猪、犬、马、骡、驴、猫等，还有家兔、沟鼠、大鼠、小鼠等31种野生动物和人工感染的6种实验动物，人也能感染。带虫的哺乳动物和人都是本病的传染源。我国台湾省的日本血吸虫属动物株，不感染人类。

血吸虫可通过皮肤、口腔黏膜、胎盘等途径侵入宿主。中间宿主为钉螺，在我国为湖北钉螺，有10个亚种，只分布在淮河以南地区，无钉螺的地方，均不流行本病。

由于钉螺活动和尾蚴逸出都受温度影响，因此，本病感染有明显的季节性，一般5～10月为感染期，冬季通常不发生自然感染。以3岁以下的小牛发病率最高，症状最重。本病呈地区性流行，动物的感染与年龄、性别无关，只要接触含尾蚴的水，同样都能感染，但黄牛感染率一般高于水牛，黄牛年龄越大，阳性率越高。而水牛的感染率则随年龄的增长而下降，并存在自愈现象。放牧于潮湿、丘陵地区的耕牛感染率最高，平原地区次之，山区最低。我国东北、西北和华北等广大地区未见本病发生。

【临诊症状】 本病以犊牛和犬的症状较重，羊和猪较轻，马几乎没有症状。一般黄牛症状较水牛明显，小牛症状较大牛明显。黄牛或水牛犊大量感染时，往往呈急性经过；而少量感染时，一般症状不明显，病程多取慢性经过，特别是成年水牛，虽诊断为阳性病牛，但在外观上并无明显表现而成为带虫牛。牛感染日本血吸虫后，根据症状分为急性和慢性型。

1. 急性型 首先表现食欲减退，精神迟钝，体温升到40℃以上，呈不规则的间歇热。行动缓慢，呆立不动，急性感染20天后发生腹泻，转下痢，粪便夹杂有血液和黏稠团块。严重贫血、消瘦、虚弱无力，起卧困难，最后或因进一步恶化而死亡或转为慢性型。

2. 慢性型 本型较多见。症状多不明显，吃草不正常，时好时差，精神不振，有的病牛腹泻，粪便带血有腥臭味，排便时里急后重，甚至发生脱肛，肝硬化，腹水。日渐消瘦，贫血，役用牛使役能力下降，奶牛产乳量下降，母牛不发情、不受孕，妊娠牛流产。犊牛生长发育缓慢，多成为侏儒牛。

【病理变化】 病畜尸体消瘦，贫血，皮下脂肪萎缩，肝脾肿大，被膜增厚呈灰白色，肝脏有粟粒大到高粱米大灰白色或灰黄色沙粒状虫卵结节（虫卵肉芽肿）。腹腔内常有多量积液。肠壁肥厚，浆膜面粗糙，并有淡黄色黄豆样结节，以直肠最为严重，黏膜形成小溃疡、瘢痕组织和乳头样结节，其内往往有虫卵，肠黏膜肥厚。肠系膜淋巴结肿大，门静脉血管肥厚，在其内及肠系膜静脉内能找到虫体。心、肾、胰、脾、胃等器官有时也可发现虫卵结节。

【诊断】 根据流行病学、临诊症状和病理变化可做出初步诊断，确诊需进一步做实验室诊断。按照《家畜日本血吸虫病诊断技术》（GB/T 18640—2002）进行诊断。

病料样品采集：新鲜粪便和血液。

【防控措施】 对本病的预防要采取综合性措施，要人、畜同步防治，在积极查治病畜、病人及控制感染外，还需加强粪便和用水管理，安全放牧和消灭中间宿主钉螺等。

1. 具体措施

①严格管理人畜粪便，不使新鲜粪便落入有水的地方，畜粪进行堆积发酵，不用新鲜粪便做肥料。

②搞好饮水卫生，严禁家畜与疫水接触。

③选择没有钉螺的地方放牧。

④消灭钉螺，可采用土埋、围垦及药物灭螺。灭螺药物有氯硝柳氨、茶子饼、石灰等。

2. 常用的治疗药物有

（1）吡喹酮（8440）。牛每千克体重30毫克，一次口服，最大用药量黄牛以300千克、水牛以400千克体重为限。山羊每千克体重20毫克，一次口服。或用5%吡喹酮注射液，每千克体重0.4毫升，分点肌肉注射，效果好，注射后病牛有不同程度的反应，一般在8～24小时消失，轻度流涎者可在4小时内恢复。

(2) 硝硫氰胺 (7505)。该药效果好，副作用小。每千克体重黄牛2～3毫克、水牛1.5～2毫克，静脉注射；或每千克体重60毫克，一次口服，最大剂量黄牛以300千克、水牛以400千克体重为限。

(3) 六氯对二甲苯 (Hexachloroparaxylene，血防846)。新血防片（含量0.25克）应用于急性期病牛，剂量为每千克体重100～200毫克，每日口服，连用10天为一疗程；血防846油溶液（20%），剂量为每千克体重40毫克，每日注射，5天为一疗程，半个月后可重复治疗。

【公共卫生学】人感染虫蚴主要与疫水接触有关，无年龄和性别的差异，虫体在人体内的寿命较长，有的高达20多年。临床表现有急性和慢性。预防上主要是做好粪便管理，避免与疫水接触；到疫区工作时应穿长腰靴、稻田袜、戴手套或用防护剂涂抹皮肤，以防感染。

四十八、山羊关节炎脑炎

山羊关节炎脑炎（Caprine arthritis-encephalomyelitis，CAE）是由山羊关节炎-脑脊髓炎病毒引起山羊的一种慢性传染病。临诊特征是成年羊为慢性多发性关节炎，间或伴发间质性肺炎或间质性乳房炎；羔羊常呈现脑脊髓炎症状。该病不仅病死率高、病程较长，而且可导致山羊生长受阻、生产性能下降，对山羊养殖业的发展影响很大。

本病1974年在美国首先发现，目前已分布于世界很多国家。1985年以来，我国先后在甘肃、贵州、四川、新疆、河南、辽宁、黑龙江、陕西、云南、海南和山东11个省、自治区发现本病，具有临诊症状的羊均为从英国引进的萨能、吐根堡奶山羊及其后代，或是与这些进口山羊有过接触的山羊。

【病原学】山羊关节炎-脑脊髓炎病毒（Caprine arthritis - enceph alitis virus，CAEV）属于逆转录病毒科、慢病毒属，是目前在全世界危害山羊最重要的病毒。病毒的形态结构和生物学特性与梅迪-维斯纳病毒相似，其基因组有20%的同源性，在血清学上有交叉反应。病毒粒子呈球形，含有单股RNA。病毒的主要抗原成分是囊膜蛋白gp135和核芯蛋白P28，这两种抗原与梅迪-维斯纳病毒的gp135、p30抗原之间有强烈的交叉反应，因此，可用梅迪-维斯纳病毒抗原来诊断山羊病毒性关节炎-脑炎。

山羊关节炎-脑脊髓炎病毒对外界环境的抵抗力不强，在pH7.2～7.9稳定，pH4.2以下很快被灭活；56℃10分钟可被灭活，但在4℃条件下可存活4个月左右。对多种常用消毒剂如甲醛、苯酚、乙醇等敏感。

【流行病学】在自然条件下，只在山羊间互相传染发病，绵羊不感染。无年龄、性别、品系间的差异，但以成年羊感染居多。患病山羊，包括潜伏期隐性患羊，是本病的主要传染源。

消化道是主要感染途径。病毒经乳汁感染羔羊，被污染的饲草、饲料、饮水等可成为传播媒介。水平传播至少同居放牧12个月以上；带毒公羊和健康母羊接触1～5天不引起感染。不能排除呼吸道感染和医疗器械接种传播本病的可能性。

感染本病的羊只，在良好的饲养管理条件下，常不出现症状或症状不明显，只有通过血清学检查，才能发现。感染率为 1.5%～81%，感染母羊所产的羔羊当年发病率为 16%～19%，病死率高达 100%。一旦饲养管理条件或环境突变，长途运输等应激因素的刺激，则会出现临诊症状。

【临诊症状】依据临诊表现分为三型：脑脊髓炎型、关节型和间质性肺炎型。多为独立发生，少数有所交叉。

1. 脑脊髓炎型　潜伏期 53～131 天。主要发生于 2～4 月龄羔羊。有明显的季节性，80%以上的病例发生于 3～8 月，显然与晚冬和春季产羔有关。病初病羊精神沉郁、跛行，进而四肢强直或共济失调。一肢或数肢麻痹、横卧不起、四肢划动，有的病例眼球震颤、惊恐、角弓反张。头颈歪斜或做圆圈运动。有时面神经麻痹，吞咽困难或双目失明。病程半月至 1 年，个别耐过病例留有后遗症。少数病例兼有肺炎或关节炎症状。

2. 关节炎型　发生于 1 岁以上的成年山羊，病程 1～3 年。典型症状是膝关节、跗关节等关节肿大和跛行，俗称“大膝病”。开始，关节周围的软组织水肿、湿热、波动、疼痛，有轻重不一的跛行，进而关节肿大如拳，活动不便，常见前膝跪地膝行；有时病羊肩前淋巴结肿大。病情逐渐加重或突然发生。透视检查，轻型病例关节周围软组织水肿；重症病例软组织坏死，纤维化或钙化，关节液呈黄色或粉红色。病羊呈进行性发展，体重逐渐减轻，最后衰竭死亡。

3. 间质性肺炎型　较少见，无年龄差异，病程 3～6 个月。患羊进行性消瘦，咳嗽，呼吸困难，胸部叩诊有浊音，听诊有湿啰音。病羊长时间躺卧，若不继发细菌感染体温正常。

除上述三种病型外，哺乳母羊有时发生硬结性间质性乳房炎。母羊分娩后乳房坚硬、肿胀、无乳，大部分病羊的产乳量终生处于较低水平。

【病理变化】剖检多数病例具有其中两型或三型的病理变化。主要病变见于中枢神经系统、四肢关节及肺脏，其次是乳腺。

1. 中枢神经　主要发生于小脑和脊髓的灰质，在前庭核部位将小脑与延脑横断，肉眼可见脑脊髓切面有一不对称的褐色—棕红色肿胀病灶并压迫周围组织。

2. 肺脏　呈间质性肺炎变化，轻度肿大，质地硬，呈灰色，表面散在灰白色小点，切面有大叶性或斑块状实变区。支气管淋巴结和纵隔淋巴结肿大，支气管空虚或充满浆液及黏液。

3. 关节　关节明显肿大，周围软组织肿胀波动，皮下浆液渗出。关节囊肥厚，滑膜常与关节软骨粘连。关节腔扩张，充满黄色或粉红色液体，其中悬浮纤维蛋白条索或血凝块。滑膜表面光滑，或有结节状增生物。透过滑膜可见到组织中的钙化斑。

4. 乳腺　发生乳腺炎的病例，镜检见血管、乳导管周围及腺叶间有大量淋巴细胞，单核细胞和巨细胞渗出，继而出现大量浆细胞，间质常发生灶状坏死。

5. 肾脏　少数病例肾表面有 1～2 毫米的灰白小点。镜检见广泛性的肾小球肾炎。

【诊断】依据病史、临诊病状和病理变化可对病例做出初步诊断，确诊需进行病原分离鉴定和血清学试验。

病料样品采集：无菌采集动物的周围血或刚挤下的新鲜奶或抽出的关节液，立即进行实验。以无菌手术收集病变组织，置于细胞培养液中待用。

【防控措施】本病目前尚无疫苗和有效治疗方法。防控本病主要以加强饲养管理和采取综合性防疫卫生措施为主。加强进口检疫，禁止从疫区（疫场）引进种羊；引进种羊前，应先作血清学检查，运回后隔离观察1年，其间再做两次血清学检查（间隔半年），均为阴性时才可混群。

采取检疫、扑杀、隔离、消毒和培育健康羔羊群的方法对感染羊群实行综合防治和净化，效果较好。即每年对超过2月龄的山羊全部进行1～2次血清学检查，对检出的阳性羊一律扑杀淘汰并作无害化处理；羊群严格分圈饲养，一般不予调群；羊圈除每天清扫外，每周还要消毒1次（包括饲管用具）；羊奶一律消毒处理；怀孕母羊加强饲养管理，使胎儿发育良好，羔羊产后立刻与母羊分离，用消毒过的喂奶用具喂以消毒羊奶或消毒牛奶，至2月龄时开始进行血清学检查，阳性者一律淘汰。在全部羊只至少连续2次（间隔半年）呈血清学阴性时，方可认为该羊群已经净化。

四十九、梅迪-维斯纳病

梅迪-维斯纳病（Maedi-visna）是由梅迪-维斯纳病毒引起的成年绵羊的一种慢性、进行性、接触性传染病。临诊特征是潜伏期长，病程缓慢，进行消瘦并伴有致死性间质性肺炎或脑膜炎。病羊衰弱，最后终归死亡，对养羊业带来重大损失。

本病最早发现于南非（1915）绵羊中，以后在荷兰（1918）、美国（1923）、冰岛（1933）、法国（1942）、印度（1965）、匈牙利（1973）、加拿大（1979）等国均有本病报道，多为进口绵羊之后发生的。

我国于1966—1967年，从澳大利亚、英国、新西兰进口的边区莱斯特成年羊中出现一种以呼吸道障碍为主的疾病，病羊逐渐瘦弱，衰竭死亡，其临诊症状和剖检变化与梅迪病相似。1984年用美国的抗体和抗原检测，从澳大利亚和新西兰引进的边区莱斯特绵羊及其后代检出了梅迪—维斯纳病毒抗体，并于1985年分离出了病毒。

【病原学】梅迪-维斯纳病毒（Maedi - Visna virus，MVV）是两种在许多方面具有共同特性的病毒，在分类上被列入逆转录病毒科、慢病毒属，含有单股RNA，有囊膜。

病毒有两种主要抗原成分，一是囊膜糖蛋白gp135，具有特异性抗原决定簇，能诱发中和抗体；一是核芯蛋白P30，具有群特异性抗原决定簇，抗原性稳定。梅迪-维斯纳病毒的P30、gp135抗原与山羊病毒性关节炎-脑炎病毒的P28、gp135抗原之间有强烈的交叉反应，因此，可用梅迪-维斯纳病毒制备的琼脂扩散抗原进行山羊病毒性关节炎-脑炎的抗体检查。

慢病毒特别能抗干扰素。尽管能产生不同程度的中和抗体及细胞免疫，但不能杀灭病毒和感染细胞。在感染的全过程中，病毒囊膜的抗原性不断变化，导致免疫逃逸。

梅迪-维斯纳病毒对乙醚、氯仿、乙醇、甲基高碘酸盐和胰酶敏感。可被0.1%福尔马林、4%酚和酒精灭活。pH7.2～9.2最为稳定，pH4.2于10分钟内灭活。于－50℃冷藏可存活许多月，4℃存活4个月，20℃存活9天，37℃存活24小时，50℃只存活15分钟。

【流行病学】梅迪-维斯纳主要是绵羊的一种疾病，但山羊也可感染。本病发生于所有品种的绵羊，多见于2岁以上的成年绵羊，无性别的区别。病羊和带毒羊为主要传染源，病羊、潜伏期带毒羊脑、脑脊髓液、肺、唾液腺、乳腺、白细胞中均带有病毒。病毒可长期存在并不断排毒。

自然感染一般是健康羊与病羊直接接触传染，健康羊吸入了病羊所排出的含病毒的飞沫，也可经胎盘和乳汁而垂直传染。吸血昆虫也可能成为传播者。

本病多呈散发，一年四季均可发生。从世界各地分离到的病毒经鉴定都是相同的，但发病率因地域而异。

将病毒脑内接种于绵羊，引起神经症状（维斯纳），而鼻内接种时则引起呼吸道症状（梅迪），因此，认为维斯纳是梅迪的脑型。

【临诊症状】潜伏期为2年或更长。

1. 梅迪（呼吸道型） 病羊发生进行性肺部损害，然后出现逐渐加重的呼吸道症状，发展非常缓慢，经过数月或数年。在病的早期，如驱赶羊群，特别是上坡时，病羊就落于群后。当病情恶化时，每分钟的呼吸次数在活动时达80～120次，在休息时也表现呼吸频数。病羊鼻孔扩张，头高仰，有时张口呼吸。病羊虽有食欲，但体重不断下降，表现消瘦和衰弱，一般保持站立姿势，因为躺卧时压迫横膈膜前移可加重呼吸困难。听诊时在肺的背侧可闻啰音，叩诊时在肺的腹侧发现实音。体温一般正常。血常规检查，发现轻度的低血红素性贫血，持续性的白细胞增多症。由于缺氧和并发急性细菌肺炎而死亡。发病率因地区而异，病死率可能高达100%。

2. 维斯纳（神经型） 病羊经常落群。后肢易失足，发软。同时体重有些减轻，随后关节不能伸直。休息时经常用跖骨后段着地。四肢麻痹并逐渐发展，带来行走困难。用力后容易疲乏。有时唇和眼睑震颤。头微微偏向一侧，然后出现偏瘫或完全麻痹。

【病理变化】梅迪的病变主要见于肺和肺淋巴结。病肺体积膨大2～4倍，打开胸腔时肺不塌陷，各叶之间以及肺和胸壁粘连。肺重量增加（正常重量为300～500克，患肺平均为1 200克），淡灰色或暗红色，触摸有橡皮感觉。肺增大后的形状如常。病肺组织致密，质地如肌肉，以膈叶的变化最重，心叶和尖叶次之。支气管淋巴结增大，其重量平均可达40克（正常时为10～15克），切面均质发白。仔细观察，在肺胸膜下散在许多针尖大小、半透明、青（暗）灰白色的小点，严重时突出于表面。有些病例的肺小叶间隔增宽，呈暗灰细网状花纹，在网眼中显出针尖大小暗灰色小点，肺的切面干燥。

【诊断】2岁以上的绵羊、无体温反应、呼吸困难逐渐增重，可怀疑为本病。确诊本病还需采取病料送检验单位作病理组织学检查、病毒分离等实验室检查。

病料样品采集：无菌采集动物的周围血或刚挤下的新鲜奶或抽出的关节液，立即进行实验。以无菌手术收集病变组织，置于细胞培养液中待用。

【防控措施】本病目前尚无疫苗和有效的治疗方法，因此防控本病的关键在于防止健羊接触病羊。引进种羊应来自非疫区，新进的羊必须隔离观察，加强进口检疫，经检疫认为健康时始可混群。避免与病情不明羊群共同放牧。每6个月对羊群做一次血清学检查。凡从临诊和血清学检查发现病羊时，最彻底的办法是将感染群绵羊全部扑杀。病尸和污染物应按《动物防疫法》的规定销毁或用石灰掩埋。圈舍、饲管用具应用2%氢氧化钠或4%碳酸钠消毒。

国内有从封锁、隔离的病羊群中研究培育健康羔羊群的方法，即将临诊检查和血清学检查（琼脂扩散试验）双阳性的种羊，严格隔离饲养，羔羊产出后立即与母羊分开，实行严格隔离饲养，禁止吃母乳，喂以健康羊乳或消毒乳，经过几年的检疫和效果观察，认为能培育出健康羔羊。

五十、马传染性贫血

马传染性贫血（Equine infectious anemia，EIA）简称马传贫，又称沼泽热，是由马传贫病毒引起的马属动物的一种传染病。病的特征是病毒持续性感染、反复发作，呈现发热并伴有贫血、出血、黄疸、心脏衰弱、浮肿和消瘦等症状。在发热期（有热期）症状明显，在间歇期（无热期）症状逐渐减轻或暂时消失。慢性或隐性马长期持续带毒。

本病1843年在法国首次发现，经两次世界大战后传播到世界各养马国家。目前，呈世界性分布。我国原本无此病，1931年日本侵华时把此病带进了东北及华北等地，1954年和1958年从前苏联进口马匹时又将该病传入我国，并广为散布。我国于1965年由解放军兽医大学首次分离马传贫病毒成功，进而研制成功了马传贫补体结合反应和琼脂扩散反应两种特异诊断法，1975年哈尔滨兽医研究所又研制成功了马传贫驴白细胞弱毒疫苗。该疫苗的推广应用，结合采取“养、检、隔、封、消、处”等综合性防控措施，使我国的疫情已得到控制，疫区逐渐消失，多个省市已宣布达到农业农村部规定的消灭标准。

【病原学】马传贫病毒（Equine infectious anemia virus，EIAV）属逆转录病毒科、慢病毒属成员。病毒粒子有囊膜，由两个线状的正链单股RNA组成。

马传贫病毒各毒株都具有两种抗原，即群特异性抗原和型特异性抗原。群特异性抗原为各毒株所共有，存在于病毒衣壳蛋白，是一种可溶性核蛋白抗原，可用补体结合反应和琼脂扩散反应检出；型特异性抗原是各型毒株之间不同的抗原，存在于病毒粒子表面，可用中和反应检出。不同毒株之间的型特异性抗原差别很大，目前至少有14个型。

马传贫病毒在持续感染期间，随着病马的连续反复发热，体内的病毒抗原不断发生抗原漂移。慢性传贫病马能带毒免疫。

发热期病马的血液及各脏器（主要在肝、脾）中病毒含量最高；在不发热期，病毒含量降低或消失。

马传贫病毒对外界的抵抗力较强，对热的抵抗力较弱。病毒在粪便中能生存2.5个月，将粪便堆积发酵需经30天才能灭活。血清中的病毒在60℃处理60分钟可完全失去感染力。病毒在－20℃可保持毒力2年，2%～4%氢氧化钠和3%来苏儿等均能杀死病毒。

【流行病学】只有马属动物对马传贫病毒有易感性，且无品种、年龄、性别差异，其中马的易感性最强，骡、驴次之。进口马和改良马的易感性较强，本地土种马次之。其他畜禽和野生动物等均无感受性。

病马和带毒马是本病的主要传染源，特别是发热期的病马，其血液和脏器中含有多量病毒，随其分泌物和排泄物（乳、粪、尿、精液、眼屎、鼻液、唾液等）排出体外而散播传染。慢性和隐性病马长期带毒，是危险的传染源。

马传贫的传播途径是多方面的，主要是通过吸血昆虫（虻、蚊、厩蝇、蠓等）的叮咬而机械性传染，也可经消化道和交配传染，还可经病毒污染的器械（采血针、注射针头、诊疗器械或点眼瓶等）散播传染。也不能排除胎盘传染的可能性。能传播马传贫的吸血昆虫有虻类、蚊类、厩蝇及蠓等，尤以大中型的山虻危害较大。

本病通常呈地方流行性或散发，无明显的季节性，但在吸血昆虫滋生活跃的季节（7～9月）发生较多。新疫区多呈暴发，急性型多；老疫区则断断续续发生，多为慢性型。饲养管理不良、过劳、长途运输、内寄生虫及马匹的调拨、购入、集结等都能促进本病的发生和传播。

【临诊症状】 潜伏期长短不一，人工感染的病例平均为10～30天，短的为5天，长的可达90天以上。临诊表现为急性、亚急性、慢性及亚临床4种类型。急性型症状最为典型，出现发热、严重贫血、黄疸等，80%病马死亡。急性或亚急性可终身持续感染。

1. 急性型 多见于新疫区的流行初期，或者疫区内突然暴发的病马。体温突然升高到39～41℃以上，一般稽留8～15天，有的有短时间的降温，然后骤升到40～41℃以上，一直稽留至死亡。临诊症状及血液学变化明显。病程短者3～5天，最长的不超过一个月。

2. 亚急性型 常见于流行中期。病程较长，约1～2个月。主要呈现反复发作的间歇热和温差倒转现象，通常是反复发作4～5次，有热期体温升到39.5～40.5℃，一般持续4～6天，但也有病例可延长到8～10天，个别病例可能缩短到2～3天，然后转入无热期。若病马趋向死亡时，热发作次数则较频繁，无热期缩短，有热期延长；反之，发热次数减少，无热期越来越长，有热期越来越短，病马转为慢性型。病马的症状和血液学变化，呈现随体温变化而变化的规律，即有热期临诊症状和血液学变化明显，无热期则临床症状及血液学变化减轻或消失，但心脏机能仍然不能恢复正常。

3. 慢性型 是最多见的一种病型，常见于本病的老疫区，病程甚长，可达数月或数年。其特点与亚急性型传贫基本相似，呈现反复发作的间歇热或不规则热，但有热期短，通常为2～3天，某些病例有时出现1日1次的轻度体温升高。体温一般为中等程度或轻微发热，很少有达到40℃或以上者。而无热期很长，可持续数周或数月。温差倒转现象更为明显。有热期的临诊症状和血液学变化都比亚急性病马较轻，尤其是无热期长的病马，临诊症状更不明显，病死率可达30%～70%。

上述3型病马，不是静止不变的，随着机体抵抗力的增强或减弱，可以相互转化，或由急性转为亚急性，甚至慢性，或由慢性转化为亚急性，甚至急性而死亡。

4. 隐性型 无明显临诊症状，但能长期带毒，只有实验室检验才能查出。

【病理变化】 最明显的病理变化是脾和淋巴结肿大、槟榔肝、贫血、出血、水肿和消瘦。急性型主要呈败血性变化，在亚急性和慢性型时败血性变化表现轻微，而贫血和网状内皮细胞增生反应表现明显。

1. 急性型 在黏膜及浆膜出现出血点或斑，尤以舌下、鼻翼、眼睑、阴道黏膜，胸腔、腹腔的浆膜、膀胱及输尿管黏膜、盲肠及大肠的黏膜与浆膜最为多见。淋巴结肿大，切面有充血、出血和水肿。脾肿大，切面呈均质暗红色，有的呈颗粒状。肝脏也肿大，切面呈豆蔻状槟榔样花纹，有“豆蔻肝”或“槟榔肝”之称。肾肿大，皮质有出血点，心肌脆弱，呈灰黄色的煮熟状，心内外膜有出血点。

2. 亚急性和慢性型 尸体多半消瘦和贫血，可视黏膜苍白，全身出血轻微，一般只在肠浆膜及心内外膜等处见有少量出血点。淋巴结肿大、坚硬，切面灰白，淋巴小结增生呈颗粒状。脾肿大、坚实，表面粗糙不平，脾小体肿大，所以在樱桃红色的切面有灰白色粟粒大颗粒突出。肝肿大，呈暗红色或铁锈色，切面呈明显的槟榔样花纹，肝小叶明显，呈网状结构。肾轻度肿大，呈灰黄色，切面皮质增厚，肾小球明显，呈慢性间质性肾炎变化。心脏因心肌变性而弛缓、扩张，心肌脆弱褪色呈煮熟状。长骨的骨髓红区扩大，黄髓内有红色骨髓增生灶，慢性严重的病例骨髓呈乳白色胶胨状。

【诊断】目前常用的诊断方法有临诊综合判断、补体结合反应和琼脂扩散反应，其中任何一种方法呈现阳性，都可判定为传贫病马。

各种诊断方法，以琼扩检出率为最高，其次为补反，临诊综合判断法检出率为最低。但几种诊断法的结果不一致并有交错，都不能互相代替，必须同时并用，才能提高检出率。

病料采集：血清、血液、脏器、骨髓。

【防控措施】为了预防及消灭马传贫，必须坚决贯彻执行《马传染性贫血防治技术规范》（农办牧〔2002〕74号）。

1. 预防措施 加强饲养管理，搞好环境卫生，消灭蚊、虻等吸血昆虫。新购入的马属动物，必须隔离观察1个月，经过检疫，认为健康者，方可合群。马匹外出时，应自带饲槽、水桶，禁止与其他马匹混喂、混饮或混牧。

2. 控制措施

（1）封锁。发生马传贫后，要划定疫区或疫点进行封锁。假定健康马不得出售、串换、转让或调群。种公马不得出疫区配种。繁殖母马一律用人工授精方法配种。自疫点隔离出最后1匹马之日起，经1年再未检出病马时，方可解除封锁。

（2）检疫。除进行测温、临诊及血液检查外，以1个月的间隔做3次补反和琼扩。临诊综合判断、补反或琼扩，任何一种判定为阳性的马骡，都是传贫病马。对有变化可疑的病马，立即隔离分化。除进行临诊综合判断以外，尚应做2次补反和琼扩，符合病马标准者按病马处理。经1个月观察，若仍有可疑时，可按传贫病马处理。对经分化排除传贫可疑的马骡，体表消毒后回群。

（3）隔离。对检出的传贫病马和可疑病马，必须远离健康马厩分别隔离，以防止扩大传染。

（4）消毒。被传贫病马和可疑病马污染的马厩、诊疗场等，都应彻底消毒。粪便应堆积发酵消毒。为了防止吸血昆虫侵袭马体，可喷洒0.5%二溴磷或0.1%敌敌畏溶液。兽医诊疗和检疫单位必须做好诊疗器材尤其是注射器、注射针头和采血针头的消毒工作。

（5）处理。病马要集中扑杀处理，对扑杀或自然死亡病马尸体应进行无害处理。

（6）免疫。在疫区，污染程度严重、污染面较大时，一般先进行检疫，将病马、假定健康马分群。然后对假定健康马接种马传贫驴白细胞弱毒疫苗。注苗后一般不再做定期检疫，出现有症状的病马仍按规定扑杀处理。疫区在注苗后6个月，经临诊综合判断，未检出传贫病马时，即可解除封锁。

五十一、马流行性淋巴管炎

马流行性淋巴管炎（Epizootic lymphangitis）又称伪性皮疽，是由伪皮疽组织胞浆菌引起的马属动物的一种慢性传染病。其临诊特征是在皮下淋巴管及其邻近的淋巴结、皮肤和皮下结缔组织形成结节、脓肿、溃疡和肉芽肿，也可感染肺部、鼻黏膜及眼结膜。

本病很早就流行于非洲和欧洲地中海沿岸地区，以后蔓延于世界各地。新中国成立前我国各地区的马群中都有发生，主要呈散发，有时呈地方流行性（如东北、内蒙古及西南等地），新中国成立后采取积极措施已得到控制。

【病原学】伪皮疽组织胞浆菌（Histoplasma farciminosum）旧名伪皮疽隐球菌、伪皮疽酵母菌，国内习惯上将其称为流行性淋巴管炎囊球菌。属于半知菌亚门、丝孢菌纲、丝孢菌目、丛梗孢科的组织胞浆菌属。本菌为双相型真菌，在组织中呈酵母样细胞，室温培养时形成菌丝体。在动物体内寄生阶段以孢子繁殖为主，在病料（如脓汁）中呈圆形、卵圆形或西瓜籽形，一端或两端尖锐。

脓汁内的菌体不染色就可以看到其特征的形态，脓汁标本用龙胆紫加温染色、姬姆萨染色或革兰氏染色检查时，可见菌体边缘着染明显、内膜淡染或不着色，小颗粒浓染。人工培养基上生长的菌体，一般染色液均可着色。

本菌为需氧菌，培养困难，发育缓慢，培养适温为22～28℃，pH为5.0～9.0。

伪皮疽组织胞浆菌对外界因素的抵抗力较强。在脓汁中，日光直射5～6天仍存活，在厩舍内可存活6个月，在干燥培养基中存活一年；80℃加热20分钟才能杀死，5%石炭酸、3%来苏儿、1%福尔马林、0.2%升汞，需经1～5小时才能将其杀死。

【流行病学】在自然情况下，马、骡最易感，驴次之。人、犬、骆驼、牛、猪也偶能感染。家兔、豚鼠人工感染可引起局部脓肿。

病畜是本病的主要传染源，脓汁内含有大量病原菌，脓肿破溃后病原菌可随流出的脓汁及溃疡分泌物而排出。含有本菌的土壤也是传染源。

本病主要通过伤口、蚊蝇叮咬或吸入而感染，也可通过交配直接传播。当病畜与健畜直接接触时可经损害的皮肤或黏膜而感染，被污染的褥草、粪肥、马具、饲槽、医疗器械和保定绳索等是传播本病的间接媒介物。当公马阴囊或包皮有病变时，也可经交配传染。蝇、虻等昆虫能将病原菌带入健畜创口而起机械传播作用。含有本菌的土壤也可成为传播媒介。

本病多为散发，常发生于低凹潮湿地区，尤其在多雨及洪水泛滥之后发生更多。无季节性。一旦发生往往在短期内不易扑灭。一切可使皮肤、黏膜损伤的因素，厩舍潮湿、马匹拥挤都是感染本病的诱因。

【临诊症状】本病的潜伏期长短不一，数周至数月甚至半年以上，其长短常取决于病菌的毒力、感染次数和机体的抵抗力。人工感染的潜伏期30～60天。

在未侵害较大面积的病例，全身症状不明显，食欲正常，体温不高，体况不见消瘦，皮肤上的结节破溃后，易于愈合。倘若病情严重，病菌经血流扩散于全身时，使患畜各部皮肤、皮下结缔组织及淋巴管形成较多而大的结节和溃疡，或互相融合，导致溃疡面长期不愈合，不断流出脓汁，并逐渐蔓延扩大。当形成转移性脓肿时，患畜则表现体温升高，食欲减损，逐渐消瘦，常常由于其他细菌的继发感染而迅速死亡。

【病理变化】主要表现为皮肤、皮下组织及黏膜发生结节、溃疡和淋巴管索肿及念珠状结节。

皮肤结节：最常发生于四肢、头部、颈部及胸侧等处。在皮肤和皮下组织发生豌豆大至鸡蛋大的结节。初期硬固无痛，以后逐渐化脓，顶端变软脱毛，形成脓肿，最后破溃，流出黄白色极为黏稠的脓汁，有时混有血液，继而形成溃疡。初期溃疡底部凹陷，以后在本菌及其毒素的刺激下，肉芽组织赘生，溃疡面凸出于周围的皮肤而呈蘑菇状，溃疡不易愈合，痊愈后常遗留瘢痕。

黏膜结节：黏膜的病变多见于全身感染病例，有时可因黏膜损伤而出现原发性感染病灶。多在鼻腔、口唇、眼结膜及生殖器官黏膜等处发生大小不同的黄白色或灰白色圆形、椭圆形结节。结节扁平呈盘状突起，表面光滑干燥，边缘整齐，周围无红晕。结节破溃后，形成单在的或融合的高低不同的溃疡面。病变发生在鼻黏膜时，流出少量黏液性鼻液。同侧的颌下淋巴结也常肿大，可能化脓、破溃。

淋巴管索肿及念珠状结节：如果病菌侵入淋巴管，则可引起淋巴管炎，使淋巴管变粗变硬，如同绳索状。如若病菌在淋巴管瓣膜上发育繁殖，则在肿大的淋巴管上形成许多小结节，如同串珠状。结节软化破溃后，也形成蘑菇状溃疡。有的由于四肢多数淋巴管发炎，使皮下结缔组织增厚3厘米以上。

【诊断】根据临诊上患畜体表的淋巴管索肿、念珠状结节、散在结节及蘑菇状溃疡和全身症状不明显等特点，结合流行病学情况，即可做出初步诊断。为了与类似疫病的鉴别，可进行细菌学检查和变态反应试验。

病料样品采集：无菌采集化脓灶和病变淋巴结。做病原分离时，要将病料放在含有抗生素的液体培养基中冷藏。

【防控措施】早期诊断、及时隔离治疗或扑杀是防控本病的有效办法。

平时应加强宣传教育，消除各种可能发生外伤的因素，合理使役，经常刷拭马体，搞好环境卫生，防止厩舍潮湿，增强马匹体质。发生外伤后应及时治疗。新引进的马匹应隔离检疫，注意体表有无结节和脓肿，防止混进病马。本病自然治愈马可获得长期或终生免疫。人工免疫马、康复马和患马的血清内都有抗体存在，在常发本病的地区，可试用灭活苗或兰州兽医研究所研制的 T_{21-71} 弱毒菌苗进行免疫接种，以控制本病的流行。

本病是一种顽固性疾病，应早期发现，及时治疗。采取药物疗法与手术疗法相结合才能取得较好的治疗效果。

1. 手术疗法 将结节、脓肿等用外科手术摘除。这在病变轻微时效果较好。如果病变多，面积广，可分期分批摘除。切除后的创面涂擦20%的碘酊，以后每天用1%的高锰酸钾溶液冲洗，再涂上述药剂，并覆盖灭菌纱布。头部及四股的小块病变，不便施行手术摘除时，可用烙铁烘烙。

2. 药物疗法 ①新胂凡钠明（914）疗法：将新胂凡钠明4克溶于5%葡萄糖盐水200毫升中，一次静脉注射，间隔3～4天重复一次，4次为一疗程。②黄色素疗法：取黄色素1.2克溶于10%葡萄糖溶液100毫升中，一次静脉注射，间隔3天重复一次，共注射3～4次。③土霉素疗法：将土霉素盐酸盐2～3克溶于50毫升5%氯化镁溶液中，一次涂布，每日一次，10次为一疗程。或将上述剂量的土霉素盐酸盐溶于5%葡萄糖溶液中，作静脉注射。

发生本病后应按《动物防疫法》规定，将病马及时隔离治疗，同厩马匹应逐匹触摸体表，发现病马及时隔离。被污染的马厩、诊疗场，应用10%的热氢氧化钠溶液或20%的漂白粉溶液消毒，每10～15天一次。饲养用具、刷拭用具及鞍挽用具等用5%甲醛溶液浸泡消毒。治疗病马的器械应煮沸消毒。粪尿作发酵处理，尸体应深埋。治愈马注意体表消毒，并经隔离检疫2个月证明未再发病后方可混群。

五十二、马 鼻 疽

马鼻疽（Malleus，Glanders）是由鼻疽伯氏菌引起的马属动物多发的一种人兽共患传染病。通常在马多为慢性经过，驴骡常呈急性，人也可感染。病的特征是在鼻腔、喉头、气管黏膜和皮肤上形成特异性鼻疽结节、溃疡和瘢痕，在肺脏、淋巴结和其他实质脏器内形成鼻疽性结节。人鼻疽的特征为急性发热，局部皮肤或淋巴管等处发生肿胀、坏死、溃疡或结节性脓肿，有时呈慢性经过。

马鼻疽是一种古老的疫病。在公元前5世纪就有记载，曾在世界各国广泛流行，危害严重。经过几十年的努力，使本病得到了基本控制，大多数经济发达国家已先后消灭了本病。我国目前已稳定控制，几乎消灭。

【病原学】鼻疽伯氏菌（Burkholderia mallei）为假单胞菌科假单胞菌属的鼻疽假单胞菌，过去惯称为鼻疽杆菌。本菌是无芽孢、无荚膜、不运动、单在、成双或成群的中等大小杆菌。菌体着色不均，浓淡相间，呈颗粒状，革兰氏染色阴性。本菌为专性需氧菌，最适宜生长温度为37℃。本菌的正常菌落为光滑（S）型，变异的菌落最常见的为粗糙（R）型，还可见皱襞（C）型、矮小（D）型、黏液（M）型及伪膜（P）型等。

在血清学上本菌有两种抗原：一种为特异性抗原，另一种与类鼻疽假单胞菌可出现交叉反应。

鼻疽伯氏菌对外界的抵抗力不强，能被一般消毒药杀灭。在潮湿厩舍中20～30天、腐败物中14～24天、自来水中1个月能够存活，干燥1～2周，直射阳光下24小时，56℃30分钟、煮沸数分钟均能杀死。0.1%升汞溶液1～2分钟、0.1%洗必泰、0.01%消毒净及新洁尔灭可在5分钟内杀死本菌；2%石炭酸、5%漂白粉、3%克辽林、1%煤酚皂、1%氢氧化钠、2%福尔马林及5%～10%石灰水均可在1小时内杀死本菌。

【流行病学】在自然条件下马、骡、驴等单蹄兽对本病易感，骡、驴感染后常呈急性经过。人可感染，骆驼、狗、猫等家畜以及虎、狮、狼等野兽也有感染本病的报道。

鼻疽病马是本病的传染源，尤其是开放性鼻疽病马更为危险。慢性无症状的鼻疽患马可长期带菌、周期性地排菌，成为马群中常被忽略的传染源。

本病主要是由于病马与健马同槽饲喂、同桶饮水而经消化道传染，经损伤的皮肤、黏膜可传染，也可经呼吸道传染，个别可经胎盘和交配等途径传染。人在饲养、诊治、屠宰病畜和处理病尸时，病菌可经损伤的皮肤、黏膜（消化道或呼吸道）而感染。该病可在马群中缓慢地、延续地传播，流行没有明显的季节性。群养群放、密集饲养，通过健康马与病马的频繁接触以及马匹的调拨、转运等大范围转移可促进鼻疽的发生、传播和流行。

【临诊症状】潜伏期约4周至数月，其长短与病原的毒力、感染数量、感染途径、感染次数及机体的抵抗力等有直接关系。临诊上可分为急性、慢性和隐性三种，但三者可互相转化。

1. 急性鼻疽　多见于骡和驴。体温升高（39～41℃），呈不整热。颌下淋巴结肿胀。重症病马由于心脏衰弱，在胸腹下、四肢下部和阴筒处呈现浮肿。部分病马还可发生滑液囊炎、关节炎、睾丸炎及胸膜肺炎等，并呈现相应的症状。病马红细胞及血红蛋白减少，血沉加快，白细胞增多，核左移，淋巴细胞减少。

根据临诊症状又可分为肺鼻疽、鼻腔鼻疽和皮肤鼻疽。后两者经常向外排菌，故又称开放性鼻疽。这三种鼻疽可以相互转化：一般常以肺鼻疽开始，后继发鼻腔鼻疽或皮肤鼻疽。

（1）肺鼻疽。除了具有上述全身症状之外，主要以肺部患病为特点。常可突然发生鼻衄血，或咳出带血黏液，同时常发生干性无力短咳，呼吸次数增加，肺部可听到干性或湿性啰音。

（2）鼻腔鼻疽。病初鼻黏膜潮红，呈泛发性鼻炎。一侧或两侧鼻孔流出浆液性或黏液性鼻汁，其后鼻黏膜上有小米粒至高粱米粒大的小结节，突出于黏膜面，呈黄白色，其周围绕以红晕。结节迅速坏死崩解，形成溃疡，边缘不整（如被虫蛀）而稍隆起，底部凹陷，溃疡面呈灰白色或黄白色（如猪脂肪样）。溃疡愈合后可形成放射状或冰花状疤痕。在鼻腔发病的同时，同侧颌下淋巴结肿胀。初期有痛感而能移动，以后变硬无痛，表面凹凸不平，若与周围组织黏着，则不能移动，其大小可达核桃到鸡蛋大，一般很少化脓或破溃。鼻腔鼻疽发生较多。据20世纪50年代初期报道，在某些地区的鼻疽病马中占38.5%～50.3%。

（3）皮肤鼻疽。主要发生于四肢、胸侧及腹下，尤以后肢较多见。病初，在病畜局部皮肤突然发生有热有痛的炎性肿胀，经3～4天后，在肿胀中心部出现结节，或一开始就在病畜的皮肤或皮下组织发生结节。结节破溃后，形成深陷的溃疡，边缘不整，如火山口状，底部呈黄白色肥肉样，不易愈合。结节常沿淋巴管径路向附近蔓延，形成串珠样肿大。病肢常在发生结节的同时出现浮肿，使后肢变粗形成所谓“象皮腿”或“厚皮腿”。皮肤鼻疽比较少见，在鼻疽病马中占2%～3%。

2. 慢性鼻疽　最为常见，约占90%。病程较长，可持续数月至数年，症状不明显。本型由急性或开放性鼻疽转来，但也有的病马一开始就取慢性经过。由开放性鼻疽转来的病马常在鼻腔遗留鼻疽性瘢痕或慢性溃疡，不断流出少量黏脓性鼻汁。当机体抵抗力降低时，又可转为急性或开放性鼻疽。

猫科动物可出现急性鼻疽的表现，眼睛、鼻孔中流出带血的灰绿色分泌物，呼吸道黏膜肿胀、呼吸困难，动物身体各处皮下出现鼻疽结节或溃疡，经1～2周后因腹泻而死亡。

【病理变化】鼻疽的特异病变，多见于肺脏，约占95%以上；其次是鼻腔、皮肤、淋巴结、肝及脾等处。在鼻腔、喉头、气管等黏膜及皮肤上可见到鼻疽结节、溃疡及瘢痕；有时见到鼻中隔穿孔。肺脏的鼻疽病变主要是鼻疽结节和鼻疽性肺炎。新发生的结节为渗出性鼻疽结节，随着病程的发展，或者吸收自愈，或者变为增生性鼻疽结节。

【诊断】鼻疽的病情复杂，须进行临诊、细菌学、变态反应、血清学及流行病学等综合诊断。但在大规模鼻疽检疫中，以临诊检查及鼻疽菌素点眼为主，配合进行补体结合反应。

病料采集：从未开放、未污染的病灶无菌采集病料。

【防控措施】严格执行《马鼻疽防治技术规范》（农牧发〔2004〕20号）。

目前对鼻疽尚无有效菌苗，为了迅速消灭本病，必须抓好控制和消灭传染源这一主要环节，及早检出病马，严格处理，切断传播途径，加强饲养管理，采取养、检、隔、处、消等五字综合性防疫措施。

对开放性和急性鼻疽马应按《动物防疫法》规定，立即扑杀，进行无害化处理。必须治疗时，应在严格隔离条件下，组织专人治疗，防止散播传染。有效治疗药物有金霉素、土霉素、四环素、链霉素及磺胺嘧啶等，应用最多的药物是磺胺和土霉素。但病马难以彻底治愈，临诊康复后仍应隔离饲养。

【公共卫生学】人对鼻疽易感，发病多由伤口感染引起。人类感染多与职业有关，多发生于与病畜有密切接触的饲养员、屠宰工人、兽医和接触病料的实验室工作人员，偶尔可引起致死性疾病。

人的鼻疽可呈急性或慢性经过。急性型潜伏期约1周，常突然发生高热，在颜面、躯干、四肢皮肤出现类似天花样的疱疹，四肢深部肌肉发生疖肿，膝、肩等关节发生肿胀、肌肉和关节剧烈疼痛，鼻黏膜、喉头、肺等部位发生溃疡性炎症。出现贫血、黄疸、咯脓血痰。患者极度衰竭，如不及时治疗，最后常因脓毒血症发生循环衰竭而死亡。慢性型潜伏期长，有的可达半年以上。发病缓慢，病程长，反复发作可达数年之久。全身症状轻微，有低热或不规则发热，盗汗，四肢关节酸痛。皮肤或肌肉发生鼻疽结节和脓肿，在脓汁内含有大量鼻疽杆菌。病人渐见消瘦，呈恶病质状，常因逐渐衰竭而死亡。有时仅在皮肤黏膜上出现小结节和小溃疡，经治疗可痊愈。

对患者可从以下几方面综合诊断：

（1）了解病人的职业和接触史。

（2）察看局部皮肤、黏膜的病变及全身症状。

（3）采取患者脓汁、疱疹液或发热期的血液进行涂片染色镜检和分离培养。

（4）鼻疽菌素皮内试验：将鼻疽菌素作1∶1 000稀释，皮内注射0.1毫升，大部分病人于病后4周左右呈阳性反应，并可持续数年。

（5）血清学检查（补体结合试验）：发病2～3周后，血液中可测出补体结合抗体，效价在1∶20以上。

人类预防本病主要依靠个人防护，在接触病畜、病料及污染物时应严格按规定操作，以防感染。对鼻疽病人应隔离治疗，所用药物与病马相同，一般两种以上药物联合同时应用，直至症状消失。脓肿应切开引流，但应防止病原扩散，加强消毒。

五十三、马巴贝斯虫病

马巴贝斯虫病（又称马梨形虫病）（Babesiosis）是由驽巴贝斯虫（旧称马焦虫）和马巴贝斯虫（旧称马纳氏焦虫）寄生于马红细胞引起的血液原虫病。以高热、贫血和黄疸为主要特征。在我国主要流行于新疆、内蒙古、青海、东北及南方各省。

【病原学】驽巴贝斯虫为大型虫体，其形状为梨籽形（单个或成对）、椭圆形、环形等，偶见有变形虫样虫体。

马巴贝斯虫为小型虫体、虫体长度不超过红细胞的半径；呈圆形、椭圆形、单梨籽形、纺锤形、逗点形、短杆形、圆点形及降落伞形等多种形态，以圆形、椭圆形虫体占多数，典型的形状为四个梨籽形虫体以尖端相连构成十字形。每个虫体内只有一团染色质块。随病程不同，虫体可分为三型：大型（大小等于红细胞半径）多出现于病的初期，中型（大小等于红细胞半径1/2）多出现于病的发展过程中，小型（大小等于红细胞半径1/4）多出现于病马治愈期和带虫期。但并非一定时期只有一种类型的虫体，而仅是这种类型虫体占优势。

【流行病学】驽巴贝斯虫的媒介蜱有3属14种。我国已查明草原革蜱、森林革蜱、银盾革蜱、中华革蜱是驽巴贝斯虫的传播者。草原革蜱是蒙古草原的代表种；森林革蜱是森林型的种类，但也适于生活在次生灌木林和草原地带，因此，它们是东北及内蒙古驽巴贝斯虫的主要媒介；银盾革蜱仅见于新疆，是新疆数量较多、分布较广的蜱类之一，是新疆驽巴贝斯虫的主要传播者。

革蜱以经卵方式传播驽巴贝斯虫。除经卵传播外，还有经蜱期间传播和经胎盘垂直传播的报道。革蜱一年发生一代，以饥饿成虫越冬。成蜱出现于春季草刚冒尖出芽时。

驽巴贝斯虫病一般从2月下旬开始出现，3、4月达到高潮，5月下旬逐渐停止流行。马匹耐过驽巴贝斯虫病后，带虫免疫可持续达4年。疫区的马匹由于经常遭受蜱的叮咬反复感染驽巴贝斯虫，因此，一般不发病或只表现轻微的临诊症状而耐过。由外地进入疫区的新马及新生的幼驹由于没有这种免疫性，容易发病。驽巴贝斯虫与马巴贝斯虫之间无交叉免度反应。

驽巴贝斯虫可在革蜱体内通过经卵传递，经若干世代而不失去感染能力。因此，在发病牧场，即使把全部马匹转移到其他地区，这种牧场在短期内也不能转变为安全场，因为带虫的蜱能依靠吸食其他家畜及野生动物的血液而生存；而且蜱类还有很强的耐饿力，短时间内不采食也不至于死亡。

马匹耐过马巴贝斯虫病后带虫免疫可长达7年。

【临诊症状】病初体温稍升高，精神不振，食欲减退，结膜充血或稍黄染。随后体温逐渐升高（39.5～41.5℃）呈稽留热型，呼吸、心跳加快，精神沉郁，低头耷耳，恶寒战栗，皮温不整，躯体末梢发凉，食欲大减，饮水量少，口腔干燥发臭。病情发展很快，各种症状迅速加重。最令人注目的症状是黄疸现象，结膜初期潮红、黄染，以后呈明显的黄疸。其他可视黏膜，尤其是唇、舌、直肠、阴道黏膜黄染更为明显；有时黏膜上出现大小不等的出血点。食欲逐渐减退以至废绝，舌面布满很厚的黄色苔。常因多日不食不饮而陷入脱水状态，肠音微弱，排粪迟滞，粪球小而干硬，表面附有多量黄色黏液。排尿淋漓，尿黄褐色、黏稠。心跳节律不齐，甚至出现杂音，脉搏细速。肺泡音粗厉，呼吸促迫，常流出黄色、浆液性鼻汁。孕马发生流产或早产，有些孕马伴发子宫大出血而死亡。后期病马显著消瘦，黏膜苍白黄染；步样不稳，躯体摇晃，最后昏迷卧地；呼吸极度困难，腹式呼吸，由鼻孔流出多量黄色带泡沫的液体。病程为8～12天，不经治疗而自愈的病例很少。血液变化为红细胞急剧减少（常降到200万/毫立方米左右），血红蛋白量相应减少，血沉快（初速达70度以上），白细胞数变化不大，往往见到单核细胞增多。幼驹症状比成年马严重，红细胞染虫率高，常躺卧地面，反应迟钝，黄疸明显。

马巴贝斯虫病分急性、亚急性和慢性三型。急性型的症状与驽巴贝斯虫病相似，但热型多为间歇热型或不定热型。病程比驽巴贝斯虫病稍长，病马常出现血红蛋白尿和肢体下部的水肿。亚急性型也出现驽巴贝斯虫病的那些症状，但程度较轻，有些症状不够明显，病程可达到30～40天，其间有一定的缓解期。慢性型临诊上不容易发现，体温正常或出现黄疸症状时稍高于常温，病马逐渐消瘦，贫血，病程能持续到3个月，然后病势加剧或转为长期的带虫者。有时还可见到驽巴贝斯虫病与马巴贝斯虫病混合感染的病例，主要呈现驽巴贝斯虫病的症状。

【诊断】根据流行病学资料及临诊表现往往可以做出诊断。为了确诊，可采取血液涂片，姬姆萨染色，检查红细胞中的虫体。有时需反复多次或改用集虫法进行检查，才能发现虫体。

病料样品采集：可疑动物的血液。

治疗、预防参阅牛巴贝斯虫病。

咪唑苯脲：剂量为4毫克/千克体重，肌肉注射，间隔72小时应用4次。为了减轻副作用，可将4毫克/千克体重的剂量间隔1小时分两次给予。

五十四、伊氏锥虫病

伊氏锥虫病（Trypanosomiasis evansi）是由伊氏锥虫引起的一种血液原虫病，亦称苏拉病。临诊特征为进行性消瘦、贫血、黄疸、高热、心肌衰竭，常伴发体表水肿和神经症状。是马属动物、牛、水牛、骆驼的常见疾病。马属动物感染后，取急性经过，病程一般1～2个月，病死率高。牛及骆驼，虽有急性并死亡的病例，但多数为慢性，少数呈带虫状态。

【病原学】伊氏锥虫为锥虫科锥虫亚属，虫体细长，呈蜷曲的柳叶形，在压滴标本中，可以看到虫体波动膜的活动而使虫体活泼运动。一般以姬姆萨染色效果较好，鞭毛呈红色，波动膜呈粉红色，原生质呈淡天蓝色。

锥虫在血液中寄生，迅速增殖，产生大量有毒代谢产物，宿主亦产生溶解锥虫的抗体，使锥虫溶解死亡，释放出毒素。虫体在血液中增殖的同时，宿主的抗体亦相应产生，在虫体被消灭时，却有一部分VSG发生变异的虫体，逃避了抗体的作用，重新增殖，从而出现新的虫血症高潮，如此反复致使疾病出现周期性的高潮。

【流行病学】马、驴、骡、犬易感性最强，牛、水牛、骆驼、猪、羊、鹿、象、虎、兔也能感染。马感染后一般呈急性发作。驼、牛则易感性较弱，虽有少数在流行之初因急性发作而死亡，但多数呈带虫状态而不发病；但待畜体抵抗力降低时，特别是天冷、枯草季节则开始发作，并呈慢性经过，最后陷于恶液质而死亡。

各种带虫动物是本病的传染源，包括急性感染、隐性感染和临诊治愈的病畜，尤其是在感染而未发病阶段或药物治疗后未能完全杀灭其中虫体者。由于本虫宿主广泛，对不同种类的宿主，致病性差异很大，一些感染而不发病的动物可长期带虫，成为感染源，如骆驼、牛等即是主要的带虫宿主。此外，有些食肉动物（如猫、狗）、野生动物、啮齿动物、猪等亦可成为保虫宿主。

由虻及吸血蝇类（螫蝇和血蝇）在吸血时进行传播。这种传播纯粹是机械的，即虻等在吸家畜血液后，锥虫进入其体内并不进行任何发育，生存时间亦较短暂，而当虻等再吸其他动物血时，即将虫体传入后者体内。除吸血昆虫外，消毒不完全的染虫手术器械包括注射用具，用于健畜时也可造成感染。孕畜患病可使胎儿感染。肉食兽在食入病肉时可以通过消化道的伤口感染。

本病流行于热带和亚热带地区，发病季节和传播昆虫的活动季节相关。但在牛只和一些耐受性较强的动物，吸血昆虫传播后，动物常感染而不发病，待到枯草季节或劳役过度、抵抗力下降时，才引起发病。

【临诊症状】马属动物易感性较强，经过4～7天的潜伏期，体温升高到40℃以上，稽留数日，体温回复到正常，经短时间的间歇，体温再度升高，如此反复。随着体温升高，病马精神不振，呼吸急促，脉搏频数，食欲减退；数日后体温暂时正常时，症状亦有所缓解或消失。间歇3～6日后，体温再度上升，症状也再次出现，如此反复。病马逐渐消瘦，被毛粗乱，眼结膜初充血，后变为黄染，最后苍白，且在结膜、瞬膜上可见有米粒大到黄豆大的出血斑，眼内常附有浆液性到脓性分泌物。疾病后期体表水肿，多见于腹下、胸前。精神沉郁日渐发展，终至昏睡状，最后可见共济失调，行走左右摇摆，举步困难，尿量减少，尿色深黄、黏稠，含蛋白和糖。体表淋巴结轻度肿胀。消化道的变化无一定规律。

骡对本病的抵抗力比马稍强，驴则具有一定的抵抗力，多为慢性，即使体内带虫也不表现任何症状，且常可自愈。

血液检查，红细胞数急剧下降，白细胞变化无规律，有时血片中可见锥虫，锥虫的出现似有周期性，且与体温的变化有一定关系，在体温升高时较易检出虫体。在血液中可检出吞铁细胞。

【诊断】 可根据流行病学、临诊症状、血液学检查、病原学检查和血清学诊断，进行综合判断，但以病原学检查最为可靠。

病料样品采集：可疑动物的血液。

【防控措施】 在疫区及早发现病畜和带虫动物，进行隔离治疗，控制传染源，同时定期喷洒杀虫药，尽量消灭吸血昆虫，必要时进行药物预防。

1. 预防 加强饲养管理，消灭虻、厩蝇等传播媒介。药物预防在生产上较实用的是：喹嘧胺的预防期最长，注射一次有3～5个月的预防效果；萘磺苯酰脲用药一次有1.5～2个月的预防效果；沙莫林预防期可达4个月。

2. 治疗 治疗要早，用药量要足，现在常用的药物有以下几种：

(1) 萘磺苯酰脲。商品名钠加诺（Naganol）或拜耳（Bayer205）或苏拉明（Sutamin），以生理盐水配成10%溶液，静脉注射。用药后个别病畜有体表水肿、口炎、肛门及蹄冠糜烂、跛行、荨麻疹等副作用，静脉注射下列药物可以缓解：氯化钙10.0克，苯甲酸钠咖啡因5.0克，葡萄糖30.0克，生理盐水1 000毫升，混合。

(2) 安锥赛有两种盐类，即硫酸甲基喹嘧胺和氯化喹嘧胺。前者易溶于水，易吸收，用药后能很快收到治疗效果；后者仅微溶于水，故吸收缓慢，但可在体内维持较长时间，达到预防的目的。一般治疗多用前者，按5毫克/千克体重，溶于注射用水内，皮下或肌肉注射。预防时可用喹嘧胺预防盐（Antrycide pro-salt），国外生产者有两种不同比例产品，均由硫酸甲基喹嘧胺与氯化喹嘧胺混合而成，其混合比例为3∶2或3∶4，使用时应以其中硫酸甲基喹嘧胺含量计算其用量，可同时收到治疗及预防效果。

(3) 贝尼尔。以注射用水配成7%溶液，深部肌肉注射，马按3.5毫克/千克体重，每日1次，连用2～3天。

(4) 氯化氮胺菲啶盐酸盐（商品名Samorin沙莫林，Isometamidium chloride）。是近年来非洲家畜锥虫病常用治疗药，按1毫克/千克体重，用生理盐水配成2%溶液，深部肌肉注射。当药液总量超过15毫升时应分两点注射。对牛有较好的治疗效果。

锥虫病畜经以上药物治疗后，易产生抗药虫株。因此，在治疗后复发的病例，常建议改用其他药物，建议改用的药物如下：曾用萘磺苯酰脲者改用喹嘧胺；曾用喹嘧胺或三氮脒者改用沙莫林；曾用沙莫林者改用三氮脒。

五十五、兔病毒性出血病

兔病毒性出血病（Rabbit viral hemorrhagic disease，RHD）俗称“兔瘟”，是由兔出血症病毒引起家兔的一种急性、热性、败血性、高度接触性传染病，以全身多系统出血、肝脏坏死、实质脏器水肿、瘀血、出血和高死亡率为特征。本病常呈暴发流行，发病率及病死率极高，给世界养兔业带来了巨大危害。1984年，杜念兴、徐为燕等在我国最先报道，1988年蔓延至欧洲及墨西哥。

【病原学】 兔出血症病毒（Rabbit hemorrhagic disease virus，RHDV），属嵌杯病毒科、兔嵌杯病毒属。病毒颗粒无囊膜，基因组为单分子线状正链单股RNA，仅凝集人的O型红细胞该病毒各毒株均为同一血清型。

兔出血症病毒对乙醚、氯仿等有机溶剂抵抗力强，对紫外线及干燥等不良环境抵抗力较强。1%氢氧化钠溶液中4小时、1%～2%甲醛溶液或1%漂白粉悬液3小时、2%农乐溶液1小时才被灭活，0.5%次氯酸钠溶液是常用的消毒药物。

【流行病学】本病只发生于家兔和野兔。各种品种和不同性别的兔均可感染发病，长毛兔易感性高于肉用兔，2个月以上的青年兔和成年兔易感性高于2月龄以内的仔兔，而哺乳兔则极少发病死亡。病兔和带毒兔为本病的传染源。主要通过粪、尿排毒，并在恢复后的3～4周仍然向外界排出病毒。

本病的主要传播途径是消化道。病兔通过粪尿、鼻汁、泪液、皮肤及生殖道分泌物向外排毒。健康兔与病兔直接接触或接触上述分泌物和排泄物乃至血液而传染，同时也可以被污染的饲料、饮水、灰尘、用具、兔毛、环境及饲养管理人员、皮毛商人和兽医工作人员的手、衣服和鞋子而间接接触传播。兔出血症病毒可在冷冻的兔肉或脏器组织内长期存活，故可以通过国际贸易而长距离传播。此外，购进带毒的繁殖母兔及从疫区购入病兔毛皮等均可以引起本病的传播。蚊、蝇及乌鸦、鹰等肉食性鸟，可作为病毒的传播媒介。

本病在新疫区多呈暴发流行，成年兔发病率与病死率可达90%～100%，而一般疫区病死率为78%～85%。传播迅速，流行期短，一年四季均可发生，但北方在冬季多发。

【临诊症状】本病的潜伏期为1～3天，人工接种则为38～72小时。新疫区的成年兔多呈最急性或急性型，2月龄内幼兔发病症状轻微且多可恢复，哺乳兔多为隐性感染。根据病程可分为以下几种病型：

1. 最急性型　多发生于流行的初期。突然发病，在感染后10～12小时体温升高达41℃，并于6～8小时突然抽搐死亡。

2. 急性型　多在流行中期出现。感染后1～2天体温升高达41℃以上，精神沉郁，食欲不振，渴欲增加，衰弱或横卧。末期出现兴奋、痉挛、运动失调、后躯麻痹、挣扎、狂暴、倒地、四肢划动。呼吸困难，发出悲鸣。有的病例死亡时鼻孔流出泡沫样的血液，也有的眼部流出眼泪和血液。另外，黏膜和眼、耳部皮肤发绀，少数死兔阴道流出血液或血尿，多于1～2天死亡。死前病兔腹部胀大，肛门松弛并排出黄色黏液或附着有黏液的粪球。恢复兔有时黏膜严重苍白和黄疸，也有的2～3周后死亡。个别孕母兔出现流产、死胎。

3. 慢性型　多见于老疫区或流行后期。病兔体温高达41℃左右，精神沉郁，食欲不振，被毛杂乱无光，最后消瘦、衰弱而死亡。有些可以耐过，但生长迟缓，发育不良，可从粪便排毒1个月以上。

【病理变化】本病最多见的剖检变化是脏器的出血和坏死。凝血块充满全身组织的血管，血管内凝血可引发肝坏死。肝脏的一部分因坏死而呈黄色或灰白色的条纹，有的整个肝脏呈茶褐色或灰白色，切面粗糙，流出多量暗红色血液。胆囊肿大，充满稀薄胆汁。肺脏有大量的粟粒大到绿豆大小的出血斑，整个肺脏呈不同程度的充血，切开肺脏流出大量泡沫状液体。气管和支气管黏膜及胸腺有大量的出血斑。肾脏因血栓形成而梗死，表现为皮质有针尖大小的出血点。脾脏肿大呈黑红色，有的肿大2～3倍。胃肠充盈，胃黏膜脱落，小肠黏膜充血、出血。膀胱积尿。孕母兔子宫充血、瘀血和出血。多数雄性睾丸瘀血。肠系膜淋巴结水肿。脑和脑膜血管瘀血，松果体和下垂体常有血肿。

【诊断】根据流行病学特点，2个月以上家兔发病快、死亡率高并出现典型的临诊症状，结合剖检的典型病理变化能初步诊断。确诊需要进行实验室检查。

病料样品采集：感染兔血液和肝脏等脏器中病毒的含量极高，可用于病毒抗原的检测。

【防控措施】不能从发生该病的国家和地区引进感染的家兔和野兔及其未经处理过的皮毛、肉品和精液，特别是康复兔及接种疫苗后感染的兔，因为存在长时间排毒的可能。

接种灭活疫苗可控制本病，在本病的常在地区和国家应选用感染家兔的肝脏制成的灭活疫苗接种免疫。

一旦发生本病，应按《动物防疫法》的规定，将与感染群接触者全部扑杀，并无害化处理，同时进行封锁消毒达到净化的目的。

五十六、兔黏液瘤病

兔黏液瘤病（Rabbit myxomatosis）是由黏液瘤病毒引起兔的一种高度接触传染性、高度致死性传染病，以全身皮肤，特别是颜面部和天然孔周围皮肤发生黏液瘤样肿胀为特征。给养兔业造成毁灭性的损失。

兔黏液瘤病是一种自然疫源性疾病，最早在1898年发现于乌拉圭，随后不久即传到巴西、阿根廷、哥伦比亚和巴拿马等国家，至今这些国家仍然有散发病例。1930年，此病传入美国并在其各州呈地方性流行。1952年后传入欧洲各国。已发生过本病的国家和地区至少有56个。我国尚无该病发生。

【病原学】黏液瘤病毒（Myxoma virus，MV）属痘病毒科、兔痘病毒属。病毒颗粒呈卵圆形或砖形，病毒基因组由单分子的线状双股DNA组成。该病毒只有1个血清型，但不同毒株在抗原性和毒力方面有明显差异，强毒株可造成90%以上的病死率，弱毒株引起的病死率则可能不足30%。在已经鉴定的毒株中，以南美毒株和美国加州毒株最具有代表性。

黏液瘤病毒对干燥有较强的抵抗力，在干燥的黏液瘤结节中可存活2周，对热敏感，55℃10分钟，60℃数分钟内被灭活。该病毒对高锰酸钾、升汞和石炭酸有较强的抵抗力，0.5%～2%的甲醛溶液需要1小时才能灭活该病毒。

【流行病学】该病只侵害兔，其他动物和人缺乏易感性。不同品种家兔和野兔的易感性差异较大，在新疫区内易感兔的病死率几乎可达100%；某些种类兔的抵抗力较强，可作为黏液瘤病毒的自然宿主和带毒者，感染后只在局部出现单在的良性病灶，但其中含有的病毒则可通过吸血昆虫机械性传播。

病兔和带毒兔是主要传染源。病毒存在于病兔全身体液和脏器中，尤以眼垢和病变部皮肤渗出液中含量最高。

病毒可通过呼吸道传播，但吸血昆虫的机械传递更为重要。易感兔可通过直接接触病兔或病兔污染的饲料、饮水和器具等方式感染和发病，但自然流行时则主要通过节肢动物传播，能够传播该病的常见节肢动物包括按蚊、伊蚊、库蚊、刺蝇和兔蚤等。黏液瘤病毒可在兔蚤体内存活105天，在蚊体内可以越冬。另外，兔体外寄生虫也可传播本病。乌鸦和秃鹰也可传播病毒，冬季蚤类是主要的传播媒介。

本病发生有明显的季节性，夏秋季为发病高峰季节。

【临诊症状】由于病毒毒株间毒力差异较大和兔的不同品种及品系间对病毒的易感性高低不同，所以本病的临诊症状比较复杂。

潜伏期通常为3～10天，最长可达14天。通过吸血昆虫叮咬感染时，初期局部皮肤形成原发性病灶，经过5～6天可在全身各处皮肤出现次发性肿瘤样结节，病兔眼睑水肿，口、鼻和眼流出黏脓性分泌物；上下唇、耳根、肛门及外生殖器显著充血和水肿，开始时可能硬而突起，最后破溃流出淡黄色的浆液。病程1～2周，死前出现神经症状。

感染毒力较弱的南美毒株或澳大利亚毒株时，病兔症状轻微，可能具有少量的眼鼻分泌物和局限性的皮肤肿块，病死率较低。强毒力南美毒株和强毒力欧洲毒株感染时，病兔全身都可能出现明显的肿瘤样结节，结节破溃后可流出浆液性液体。颜面部水肿明显，病兔头部似狮子头状。眼鼻分泌物呈黏液性或黏脓性，严重时上下眼睑互相粘连。病死率达100%。自然致弱的欧洲毒株，所致疾病比较轻微，肿块扁平，病死率较低。近年来，该病毒出现了呼吸型变异株，在临诊上可引起浆液性或脓性鼻炎和结膜炎，病兔具有呼吸困难、摇头、喷鼻等表现，皮肤病变轻微或仅见局限性的肿瘤样结节。病死率很高。

【病理变化】死后剖检可见皮肤上的特征性肿瘤结节和皮下胶冻样浸润，额面部和全身天然孔皮下充血、水肿及脓性结膜炎和鼻漏。淋巴结肿大、出血，肺肿大、充血，胃肠浆膜下、胸腺、心内外膜可能有出血点。

【诊断】根据流行病学、临诊症状和剖检病变可对该病做出诊断，但确诊需要进行实验室检查。

病料样品采集：采取病变组织，将表皮与真皮分开，PBS液洗涤后备用。

【防控措施】我国尚未发现有该病，应加强国境检疫，严防从该病流行的国家或地区引进兔及其产品，必须引进时应进行严格检疫，禁止将血清学阳性或感染发病兔引入国内。进口兔毛皮等产品要进行严格的熏蒸消毒以杀灭兔皮中污染的黏液瘤病毒。试验证明，60℃16小时可以灭活干皮中的病毒；50℃24小时能灭活新鲜皮毛中的黏液瘤病毒。

疫区主要通过疫苗接种进行该病的预防，常用的疫苗有异源性的纤维瘤病毒疫苗和同源性的黏液瘤病毒疫苗两种，二者免疫预防效果均较好。该病尚无有效的治疗方法。

一旦发现病兔及其兔群，应立即按《动物防疫法》规定进行扑杀销毁无害化处理。

五十七、野 兔 热

野兔热（Rabbit tularemia）又叫土拉热、土拉杆菌病，是由土拉热弗朗西斯菌引起的人兽共患的一种急性传染病。主要特征是体温升高，淋巴结肿大，脾脏及其他内脏器官坏死并形成干酪样病灶。本病主要见于野生啮齿动物，再由它传染给家畜和人，因此属于自然疫源性疾病。动物感染该病会造成严重的经济损失，同时对旅游业也构成一定影响。

1911年，McCoy在美国加利福尼亚州的土拉县首次发现本病，并于1912年在该县的黄鼠中分离到本病的病原，故把这种病原体命名为土拉杆菌（*Bacterium tularensis*），1970年国际系统细菌分类委员会巴氏德菌属分会正式定名其为土拉热弗朗西斯菌。

本病主要分布在北半球。我国于1957年在内蒙古通辽县首次从黄鼠身上分离到土拉热弗朗西斯菌。1959年黑龙江省杜尔伯特自治县发生一起热兔病的流行。1960年西藏洛隆地区发现22例热兔病病人。1965年青海柴达木盆地发现由野兔感染的6例病人。1981年西藏等地从病人、灰尾兔和宽大硬蜱分离到土拉热弗朗西斯菌。1983年新疆塔城地区从边缘草蜱体内分离到4株土拉热弗朗西斯菌。1986年山东省胶南县冷藏厂兔肉加工车间发生一起热兔病的流行。上述情况说明，我国热兔病自然疫源地不但存在于人烟稀少的边疆省份而且也存在于个别的内地省份。

【病原学】 土拉热弗朗西斯菌（*Francisella tularensis*）属弗朗西斯菌属，是一种多形态的细菌，在患病动物的血液中近似球形，在幼龄培养物中呈卵圆形、小杆状、豆状、精虫状和丝状等，在老龄培养物中呈球状，无鞭毛，不能运动，不产生芽孢，在动物体内或幼龄培养物中能形成荚膜。革兰氏染色阴性，美蓝染色呈两极浓染。

土拉热弗朗西斯菌为专性需氧菌，对营养的要求很高，在普通培养基上不生长，最适温度为37℃，初次分离常需2～5天。

土拉热弗朗西斯菌从地理上分型可分为2个亚种，即美洲亚种（称A型菌）和欧洲亚种（称B型菌）。A型菌对人和家兔毒力较强，主要分布于美洲；B型菌对人和家兔的毒力较弱，主要分布于欧、亚两洲；2个亚种免疫原性不相同。本菌与布鲁氏杆菌有共同抗原成分。

本菌在外界环境中抵抗力较强。在动物尸体中室温下可生存40天，在野兔肉内生存93天，在蚊子体内可生存23～50天。对干燥的抵抗力强，在室温下于病兽毛中能生存35～45天。对热与化学药物敏感，56℃30分钟，60℃5～20分钟即可死亡，煮沸立即死亡。在直射日光下经30分钟死亡。一般消毒药物都能很快将其杀死。

【流行病学】 对本病易感的动物种类很多。据报道，自然界已知带菌的有145种哺乳动物、25种鸟类和几种鱼类、蛙类和蟾蜍。感染本病的无脊椎动物，有20种蜱类、16种蚊类、16种虻类、20种蚤类、几种螨类及其他双翅目吸血动物。两栖动物、软体动物及非食血昆虫的幼虫等也可感染。在啮齿动物中，以棉尾兔、灰野鼠、麝香鼠、水松鼠、海狸鼠等感染发病最为多见，呈地方流行性。家禽中以火鸡自然发病较多见，鸡、鸭、鹅较少见。在实验动物中，小鼠、豚鼠、仓鼠和兔最易感，在犬、猫中呈散发。我国1979年报告，貂感染后，病死率为38.6%。

本病的主要传染源是野兔和啮齿动物，野兔群是最大的保菌宿主。它们既是家畜和人的传染源，又是传递者。其他野生动物、家畜、家禽感染后，也能成为传染源。

在一定的地理条件下，病原体、宿主和传播媒介可形成一个复杂的共生群落，并常年固着在某一地区，构成自然疫源地。在疫源地内，野生动物之间主要通过吸血节肢动物，特别是蜱等叮咬而传播。病原菌在蜱体内可生存数年，且能经卵传给下一代。虻、蚊和鼠虱也能传播本病。蚊体内带菌可达23天，虻2～3天。也可经破损的皮肤、黏膜感染。此外，还可通过病兽的排泄物或其尸体污染的饲料、饮水而发生消化道感染。吸入被鼠排泄物污染的尘埃，可经呼吸道发生传染。啮齿动物及野兔密度越高，兽间流行越严重。人和家畜主要是通过接触病兽或其排泄物、尸体、污染的水和食物，经消化道感染；还可被带菌吸血昆虫叮咬经血流感染，以及被带菌的野生或家养食肉动物咬伤或抓伤，经皮肤感染。

本病暴发与传播途径有关，发病的季节性决定于鼠类及其体外寄生虫的数量，故本病多发生于夏秋两季。由于谷物脱粒、扬场、草料运输发生的呼吸道传染，则多见于初冬和春季。动物多呈地方流行性，幼小动物发病率较高，病死率可在90%以上。本病于洪水灾荒和其他自然灾害时，发病较多，并沿水流传于远处。

本病在人类一年四季均可发生。各种年龄、性别、职业的人均可感染，多为散发，一般由动物传染给人，尚未见到人传染给人的病例报道。

【临诊症状】潜伏期2～3天。主要症状为体温升高，衰弱，麻痹和淋巴结肿大。

兔：急性病例不表现明显症状而呈败血性死亡，死前食欲废绝、运动失调。家兔患病时，其经过常不典型，症状颇似兔的伪结核病和慢性巴氏杆菌病；一般伴发鼻炎，颌下、颈部及腋下淋巴结肿大、化脓，流出淡红色稀薄的脓汁；体温升高1℃以上；病兔消瘦，病程慢。

绵羊：体温升高（40.5～41℃）。精神委顿，反射机能降低，后肢软弱或瘫痪，步态摇晃，2～3天后体温降至正常，但后来又常回升。体表淋巴结肿大。一般经8～15天痊愈。但体重减轻，皮毛质量降低。妊娠母羊常发生流产、死胎或难产。羔羊还常见有贫血、腹泻、后肢麻痹、兴奋不安或昏睡等症状，常经数小时死亡，病死率很高。山羊发病者少，症状与绵羊相似。

牛：体表淋巴结肿大，有的有麻痹症状。妊娠母牛常发生流产。犊牛表现衰弱，体温升高，腹泻，经过缓慢。水牛常食欲消失，寒战，有时咳嗽，体表淋巴结可能肿大。

马：症状不明显，妊娠母马可发生流产。驴体温升高，持续十余天，食欲减少，逐渐消瘦。

猪：小猪较为多见。体温升高至41℃以上，精神委靡，行动迟缓，食欲不振，腹式呼吸，有时咳嗽。病程7～10天，死者少。

【病理变化】急性死亡的动物，尸僵不全、血凝不良，无特征性病变。病程较长者，可见尸体极度消瘦，皮下少量脂肪呈污黄色，肌肉呈煮熟状。兔淋巴结肿大，有坏死结节，肝、脾有白色小坏死灶，肺有局灶性纤维素性肺炎变化。

绵羊可见颈部、肩前及腋下淋巴结肿大，有时出现化脓灶。脾及肝内常见有结节，肺呈纤维素性肺炎，心内外膜有出血点。山羊脾肿大，肝有坏死灶，心外膜和肾上腺有小点出血。牛有肝脏变性和坏死。流产马的胎盘有炎性病灶及小坏死点。猪淋巴结肿大、发炎和化脓，肝实质变性，支气管肺炎。

【诊断】根据该病在流行病学、临诊症状和病理剖检等方面的特点，可进行初步的诊断。确诊本病要依靠实验室检验。

病料样品采集：分离病原所用的病料可采集动物淋巴结、肝、肾、胎盘等病灶组织。血清学检测可采集发病动物血液分离血清。

【防控措施】

1. 采取综合卫生措施 在本病流行地区，应驱除野生啮齿动物和吸血昆虫。经常进行杀虫、灭鼠。厩舍进行彻底消毒。病畜及时隔离治疗，同场及同群家畜用凝集反应及变态反应检查，直至全部阴性为止。

2. 防疫 弱毒菌苗有良好的预防效果。康复动物对本病产生坚强的免疫力。

3. 治疗 患病动物与人类均可用链霉素治疗，也可用土霉素、四环素、金霉素、庆大霉素等治疗。此外，还应根据病情采取支持疗法和对症疗法。

【公共卫生学】人对本病也易感，人的感染大多因从事狩猎、打谷草等野外活动，饲养感染的羊和加工污染的皮毛等，经昆虫叮咬、经口及呼吸道或经皮肤黏膜也可感染。如我国山东某冷冻食品加工厂冬季暴发流行本病，经调查证明系由于加工野兔肉时接触病兔而发生的。不同年龄、性别、职业与发病无关，主要取决于接触的机会。

人感染后潜伏期为1～10天。突然发病，高热恶寒，全身倦怠，肌肉痉挛，食欲不振，盗汗，有时出现呕吐、鼻出血，可持续1～2周，有时拖延数周之久。由于感染途径多，可出现各种不同的病型，腺肿者最多见，以局部淋巴结疼痛、肿胀为特征，一般不波及周围组织。溃疡—腺肿型者病菌侵入局部皮肤发生溃疡，附近淋巴结肿痛，多由于被吸血昆虫叮咬或处理感染动物而得病。胃肠型者表现溃疡性扁桃体炎、咽炎、肠系膜淋巴结炎，腹部有阵发性钝痛。肺型表现卡他性鼻炎、肺炎及肺门淋巴结肿。眼—腺型，经眼结膜感染，眼睑严重水肿，结膜充血，角膜形成小溃疡，有脓性分泌物，并有耳前或颈部淋巴结肿大。也有感染后不发病者，即使发病其预后往往良好。

预防人类发生本病，主要是做好个人防护，避免接触疫源动物。处理受染动物要戴手套。病人不需隔离，但对溃疡、淋巴结等分泌物要进行消毒。预防注射可用冻干弱毒菌苗，皮肤划痕接种一次，可保持免疫力5年以上。应用此苗后，已使疫源地发病率明显降低。

五十八、兔球虫病

兔球虫病（Coccidiosis in rabbits）是由兔艾美耳球虫属的多种球虫引起的兔的一种原虫病。本病是家兔最常见且危害严重的内寄生虫病，对养兔业造成了巨大经济损失。

【病原】 球虫属于单细胞原虫，寄生于兔的有16种。寄生于肝脏、胆管上皮细胞内的称为肝型球虫；寄生于肠道上皮细胞内的叫肠型球虫。但在临床上所遇到的往往是两类混合感染。球虫在兔体内寄生、繁殖，卵囊随粪便排出，污染饲料、饮水、食具、垫草和兔笼，在适宜的温度、湿度条件下变为侵袭性卵囊，易感兔吞食后而感染。

卵囊对外界环境的抵抗力较强，在水中可生活2个月，在湿土中可存活一年多。它对温度很敏感，在60℃水中20分钟死亡；80℃水中10分钟死亡；开水中5分钟就死亡。在－15℃以下卵囊就会冻死，但一般的化学消毒剂对其杀灭作用很微弱。

【流行病学】 各种品种、各种年龄的家兔都易感，尤以断奶到3月龄的幼兔最易感，感染率可高达100%，病死率可达70%，耐过兔生长发育严重受阻。成年兔对该病的抵抗力较强，一般不表现症状，但能排出卵囊，传染给幼兔。

病兔和带虫兔是主要传染源。本病的感染途径是消化道。仔兔的感染主要是通过在哺乳时吃入母兔乳房上沾污的卵囊；幼兔的感染主要是吃污染的草、料或饮水。此外，饲养员、工具、野鼠、苍蝇等也可传播球虫病。球虫病的潜伏期为2～3天或更长。

本病一年四季均可发生，在湿热季节发病率较高。营养不良、兔舍卫生条件恶劣所造成的饮水和饲料被兔粪污染，最易导致本病的发生和传播。

【临床病状】 肝球虫病症状为精神委顿、食欲减退，发育停滞、消瘦，肝区有压痛、贫血，可视黏膜苍白，部分出现黄疸。剖检可见肝脏明显肿大，表面和实质中有白色和黄白色结节。肠球虫病大多呈急性经过，幼兔常突然歪倒，四肢痉挛划动，头向后仰，发出惨叫，迅速死亡，或可暂时恢复，间隔一段时间，重复以上症状，最终死亡。慢性肠球虫病表现为食欲不振、腹胀、下痢。剖检可见肠壁血管充血，肠腔胀气，肠黏膜充血或出血，小肠内充满气体和大量黏液。慢性时肠壁呈淡灰色，有许多小黄白色结节和化脓性、坏死性病灶。

【病理变化】 尸体外观消瘦，黏膜苍白，肛门周围被粪便污染。

肝球虫时，肝表面和实质内有许多白色或黄白色结节，呈圆形，如粟粒至豌豆大，沿小胆管分布。陈旧病灶中的内容物变稠，形成粉粒样的钙化物质。在慢性肝球虫时，胆管周围和小叶间部分结缔组织增生，使肝细胞萎缩，肝脏体积缩小。胆囊黏膜有卡他性炎症，胆汁浓稠。肠球虫可见肠道血管充血，十二指肠扩张、肥厚，黏膜发生卡他性炎症，小肠内充满气体和大量黏液，黏膜充血、有溢血。慢性病例，肠黏膜呈淡灰色，有许多小的白色结节。

【诊断】依据流行情况、临诊病状及剖检病变可做出初步诊断。确诊应做实验室检验。肝球虫病死兔在胆管、胆囊黏膜上取样涂片，能检出卵囊。肠球虫病取肠黏膜、肠结节涂片，能查到大量球虫卵囊。

病料采集：肝脏、粪便及肠管。

【防控措施】应采取综合性防治措施。

（1）兔舍应选择建在向阳、高燥的地方，并要保持环境的清洁和通风。

（2）喂给家兔的饲草、饲料和水，要干净、新鲜、卫生。

（3）最好使用铁丝笼，家兔排出的粪、尿及时通过笼底网眼漏在承粪板上，定时清理干净，严防污染饲料和水。

（4）用具要勤清洗消毒，兔笼尤其是笼底板要定期用火焰消毒或暴晒，以杀死卵囊。

（5）幼兔和成兔分开饲养，发现病兔马上隔离。

（6）断奶以后至3月龄的幼兔，应使用药物控制球虫病的发生。为防止产生抗药性，可采用几种抗球虫药物轮换使用。

常用防治球虫病的药物及用法：最有效的是磺胺类药物。常用的有磺胺氯吡嗪钠、磺胺-6-甲氧嘧啶、磺胺-2-甲氧嘧啶、氯苯胍、莫能霉素、盐霉素等。

在众多抗球虫药中，含有马杜霉素的各种剂型的药，不能用于兔，否则会发生中毒死亡。盐霉素、莫能霉素使用时也应慎重，以免过量中毒。

第三节　三类动物疫病

一、大肠杆菌病

大肠杆菌病（Colibacillosis）是指由致病性大肠杆菌引起多种动物不同疾病或病型的通称。病原性大肠杆菌和人畜肠道内正常寄居的非致病性大肠杆菌在形态、染色反应、培养特性和生化反应等方面没有区别，但抗原构造不同。该病是Escherich在1885年发现，病流行广、危害大。

【病原学】病原性大肠杆菌和非致病性大肠杆菌在形态、染色反应、培养特性和生化反应等方面相同，但抗原构造有差异。大肠杆菌为埃希氏菌属代表菌，其大小为（1～3）μm×（0.5～0.7）μm，周身鞭毛，能运动，无芽孢。兼性厌氧菌，革兰氏染色阴性（G^-），需氧或兼性厌氧，生化反应活泼、易于在普通培养上增殖，适应性强。能发酵多种糖类产酸、产气。大肠杆菌的抗原成分复杂，主要有三种抗原，可分为菌体抗原（O）、鞭毛抗原（H）和表面抗原（K）。大肠杆菌O抗原171种，K抗原103种，H60种，因而构成许多血清型。根据菌体抗原的不同，可将大肠杆菌分为不同血清型，其中有16个血清型为致病性大肠杆菌，大肠杆菌血清学分型基础（即其抗原）表示大肠杆菌血清型的方式是按O：K：H排列，例如：O111：K58（B4）：H2。

致病性大肠杆菌的许多血清型可引起各种家畜和家禽发病，其中，O8、O138、O141等多见于猪，O8、O78、O101、等见于牛羊，O4、O5、O75 等见于马，O1、O2、O36、O78 等多见于鸡，O10、O85、O119 等多见于兔。一般使仔猪致病的血清型往往带有 K88 抗原，而使犊牛和羔羊致病的多带有 K99 抗原。不同地区的优势血清型往往有差别，即使在同一地区，不同场（群）的优势血清型也不尽相同。大肠杆菌 O157：H7 是大肠杆菌的其中一个类型，该种病菌常见于牛只等温血动物的肠内。这一型的大肠杆菌会释放一种强烈的毒素，并可能导致肠管出现严重症状，如带血腹泻。

大肠杆菌对热的抵抗力较强，55℃60 分钟或 60℃15 分钟一般不能杀死所有的菌体，但 60℃30 分钟则能将其全部杀死。在潮湿温暖的环境中能存活近 1 个月，在寒冷干燥的环境中存活时间更长，自然界水中的杆菌能存活数周至数月。常规浓度的消毒剂的短时间内即可将其灭活。

【流行病学】幼龄畜禽对本病最易感。猪自出生至断乳期均可发病，仔猪黄痢常发于生后 1 周以内，以 1～3 日龄者居多，仔猪白痢多发于生后 10～30 天，以 10～20 日龄者居多，猪水肿病主要见于断乳仔猪；在牛，生后 10 天以内多发；在羊，生后 6 天至 6 周多发，有些地方 3～8 月龄的羊也有发生；在马，生后 2～3 天多发；在鸡，常发生于 3～6 周龄；在兔，主要侵害 20 日龄及断奶前后的仔兔和幼兔。在人，各年龄组均有发病，但以婴幼儿多发。病畜（禽）和带菌者是本病的主要传染源，通过粪便排出病菌，经消化道而感染。此外，牛也可经子宫内或脐带感染，鸡也可经呼吸道感染，或病菌经入孵种蛋裂隙使胚胎发生感染。人主要通过手或污染的水源、食品、牛乳、饮料及用具等经消化道感染。

本病一年四季均可发生，但犊牛和羔羊多发于冬春舍饲时期。仔猪发生黄痢时，常波及一窝仔猪的 90%以上，病死率很高，有的达 100%；发生白痢时，一窝仔猪发病数可达 30%～80%；发生水肿病时，多呈地方流行性，发病率 10%～35%，发病者常为生长快的健壮仔猪。牛、羊发病时呈地方流行性或散发性。雏鸡发病率可达 30%～60%，病死率可达 100%。

仔畜未及时吸吮初乳，饥饿或过饱，饲料不良、配比不当或突然改变，气候骤变，易于诱发本病。大型集约化养畜（禽）场畜（禽）群密度过大、通风换气不良，饲管用具及环境消毒不彻底，可促使本病发生流行。

【临床症状与病理变化】

（一）猪大肠杆菌病

仔猪：因仔猪的生长期和病原菌血清型不同，本病在仔猪的临诊表现也有不同。

黄痢型：又称仔猪黄痢，潜伏期短，生后 12 小时以内即可发病，长的也仅 1～3 天，较此更长者少见。一窝仔猪出生时体况正常，经一定时间，突然 1～2 头表现全身衰弱，迅速死亡，以后其他仔猪相继发病，排出黄色浆状稀粪，内含凝乳小片，很快消瘦、昏迷而死。

白痢型：又称仔猪白痢。病猪突然发生腹泻，排出腥臭、黏腻乳白色或灰白色的糨糊状粪便，腹泻次数不等。病程 2～3 天，长的 7 天左右，能自行康复，死亡的很少。

水肿型：又称猪水肿病。是小猪的一种肠毒血症，其特征为胃壁和其他部位发生水肿。发病率虽不很高，但病死率很高。主要发生于断乳仔猪，小至数日龄，大至 4 月龄也偶有发生。体况健壮、生长快的仔猪最为常见。其发生似与饲料和饲料养方法的改变、气候变化等有关。初生时发过黄痢的仔猪一般不发生本病。病猪突然发病，精神沉郁，食欲减少或口流白沫。体温无明显变化，心跳疾速，呼吸初快而浅，后来慢而沉。常便秘，但发病前1～2天常有轻度腹泻。病猪静卧一隅，肌肉震颤，不时抽搐，四肢划动呈游泳状，触摸时表现敏感，发呻吟声或作嘶哑地叫鸣。站立时背部拱起，发抖；前肢如发生麻痹，则站立不稳；至后躯麻痹，则不能站立。行走时四肢无力，共济失调，步态摇摆不稳，盲目前进或圆圈运动。水肿是本病的特殊症状，常见于脸部、眼睑、结膜、齿龈，有时波及颈部和腹部的皮下。有些病猪没有水肿的变化，病程短的仅数小时，一般为1～2天，也有长达7天以上的，病死率约90%。

（二）鸡大肠杆菌病

鸡大肠杆菌病是由大肠埃希氏杆菌的某些致病性血清型菌株引起的疾病总称。是鸡场的一种常见病、多发病。本病主要发生于密集化养禽场，各种禽类不分品种、性别、日龄均易感。特别是幼龄禽类和肉用仔鸡最常见。给养禽业造成了严重的经济损失。

鸡大肠杆菌病没有特征的临床表现，与鸡只发病日龄、病程长短、受侵害的部位、有无继发或混合感染有很大关系。通常表现以下病型：

1. 急性败血性型　主要引起幼雏或成鸡急性死亡。特征性病变是肝脏呈绿色、胸肌充血。各器官呈败血症变化。雏鸡发病率和死亡率都很高，大多数无临床表现突然死亡，个别表现为精神沉郁、羽毛松乱、食欲减退，然后死亡，病变主要表现为纤维素性心包炎、肝周炎和气囊炎等。

2. 鸡胚和雏鸡早期死亡　该病型主要通过垂直传染，发生于孵化后期的胚胎及1～2周的雏鸡。在孵化过程中发生鸡胚大批死亡，特别是在孵化后期。表现鸡胚卵黄囊卵黄呈干酪样或黄棕色水样物质，卵黄膜增厚。病雏突然死亡或表现软弱、发抖、昏睡、腹胀、畏寒聚集，下痢（白色或黄绿色）。病雏发生脐炎、心包炎及肠炎。不死的感染鸡，常表现卵黄吸收不良及生长发育受阻。

3. 卵黄性腹膜炎　多见于产蛋中后期，由于病鸡输卵管感染发生炎症，导致输卵管伞部粘连，卵黄坠入腹腔。表现腹部坠胀，腹腔内可见大量卵黄、脏器之间发生粘连。

生殖器官炎症：产蛋鸡卵泡和输卵管发生炎症。常通过人工授精时感染。表现卵泡充血、变形、硬变、卵黄变稀或卵泡破裂，局部或整个卵泡红褐色或黑褐色。输卵管发生充血、出血，内有渗出物。一般病程较长，可持续几个月，然后死亡，产蛋下降。

4. 气囊炎　主要发生于3～12周龄幼雏，特别3～8周龄肉仔鸡最为多见。也经常伴有心包炎、肝周炎。偶尔可见败血症、眼球炎和滑膜炎等。病鸡表现沉郁，呼吸困难，有啰音和喷嚏等症状。气囊壁增厚、混浊，有的有纤维样渗出物。

肉芽肿：病鸡消瘦贫血、减食、拉稀。在肝、肠（十二指肠及盲肠）、肠系膜或心脏上有菜花状增生物。

关节炎及滑膜炎：表现关节肿大，内有纤维素或混浊的关节液。

5. 眼炎　是大肠杆菌败血病一种不常见的表现形式。多为一侧性，少数为双侧性。病初羞明、流泪、红眼，随后眼睑肿胀突起。可见有黏液性、脓性或干酪样分泌物。严重者角膜穿孔，失明。病鸡减食或废食，因衰竭而死亡。

脑炎：临床表现昏睡、斜颈，歪头转圈，共济失调，抽搐，伸脖，张口呼吸，采食减少，拉稀，生长受阻，产卵显著下降。主要病变脑膜充血、出血、脑积水。

6. 肿头综合征 表现眼周围、头部、颌下、肉垂及颈部上2/3水肿，病鸡打喷嚏、并发出咯咯声，剖检可见头部、眼部、下颌及颈部皮下黄色胶样物渗出。

7. 肠炎型 致病性大肠杆菌引发的原发性肠炎很少见，多数情况下是继发于某些病毒病，在肠道黏膜抵抗力降低的前提下，发生致病作用。慢性经过者较多，表现为精神沉郁和腹泻等病态。

（三）牛大肠杆菌病

犊牛：犊牛大肠杆菌病又叫犊牛杆痢或犊牛白痢。潜伏期很短，仅几个小时。根据症状和病理发生可分为三型。

1. 败血型 病犊发现发热、精神不振，间有腹泻，常于症状出现后数小时至一天内急性死亡。有时病犊未见腹泻即归于死亡。从血液和内脏易于分离到致病性血清型的大肠杆菌。

2. 肠毒血型 较少见，常突然死亡。如病程稍长，则可见到典型的中毒神经症状，先是不安、兴奋，后来沉郁、昏迷，以至于死亡。死前多有腹泻症状。由于特异血清型的大肠杆菌增殖产生肠毒素吸收后引起，没有菌血症。

3. 肠炎型 病初体温升高达40℃，数小时后开始下痢，体温降至正常。粪便初如粥样、黄色，后呈水样、灰白色，混有未消化的凝乳块、凝血及泡沫，有酸败气味。病的末期，患畜肛门失禁，常有腹痛，用蹄踢腹壁。病程长的，可出现肺炎及关节炎症状。如及时治疗，一般可以治愈。不死的病犊、恢复很慢，发育迟滞，并常发生脐炎、关节炎或肺炎。

（四）羊大肠杆菌病

羔羊：潜伏期数小时至1～2天。分为败血型和肠型两型。

1. 败血型 主要发于2～6周龄的羔羊，病初体温升高达41.5～42℃。病羔精神委顿，四肢僵硬，运步失调，头常弯向一侧，视力障碍，继之卧地，磨牙，头向后仰，一肢或数肢作划水动作。病羔口吐泡沫，鼻流黏液。有些关节肿胀、疼痛。最后昏迷。由于发生肺炎而呼吸加快。很少或无腹泻。多于发病后4～12小时死亡。从内脏分离到致病性大肠杆菌。

2. 肠型 主要发于7日龄以内的幼羔。病初体温升高到40.1～41℃，不久即下痢，体温降至正常或略高于正常。粪便先呈半液状，由黄色变为灰色，以后粪呈液状，含气泡，有时混有血液和黏液。病羊腹痛、拱背、委顿、虚弱、卧地，如不及时救治，可经24～36小时死亡，病死率15%～75%。有时可见脓性—纤维蛋白性关节炎。从肠道各部可分离到致病性大肠杆菌。

（五）马属大肠杆菌病

病驹体温升至40℃以上。剧烈下痢，肛门失禁，流出液体粪便，呈白色或灰白色，含多量黏液，有时混有血液。病驹喜躺卧，继则不能起立，高度衰竭，常在数日内死亡。病程较长的，下痢与便秘交替发生。有的关节肿大，表现跛行。病死率一般为10%～20%。

（六）兔大肠杆菌病

潜伏期4～6天。最急性者突然死亡。多数病兔初期腹部膨胀，粪便细小、成串，外包有透明、胶胨状黏液，随后出现水样腹泻。病兔四肢发冷、磨牙、流涎，眼眶下陷，迅速消瘦，1～2 天内死亡。

（七）其他动物大肠杆菌病

貂：以断乳前后的仔貂发生最多，成年貂很少发生，散发性流行。潜伏期 2～5 天。初期粪便稀软，呈黄色粥状，随后下痢加剧，粪便呈灰白色，带黏液和泡沫。体温升高达40～41℃。有时伴有呕吐。粪便中有条状血液和未消化饲料，严重的发生水泻，肛门失禁，呼吸，心跳加快。病貂迅速消瘦、弓腰、眼下陷、乏力，临死前体温下降。

鹿、麝：病初临诊表现不明显，出现肠炎时，体温升高（39～40℃），腹泻，粪呈糊状，严重者肛门失禁，粪呈水样，混有气泡和黏液，有腥臭味，病程拖延时，粪内带有多数灰白色黏膜碎片，后期带血，呈黑色，黏膜苍白，眼窝下陷，肌肉震颤，卧地不起，因衰竭而死。

狐：潜伏期 2～10 天。新生狐病初表现不安、尖叫，排水样稀粪，内有未消化凝乳块和血液，精神不振，生长迟缓，有的不出现腹泻，表现兴奋或痉挛。日龄较大的狐表现持续性腹泻，并混有黏液，严重者排便失禁，虚弱，弓背，眼窝下陷，步态不稳。个别病狐出现脑膜炎，预后不良，病死率视病情而异，低仅 2%，高则可达 90%。

熊猫：体温 40℃以上，鼻镜干燥，表现呕吐、腹泻、粪便呈血水样，有恶臭。尿频，尿色呈血水样，有酸臭味。病猫委顿、爬卧，不喜活动，食欲废绝。

【诊断】根据流行病学、临床症状和病理变化可做出初步诊断。确诊需进行细菌学检查。

病料采集：败血症为血液、内脏组织，肠毒血症为小肠前部黏膜，肠型为发炎的肠黏膜。对分离出的大肠杆菌应进行生化反应和血清学鉴定，然后再根据需要，做进一步的检验。

【防控措施】

1. 预防措施

（1）控制本病重在预防。怀孕母畜应加强产前产后的饲养和护理，仔畜应及时吮吸初乳，饲料配比适当，勿使饥饿或过饱，断乳期饲料不要突然改变。

（2）对舍饲的畜（禽）群，尤其要防止各种应激因素的不影响。

（3）加强种鸡和雏鸡的饲养管理。

种鸡：在进行人工授精时，人员、用具要严格消毒，种蛋入孵和孵化期间要严格消毒；以降低传播本病的机会。

雏鸡饲养：适宜的温度：在育雏前 3 天，保证育雏室的温度达到 33～35℃，以后每周下降 2～3℃，直到 30 天育雏期结束，使室温维持在 18～21℃；适宜的湿度：育雏期间定期带鸡喷雾消毒。这样既可以保持空气湿润，又可保持地面干燥，还可起到消毒作用。加强通风：在保证温度的同时合理透风，可以减少慢性呼吸道疾病和大肠杆菌病的发生。

（4）加强日常消毒和病死畜禽及其污染物的无害化处理。

（5）用针对本地（场）流行的大肠杆菌血清型制备的多价活苗或灭活苗接种妊娠母畜或种禽，可使仔畜或雏禽获得被动免疫。

（6）近年来使用一些对病原性大肠杆菌有竞争抑制作用的非病原性大肠杆菌（如 NY-10 菌株、SY-30 菌株等）以预防仔猪黄痢的菌群调整疗法，已在国内某些地区推行，收到了较好的效果。

（7）因用重组 NA 技术研制成功的仔猪大肠杆菌病 K_{88} 基因工程苗，987P 基因工程苗，K88、K99 双价基因工程苗，以及 K88、K99、987P 三价基因工程苗，均取得了一定的预防效果。

2. 治疗措施 本病的急性经过往往来不及救治。药物治疗时，应在药敏试验指导下选择性用药，以减少大肠杆菌耐药性的产生。

（1）可使用敏感的抗生素和磺胺类药物进行治疗，如硫酸新霉素、大观霉素、头孢噻呋、头孢喹肟、硫酸黏杆菌素等进行治疗，并辅以对症治疗。

（2）近年来，使用活菌制剂治疗畜禽下痢，有良好功效。

（3）犊牛患病时，可用重新水合技术以调整胃肠机能，其配方为：葡萄糖 67.53%，氯化钠 14.34%，甘氨酸 10.3%，枸橼酸 0.81%，枸橼酸钾 0.21%，磷酸二氢钾 6.8%，称上述制剂 64 克，加水 2 000 毫升，即成等渗溶液，喂药前停乳 2 天，每天喂 2 次，每次 1 000 毫升。

【公共卫生学】人感染致病性大肠杆菌后发病大多急骤，主要症状是腹泻，常为水样稀便，不含黏液和脓血，每天数次至 10 多次，伴有恶心、呕吐、腹痛、里急后重、畏寒发热、咳嗽、咽痛和周身乏力等表现。一般成人症状较轻，多数仅有腹泻，数日可愈。少数病情严重者，可呈霍乱样腹泻而导致虚脱或表现为菌痢型肠炎。

由 O157 型引起者，呈急性发病，突发性腹痛，先排水样稀粪，后转为血性粪便、呕吐、低烧或不发烧。小儿能导致溶血性尿毒综合征，血小板减少，有紫癜，造成肾脏损害，难以恢复。婴幼儿和年老体弱者多发，并可引起死亡。人感染 O157 型后也可表现为无症状的隐性感染，但有传染性。

人大肠杆菌最有效的预防方法是搞好个人和集体的饮食卫生。发病时，多数病例病情较轻，早期控制饮食，减轻肠道负荷，一般可迅速痊愈。婴幼儿多因腹泻而失水严重，应予水、电解质的补充和调节，一般不用抗生素治疗，但对肠侵袭型大肠杆菌所致急性菌痢型肠炎，可选用敏感的抗生素和磺胺药。肠出血性大肠杆菌感染多发生于儿童和老人，只要及时采用抗生素治疗，辅以对症疗法，一般不会危及生命安全，关键在于及时诊断，防止病情恶化，若发展为溶血性尿毒综合征，损害肾脏，则难以治愈，迄今尚无人大肠杆菌病的菌苗可资利用。

二、李斯特氏菌病

李斯特氏菌病（Listeriosis）是由产单核细胞李斯特氏（原称李氏杆菌）菌引起的一种人兽共患传染病。家畜主要表现脑膜炎、败血症和妊畜流产；家禽和啮齿类动物则表现坏死性肝炎和心肌炎；有的还可出现单核细胞增多症。人主要表现脑膜炎。但无论哪一种病型，其病情均重剧，不可忽视。

1910 年以前，在冰岛有羊群遭到巨大危害的报道；1926 年，Murray 等查明羊转圈病的病因是李氏杆菌所致。

【病原学】产单核细胞李氏杆菌（*L. monocytogenes*）为李氏杆菌属。该属细菌为革兰氏阳性的球杆菌，无芽孢，不产生荚膜。在抹片中，有的数个菌体聚集成小堆，有的单在或 2

个菌体排成“V”形或平行并列。

本菌为需氧或兼性厌氧菌，在普通琼脂上37℃培养20小时，形成微细圆形菌落。在含有青霉素的培养基中可形成L型。培养基中加入血液葡萄糖时，发育良好，且菌落周围形成狭窄的β型溶血环，此特征可与棒状杆菌、猪丹毒杆菌鉴别。本菌具有13个血清型。各型对人类都可致病，但以1a、1b和4b多见。本菌病原性较弱，除新生动物外，不能突破无损伤的皮肤、黏膜而侵入体内。

李氏杆菌耐酸不耐碱，常用消毒药5～10分钟能杀死本菌；对热的耐受性比大多数无芽孢杆菌强，常规巴氏消毒法不能将其杀灭，在65℃湿热中经40分钟才能灭活。在培养基上可存活几个月；抗干燥能力强，在干粪中能存活两年以上。在饲料中，夏季存活1个月，冬季可存活3～4个月。在pH5.0～9.0的环境，一年后仍可检出。

【流行病学】本病的易感动物很广泛，已查明有42种哺乳动物和22种鸟类易感。自然感染发病的家畜中以绵羊、猪和家兔较多，牛、山羊次之，马、犬、猫较少；在家禽中，以鸡、火鸡、鹅较多，鸭较少。人可感染发病，而5%～10%的人是无症状健康带菌者。

患病和带菌动物是本病的传染源。

主要通过粪-口途径传播，经呼吸道、眼结膜及破损的皮肤、黏膜感染是次要的途径。污染的土壤和饲料是主要传播媒介。pH高于5.5的劣质青贮饲料是该病的重要传播来源，当细菌在青贮饲料（玉米秆、青草、谷物、豆科植物）中增殖后，被动物采食时，则可经消化道感染发病。

人主要经粪-口途径传播。孕妇感染后，可通过胎盘或产道感染胎儿或新生儿；眼或皮肤直接接触病畜，也可能发生局部感染。

本病的发生有一定的季节性。主要发生在冬季或早春，多见于饲喂青贮饲料的反刍动物。本病通常为散发，发病率虽较低，但病死率很高。各种年龄的动物均可感染发病，但以幼龄动物较易感，发病较急，妊娠母畜也较易感染。气候剧变、内寄生虫或沙门氏菌感染等，能促使本病的发生和发展。

人的李斯特氏菌病，以新生儿及40岁以上孕妇及免疫功能有缺陷的人群易感。本病一般为散发，但在婴儿室、病室等处，偶可发生小流行。

【临诊症状】潜伏期为2～3周，有的可能只有数天，也有的长达2个月。临诊以发热，神经症状，孕畜流产，幼龄动物、啮齿动物和家禽呈败血症为特征。不同种动物的临诊表现有差异。

绵羊和山羊：病初体温升高至40.5～41.5℃，不久降至常温。病羊精神沉郁，食欲减退或不食。病后第2～3天，出现神经症状。病羊眼球突出，目光呆滞，视力障碍或完全失明，一侧或双侧耳麻痹（常见的早期症状），唇震颤。由于咀嚼和吞咽麻痹而不能摄食、饮水。大量流涎。多数病羊呈现长时间的圆圈运动。后期病羊卧地不起，四肢作游泳状，颈强直，角弓反张，神志不清。一般经3～7天死亡。较大的羊病程可达1～3周，成年羊症状不明显，妊娠母羊常发生流产，小羔羊常呈急性败血症而死亡，病死率很高。

牛：成年牛主要表现为神经症状。病牛沉郁与狂暴症状交替出现。1～2周后全身衰弱，卧地呈昏迷状态，头颈因一侧性麻痹而偏向一侧，并沿该方向作圆圈运动，遇到障碍以头抵撞。有时吞咽肌麻痹而大量流涎。病后期侧卧并不改变其体位，如果强行翻身，但又迅速翻过来，最终死亡。妊娠母牛常发生流产。水牛发病后，表现突然发生大脑炎，病程短，病死率比黄牛高。病牛的其他症状，大致与羊相似。

猪：病初体温稍高，至后期体温下降，保持36～36.5℃。意识障碍，运动失调，作圆圈运动，或无目的地行走，或不自主地后退，或以头抵地不动。有的头颈后仰，前肢或后肢张开，呈典型的观星姿势。肌肉震颤、强硬，颈部和颊部尤为明显。有的表现阵发性痉挛，口吐白沫，侧卧地上，四肢乱动。有的在病初两前肢或四肢发生麻痹，不能起立。一般经1～4天死亡，长的可达7～9天。较大的猪有的身体摇摆，共济失调，步态强拘，有的后肢麻痹，不能起立，拖地而行。病程可达1个月以上。

仔猪多发生败血症，体温显著上升，精神高度沉郁，食欲减少或废绝，口渴。有的表现全身衰弱，僵硬，咳嗽，腹泻，皮疹，呼吸困难，耳部和腹部皮肤发绀。病程1～3天，病死率高。妊娠母猪常发生流产。

马：极为罕见。病马主要表现脑脊髓炎症状。体温升高，感觉过敏，容易兴奋。共济失调，四肢、下颌和喉部不全麻痹，意识和视力显著减弱。病程约1个月。幼驹还见有轻度腹痛、不安、黄疸和血尿等症状。

家禽：主要为败血型。表现精神沉郁，停食，下痢，短时间内死亡。病程较长的，可能表现痉挛、斜颈等神经症状。

兔：常急速死亡。有的表现精神委顿，独蹲一隅，不走动。口吐白沫，神志不清。神经症状呈间歇性发作，发作时无目的地向前冲撞，或转圈运动，最后倒地，头后仰，抽搐，以至于死亡。其他啮齿类动物通常表现败血症症状。

【病理变化】有神经症状的患病动物脑脊液浑浊，脑膜血管充血。脑髓质偶尔可见有软化区。败血型在肝脏有多个坏死灶。家禽心肌和肝脏有小坏死灶或广泛坏死，心包炎，脾脏肿大。家兔和其他啮齿动物，肝有坏死灶。

【诊断】根据流行特点、临诊症状及病理学变化可做出初步诊断。确诊需进行细菌学分离与鉴定。

病料样品采集：李斯特氏菌病脑炎的病灶分布局限于脑干部，所以应在此部位采集一部分脑实质。败血症病例，不必限于特定脏器，但常选肝脏和脾脏。流产病例，采取流产胎儿消化器官内容物及母畜的阴道分泌物。

【鉴别诊断】当牛、羊患本病时，应注意与牛、羊脑包虫病鉴别。牛、羊的脑包虫病虽有圆圈运动或斜走等神经症状，但体温不高，病的发展很慢，剖检时见有脑包虫。

在猪患本病时，应注意与其他有神经症状的疾病，特别是狂犬病相鉴别。但狂犬病有攻击性，脑组织切片检查可见脑神经节细胞胞浆内有内基氏小体。

【防控措施】

1. 预防 本病尚无有效的菌苗，预防的主要措施在于管理。

（1）加强饲料卫生管理，是预防李斯特氏菌病的主要措施。

（2）驱除鼠类和其他啮齿类动物，消灭体外寄生虫，不从发病地区引入畜禽。

发生本病时，应将病畜隔离治疗。被污染的畜舍、用具应彻底消毒，防止病菌散布；对病畜的乳、肉及其他产品必须进行无害化处理；同时应尽力查出原因，采取防控措施。如怀疑是青贮饲料致病时，应改用其他饲料。将未受感染的动物尽早隔离至清净地方，有效控制疫情的发展。

2. 治疗 抗生素对李斯特氏菌病有很好效果。但对家畜李斯特氏菌脑炎，治疗效果不稳定，成功率较低。

【公共卫生学】 人对李斯特氏菌有易感性，感染后可呈现多种症状，但常见者为脑膜炎，其次为妊娠感染、败血症及局部感染等。

新生儿的李斯特氏菌病有早发型和迟发型两种。早发型是产后立即发病，或于生后 2～5 日内发病，病儿一般为早产儿，主要表现为呼吸道和中枢神经系统症状；迟发型在产后 1～3 周发病，主要表现脑膜炎症状。孕妇感染本菌出现类似流感症状，并导致胎儿流产。兽医师及从事相关职业人员易患皮肤型李斯特氏菌病，抵抗力降低时则发展为全身性感染。

防控应采取以下措施：

(1) 养成不饮生水、生乳及不食生鱼、生肉的卫生习惯。

(2) 病畜、禽肉不可作腌肉食用。

(3) 牧区和农牧兼有的农村，要教育儿童不可在畜舍周围玩耍。

(4) 经常注意灭鼠和杀灭吸血节肢动物。

(5) 兽医及有关职业人员应做好个人防护。

三、类鼻疽

类鼻疽（Melioidosis）是由伪鼻疽伯氏菌所致的一种热带地区人兽共患传染病，特征性病变是受侵害器官发生化脓性炎症和特征性肉芽肿结节。1912 年，由 Whitmore 在缅甸首次发现本病。

【病原学】 伪鼻疽伯氏菌（*Bscillus pseudomallei*），旧名伪鼻疽杆菌，是伯氏菌属成员之一，为革兰氏阴性杆菌，不形成芽孢和荚膜，具有两极染色性，在普通培养基上生长迅速，可形成白色和浑浊的菌落并微有或无皱襞。菌落形态由非常粗糙到黏液状，色泽由奶油色到亮橙色变化。

根据菌体不耐热抗原的有无，分为两个血清型：Ⅰ型具有耐热和不耐热两种抗原，主要存在于亚洲；Ⅱ型只有耐热抗原，主要存在于澳大利亚和非洲。我国菌株大多属Ⅰ型。我国研制的抗类鼻疽菌单克隆抗体能对两种菌做出鉴别。

伪鼻疽伯氏菌对外界环境抵抗力强，在水和土壤中可存活 1 年以上，在自来水中可存活 28～44 天。常用消毒剂能杀死本菌。

【流行病学】 本病的易感动物很多，已知有灵长类动物、猪、山羊、绵羊、羚羊、马属动物、牛、骆驼、狗、猫、兔、袋鼠、鼠类和海豚，鸟类也有感染的报告。人类也能感染。

伪鼻疽伯氏菌是热带地区水和泥土中常在菌，人和动物接触污染的泥水即可感染，不需保菌宿主。感染动物可将病菌携带至新的地区，污染环境形成新的疫源地。

本病主要通过损伤的皮肤、结膜或消化道而感染，也可因吸入气溶胶经呼吸道感染。吸血昆虫也能传播本病。病人还可以通过污染的医疗器械如气管镜、导尿管发生交叉感染。

类鼻疽的流行有明显的地区性。已发现类鼻疽的地区有东南亚和南亚、澳大利亚北部和新几内亚、西非和马达加斯加、中美洲和西印度群岛等，这些地方都属低纬度热带地区。我国目前发现有类鼻疽菌的地方也都在北回归线以南。有一定的季节性高温多雨季节有利于本菌生长繁殖，大雨还能将泥土中的病菌冲刷出来，使人、畜感染机会增加，因此是本病多发季节。该病的自然疫源性与病原菌生存环境的温度、湿度、雨量、水和土壤性状均有密切关系。降雨量与本病的发生呈正相关，雨季和洪水泛滥的季节容易造成猪类鼻疽的流行。

【临诊症状及病理变化】 动物自然感染病例的潜伏期不明确，病畜常无特征性症状。

猪：发病较多。急性型多见于幼龄猪，病猪表现体温升高，精神沉郁，呼吸增数，咳嗽，厌食，鼻、眼流出脓性分泌物，运动失调或跛行，四肢关节肿胀，尿色黄并混有淡红色纤维蛋白素样物，公猪睾丸肿胀，病程1～2周，病死率较高，常呈地方流行性，偶尔暴发流行。成猪一般是慢性或隐性经过，临诊症状不明显，屠宰后方被发现。

山羊和绵羊：病羊体温升高，食欲减少或废绝。病羊常因肺脏发生脓肿和结节而呈现呼吸困难、咳嗽，消瘦，有时因四肢关节化脓而发生跛行。若腰椎、荐椎有化脓性病变，则后躯麻痹，呈犬坐姿势，但无意识障碍。发生化脓性脑炎时，则出现神经症状。山羊常在鼻黏膜上发生结节，流黏液脓性鼻液。此外，公山羊的睾丸、母山羊的乳房也常出现顽固的结节。

马和骡：常取慢性或隐性经过，缺乏明显的症状。急性病例，则表现体温升高；食欲废绝，呼吸困难。有的有急性肺炎症状，有的呈现腹泻及腹痛症状。慢性病例，除上述一般症状外，有的在鼻黏膜上出现结节，流黏液-脓性鼻汁。病马逐渐消瘦、下痢、偶尔在体表形成化脓灶。

牛：无明显症状，但血清阳性率较高。当脊髓（胸、腰部）形成化脓灶和坏死灶时，可出现偏瘫或截瘫等症状。

犬：除一般症状外，可发生睾丸炎、附睾炎、阴筒水肿及一肢或多肢浮肿而呈现跛行。

【诊断】 类鼻疽诊断与鼻疽诊断相同。

细菌学检查是确诊有效手段，但在感染早期和隐性感染很难获得成功；变态反应检出率不高，而且与鼻疽出现交叉反应；血清学检查比较易行可靠，有间接血凝试验、补体结合试验、免疫扩散试验和荧光抗体检查等，均具有一定的诊断价值。

病料样品采集：细菌分离从没污染的病灶采集病料，血清学检测主要采取患病动物血液等。

【防控措施】 由于该病对人和动物的危害较大，而且是一种自然疫源性疾病，因此必须采取有效措施进行防控。

(1) 加强引进动物的检疫，防止病原传入。

(2) 新发病地区或养殖场应对患病动物采取严厉的措施，扑杀并销毁感染动物及周围的啮齿动物，同时严格消毒，防止污染。

(3) 在疫区定期检疫、消毒，发现病畜及时隔离、无害化处理。流行区家畜感染率高，为了切断动物传染途径，应将本病列入有关乳品、肉品卫生检验规程。

(4) 死亡家畜禁止食用，应焚烧或高温化制处理。

目前尚无预防本病的有效菌苗。在治疗方面，常用药物为四环素、强力霉素、卡那霉素和磺胺类药物。

【公共卫生学】 人对类鼻疽病易感，目前全世界每年确诊的病例有近百例。

四、放线菌病

放线菌病（Actimomycosis）又称“大颌病”，是多种致病性放线菌引起人和牛、羊、猪等多种动物的一种非接触性慢性传染病，以牛放线菌较为常见。临诊上以患病动物头、颈、颌下和舌形成明显的肉芽肿和慢性化脓灶，脓汁中含有特殊菌块（称“硫黄颗粒”）为特征。该病在世界各地均有分布。我国也有本病的存在，通常为散发性。

【病原学】该病的病原菌较多，其中主要包括牛放线菌、伊氏放线菌，林氏放线杆菌感染牛、羊时，也能引起类似的病变。此外，尚有衣氏放线菌、内氏放线菌、龋齿放线菌、黏性放线菌、化脓放线菌和猪放线菌亦有一定的致病性。

放线菌的种类繁多，分布广泛，但多数没有致病性，只有牛放线菌、伊氏放线菌等少数几种具有致病性。牛放线菌和伊氏放线菌是牛的骨骼和猪的乳房放线菌病的主要病原，伊氏放线菌是人放线菌的主要病原。该类细菌是一种不运动、无芽孢的革兰氏阳性菌，有长成菌丝的倾向。在血液琼脂、脑心浸液葡萄糖血液琼脂等培养基中于厌氧条件下生长良好，菌落呈白色或乳白色，表面粗糙不平，无溶血性。在动物组织中能形成带有辐射状菌丝的颗粒性聚集物，外观似硫黄颗粒，呈灰色、灰黄色或微棕色，大小如别针头状，质地柔软或坚硬。组织压片经革兰染色，其中心菌体为紫色，周围辐射状的菌丝呈红色。

除以上各种放线菌外，金黄色葡萄球菌、某些化脓性细菌是本病的重要发病辅因。

放线菌对外界的抵抗力较低，一般消毒药均可迅速将其杀灭。对青霉素、链霉素、四环素、林可霉素和磺胺类等药物敏感。

【流行病学】牛、绵羊、山羊、猪和人对该病易感，其中以 2～5 岁牛多发，常发生于换牙期。

患病动物和带菌动物是该病的主要传染源，放线菌可寄生于健康动物的口腔、消化道、上呼吸道和皮肤上，也存在于污染的土壤、饲料和饮水中。

该病主要通过破损（咬伤、刺伤等）的黏膜或皮肤内源性或外源性感染。当给牛饲喂带刺的饲料，如禾本科植物的芒、大麦穗、谷糠、麦秸时常使口腔黏膜损伤而发生感染。

放线菌病多呈散发，偶尔呈地方性流行。动物放牧于低湿地时，常见到有本病的发生。

【临诊症状及病理变化】该病主要侵害牛颌骨、唇、舌、咽、齿龈、头颈部皮肤以及肺脏等，引起局部皮肤、黏膜、软组织或骨骼的肉芽肿或脓肿。颌骨受侵害后常常缓慢肿大、硬固、界限明显，初期肿胀疼痛，后期则无痛。病程进展缓慢，一般经过几个月才出现一个小而坚实的硬块。肿块破溃后可流出黄白色的脓汁，并形成瘘管长久不愈。头、颈、颌部等软组织也常发硬结，不热不痛，逐渐增大，突出于皮肤表面致使局部皮肤增厚、被毛脱落，有时破溃流出脓汁。当舌和咽部组织感染时，由于炎性肿胀及结缔组织增生可形成“木舌病”，此时病牛流涎、咀嚼困难。当乳房患病时则局部弥散性肿大或出现局灶性硬结，乳汁黏稠，混有脓汁。该病的病程较长，病死率很低。

猪感染时常表现为尿道炎、膀胱炎、输尿管炎和肾盂肾炎等症状。绵羊感染出现皮肤和肺脏的化脓性炎症。马感染则出现精索无痛觉的硬结。

【诊断】根据临诊表现和病理变化可做出初步诊断；但确诊必须结合实验室检查的结果进行综合分析后判断。

病料样品采集：主要采集新鲜脓汁。

1. 直接镜检 采集新鲜脓汁为标本，用无菌水稀释后取其中的硫黄样颗粒置于干净的载玻片上，加入 1 滴 10%～15%氢氧化钠溶液，然后另取 1 张盖玻片覆盖，稍用力搓压后置低倍镜下弱光观察，可见特征性菊花状的结构，周围有折光性较强的放射状菌丝。若用革氏兰染色，牛放线菌的特征是中央有革兰氏阳性的密集菌丝体，外围为革兰氏阴性的放射状菌丝。

2. 分离培养 可用血液琼脂进行培养，但放线菌通常在初次分离时需要厌氧环境，菌落较为粗糙，新分离的细菌为革兰氏阳性。纯化的细菌可通过生化试验进行鉴定。

3. 鉴别诊断 除颌骨的晚期放线菌病病例之外，牛发生该病应与诺卡氏菌病、葡萄球菌性肉芽肿、肿瘤等区别。

【防控措施】加强饲养管理，遵守兽医卫生制度，防止皮肤、黏膜损伤；局部损伤后及时处理可防止该病的发生。

发生该病后应及时进行治疗，硬结可用外科手术切除，若有瘘管形成要连同瘘管彻底切除，然后用碘酊纱布填塞，24～48 小时更换 1 次，直到伤口愈合，同时肌肉注射抗生素。常用的抗菌药物包括青霉素、红霉素、四环素、林可霉素等。

五、肝片吸虫病

肝片吸虫病（Fascioliasis）也叫肝蛭病，是由肝片吸虫寄生于牛、羊等反刍动物或人的肝脏胆管中引起的急性或慢性肝炎、胆管炎，并伴有营养障碍和全身性中毒现象。危害相当严重，尤其对幼畜和绵羊，可引起大批死亡。在其慢性病程中，使动物瘦弱，发育障碍，耕牛耕作能力下降，乳牛产奶量减少，毛、肉产量减少和质量下降，病肝成为废弃物，给畜牧业经济带来巨大损失。

肝片形吸虫系世界性分布，是我国分布最广泛、危害最严重的寄生虫之一，遍及全国 31 个省，但多呈地区性流行。

【病原学】肝片形吸虫（Fasciola hipatica）属于复殖目、片形科、片形属。虫体背腹扁平，外观呈柳叶状，活时为棕红色，固定后变为灰白色。大小为（21～41）毫米×（9～14）毫米，体表被有小的皮棘，棘尖锐利。虫体前端有一呈三角形的锥状突，在其底部有 1 对“肩”，肩部以后逐渐变窄。虫卵较大，（133～157）微米×（74～91）微米。呈长卵圆形，黄色或黄褐色。

肝片形吸虫的主要中间宿主为小土窝螺、斯氏萝卜螺。成虫寄生于动物肝脏胆管内，产出虫卵随胆汁入肠腔，经粪便排出体外。虫卵在适宜的温度（25～26℃）、氧气和水分及光线条件下，经 11～12 天孵出毛蚴。毛蚴游动于水中，遇到适宜的中间宿主如淡水螺，即钻入其体内。毛蚴在外界环境中，通常只能生存 6～36 小时，如遇不到适宜的中间宿主则渐渐死亡。毛蚴在螺体内，经无性繁殖发育为胞蚴、雷蚴和尾蚴几个发育阶段。其发育期的长短与外界温度、湿度与营养条件有关，如温度适宜，在 22～28℃时需经 35～38 天，从螺体逸出尾蚴，但条件不适宜，则发育为两代雷蚴，在螺体发育的时间更长。

侵入螺体内一个毛蚴，经无性繁殖，最后可产生百个到数百个尾蚴。尾蚴游动于水中，经 3～5 分钟便脱掉尾部，以其成囊细胞分泌的分泌物将体部覆盖，黏附于水生植物的茎叶上或浮游于水中而成囊蚴。牛、羊吞食含囊蚴的水或草而遭感染。囊蚴于动物的十二指肠脱囊而出，童虫穿过肠壁进入腹腔，后经肝包膜钻入肝脏。在肝实质中的童虫，经移行后到达胆管，发育为成虫。成虫以红细胞为养料，在动物体内可存活 3～5 年。

【流行病学】肝片形吸虫的宿主范围较广，主要寄生于黄牛、水牛、牦牛、绵羊、山羊、鹿、骆驼等反刍动物，猪、马、驴、兔及一些野生动物亦可感染，但较少见，人也有感染的报道。

病畜及带虫畜是主要的传染源。小土窝螺和斯氏萝卜螺是肝片吸虫的主要中间宿主。

本病主要经消化道感染。动物长时间地停留在狭小而潮湿的牧地上放牧时采食带囊蚴的牧草而遭受感染。舍饲的动物也可因采食从低洼、潮湿牧地割来的带有囊蚴的牧草而受感染。

肝片吸虫病在多雨年份，特别在久旱逢雨的温暖季节可促使其暴发和流行。

【临诊症状】轻度感染往往不表现症状。感染数量多时（牛约250条成虫，羊约50条成虫）则表现症状，但幼畜即使轻度感染也可能表现症状。

1. 羊 绵羊最敏感，最常发生，死亡率也高。根据病期一般可分为急性型和慢性型两种类型。

急性型（童虫移行期）：在短时间内吞食大量（2 000个以上）囊蚴后2～6周时发病。多发于夏末、秋季及初冬季节，病势猛，使患畜突然倒毙。病初表现体温升高，精神沉郁，食欲减退，衰弱易疲劳，离群落后，迅速发生贫血，叩诊肝区半浊音界扩大，压痛敏感，腹水，严重者在几天内死亡。

慢性型（成虫胆管寄生期）：吞食中等量（200～500个）囊蚴后4～5个月时发生，多见于冬末初春季节，此类型较多见，其特点是逐渐消瘦、贫血和低白蛋白血症，导致患畜高度消瘦，黏膜苍白，被毛粗乱，易脱落，眼睑、颌下及胸下水肿和腹水。母羊乳汁稀薄、妊娠羊往往流产，终因恶病质而死亡。有的可拖延至次年天气转暖，饲料改善后逐步恢复。

2. 牛 多呈慢性经过，犊牛症状明显，成年牛一般不明显。如果感染严重，营养状况欠佳，也可能引起死亡。患畜逐渐消瘦，被毛粗乱，易脱落，食欲减退时，反刍异常，继而出现周期性瘤胃膨胀或前胃弛缓，下痢、贫血，水肿，母牛不孕或流产。乳牛产奶量减少和质量下降，如不及时治疗，终因恶病质而死亡。

【病理变化】肝脏肿大，肝包膜上有纤维蛋白沉积，出血，肝实质内有暗红色虫道，虫道内有凝血块和幼小的虫体。腹腔中有带血色的液体和腹膜炎。寄生虫多时，胆管扩张，变粗甚至堵塞。

【诊断】根据流行病学资料、临诊症状、粪便检查和死后剖检等进行综合判定。

病料样品采集：新鲜粪便和血液。

对新鲜粪便样品，可用反复水洗沉淀法或尼龙绢袋集卵法检查虫卵。若只见少数虫卵而无症状出现，只能视为“带虫现象”。

【防控措施】

1. 预防 应根据流行病学特点，采取综合防控措施。

（1）定期驱虫。驱虫的时间和次数可根据流行区的具体情况而定。在我国北方地区，每年应进行两次驱虫：一次在冬季；另一次在春季。南方因终年放牧，每年可进行3次驱虫。急性病例可随时驱虫。在同一牧地放牧的动物最好同时都驱虫，尽量减少感染源。

家畜粪便，特别是驱虫后的粪便应堆积发酵产热而杀灭虫卵。

（2）消灭中间宿主。灭螺是预防肝片形吸虫病的重要措施。可结合农田水利建设，草场改良，填平无用的低洼水潭等措施，以改变螺的孳生条件。此外，还可用化学药物灭螺，如施用1∶50 000的硫酸铜，2.5毫克/升的血防67及20%的氯水均可达到灭螺的效果。如牧地面积不大，亦可饲养家鸭，消灭中间宿主。

（3）加强饲养卫生管理。选择在高燥处放牧；动物的饮水最好用自来水、井水或流动的河水，并保持水源清洁，以防感染。从流行区运来的牧草需经处理后，再饲喂舍饲的动物。

2. 治疗 治疗片形吸虫病的药物较多，各地可根据药源和具体情况加以选用。

（1）硝氯酚（Niclofolan Bilebon，Bayer 9015）：粉剂：剂量为牛3～4毫克/千克体重；绵羊为4～5毫克/千克体重，一次口服。针剂：剂量为牛0.5～1.0毫克/千克体重，绵羊为0.75～1.0毫克/千克体重，深部肌肉注射，适用于慢性病例，对童虫无效。

（2）丙硫咪唑（Albendazole）：剂量为牛20～30毫克/千克体重，一次口服，或10毫克/千克体重，经第三胃投予。绵羊为10～15毫克/千克体重，一次口服，疗效甚好。本药不仅对成虫有效，而且对童虫也有一定的疗效。

（3）三氯苯唑（Triclabendazole，肝蛭净）：剂量为黄牛10～15毫克/千克体重，水牛10～12毫克/千克体重；绵羊及山羊为8～12毫克/千克体重，均一次口服，对成虫和童虫均有杀灭作用。

（4）双乙酰胺苯氧醚（Diampanethide，Coriban）：剂量为绵羊120～150毫克/千克体重，一次口服，对幼龄童虫有很好的驱杀作用，对成虫疗效欠佳，本药只适用于绵羊，不能应用于牛。

六、丝虫病

丝虫病包括牛、马丝虫病，马脑脊髓丝虫病（腰痿病），浑睛虫病，副丝虫病，牛、马盘尾丝虫病，犬恶丝虫病，猪浆膜丝虫病7种病。

（一）牛马丝虫病

牛、马丝虫病是由丝状线虫（又称腹腔丝虫）寄生于有蹄动物的腹腔内引起的寄生虫病。

【病原学】丝状线虫属丝虫目、丝状科、丝状属。本属线虫长数厘米至10余厘米，乳白色，尾端部卷曲呈螺旋形，口孔周围有角质环围绕，在背、腹面，有时也在侧面有向上的隆起，形成唇状、肩章状或乳突状的外观。雌虫产带鞘的微丝蚴，出现于宿主的血液中。在我国主要为马丝状线虫、鹿丝状线虫、指形丝线虫。

【流行病学】

发育史：成虫寄生于腹腔，所产微丝蚴进入宿主的血液循环。微丝蚴周期性地出现在畜体外周血液中。外周血液中的马丝状线虫微丝蚴的数量高峰出现在黄昏时分；外周血液中的指形丝状线虫微丝蚴的密度以6:00、12:00、18:00、21:00较高。中间宿主为吸血昆虫，马丝状线虫为埃及伊蚊、奔巴伊蚊及淡色库蚊，指形丝状线虫为中华按蚊、雷氏按蚊、骚扰阿蚊、东乡伊蚊和淡色库蚊；鹿丝状线虫可能是厩螫蝇或一些蚊类。当中间宿主刺吸终末宿主血液时，微丝蚴随血液进入中间宿主——蚊虫的体内，在那里经15天左右发育为感染性幼虫，并移行到蚊的口器内。当带虫蚊刺吸终末宿主的血液时，感染性幼虫即进入终末宿主体内，经8～10个月，发育为成虫。成虫寄生于腹腔。

当携带有指形丝状线虫之感染性幼虫的蚊刺吸非固有宿主——马或羊的血液时，幼虫即进入马或羊的体内，但由于宿主不适，它们常循淋巴或血液进入脑脊髓或眼前房，停留于童虫阶段，引起马或羊的脑脊髓丝虫病或马浑睛虫病。

致病作用：寄生于腹腔的虫体，不呈现明显的致病作用。但有人报道过马丝状线虫引起腹膜炎，进而引起贫血和恶病质的事例。还报道过指形丝状线虫寄生于牛输卵管的病例。

1. 马丝状线虫 寄生于马属动物的腹腔，有时也寄生于胸腔、盆腔和阴囊等处（其幼虫可能出现于眼前房内，称浑睛虫，长可达30毫米）。

2. 鹿丝状线虫 又称唇乳突丝状线虫。该虫寄生于牛、羚羊和鹿的腹腔。

3. 指形丝线虫 寄生于黄牛、水牛和牦牛的腹腔，和鹿丝状线虫相似。

成虫寄生于腹腔，所产微丝蚴进入宿主的血液循环。微丝蚴周期性地出现在畜体外周血液中。外周血液中的马丝状线虫微丝蚴的数量高峰出现在黄昏时分；外周血液中的指形丝状线虫微丝蚴的密度以早晨6时、中午12时、晚6时和9时较高。中间宿主为吸血昆虫。当中间宿主刺吸终末宿主血液时，微丝蚴随血液进入中间宿主——蚊虫的体内，在那里约经15天发育为感染性幼虫，并移行到蚊的口器内。当带虫蚊刺吸终末宿主的血液时，感染性幼虫即进入终末宿主体内，经8～10个月，发育为成虫。成虫寄生于腹腔。

当携带有指形丝状线虫之感染性幼虫的蚊刺吸非固有宿主——马或羊的血液时，幼虫即进入马或羊的体内，但由于宿主不适，它们常循淋巴或血液进入脑脊髓或眼前房，停留于童虫阶段，引起马或羊的脑脊髓丝虫病或马浑睛虫病，详见后述。

【诊断与防控措施】 取动物外周血液检查，发现微丝蚴即可确诊。乙胺嗪（海群生）可杀死微丝蚴，但不能杀灭成虫。预防应包括防止吸血昆虫叮咬和扑灭吸血昆虫两个方面。

（二）马脑脊髓丝虫病（腰痿病）

马脑脊髓丝虫病是由寄生于牛腹腔的指形丝状线虫的晚期幼虫引起的寄生虫病。在我国，马脑脊髓丝虫病多发生于长江流域和华东沿海地区，东北和华北等地亦有病例发生。马、骡患病后，逐渐丧失使役能力，重病者多因长期卧地不起，发生褥疮，继发败血症致死。

【流行病学】 发育史同牛马丝状线虫。本病主要流行于东北亚和东南亚国家，欧洲各国未见报道。我国的早期病例于1962年发现于福建，其后相继在山东、江西、浙江、安徽、江苏、湖北和辽宁等地的马匹中发现。就畜种来看，马比骡多发，羊亦有发生，驴未见报道。有明显的季节性，多发于夏末秋初；其发病时间约比蚊虫出现时间晚1个月，一般为7～9月，而以8月中发病率最高。低湿、沼泽、水网和稻田地区多发，洪水、台风、大潮后多发，因为这些环境均适于蚊虫孳生。各种年龄的马均可发病。牛多蚊多的地区，极易引起发病。

【临诊症状】 幼虫在脑脊髓中移行，无固定的寄生部位，且有一定时间的生长过程，故潜伏期及病情很不一致。根据我国人工感染的观察，潜伏期为5～30天，平均15天左右，比国外文献记载的短。早期的临诊症状主要表现为腰髓支配的后躯运动神经障碍；后期才出现脑髓受损的精神症状，但并不严重。

早期症状主要表现为一侧后肢或两后肢提举不充分，运步时蹄尖轻微拖地，后躯无力，后肢强拘。久立时后肢作鸡伸懒腿样动作。知觉迟钝的出现，开始于腰荐部，继而出现于颈部两侧。凹腰反应迟钝，整个后躯的感觉迟钝或消失。此时病马低头，无神采，行动缓慢，对外界的反应性降低。有时耳根和额部出汗。中晚期的症状为精神沉郁，有的患马意识障碍，出现傻相。磨牙，凝视，易惊，采食异常。尾力减退，不灵活。腰僵硬。有时突然地高度跛行，运步时两后肢外张，或后肢轻跛，捻蹄或蹄尖拖地前进，或后肢出现木脚步样。强制小跑时，步幅短缩，后躯摇摆。一般不能急转弯或后退；强行后退时，可能坐地，起立困难；或后坐到一定程度时猛然起立。后坐时，如臀端倚依墙柱，常导致尾根部外伤，被毛脱落。随着病情的加重，公马阴茎脱出下垂；尿淋漓、频尿，色呈乳状，甚至发生尿闭和粪闭。病马的体温、呼吸、脉搏和食欲等均无明显变化。血液检查见嗜酸性白细胞增多。

【诊断】病马出现临诊症状时，才能做出诊断，但治疗已为时过晚，难以治愈。早期诊断需用免疫学方法，用牛腹腔的指形丝状线虫提取抗原，进行皮内反应试验。

【防控措施】可采用下列措施：

1. 控制传染源 马厩应建在高燥通风处，并远离牛舍。蚊虫出现季节，应尽量避免马、骡与牛接触。

2. 普查牛只 对带微丝蚴的牛，应用药物治疗，消灭病原，或者对病牛进行无害化处理。

3. 阻断传播途径 搞好环境卫生，消灭蚊虫孳生地；药物驱蚊灭蚊。

4. 药物预防 新引进的马，用海群生进行预防注射，每月1次，连用4个月。

在治疗上需在皮内反应呈阳性，尚无临诊症状或症状轻微时，才能收到较好的效果。常用药为海群生，口服和注射配合使用。

（三）浑睛虫病

马、骡浑睛虫病的病原有三种：指形丝状线虫或鹿丝状线虫，间或为马丝状线虫的童虫。发生于牛时，则多为马丝状线虫的童虫。中间宿主为蝇。马或牛的一个眼内，常寄生1～3条，游动于眼前房中，以马、骡为多发。虫体长1～5厘米，其形态构造均近似各该虫的成虫。

由于虫体不断地刺激眼房，引起角膜炎、虹彩炎和白内障。病马畏光，流泪，角膜和眼房液轻度混浊，瞳孔放大，视力减退，眼睑肿胀，结膜和巩膜充血。病马时时摇晃头部，或就马槽或桩上摩擦患眼。严重时可导致失明。对光观察马或牛的患眼时，常可见眼前房中有虫体游动，时隐时现。

浑睛虫病的根本疗法是应用角膜穿刺法取出虫体，并用抗生素眼药水点眼。术后穿刺的创口一般可在1周内愈合；也可用2%～3%硼酸溶液、1/1 500的碘溶液、2/1 000海群生强力清洗结膜囊，以杀死或冲出虫体。2%可卡因滴眼，虫体受刺激后由眼角爬出，然后用镊子将虫体取出。

在流行季节，大力灭蝇；也可在眼部加挂防蝇帘。在每年6月和7月上旬，以1%敌百虫或2%噻苯唑溶液滴眼，在成虫期前进行全群性驱虫。

（四）副丝虫病

1. 马副丝虫病 马副丝虫病是由多乳突副丝虫寄生于马的皮下组织和肌间结缔组织引起的寄生虫病。病的特点是常在夏季形成皮下结节，结节多于短时间内出现，迅速破裂，并于出血后自愈。这种出血的情况颇像夏季淌出的汗珠，故又称本病为血汗症。

【致病作用与临诊症状】本虫在马体的鬐甲部、背部、肋部，有时在颈部和腰部形成6～20毫米直径的半圆形结节。结节常突然出现，周围肿胀，毛竖起。结节是由于血液在皮下聚积形成的。数小时后，成虫在结节顶端部形成一个小孔道并产卵，卵随结节中的血液自小孔流出，继之结节消失。血液沿被毛淌流，形成一条凝结的血污。之后，寄生虫转移到附近其他部位，数日后形成另外的病变。此种情况可反复出现多次。如果寄生虫的数目较多，可在一匹马的体表同时形成许多结节。在少数情况下，虫体死亡，结节化脓，并由此进一步发展为皮下脓肿和皮肤坏死，病变持续很长时间。在温暖季节，这种结节发生一个时期以后，间隔3～4周，再次出现，直到天气变冷时为止。至次年天气转暖后，这一现象可再度发生。如此反复，可连续3～4年。

【诊断与防控措施】根据病的发生季节，特异性症状，容易诊断。确诊可取患部血液或压破皮肤结节取内容物，在显微镜下检查有无虫卵和微丝蚴。可用海群生治疗。预防主要是消灭吸血昆虫。

2. 牛副丝虫病　本病是由丝虫科的牛副丝虫所引起的一种牛的寄生虫病，与马副丝虫病极为相似。

【致病作用与临诊症状】牛副丝虫病与马副丝虫病基本相似。多见于4岁以上的成年牛，犊牛很少见有此病。

【诊断与防控措施】根据结节发生的季节性，突然出现的出血性结节，在出血中检查到虫卵或孵出的幼虫，即可确诊。防治同马副丝虫病。

（五）牛、马盘尾丝虫病

本病是由盘尾科、盘尾属的一些线虫寄生于牛、马的肌腱、韧带和肌间引起的，在寄生处常形成硬结。

【发育史】发育过程中需有一种吸血昆虫——库蠓、蚋或蚊作为中间宿主。虫体寄生于皮下结缔组织中，所产幼虫分布于皮下的淋巴液内，不进入血管。当中间宿主蠓或蚋等吸血时，幼虫被吸入，进入中肠，尔后到达胸肌，经21～24天后，发育为感染性幼虫，然后转入蠓、蚋的喙部，当中间宿主再次叮咬家畜时，即可造成感染。

【致病作用现临诊症状】虫体的寄生部位不同，其所表现的临诊症状也不同。牛的吉氏盘尾丝虫和喉瘤盘尾丝虫分别寄生于肩部、肋部、后肢的皮下和项韧带、股胫关节韧带，多数不表现临床症状。马的颈盘尾丝虫有部分病例出现症状，成为鬐甲瘘和项肿的病因之一。网状盘尾丝虫寄生于屈腱时，可引起屈腱炎而导致跛行。

【诊断与防控措施】根据病变出现的特定部位和病变的性质，可做出初步判断。在病变部取小块皮肤，加生理盐水培养，观察有无幼虫。死后剖检可在患部发现虫体和相应病变。治疗可试用海群生。对未化脓的肿胀切忌切开，可用温热法或涂擦刺激剂消除局部炎症。对已化脓的、坏死的病例，需施行手术疗法，彻底切除坏死组织。在吸血昆虫活跃季节，应灭蚊驱虫，消除吸血昆虫的孳生地。

（六）犬恶丝虫病

犬恶丝虫病是丝虫科、恶丝虫属的犬恶丝虫寄生于犬的右心室和肺动脉引起的以循环障碍、呼吸困难及贫血等症状为特征的一种寄生虫病。猫、狐、狼等动物亦能感染。人偶被感染，引起肺部及皮下结节，病人出现胸痛和咳嗽。

犬恶丝虫病中间宿主为中华按蚊、白纹伊蚊、淡色库蚊等多种蚊。犬类由于被含感染性幼虫的蚊叮咬而遭感染。患犬可发生慢性心内膜炎，心脏肥大及右心室扩张，严重时因静脉瘀血导致腹水和肝肿大等病变。患犬表现为咳嗽，心悸亢进，脉细而弱，心内有杂音，腹围增大，呼吸困难。后期贫血增进，逐渐消瘦衰弱致死。

患恶丝虫病的犬常伴有结节性皮肤病，以瘙痒和倾向破溃的多发性结节为特征。皮肤结节显示中心血管的化脓性肉芽肿炎症，在化脓性肉芽肿周围的血管内常见有微丝蚴，经对犬恶丝虫病治疗后，皮肤病变亦随之消失。

【诊断与防控措施】根据临诊症状并在外周血液内发现微丝蚴，即可确诊。

驱成虫：硫胂胺钠 2.2 毫克/千克，静脉注射，每天 2 次，连用 2 天。肝、肾功能不全的犬禁用；静脉注射时，药液不能漏出血管外；中毒时，可用二巯基丙醇解救。二氯苯胂 2.5 毫克/千克，静脉注射，间隔 4～5 天 1 次。

驱微丝蚴：碘噻青胺 10 毫克/次。连服 7～10 天。锑酚 1.5 毫克/千克，静脉注射，连用 3～4 天，也可杀灭心丝虫的成虫。注射伊维菌素、伊维菌素对心丝虫的成虫和微丝蚴都有效。

治疗本病，还应根据病情对症治疗。当发生肺病变时，一次肌肉注射强的松 30 毫克，接着每天注射抗生素，可获得良好效果。当有肝症状时，应进行保肝治疗。并测定血清转氨酶，如血清谷丙转氨酶值超过 80 时，则预后不良。

（七）猪浆膜丝虫病

猪浆膜丝虫属丝虫目，双瓣科。虫体中等大小，丝状。

虫体多寄生于心外膜层淋巴管内，使病猪心脏表面呈现病变，在心纵沟附近或其他部位的心外膜表面形成稍微隆起的绿豆大、灰白色、小泡状的乳斑；或为长短不一、质地坚实的纤曲的条索状物。陈旧病灶外观上为灰白色针头大钙化小结节，呈沙粒状。病灶的数目，通常在一个猪心上仅见 1～2 处，但也有多达 20 多处的，散在地分布于整个心外膜表面。该虫在猪体内寿命短促，发现时多已死亡钙化。家猪对此虫具有很强的抵抗力，故致病性不明显，严重者可引起心包粘连。

七、附红细胞体病

附红细胞体病（Eperuthrozoonosis）是由附红细胞体引起猪的一种急性、热性人畜共患传染病。临诊上以发热、贫血、溶血性黄疸、呼吸困难、皮肤发红和虚弱为特征，严重时导致死亡。

1932 年，Doyle 在印度首次报道了本病，随后在许多国家和地区均有报道。我国附红细胞体病在 20 世纪 80 年代开始报道，在随后的十几年中，有关该病的发生多是一些零星的报道。但随着养殖业的发展，饲养密度的增加以及多种未知因素的存在，2001 年在全国范围内猪附红细胞体病大面积暴发和流行，给我国的养猪业带来了巨大的经济损失。

【病原学】附红细胞体简称附红体，已发现附红体属有 14 个种。在一般涂片标本中观察，其形态为多形性，如球形、环形、盘形、哑铃形、球拍形及逗号形等，大小波动较大。

目前已发现附红体属有14个种，其中主要为5个种。在不同动物中寄生的附红体又各有其名。

附红细胞体对干燥和化学消毒剂的抵抗力不强，一般常用消毒药均可将其杀死，0.5%石炭酸溶液37℃3小时可将其杀死。但对低温抵抗力强，5℃可存活15天，冰冻凝固的血液中可存活31天，在加15%甘油的血清中—70℃可保持感染力80天，冻干保存可活765天。

【流行病学】

人、牛、猪、羊等多种动物及实验动物中小鼠、家兔均能感染附红细胞体病。

患病或感染动物是主要的传染源。

附红细胞体可直接或间接传播。通过摄食血液如舔食断尾的伤口、互相斗殴等直接传播；通过污染的注射器及用来断尾、打耳号、阉割的外科手术器械等机械传播，还可通过交配传播或胎盘传播；也可通过活的媒介如疥螨、虱子、吸血昆虫间接传播。

本病主要发生于温暖季节，夏季多发，但冬季也有发病。断奶仔猪互相殴斗、过度拥挤、圈舍卫生条件差、营养不良等都可导致该病的急性发作。往往成群发病。

【临诊症状】本病潜伏期6～10天。动物感染附红体后，多数呈隐性经过，在少数情况下，受应激因素刺激可出现临诊症状。按其临诊表现分为急性型、慢性型和亚临诊型。

1. 急性型 病初患畜体温升高达40～42℃，呈稽留热型，厌食，反应迟钝，不愿活动。随后可视黏膜苍白，黄疸。粪便初期干硬并带有黏液和黏膜，有时便秘和腹泻交替发生。耳郭、尾部和四肢末端皮肤发绀，呈暗红色或紫红色。根据贫血的严重程度，经过治疗可能康复，也可能出现皮肤坏死。由于患畜不能产生免疫力，再次感染可能随时发生，最后可因衰竭而死亡。多见于断奶仔猪，尤其是阉割后几周内的仔猪。育肥猪的黄疸性贫血较少见。

母畜急性感染时出现厌食、体温升高达42℃，产奶量下降，缺乏母性或不正常，出现繁殖障碍，产出的仔畜贫血、不足标准体重，而且易于发病。多数因产前应激而引起。

2. 慢性型 病畜出现渐进性衰弱，消瘦，皮肤苍白，黄疸，背部毛孔点状出血，易继发感染导致死亡。母猪感染会出现繁殖功能下降、不发情、受胎率低或流产和弱仔等现象。

3. 亚临诊型 畜群的无症状感染状态可保持相当长的时间，当受到应激因素作用时可促使这些猪发病。

人：人患本病后有多种表现。主要有发热、黄疸、贫血、出汗、疲劳、嗜睡，肝脾和不同部位的淋巴结肿大等。

【病理变化】典型的黄疸性贫血为动物附红细胞体病死后的特征性病理变化。剖检可见黏膜、皮肤苍白，血液稀薄，脾脏肿大，淋巴结水肿，腹水、胸腔积水、心包积水、膀胱蓄积有红色尿液。

【诊断】根据流行病情况、临诊症状、病理变化和血液学检查可做初步诊断。确诊要做实验室病原检查。

病料样品采集：发热期血液。

【显微镜观察法】取发热期静脉血液一小滴，滴于载玻片的中央，盖上盖玻片，制成血液压片（也可制成悬滴标本），置相差显微镜下进行观察。如果在许多红细胞上都发现有猪附红细胞体，即可作出确切诊断。附红细胞体呈球形、环形、椭圆形、杆状、月牙形或逗点状。多数以单独或呈链状附着在红细胞表，少数游离于血浆中，可见红细胞呈锯齿状，细胞浆有多少不等的颗粒状虫体。

【防控措施】 加强饲养管理，注意环境卫生，给予全价饲料，增强机体的抵抗力，减少不良应激等对本病的预防有重要意义。无病猪群引种时应注意检疫，避免传入本病。同时必须消灭蚊、疥螨和猪虱等吸血昆虫，猪群免疫接种或治疗用的注射针头等外科器械应严格消毒，防止机械性传播。

发病动物用血虫净、土霉素和四环素等药物治疗有较好效果。

1. 贝尼尔 在猪发病初期，采用该药效果较好，按5～7毫克/千克体重深部肌肉注射，间隔48小时重复用药一次。

2. 新胂凡钠明 按10～15毫克/千克体重静脉注射，一般3天后症状可消除。

3. 对氨基苯胂酸钠 对病猪群，每吨饲料混入180克，连用1周，以后改为半量，连用1个月。

4. 土霉素或四环素 3毫克/千克体重肌肉注射，连用一周；同群猪同时拌料。

5. 其他药物 氯喹、喹宁、青蒿素、青蒿素酯、咪唑苯脲、黄色素等都有一定的疗效。

6. 联合用药 土霉素500毫克/千克体重和阿散酸100毫克/千克体重同时拌料连用1周。

治疗过程中应注意以下3个方面的问题，方能取得较好的效果。

1. 贝尼尔的毒副作用大，用药时间和剂量一定要掌握好；中毒时可用安乃近解救。

2. 要对症治疗，因急性附红细胞体病会引起严重的酸中毒和低血糖症，仔猪和慢性感染的猪应进行补铁。

3. 防止继发感染，一旦出现继发感染要及时进行控制。

八、Q 热

Q热（国内也有人将此病称为“寇热”）（Q fever）是由贝氏柯克斯体引起的一种自然疫源性人畜共患传染病。多种动物和禽类均可感染，但多为隐性感染。人感染后表现发热、乏力、头痛及肺炎症状。其暴发流行大多与人类频繁接触家畜及畜产品有关。

本病于1935年在澳大利亚屠宰场工人中首先被发现。目前该病分布于世界大部分国家和地区，我国于1950年首次发现本病，现已有内蒙古、四川、云南、新疆、西藏等10多个省、自治区、直辖市存在本病。

【病原学】 贝氏柯克斯体（惯称Q热立克次氏体），属于立克次体科、柯克斯体属，是一种专性的细胞内寄生菌，耐热、嗜酸，发育周期中能形成芽孢，其他基本特征与立克次氏体相似。贝氏柯克斯体多为短杆状，偶呈球状、双杆状、新月形或丝状等多形体，常成对排列。姬姆萨或马基维洛染色法可使其分别染成紫色或红色。无鞭毛，可形成芽孢。

贝氏柯克斯体的靶细胞为单核细胞和巨噬细胞。肝脏的巨噬细胞吞噬菌体并将它带入血循环，而后定位于雌性动物生殖系统和乳腺。Q热急性发作时产生过量的细胞因子，导致感染的细胞死亡，因此，细胞免疫不能完全清除贝氏柯克斯体。

贝氏柯克斯体对理化因素有较强的抵抗力。在干燥的蜱组织、蜱粪以及感染动物的排泄物和分泌物中，经数周至半年仍有感染性，在病畜肉中可存活30天，在水和牛乳中可存活4个月以上。巴氏消毒法不能把污染牛乳中的病原体全部杀死。牛乳煮沸10分钟以上方可杀死其中的病原体。3%～5%石炭酸、2%漂白粉，经1～5分钟可将其灭活。对脂溶剂和抗生素敏感。

【流行病学】贝氏柯克斯体以蜱为媒介，在袋鼠、砂土鼠、野兔及其他野生动物中循环，形成自然疫源地。病原体从自然疫源地转至大哺乳动物（如牛、羊等家畜）而造成感染，再通过这些动物的胎盘、羊水、乳汁等排出体外，在家畜之间经污染的空气而广泛传播，从而形成另一完全独立循环的疫源地，病原体从此传染给人类。

贝氏柯克斯体在自然界中的宿主很多，包括蜱、螨、野生动物、禽、鸟和家畜等。蜱主要通过叮咬方式传播感染，并能通过蜱粪和基节液污染宿主皮肤和被毛，有些还可经卵传代，蜱不仅是媒介，还是贝氏柯克斯体的储存宿主。在野生动物中，能自然感染Q热者达60多种，以啮齿类居多。多种畜禽都易感。受感染的动物（特别是家畜）如牛、羊、马、骡、犬等，次为野啮齿动物，飞禽（鸽、鹅、火鸡等）及爬虫类动物，是人类的主要传染源。有些地区家畜感染率为20%～80%，受染动物外观健康，而分泌物、排泄物以及胎盘、羊水中均含有贝氏柯克斯体。患者通常并非传染源，但病人血、痰中均可分离出Q热立克次体，曾有住院病人引起院内感染的报道，故应予以重视。动物间通过蜱传播。本病一年四季均可发生，但在农村、牧区，多见于春季产羔、产犊时期，且与职业有明显关系，主要见于饲养员、生产或加工畜产品的工人、兽医及实验室工作者。一般呈散发，但如发生呼吸道感染，则可能发生暴发流行。

据报道，在牧区、半农半牧区，本病与布鲁氏菌病的流行有十分密切的关系。这两种病具有共同的传染源和传播途径，常使动物和人受到双重感染，使病情变得复杂化。

【临诊症状】动物：家畜感染后，主要呈隐性经过，在反刍动物中，病原体侵入血流后可局限于乳房、体表淋巴结和胎盘，一般几个月后可消除感染，但有一些反刍动物可成为带菌者。极少数病例出现发热、食欲不振、精神委顿，间或有鼻炎、结膜炎、关节炎、乳房炎，部分绵羊、山羊和牛在妊娠后期可以发生流产。犬可能发生支气管肺炎和脾脏肿大。

【诊断】在本病流行区，根据患者与家畜特别是牛羊的接触史，以及发热、剧烈头痛和肺部炎症，可怀疑为本病。确诊还需进行病原检查和血清学试验。

病料样品采集：血清、发热期血液。

急性Q热应与流感、布鲁氏菌病、钩端螺旋体病、伤寒、病毒性肝炎、支原体肺炎、鹦鹉热等鉴别。

Q热心内膜炎应与细菌性心内膜炎鉴别。凡有心内膜炎表现，血培养多次阴性或伴有高胆红素血症、肝肿大、血小板减少（<10万/立方毫米）应考虑Q热心内膜炎。补结合试验Ⅰ相抗体>1/200，可予诊断。

【防控措施】由于家畜是Q热的主要传染源，因此控制病畜是防止人畜发生Q热的关键。为此，人医、兽医应密切配合，平时应了解本病疫源的分布和人、畜感染情况，注意家畜的管理。

1. 管理传染源 患者应隔离，痰及大小便应消毒处理。注意家畜、家禽的管理，使孕畜与健畜隔离，并对家畜分娩期的排泄物、胎盘应进行无害化处理，其污染环境进行严格消毒处理。

2. 切断传播途径

（1）屠宰场、肉类加工厂、皮毛制革厂等场所，与牲畜有密切接触的工作人员，Q热实验室人员、兽医、必须按防护条例进行工作，应加强集体和个人防护。

(2) 灭鼠灭蜱。

(3) 对疑有传染的牛羊奶必须煮沸10分钟方可饮用。

3. 免疫 受贝氏柯克斯体威胁的牲畜可肌内注射接种卵黄囊膜制成的灭活苗，以减少发病。

四环素族对本病有特效。对发病动物应尽早治疗，全群动物可进行预防性投药。

【公共卫生学】贝氏柯克斯体可感染人，对人可引起一种急性的有时是严重的疾病，多见于男性青壮年其特点是突然发生，剧烈头痛、高热，并常呈现间质性的非典型肺炎。人通过下列途径受染：

1. 呼吸道传播 是最主要的传播途径。贝氏柯克斯体随动物尿粪、羊水等排泄物以及蜱粪便污染尘埃或形成气溶胶进入呼吸道致病。

2. 接触传播 与病畜、蜱粪接触，病原体可通过受损的皮肤、黏膜侵入人体。

3. 消化道传播 饮用污染的水和奶类制品也可受染。但因人类胃肠道非本病原体易感部位，而且污染的牛奶中常含有中和抗体，能使病原体的毒力减弱而不致病，故感染机会较少。

症状：人体潜伏期12～39天，平均18天。起病大多急骤，少数较缓。

1. 发热 初起时伴畏寒、头痛、肌痛、乏力、发热在2～4天内升至39～40℃，呈弛张热型，持续2～14天。部分患者有盗汗。近年发现不少患者呈回归热型表现。

2. 头痛 剧烈头痛是本病突出特征，多见于前额，眼眶后和枕部，也常伴肌痛，尤其腰肌、腓肠肌为著，亦可伴关节痛。

3. 肺炎 30%～80%病人有肺部病变。于病程第5～6天开始干咳、胸痛，少数有黏液痰或血性痰，体征不明显，有时可闻及细小湿啰音。X线检查常发现肺下叶周围呈节段性或大叶性模糊阴影，肺部或支气管周围可呈现纹理增粗及浸润现象，类似支气管肺炎。肺病变于第10～14病日最显著，2～4周消失。偶可并发胸膜炎，胸腔积液。

4. 肝炎 肝脏受累较为常见。患者胃纳差、恶心、呕吐、右上腹痛等症状。肝脏肿大，但程度不一，少数可达肋缘下10厘米，压痛不显著。部分病人有脾大。肝功检查胆红素及转氨酶常增高。

5. 心内膜炎 慢性Q热约2%患者有心内膜炎，表现长期不规则发热，疲乏、贫血、杵状指、心脏杂音、呼吸困难等。继发的瓣膜病变多见于主动脉瓣，二尖瓣也可发生，与原有风湿病相关。慢性Q热指急性Q热后病程持续数月或一年以上者，是一多系统疾病，可出现心包炎、心肌炎、心肺梗塞、脑膜脑炎、脊髓炎、间质肾炎等。人急性Q热大多预后较好，未经治疗，约有1%的死亡率。慢性Q热，未经治疗，常因心内膜炎死亡，病死率可达30%～65%。

免疫：对接触家畜机会较多的工作人员可予疫苗接种，以防感染。我国应用的活疫苗为用减毒兰QM-6801株所制成，皮上划痕接种或口服。由卵黄囊膜制成的灭活苗，肌内注射，也可用于人，但有疫苗反应。

治疗：四环素族及氯霉素对本病有特效。首选药物为四环素族抗生素，每日2～3克分次服用。服药48小时内退热后减半，继服1周，以免复发。复发病例再服药仍有效。亦可服强力霉素200毫克，每日1次，疗程10天。对Q热心内膜炎者，可口服复方磺胺甲基异噁唑，每日4片，分两次，连用4周，也有疗程需达4个月者。或用四环素和林可霉素联合治疗。慢性病例的治愈率要比急性者低，如用四环素族抗生素治疗，至少需时1年，而且每3个月需做一次血清学检查。也可以Ⅰ相抗体是否下降来决定药物疗程。有心脏瓣膜病变者，可行人工瓣膜置换术。

九、猪传染性胃肠炎

猪传染性胃肠炎（Transmissible gastioenteritis of pigs，TGE）是由猪传染性胃肠炎病毒引起猪的一种高度接触传染性肠道疾病。临诊上以病猪呕吐、严重腹泻和脱水为特征，不同品种、年龄的猪只都可感染发病，尤以2周龄以内仔猪、断乳仔猪易感性最强，病死率高，通常为100%；架子猪、成年猪感染后病死率低，一般呈良性经过。近年来发现，某些猪传染性胃肠炎病毒基因缺失毒株还可导致猪只出现程度不等的呼吸道感染。

该病于1945年首次在美国被发现，以后日本、英国等也相继报道该病的流行。目前，本病分布于世界许多养猪国家，其猪群的血清抗体阳性率为19%～100%不等。

【病原学】猪传染性胃肠炎病毒（Transmissible gastroenteritis virus of pigs，TGEV）属于冠状病毒科、冠状病毒属。该病毒基因组为单分子线状正单股RNA，是已知RNA病毒中基因组最大的，有囊膜，其表面附有纤突。该病毒只有一个血清型。

病毒不耐热，加热56℃45分钟或65℃10分钟即全部灭活；病毒对乙醚、去氧胆酸钠、次氯酸盐、氢氧化钠、甲醛、碘、碳酸以及季铵化合物等敏感；对日光照射敏感，粪便中的病毒在阳光下6小时即可灭活。

【流行病学】各种日龄的猪均有易感性，10日龄以内仔猪的发病率和死亡率很高，而断奶猪、育肥猪和成年猪的症状较轻，多数能自然康复，其他动物对本病无易感性。

病猪和带毒猪是本病的主要传染源，通过粪便、乳汁、鼻分泌物、呕吐物以及呼出的气体排出病毒，污染饲料、饮水、空气、土壤、用具等。猪群的传染多由于引入带毒猪或处于潜伏期的感染猪。该病主要经消化道传播，也可以通过空气经呼吸道传播。

本病的发生有明显的季节性，从每年的11月至次年的4月发病最多，夏季很少发病。本病的流行形式是新疫区通常呈流行性发生，几乎所有年龄的猪都发病，10日龄以内的猪病死率很高，但断乳猪、育肥猪和成年猪发病后多取良性经过，几周后流行即可能终止。

【临诊症状】本病的潜伏期短，一般为18小时至3天。传播迅速，能在2～3天内蔓延全群。但不同日龄和不同疫区猪只感染后的发病严重程度有明显差异，临诊上分为流行性和地方流行性。

1. 流行性 该型主要发生于易感猪数量较多的猪场或地区，不同年龄的猪都可很快感染发病。仔猪感染后的典型症状是短暂呕吐后，很快出现水样腹泻，粪便呈黄色、绿色或白色，常含有未消化的凝乳块，粪便恶臭；体重快速下降，严重脱水；2周龄以内仔猪发病率、病死率极高，多数7日龄以内仔猪在首次出现临诊症状后2～7天死亡，而超过3周龄哺乳仔猪多数可以存活，但生长发育不良。架子猪、育肥猪和母猪的临诊表现比较轻，可见食欲减退，偶见呕吐，腹泻1日至几日；有应激因素参与或继发感染时死亡率可能增加；哺乳母猪症状则可表现为体温升高、无乳、呕吐、食欲不振、腹泻，这可能是因其与感染仔猪接触过于频繁有关。

2. 地方流行性 多见于该病的老疫区和血清学阳性的猪场，传播较为缓慢，并且母猪通常不发病。该型主要引起哺乳仔猪和断奶后 1～2 周的仔猪发病，临诊表现相对较轻，死亡率受管理因素的影响，常低于 10%～20%；哺乳仔猪的症状与“白痢”相似，断奶仔猪的症状则易与大肠杆菌、球虫、轮状病毒感染混淆。

【病理变化】 眼观病变主要集中在胃肠道，胃内容物呈鲜黄色并混有大量乳白色凝乳块。整个小肠气性膨胀，肠管扩张，内容物稀薄，呈黄色，泡沫状，肠壁菲薄呈透明状，弛缓而缺乏弹性。部分病例肠道充血、胃底黏膜潮红充血、小点状或斑状出血，并有黏液覆盖。有的日龄较大的猪胃黏膜有溃疡灶，且靠近幽门区有较大的坏死区。脾脏和淋巴结肿大，肾包膜下偶尔有出血变化。

特征性变化主要见于小肠，解剖时取一段，用生理盐水轻轻洗去肠内容物，置平皿中加入少量生理盐水，在解剖镜下观察，猪小肠绒毛变短，粗细不均，甚至大面积绒毛仅留有痕迹或消失。

【诊断】 根据该病的流行特点、临诊症状、病理变化等可以做出初步诊断，确诊需要依靠实验室诊断。

病料样品采集：粪便或小肠。两端结扎的病变小肠是最好的样品，但要新鲜或冷藏。血清学检测可采集病猪血液分离血清。

病原检测采用 RT - PCR 方法确诊，抗体检测采用 ELISA 方法。

【鉴别诊断】 临床上须与猪流行性腹泻、轮状病毒病、猪急性腹泻综合征等进行鉴别。TGE 的特点是不同年龄的猪均会发病，有发烧、呕吐症状。

【防控措施】 对本病的预防主要是采取加强管理、改善卫生条件和免疫预防措施。在猪群的饲养管理过程中，应注意防止猫、犬和狐狸等动物出入猪场；冬季避免成群麻雀在猪舍采食饲料，因为它们可以在猪群间传播 TGE。要严格控制外来人员进入猪场。及时进行疫苗免疫接种是控制该病的有效方法之一。

本病目前尚无特效的治疗方法，唯一的对症治疗就是减轻失水、酸中毒和防止继发感染。此外，为感染仔猪提供温暖、干燥的环境，供给可自由饮用的饮水或营养性流食能够有效地减少仔猪的死亡率。发现病猪应及时淘汰，病死猪应进行无害化处理，污染的场地、用具要碱性消毒剂进行彻底消毒。

十、猪密螺旋体痢疾

猪密螺旋体痢疾（Swine dysentery）又称血痢、黑痢、出血性痢疾、黏膜出血性痢疾等，是由致病性猪痢蛇形螺旋体引起猪的一种肠道传染病。以大肠黏膜卡他性、出血性、坏死性炎症，黏液性或黏液出血性腹泻为特征。该病在猪群中的发病率较高，病猪生长发育受阻，饲料转化率降低，给养猪业造成了很大的经济损失。

该病遍布世界各主要养猪国家。我国于 1978 年由美国引进种猪时传入，现已遍及我国的大部分养猪地区。

【病原学】 猪痢疾蛇形螺旋体（*Serpulina hyodysenteraie*）为螺旋体科、蛇形螺旋体属（以前曾归类于密螺旋体属，称为猪痢疾密螺旋体），革兰染色阴性。新鲜病料在暗视野显微镜下可见活泼的螺旋体活动，用维多利亚蓝姬姆萨染液着色较好、而组织切片以镀银染色更好。猪痢疾蛇形螺旋体为严格厌氧，对培养基要求相当苛刻，通常使用含 10%胎牛（或犊牛或兔）血清或血液的 TSB 或 BHIB 液体或固体培养基。猪痢蛇形螺旋体共有 8 个血清型。

猪痢蛇形螺旋体对结肠、盲肠的致病性不依赖于其他微生物，但大肠内固有的厌氧菌则是猪痢疾蛇形螺旋体定居的必要条件。本病的发生常需有肠道某些其他微生物的协助作用。

猪痢蛇形螺旋体对外界环境有较强的抵抗力，在土壤中 4℃能存活 102 天。但猪痢蛇形螺旋体对消毒药的抵抗力不强，普通浓度的过氧乙酸、来苏儿和氢氧化钠溶液均能迅速将其杀死。

【流行病学】不同年龄、品种的猪均易感，但以 7～12 周龄的幼猪多发，在自然情况下未见其他动物感染或发病。

病猪和带菌猪是主要的传染源，康复猪带菌率很高，带菌时间可达 70 天以上，这些猪从粪便中排出病原体，污染环境、饲料、饮水和用具。消化道是唯一的感染途径。另外，犬、小鼠、大鼠、野鼠和鸟等经口感染后均可从粪便中排菌，苍蝇亦可带菌与排菌。因此，这些动物也是不可忽视的传染源和传播媒介。

本病一年四季均可发生，传播缓慢，流行期长，可长期危害猪群。本病常由一栋猪舍先发病几头，以后逐渐蔓延，并在猪群中常年不断发生。各种应激因素如饲养管理不当、饲料不足、阴雨潮湿、气候多变、拥挤、饥饿等均可促进本病的发生和流行。

【临诊症状】潜伏期可从 2 天至 2 个月以上，一般为 10～14 天。根据病猪的临诊表现可分为最急性、急性型、亚急性或慢性型。

1. 最急性型 没有特殊症状于数小时内突然死亡。该型多见于暴发初期。

2. 急性型 病初精神沉郁，食欲减退，体温高达 40～40.5℃；持续腹泻，排出黄色至灰色的稀粪，粪便中混有黏液、血液及纤维碎片，后期粪便呈棕色、红色或黑红色。有的病猪出现水泻，或排出红白相间胶胨物或血便。病猪弓背、吊腹、脱水、消瘦、共济失调，最后因极度虚弱而死亡或转为慢性型。病程 1～2 周。该型在临诊中最为常见。

3. 亚急性型或慢性型 症状较轻，病猪表现时轻时重的黏液出血性腹泻，粪便呈黑色，具有不同程度的脱水表现，生长发育受阻。慢性病猪的病死率虽低，但生长发育不良，饲料报酬低，部分康复猪过一段时间还可复发。病程在 2 周以上。哺乳仔猪通常不发病，或仅有卡他性肠炎症状，并无出血。

【病理变化】病死猪一般显著消瘦，后躯被毛被粪便污染。病变主要在大肠（结肠和盲肠），回盲瓣为明显分界。急性型病猪的大肠壁和肠系膜充血、水肿，淋巴滤泡增大，肠黏膜肿胀，并覆盖有黏液、血块及纤维素性渗出物。随着疾病进一步发展，肠壁水肿减轻，而黏膜炎症加重，由黏液出血性炎症发展为出血性纤维素性炎症，黏膜表层坏死，形成黏液纤维蛋白性假膜，外观呈麸皮样或豆腐渣样，剥出假膜则露出浅表的糜烂面。其他脏器无明显变化。

【诊断】根据本病流行特点和临诊特征可作初步诊断。必要时可进行实验室细菌学检查和血清学试验。

病料样品采集：粪便或大肠。两端结扎的病变大肠是最好的样品，但要新鲜或冷藏。生前诊断常用直肠拭子采集大肠黏液。血清学检测可采集病猪血液分离血清。

确诊可参照 NY/T 545—2002 进行实验室检测。

【细菌学检查】抹片镜检法：取急性病猪的大肠黏膜或血便抹片染色镜检或暗视野显微镜检查，如发现多量猪痢疾螺旋体（≥3 条/视野），可作为诊断依据。做血便抹片、姬姆萨染色、镜检，可发现典型的“燕子飞”形菌体。

【鉴别诊断】本病应与猪增生性肠炎鉴别。猪增生性肠炎主要侵害小肠和结肠前段，大肠内容物中的血液和坏死组织碎片来自小肠。另外，本病还应注意与仔猪黄痢、仔猪白痢、猪副伤寒、仔猪红痢、猪传染性胃肠炎、猪流行性腹泻和猪轮状病毒感染相鉴别。

【防控措施】本病尚无可靠或实用的免疫制剂以供预防。目前普遍采用抗生素和化学药物控制此病，培育 SPF 猪，净化猪群是防治本病的主要手段。

药物虽可控制猪群的发病率、减少死亡，但停药后容易复发，在猪群中难以根除。可用于本病防治的药物包括乙酰甲喹、喹乙醇、泰乐菌素、四环素族抗生素、链霉素等。药物治疗虽有一定疗效，但容易复发。因此，用药疗程一般 3～5 天，停药 10～20 天后，换用另一种敏感药物，并在防治过程中及时评估效果，以便及时调整防治方案。因此，应采取综合性预防措施，并配合药物防治才能有效地控制或消灭该病。

十一、猪流行性感冒

猪流行性感冒（*Swine influenza*）（简称猪流感）是由猪流感病毒引起的一种急性高度接触性传染病。以猪突然发病，传播迅速，来势猛，发病率高，致死率低，高热，上呼吸道炎症为主要特征。

此病在动物的存在历史已久，早在 1918 年，猪流感在美国大流行。1955 年，瑞典、东欧各国流行马流感，其后，在美国、西欧、大洋洲都有马流感流行。近几年禽类也广为流行，猪流感流行更为严重，并常常与副猪嗜血杆菌病、猪蓝耳病等混合感染造成严重损失。

世界卫生组织 2009 年 4 月 30 日将此前被称为猪流感的新型致命病毒更名为 H1N1 甲型流感［influenza A（H1N1）］。

【病原学】猪流感病毒（Swine influenza virus，SIV）为正黏病毒科、甲型流感病毒属，猪流感是由于甲型流感的 H1N1、H1N2、H3N1、H3N2 和 H2N3 的亚型变种引起，最常见的是甲型流感的病毒 H1N1、H3N2 及 H1N2 三种亚型。1988 年以前，在美国唯一流行于猪只间的是 H1N1 亚型病毒，从 1998 年 8 月底至今，H3N2 亚型病毒已从猪只中分离出来。至 2004 年，从美国猪及火鸡中分离出来的 H3N2 病毒包含了人类（HA、NA 及 PB1）、猪（NS、NP 及 M）及禽（PB2 及 PA）的三类毒株基因的三重交叉组合。甲型 H1N1 流感病毒是 A 型流感病毒，携带有 H1N1 亚型猪流感病毒毒株，包含有禽流感、猪流感和人流感三种流感病毒的核糖核酸基因片断，同时拥有亚洲猪流感和非洲猪流感病毒特征。流感病毒存在于病猪和带毒猪的呼吸道分泌物中，对热和日光的抵抗力不强，一般消毒药能迅速将其杀死。

【流行病学】传染源是病猪和带毒猪。病毒存在于呼吸道黏膜，通过飞沫经呼吸道侵入易感猪体内，在呼吸上皮细胞内迅速繁殖，很快致病，又向外排出病毒，迅速传播，往往在 2～3 天内波及全群。常呈地方流行性或大流行性。经 7～10 天左右疫情平息，死亡率却很低。康复猪和隐性感染猪，可长期带毒，成为传染源。猪不分品种、日龄、性别均可感染。该病有一定的季节性，多发生于气温骤变的秋冬季节和春季，尤其是潮湿多雨时更易发病。近年来在我国也曾发生过夏季大流行。饲养管理不良，长途运输过于疲劳，拥挤等，都是发病的诱因。各种年龄、性别、品种的猪均可感染发病。

【临床症状】突然发病，体温升高到41～41.5℃，精神沉郁，喜睡，常挤卧一起。减食至停食，粪便干燥，少数猪皮肤潮红。眼睛流泪、畏光，结膜潮红。呼吸急促，伴有咳嗽，流鼻涕。怀孕母猪（尤其是H3N2亚型流感）可发生死胎、流产、早产和产弱仔，初生仔猪因缺奶和感染发病而导致整窝死亡；暴发期过后一段时期内有的母猪产仔少，产畸形胎较多。若继发细菌病，死亡率可高达20%～30%；夏天防暑降温条件差或冬天保暖通风不好时，死亡率、淘汰率会大幅度升高。

【病理变化】单纯性流感主要是上呼吸道黏膜红肿，黏液增多。肺部病变轻重不一，有的只有边缘部分有轻度炎症，严重时，肺内散在有暗红色致密的肺炎病灶。支气管淋巴结肿大、瘀血。若合并和继发细菌感染，肺实变、水肿和出血较为严重。

【诊断】根据流行特点和临床症状可做出初步诊断，确诊需参照国家和行业标准进行实验室检测。实验室检查用灭菌的棉拭子采取鼻腔分泌物，鉴定其病毒。在鉴别诊断时，应注意与猪肺疫、猪传染性胸膜肺炎等相区别。

1. 预防

（1）防止引进传染源。防止易感猪与感染的动物接触。除康复猪带毒外，某些水禽和火鸡也可能带毒，应防止与这些动物接触。人发生A型流感时，应防止病人与猪接触。

（2）尽可能做到按年龄分群，实行全进全出制。

（3）被病猪污染的场地、用具和食槽，进行彻底消毒。加强卫生、消毒。

（4）杜绝诱因。在流行季节要适当降低饲养密度。避免猪群拥挤，注意夏天防暑、冬天防寒保暖，保持猪圈清洁干燥。这项工作对于预防本病暴发、减轻疫情、缓和症状都是非常重要的。

（5）加强饲养管理，定期驱虫。目前，国内已有减毒活疫苗和灭活疫苗两种。国外已制成猪流感病毒佐剂灭苗，经2次接种后，免疫期可达8个月。

2. 疫情扑灭

（1）一旦发病，对病猪立即就地隔离，及时处理或治疗病猪。

（2）加强场地消毒和带猪消毒。

（3）改善饲养管理条件，降低饲养密度，改善空气质量。饲喂易消化的饲料，特别要多喂些青绿饲料，以补充维生素和使大便通畅。有的病猪在良好的环境下，甚至不需药物治疗即可痊愈。

（4）治疗。目前无特效治疗药物。对严重喘气病猪，需加用对症治疗药物，如平喘药氨茶碱，改善呼吸药尼可刹米，改善精神状况和支持心脏药苯甲酸钠咖啡因，解热镇痛药如复方氨基比林、安乃近等。

（5）病猪不宜紧急出售或屠宰。个别治疗效果不佳、难于康复的，需经当地兽医确认并在其监督下进行无害化处理。

【公共卫生学】2009年3月源于北美洲人群的A/H1N1流感或甲型H1N1流感至2010年席卷全球。2009年4月23日至10月23日，全球大约5 000人死于甲型H1N1流感。截至2010年3月31日，我国31省份累计报告甲型H1N1流感确诊病例12.7万例，死亡800余例。

2016年年初，俄罗斯暴发H1N1流感，已有超过500人因发现流感症状被送往医院，其中123人被确诊患有H1N1流感。2016年8月，贵州出入境检验检疫局通报，在贵阳机场口岸检出首例甲型 H1N1 流感病毒患者。

人体对新变异甲型 H1N1 流感病毒没有天然抗体，发病后传播速度快。可通过接触感染。即可由人传染给猪，猪传染给人，也可在人群间传播。人群间传播主要是以感染者的咳嗽和喷嚏为媒介。甲型 H1N1 流感的死亡率为 6.77%，比一般流感要高。人感染猪流感症状与普通感冒类似，发烧、咳嗽、疲劳、食欲不振、肌肉酸痛，伴随有眩晕、头疼、腹泻、呕吐等症状，但体温突然超过 39℃，重者会继发肺炎和呼吸衰竭，甚至死亡。

预防：为了防止人畜共患，饲养管理员和直接接触生猪的人宜做到有效防护措施，注意个人卫生；经常使用肥皂或清水洗手，避免接触患猪，平时应避免接触流感样症状（发热、咳嗽、流涕等）或肺炎等呼吸道病人，尤其在咳嗽或打喷嚏后；避免接触生猪或有猪的场所，避免前往人群拥挤的场所，咳嗽或打喷嚏时用纸巾捂住口鼻，然后将纸巾丢到垃圾桶。对死因不明的生猪一律焚烧深埋再做消毒处理。如人不慎感染了猪流感病毒，应立即上报卫生主管部门，接触患病的人群应做相应 7 日医学隔离观察。卫生部门建议将 6～35 月龄儿童列入中国甲型 H1N1 流感疫苗接种人群，采用 7.5 微克、2 剂次免疫程序，2 剂次间隔 21～28 天。

甲型 H1N1 流感的警戒级别：

1 级警戒：在自然界，由动物传播流感病毒，尤其是鸟类，但该病毒还没有在动物之间流传或传染给人类。

2 级警戒：来自动物的流感病毒对家养或野生动物形成传播并开始威胁人类。

3 级警戒：动物所携带的流感病毒已经感染小部分人群，但仅仅是有限感染，并未有迹象产生大面积传播的可能。禽流感属于三级警戒。

4 级警戒：特点是已经被核实的动物对人类传播导致的人类对自己的感染并在社区一级暴发，其感染能力足以对社会产生重大影响。任何国家一旦出此种情况必须与世界卫生组织共同评估。

5 级警戒：至少有两个以上国家或地区的人类在相互传播流感病毒。这表明病毒发生大规模扩散已经迫在眉睫。

6 级警戒：全球开始大规模暴发动物流感

十二、猪副伤寒

猪副伤寒（Paratyphussuum）又称猪沙门菌病，是由多种沙门氏菌引起 1～4 月龄仔猪的常见传染病。以急性败血症或慢性纤维素性坏死性肠炎，顽固性下痢，有时以卡他性或干酪性肺炎为特征，常引起断奶仔猪大批发病，如伴发感染其他疾病或治疗不及时，死亡率较高，造成较大的经济损失。本病遍布于世界各养猪国家。屠宰过程中沙门氏菌污染胴体及其副产品也对人类食品安全造成一定的威胁，人感染后可发生食物中毒和败血症等症状。

【病原学】引起该病的沙门氏菌主要有沙门菌属的猪霍乱沙门菌、鼠伤寒沙门菌、猪霍乱沙门菌变种、猪伤寒沙门菌或肠炎沙门菌。该属细菌是一大群血清型上相关的革兰阴性、兼性厌氧的无芽孢杆菌。细菌菌体两端钝圆、中等大小、无荚膜，有周鞭毛，能运动，在普通培养基上能生长。沙门菌血清定型是用 O、H 和 Vi 单因子血清作玻板凝集试验来鉴定待检菌株的。

本属细菌对干燥、腐败、日光等环境因素有较强的抵抗力，该菌对热的抵抗力不强，60℃15 分钟即被杀灭。对于各种化学消毒剂的抵抗力也不强，常规消毒剂及其浓度均能达到消毒目的。

【流行病学】各日龄的猪均可感染，但常发生于 6 月龄内的猪，以 1～4 月龄者发生较多，20 日龄以内和 6 月龄以上的猪极少发生。病猪和带菌猪是本病的主要传染源。病猪的分泌物、排泄物等均含有大量的病原菌。

本病通过消化道和呼吸道传播；潜藏于隐性感染猪消化道、淋巴组织和胆囊内的病原菌，在机体抵抗力降低时也可激活而使动物发生内源性感染。交配或人工授精也可感染，胎儿在子宫内也可能受感染。

本病一年四季均可发生。但猪在多雨潮湿季节发病较多，一般呈散发。卫生条件差、密度过大、气候恶劣、分娩、长途运输或并发其他病原感染等，都可加剧该病的病情或使流行面积扩大。多与猪瘟混合感染（并发或继发），发病率高，致死率高。

【临诊症状】潜伏期由 2 天至数周不等。临诊分为急性型、亚急性和慢性型三种。

1. 急性型　多见于断奶前后的仔猪。病初呈败血症表现，体温升高达 41～42℃、精神不振、食欲废绝。后期有下痢和呼吸困难表现，耳根、胸前、腹下及后躯部皮肤呈紫红色。发病率低，病死率高，病程 2～4 天。

2. 亚急性和慢性型　该型在临诊上最为常见，病猪体温升高达 40.5～41.5℃、精神不振、食欲减退，眼有黏性或脓性分泌物；初便秘、后下痢，粪便恶臭，呈暗紫红色，并混有血液、坏死组织或纤维素絮片。有时病猪排出几天干便后才下痢，逐渐消瘦、行走不稳。中、后期病猪皮肤发绀、瘀血或出血，有时出现湿疹，并以干涸的痂样物覆盖，揭开见浅表溃疡。有的病猪咳嗽、呼吸困难。病程 2～3 周或更长，最后衰竭死亡。病死率 25%～50%。恢复猪生长发育不良，可带菌数个月。

【病理变化】急性者主要为败血症的病理变化。脾脏常肿大，色暗带蓝，坚度似橡皮，切面蓝红色，脾脏髓质不软化。肠系膜淋巴结索状肿大。其他淋巴结也有不同程度的增大，软而红，类似大理石状。肝脏、肾脏也有不同程度的肿大，充血和出血。有时肝脏实质可见糠麸状、极为细小的黄灰色坏死小点。全身各黏膜、浆膜均有不同程度出血斑点，肠胃黏膜可见急性卡他性炎症。

亚急性和慢性的特征病变为坏死性肠炎。盲肠、结肠肠壁增厚，黏膜上覆盖着一层弥漫性坏死性和腐乳状物，剥开见低部红色，边缘不规则的溃疡面，此种病变有时波及至回肠后段。少数病例滤泡周围黏膜坏死，稍突出于表面，有纤维蛋白渗出物积聚，形成隐约可见的轮环状。肠系膜淋巴结索状肿胀，部分成干酪样变。脾脏稍肿大，呈网状组织增殖。肝脏有时可见黄灰色坏死小点。

【诊断】急性病例诊断较困难，慢性型病例根据临诊症状和病理变化，结合流行病学即可做出初步诊断。确诊需要进行细菌学检查。

病料样品采集：采集病畜的肝、脾、心血和骨髓等样品。

ELISA 和 PCR 诊断技术可用于沙门菌的快速检测。血清学检测可用凝集试验。

【防控措施】采取良好的兽医生物安全措施，实行全进全出的饲养方式，控制饲料污染，消除发病诱因等是预防本病的重要环节。

发病猪应及时隔离消毒，并通过药敏试验选择合适的抗菌药物治疗，防止疫病传播和复发。庆大霉素、黏杆菌素、乙酰甲喹、硫酸新霉素及某些磺胺类药物有一定疗效。

病死猪必须进行无害化处理，以免发生食物中毒。

十三、鸡病毒性关节炎

鸡病毒性关节炎（Viral arthritis）又称病毒性腱鞘炎、禽病毒性关节炎综合征，是由禽呼肠孤病毒引起的鸡的传染病。该病主要侵害肉鸡，但有时也侵害蛋鸡和火鸡。临诊特征为感染鸡表现不同程度的跛行，跗关节剧烈肿胀，趾、跖部肌腱及腱鞘发炎，腓肠肌腱断裂，增重减少、饲料转化率低，机体的免疫功能低下，因此对养禽业构成一定危害。

1954 年，Fahey 等首次从病鸡呼吸道内分离到禽呼肠孤病毒。1957 年，Olson 等在美国从滑膜炎病鸡中分离到“关节炎病毒”，并于 1972 年被鉴定为呼肠孤病毒。本病已遍布世界各养禽国家和地区。我国于 1980 年以来已有多个省市发生本病。

【病原学】 禽呼肠孤病毒（Avian reoviruses）隶属呼肠孤病毒科、正呼肠孤病毒属。病毒无囊膜，基因组 70%为双链 RNA，30%为单链 RNA。不同毒株的呼肠孤病毒在抗原性和致病性上存在差异，但各毒株之间具有共同的群特异性抗原。根据中和试验将禽呼肠孤病毒分为 11 个血清型。根据致病性可将病毒分为三型，1 型引起“暂时性消化系统紊乱”（TDSD），2 型引起禽病毒性关节炎综合征（VAS），3 型既能引起 TDSD 又能引起 VAS。

呼肠孤病毒对外界环境的抵抗力比较强，对温热、乙醚、氯仿、来苏儿、福尔马林、过氧化氢等均不敏感。70%乙醇溶液、0.5%有机碘溶液及碱性消毒剂对该病毒有较好的杀灭作用。

【流行病学】 只有鸡和火鸡是病毒性关节炎病毒的自然宿主。鸡对本病的易感性有明显的年龄差异，自然感染发病多见于 4～7 周龄。病鸡和带毒鸡是主要的传染源。本病可以经呼吸道、消化道水平传播，也可经蛋垂直传播。水平传播是该病的主要传染途径。

鸡病毒性关节炎的发生无季节性和周期性，但以冬季多发，一般呈散发或地方性流行。饲养管理不善、卫生条件差、消毒不严格、特别是鸡群中存在其他病原体如传染性法氏囊病毒、支原体及球虫的感染可增加禽呼肠孤病毒感染和发病的机会。

【临诊症状】 本病主要发生于 5～7 周龄的肉鸡，发病率可达 10%，死亡率一般低于 2%。

禽病毒性关节炎综合征可以分为急性和慢性两种病型，青年肉鸡最多见。

1. 急性型 发病突然，表现为跛行，站立姿势改变，跗关节上方腱囊双侧性肿大、发热、难以屈曲，早期稍柔软，后期变僵硬，严重者腓肠肌腱断裂。发病率可达 100%，死亡率一般在 6%以下，增重减慢。病程较短，一般急性期仅 5 天左右。部分鸡可转为慢性型，但也有一开始就表现为慢性型。

2. 慢性型 病例突出表现是跛行明显，生长发育缓慢，饲料报酬降低。腿部检查可发现跗、跖关节肿胀变硬、难以屈曲，但一般不发热。其他症状不明显。有些鸡群属隐性感染，看不到临诊症状，只在屠宰时可发现跖屈肌腱区肿大、关节及腱鞘炎症。

【病理变化】 典型病例的突出病变在关节。早期剖检可见跗关节和跖关节的腱鞘水肿，跖伸肌及跖屈肌腱肿胀或肌腱断裂，关节腔内有淡黄或淡红色渗出液，有些为脓性渗出物，关节滑膜有出血点。病程较长的慢性病例，腱鞘硬化并粘连，胫跗关节远端关节软骨上有不同程度的溃烂，并可延及下部骨质。有些病例关节滑膜增厚，关节腔内有干酪样物质。

【诊断】根据本病多侵害青年肉鸡，发病率高，病死率低，跗关节明显发炎肿胀、发热，病鸡跛行，喜卧，食欲、精神多无变化；剖检关节有明显的腱鞘水肿或肌腱断裂、关节腔积液等特点，一般可作出现场初步诊断。必要时或对于一些慢性和混合感染病例可进行实验室诊断。最常用的是 AGP 和 ELISA 方法。

病料样品采集：以无菌棉拭子收集病鸡关节或腱鞘水肿液或滑膜组织液，病料－20℃保存备用。血清学检测采集病鸡血液分离血清。

【鉴别诊断】应与鸡滑膜支原体及葡萄球菌等病原引起的关节炎相区别。

【防控措施】由于呼肠孤病毒广泛存在于外界环境中，而且抵抗力较强，因此平时应搞好饲养管理，加强消毒。最好采用全进全出的饲养模式，以便彻底清扫、消毒，切断传播途径。由于本病可以垂直传播，而且早期感染危害较大，因此应对种鸡采取相应措施以保护雏鸡不受感染，为此可以淘汰阳性种鸡。健康鸡群应防止引进带毒受精卵进行孵化，严禁使用污染病毒的疫苗。目前防控本病最有效的方法是对种鸡进行疫苗接种。

十四、禽传染性脑脊髓炎

禽传染性脑脊髓炎（Avian encephalmyelitis，AE）又称为流行性震颤，是由禽脑脊髓炎病毒引起鸡的一种急性、高度接触性传染病。该病主要侵害雏鸡的中枢神经系统，典型症状是共济失调和头颈震颤，主要病变为非化脓性脑脊髓炎。成年鸡感染后出现产蛋率和孵化率下降，并能通过垂直感染和水平感染使疫情不断蔓延。

1930 年，Jones 首次报道美国马萨诸塞州发生禽传染性脑脊髓炎，随后该病遍及世界大多数国家和地区。我国自从 1982 年发现该病以来，迄今在大部分养鸡地区都曾有病例出现。

【病原学】禽传染性脑脊髓炎病毒（Avian encephalomyetitis virus，AEV）为微 RNA 病毒科、肠病毒属的禽肠病毒，病毒无囊膜，基因组为单股 RNA。该病毒只有一个血清型，但毒株毒力及对器官组织的嗜性有较大差异。根据病理表现型可将其分为两类：一类是以自然野毒株为主的嗜肠型，它们容易通过口服途径感染鸡，并通过粪便传播，经垂直感染或早期水平感染以及实验室条件下脑内接种时，雏鸡可表现神经症状；另一类是以胚适应毒株为主的嗜神经型，这些毒株口服一般不引起感染，但在脑内接种、皮下接种或肌肉注射时可引起严重的神经症状，它们不通过水平方式传播。

AEV 抵抗力较强，对消毒剂、酸、胰蛋白酶、胃蛋白酶和 DNA 酶等具有抵抗力。在 Mg^{2+} 保护下具有抗热效应。

【流行病学】禽传染性脑脊髓炎自然感染见于鸡、雉、日本鹌鹑和火鸡，各种日龄均可感染，但以 1～4 周龄的雏鸡发生最多，并表现明显的临诊症状。病鸡和带毒鸡是主要的传染源。病鸡通过粪便排出病毒，持续时间为 5～12 天。

禽脑脊髓炎病毒能够进行水平传播和经卵垂直传播，主要的传播方式是粪—口途径经消化道传播。产蛋母鸡感染后 3 周内所产的种蛋均带有病毒，由这些种蛋孵化的部分鸡胚可能在孵化后期死亡，另一部分则可以孵化出壳。但出壳的雏鸡在 1～20 日龄之间将陆续出现典型的临诊症状。本病一年四季均可发生。

【临诊症状】经胚胎感染的雏鸡潜伏期为 1～7 天，自然感染或经口感染的雏鸡，最短的潜伏期为11天。此病主要见于4周龄以内的雏鸡，极少数到7周龄左右才发病。一般的发病率是40%～60%，死亡率平均为25%，亦可超过50%。

病雏初期表现为精神沉郁、反应迟钝，不愿走动而蹲坐，驱赶时可勉强走动，但摇摆不定或向前猛冲后倒下。病雏在早期仍能采食和饮水，随着病情的加重而站立不稳，双腿紧缩于腹下或向外叉开，头颈震颤（用手轻触病鸡头部时感觉更明显），共济失调或完全瘫痪。有时病鸡还出现易惊、斜视，头颈偏向一侧。有些病雏发病后2～6天死亡，有些可延续十几天。耐过病鸡常发生单侧或双侧眼的白内障，甚至失明。

1月龄以上的鸡群感染后，除出现血清阳性反应外，一般无任何明显的临诊症状和病理变化。

产蛋鸡感染时，除血清学反应阳性外，产蛋率下降，下降幅度为10%～20%，但鸡采食、饮水、蛋壳硬度及颜色正常。

【病理变化】 肉眼可见的病变主要是病雏肌胃有细小的灰白区，但必须细心观察才能发现。有一些病例的脑组织变软，有不同程度瘀血，或在大小脑表面有针尖大出血点。

病理组织学变化主要表现在中枢神经系统、腺胃、肌胃和胰腺等。周围神经一般不受侵害。中枢神经出现以胶质细胞增生为特征的弥散性非化脓性脑脊髓炎和背根神经炎，尤其在大脑视叶、小脑、延脑、脊髓中易见到以淋巴细胞性管套为主的血管套。一般症状与病变的严重程度或中枢神经系统的分布不呈正相关。腺胃、胰腺、肝脏和肌胃等内脏器官中会出现淋巴细胞结节状增生性变化。

【诊断】 根据临诊症状、流行病学特征，结合药物治疗无效等资料可作初步诊断，确诊需实验室诊断。

病料样品采集：最好的病料是病死鸡的脑，尤其是发病2～3天之前的脑组织，无菌采集后−20℃保存备用待检。血清学检测采集病鸡血液分离血清。

【鉴别诊断】 禽脑脊髓炎在症状或组织学变化上与鸡新城疫、禽流感、维生素 B_1 缺乏症、维生素 B_2 缺乏症、维生素E和微量元素硒的缺乏症等有某些相似之处，应注意鉴别诊断。

【防控措施】 加强饲养管理，把好引种关，防止从疫区引进种蛋或雏鸡，种鸡被感染后1个月以内产的蛋不做种蛋孵化。有本病存在的鸡场和地区进行免疫接种是预防本病的重要措施之一。本病尚无有效的治疗方法，鸡群一旦发病，应立即采取措施进行无害化处理，污染场地、用具彻底消毒。

十五、传染性鼻炎

传染性鼻炎（Infectious coryza，IC）是由副禽嗜血杆菌引起鸡的一种急性上呼吸道传染病，主要特征是流鼻涕、打喷嚏、面部肿胀、结膜发炎、鼻腔和窦腔黏膜发炎，产蛋下降。本病主要侵害育成鸡和产蛋鸡，严重影响鸡群生长发育和产蛋，常造成严重的经济损失。

传染性鼻炎最早于1920年首次在美国报道，1932年由De Blieck分离到病原。现已分布于世界各养鸡国家，我国也有广泛流行。

【病原学】 副禽嗜血杆菌（*Haemophilus paragallinarum*）又叫副鸡嗜血杆菌，为巴氏杆菌科、嗜血杆菌属的成员。本菌革兰染色阴性，为球杆状或多形性，无鞭毛，不能运动，不形成芽孢。大多数有毒力的菌株在体内或初次分离时带有荚膜。在病料中以单个、成双或短链形式散在或呈丛存在。

本菌为兼性厌氧，在5%～10%CO_2的条件下生长较好。对营养要求较高，多数菌株需要在培养基中加入生长（V）因子和添加1%犊牛血清才能生长良好。由于葡萄球菌（保姆菌）在生长过程中可以产生V因子，因此若将两者交叉划线于琼脂平板上进行培养，可在葡萄球菌菌落周围形成"卫星现象"。本菌在鲜血琼脂培养基上培养24小时后，可形成灰白色、半透明、圆形、凸起、边缘整齐的光滑型小菌落，有荧光。在麦康凯琼脂上不生长。副禽嗜血杆菌血清型分类为A、B和C 3个血清型，A、C两型又各有4个亚型，又称Page血清型。同一血清型的菌株所制备的菌苗只能对同源菌株的攻击提供免疫保护。我国分离株主要是A血清型，并有少量C血清型。主要存在于病鸡或带菌鸡的鼻腔、鼻窦、眶下窦及气管等器官黏膜和分泌物中。耐过本菌感染的鸡具有较强的免疫力，以体液免疫为主。

本菌对外界环境的抵抗力较弱，在宿主体外很快失活。病鸡排泄物中的病原菌在自来水中仅能存活4小时。在血琼脂平板上的培养物于4℃可存活1周，在鸡胚卵黄囊中的细菌于－20℃可存活1个月。真空冻干菌种于－20℃以下可长期保存。本菌对各种消毒药物和消毒方法均敏感。在体内和体外对多种抗菌药物敏感，尤其是磺胺类及广谱抗生素。

【流行病学】传染性鼻炎自然感染主要发生于鸡。各种年龄的鸡均可感染，但4周龄以上鸡最易感，尤其是初产蛋鸡，发病后较为严重。成年鸡感染后潜伏期短而病程长。病鸡和带菌鸡是本病的传染源本病可通过污染的饮水、饲料等经消化道传播，也可通过空气经呼吸道传播。麻雀也能成为传播媒介。

传染性鼻炎一年四季均可发生，但秋、冬季节多发。除气候外，饲养管理条件、鸡群年龄等因素也与本病的发生和严重程度有关。

【临诊症状】本病的潜伏期1～3天，在鸡群中传播很快，几天之内可波及全群。病鸡颜面肿胀、肉垂水肿，鼻腔有浆液性或黏液性分泌物。可见结膜炎和窦炎。病初眼结膜发红、肿胀、流泪、眼睑水肿、打喷嚏、流浆液性鼻涕，后转为黏液性。病鸡不时发出快而短促的"哭、哭"声。由于炎性分泌物的不断增加和积蓄，病鸡眶下窦、鼻窦肿胀、隆起，上下眼睑粘连，闭合。病情严重或炎症蔓延至下呼吸道时，可见病鸡摇头、张口呼吸、有呼吸道啰音。未开产鸡表现发育不良，开产鸡群则产蛋明显下降（10%～40%）。病程一般1～2周，若无继发感染则很少引起死亡。若继发感染其他病，则病情加重，病程延长，死亡增多。

【病理变化】主要病变在鼻腔、鼻窦和眼睛。鼻腔、鼻窦黏膜有急性卡他性炎症，黏膜充血肿胀，被覆有黏液。病程较长者鼻腔、鼻窦内有鲜亮、淡黄色干酪样物。结膜充血肿胀，眼睑及脸部水肿，结膜囊内可见干酪样分泌物。有些急性病例可见口腔、喉头或气管有浆液或黏液性分泌物，另外可见气囊炎、肺炎和卵泡变性、坏死或萎缩。当有鸡毒支原体继发或合并感染时，上述病变更明显。

【诊断】根据其流行特点和临诊症状做出初步诊断。若要确诊或有混合感染和继发感染时则要进行实验室诊断。

病料样品采集：取急性发病期（发病后1周以内）并未经药物治疗的病鸡，在其眶下窦皮肤处烧烙消毒，剪开窦腔，以无菌棉签插入窦腔深部采取病料，或从气管、气囊无菌采取分泌物。血清学检测采集病鸡血液分离血清。

若要确诊或有混合感染和继发感染时则需参照农业行业标准进行实验室检测。

【鉴别诊断】脸肿是本病的特征性症状。应注意将本病与鸡的慢性呼吸道病（CRD）和传染性喉气管炎（ILT）相区别。慢性呼吸道病可发生于各种年龄的鸡，尤其幼龄鸡发病后症状严重，但传播较慢，病程长，可反复发生，磺胺类药物治疗无效。传染性喉气管炎全身症状要严重得多，除了呼吸道啰音明显，可咳出带血黏液外，常有绿色或黄绿色下痢，鸡冠肉髯发紫，且产蛋率锐减并持续较长时间，死亡鸡喉头，气管多有出血，气管内有干酪样或血性分泌物，抗生素治疗无效。

【防控措施】平时加强饲养管理，搞好卫生消毒，包括带鸡消毒。防止鸡群密度过大，不同年龄的鸡应隔离饲养。在寒冷季节，既要搞好防寒保暖，又要注意通风换气，降低空气中粉尘和有害气体含量。免疫接种是预防本病的主要措施之一。

本病发生后，可选用敏感药物进行治疗。常用双氢链霉素、红霉素及磺胺类药物。

十六、禽结核病

禽结核病（Avian tuberculosis）是由禽分枝杆菌引起禽的一种慢性传染病。以消瘦、贫血、受侵器官组织结核性结节为特征。

1884年法国最先有发生记载。1902年柯霍（Koch）氏发现本病原菌与哺乳动物的结核菌是不同型的抗酸菌。该病各地均有散发。

【病原学】禽分枝杆菌为分枝杆菌属成员。不像结核分枝杆菌和牛分枝杆菌那样形成链，不产生芽孢或荚膜，不能运动。革兰染色阳性，用可鉴别分枝杆菌的萋尼二氏抗酸染色法染成红色。本菌为专性需氧菌，对营养要求严格，生长要求的最适pH为7.2、最适温度为37～38℃。在培养基中加入适量的全蛋、蛋黄或蛋白及动物血清或分枝杆菌素等均有利于此菌快速生长。

禽分枝杆菌本菌对外界环境的抵抗力较强。特别是对干燥、腐败及一般消毒药耐受性强。在干燥的痰中10个月，粪便土壤中6～7个月，常水中5个月，奶中90天，在直射阳光下2小时仍可存活。对低温抵抗力强，在0℃可存活4～5个月。对湿热抵抗力弱，100℃水中立即死亡。对紫外线敏感，波长265纳米的紫外线杀菌力最强。一般的消毒药作用不大，对4%NaOH、3%HCl、6%H_2SO_4有抵抗力，15分钟不受影响。5%来苏儿48小时，5%甲醛溶液12小时方可杀死本菌，而在70%的乙醇溶液、10%漂白粉溶液中很快死亡。碘化物消毒效果最佳，但对无机酸、有机酸、碱类和季铵盐类等具有抵抗力。

本菌对磺胺药、青霉素和其他广谱抗生素均不敏感，但对链霉素、异烟肼、利福平、乙胺丁醇、卡那霉素、对氨基水杨酸、环丝氨酸等药物有不同程度的敏感性。

【流行病学】鸡、火鸡、鸭、鹅、孔雀、鸽、捕获的鸟类和野鸟均可感染。其中鸡尤以成年鸡最易感。牛、猪和人也可感染。试验动物中小鼠有一定的敏感性。病禽及带菌动物是主要传染源。本病主要经过消化道和呼吸道感染。多呈散发性。无明显的季节性和地区性。

【临诊症状】潜伏期约2个月至一年不等。以渐进性消瘦和贫血为特征。病鸡表现胸肌萎缩、胸骨突出或变形，鸡冠、肉髯苍白。如果关节和骨髓发生结核，可见关节肿大、跛行；肺结核病鸡，呼吸困难；肠结核可引起严重腹泻。

【病理变化】病变部位有大小不等、灰黄色或灰白色结核结节，常见于肺、肝、脾、肠和骨髓等。肠壁、腹膜、卵巢、胸腺等处也可见到结核结节。

【诊断】根据临诊症状和病理变化可做出初步诊断，确诊需参照 NY/T 536—2017 进行实验室检测。

病料样品采集：病原检查取肺、肝、脾、肠和骨髓等处结核结节。血清学检测采集病鸡血液。

【防控措施】该病的综合性防控措施通常包括：加强引进家禽的检疫，防止引进带菌禽类；净化污染群，培育健康禽群；加强饲养管理和环境消毒，增强禽群的抗病能力、消灭环境中存在的禽分枝杆菌等。

每年对禽群进行反复多次的普检，淘汰变态反应阳性病禽。患结核病的禽类应无害化处理，污染场地应彻底消毒。

十七、牛流行热

牛流行热（Bovine epizootic fever）又称三日热或暂时热是由牛流行热病毒引起牛的一种急性、热性传染病，其临诊特征是突发高热，流泪，流涎，鼻漏，呼吸促迫，后躯强拘或跛行。该病多为良性经过，发病率可高达 100%，病死率低，一般只有 1%～2%，2～3 天即可恢复。流行具有明显的周期性、季节性和跳跃性。由于大批牛发病，严重影响牛的产奶量、出肉率以及役用牛的使役能力，尤其对乳牛产乳量的影响最大，且流行后期部分病牛因瘫痪常被淘汰，故对养牛业的危害相当大。

在 1867 年，Sweinfurth 首次报道该病在南非的大流行情况，1910 年被证实。本病广泛流行于非洲、亚洲及大洋洲。在日本，本病被称为流行热，曾于 20 世纪 50 年代多次流行。据记载，我国于 1938 年就有该病的流行，但到 1976 年才分离出病毒得到证实。

【病原学】牛流行热病毒（Bovine epizootic fever virus），又名牛暂时热病毒（Bovine ephemeral fever virus，BEFV），属于弹状病毒科、暂时热病毒属。病毒基因组为单股 RNA。BEFV 只有一个血清型。

该病毒对外界的抵抗力不强，对热敏感，37℃18 小时、56℃10 分钟均可将其灭活；但血液中的病毒 2～4℃储存 8 天后仍有感染性；－20℃以下可长期保持毒力。pH2.5 以下或 pH9 以上于数十分钟内使之灭活，对一般消毒药敏感。

【流行病学】本病主要侵害牛，其中以奶牛和黄牛最易感，水牛的感受性较低，羚羊和绵羊也感染并产生中和抗体。

病牛是该病的主要传染源。牛流行热主要通过血液传播。以库蠓、疟蚊等节肢动物为传播媒介，通过吸血昆虫（蚊、蠓、蝇）叮咬而传播。牛流行热的发生和流行具有明显的季节性，主要发生于蚊蝇滋生的夏季，北方地区于 7～10 月；南方可在 7 月以前发生。

【临诊症状】潜伏期为 2～11 天，一般为 3～7 天。

病牛突然发病，体温升高达 39.5～42.5℃，以持续 24～48 小时的单相热、双相热和三相热为特征。同时，可见精神沉郁，目光呆滞，反应迟钝，食欲减退，反刍停止，流泪，畏光，眼结膜充血，眼睑水肿；多数病牛鼻腔流出浆液性或黏液性鼻涕；口腔发炎、流涎，口角有泡沫。心跳和呼吸加快，呈明显的腹式呼吸，并在呼吸时发出“哼哼”声；病牛运动时可见四肢强拘、肌肉震颤，有的患牛四肢关节浮肿、硬、疼痛，步态僵硬（故名僵直病），有的出现跛行，常因站立困难而卧地不起。触诊病牛皮温不整，特别是角根、耳、肢端有冷感。有的病牛出现便秘或腹泻，发热期尿量减少，尿液呈暗褐色，混浊；妊娠母牛可发生流产、死胎，泌乳量下降或停止。多数病例为良性经过，病程3～4天，很快可恢复。病死率一般不超过1%，但部分病牛常因跛行或瘫痪而被淘汰。

【病理变化】剖检病死牛可见胸部、颈部和臀部肌肉间有出血斑点；胃肠道黏膜瘀血呈暗红色，各实质器官浑浊肿胀，心内膜及冠状沟脂肪有出血点；胸腔积有多量暗紫红色液体，肺充血、水肿，并有明显的肺间质气肿现象，表现为气肿肺脏的高度膨隆，压迫有捻发音，切面流出大量的暗紫红色液体，间质增宽，内有气泡和胶冻样物浸润；气管内积有多量的泡沫状黏液，黏膜呈弥漫性红色，支气管管腔内积有絮状血凝块。淋巴结肿胀、充血和出血。

【诊断】根据临诊表现、流行病学特点可做出初步诊断，确诊需参照NY/T 3074—2017进行实验室检测。

病料采集：采集发病初期或高热期病牛的血液或病死牛的脾、肝、肺等。

【鉴别诊断】本病应与牛的其他一些急性呼吸道传染病加以区别。

1. 茨城病 病牛在体温恢复正常后出现明显的咽喉食道麻痹，头下垂时第一胃内容物可自口鼻溢出，并可诱发咳嗽。但流行季节、临诊表现均与牛流行热相似。

2. 牛呼吸道合胞体病毒感染 是牛的一种急性热性呼吸道传染病，传染性很强，但与牛流行热的不同点是多发生于晚秋、严冬和早春。该病以支气管肺炎为主，病程较长，约1周或更长，病死率低。

3. 牛鼻病毒感染 也可诱发牛的急性热性呼吸道疫病，但于一定时间内流行范围没有流行热广泛。其呼吸道症状持续时间较流行热长，康复缓慢，有的病例达1个月以上。

4. 牛传染性鼻气管炎 是以发热、鼻漏、流泪、呼吸困难及咳嗽为主的上呼吸道及气管感染，无明显季节性，但多发于寒冷季节。病原为牛疱疹病毒1型。

【防控措施】根据本病的流行特点，一旦发生该病应及时采取有效的措施，即发现病牛，立即隔离，并采取严格封锁、彻底消毒的措施，杀灭场内及其周围环境中的蚊蝇等吸血昆虫，防止该病的蔓延传播。定期对牛群进行疫苗的计划免疫是控制该病的重要措施之一，目前中国农业科学院哈尔滨兽医研究所研制的牛流行热灭活疫苗具有较好的免疫原性。

本病尚无特效的治疗药物。发现病牛时，病初可根据具体情况酌用退热药及强心药；治疗过程中可适当用抗生素类药物防止并发症和继发感染，同时用中药辨证施治。

经验证明，在该病流行期间，早发现、早隔离、早治疗，消灭蚊蝇是减少该病传染蔓延的有效措施。自然病例恢复后，病牛在一定时期内具有免疫力。

十八、牛病毒性腹泻/黏膜病

牛病毒性腹泻/黏膜病（Bovine viral diarrhea/Mucosal disease，BVD/MD）是由牛病毒性腹泻病毒引起牛、羊和猪的一种急性、热性传染病。病毒引起的急性疾病称为牛病毒性腹泻，引起的慢性持续性感染称为黏膜病。牛羊发生本病时的临诊特征是黏膜发炎、糜烂、坏死和腹泻；猪则表现为母猪的不孕、产仔数下降和流产，仔猪的生长迟缓和先天性震颤等。

本病呈世界性分布，造成全世界奶牛、肉牛的重大经济损失。1980年以来，由于引进奶牛和种牛将本病带入我国，在部分地区流行。

【病原学】 牛病毒性腹泻病毒（Bovine viral diarrhea virus，BVDV），属于黄病毒科、瘟病毒属的成员，与猪瘟病毒和边界病病毒同属，它们在基因结构和抗原性上有很高的同源性，BVDV的基因组为正单股RNA，有囊膜。

该病毒对氯仿、乙醚和胰酶等敏感。对外界因素的抵抗力不强，pH3.0以下或56℃很快被灭活，对一般消毒药敏感，但血液和组织中的病毒在低温状态下稳定，在冻干状态可存活多年。

【流行病学】 本病可感染多种动物，特别是偶蹄动物，如黄牛、水牛、牦牛、绵羊、山羊、猪、鹿及小袋鼠等。

患病动物和带毒动物为传染源，动物感染可形成病毒血症，在急性期患病动物的分泌物、排泄物、血液和脾组织中均含有病毒，感染怀孕母羊的流产胎儿也可成为传染源；康复牛可带毒6个月，成为很重要的传染源；免疫耐受牛是危险的传染源。

牛病毒性腹泻病毒可通过直接接触或间接接触传播，主要传播途径是消化道和呼吸道，也可通过胎盘垂直传播，交配和人工授精也能传染。食用隐性感染动物的下脚料，病原体污染的饲料、饮水、工具等可以传播该病。猪群感染通常是通过接种被该病毒污染的猪瘟弱毒苗或伪狂犬弱毒苗引起，也可以通过与牛接触或来往于猪场和牛场之间的交通工具传播而感染。

牛病毒性腹泻的发生通常无明显的季节性，牛的自然病例可常年发生，但以冬春季节多发。牛不论大小均可发病，在新疫区急性病例多，但通常不超过5%，病死率达90%～100%，发病牛多为8～24月龄。老疫区发病率和死亡率均很低，但隐性感染率在50%以上。猪感染后以怀孕母猪及其所产仔猪的临诊表现最明显，其他日龄猪多为隐性感染。

【临诊症状】

1. 牛　自然感染的潜伏期5～10天。根据临诊症状和病程可分为急性型和慢性型，临诊上的感染牛群一般很少表现症状，多数表现为隐性感染。

（1）急性型　多见于幼犊。常突然发病，最初的症状是厌食，鼻、眼流出浆液黏性鼻漏，咳嗽，呼吸急促，流涎，精神委顿，体温升高达40～42℃，持续4～7天，同时白血球减少。此后体温再次升高，白细胞先减少，几天后有所增加，接着可能再次出现白细胞减少。进一步发展时，病牛鼻镜糜烂、表皮剥落，舌面上皮坏死，流涎增多，呼气恶臭。通常在口腔黏膜病变出现后，发生特征性的严重腹泻，持续3～4周或可间歇持续几个月之久。初时粪便稀薄如水，瓦灰色，有恶臭，混有大量黏液和无数小气泡，后期带有黏液和血液。有些病牛常有蹄叶炎及趾间皮肤糜烂、坏死，患肢跛行。犊牛病死率高于年龄较大的牛；成年奶牛的病状轻重不等，泌乳减少或停止。肉用牛群感染率为25%～35%，急性病例多于15～30天死亡。

（2）慢性型　较少见，病程2～6个月，有的长达一年，多数病例以死亡告终。很少出现体温升高，病牛被毛粗乱、消瘦和间歇性腹泻。最常见的症状是鼻镜糜烂并在鼻镜上连成一片，眼有浆液性分泌物、门齿齿龈发红。球节部皮肤红肿、蹄冠部皮肤充血、蹄壳变长而弯曲，步态蹒跚、跛行。

妊娠母牛感染本病时常发生流产或产下有先天性缺陷的犊牛，最常见的缺陷是小脑发育不全。患犊表现轻度的共济失调、完全不协调或不能站立。有些患牛失明。

2. 猪 自然感染时很少出现临诊症状，但怀孕母猪感染后可引起繁殖障碍、产仔数减少、新生仔猪个体变小、体重减轻及流产和木乃伊胎等，个别母猪可能出现发热和阵发性痉挛等现象。当母猪接种污染有本病毒的疫苗时，所产仔猪生后的死淘率明显升高，仔猪的临诊表现主要为贫血、消瘦、被毛粗乱、生长迟缓、先天性震颤等。有时还可发生结膜炎、腹泻、多发性关节炎、皮肤具有出血斑及蓝耳尖等。

【病理变化】患病牛的主要病变位于消化道和淋巴组织。从口腔至直肠整个消化道黏膜出现糜烂性或溃疡性病灶。鼻镜、口腔黏膜、齿龈、舌、软腭、硬腭以及咽部黏膜有小的、不规则的浅表烂斑，尤其是食道的这种排列成纵行的糜烂斑最具有示病性。病牛偶尔可见瘤胃黏膜有出血和糜烂，真胃黏膜炎性水肿和糜烂，小肠黏膜弥漫性发红，盲肠、结肠和直肠黏膜水肿、充血和糜烂。集合淋巴结和整个消化道淋巴结水肿、出血。运动失调的新生犊牛有严重的小脑发育不全及两侧脑室积水现象。蹄部皮肤出现糜烂、溃疡和坏死。流产胎儿的口腔、食道、气管内有出血斑及溃疡。

猪患病后通常缺乏特征性的变化，常见的病变是淋巴结、心外膜和肾脏出血，消化道黏膜出现卡他性、增生性或坏死性炎症，黏膜肥厚或有溃疡。有时可见坏死性扁桃体炎、黄疸、多发性浆膜炎、多发性关节炎和胸腺萎缩等变化。

【诊断】在本病流行地区，可根据病史、临诊症状和病理变化，特别是口腔和食道的特征性病变获得初步诊断。确诊必须进行病毒鉴定以及血清学检查。

病料样品采集：对先天性感染并有持续性病毒血症的动物，可采取其血液或血清；对发病动物可取粪便、鼻液或眼分泌物，剖检时则可采取脾、骨髓或肠系膜淋巴结；也可取发病初期和后期的动物血清等。

【鉴别诊断】本病应注意与类似病症相鉴别，如牛传染性鼻气管炎、恶性卡他热、蓝舌病、水疱性口炎、传染性溃疡性口炎、牛瘟、口蹄疫、副结核病等。猪群感染应注意与猪瘟、猪繁殖与呼吸综合征、伪狂犬病等繁殖障碍性疾病鉴别诊断。

【防控措施】平时要加强检疫，防止引进病牛，一旦发病，立即对病牛进行隔离治疗或无害化处理，防止本病的扩散或蔓延。通过血清学监测检出阳性牛，继而再用分子生物学方法检测血清学阴性的带毒牛，淘汰持续感染的牛，逐步净化牛群。

免疫接种用灭活疫苗效果欠佳，弱毒疫苗已普遍使用，但在某些免疫耐受的动物可诱发严重的黏膜病。对受威胁的无病牛群可应用弱毒疫苗和灭活疫苗进行免疫接种。目前，牛群应用的弱毒疫苗多为牛病毒性腹泻/黏膜病、牛传染性鼻气管炎及钩端螺旋体病三联疫苗。

本病尚无特效治疗方法。牛感染发病后，通过对症疗法和加强护理可以减轻症状，应用收敛剂和补液疗法可缩短恢复期。加强饲养管理，增强机体抵抗力，促使病牛康复，可减少损失。

对猪群的预防措施包括防止猪群与牛群的直接和间接接触，禁止牛奶或屠宰牛废弃物作为猪饲料添加剂使用，但更重要的是防止该病毒污染猪用活疫苗。由于猪用活疫苗多使用细胞培养物生产，在生产过程中还大量使用牛血清，如果不进行检测和处理，牛血清中污染的病毒会造成接种疫苗的猪只发病。因此，应在疫苗生产过程中加强该病毒的检测，防止疫苗污染造成的损失。

十九、牛生殖器弯曲杆菌病

牛生殖器弯曲杆菌病（Bovine genital campulobacterosis）是由胎儿弯曲杆菌引起牛的一种生殖道传染病。以暂时性不孕，胚胎早期死亡和少数孕牛流产为特征。主要发生于自然交配的牛群，肠道弯曲杆菌也可引起散发性流产。本病对畜牧业发展危害较大，因此世界各国已将本病菌列为进出口动物和精液的检疫对象。

【病原学】胎儿弯曲杆菌（Campylobacter fetus）又称胎儿弯曲菌，属弯曲菌属。该菌分为胎儿弯曲杆菌性病亚种和胎儿弯曲杆菌胎儿亚种。胎儿弯曲杆菌性病亚种可致牛流产和不育，此菌不在人和动物的肠道中繁殖，存在于母牛阴道黏液、公牛精液和包皮以及流产胎儿的组织和胎盘中；胎儿亚种致绵羊流产和牛的散发性流产，此菌除存在于流产绵羊和牛的胎盘及胎儿胃内容物之外，还存在于人和动物的肠道和胆囊以及人体许多部位的血液、脊髓液和脓肿之中，也可感染人，引起流产、早产、败血症以及类似于布鲁菌病的症状。本菌具有耐热的菌体抗原（O 抗原）和不耐热的鞭毛抗原（H 抗原），有的菌株有荚膜抗原（K 抗原）。各地血清型分布无规律，都有其流行的优势菌型。

本菌抵抗力不强，易被干燥、直射阳光及一般消毒药所杀死，58℃加热 5 分钟死亡。在干草、厩肥和土壤中，于 20℃可存活 10 天，于 6℃可存活 20 天。在冷冻精液（－79℃）内可存活。

【流行病学】多数成年母牛和公牛有易感性，未成年者稍有抵抗力。羊、犬、人也可感染。病母牛和带菌的公牛以及康复后的母牛是传染源。病菌存在于母牛生殖道、流产胎盘和胎儿组织中，寄生于公牛的阴茎上皮和包皮的穹隆部。本病经交配和人工授精而传染。也可由于采食污染的饲料、饮水等而经消化道传染。

初次发病牛群，在开始的 1～2 年内，不孕和流产的发生率较高，以后受胎率逐渐恢复正常。但是一旦引进新牛群，又可流行。

【临诊症状】公牛一般没有明显症状，精液也正常，但可带菌。母牛于交配感染后，病菌在阴道和子宫颈部繁殖，引起阴道卡他性炎症，表现阴道黏膜发红，黏液分泌增多。妊娠牛可因阴道卡他性炎和子宫内膜炎导致胚胎早期死亡并被吸收，或发生早期流产而不育。病牛不断地发虚情，发情周期不规则。6 个月后，大多数母牛可再次受孕，但也有经过 8～12 个月后仍不受孕的。

有些被感染的母牛可继续妊娠，直至胎盘出现较重的病损时才发生胎儿死亡和流产。胎盘水肿、胎儿病变与布鲁氏菌病所见相似。流产率 5%～10%。康复牛能获得免疫，对再感染具有一定的抵抗力，即使与带菌公牛交配，仍可受孕。

【病理变化】肉眼可见子宫颈潮红，子宫内有黏液性渗出物。病理组织学变化不显著，多呈轻度弥散性细胞浸润，伴有轻度的表皮脱落。流产胎儿可见皮下组织的胶冻样浸润，胸水、腹水增量，腹腔脏器表面及心包呈纤维蛋白性粘连，肝脏浊肿，肺水肿。

【诊断】根据暂时性不育，发情周期不规律以及流产等表现做出初步诊断，但与其他生殖道疾病难以区别，因此确诊有赖于实验室检查。

病料样品采集：发生流产时，可采取流产胎儿的胃内容物、肝、肺和胎盘以及母畜阴道分泌物检查。发情不规则时，采取发情期的阴道黏液，其病菌的检出率最高。公牛可采取精液和包皮洗涤液检查。血清学检查时可采取病牛的血清或子宫颈阴道黏液，以试管凝集反应检查其中的抗体。

【防控措施】用菌苗给小母牛接种可有效地预防和控制此病。

淘汰病种公牛和带菌种公牛，严防本病通过交配传播。牛群暴发本病时，应暂停配种3个月，同时用抗生素治疗病牛。流产母牛，可按子宫内膜炎治疗，向宫腔内投放链霉素或四环素、宫炎丸等，连续5天。

二十、毛滴虫病

毛滴虫病（Trichomonosis）是由胎儿三毛滴虫寄生于牛生殖道引起的一种原虫病，以生殖器官发炎、早期流产和不孕为特征。本病呈世界性分布，我国也曾有发生，给牛群的繁殖造成严重的威胁。目前，我国已基本控制。

【病原学】胎儿三毛滴虫（Tritrichomonas foetus）为一种鞭毛虫，属毛滴虫科、三毛滴虫属。在新鲜阴道分泌物的虫体，一般多呈西瓜子形，或长卵圆形。胎毛滴虫寄生于母牛的阴道、子宫，公牛的包皮、阴茎黏膜表面、输精管内，也在流产的胎儿、羊水和胎膜中。本虫以内渗方式摄取营养，以纵分裂的方式行二分裂。

胎毛滴虫在蝇消化道内能生活数小时；在粪尿内能生存12天，善于耐过低温（－12℃）。一般室温能生存12～14天，暴露于太阳直射阳光下时约4小时，干燥时1分钟以内，湿热55℃以上1分钟以内死亡。0.1%～1%来苏儿、0.005%～0.01%升汞、0.1%漂白粉、0.1%～0.5%高锰酸钾、1∶1甘油酒精、红汞等，可杀死虫体。

【流行病学】牛对胎儿三毛滴虫最易感，猪、山羊亦有感染性。发病和带虫动物是主要的传染源。本病主要经交配传播。一般在健畜与患畜交配时感染，胎毛滴虫在阴道分泌物中增殖，并能生存数月至1年以上；在人工授精时，则因精液中带虫或人工授精器械的污染而造成传染。也可能由分泌物污染的褥草、护理用具以及经蝇类而传播。

本病一年四季均可发生，以配种旺季和产犊季节发病率高。在放牧以及全价饲料饲养的条件下，牛体对胎儿三毛滴虫的抵抗力很强；但在营养不良和管理不善时，对胎儿三毛滴虫的抵抗力下降。在交配或不卫生的护理，以及使用污染了的用具时，虫体即在生殖器官黏膜等处，迅速地发育、繁殖。

【临诊症状及病理变化】由于胎毛滴虫的寄生，使患病母畜发生特异性的结节性阴道炎、子宫颈炎、子宫内膜炎，同时又往往有各种化脓菌混合感染而引起化脓性的生殖器官疾患，对已妊娠的患畜，则引起胎儿死亡或流产等；公畜易引起包皮炎、阴茎黏膜炎、输精管炎等炎性疾患。

母牛在发病初期，阴道黏膜红肿，继而排出混有絮状物的黏性分泌物，并于阴道黏膜上出现小丘疹，然后变为粟粒大的结节，即所谓毛滴虫性阴道炎。由于病程的进展，则不按期发情，或不妊娠，尤以成群不发情、不妊娠为本病的特征，或于妊娠后1～3个月的母牛发生流产或死胎。流产特征为早期流产，其流产时间比因流产杆菌病引起的流产发生早。发生流产时无任何前驱症状，突然流出大量分泌液，这种流产又是成群发生（主要是由于同种公牛交配时感染的结果），有时发现死胎及胎盘停滞等。在化脓性子宫内膜炎时，体温增高、泌乳量显著下降、长期不发情。

公牛在交配后12天，包皮显著肿胀，并有痛感，流脓性分泌物，继而于阴茎黏膜面发生红色小结节，包皮内层边缘覆有坏死性溃疡，两周后症状减轻。但由于虫体已侵袭到输精管、睾丸或前列腺等处，公牛因发生强烈的局部刺激，使之交配不射精。

【诊断】 根据临诊症状和病理变化、流行病学可做出初步诊断，确诊需进行实验室诊断。

1. 生殖器官虫体直接检查法 自生殖器官黏膜（阴道、子宫、阴茎、包皮）的病变部位刮取黏液，或采取由阴道自然排出的分泌物，直接滴在载玻片上；或以生理盐水2～3倍稀释后滴于载玻片上，覆以盖玻片，在扩大200倍的暗视野显微镜下观察有无虫体。

2. 生殖器官黏膜洗涤检查法 母牛用大型注射器，将生理盐水快速注入阴道，洗涤子宫颈及阴道壁，并集中洗液于烧杯内，通过离心沉淀（1 500～2 000转/分）后，在暗视野下进行镜检。公牛则以5～10毫升的生理盐水注入包皮囊内，以手压紧包皮，使液体在囊内停留3～5分钟后，再将洗液集中在烧杯内，通过离心沉淀后镜检。检查精液是用生理盐水进行10倍稀释液。

3. 胎儿羊水、胸腹腔液检查法 由流产或死胎的胎儿采取羊水，胸、腹腔液，将这些液体通过离心沉淀后，镜检沉渣。

在镜检活虫时应注意下列各项：一定要在暗视野下观察虫体，否则，由于光线太强看不出虫体的形态。每一病料要反复检查，最少得检查4～5个标本片，必要时由盖玻片的一角注加少许色素制剂，以便能明显地辨认虫体。

4. 涂片浸染法 将上述各种方法所采集之病料涂于载玻片上，自然干燥后用火焰固定，以石炭酸复红染色。一般在精细检查时，是将自然干燥的标本用酒精固定，然后用稀薄的姬姆萨氏液染色。观察染色质颗粒，必须以铁苏木紫染色。

【防控措施】 此病在我国已基本控制，引种时应加强检疫，发现新病例时应淘汰公牛，及时进行无害化处理。如高产种公牛价格昂贵，应开展人工授精，以杜绝母牛对公牛的感染。

1. 预防 在本病流行地区，配种前应对所有牛进行检疫。对患牛、疑似患牛及健康牛应分类加以适当的处置，以免疾病扩大蔓延。

（1）患牛。指具有明显症状，并已检出虫体的母牛。经治疗后症状完全消失时，可以使用健康的公牛精液，进行人工授精。

（2）疑似患牛。虽无明显症状，但曾与病公牛配种过的母牛，亦应治疗。并以健康的公牛精液，进行人工授精。

（3）疑似感染牛。既无症状，又未曾与病公牛接触过，但曾与病公牛交配过的母畜常常接触。这些牛应经过6个月的隔离观察，如分娩正常，阴道分泌物的镜检结果呈阴性时，方能使其与健康牛混放在一起。

（4）已感染胎毛滴虫的公牛。不得再行配种，必须立即治疗。治疗后5～7天，检查精液和包皮冲洗液2次，如为阴性时，使之与5～10头健康母牛进行交配，然后对母牛通过15天的观察（隔日镜检一次阴道分泌物），来决定其是否治愈。

（5）在安全地区内，必须对新来的公牛和用作繁殖的牛群进行检疫。在放牧期间，禁止与来自疫情不明地区的牛只接触。

2. 治疗 对胎毛滴虫病患牛的治疗，除应施行必要的药物治疗外，还要注意加强饲养管理工作。如注意饲料的营养全价，补充必要的维生素A、维生素B_1、维生素C及无机盐类等。药物治疗，一般采取下述方法洗涤患部，目的是为了杀死虫体。

(1) 母牛应用1%银胶、0.2%碘溶液、8%鱼石脂甘油混合液、卢戈氏液与甘油等量混合液、0.1%黄色素液、1%血虫净等冲洗阴道，在30分钟内可杀死脓液中的胎毛滴虫。在5～6天内冲洗2～3次。根据患牛阴道炎症程度的轻重，可间隔5天进行2～3个疗程。

10%甲硝哒唑（灭滴灵）冲洗，隔日1次，连续冲洗3次为一个疗程，有良好的疗效。

(2) 公牛应用上述药品向包皮囊内注入，设法使药液停留在囊内一定时间，并按摩包皮囊。隔日治疗1次，应持续2～3周。

在治疗过程中，应禁止交配，以免影响治疗效果及传播本病。对患畜的用具及被其所污染的周围环境，应严格消毒。

二十一、牛皮蝇蛆病

牛皮蝇蛆病（Cattle hypodermosis）俗称“牛跳虫”或“牛翁眼”，是由皮蝇幼虫寄生于牛的皮下组织，所引起的一种慢性寄生虫病。

【病原学】牛皮蝇是双翅目，皮蝇科、皮蝇属昆虫。

1. 牛皮蝇　成蝇外形似蜜蜂，体长约15 mm，头部、胸部的前部和后部覆有黄色绒毛，中部覆有黑色绒毛。腹部的中央呈黑色，末端为橙黄色，翅呈淡灰色。产卵于牛的四肢上部、腹部、乳房体侧的被毛上，一根被毛只见一个虫卵。卵长约0.8 mm、宽0.29 mm，呈淡黄白色，带有光泽。

2. 纹皮蝇　成蝇体长13 mm，胸部毛呈灰白色或淡黄色，并具有4条黑色纵纹；腹部的前部覆有灰白色绒毛，中间覆淡黑色，末端橙色绒毛，翅呈褐色。大部分在球节部分产卵，成团的虫卵黏附于被毛上。虫卵长约0.76 mm、宽0.21 mm，呈淡黄白色，具有光泽。除上述两种外，在我国尚报道有中华皮蝇，寄生于牦牛；鹿皮蝇寄生于鹿。

牛皮蝇蛆病广泛地散布在我国北方和西南各省。由于皮蝇蛆的寄生，使患畜消瘦，泌乳量降低，幼畜的肥育不良，损伤皮肤而降低皮革和肉、乳的质量，有时还可感染人，造成经济上的巨大损失。

【流行病学】牛皮蝇和纹皮蝇的发育基本相似，属完全变态，都要经过卵、幼虫、蛹及成虫四个阶段，完成其整个发育过程需要1年左右。皮蝇的成虫4月末至5月初开始出现，不叮咬牛体只、不采食，仅生活数天，均不超过5～8天。雌雄交配后，雄蝇死去，雌蝇于产卵后也死亡。幼虫在牛体内寄生9～11个月，进行三个发育阶段，成熟的第三期幼虫落在外界环境中变为蛹，经1～2个月羽化为皮蝇。

雌蝇只在夏季炎热有太阳的白天产卵（500个以上）于牛的被毛上。幼虫寄生部的背部皮下，由于虫体刺激而形成浸润，牛皮蝇蛆在背部皮下约寄生2.5个月，纹皮蝇则为2个月，达于成熟经皮孔逸出，落在地上变成蛹，依据气温的高低而经1～2个月后羽化为皮蝇。

【临诊症状及病理变化】皮蝇雌虫飞翔产卵时，引起家畜不安，喷鼻，蹴踢，高举尾部逃跑等，并常因之使四肢受伤或摔死，孕牛可发生流产。

皮蝇幼虫钻入皮肤，引起家畜的瘙痒、不安和患部疼痛。幼虫在家畜体内长期移行，损伤组织。当幼虫在食道的浆膜和肌层之间移行时，引起食道壁的炎症（急性浆液性炎，有时为浆液性出血性炎）。在移行期内，可以在内脏表面甚至在脊髓管内找到虫体。

幼虫移行于背部皮下寄生时（冬末和早春），往往在其寄生部位发生血肿和皮下蜂窝组织浸润，皮肤稍隆起而凹凸不平，幼虫被结缔组织囊包围，当继发细菌感染时，往往形成化脓性瘘管，经瘘管排出脓汁或浆液，液体流到被毛上而使被毛互相黏着。背部皮肤上的瘘管一直保持到幼虫成熟逸出落到地上为止，皮肤愈合缓慢，形成瘢痕，严重影响皮革质量。幼虫分泌物的毒素作用，对牛的血液和血管有损害作用，可引起贫血。患牛消瘦，肉的品质下降，奶牛产奶量下降。个别患牛，因幼虫移行伤及延脑或大脑，可引起神经症状。严重的病牛可引起死亡。

【诊断】当幼虫移行于背部皮下寄生期间，皮肤上有结节隆起，隆起的皮肤上有小孔与外界相通，孔内通结缔组织囊，囊内有幼虫，随着幼虫的生长，可见皮孔增大，用力挤压，挤出虫体，即可确诊。剖检时可在相关部位找到幼虫。纹皮蝇 2 期幼虫在食道壁寄生时，应与肉孢子虫相区别，其幼虫是分节的。此外，该病在当地的流行情况，患牛的症状及发病季节等有重要的参考价值。

【防控措施】消灭牛体寄生的幼虫，防止幼虫化蛹，有重要的预防和治疗作用。

1. 化学方法 ①倍硫磷原液牛按 5 毫克/千克体重，于 11～12 月（皮蝇停止飞翔以后）肌肉注射，可获防治的良好效果。②伊维菌素按 0.2 毫克/千克体重肌肉注射，有良好的治疗效果。③2%的敌百虫溶液等在牛背部皮肤上涂擦或泼淋，以杀死幼虫，亦可用手指压迫皮孔周围，挤出并杀死幼虫。在流行区皮蝇飞翔季节，可用敌百虫、蝇毒灵等喷洒牛体，每隔 10 天用药一次，以防止成蝇在牛体上产卵或杀死由卵内孵出的 1 期幼虫。

2. 机械方法 在幼虫成熟的末期皮孔增大，通过小孔可以见到幼虫的后端，此时以手指或厚玻璃将幼虫从瘤肿内压出，收集烧掉。由于幼虫不在同时成熟，应每隔 10 天进行压挤一次。

二十二、绵羊肺腺瘤病

绵羊肺腺瘤病（Sheep pulmonary adenomatosis）又名“绵羊肺癌”或“驱赶病”，是由逆转录病毒科（RNA 病毒）、正逆转录病毒亚科、乙型逆转录病毒属的绵羊肺腺瘤病毒引起绵羊的一种慢性、接触传染性肺脏肿瘤疾病。本病的特征为潜伏期长，肺泡和呼吸性细支气管上皮的腺瘤样增生，渐进性消瘦、衰竭、呼吸困难、湿性咳嗽和水样鼻漏，终归死亡。本病给养羊业带来了严重危害。

绵羊肺腺瘤病是一种独立的慢病毒感染，与人类的肺腺瘤病和牛、马、猪及其他动物的肺腺瘤病在病原学上没有关系。

除澳大利亚外，世界上许多养羊国家都有本病发生，在南非还引起山羊患病。冰岛在 1952 年消灭了此病。我国在甘肃、青海、新疆和内蒙古等地，也有本病存在。

【病原学】绵羊肺腺瘤病毒（Sheep pulmonary adenomatosis virus）隶属逆转录病毒科、乙型逆转录病毒属。该病毒是病羊最常见的逆转录病毒，为 D 型或 B/D 嵌合型逆转录病毒。病毒基因为单链 RNA。

本病毒的抵抗力不强，在 56℃30 分钟即被灭活，对氯仿和酸性环境也很敏感，一般消毒剂容易将其灭活；但对紫外线及 X 射线照射的抵抗力较其他病毒强。病毒在受感染的肺组织中，于－20℃，可存活数年之久。

【流行病学】各种品种和年龄的绵羊均能发病，以美利奴绵羊的易感性最高。山羊也可发生。病羊是主要的传染源。本病主要经呼吸道传染。病羊咳嗽时排出的飞沫和深度气喘时排出的气雾中，含有带病毒的细胞或细胞碎屑。这些有传染性的颗粒随飞沫和气雾可以在空气中飘浮，停留一定段时间被健康羊吸入后即被感染。

本病主要呈地方流行性或散发性在绵羊群中传播，发病率为2%～5%，病死率较高，可达100%，同群的山羊偶尔也受感染。临诊病例几乎全都是3～5岁以上的成年绵羊，很少有青年和幼年绵羊发病。寒冷的冬季、拥挤的圈舍、密闭的舍饲环境，比在放牧羊群中传播要快，发病率也较高；不良的气候影响及存在继发性细菌感染时症状加剧。

【临诊症状】潜伏期较长，自然感染2个月至3年；人工感染为3～7个月。绵羊肺腺瘤病病程发展缓慢，发病初期症状不明显，准确测定其潜伏期有一定困难。临诊特征是进行性呼吸困难，咳嗽，鼻液增多，在整个发病过程中虽然无明显的体温和食欲变化，但病羊却表现日渐消瘦，贫血和衰竭。

发病初期，往往只是在剧烈运动，猛烈驱赶和受突然惊扰时比健康羊呼吸快速，气喘明显，并有阵发性湿性咳嗽和流少量水样鼻液，在安静状态下不易发现上述症状。随着病情的发展，呼吸困难和气喘日益加重，咳嗽日益频繁，鼻液也逐渐增多。当把病羊的后腿提起，使头部下垂时，自鼻腔中流出水样鼻液。因个体和病情不同，鼻液可能只有数毫升或多至几百毫升。水样鼻液显著增多，是具有类似症状的梅迪病（绵羊慢性间质性肺炎）所没有的临诊症状，具有诊断意义。

在病的后期或末期，病羊虽然已很消瘦，明显贫血，并高度衰竭，但是为了减少胸腔内部压力，缓和呼吸困难带来的痛苦，仍然尽量保持站立姿势。在发病过程中，如继发细菌感染，引起化脓性肺炎，导致体温升高。病羊最终因虚脱而死亡，病死率高，可达100%。

本病发病率与症状严重程度，与环境和饲养管理条件有关。在环境条件差，饲养管理不善的情况下，临诊发病较多，症状较重；而在有良好的环境和饲养管理时，可能不出现临诊症状，病羊往往在屠宰后才被发现。

【病理变化】病变一般只局限于肺脏，偶尔波及胸腔内淋巴结。长时间的呼吸障碍，可能引起右心室的扩张与肥大，这种变化是代偿性的。特征性肉眼可见病变是在肺尖叶、心叶和膈叶腹侧出现大量灰白色或浅黄褐色的结节（即腺瘤），直径1～3厘米，外观圆形、质地坚硬；小结节可融合成大小不一、形状不规则的较大结节，丘疹状，高出于肺表面，病灶局部的胸膜明显肥厚，呈灰白色，质度较硬，有类似油脂状外观，用手触摸时，有油腻感。腺瘤病变没有向其他器官转移、扩散的倾向。突出的眼观病变是，肺脏的体积和重量因气肿、腺瘤样增生和液体量增多，而比正常大2～3倍，并且在切开胸腔时不塌陷。肺表面因病灶隆起构成凹凸不平的外观，胸膜也常常变得肥厚，并可能与胸壁、心包膜粘连。

肺泡和呼吸性细支气管的腺瘤样变化为本病的组织学特征，具有诊断意义。新增生的上皮细胞胞浆丰富，核为圆形或卵圆形、淡染，很少见有分裂象。在病灶之间的肺泡内有大量上皮型巨噬细胞，巨噬细胞常被腺瘤上皮分泌的黏液粘合成团块。有些上皮型巨噬细胞显然是由增生的上皮细胞转化而来的。在病的中、后期，肺泡内或腺瘤腔内出现大量多形核白细胞浸润。肺泡壁及小叶间结缔组织增生，特别在病的后期更为显著，如包囊一样，把腺瘤分割成许多小叶。严重时，结缔组织可完全填满肺泡或腺管，引起肺泡的广泛纤维化，形成“肉变”。此外，还有平滑肌增生和淋巴细胞浸润及支气管和血管周围淋巴网状组织增生，并形成具有生发中心的淋巴小结。

【诊断】疑为肺腺瘤病时，可做驱赶试验观察呼吸次数变化和气喘、咳嗽、流鼻液情况，并可将疑似病羊后躯提起，使其头部下垂观察是否有多量鼻液流出。流行病学情况和临诊症状虽有一定特征性，但是确诊仍需依据病理解剖学和病理组织学检查结果。

由于本病毒不能进行体外培养，尚无法进行病原学鉴定和血清学检验。

【防控措施】在无本病的清净地区，严禁从疫区引进绵羊和山羊。在补充种羊时做好港口检疫和入场、混群前的检疫，检疫方法以长期观察、做定期的系统临床检查为主。

消除和减少诱发本病的因素，避免粗暴驱赶，改善环境卫生，加强饲养管理，坚持科学配合饲料，定期消毒。

目前尚无有效的治疗方法和免疫手段。一旦发生本病，应采取果断措施，将全群羊包括临诊发病羊与外表完全健康羊彻底无害化处理。圈舍和草场经消毒和一定时期空闲后，重新组建新的健康羊群。

二十三、传染性脓疱

传染性脓疱（Comtagious pustular dermertitis）俗称羊口疮，又名称绵羊接触传染性脓疱性皮炎、绵羊接触传染性脓疱皮炎，是由口疮病毒引起的一种急性、接触性人兽共患传染病。主要危害羔羊，以口腔黏膜出现红斑、丘疹、水疱、脓疱，形成疣状痂块为特征。

本病广泛存在于世界各养羊地区，发病率几乎达100%。在我国养羊业中，本病是一种常发疾病，引起羔羊生长发育缓慢和体重下降，给养羊业造成较大经济损失，随着家畜烈性传染病的消灭或控制，本病越来越引起人们的重视。

【病原学】口疮病毒（Orf virus）又称羊传染性脓疱病毒（CEV），隶属痘病毒科、副痘病毒属。病毒基因组为线状双股DNA。口疮病毒与正痘病毒属的某些成员如痘苗病毒等也有轻度的血清学交叉反应。抗山羊痘血清能中和口疮病毒，但抗口疮血清却不能中和山羊痘病毒。山羊痘和兔痘病毒对口疮病毒有免疫作用，反之却无。

本病毒比较耐热，55～60℃30分钟方能杀死，在室温条件下可活存5年，在－75℃时十分稳定。痂皮暴露在阳光下可保持感染性达数月，而在阴暗潮湿的牧地可保持数年。50%甘油缓冲液为病毒的良好保存剂，0.01%硫柳汞、0.05%叠氮钠、1%胰酶不影响病毒的活力。0.5米高30W紫外光照射10分钟、2%福尔马林浸泡20分钟能杀死病毒，可用于污染场地和物品、用具的消毒。

【流行病学】病毒感染绵羊及山羊，主要是羔羊，黄羊羔也可感染。人类与羊接触也可感染，引起人的口疮。主要发生在屠宰工人、皮毛处理工人、兽医及常与病畜接触的人（如牧工）等。人传染人的病例也有报道。手臂的伤口可增加感染的机会。从国外报道的资料来看，人口疮的发病率近年来有所增加，在公共卫生上也占有一定的地位。

此外，骆驼、狗、驯鹿、美洲山羊、大角绵羊、羚羊、猴子对本病亦有易感性。羚羊感染后发生乳头状瘤。除家兔（口唇划痕）和牛（舌背接种）人工感染发病外，其他实验动物如大鼠、小鼠、鸡、猪、鸽子、猫、豚鼠对本病毒的人工感染均无反应。

病羊和带毒羊是传染源。由于本病毒在痂皮中存活时间较长，一般认为病羊痂皮或划痕接种后形成的痂皮为新感染暴发的来源。但 Romero-Mercadp 对这一观点提出了质疑，他们发现晚期病例的痂皮中很难找到病毒，而 Robertos（1976）则认为本病的新暴发流行是由潜伏性感染的带毒宿主所致。Buddle 将用皮质固醇处理的病毒接种羊只后，虽然能使病变重演，但未能分离到病毒。因此，关于新感染暴发来源问题至今还无定论。

本病主要通过直接和间接接触感染。病毒存在于污染的圈舍、垫草、饲草等，通过损伤的皮肤、黏膜感染。自然感染主要因购入病羊或带毒羊而传入健康羊群，或者是通过将健羊置于曾有病羊用过污染的厩舍或的牧场而引起。

一年四季均可发病生，但以春夏发病最多，这可能与羊只的繁殖季节有关。圈舍潮湿、拥挤、饲喂带芒刺或坚硬的饲草、羔羊的出牙等均可促使本病的发生。本病主要侵害羔羊，成年羊发病率较低，这是由于人工免疫或自然感染过本病（包括隐性感染）之故。如果以群为单位计，则羔羊的发病率可达 100%。若无继发感染，病死率不超过 1%，但若有继发感染，则病死率可高达 20%～50%不等。

【临诊症状】 潜伏期为 2～3 天，临诊上分为唇型、蹄型、乳房型与外阴型四种类型。我国甘肃省羊口疮仅见口唇感染，未见其他病型。

1. 唇型或头型 见于绵羊、山羊羔，是本病的主要病型。一般在唇、口角、鼻或眼睑的皮肤上出现散在的小红斑，很快形成丘疹和小结节，继而成为水疱泡和脓疱，后者破溃后结成黄棕褐色的疣状硬痂，牢固地附着在真皮层的红色乳头状增生物上，呈“桑葚”样外观，这种痂块经 10～14 天脱落而痊愈。

口腔黏膜也常受害。在唇内侧、齿龈、颊内侧、舌和软腭上，发生灰白色水疱，其外绕以红晕，继而变成脓疱和烂斑；或愈合而康复，或因继发感染而形成溃疡，或发生深部组织坏死，甚至使部分舌体脱落，少数病例可因继发细菌性肺炎而死亡。

2. 蹄型 几乎只发生于绵羊，通常单独发生，偶尔有混合型。病羊多见一肢患病，但也可能同时或相继侵害多数甚至全部蹄端。通常在四肢的蹄叉、蹄冠或系部皮肤上，出现痘样湿疹，亦按丘疹、水疱、脓疱的规律发展，破裂后形成溃疡，若有继发性细菌感染则发生化脓、坏死，常波及基部、蹄骨，甚至肌腱或关节。病羊跛行，长期卧地，病期缠绵。也可能在肺脏以及乳房中发生转移病灶，严重者多因衰竭或败血症而死亡。

3. 乳房型 病羔吮乳时，常使母羊的乳头和乳房的皮肤上发生丘疹、水疱、脓疱、烂斑和痂块，有时还会发生乳房炎。

4. 外阴型 本型病例较为少见。病羊表现为外阴有黏液性或脓性分泌物，在肿胀的阴唇及附近皮肤上常发生溃疡；公羊的阴鞘肿胀，阴鞘和阴茎上发生小脓疱和溃疡。

人感染本病后，呈现持续性发热（2～4 天），或生口疮性口膜炎后形成溃疡，或在手、前臂或眼睑上发生伴有疼痛的皮疹、水疱或脓疱。并常见局部淋巴结肿胀。皮疹、水疱或脓疱于 3～4 天内破溃形成溃疡，于 10 天后愈合。如有继发感染，溃疡需经 3～4 周后才能愈合。

【病理变化】 病理组织学变化以表皮的网状变性、真皮的炎性浸润和结缔组织增生最为特征。

【诊断】 根据临诊症状特征（口角周围有增生性桑葚痂垢）和流行病学资料，可作初步诊断。必要时进行实验室检验。

病料样品采集：水疱液、水疱皮和溃疡面组织。

人患本病的诊断主要根据临床诊症状及与病羊接触史。

【鉴别诊断】本病应注意与羊痘、溃疡性皮炎、坏死杆菌病、蓝舌病等进行鉴别诊断。

【防控措施】本病主要由创伤感染，所以要防止黏膜和皮肤发生损伤，在羔羊出牙期应喂给嫩草，拣出垫草中的芒刺。加喂适量食盐，以减少啃土啃墙。不要从疫区引进羊只和购买畜产品。发生本病时，对污染的环境，特别是厩舍、管理用具、病羊体表和患部，要进行严格的消毒。在流行地区可接种弱毒疫苗，以皮肤划痕接种法免疫效果最好。

免疫接种：耐过羊口疮的羊只一般可获得比较坚强的免疫力。

由于本病免疫接种的部位及方法不同，免疫效果亦不同，因此免疫部位及途径对于防控本病也非常重要。

治疗：对唇型和外阴型病羊，可先用0.1%～0.2%高锰酸钾溶液冲洗创面，再涂以2%龙胆紫，碘甘油、5%土霉素软膏或青霉素软膏等，每天1～2次。对蹄型病羊，可将病蹄浸泡在福尔马林中1分钟，必要时每周重复1次，连续3次；或每隔两三天用3%龙胆紫，或1%苦味酸，或10%硫酸锌酒精溶液重复涂擦。土霉素软膏也有良效。对严重病例可给予支持疗法。为防止继发感染，可注射抗生素或内服磺胺类药物。

人患本病时主要采取对症疗法。

二十四、羊肠毒血症

羊肠毒血症（Enterotoxaemia）又称“软肾病”或“羊快疫”，是由D型产气荚膜梭菌（旧称魏氏梭菌）在羊肠道内大量繁殖产生毒素引起的主要发生于绵羊的一种急性毒血症。本病以急性死亡、死后肾组织易于软化为特征。

1932年Bennets在澳大利亚确诊本病，世界上所有养羊的国家均有发生，我国也较常见。

【病原学】D型产气荚膜梭菌，旧名魏氏梭菌或产气荚膜杆菌。菌形呈大杆状，两端钝圆，单在或成双，短链很少出现，无鞭毛，不运动，芽孢大而卵圆形，位于菌体中央或近端，宽于菌体，使菌体膨胀，可形成荚膜。本菌在普通培养基上可生长，生长非常迅速，最适宜的生长温度为45℃，在适宜的条件下增代时间仅为8分钟。新鲜培养物为革兰氏阳性，陈旧培养物可变成阴性。本菌最为突出的生化特性，是对牛乳培养基的“暴烈发酵”。

D型产气荚膜梭菌芽孢在90℃30分钟或100℃5分钟死亡。

【流行病学】本病不论各品种、性别，各年龄的羊均可感染，以1～12个月的绵羊最易感染常见，肥育羊发病率高。鹿、山羊和牛也可感染。D型产气荚膜梭菌为土壤常在菌，也存在于污水、饲料、食物、粪便以及肠道中。羊只采食病原菌芽孢污染的饲料与饮水而经口感染。经口感染后，D型产气荚膜梭菌随着草料等进入消化道的D型产气荚膜梭菌，得到良好繁殖在适宜条件下后即迅速繁殖，产生大量毒素，造成肠毒血症，导致感染动物死亡。

羊肠毒血症多呈散发，具有明显的季节性和条件性。在牧区，多发于春末夏初青草萌发，和秋季牧草结籽后的一段时期；在农区，则常常是在收获季节，羊采食了多量菜根菜叶，或收了庄稼后羊群抢茬吃了大量谷类的时候发生此病。因春季多吃嫩草和秋季多吃小麦等淀粉和蛋白质丰富的谷物时也容易诱发本病，故有“过食症”之称。

【临诊症状】 本病突然发生，很快死亡，很少能见到症状，经常是清晨检查时，膘情良好的羊已死在圈中，有时偶尔可见看到病羊背部和四肢肌肉发抖，强烈跳跃，运动不协调；卧地，头颈、四肢僵硬伸开，眼球转动，嘴流涎，肌肉痉挛，触动时惊厥持续 5～15 秒钟；有的感染羊不痉挛，呼吸浅表，下痢，卧地四肢划动，最后昏迷虚脱死亡。

临诊上可分为 2 种类型：一类以抽搐为特征，在倒毙前四肢出现强烈的划动，肌肉震颤，眼球转动，磨牙，口水过多，随后头颈显著抽搐，往往在 2～4 小时内死亡；另一类以昏迷和安静地死亡为特征，病程不太急，早期症状为步态不稳，以后倒地，并有感觉过敏、流涎。上下颌“咯咯”作响，继而昏迷，角膜反射消失，有的病羊发生腹泻，通常在3～4 小时内安静地死去。体温一般不高。血、尿常规检查常有血糖、尿糖升高现象。

【病理变化】 死羊腹部膨大，口鼻流出泡沫状液体或黄绿色胃内容物，肛门周围粘有稀便或黏液。病变常限于消化道、呼吸道和心血管系统。肠道（尤其是小肠）黏膜充血、出血，肠腔充满气体，严重者整个肠壁呈血红色，有时出现黏膜脱落或溃疡。胸腔、腹腔、心包有多量渗出液，易凝固。心脏扩张，心肌松软，心内外膜、腹膜、胸膜有出血点。肺脏充血、水肿，肝肿大，胆囊增大 1～3 倍。胸腺有出血点。全身淋巴结肿大、出血。肾脏肿大，表面充血，实质软化如泥样，稍加触压即碎烂。胆囊肿大。

【诊断】 本病病程极短，多突然死亡，无明显症状，故生前较难诊断。但根据本病多散发于饱食之后，死亡快，剖检肾脏软化，胆囊肿大，胸腔、腹腔及心包积液，出血性肠炎及溃疡等，可疑为本病，确诊要靠细菌学检验和毒素的检查和鉴定。

病料样品采集：肠内容物或刮取病变部肠黏膜。

仅从肠道发现 D 型产气荚膜梭菌，或检出 ε 毒素，尚不足以确定本病，因为 D 型产气荚膜梭菌在自然界广泛存在，且 ε 毒素可存在于有自然抵抗力的或免疫过的羊只肠道而不被吸收。因此，确诊本病根据有以下几点：肠道内发现大量 D 型产气荚膜梭菌；小肠内检出 ε 毒素；肾脏和其他实质脏器内发现 D 型魏氏梭菌；尿内发现葡萄糖。

直接镜检。取肠内容物或刮取病变部肠黏膜涂片染色镜检，可见到大量产气荚膜梭菌。可用高温快速培养法进行选择分离，即在 45℃下每培养 3～4 小时传代一次，可较易获得纯培养。病料镜检有大量产气荚膜梭菌，肠内容物有 D 型菌毒素，并由肠内容物分离出产生毒素的 D 型产气荚膜梭菌，即可确诊为肠毒血症。

【防控措施】 由于致病性梭菌广泛存在于自然界，感染的机会多，且发病快病程短，不仅来不及诊断治疗，而且治疗效果也不好，因此应在平时采用多联梭菌菌苗选行预防。这些菌苗效果好，可以有效地防止疾病的发生，是最有效的防疫措施。注意饲养管理，保持环境卫生，尽量避免诱发疾病的因素，如换饲料时逐渐改变，勿使之吃过多的谷物，初春不吃过多的青草及带冰雪的草料等。

在发生疫病后，应尽快诊断，用联苗紧急接种。羔羊可用血清预防，转移放牧地区，由低洼地转向高而干燥的地区，给予粗饲料等。同时防止病原扩散，进行适当的消毒隔离，对死羊要及时焚烧或深埋。

1. 免疫接种 羊的梭菌病种类较多，且往往混合感染，在自然界流行的又很广泛，再加上发病急，病程短，病死率高等特点，故多以菌苗预防来控制这类传染病。

梭菌菌苗均为死菌苗及类毒素。国内有单价苗、二联苗、三联苗等及羊快疫、羔羊痢疾、猝狙、肠毒血症、黑疫、肉毒中毒和破伤风多联干粉菌苗等。

2. 治疗 羊梭菌感染病，除肉毒中毒和破伤风有较慢性的，表现出明显症状以外，其余有一个共同的特点，如由于本病发病快，病程短，多系肥壮羊，看不到症状，夜晚还健康的羊，翌日清晨已死于圈内，因此来不及治疗，而且这些病多系死于毒素中毒，一般药物和抗生素不能中和毒素，没有治疗效果。抗毒素在发病初期，有一定治疗效果，但一旦出现症状，毒素已与神经结合，就难以发挥其治疗效果了。

二十五、干酪性淋巴结炎

干酪性淋巴结炎（Caseous lymphadenitis）又称羊伪结核，是由伪结核棒状杆菌引起的羊的一种接触性、慢性传染病，其特征为局部淋巴结发生干酪样坏死，有时在肺、肝、脾、子宫角等处发生大小不等的结节，内含淡黄绿色干酪样物质。

【病原学】 伪结核棒状杆菌（*Coryhebacterium pseudotuberculosis*）又称绵羊棒状杆菌（*C. ovis*），为棒状杆菌属。本菌不能运动，不形成芽孢，无荚膜，是一种多形性杆状菌，革兰氏阳性而非抗酸性。在局部化脓灶中的细菌呈球杆状及纤细丝状，着色不均匀。在固体培养基上，可见有细小的球杆菌集合成丛，而成对或单个存在者少见。在血清琼脂平皿或鲜血琼脂平皿上生长良好。

本菌抵抗力不强，对热敏感，60℃很快死亡，普通消毒药亦能将其迅速杀死。

【流行病学】 山羊最易感，特别是2～4岁的小羊，1岁以内、5岁以上者亦有发病，但为数较少。公、母羊均受侵害，但以母羊占大多数。绵羊次之。马、牛、羊、骆驼也可感染。小鼠、豚鼠可感染，人也可感染。病畜和带菌动物可随粪便排出本菌而污染外界环境，是主要的传染源。主要经皮肤表面的轻微创伤而传染，如拔毛、去势、打号、梳刷、刺伤以及吸血昆虫的叮咬，都可感染本病。也可经消化道和呼吸道感染。

本病以散发为主，偶尔呈地方性流行。

【临诊症状】 潜伏期长短不定，依细菌侵入途径和动物年龄而异。据甘肃农业大学报告，用本菌的18小时肉汤培养物，皮下注射于山羊羔，10天后除局部反应外，还能致死羔羊；1岁山羊皮下注射，17天后于局部淋巴结形成干酪样坏死，腹腔注射，经4天死亡。

临诊上依病变出现的部位，可分为体表型、内脏型与混合型。

1. 体表型 病羊一般无明显的全身症状，病变常局限于淋巴结。淋巴结肿大，可达蚕豆至核桃大，个别病例（如发生于乳房上淋巴结时）甚至达拳头大。肿大的淋巴结呈圆形或椭圆形。局部被毛逐渐脱落，皮肤潮红，变薄，继而溃烂，排出淡黄绿色、黏稠如牙膏状的脓汁，在破溃处的皮肤与被毛上常附有脓汁干涸后形成的痂皮。以耳下（腮腺淋巴结）、肩前、颈中、乳房、股前等淋巴结最常见。

在流行高峰期，往往在体表易接触感染的部位，如颊部、颈部、背部、腹部、肉垂、后肢等没有淋巴结的地方，也出现脓肿。颊部的脓肿较小，脓汁最黏稠，用铂耳圈无法取材。

脓肿常有明显而厚的包膜，靠近体表面光滑，在贴近肌肉处的表面则凹凸不平。包膜内壁呈暗红色，内部有各种形状的隐窝。

2. 内脏型 较少见。病羊消瘦，有慢性咳嗽，常有慢性消化不良。死亡后才发现内脏病变。

3. 混合型 病羊体表多处出现脓肿。全身反应较严重，食欲减退、行动无力、咳嗽、腹泻、最后因虚弱而死亡。病程很长。

【病理变化】尸体消瘦，被毛粗乱、干燥。体表淋巴结肿大，肝、肺、脾、肾、子宫角等处有大小、数目不等的脓肿。

【诊断】根据临诊症状和脓汁的实验室检查可以确诊。

病料采集：体表淋巴结及病变组织器官。

体表淋巴结、尤其是肩前和股前淋巴结肿大，包膜破裂后排出绿色牙膏状脓汁，即可作出初步诊断。脓汁涂片染色镜检，发现典型的伪结核棒状杆菌，必要时再作细菌分离与鉴定，即可确诊。

本病需与放线菌病、结核病和其他棒状杆菌引起的相鉴别。放线菌病的脓性渗出物含有硫黄颗粒，细菌呈蔷薇花形。结核病病灶内可发现抗酸菌。

【防控措施】防控本病的主要措施是对环境进行定期消毒，对病羊进行根治手术，防止病原菌污染外界环境。

脓肿的根治手术，按一般外科常规处置后，皮肤作梭形切开，将脓肿充分暴露，连同包膜一并摘除；较大的脓肿可先将包膜切开一小孔，挖除大部分脓汁（但不能接触切口），然后换用另一套器械仔细分离包膜，最好将包膜完全剔除。如在包膜外有丰富的血管，经过止血后，创囊内可填入明胶海绵，撒入抗生素粉末，切口做结节缝合。

术后一般无需特殊处理，个别病羊如术后发热，拒食，可用抗生素治疗，并采用其他对症疗法。

二十六、绵羊疥癣

绵羊疥癣病（Sheep mange scabies）又称绵羊螨病，俗称绵羊癞病，是由疥螨科或痒螨科的各种螨寄生于绵羊的表皮内或体表所引起的慢性、高度接触传染性、慢性、寄生虫性皮肤病，以接触感染、引起病羊发生剧痒、湿疹性皮炎、脱毛为特征。往往在短期内可引起羊群严重发病，严重时可引起大批死亡，危害十分严重。

【病原学】本病的病原有疥螨科的疥螨属、痒螨科的痒螨属和足螨属三种，在绵羊以痒螨危害最严重。螨类全部发育过程均在动物体上渡过，包括卵、幼虫、若虫、成虫 4 阶段，其中雄螨为 1 个若虫期，雌螨为 2 个若虫期。

疥螨是一种小的寄生虫，肉眼看不见，呈灰色或稍带黄色，近于圆形，长 0.2～0.5 毫米，有四对很短的足。疥螨的口器为咀嚼式，在宿主的表皮内挖掘隧道，以角质层组织和渗出的淋巴液为食，在隧道内发育和繁殖。在隧道中每隔一段距离即有小孔与外界相通，以通空气和作为幼虫出入的孔道。疥螨病通常始发于皮肤薄、被毛短而稀的部位，这与它的形态特点和生活习性有关，以后病灶逐渐扩大，虫体总是在病灶边缘活动，可波及全身皮肤。人也可以受到家畜疥螨病的侵害，如饲养人员，屠宰人员等常可因接触疥螨病患畜而感染。

痒螨的口器为刺吸式，寄生于皮肤表面，以口器穿刺皮肤，以组织细胞和体液为食。全部发育过程均在动物体表进行，需 2～3 周；雌螨一生可产 40 个卵，寿命约为 42 天。

足螨也寄生于皮肤表面，采食脱落的上皮细胞。生活史与痒螨相似。

螨类对外界环境有一定的抵抗力。在 18～20℃和空气湿度为 65%时经 2～3 天死亡，而在7～8℃时则经过15～18天才死亡。卵在离开宿主10～30天仍可保持发育能力。螨类全部发育过程均在动物体上度过，包括卵、幼虫、若虫、成虫4阶段，其中雄螨为1个若虫期，雌螨为2个若虫期。

【流行病学】绵羊易感，其他动物及人亦可感染。病羊、带虫羊和外界活螨是主要的传染源。本病的传播方式为接触感染，既可由患病动物与健康动物直接接触感染，也可因由疥螨及其虫卵污染的畜舍、用具及活动场所等间接接触而感染。此外，亦可由工作人员的衣服、手及诊断治疗器械传播病原。

螨病主要发生于秋末、冬季和初春。因为这些季节，日光照射不足，家畜被毛增厚，绒毛增生，皮肤温度增高，这些因素很适合螨类的发育繁殖。尤其在畜舍潮湿、阴暗、拥挤及卫生条件差的情况下，极容易造成螨病的严重流行。夏季家畜绒毛大量脱落，皮肤表面常受阳光照射，经常保持干燥状态。这些条件均不利于螨类的生存和繁殖，大部分虫体死亡，仅有少数潜伏在耳壳、系凹、蹄踵、腹股沟部以及被毛深处，这种带虫家畜没有明显的症状，但到了秋冬季节，螨类又重新活跃起来，不但引起疾病的复发，而且成为最危险的感染来源。

幼龄羊易患疥癣病，发病也较严重，成年羊有一定的抵抗力。体质瘦弱、抵抗力差的家畜易受感染，体质健壮、抵抗力强的羊则不易感染。但成年体质健壮的羊的“带螨现象”往往能成为该病的感染源。

【临诊症状与病理变化】绵羊患疥癣病时，螨类分泌毒素刺激神经末梢，引起绵羊的剧痒，而且剧痒贯穿于疥癣病的整个过程。当患病羊进入温暖场所或运动后皮温增高时，痒觉更加剧烈。这是由于螨类随周围温度的增高而活动增加的结果。剧痒使病羊到处用力擦痒或用嘴啃咬患处，其结果不仅使局部损伤、发炎、形成水疱或结节，并伴有局部皮肤增厚和脱毛，而且向周围环境散播大量病原。局部擦破、溃烂、感染化脓、结痂。痂皮被擦破后，创面有多量液体渗出及毛细血管出血，又重新结痂。发病一般都从局部开始，往往波及全身，使患病动物不停啃咬、擦痒，严重影响采食和休息，使胃肠的消化、吸收机能减退。病羊日渐消瘦，有时继发感染，严重时可引起死亡。

患羊嘴巴周围、鼻梁、眼圈、耳根等处的皮肤上有白色坚硬的胶皮样痂皮，俗称“石灰头”。病变部位亦可扩大。

【诊断】根据发病季节（秋末、冬季和初春多发）和明显的症状（剧痒和皮肤病变）以及接触感染，大面积发生等特点可以做出初步诊断。

病料采集：从健康与病患交界的皮肤处采集病料，用凸刃刀片在病灶的边缘处刮取皮屑至微出血，将病料带回实验室用显微镜检查，发现虫体才能确诊。在诊断的同时，应避免人为地扩散病原。

除螨病外，钱癣（秃毛癣）、湿疹、过敏性皮炎，蠕形螨病以及虱的寄生等也有不同程度的皮炎、脱毛和痒觉等，应注意鉴别。

【防控措施】

1. 预防 疥癣病的防控重在预防。发病后再治疗，往往造成很大损失。疥癣病的预防应作好以下工作：

（1）定期进行畜群检查和灭螨处理。在流行区，对群牧的牛羊不论发病与否，要定期用药。疥螨病对绵羊的危害极大，在牧区常用药浴的方法。根据羊只的多少，可选择小的或大的药浴池。药浴常在夏季进行，要注意如下几点：

①在牧区，同一区域内的羊只应集中同时进行，不得漏浴，对护羊犬也应同时药浴；

②绵羊在剪毛后1周进行药浴；

③药浴要在晴朗无风的天气进行，最好在中午1点左右，药液不能太凉，最好30～37℃，药浴后要注意保暖，防止感冒；

④药液浓度计算要准确，用倍比稀释法重复多次，混匀药液，大批羊只药浴前，应选择少量不同年龄、性别、品种的羊进行安全性试验，药浴后要仔细观察，一旦发生中毒，要及时处理；

⑤药浴前要让羊只充分休息，饮足水；

⑥药浴时间为1～2分钟，要将羊头压入药液1～2次，出药浴池后，让羊只在斜坡处站一会儿，让药液流入池内，并适时补充药液，维持药液的浓度；

⑦药浴后羊只不得马上渡水。最好在7～8天后进行第2次药浴。

(2) 畜舍要经常保持干燥清洁，通风透光，不要使羊过于拥挤。羊舍及饲养管理用具要定期消毒。

(3) 引入羊时应事先了解有无疥螨病存在，引入后应隔离一段时间，详细观察，并作疥螨病检查，必要时进行灭螨处理后再合群。

(4) 常注意羊群中有无发痒、脱毛现象，及时检出可疑患畜，并及时隔离治疗。同时，对同群未发病的其他羊也要进行灭螨处理，对圈舍也应喷洒药液、彻底消毒。做好螨病羊皮毛的无害化处理，以防止病原扩散，同时要防止饲养人员或用具散播病原。

2. 治疗 治疗螨病的药物较多，方法有皮下注射、局部涂擦、喷淋及药浴等，以患病动物的数量、药源及当地的具体情况而定。常用的有：3%的敌百虫溶液患部涂擦；每千克体重500毫克双甲脒涂擦、喷淋或药浴；每千克体重500毫克溴氰菊酯喷淋或药浴；每千克体重200毫克巴胺磷药浴；每千克体重500毫克辛硫磷药浴；每千克体重250毫克二嗪农（螨净）喷淋或药浴；每千克体重0.2毫克伊维菌素或阿维菌素皮下注射等。

首选的治疗药物为伊维菌素或阿维菌素注射液或浇泼剂。

治疗患病羊还应注意以下几点：

(1) 已经确诊的患羊，要在专设场地隔离治疗。从患羊身上清除下来的污物，包括毛、痂皮等要集中销毁，治疗器械、工具要彻底消毒，接触患畜的人员手臂、衣物等也要消毒，避免在治疗过程中病原扩散。

(2) 患畜较多时，应先对少数患畜试验，以鉴定药物的安全性，然后再大面积使用，防止意外发生。治疗后的患畜，应放在未被污染的或消过毒的地方饲养，并注意护理。

(3) 由于大多数杀螨药对螨卵的作用较差，因此应间隔5～7天重复治疗，以杀死新孵出的幼虫。

(4) 如果用涂擦的方法治疗，通常一次涂药面积不应超过体表面积的1/3，以免发生中毒。

二十七、绵羊地方性流产

绵羊地方性流产（ovine chlamydisis）又叫羊衣原体病或母羊地方性流产（Enzootic

abortion of ewes)，是由鹦鹉热亲衣原体引起的羊的传染病。临诊上以发热、流产、死产和产出弱羔为特征。在疾病流行期，也见部分羊表现多发性关节炎、结膜炎等疾患。偶致人的肺炎。本病发生于世界各地，对养羊业造成了严重危害。

【病原学】鹦鹉热亲衣原体旧称鹦鹉热衣原体，为衣原体目、衣原体科、亲衣原体属，在宿主细胞内生长繁殖，即从较小的原体长成较大的外膜明显的中间体，然后再长大为网状体，随之进行二等分裂，分裂后的个体又变成原体。

衣原体对高温的抵抗力不强，在低温下可存活较长时间，如4℃可存活5天，0℃存活数周。感染了的鸡胚卵黄囊在－20℃可保存若干年。0.1%福尔马林溶液、0.5%石炭酸溶液在24小时内，70%的乙醇溶液中数分钟，2%来苏儿液5分钟均能将其灭活。衣原体对四环素族、红霉素等敏感，对链霉素、杆菌肽、磺胺类药物等有抵抗力。

【流行病学】不同品种的母羊均可感染发病，尤以两岁母羊发生较多。主要发生于母羊分娩和流产的时候，在怀孕的30～120天感染的母羊可导致胎盘炎、胎儿损害和流产。对于羔羊、未妊娠母羊和妊娠后期（分娩前1个月）的母羊感染后，呈隐性感染，直到下一次妊娠时才发生流产。

患病动物和隐性带菌动物是主要的传染源。病畜和带菌畜可由粪便、尿、乳汁以及流产的胎儿、胎衣和羊水排出病原菌，污染水源和饲料等。

主要经消化道感染，亦可经呼吸道或损伤的皮肤、黏膜感染。患病羊与健羊交配或用病羊的精液人工授精可发生感染，也可由子宫内感染也有可能。羊感染康复之后，可成为衣原体的带菌者，长期排出衣原体。一些外表健康的羊也有很高的粪便带菌率。蜱可能既是衣原体的储存宿主，又是传播媒介，有报道蜱可通过叮咬传染给人。

本病的发生无明显的季节性，多呈地方性流行，各种年龄的羊都可发生。封闭而密集的饲养、运输途中拥挤、营养紊乱不良等应激因素均可促进本病的发生。

【临诊症状】鹦鹉热亲衣原体感染绵羊、山羊可有不同的临诊表现，主要有以下几种病型。

1. 流产型　潜伏期50～90天。多数在正产期前2～5周发生流产，流产前胎羔多已死亡。发病前数天，母羊体温升高、食欲减退、不安，阴道排出少量黏液性或脓性分泌物。若为正产则为弱羔，常在产后几天死亡。也有流产前无任何前驱症状。有些母羊因继发子宫内膜炎而死亡。羊群第1次暴发本病时，流产率可达20%～30%，以后流产率下降，每年为5%左右流产过的母羊，一般不再发生流产。在本病流行的羊群中，可见公羊患有睾丸炎、附睾炎等疾病。

2. 关节炎型　鹦鹉热亲衣原体侵害羔羊，可引起多发性关节炎。发热羔羊于病初体温高达41～42℃，食欲减退，掉群，肢关节（尤其腕关节、跗关节）肿胀、疼痛，一肢或四肢跛行。患病羔羊肌肉僵硬，或弓背而立，或长期卧地，体重减轻，生长发育受阻。有些羔羊同时发生结膜炎。发病率高，病程2～4周。

3. 结膜炎型　结膜炎主要发生于绵羊，特别是肥育羔和哺乳羔。病羔一眼或双眼均可患病，眼结膜充血、水肿，大量流泪。病后2～3天，角膜发生不同程度的浑浊，出现血管翳、糜烂、溃疡或穿孔。数天后，在瞬膜、眼结膜上形成1～10毫米的淋巴滤泡（滤泡性结膜炎）。某些病羊可伴发关节炎，发生跛行。发病率高，一般不引起死亡。病程6～10天，角膜溃疡者，病期可达数周。

【病理变化】

1. 流产型 流产母羊胎膜水肿、增厚，子宫呈黑红色或土黄色。流产胎儿水肿，皮肤、皮下组织、胸腺及淋巴结等处有点状出血，肝脏充血、肿胀，表面可能有针尖大小的灰白色病灶。组织病理学检查，胎儿肝、肺、肾、心肌和骨骼血管周围网状内皮细胞增生。

2. 关节炎型 关节囊扩张，发生纤维素性滑膜炎。关节囊内积聚有炎性渗出物，滑膜附有疏松的纤维素性絮片。患病数周的关节滑膜层由于绒毛样增生而变粗糙。

3. 结膜炎型 结膜充血、水肿。角膜发生水肿、糜烂和溃疡。瞬膜、眼结膜上可见大小不等的淋巴样滤泡，组织病理学检查可发现滤泡内淋巴细胞增生。

【诊断】根据流行特点、临诊症状和病理变化仅能怀疑为本病，确诊需进行病原体的检查及血清学试验。

病料样品采集：无菌采取病、死羊的病变脏器、流产胎盘、排泄物、血液、渗出物。流产胎儿的肝、脾、肾及真胃内容物、胎盘绒毛叶和子宫分泌物；关节炎滑液；脑炎病例脑与脊髓液；肺炎病例为肺组织及气管分泌物、支气管淋巴结；肠炎病例为肠道黏膜、新鲜粪便等。

【防控措施】羊流产型已研究出有效疫苗，易感母羊在配种前接种油佐剂苗1次，可使绵羊获得保护力至少达3个怀孕期。预防其他各临床型衣原体病的疫苗也有报道，但尚未得到大规模的临床应用。衣原体外膜蛋白具有良好的免疫原性，利用基因工程技术生产的重组疫苗具有良好的应用前景。

加强检疫，及时淘汰发病畜和检测阳性畜，病死畜、流产胎儿、污物应无害化处理，污染场地进行彻底消毒。

患病动物可注射四环素族抗生素进行治疗，也可将其混于饲料中，连用1～2周。结膜炎患羊可用土霉素软膏点眼。

二十八、马流行性感冒

马流行性感冒（Equine influenza）是由马流感病毒引起的马属动物的一种急性、高度接触性传染病，其临诊特征是发热、咳嗽、流浆液性鼻液。呈暴发性流行，发病率高而病死率低。

1956年，在捷克布拉格首次分离到病毒，定名为甲型流感病毒/马/布拉格/1/56（H7N7），又名马流感病毒1型。1963年，在美国迈阿密分离的毒株名为甲型流感病毒/迈阿密/1/63（H3N8），又名马流感病毒2型。此后，在世界各地的马、驴、骡都有发现。近年来流行毒株为H3N8亚型，至今仍然发生抗原性漂移，对赛马尤其有致病性。

1974年夏和1975年春，我国一些省份也暴发了马流行性感冒，经过血清学检查以及病毒分离和鉴定，证明是由马流感病毒1型所引起。1988年，在我国的个别地区又发生马流感病毒2型引起的马流行性感冒。

【病原学】马流行性感冒病毒（Equine influenza virus，EIV）隶属于正黏病毒科、甲型流感病毒属。病毒有囊膜，基因组为单股RNA。马流行性感冒病毒有2个亚型，即马甲1型和马甲2型。马流行性感冒病毒的抗原性比较稳定，马甲1型病毒是1956年分离获得的，至今已近40多年；马甲2型病毒是1963年分离获得的，至今已30多年，这2个亚型毒株都没有发生质变。马甲1型流行性感冒病毒的抗原组成为H7N7，马甲2型流感病毒的抗原组成为H3N8，两者之间不能产生交叉免疫性。近年来流行毒株为H3N8，至今仍然发生抗原性漂移，对赛马尤其有致病性。此外，目前仍能检出H7N7的抗体。

马流行性感冒病毒对外界抵抗力很弱，56℃加热数分钟即可丧失感染力。对紫外线、甲醛、稀酸等敏感。脂溶剂、合成去垢剂、肥皂和氧化剂都能使病毒灭活。

【流行病学】 马流行性感冒在自然条件下，仅马属动物有易感性，各种年龄的马、驴、骡均可感染发病。病马是主要传染源，康复马和隐性感染马在一定时间内也能带毒、排毒。

该病主要经直接接触或通过飞沫经呼吸道传染。也可通过污染的饮水、饲料等经消化道传染。

马流行性感冒的流行特点是在初次暴发时一般很突然，传播迅速，流行猛烈，沿着交通线扩散，在一个较短的时间内侵袭广大地区，使大批马区发病，发病率高（60%～80%），病死率低（1%左右，最多不超过5%）。一年四季均可发生，但以秋末和春初较多。由于马群体的免疫状态及其体内抗体滴度的不同，流行的表现形式和发生率也受其影响，因此某些地区常出现流行较缓和、传播较缓慢的情况，甚至呈零星散发。

【临诊症状】 潜伏期2～10天，平均3～4天。发病突然，主要症状为高热39.5～41℃，持续4～5天，咳嗽，流浆液性鼻液，喉头部敏感。有些病马羞明流泪，结膜潮红肿胀，微黄染，流出浆液性乃至脓性分泌物，有的病马角膜混浊。颌下淋巴结轻度肿胀。马流感的症状一般比较一致，但由于病毒的毒力大小、个体抵抗力的强弱以及饲养管理条件的不同，临诊表现有轻重之分。

1. 轻症 比较多见，发病后表现轻度咳嗽，流浆液性鼻液，体温正常或稍高，精神、食欲无明显变化。经过1周病马可恢复健康。

2. 重症 咳嗽剧烈，初为干咳，后为湿咳，严重病例发生痉挛性咳嗽。病马在运动时，或在冷空气、尘土等的刺激下，咳嗽显著加重。病马初期流浆液性鼻液，后变为浓稠的灰白色黏液，个别病马出现黄白色脓性鼻液，精神沉郁，食欲减退，全身无力，体温升高到39.5～40℃，稽留，呼吸次数增多，脉搏加快，每分钟可达60～80次。有的病马出现心律不齐，四肢或腹部出现浮肿，甚至发生腱鞘炎。

病马在充分休息，精心护理，适当治疗的情况下，经过2周左右可以逐渐恢复健康。若护理不当，发病后继续使役，或受恶劣气候影响，可继发支气管肺炎、肠炎及肺气肿等。如不及时治疗，可发展为败血症、自体中毒、心力衰竭而死亡。

【病理变化】 病变以上呼吸道黏膜卡他性、充血性炎症变化为主，死亡病例多具有合并症和继发症的病理变化。颌下、颈部及肺门淋巴结肿大，鼻、喉、气管及支气管黏膜均有卡他性炎症。肺充血、出血、水肿，甚至出现肺炎、肺气肿、胸膜炎的变化。肠道有卡他性乃至出血性炎症。心包液和胸腔液增多，心肌变性，肝、肾肿大。皮下、腱鞘偶有浆液性炎。

【诊断】 根据临诊症状可做出初步诊断；确诊需进行实验室检验。

病料样品采集：鼻咽拭子或鼻、气管冲洗物。

【防控措施】 发生本病时，严格隔离封锁，防止与病马接触，切断传播途径。疫区封锁至少4周。所有病马康复后应严格消毒环境、厩舍及用具，可用食醋熏蒸厩舍。

1. 免疫接种 自然感染后的康复马有较长时期的免疫力。体内血凝抑制抗体可保存相当长的时间。

疫苗预防具有良好效果，目前使用的疫苗是将鸡胚增殖的马流行性感冒病毒，经过精制浓缩和灭活后制成，有水剂疫苗和佐剂疫苗两种，以佐剂疫苗的效果更好。使用最多的是马甲 1 型和马甲 2 型按比例混合制成的二联疫苗。

2. 治疗 病马应安静休息，注意护理，这是促进病马早日恢复健康，防止并发症和继发症的重要条件。轻症病马一般不需药物治疗，即可自然痊愈。对重症病马要施行对症治疗，给予解热、止咳等药物。必要时可应用抗生素或磺胺类药物，以防治并发症和继发症。

二十九、马 腺 疫

马腺疫（Equine strangles）是由马链球菌马亚种引起马属动物的一种急性、接触性传染病，以发热、鼻和咽喉黏膜发炎以及局部淋巴结的化脓为特征。该病主要发生于幼驹，壮龄马和老龄马很少发病，多呈散发性，偶尔呈地方流行性。

本病发生年代较早，我国明代《元亨疗马集》七十二症中的第四十一症中就有所论述。在我国的牧区和农区几乎年年都有发生，对幼驹的发育影响很大，但随着管理的改善和兽医卫生制度的健全，本病的发生已逐渐减少。该病呈世界性分布，其病原是 Schiitz 等学者在 1888 年从病马鼻漏及淋巴脓肿病灶中首次分离出来的。

【病原学】 马链球菌马亚种俗称马腺疫链球菌，为链球菌属 C 群的成员，革兰染色阳性，但着色不均。在病灶中常呈长链，几十个甚至几百个菌体相互连接呈串珠状；在培养物和鼻液中为短链，短的只有几个甚至两个菌相连。菌体呈圆或卵圆形，均无鞭毛，有些菌株具有荚膜。本菌是需氧或兼性厌氧菌。初次分离培养时需要在培养基中加入血液、血清或腹水等，在血平板上可形成透明、闪光、微隆起、黏稠的露滴状菌落，并产生明显的 β-型溶血。强毒株的菌落表面常呈颗粒状构造。在血清培养基中的幼龄培养物可形成荚膜。对外界环境的抵抗力较强，脓汁中的细菌在干燥条件下可生存数周。但菌体对热的抵抗力不强，86℃15 分钟可使之死亡，煮沸则立即死亡。一般常用的消毒液均可将其灭活。本菌对龙胆紫、结晶紫、青霉素、磺胺类药物等敏感。

【流行病学】 马对本菌最易感，骡、驴次之，其中以 1 岁左右的幼驹最易感染发病，哺乳马驹和 5 岁以上者很少发病，但没有患过腺疫和未获得对本病免疫力的老马也能发病。猫对本菌非常敏感，接种肉汤培养物可致死。小鼠腹腔接种肉汤培养物，在 2～10 天内可发生败血病或脓毒血症而死亡。病畜和带菌畜是本病的主要传染源。

病原菌随病畜的鼻漏及脓汁大量排到周围环境中，污染饲料、饮水、用具等经消化道传染给健康马。病马咳嗽、喷嚏污染空气经呼吸道也可传播。此外，通过交配、伤口也能感染。

本病一年四季均可发生，但以春、秋两季和气候多变时发生较多。

【临诊症状】 马腺疫的潜伏期为 4～8 天，但当机体受到感冒、过劳等不良因素影响时，抵抗力下降，潜伏期可缩短至 1～2 天。在临诊上主要分为 3 种病型。

1. 一过型腺疫 主要表现为鼻黏膜的卡他性炎症。鼻黏膜潮红，流出浆液性或黏液性鼻液，体温轻度升高，颌下淋巴结轻度肿胀。此时若加强饲养管理、增强机体的抵抗力则病情不再继续发展，能够很快自愈。

2. 典型腺疫 病初精神沉郁，食欲减少，体温升高达 40～41℃，呼吸喘粗，脉搏增数，心跳加快，2 天后即出现急性鼻卡他症状。病马表现为鼻黏膜潮红、干燥、发热，鼻液增多，初为浆液性，很快变为黏液性，3～4 天后变为黄白色脓性鼻液，并随咳嗽、喷嚏大量排出。炎症波及咽喉部时则咽喉敏感，呼吸、咳嗽、吞咽困难，胃内容物从鼻孔逆流而出。大多数病马在出现鼻卡他症状的同时，颌下淋巴结肿胀，有的呈鸡蛋或拳头大，充满整个下颌间隙；周围组织炎性肿胀剧烈，甚至波及颜面部和喉部，初坚硬、热、痛，以后肿胀逐渐成熟变软，常有一处或数处出现波动，波动处被毛脱落，皮肤变薄，继而肿胀破溃，流出大量黄白色黏稠乳脂样脓汁。随着体温下降，炎性肿胀逐渐消失，全身症状好转，创内肉芽组织增生。若无并发症则逐渐痊愈，病程一般 10～20 天。

3. 恶性型腺疫 发生恶性型马腺疫时，如果治疗不当或由于其他原因造成机体抵抗力降低，局部的病变可经血液或淋巴液向机体其他部位的淋巴结扩散转移，其中以咽淋巴结、肩前淋巴结、纵隔淋巴结和肠系膜淋巴结等较为多见；有时也可转移至肺脏和脑等器官，甚至出现脓毒败血症。其临诊表现则随转移的部位不同有很大的差异，如转移到咽淋巴结时，常表现为鼻孔流出大量脓汁或继发喉囊炎等；转至肩前淋巴结时可见局部淋巴结肿大，破溃后可能有脓液流出或出现附近的皮下组织弥漫性化脓性炎症等。在出现上述变化的同时，病马高热稽留不退、逐渐消瘦、贫血和黄疸加重，常因极度衰竭或病情不断加重而死亡。

【病理变化】马腺疫的典型病理变化是淋巴结的显著肿大、炎性充血和化脓性炎症。这些变化可见于颌下、颈部、胸腔纵隔、支气管和肠系膜等处的淋巴结，初期淋巴结肿大充血，逐渐发展呈化脓性炎症的变化，内含大量的黄色干酪样脓汁。此外，还可见到脓毒败血症变化，即在肝、脾、肾、肺、心肌、乳房、肌肉等处有大小不同的化脓灶和出血点，并有化脓性心包炎、胸膜炎和腹膜炎。

【诊断】根据流行病学、临诊症状及细菌学检验可做出诊断。

病料样品采集：用灭菌注射器抽取未破溃淋巴结中的脓汁。

【防控措施】平时应加强幼驹的饲养管理，提高机体抗病能力。新购马匹应隔离观察1～2 个月，证明无病再混群饲养。发病季节要经常对马群进行检查，发现病马立即隔离治疗，同时对污染的厩舍和用具进行严格的消毒。

1. 预防 马匹集中或流行严重的地区应进行马腺疫灭活菌苗的预防注射。灭活菌苗的种类很多，一般选用当地新分离菌株制成多价菌苗进行免疫接种可提高免疫效果。

2. 治疗 根据不同的发展阶段，有不同的治疗方法：

（1）炎性肿胀期的治疗：发病不久淋巴结轻度肿胀而未化脓时，为了消除炎症，促进吸收，局部可用弱刺激剂如樟脑酒精、复方醋酸铅等进行涂擦，同时结合注射磺胺类药物或青霉素进行全身性治疗，直至体温恢复正常再维持用药 1～2 天。

（2）化脓期的治疗：如化脓性肿胀很大，且硬固无波动，则于局部涂擦较强的刺激剂，如 10%～20%松节油软膏等以促进肿胀成熟。如脓肿中心脱毛，渗出少量浆液，触诊柔软并有波动感时证明脓肿已成熟，即可选择波动最明显的部位切开，充分排出脓汁。

（3）并发症治疗：当炎症波及喉部、面部等处时，可外敷复方醋酸铅等。继发咽炎、喉炎必须应用抗生素及磺胺类药物。

三十、马鼻腔肺炎

马鼻腔肺炎（Equine rhinopneumonitis）是由马鼻肺炎病毒引起的幼龄马的一种急性、

热性传染病，其特征为发热、白细胞减少和呼吸道卡他性炎症。

【病原学】 马鼻肺炎病毒（Equine rhinopneumonitis virus）又名马疱疹病毒4型，隶属疱疹病毒科、疱疹病毒甲亚科。本病毒过去曾与马疱疹病毒1型混淆，马疱疹病毒1型也引起与之相似的呼吸道症状，但接着发生流产，多发生于怀孕4个月的母马，而且两者具有若干共同抗原。

本病毒的抵抗力不强，在生理盐水中不稳定，对乙醚、氯仿、胰蛋白酶等都敏感，能被很多表面活性剂灭活，0.35%的福尔马林溶液可迅速把其灭活。但保存该病毒时，pH6.0～6.7的环境条件最适合；冷冻保存时以－70℃以下为最佳。

【流行病学】 在自然条件下，本病毒只感染马属动物，其他动物不感染。

病马、隐性感染马和带毒马是本病的主要传染源。病毒存在于病马的鼻汁、血液和粪便中。该病的传播途径主要是呼吸道，也可通过消化道或交配传染。犬、鼠类和腐食鸟类可能机械传播本病。

马传染性鼻肺炎常呈地方性流行，多发生于秋冬和早春季节。初次发生本病的马群，往往先在育成马群中出现鼻肺炎表现，并迅速蔓延传播，通常可在3～4个月内使80%～100%的马匹遭受感染。

【临诊症状】 潜伏期为2～4天，个别的可达1周。常见的临诊症状是鼻腔肺炎，病驹体温升高达39.5～41℃，厌食，流液性乃至黏脓性鼻汁，鼻黏膜和眼结膜充血。在体温上升的同时，白细胞数量减少，病程可持续1～3周。

继发细菌感染时可发生严重的支气管肺炎甚至死亡，少数病例呈隐性感染往往不被察觉。成年马或妊娠马患病后，临诊表现远较幼驹轻微，仅个别病马有一过性体温升高。

【病理变化】 鼻腔肺炎患驹上呼吸道充血、发炎和糜烂，局部腺体呈增生变化。侵及肺脏时，间质发生水肿和纤维蛋白浸润。严重感染病例呼吸道上皮细胞和淋巴结中心显著坏死，并可在细支气管上皮细胞看到典型嗜酸性核内包涵体。

【诊断】 在马鼻腔肺炎流行区，可根据流行病学、临诊症状、流产胎儿病变，尤其是嗜酸性核内包涵体做出初步诊断。确诊要靠病毒分离或血清学试验。

病料样品采集：鼻咽拭子或分泌物；流产胎儿的肝、肾、胸腺和脾。4℃保存及时送检，不能及时送检的样品应－70℃保存。血清学检测应于发病初期和恢复期采集两份血清。

【防控措施】 本病的预防需要贯彻执行兽医卫生综合性措施。加强妊娠马的管理，不与流产母马、胎儿接触；2岁以下幼驹断奶后应即时隔离并防止与其他马群接触，以防感染发病；流产母马要及时隔离，防止传染；流产的排泄物、胎儿、污染的场地和用具要严格消毒。

三十一、溃疡性淋巴管炎

溃疡性淋巴管炎（Equine ulceratibe lymphangitis）是由伪结核棒状杆菌引起的一种慢性传染病。以皮下淋巴管发生慢性进行性炎症，形成结节和溃疡为特征。

【病原学】 伪结核棒状杆菌又称绵羊棒状杆菌，为棒状杆菌属成员。本菌不能运动，不形成芽孢，无荚膜，是一种多形性杆状菌，革兰氏阳性而非抗酸性。它通常栖居于肥料、土壤和肠道内，存在于皮肤以及感染器官（特别是淋巴结）中。在局部化脓灶中的细菌呈球杆状及纤细丝状，着色不均匀，在固体培养基上，可见细小的球杆状集合丛，在老培养基内常呈多形性。在血清琼脂平皿或鲜血琼脂平皿上生长良好，呈现针尖大小、透明、隆起的小菌落，菌落呈乳白色，干燥、扁平。

本菌抵抗力弱，对热敏感，60℃很快杀死；普通消毒药能迅速将其灭活。

【流行病学】溃疡性淋巴管炎除发生于马属动物外，牛、羊、骆驼也可以感染发病。病畜以及被伪结核棒状杆菌污染的土壤、垫草等是主要的传染源。本病一般不由病畜直接传给健畜，病原菌是从土壤、肥料或垫草通过皮肤（多半是后肢系部球节部的皮肤）上的伤口而侵入的。

溃疡性淋巴管炎一年四季均可发生，多呈散发。本病在温带为良性，但在热带则多为恶性，尤其是驴。

【临诊症状】皮下淋巴管肿胀，似手指状，疼痛而软。沿肿胀的淋巴管可不断产生新的结节、脓肿和溃疡。病初常在后股（一侧或两侧）呈现弥漫性肿胀、疼痛和跛行。不久在跗关节周围发生界限明显、细小、棕黑色、有疼痛的小结节，破溃后形成圆形或不规则的溃疡，边缘不整似虫蚀状，但溃疡底不凸出于溃疡面，呈灰白色或灰黄色，初排出奶油状的分泌物，后则变成稀薄的脓性物质，有时混有少量血液。如予以适当治疗，则肉芽组织增生而形成结节状瘢痕。不久，在附近或其他部位又可发生新的小结节及溃疡。病程常可延长至数月。

在有些病例还从后肢蔓延到前肢、躯干、颈部，甚至面部。当病菌转移至内脏器官，特别是肾和肺脏发生转移性化脓灶时，常使病情恶化，甚至引起死亡。全身状况只有在严重病例才受到扰乱，在发生结节和溃疡时，可伴有中度发热，尤其午后体温升高更为明显，这主要是由于脓灶中所产生的有毒产物所致。本病的经过非常缓慢，病况有时为良性，有时为恶性。在温带地方，即使是有多数结节和溃疡的病例，也常归于痊愈。但在热带，特别是驴，则多取恶性经过。季节对于病程也有一定的影响，夏季明显好转，湿冷季节病情增重。

【病理变化】病原菌经后肢球节部皮肤伤口，首先侵入皮下淋巴管，引起化脓性淋巴管炎，沿该淋巴管的径路上由于中性粒细胞、巨噬细胞等炎性细胞聚集，开始形成小结节，患肢呈现弥漫性肿胀，继而结节逐渐增大化脓而形成脓肿，其他变化同症状。

牛也可发生溃疡性淋巴管炎，但与马有些不同。初发性病变多半始于颈部或躯干部的真皮或皮下组织内，而不是在后肢的远端。初形成的脓肿很大，直径可达5厘米以上，由此沿着增厚的淋巴管扩散，又形成新的脓肿。皮肤上的脓肿破损，形成的溃疡很顽固，有血清样渗出液渗出。早期就出现淋巴结炎，发炎的淋巴结肿大，并与周围组织黏着。炎症扩散缓慢，出现进行性化脓性淋巴结炎。病原虽与马相同，但在渗出物的涂片上却难于发现。

【诊断】本病具有特征性的临诊症状，确诊需进行实验室检查。

病料样品采集：无菌采集病变处的渗出物、病变结节内脓汁、血清。

【防控措施】平时要做好马场、厩舍的清洁卫生，防止外伤。轻症病例，应用手术疗法，常可收到良好的疗效。对结节、溃疡在清洗消毒后可涂擦碘酊或其他消毒药，若配合应用青霉素等全身疗法，可提高疗效。在治疗过程中应加强饲养管理，保持病畜的安静与休息。

三十二、马 媾 疫

马媾疫（Dourine）拉丁名为交配疹和麻痹，是由马媾疫锥虫寄生于马属动物引起的一种寄生虫病。早年曾广泛流行于美洲、东欧、亚洲、非洲。我国西北、东北、内蒙古、河南、安徽等地均有报道，经综合防制，目前已很少发生。

【病原学】马媾疫锥虫（Trypanosoma equiperdum）的形态与伊氏锥虫无明显区别。为细长柳叶形，大小（18～34）微米×（1～2）微米，前端比后端尖。细胞核位于虫体中央，椭圆形。

【流行病学】马媾疫仅马属动物易感，病马和带虫马是主要的传染源。马媾疫锥虫主要在生殖器黏膜寄生，短暂地寄生于血液及其他组织器官本病主要通过病马与健马交配时传染，未严格消毒的人工授精器械、用具也可传播。幼畜可经乳汁感染。

【临诊症状】潜伏期8～28天，少数达3个月。公马尿道或母马阴道黏膜被感染后引起炎症，侵入血液及各器官后出现一系列症状，特别是神经症状最为明显。

首先为水肿期：公马一般先从包皮前端开始发生水肿，逐渐蔓延至阴囊、阴茎、腹下及股内侧。触诊呈面团状，无热无痛。尿道黏膜潮红肿胀，流出黏液，尿频，性欲旺盛。母马阴唇水肿，阴道流出黏液，后期可出现水疱、溃疡及无色素斑。

其二为皮肤丘疹期：在生殖器炎症后1个月，出现皮肤丘疹期。病马颈、胸、腹、臀部等特别是两侧肩部的皮肤出现扁平丘疹，圆形或椭圆形，直径5～15厘米，中间凹陷，周边隆起，称“银元疹”。特点是突然出现，多在中午，消失迅速（数小时到1昼夜），然后再出现。

最终为神经症状期：是本病的后期，以局部神经麻痹为主，腰神经与后肢神经麻痹，表现为步样强拘，后躯摇晃，跛行；面神经麻痹时嘴唇歪斜，耳及眼睑下垂。咽麻痹时呈现吞咽困难。

全过程中体温一时性升高，后有稽留热。后期病马贫血、消瘦，精神沉郁，极度衰竭而死亡。

【诊断】根据临诊症状可做初步诊断，确诊应进行实验室诊断。

病料样品采集：病原检查可采取尿道或阴道分泌物或丘疹部组织液；血清学检测采集发病动物血清。

【防控措施】目前，我国基本消灭本病，如发现病畜，除非特别名贵种马，否则应无害化处理；开展人工授精；引进马匹先隔离检疫；公马在配种前用喹嘧胺盐进行预防；公母马分开饲养；阉割无种用价值的公马。

一旦发病，治疗伊氏锥虫病药物均可使用。

三十三、犬 瘟 热

犬瘟热（Canine distemper，CD）是由犬瘟热病毒引起的犬科（尤其是幼犬）、鼬科及一部分浣熊科动物的一种急性、高度接触性传染病。以呈现双相热型、结膜炎、鼻炎、支气管炎、卡他性肺炎以及严重的胃肠炎和神经症状为特征。

本病最早发现于18世纪后叶。现分布于世界各养犬地区。我国1980年分离获得犬瘟热病毒，目前各地均有犬瘟热发生的报告。

【病原学】犬瘟热病毒（Canine distemper virus，CDV）属于副黏病毒科、麻疹病毒属。本病毒为单链RNA型，病毒粒子呈圆形或不整形本病毒只有1个血清型，但病原性依病毒株不同有或多或少的差异。通过各种血清学试验和动物保护试验，已经明确犬瘟热和麻疹、牛瘟病毒之间具有某些共同抗原性。

病毒对热敏感，日光直射14小时能将其杀灭；56℃10～30分钟被灭活。但对干燥和寒冷有很强的抵抗力，病毒在4℃冻干的材料中能保持几个月、在低温中能保持几年并有感染力。3%NaOH溶液、3%甲醛溶液或5%石炭酸溶液能迅速杀灭该病毒。

【流行病学】 犬瘟热主要侵害幼犬，纯种犬比土种犬易感性高，且病情严重，死亡率高。在自然条件下，犬瘟热病毒的宿主为犬科动物（犬、狼、豺、狐等）、鼬科动物（水貂、雪貂、鼬鼠、貉、黄鼠狼、臭鼬鼠、刺猬、獾、水獭等），部分浣熊科动物（浣熊、密熊、白鼻熊和小熊猫等）。对毛皮动物的危害很大，特别在狐、水貂等毛皮动物饲养场，有时可引起流行。病犬和带毒犬是本病的主要传染源。病毒除大量地存在于鼻汁、唾液外，还可见于血液、脑脊髓液、淋巴结、肝、脾、脊髓、心包液及胸、腹水中，并且能通过尿长期排毒，污染周围环境。

本病主要通过与病犬直接接触，经呼吸道传染。也可通过污染的食物经消化道传染，交配传染也是一种途径。

犬瘟热无一定的地区性，凡是养狗的地方均有本病发生，特别常见于城市或犬类比较集聚的地区。康复的犬可获终生免疫。

【临诊症状】 本病的潜伏期随传染来源的不同长短差异较大，来源于同种动物的潜伏期一般为3～6天；来源于异种动物的潜伏期可长达30～90天。症状表现多种多样，与病毒的毒力、环境条件、宿主的年龄及免疫状态有关。体温升高达40℃以上，持续1～2天后降至常温，2～3天后可再次发热并持续数周（双相热型）。

多数病例初期表现鼻炎和结膜炎症状，鼻流水样分泌物，并在1～2天内转为黏液性、脓性，此后可有2～3天的缓解期，病犬体温趋于正常，精神食欲有所好转。此时如不及时治疗，就会很快发展为肺炎、肠炎、肾炎、膀胱炎和脑炎等，并出现相应的症状。

以呼吸道炎症为主的病犬，鼻镜干裂，排出脓性鼻液。眼睑肿胀，有脓性分泌物，后期可发生角膜溃疡。病犬咳嗽、打喷嚏，肺部有啰音和捻发音。

以消化道炎症为主的病犬，食欲完全丧失，呕吐，排带有黏液的稀便或干粪，严重时排高粱米汤样的血便，病犬迅速脱水、消瘦。

以神经症状为主的病犬，有的开始就出现神经症状，有的先表现呼吸道或消化道症状，7～10天后再呈现神经症状。病犬轻则口唇、眼睑局部抽搐，重则空嚼、转圈、冲撞或口吐白沫，牙关紧闭，倒地抽搐，呈癫痫样发作。这样的病犬多半预后不良。也有的病犬表现四肢、后躯麻痹、共济失调等神经症状，这样的病犬常留有麻痹后遗症。

以皮肤症状为主的病犬较为少见。在唇部、耳壳、腹下和股内侧等处皮肤上出现小红点、水疱或脓性丘疹。有少数病犬的足垫肿胀、增生、角化，形成所谓的硬脚掌病。

恢复的病犬，食欲好转；但未恢复的，通常死亡，或病毒侵入脑内增殖，引起痉挛。多在感染后4～6周导致脑炎。病的末期可见到眼球透明部分变为蓝绿色。一旦呈现症状，则预后甚为不良，即使存活，痉挛多持续终生。

【病理变化】 有些病例皮肤出现水疱性、脓疱性皮疹；有些病例鼻和脚底表皮角质层增生而呈角化病。上呼吸道、眼结膜呈卡他性或化脓性炎症、肺脏呈卡他性或化脓性支气管炎症。

【诊断】 本病的诊断比较困难，确诊尚有赖于病毒分离鉴定及血清学诊断。

病料样品采集：病原学检查在生前可取鼻黏膜、舌、结膜、瞬膜等，死后可刮取膀胱黏膜。血清学检测可采取发病早期和后期的双份血清样品。

【防控措施】加强综合性防控措施，搞好免疫接种，发现病犬，及时隔离治疗，严格消毒，防止互相传染，扩大传播。

治疗：对病犬应在隔离条件下进行治疗，具体方法如下：

抗病毒：本病特异疗法是应用大剂量犬瘟热单克隆抗体、犬瘟热血清或抗犬瘟1号，皮下注射，每天1次，连用3天。病毒感染初期效果较好，出现明显症状时，效果稍差。

抗细菌感染及消炎：选用头孢菌素类抗生素、喹诺酮类药物。病初并用糖皮质激素。

三十四、水貂阿留申病

水貂阿留申病（Alentian disease of mink）又称貂浆细胞增多症，是由阿留申病病毒引起水貂的一种慢性进行性传染病。其特征是浆细胞增多、高γ-球蛋白血症、动脉血管周围炎、肾小球肾炎和终生病毒血症，并伴有动脉炎、肝炎、卵巢炎或睾丸炎等。

1946年，美国奥勒根饲养场一种彩色突变种水貂带有“aa”基因的“阿留申”貂（铅灰色）发生该病。1956年，革哈姆以病水貂脏器滤液给健康貂接种，证明具有感染性，不仅具有阿留申基因貂能感染，标准水貂也能感染。目前，世界各地均有本病流行。近年来，本病在我国水貂中流行也较为严重，每年给水貂养殖业造成约30%的经济损失。

【病原学】貂阿留申病病毒（Aleutlan mink disease vilus，AMDV）属于细小病毒科、细小病毒属。本病毒有2种颗粒，无囊膜，基因为单股DNA，本病是一种自身免疫病，是由免疫过程所产生的抗体引起的疾病。感染貂可产生持续性病毒血症，虽然产生高滴度的抗体，但不能中和病毒。病毒与抗体复合物在血管壁沉积，引起肝炎、关节炎、肾小球肾炎、贫血乃至死亡。

AMDV抵抗力极强，耐热、耐酸、耐乙醚。病毒在组织悬液中80℃可耐受30分钟，99.5℃3分钟仍能保持感染性；5℃时，可被紫外线或0.8%碘液灭活，可煮沸灭活也可被强酸、强碱和碘所灭活。化学消毒研究表明1%福尔马林、0.5%～1%NaOH是有效的消毒剂。

【流行病学】所有品系的水貂对本病均易感，但以带有阿留申基因的水貂最为易感。

水貂阿留申病主要传染源是病貂和带毒貂。病毒主要存在于病貂的尿、唾液和血液中，当饲养场引入潜伏期带毒貂1年后发病，2～3年在场内蔓延流行，感染率可达40%～60%。慢性感染貂可常年排毒。

该病通常是经消化道、呼吸道传染，无论是直接接触或间接接触均能引起传染。也可以通过损伤皮肤和黏膜感染。此外，还可以通过母体胎盘传染，由母貂传给仔貂，这样一代一代传下去，使其传染逐步扩大。

水貂阿留申病一年四季均可发生，没有明显的季节性，但秋冬季节病死率高。不良饲养条件和其他不利因素，如寒冷、潮湿等，能加剧本病的发生和流行。

【临诊症状】潜伏期相当长，非经口人工接种病毒的水貂，血中γ-球蛋白升高平均21～30天，直接接触感染时平均60～90天，长的达9个月，有的持续1年或更长不表现临诊症状。临诊上分急性和慢性型2种，急性型少见，多数为慢性经过。

1. 急性型 病貂表现口渴、贫血、食欲减退或丧失，精神沉郁，逐渐衰竭，经2～3天死亡；血液检查浆细胞增多、高γ-球蛋白血症。

2. 慢性型 病程长达数周或数月。由于病貂肾脏受到严重损害，增加水消耗，因此表现渴欲增加，几乎整天伏在水盒上饮水，冬季啃冰。病貂生长缓慢，渐进性消瘦，眼窝下陷，步伐蹒跚，食欲反复无常。有的侵害神经系统，表现共济失调，后肢麻痹、痉挛和抽搐。另一个特点是贫血，造血器官、骨髓、肝脏等由于浆细胞增生，使造血机能下降，可视黏膜苍白，口腔和脚趾发白。由于病毒血症引起小动脉周围炎，血管壁破坏出血，致使齿龈、硬腭、软腭有出血斑。病的后期常有血便，粪便呈煤焦油状黑褐色。

【病理变化】 尸体高度消瘦，可视黏膜苍白，有20%左右死貂齿龈出血。

多数肾脏肿大2～3倍，呈淡黄或灰色，有时呈橙黄色，表面常有黄白色小坏死灶和散在出血点和出血斑。

慢性病例，肾肿大不太明显，个别肾萎缩，呈灰褐色，表面凸凹不平，布满出血点，新的和旧的出血点交替，犹如麻雀卵；切面髓质不平，皮质与髓质界限不清。肝脏多数肿大约1倍，急性呈肉桂色，慢性呈黄褐色。脾脏比正常肿大1～4倍，呈紫红或暗黑色；慢性病例脾萎缩。淋巴结肿胀多汁，呈淡黄色或深褐色。

【诊断】 阿留申病被认为是一种自身免疫病，有关本病的诊断研究进展较快，已由非特异性诊断进入特异性诊断阶段。

病料样品采集：血清、血液。

【防控措施】 迄今为止，对阿留申病还没有特异性的预防和治疗方法。为控制和消灭本病，必须采取综合性的防控措施。

1. 应着眼于饲养管理，保证给予优质、全价和新鲜的饲料，以提高水貂的机体抵抗力。

2. 坚持貂场内的兽医卫生制度，是防止本病蔓延和扩散的有效方法。貂场内的用具(包括兽医器械)、食具、笼子和地面要定期进行消毒。病貂场禁止水貂输入和输出。

3. 建立定期检疫隔离和淘汰制度，是现阶段扑灭本病的主要措施。以往用碘凝集试验法收到一定效果，现广泛应用对流免疫电泳法检查，淘汰阳性病貂，效果良好。每年应在打皮季节和配种前对所有水貂进行认真检疫，严格淘汰阳性水貂，更不准留作种用，这样坚持2年后即可扑灭本病。

4. 采用异色型杂交的方法，在某种程度上可以减少本病的发病率。多年来，国内许多水貂场这样做，都收到了较好的效果。

5. 注射青霉素、维生素B_{12}、多核苷酸及给予肝制剂等，也是临时性的解救办法，但只能改善病貂自身状况，而不能达到治愈的目的。

三十五、水貂病毒性肠炎

水貂病毒性肠炎（Virus enteritis in mink）是由貂肠炎病毒引起的高度接触性、急性传染病。其特征是胃肠黏膜发炎、腹泻，粪便中含有多量黏液和灰白色脱落的肠黏膜，有时还排出灰白色圆柱状肠黏膜套管。

本病由Schofield（1949）于加拿大首先发现，以后丹麦、瑞典等国家也先后发生本病。我国于1981年以来，也有本病的发生和流行，并且于1984年由解放军兽医大学于永仁等首次从病死貂体内分离到水貂肠炎病毒并培养和传代成功，从而确定了病性。

【病原学】水貂细小病毒（Mink enteritis virus）为细小病毒科、细小病毒属，与猫全白细胞减少症病毒相类似。猫全白细胞减少症病毒除感染猫外，也能感染水貂发病。因此认为水貂细小病毒系猫全白细胞减少症病毒的一个变种。病毒颗粒无囊膜，基因组为单股DNA，病毒在细胞核内复制。

水貂细小病毒对乙醚、氯仿、胰蛋白酶、0.5%石炭酸溶液及pH3.0的酸性环境具有一定抵抗力；50℃1小时即可灭活；0.2%甲醛溶液处理24小时即可失活，次氯酸对其有杀灭作用。

【流行病学】猫科、鼬科、犬科以及貉科动物，如猫、熊猫、虎、豹、狮、狐、犬、狼、貉、水貂等动物对本病均有易感性。其中水貂最为易感，尤其幼龄水貂更为易感。患病和带毒动物是主要传染源，尤其是带毒母貂是最危险的传染源。病后康复动物的排毒期可在1年以上。

病毒经病貂或带毒动物的粪便、尿、精液、唾液等途径排出体外，污染饲料、饮水及用具，经消化道和呼吸道传染。此外，也可经消毒不彻底的注射器材以及体温计等散播传染。鼠类和鸟类也是传播本病的主要媒介。

本病常呈地方流行性和周期性流行，传播迅速，全年均能发生，但以夏季发生较多（南方5～7月，北方7～10月）。根据我国发生情况统计，发病率为66.48%，病死率为15.98%，其中幼龄仔貂的病死率更高。

【临诊症状】自然感染潜伏期为4～8天。根据病程，可分为以下几种病型：

1. 最急性型　突然发病，见不到典型症状，经12～24小时即很快死亡。

2. 急性型　精神沉郁，食欲废绝，但渴欲增加，喜卧于小室内，体温升高达40.5℃以上。有时出现呕吐，常有严重下痢，在稀便内经常混有粉红色或淡黄色的纤维蛋白。重症病例还能出现因肠黏膜脱落而形成的圆柱状灰白色套管。患病动物高度脱水、消瘦，病程7～14天，终因衰竭而死亡。

3. 亚急性型　与急性型症状相似。腹泻后期，往往出现褐色、绿色稀便或红色血便，甚至煤焦油样便。患病动物高度消瘦，脱水。病程常拖至14～18天而死亡。

有少数患病动物耐过后，逐渐恢复食欲而康复，但能长期排毒而散播传染源。

【病理变化】主要病理变化在胃肠系统和肠系膜淋巴结。胃内空虚，含有少量黏液，幽门部黏膜常充血，有时出现溃疡或糜烂。肠内容物常混有血液，重症病例肠内呈现黏稠的黑红色煤焦油样内容物，有部分肠管由于肠黏膜脱落而使肠壁变薄。多数病例在空肠和回肠部分有出血变化。肠系膜淋巴结高度肿大、充血和出血。肝脏轻度肿大呈红紫色，胆囊充盈。脾脏肿大呈暗红色，在被膜下有时出现小出血点。

【诊断】根据流行病学资料，结合临诊症状，可以做出初步诊断，但确诊还要进行实验室诊断。

病料样品采集：大便、血清、小肠、肝脏、脾脏、淋巴结。

【防控措施】预防本病主要应采取科学饲养管理，严格检疫隔离，加强防疫消毒，按时预防接种等综合性兽医卫生防控措施。

当场内发生本病时，应及时隔离患病动物，并停止引进或输出种兽；对笼具、饲养管理用具和粪便进行彻底消毒，患病动物应无害化处理。对发病貂群，使用肠炎病毒细胞培养灭活疫苗进行紧急接种。

1. 免疫接种 细小病毒组织培养灭活疫苗是我国于1987年首次研制成功的。现在已在全国毛皮动物饲养密集地区推广应用。疫苗质量安全可靠，免疫效果良好，无副作用。免疫期为6个月。本疫苗分别在6～7月，幼龄貂离乳分窝后15～20天和12～1月、配种前1个月进行免疫接种，效果最好。此疫苗不但可以作为预防接种用，同时也可以在本病流行期间作为紧急接种用。紧急接种后5天左右即可控制疫情的发展。

最近国内又研制出水貂病毒性肠炎、犬瘟热、肉毒中毒三联疫苗，免疫效果也很好。

2. 治疗 迄今尚无特效疗法。对发病动物，为控制细菌性并发症的发生，减轻症状和死亡，可根据临诊表现，酌情使用抗生素或磺胺类药物以及必要的对症治疗。

三十六、犬细小病毒病

犬细小病毒病（Canine parvovvirus infection）是由犬细小病毒-2型引起犬的一种烈性传染病。临诊表现以急性出血性肠炎和非化脓性心肌炎为特征。

1978年，在美国、澳大利亚和欧洲几乎同时分离获得犬细小病毒（CPV）。我国1982年证实有本病发生，目前已广泛流行于世界各地，是危害养犬业最为严重的传染病之一。

【病原学】犬细小病毒-2型（CPV-2）在分类上属细小病毒科，细小病毒属，CPV-1不同，CPV-1又名犬微小病毒（minute virus of canines），无明显致病性。一般所说的犬细小病毒，均指CPV-2。

CPV-2在抗原性上与猫全白细胞减少症病毒（FPV）和水貂肠炎病毒（MEV）密切相关。CPV-2自发现20多年来，出现了抗原性漂移，目前有a、b两个亚型，二者致病性未见差异。

CPV-2对多种理化因素和常用消毒剂具有较强的抵抗力。在4～10℃存活180天，在粪便中可存活数月至数年。甲醛、次氯酸钠、β-丙内酯、羟胺、氧化剂和紫外线均可将其灭活，但对氯仿、乙醚等有机溶剂不敏感。

【流行病学】犬是主要的自然宿主，其他犬科动物，也可感染。不同年龄、性别、品种的犬均可感染，但以刚断乳至90日龄的犬较多发，病情也较严重，尤其是新生幼犬，有时呈现非化脓性心肌炎而突然死亡。纯种犬比杂种犬和土种犬易感性高。

病犬是主要的传染来源。感染后7～14天粪便可向外排毒。发病急性期病犬的呕吐物和唾液中也含有病毒。无症状的带毒犬也是重要的传染源。人、苍蝇和蟑螂等可成为CPV-2的机械传播者。主要是由病犬与健康犬直接接触或经污染的饲料和饮水通过消化道感染。

流行形式及因素：本病常呈暴发性流行。一年四季均可发生，但以冬春季多发。天气寒冷，气温骤变，饲养密度过高、拥挤、并发感染等可加重病情和提高病死率。

【临诊症状】本病最初流行时以心肌炎及白细胞减少与肠炎综合征为主。目前因普遍存在母源抗体，已很少见心肌炎型。CPV-2感染在临诊上表现各异，但主要可见肠炎和心肌炎两种病型。有时某些肠炎型病例也伴有心肌炎变化。

1. 肠炎型 自然感染潜伏期7～14天，人工感染3～4天。病初48小时，病犬抑郁、厌食、发热（40～41℃）和呕吐，呕吐物稀薄、胆汁样或带血。起初粪便呈灰色或黄色，6～12小时后开始腹泻，呈血色或含有血块。胃肠道症状出现后24～48小时表现脱水和体重减轻等症状。粪便中含血量多少，直接关系着病的预后，较少则表明病情较轻，恢复的可能性较大。在呕吐和腹泻后数日，由于胃酸倒流入鼻腔，导致黏液性鼻漏。在病的过程中常发生肠套叠。

2. 心肌炎型 多见于28～42日龄幼犬，常无先兆性症候，或仅表现轻度腹泻，继而突然衰弱，呼吸困难，脉搏快而弱，心脏听诊出现杂音，心电图发生病理性改变，短时间内死亡。

【病理变化】

1. 肠炎型 自然死亡犬极度脱水、消瘦，腹部蜷缩，眼球下陷，可视黏膜苍白。肛门周围附有血样稀便或从肛门流出血便。有的病犬从口、鼻流出乳白色水样黏液。血液黏稠呈暗紫色。小肠以空肠和回肠病变最为严重，内含酱油色恶臭分泌物，肠壁增厚，黏膜下水肿。黏膜弥漫性或局灶性充血，有的呈斑点状或弥漫性出血。大肠内容物稀软，酱油色，恶臭。黏膜肿胀，表面散在针尖大出血点。结肠肠系膜淋巴结肿胀、充血。肝肿大，色泽红紫，散在淡黄色病灶，切面流出多量暗紫色不凝血液。胆囊高度扩张充满大量黄绿色胆汁，黏膜光滑。肾多不肿大，呈灰黄色。脾有的肿大，被膜下有黑紫色出血性梗死灶。心包积液，心肌呈黄红色变性状态。肺呈局灶性肺水肿。咽背、下颌和纵膈淋巴结肿胀、充血。胸腺实质缩小，周围脂肪组织胶样萎缩。膈肌呈现斑点状出血。

2. 心肌炎型 肺脏水肿，局部充血、出血，呈斑驳状。心脏扩张，左侧房室松弛，心肌和心内膜可见非化脓性坏死灶，心肌纤维严重损伤，可见出血性斑纹。

【诊断】根据流行特点，结合临诊症状和病理变化可以做出初步诊断。确诊则需要进行病毒的分离鉴定或血清学检查。

病料样品采集：大便、血清、实质脏器。

【防控措施】本病发病迅猛，应采取综合性防控措施，及时隔离病犬，对犬舍及用具等用2%～4%的氢氧化钠溶液或10%～20%漂白粉液反复消毒。

疫苗免疫接种是预防本病的有效措施。为了减少接种手续，目前多倾向于使用联苗。如美国生产的CPV-CDV-CAV-1-CAV-2-CPIV和犬钩端螺旋体六联苗以及国内研制的CDV-CPV-CAV-1-CPIV和狂犬病五联苗。

CPV-2感染发病快，病程短，临诊上多采用对症治疗。近年来，国内已研制成功治疗CPV-2感染的犬细小病毒单克隆抗体，在发病早期胃肠道症状较轻时，免疫治疗效果显著，结合对症治疗措施可大大提高治愈率，目前已广泛应用。

三十七、犬传染性肝炎

犬传染性肝炎（Canine infectious hepatitis）是由犬传染性肝炎病毒引起的一种急性败血性传染病。主要侵害1岁以内的幼犬也可见于其他犬科动物，常引起犬急性坏死性肝炎，在狐狸表现为脑炎。该病在临床上常与犬瘟热混合感染，使病情更加复杂严重。传染性犬肝炎与人类的肝炎无关。1947年，此病由瑞典的Rubarth首先出现报告。目前，本病几乎在世界各地都有发生，是一种常见的犬病。1983年6月解放军兽医大学从病犬的肝组织中分离到一株犬传染性肝炎病毒，从而证实了我国也有本病的存在。

【病原学】犬传染性肝炎病毒（Infectious canine hepatitis virus）学名犬腺病毒1型（Canine adenovirus virus Type 1，CAV-1），属腺病毒科、哺乳动物腺病毒属。CAV-1衣壳内由双链DNA组成的病毒核心。

病毒经鼻咽、口及黏膜途径进入体内，最初感染扁桃体及肠系膜集合淋巴结，而后产生病毒血症，感染内皮及实质细胞，导致肝、肾、脾、肺等器官出血及坏死，在感染的康复期或接种弱毒疫苗后 8～12d，因产生抗原抗体复合物而引起角膜水肿（导致“蓝眼”）及肾小球肾炎。

CAV－1 对乙醚、氯仿有抵抗力。在 pH3～9 条件下可存活，最适 pH6.0～8.5。在 4℃可存活 270 天，室温下存活 70～91 天，37℃存活 29 天。56℃30 分钟仍具有感染性。病犬肝、血清和尿液中的病毒于 20℃可存活 3 天。碘酚和氢氧化钠可用于消毒。

由犬腺状病毒Ⅰ型对多种理化因素和常用消毒剂具有较强的抵抗力。在室温下保存 90 天感染性仅轻度下降，在粪便中可存活数月至数年。甲醛、次氯酸钠、紫外线等均可将其灭活。

【流行病学】犬是主要的自然宿主，其他犬科动物也可感染，犬感染病毒后发病急，死亡率高，常呈暴发流行。不同年龄、性别、品种的犬均可感染，最易感染幼犬及年老的狗，病犬死亡率高。但以刚断乳至 90 日龄的犬多发，新生幼犬，有时呈现非化脓性心肌炎而突然死亡。纯种犬比杂种犬和土种犬易感性高。

病犬和带毒犬是主要的传染源，感染后 7～14 天粪便可向外排毒，病愈犬，最长的经过 6 个月，它的尿液里面仍然有病毒的存在。病毒由病犬的粪便、呕吐物、唾液、尿中同时排出，病毒经由口、鼻、接触感染。

本病一年四季均可发生，但以冬春季多发。

【病理变化】常见皮下水肿。腹腔积液，暴露空气常可凝固。肠系膜可有纤维蛋白渗出物。肝脏稍肿大，包膜紧张，肝小叶清楚。胆囊黑红色，胆囊壁常水肿、增厚、出血，有纤维蛋白沉着。脾脏肿大。胸腺点状出血。体表淋巴结、颈淋巴结和肠系膜淋巴结出血。

【临诊症状】初生幼犬，可能不显示任何症状而死亡。但这种情形很少见。此病多发生于未满 1 岁的幼犬。传染性犬肝炎的临床症状包括：渴欲增加、食欲不振、扁桃腺炎、腹部因肝脏肿大而有触痛感，急性患犬并会有结膜炎、畏光、眼睛分泌物增加；此外，由于病毒会在虹膜睫状体内大量增殖，而引起角膜水肿及混浊，造成“蓝眼症”，是本病的特征。

本病潜伏期 5～7 天，轻症病例可有厌食、沉郁、发烧，感染数天或数周后，也可能会因葡萄膜炎而蓝眼。重症病例精神较差、厌食、口渴、黏膜充血，呕吐、下痢、扁桃腺肿大、腹痛，病犬体温升高 40～41℃，持续 1 天。然后降至接近常温，持续 1 天，接着又第二次体温升高。不一定有黄疸，因肝肿大而引起腹痛，肝脏区的按压痛很明显。甚至站立时因疼痛而拱背，不愿走动。

急性型病例病情最为严重，病犬可能在 12～24 小时内死亡。激烈腹痛和高烧达 41℃，黏膜有点状出血，有时会吐血和血痢，此外有可能会出现渐进性的神经症状。这种病例常被主人误以为是中毒。

经过 4～7 天的病程，大多数的病犬会很快地康复。在病愈后约 1 星期内，有一部分犬会呈现暂时性的、单侧的、偶尔是两侧的角膜混浊。但是在临床上传染性肝炎的病例有可能会并发青光眼、免疫复合物所引起的丝球体性肾炎、散播性血管内凝血等并发症。

【诊断】根据病犬典型的临诊症状、病理变化以及流行病学资料，可做出初步诊断，确诊还有赖于实验室检验。

病料样品采集：病犬血液、扁桃体、肝脏、脾脏可用作病毒的分离和鉴定。

【防控措施】

1. 治疗 对急性的病例，无有效疗法。对不严重的病例：

(1) 施以输液等支持疗法。

(2) 投以广效型的抗生素：可以控制细菌性二次感染。

(3) 对眼疾，应避免投予含有肾上腺皮质眼药。

(4) 病犬在恢复期常出现角膜混浊现象，此现象是病毒于眼前房液中，会引来抗体的作用，形成抗原一抗体复合物，沉积在角膜上而后引起补体反应，造成角膜损伤，乃属于第三型过敏反应，外观上角膜呈现混浊的现象，即所谓的“蓝眼症”。混浊会由角膜周围逐渐向中央扩散，此过程使犬只有疼痛的现象，通常不予以治疗，但必要时可给予含类固醇的眼用药物滴眼以减轻疼痛感。

2. 预防 平时要搞好犬舍卫生、消毒，自繁自养，严禁与其他犬混养。

最好的预防方法是定期注射疫苗。因为此病专攻幼犬，因此6～8周龄幼犬一定要施打传染性犬肝炎的疫苗。若幼犬以犬腺状病毒Ⅰ型制成的疫苗接种，约有2%的幼犬会有蓝眼的副作用，故临床上都以犬腺状病毒Ⅱ型来取代。用腺病毒第Ⅱ型，不但可以预防此病且对犬窝咳的预防有所帮助。

三十八、猫泛白细胞减少症

猫泛白细胞减少症（Feline panleucopenia，FP）又称猫全白细胞减少症、猫瘟热或猫传染性肠炎，是由猫泛白细胞减少症病毒引起猫及猫科动物的一种急性、高度接触性传染病。临诊以突发高热、呕吐、腹泻、脱水及循环血流中白细胞减少为特征。

本病遍及全世界所有养猫的地区，是猫科动物的最重要的传染病。

【病原学】 猫泛白细胞减少症病毒（Feline panlenkopenia virus，FPV）旧名猫瘟热病毒，为细小病毒科、细小病毒亚科、细小病毒属。病毒无囊膜，基因组单股DNA。FPV仅有1个血清型，且与水貂肠炎病毒、犬细小病毒具有抗原相关性。对热敏感，对乙醚、氯仿、胰蛋白酶、0.5%石炭酸溶液及pH3.0的酸性环境具有一定抵抗力。0.2%甲醛溶液处理24小时即可失活。次氯酸对其有杀灭作用。

【流行病学】 猫泛白细胞减少症病毒除能感染家猫外，还可感染其他猫科动物（虎、猎豹和豹）及鼬科（貂、雪貂）和浣熊科（长吻浣熊、浣熊）动物。各种年龄的猫均可感染。由于种群的免疫状况不同，发病率和病死率的变化相当大。初乳中母源抗体可使初生小猫受到保护。多数情况下，1岁以下的幼猫较易感，感染率可达70%，病死率为50%～60%，最高达90%。成年猫也可感染，但常无临诊症状。

感染猫、貂是主要的传染源。被感染动物处于病毒血症期排出的粪、尿、呕吐物及各种分泌物含有大量病毒，被其污染的饮食、器具及周围环境也是主要的传染源；康复猫和水貂可长期排毒达1年之久。

病毒具有极高的传染性，自然条件下可通过直接或通过用具、垫料、人间接接触而传播。除水平传播外，妊娠母猫还可通过胎盘垂直传播给胎儿。

本病在冬末至春季多发，尤以3月份发病率最高。1岁以内的幼猫多发，随年龄增长发病率降低，因饲养条件急剧改变、长途运输或来源不同的猫混杂饲养等不良因素影响，可能导致急性暴发性流行。由于病毒极其稳定，排毒量又相当大（每克粪大于 $10^9 ID_{50}$），因此，环境受到严重污染，难以完全消灭，病毒可由远距离传入。

【临诊症状】 本病潜伏期2～9天，根据发病情况可分为三型：最急性型、急性型、亚急性型。

1. 最急性型 动物不显临诊症状而立即倒毙，往往被误认为中毒。

2. 急性型 动物发病后，24小时内死亡。

3. 亚急性型 病程7天左右。第1次发热体温40℃左右，24小时左右降至常温，2～3天后体温再次升高，呈双相热型，体温达40℃。病猫精神不振，被毛粗乱，厌食，持续呕吐，呕吐物常常带有胆汁。腹泻，粪便为水样、黏液性或带血等出血性肠炎和脱水症状比较明显。眼鼻流出脓性分泌物。妊娠母猫感染FPV可造成流产和死胎。在怀孕末期或出生后头2周感染可对中枢神经系统造成永久性损伤，引起小脑发育不全。感染幼犬出现进行性运动失调、伸展过度、侧摔、趴卧等。可严重侵害胎猫脑组织，因此所生胎儿可能小脑发育不全。

【病理变化】 以出血性肠炎为特征。胃肠道空虚，整个胃肠道的黏膜面均有程度不同的充血、出血、水肿及被纤维蛋白性渗出物覆盖，其中空肠和回肠的病变尤为突出，肠壁严重充血、出血、水肿，致肠壁增厚似乳胶管样，肠腔内有灰红或黄绿色的纤维蛋白性坏死性假膜或纤维蛋白条索。肠系膜淋巴结肿大，切面湿润，呈红、灰、白相间的大理石样花纹，或呈一致的鲜红或暗红色。肝肿大呈红褐色。胆囊充盈，胆汁黏稠。脾脏出血。肺充血、出血、水肿。长骨骨髓变成液状，完全失去正常硬度。

【诊断】 临诊上表现严重的胃肠炎症状，顽固性呕吐（用止吐药无效），呕吐物黄绿色，双相体温，白细胞数明显减少，可初步诊断。白细胞减少程度与临诊症状的严重程度有关。确诊则需要进行病毒的分离鉴定或血清学检查。该病毒具有凝集猪红细胞的特性。

【防控措施】 疫苗接种可产生长期有效的免疫力。怀孕猫不宜进行免疫接种。

平时应搞好猫舍卫生，对于新引进的猫，必须经免疫接种并观察60天后，方可混群饲养。

猫泛白细胞减少症的治疗与犬细小病毒性肠炎相似，主要采取支持性疗法，如补液、非肠道途径给予抗生素和止吐药，精心护理并限制饲喂。近些年应用高效价的高免血清进行特异性治疗，同时配合对症治疗可取得较好的治疗效果。

三十九、利什曼病

利什曼病（Leishmaniosis）又称利什曼原虫病、黑热病，是利什曼原虫引起、流行于人、犬以及多种野生动物的重要人兽共患寄生虫病。由吸血昆虫——白蛉传播，以皮肤或内脏器官的严重损害、坏死为特征。

该病广泛分布于世界各地，多发于地中海国家及热带和亚热带地区，以皮肤利什曼病这种形式最为常见。中华人民共和国成立前，在我国的山东、江苏、河南、山西等地广泛流行，病死率高达40%，成为我国人群中五大寄生虫病之一。中华人民共和国成立后，由于大力开展防治工作，在20世纪50年代末已经达到基本消灭。

世界卫生组织把利什曼病列为再度回升的一种寄生虫病。回升的原因大致有3条：①免疫力下降的人群增加，特别是艾滋病（AIDS）在全球的流行；②开发荒漠或森林，使人类移居到利什曼病的自然疫源地，导致原来仅在动物间流行的内脏利什曼病由野栖白蛉传播给人，成为人类的疾病；③一些有利什曼病流行的国家因战乱频繁而发生人口的大范围流动，促使疫区扩大，病人增多。

中国已在20世纪50年代末宣布基本消灭了利什曼病，但在新疆、甘肃、四川、陕西、山西和内蒙古，利什曼病从来没有消失过，20世纪90年代在上述6省（自治区）内，每年仍有新感染者200～300例，在甘肃和四川两省还出现了新的利什曼病疫区。非流行区的人群进入利什曼病疫区经商或打工获得感染回归故里后发病的例子亦并不罕见，以致造成误诊误治而死亡。

【病原学】利什曼原虫属锥体科、利什曼属。目前已报道有16个种和亚种具有致病性，其重要致病虫种为：热带利什曼原虫、杜氏利什曼原虫、巴西利什曼原虫。人和犬利什曼病多由杜氏利什曼原虫引起。

目前已知的寄生于人体的利什曼原虫有3种，Donovan利什曼原虫主要寄生于内脏，引起黑热病，也可侵犯皮肤黏膜，引起皮肤利什曼病。热带利什曼原虫，不侵犯内脏，只引起皮肤出现孤立性丘疹结节和溃疡称为东方疖。巴西利什曼原虫，只侵犯皮肤黏膜，称为皮肤黏膜利什曼病。凡在已治愈患者皮肤中找到原虫，而临床上既无内脏亦无皮肤损害时则称之隐性皮肤利什曼病。

利什曼原虫是二态性原生动物，传播过程中需要两种不同的宿主相互交替。在白蛉体内，原虫的形态为前鞭毛体，在人、犬科动物或啮齿动物内则为无鞭毛体。当媒介白蛉刺叮病人、病狗等宿主时，血液或皮肤内的无鞭毛体被吸入白蛉的胃内，变为前鞭毛体，在白蛉胃内分裂繁殖，至吸血后6～7天，前鞭毛体即可抵达蛉的咽或喙部，该时白蛉胃血已消化完毕，感染白蛉如再次吸血，前鞭毛体即侵入人或狗等宿主体内。白蛉吸血时分泌的唾液也能增大前鞭毛体对宿主的感染性。

【流行病学】利什曼原虫最初感染野生动物，尤其是啮齿类。人只是在偶然情况下遭受感染。

犬是利什曼原虫的天然宿主，是利什曼原虫的感染来源。内脏型利什曼原虫储藏在家犬体内，再由犬类传给人类，成为人畜共患寄生虫病。

本病的传播媒介是白蛉属（东半球）和罗蛉属（西半球）的吸血昆虫。主要通过叮咬而传染。

本病的流行发生与气候环境关系密切。

【临诊症状】犬感染利什曼原虫的潜伏期为3～5个月或更长时间，病犬出现贫血、消瘦和衰弱。有的体温中度升高，有的腹围增大、腹泻。引起的病症可分为皮肤型和内脏型。

1. 皮肤型　利什曼原虫病的皮肤型病变常局限在唇、眼睑部、耳壳、四肢、尾部等，可见有黄豆大的脓肿，有时还可见有结节，也可发生脱毛、脂溢、溃疡，溃疡部覆盖有黄褐色痂皮。一般能够自愈。

2. 内脏型　内脏型利什曼原虫病更为常见，早期没有明显症状，晚期主要表现为脱毛、皮脂外溢的鳞屑脱落、结节和溃疡，以头部尤其是耳、鼻、脸面和眼睛周围最为显著（眼圈周围脱毛形成特殊的"眼镜"），并伴有食欲不振、精神委靡、嗓音嘶哑、消瘦、中度体温升高、贫血、恶病质和淋巴组织增生等症状，最后死亡。有些病犬出现鼻出血、眼炎和慢性肾功能不良的症状。

【病理变化】

1. 皮肤型　皮肤型利什曼病仅引起皮肤病变，不侵害内脏。

2. 内脏型 内脏型利什曼病可见动物体严重消瘦，脾、肝和淋巴结肿胀，广泛性的溃烂性皮炎，各种黏膜和浆膜苍白并出现出血性瘀斑。一些病例还可能出现肝、脾和肾的淀粉样变性。

【诊断】根据临诊症状和病理变化可做出初步诊断，确诊需进一步做实验室诊断。

病料样品采集：淋巴结、骨髓、肝脏、脾脏、病变处皮肤。

【防控措施】防范昆虫媒介传播利什曼病，尤其是在白蛉生长旺盛的季节，用药物扑杀白蛉，可在住屋、畜舍、厕所等白蛉易出现的场所喷洒杀虫剂。患利什曼病的动物应采取扑杀销毁处理。

治疗可用锑制剂，如斯锑波芬、葡萄糖酸锑钠和其他芳香双脒类药物治疗。但由于本病为人畜共患，且已经基本消灭，因此一旦发现新病犬，除了特别珍贵的犬种进行隔离治疗外，对其他品种病犬应予以扑杀，无害化处理。同时使用灭虫药喷洒犬舍，以控制白蛉，消灭传播媒介。

第四节 其他动物疫病

一、猪特发性水疱病

猪特发性水疱病（The pig idiopathic blister disease）是由塞尼卡病毒 A 引起猪的急性传染病。临诊以跛行、口蹄部水疱、新生仔猪死亡为特征。

该病于 1988—2001 年在澳大利亚、新西兰和美国均有报道。直至 2007 年在加拿大发生该病时才被确定。巴西和美国先后于 2014 年和 2015 年暴发该病，2015 年 9 月由科赫假设验证通过，对 9～10 周的仔猪攻毒试验，病毒血症 5～7 天，第 10 天出现典型的水泡症状，在心、脑、肺、小肠等组织均可分离到病毒。随后在加拿大、澳大利亚、意大利、新西兰也有相关报道。

2015 年，在我国广东首次报道，且分离的 SVA 病原与加拿大、巴西、美国分离到的 SVA 同源性为 94.4%～97.1%。具有和口蹄疫非常类似的症状，而没有相应的疫苗来防疫，存在着逐渐传播的风险。

【病原学】塞尼卡病毒 A（*Senecavirus A*，SVA）又称塞内卡谷病毒（*Seneca valley virus*），为微 RNA 病毒目（*Picornavirales*）、微 RNA 病毒科（*picornaviridae*）或小核糖核酸病毒科、塞尼卡病毒属（或塞内卡病毒属）（*Senecavirus*），是一种无囊膜的单股正链 RNA 病毒，基因组约为 7.2kb，有 4 个结构蛋白（2A－C，3A－D），其中，VP1 被公认为是小 RNA 病毒科免疫原性最强的蛋白。其早期（1988—2001 年）分离毒株之间的同源性高度一致（99%～100%）。

2002 年，美国基因治疗公司偶然从 PER. C6 细胞（转化的胎儿成视网膜细胞）培养基中首次发现并分离到一种新的病毒——塞尼卡谷病毒（SenecaValley virus，SVV。另称 Seneca virus A，SVA），当时被认为是一种细胞培养基污染物，并被命名为 SVV－001，被提议为具有溶瘤属性并对人类癌症治疗有用的非致病性病毒。然而，1988—2001 年从美国特发性水疱病的猪体收集的样本中分离到许多 SVV 分离株，因此，被提议为猪水疱病病原体。2015 年，国际病毒分类委员会（ICTV）将该病毒划分至新的病毒属——塞尼卡病毒属。目前，SVV是该属唯一成员。SVV结构呈二十面体，直径30 nm，无囊膜。基因组为线性、不分节段、单股正链RNA，全长7.2～7.3 kb，5′和3′有非编码区，具有多聚腺苷酸尾。病毒基因含1个开放阅读框（ORF），编码含2 181个氨基酸的多聚蛋白前体，之后被裂解为1个前导蛋白和3个主要多聚蛋白（P1、P2和P3）。P1基因区域主要编码4个结构蛋白（VP4、VP2、VP3和VP1），形成病毒的核衣壳，而P2和P3基因区域编码7个非结构蛋白（2A、2B、2C、3A、3B、3C和3D）。SVV与同科的心肌炎病毒属成员同源性最接近。2014年以前，该病毒受关注度较低，仅有SVV-001等3个毒株全基因组序列被测定公布。同时，研究发现SVV-001有溶瘤特性，可专嗜性感染神经内分泌肿瘤细胞，而不感染正常人类细胞，并由此研发出了人用抗肿瘤药物NTX-010。

目前，主要根据SVV VP1基因和全基因做系统进化分析。Leme等根据GenBank公布的序列信息将SVV暂时划分为3个谱系：Ⅰ系为标准毒株SVV-001，Ⅱ系主要为1988—1997年美国分离株，Ⅲ系包括了2001年至今从巴西、加拿大、中国、泰国和美国分离的毒株。2017年初，从福建和河南省分离到的SVV毒株基因序列之间同源性达99.7%～99.8%，在亲缘关系上与美国KS15-01株相近（98.8%～98.9%），而与广东和湖北省分离到的毒株关系较远（96.3%～97.6%），因而推测在我国出现了新SVV毒株。

在感染的急性期，肺、纵隔、肠系膜淋巴结、肝、脾、小肠、大肠和扁桃体中可检测到病毒核酸或感染性病毒粒子。在康复期，肺、心脏和肝脏中检测不到病毒核酸；在纵隔、肠系膜淋巴结、肾、脾、小肠、大肠和扁桃体中，虽可检测到核酸，却不能分离到感染性的病毒粒子。

【流行病学】

病猪和带毒猪是本病的传染源。病毒通过气溶胶、污染的饲料、饮水、垫料等通过直接接触、呼吸道、消化道等途径传播。猪易感。该病毒也可在牛和啮齿类动物体内增殖。

【临床症状】 该病的临床症状与口蹄疫（FMD）、猪水泡病（SVD）、猪水疱疹（VES）和水疱性口炎（VS）极其相似，难以区分。

本病的发病率和死亡率，受猪群年龄、来源和地理分布等因素影响。2017年，美国母猪的发病率一度高达70%～90%，但死亡率只有0.2%左右；在新生仔猪中所致发病率和死亡率很高，特别是1～4日龄仔猪，发病率达70%，死亡率达15%～30%，

猪感染后通常表现为急性、自限性水疱症状。病初采食量下降，之后鼻吻出现水疱性病变，可见1个或多个大小不一、充满液体的囊泡；囊泡破裂后发展成溃疡病变，在感染后10～15天形成厚痂。水疱性及溃疡性病变多出现于蹄冠部趾间裂和冠状带周围，导致边缘上皮疏松坏死，严重者跛行，站立困难。有些母猪腹部和乳房部出现红色斑点，或伴有发热和厌食症状，体温39.5～40.5℃，部分病猪体温可达41.0℃。10～15天后临床症状得到缓解，病猪迅速康复。

新生仔猪精神不振、嗜睡、不愿吸乳，并出现急性死亡，在蹄掌部可见部分化脓性小泡。在仔猪群中出现临床症状和高死亡率的情况可持续2～3周。

在我国发现的情况是当母猪出现水疱性后，新生仔猪才开始死亡。这与在美国发现的仔猪出现临床症状先于母猪临床症状的情况不同。

【病理变化】 扁桃体、脾、淋巴结和肺部，淋巴组织轻度至中度多灶性淋巴增生，肺扩张不全，偶见弥漫性充血，血管周围多灶性轻度淋巴细胞、浆细胞和巨噬细胞聚集。

【诊断】临诊上该病难以与口蹄疫进行区别。与口蹄疫病毒相比，塞尼卡病毒A造成的水泡病病程短暂且轻微，但其初始临床症状很难与口蹄疫区分。确诊需通过分子生物学技术确定病原。

流行病学监测及调查。可利用RPA恒温扩增技术和胶体金等技术，开发适于基层兽医和猪场使用的病原和抗体快速检测试纸条；利用液相芯片和α-ELISA等技术，开发高通量多重检测方法，对可导致猪出现水疱性临床症状的FMDV、SVV、SVDV、VSV和VESV等病原做出病原学和血清学鉴别诊断。

【防控措施】

1. 预防措施 目前尚无商品化的疫苗问世。美国以当地SVV流行株KS15-01为骨架，利用反向遗传技术，构建了感染性克隆vKS15-01-EGFP，为下一步通过定点突变，研发高效、无致病性且具备标记（DIVA，区分感染和免疫动物）的重组病毒活疫苗提供了依据。

2. 加强饲养管理，提高生物安全水平 目前，尚无治疗该病的特效疗法。哺乳母猪和仔猪的圈舍环境应舒适，并确保1周龄内仔猪摄取足量优质初乳。猪舍应远离公路等车辆流通区域，最好做到运输生猪车辆专车专用，出入场舍做好消毒，且应避免该车与阳性猪场车辆、人员和动物接触。饲养人员进出猪舍应沐浴并更换工作服和靴子，接触不同猪群时应有间隔观察期。应从猪群健康、无疫病发生的猪场引种，有条件的可在引种前对待引猪进行抽样检测，混群前隔离观察。避免老鼠、苍蝇等生物媒介与猪群接触。对于阳性猪场，除了提高管理水平外，应严格执行全进全出制度，对猪舍、设备和工具严格清洁和消毒。

二、猪急性腹泻综合征

猪急性腹泻综合征（swine acute diarrhea syndrome，SADS）是由猪急性腹泻综合征冠状病毒（SADS-CoV）引起猪的一种急性、致死性消化道传染病。以剧烈腹泻、呕吐为特征，5日龄以下的仔猪死亡率高达90%。

2016年10月28日起，广东清远的一处养猪场开始暴发致命的猪疫情。随后，在距离该养猪场20～150千米范围内的另外3个农场中也相继暴发了该疫情。截至2017年5月2日，差不多半年时间内，该疫情共计导致了4个养猪场中24 693头仔猪的死亡。之后疫情得到隔离控制。

2018年4月5日，*Nature*在线发表了我国学者的最新相关研究，武汉病毒研究所的周鹏、石正丽，军事科学院军事医学研究院的范航、童贻刚，华南农业大学的马静云、蓝天，新加坡DUKE-NUS新发传染病研究所王林发和美国生态联盟（Ecoheath Alliance）Peter Daszak，对2013—2016年在广东采集的591份蝙蝠样品进行了SADS冠状病毒特异性定量PCR检测。检测结果明引起这次仔猪腹泻疫情的SADS冠状病毒来源于蝙蝠HKU2相关冠状病毒的跨种传播。

【病原学】猪急性腹泻综合征冠状病毒，简称SADS冠状病毒，是一种起源于蝙蝠的新型冠状病毒。

2013—2016年在广东采集的591份蝙蝠样品进行了SADS冠状病毒特异性检测，共有58份结果为阳性，阳性样品基本来自菊头蝠。其中，一株在发生疫情猪场附近的蝙蝠洞穴中发现的冠状病毒与SADS病毒的全基因组序列一致性高达98.48%。

研究人员发现早在2016年8月，SADS病毒就已经存在于猪场中。SADS和2002—2003年暴发的严重急性呼吸综合征（SARS）具有诸多相似之处。两者都由新发冠状病毒引起，源头都是菊头蝠，均发生于广东。

【流行病学】中华菊头蝠是SADS冠状病毒的自然储存宿主，病猪和带毒猪是本病的传染源。病毒主要通过粪便通过污染的垫料、饲料、饮水等经消化道传播。病毒由菊头蝠跨种传播至家猪并造成本病的发生。猪对本病易感。冬春寒冷季节多发，饲养管理不当是该病发生的诱因。哺乳仔猪病死率高。

【临诊症状】急性腹泻，呕吐、体重迅速下降，出生5天以内的仔猪会因体重快速下降而在发病2～4天后即死亡，随着仔猪逐渐长大，存活几率会大增。5天或更小仔猪发病后的死亡率高达90%，在8天或更大的仔猪身上，这一死亡率就可下降到5%。同样感染病毒的母猪生存几率则更大一些，只会表现出轻微腹泻，大多在2天后即恢复。

【病理变化】本病与猪传染性胃肠炎和猪流行性腹泻变化相似。

【诊断】SADS-CoV与其他引起猪只腹泻的病毒或细菌的临床症状极其相似，且猪只一旦发生腹泻常伴随混合感染与继发感染，确诊需进行分子生物学诊断。抗体检测方法：ELISA酶联免疫吸附试验法（ELISA），免疫荧光技术等。

【防控措施】

1. 预防措施 该病对仔猪危害严重，发现疫情应采取“早、快、严、小”方针，严格生物安全措施。

2. 治疗措施 目前尚无特效疗法。对症治疗能降低死亡率。

【公共卫生学】周鹏、石正丽等对发病猪场工作人员的血清学研究，目前还没有证据显示SADS冠状病毒可进一步跨种感染人。

三、鸡心包积水综合征

鸡心包积水综合征又称安卡拉病（Ankara disease）、心包积水-肝炎综合征（Hydro-pericardium-hepatitis Syndrome，HHS），是由禽腺病毒血清4型（FAV4）引起鸡的一种急性、致死性传染病，以心包积液和肝炎、肾炎为特征。

该病于1963年首次在美国发生，随后扩散至在世界各地。该病早在1985年就已见有散发病例，1987年3月在巴基斯坦临近卡拉奇的安哥拉首先报道本病，到1988年夏，该病已扩散到全巴基斯坦，造成了上亿只肉鸡死亡，25%以上的肉鸡生产者破产。在死亡高峰，该病猖獗到使25%以上的肉鸡生产者破产。1989年，在墨西哥，其后在伊拉克、印度的几个邦及厄瓜多尔、秘鲁、智利、俄罗斯和孟加拉国等国相继发现该病。2015年以来，该病在我国大部分地区均有发生，给养鸡业造成了较大的经济损失。

【病原学】禽腺病毒血清4型（*Fowl adenovirus serotype-4，FAV-4*）属于禽腺病毒Ⅰ群，为腺病毒科、禽腺病毒属、鸡腺病毒丙型或C型。禽腺病毒基因组为双股DNA，没有囊膜，由12个五邻体构成二十面体顶角壳粒，五邻体由2条纤突组成。此外，二十面体的非顶角壳粒称为六邻体（Hexon），该六邻体蛋白对禽腺病毒分型至关重要，是抗原结合位点成分。根据中和试验禽腺病毒（Fowl adenovirus，FAd V），分为5个种（A～E），12

个血清型，Zsak 等利用 L1－L4 四个高变环的特点和 RFLP 技术把Ⅰ群禽腺病毒划分为 A－E 五个基因型。禽腺病毒中Ⅰ群 CELO 病毒能够凝集大鼠红细胞，而不能凝集禽类的红细胞，部分毒株可凝集绵羊红细胞；Ⅱ群禽腺病毒无血凝性报道；Ⅲ群禽腺病毒 EDSV 可以凝集鸡、鸭、鹅、火鸡、鸽等禽类的红细胞。

病毒可以通过鸡胚传播，用感染的胚和子代雏鸡制作细胞培养物时，可以激活机体腺病毒。病毒主要在消化道和上呼吸道内复制，腺病毒大部分为长期潜伏病毒，引起无症状的感染，其中部分可以引起致病。Ⅰ群禽腺病毒存在于多种禽类的呼吸道和消化道，作为原发病原引起发病，往往与其他病毒 CAV、IBDV 等混合感染致病。病毒通常在 3 周龄以上排出，在肉鸡，排出病毒的高峰是 4～6 周；产蛋鸡在 5～9 周，到 14 周龄后仍有 70％可排毒。

禽腺病毒对外界环境抵抗力比较强，对乙醚、氯仿、胰蛋白酶、酚和乙酸均有抵抗力，可耐受 pH3～9，在 1∶1 000 浓度甲醛中可被灭活，本病毒对碘制剂、次氯酸钠和戊二醛敏感。

【流行特点】

1. 传染源 病鸡和带毒鸡是主要传染源。病毒主要存在于鸡的眼、上呼吸道以及消化道。

2. 传播途径 本病可垂直传播，也可水平传播。病毒主要通过鸡胚垂直传播，也可经粪便、气管和鼻腔黏膜水平传播。鸡感染后可成为终身带毒者，并可间歇性排毒。病毒可存在于粪便、气管、鼻黏膜、精液及肾脏中，病毒可经各种排泄物传播，以粪便含毒量最高。阶段的垂直感染给疫病防控带来的困难，该病排毒期有两个关键阶段：14 周龄前和产蛋高峰期。特别是产蛋高峰期的大量排毒，使得种蛋带毒。

3. 易感动物 鸡不分品种、日龄均可发病。1～3 周龄的肉鸡、麻鸡，也可见于肉种鸡和蛋鸡，其中以 5～7 周龄的鸡最多发。580 日龄以上鸡也能发病。

该病一年四季均可发病，以 5～10 月的温暖和炎热季节多发，寒冷季节发病较少。4～9 周龄的鸡群最容易感染，可造成较为严重的死亡，死亡率 20％～80％，严重者死亡率可达 95％以上。

【主要症状】

发病鸡群多于 3 周龄开始死亡，4～5 周龄达高峰，高峰持续期 4～8 天，5～6 周龄死亡减少。病程 8～15 天，死亡率达 20％～80％，一般在 30％左右。没有前兆，好些看似正常的鸡也会突然发病。前期出现的伤亡，多是集中于鸡舍内某一个或几个片状区域。其特征是无明显先兆而突然倒地，沉郁，羽毛成束，排黄色稀粪，两腿划空，数分钟内死亡。

【病理变化】

肝脏肿胀、充血、边缘钝圆、质地变脆，发黄坏死。肾脏苍白或暗黄色，肾脏轻度肿胀，输尿管见有尿酸盐沉积。心肌柔软，心包积有淡黄色透明的渗出液，有的是清水，有的是发黄浑浊液体，也有的是血水。腺胃乳头出血，无心包积液鸡只发现肺部会出现积液现象。

肝细胞纤维化和脂肪变性，肾小管上皮细胞肿胀、变性，心肌纤维水肿、颗粒变性。肝组织切片 HE 染色可见典型的嗜碱性核内包涵体。

【诊断】 根据流行病学特点、临诊症状、剖检变化和可初步诊断。确诊和需进行病原学和血清学检验。

1. 样品采集 肝脏、心包液、肾脏、脾脏。

2. 病毒分离 接种鸡胚病毒分离培养取病死鸡的肝脏研磨，反复冷冻 3 次，高速离心，取上清液，接种 10 日龄 SPF 鸡胚。

3. 分子生物学检测 经 RT-PCR 检测，2015 年以来分离毒株与我国 2012 年以来分离的 FAbV-4 分离株同源性 99%以上；与 FAbV-4 代表株巴基斯坦毒株 NARC-3317 同源性为 82.32%～82.53%；与印度分离株 VRDC 的同源性在 99%以上。

4. 血清学试验琼扩试验 琼扩板中间孔加入阳性血清，外周孔分别的加入待检样品、阳性对照、阴性对照等，湿盒培养 72 小时，24 小时观察可见中间孔的阳性血清与待检样品与阳性对照间出现明显的沉淀线，与阴性对照之间没有出现沉淀线。

【防控措施】当前，尚无特效药物和商品化疫苗可供使用。具体措施如下：

（1）加强引种和种鸡群的检疫净化，加强生物安全防控措施，发现疫情，采取“早、快、严、小”措施。原种鸡净化腺病毒是控制该病流行的重要措施。

（2）加强饲养管理。避免热应激会，注意通风降温，供给鸡只充足的新鲜空气，保证氧气供应。注意养殖密度不要过大，甚至可以降低密度。这样鸡群的需氧量能够充分供应，且温度容易调控。密闭式鸡舍，注意负压不要过大，以防止鸡舍缺氧。必要时可适当加大进风口面积，加大风力风速。也可以使用正压通风，以保证氧气供应。减少应激，防止过度惊吓导致心跳加快而浅，供氧不足。

（3）易感鸡群和早期发病鸡群接种组织灭活疫苗可以在 5～7d 控制本病。油乳灭活疫苗需要免疫两次方可产生保护性抗体，时间至少需要 36d。

（4）发病鸡群注射采用康复鸡群的血清和卵黄抗体亦有较好的防治效果，但是容易复发。

四、鸡滑液囊支原体感染

鸡滑液囊支原体感染（mycoplasma pneumoniae infection）又称滑液囊霉形体感染、传染性滑液囊炎（avian onfectious synovitis），传染性滑膜炎，是由滑液囊支原体（MS）引起鸡和火鸡的一种急性或慢性传染病，其特征是关节肿大、滑液囊及肌腱发炎。本病发展缓慢，病程长，一旦在鸡群中感染，根除很困难，因此在鸡群中长期蔓延，导致饲料利用率低、生长发育迟缓、淘汰率增高、产蛋量下降等。鸡群如存在该病原时，易发生混合感染，加剧病情，死亡率增高，造成严重的经济损失。

该病分布于世界各地，加拿大（1955）、英国（1959）、挪威（1961）、德国（1961）、法国（1962）、南非等国相继报道。近年来，在日本和美洲发病率最高。由于不断从国外引种，2008 年以后，该病在我国的发病率有增加趋势。

【病原学】滑液囊支原体（*Mycoplasma Synoviae*，MS），直径 0.2～0.4 微米，呈多形态的球形体或球杆状，在电子显微镜下观察形态不一，有的为圆形，有的呈丝状。比鸡毒支原体（MG）稍小，MS 用姬姆萨染色良好，革兰氏染色呈阴性，只有一个血清型，不同菌株的致病力有差异，引起的症状也因病原的趋向性而不同。

MS 的营养要求比 MG 高。首次培养，培养基内必须加入烟酰胺腺嘌呤二核苷酸（辅酶

I、NAD)，人工培养时，传代后可以由烟酰胺代替：另外还需加入牛或猪的血清，以猪的血清尤好，用鸡血清则不能成功培养，最适生长温度为37℃。初次分离时，由于组织抗原、抗体和毒素的存在一般需在24h后继代移植1次，转移至Frey氏培养基上培养3～7 d后可见生长。培养3～7天，用30倍解剖镜观察，可见圆形、隆起的、略似花格状、有或无中心的菌落，直径为1～3毫米。MS能发酵葡萄糖、麦芽糖，产酸不产气，不发酵乳糖、卫茅醇、杨苷、蕈糖，不水解精氨酸，不利用尿素。无磷酸酶活性。某些MS分离株可凝集鸡或火鸡红细胞。

经鸡胚、组织培养或肉汤培养基传代后可降低其产生典型感染的能力，通过鸡胚对致病力的影响较肉汤传代为小。经卵黄囊接肿18日龄鸡胚可使复制出的小鸡发生滑膜炎和气囊炎。卵黄囊接种鸡胚，6～11天后，死胚表现为胚体发育不良、全身水肿、肝坏死、脾肿大，皮肤有大量出血点、绒尿膜出血。

抵抗力与MG相似。在pH6.9或更低时不稳定，对高于39℃的温度敏感，能耐受冰冻，但滴度下降。在卵黄中−67℃存活7年，−20℃存活2年。肉汤培养在−70℃或冻干的培养物中4℃均可稳定保存数年。

MS在体外对泰乐菌素、泰妙菌素、壮观霉素、替米考星、多西环素等敏感，但对硫氰酸盐红霉素有抵抗力。

【流行病学】

1. 传染源　病鸡和带菌鸡是传染源。

2. 传播途径　该病可水平传播，也可垂直传播。传播途径以直接接触经呼吸道传染和经蛋感染为主，通过吸血昆虫也可感染。主要通过健康鸡和病鸡的接触水平传播，呼吸道是该病的主要水平传播途径通常感染率可达100%，气管是主要的靶组织。垂直传播通过污染本病原的种蛋传给雏鸡经蛋的垂直传播危害更大。另外，鸡群接触被病原体污染的饲料、衣物、动物和饲养器具而被感染。气溶胶、风媒等也可能传播该病。以普通鸡胚培养制造的疫苗中常有滑液囊支原体的污染。用该疫苗接种，可致被接种的健康鸡感染发病。

3. 易感动物　MS主要感染鸡、火鸡以及珍珠鸡，且以幼雏为主。鸭、鹅、鸽、日本鹌鹑、红腿鹧鸪也可感染。外来引进品种或品系发病高于本地品种。经蛋感染的雏鸡可见1周龄内发病。4～16周龄的鸡和10～24周龄的火鸡多见。

4. 流行形式及因素　MS对冷、热、干燥和一般消毒剂都很敏感，因没有细胞壁保护，在宿主以外的环境中生存能力很差。在湿冷的环境中可能存活几天，但在干燥和热的环境里只能存活几个小时。如果空舍时间长，就没有能力存在于鸡舍里。对于非全进全出的鸡场来说，感染滑液囊支原体的鸡群终生处于感染状态，外观正常鸡的气管中也能分离出病原体。持续不断的循环感染是造成该病绵延不绝的主要原因。连续的药物和疫苗防治也只能减少发病，而不能彻底净化。全群淘汰和空舍是根除病原体的唯一办法。对商品肉鸡来说，增加人力和用药成本，降低生长速度和饲料转化率、较高的淘汰率和屠体质量下降；对育成鸡来说，还表现为鸡群个体和生殖器官发育不整齐，没有产蛋高峰或产蛋高峰延迟；对种鸡来说，造成较多的死胚、弱雏，较低的孵化率。

【临床症状】自然接触感染的潜伏期一般为10～20天，经蛋垂直感染的雏鸡可在1周龄内发病。不同毒株的致病力有较大差异，故临床上，有些病例表现为严重的关节病症，而另外一些病例则表现为严重的呼吸道症状，也有二者兼而有之的。初期为急性经过，急性期过后的慢性感染或隐形感染可持续数月至数年，成年鸡偶见。人工感染，经足掌或静脉注射，2～3天后出现症状，可复制该病。一群雏鸡中有10%～20%经蛋感染的鸡，则在很短的时间内可传遍整群鸡。经蛋传染的最高峰在种群感染后的1～2个月，病原潜伏在鸡体内数天到数个月，一旦鸡群受到不良因素的刺激，则很快发病。鸡和火鸡的发病率达90%～100%，但死亡率通常在1%以下，最高不超过10%。

12周龄以上的鸡很少发病，患病最多的是9～12周龄的鸡，发病率5%～10%，死亡率一般在10%以内，严重者可高达75%左右。感染初期，病鸡精神尚好，饮食正常；病程稍长，则精神不振，独处，喜卧，常呆在料槽和水槽边，食欲下降，生长停滞，消瘦，脱水，鸡冠苍白，严重时鸡冠萎缩，呈紫红色。典型症状是跗关节和跖关节肿胀、跛行，甚至变形、爪垫肿胀严重者趾关节也肿大变形，步态呈“八”字，或呈“踩高跷状”；慢性病例可见胸部龙骨出现硬结，进而软化为胸囊肿。成年鸡症状轻微，仅关节肿胀，体重减轻。有的病鸡群伴有甩鼻、流鼻涕症状，常在接种活疫苗或遭受其他应激如断喙、大风降温后出现呼吸道症状更为明显。

【病理变化】

1. 剖检病变 发病早期大多数在肿胀的关节、腱鞘内种黏稠的、乳酪色至灰白色渗出物，可拉长丝；病程长者渗出物呈干酪样，被感染关节表面常为黄色或橘红色，特征性渗出物量以跗关节、翼关节或足垫较多，关节膜增厚，关节肿大突出。

2. 病理组织学变化 在关节，尤其是趾关节和跗关节的关节腔和腱鞘中可见异嗜白细胞和纤维素浸润。滑液囊膜因绒毛形成、滑膜下层淋巴细胞和巨噬细胞的结节性浸润增生。

3. 血液学检查 红细胞总数及血红素量减少，有异形及异染红细胞出现。白细胞总数显著增高，淋巴细胞及嗜酸性白细胞减少，嗜中性白细胞及单核细胞增多。

【诊断】根据病史、临床症状及病变可作出初步诊断，由于该病的症状和病理变化并不是特征性的，故确诊需将初步诊断结果与血清学检测结果相结合。

1. 病料样品采集 用于病原分离的组织包括气管、气囊、肝脏、脾脏滑液囊和病变关节渗出液等。渗出液必须取自于发病初期的病变关节，否则可能检测不到病原体。

2. 血清学检测 常用的血清学检测方法有平板凝集反应、试管凝集反应与血凝抑制试验等。也有关于酶联免疫吸附试验、PCR扩增技术等的报道。最常用的方法为平板凝集反应。

3. 病原分离 可参照鸡毒支原体病进行。

4. 鉴别诊断 该病应与葡萄球菌、链球菌、大肠杆菌等病菌引起的关节炎及病毒性关节炎相区别，在病原学和血清学检查时，还应与鸡毒支原体（MG）相区别。

【防控措施】

（1）种鸡群要执行高度的生物安全措施，建立单一年龄，全进全出的鸡场，定期作常规血清学监测，对感染鸡进行扑杀。减少经蛋传播，对种蛋要用有效的抗生素处理；种蛋浸泡于适当的抗生素溶液中，或将抗生素注入蛋内，或将蛋适当加热后孵化；其子代隔离状态下小群饲养，定期进行实验室监测，淘汰阳性鸡。

（2）注意育雏期饲养管理，重点是温度，密度和通风合理协调三者之间的关系，减少温差应激，提高鸡体抗病力可以降低该病的发生概率。

(3) 加强环境消毒，减少环境污染，防止水平传播。实行全进全出的饲养模式，增加批间隔，加强消毒和检疫，淘汰病鸡，也能降低该病发生概率，减少经济损失。

(4) 种鸡群可用MS疫苗免疫接种能减少由野毒引起的垂直传播。

(5) 对MS阳性鸡群或污染商品鸡群，在育雏和育成期，采用间歇用药和轮换用药药物可有效控制该病。但是，没有一种抗生素，无论使用多大的剂量，多么长的治疗时间，都不能将存在于鸡群中的病原体根除掉，而只是基本不发病。

五、鸭坦布苏病毒病

鸭坦布苏病毒病（Duck tembusuvirus disease，DTMU）又称为鸭黄病毒病、鸭产蛋下降-死亡综合征，是由鸭坦布苏病毒引起鸭等禽类急性传染病，以雏鸭生长迟缓和死亡、产蛋鸭采食突然减少、产蛋急剧下降和出血性卵巢炎为特征。该病最先于2010年4月发生在浙江、福建等地，后来在华东、华南、华北、华中等广大地区也有了该病的流行，之后我国各地区均有该病发生，且群内发病率几乎为100%。仅2010年，约有1.2亿只蛋鸭和1 500万只肉鸭发病，给我国的养鸭业造成的损失达50亿元。

【病原学】鸭坦布苏病毒（Duck tembusuvirus，DTMUV）为黄病毒科、黄病毒属有囊膜糖蛋白，病毒颗粒呈球形，单股正链RNA病毒，该病毒抵抗力不强，对乙醚和氯仿敏感，对热敏感，常用消毒剂即可将其灭活。

【流行病学】病鸭和带毒鸭是主要传染源，水平传播是主要传播途径，主要通过呼吸道感染，也可经粪便污染场地、饲料、饮水、器具、运输工具等造成大范围和快速水平传播，还可经卵垂直感染，不排除DTMUV感染病毒通过吸血昆虫（例如蚊子）、鸟传播的可能。鸭坦布苏病毒病可危害除番鸭外的所有品种产蛋鸭，如蛋鸭（绍兴鸭、缙云麻鸭、山麻鸭、金定鸭、康贝尔鸭、台湾白改鸭）、肉种鸭（樱桃谷鸭、北京鸭）、野鸭等，鹅也可感染发病，从鸡、麻雀等陆禽体内也可分离到该病毒。

该病一年四季均可发生，但夏、秋两季多发。DTMUV广泛流行的高峰期是每年的夏末秋初，有时还能够在冬季大面积流行。该病发病突然，传播快速。发病率高，一个鸭舍出现鸭子的产蛋量和采食量明显降低后，以这个鸭舍为中心，在较短的时间范围内（通常是几天内）便可以发展到附近的周围地区，发病率可达100%，死淘率5%～15%，继发感染时可达30%。长途运输青年蛋鸭，可导致该病的远距离传播。

【临诊症状】产蛋鸭出现急剧的食量下降和产蛋量降低是DTMUV感染后最突出的症状，严重时甚至出现绝食现象。发病鸭采食量突然下降，数天内可降到原来的50%甚至更多。产蛋大幅下降，产蛋率从高峰期的95%下降到5%，种蛋受精率降低10%左右。病鸭体温升高，排绿色稀粪。该病流行后期病鸭神经症状明显，表现瘫痪、翻个、行走不稳、供给失调。病程约1个月，多数可自行恢复到发病前的产蛋水平，种鸭恢复后期有明显的换羽过程。

雏鸭最早可在20日龄左右发病，雏鸭高热、食欲不振、发育迟缓，以神经症状为主，表现为站立不稳、倒地不起、行走不稳，病鸭有饮、食欲，但多数因饮水、采食困难而衰竭而死。

【病理变化】感染鸭最显著的病理学改变是卵巢部位的改变，卵泡充血、变形、坏死或液化，卵泡膜充血、出血，卵泡破裂甚至引起卵黄性腹膜炎。输卵管有黏液。有的病鸭脾脏出现不同程度的肿大现象，肝脏也表现为间质性肝炎现象（肝脏淋巴细胞增生）。脾脏斑驳，呈大理石样，有的极度肿大并破裂。胰腺出血、坏死。心肌苍白，有白色条纹状坏死，多数心脏内膜出血，有的心肌外壁出血。有神经症状的病死鸭的脑膜出血、脑组织水肿、树枝状出血。而公鸭感染鸭坦布苏病毒后会导致睾丸和输精管的萎缩。

【诊断】 病毒分离鉴定是传统的实验室检测方法。病鸭的脾脏、卵泡膜、脑等组织适宜分离病毒。病料接种 sPF 鸡胚、鸭胚分离病毒。该病毒初次分离或功率低，初次接种禽胚没有出现病变和死亡的要收集尿囊液继续盲传 3 代。对分离到的病毒可利用血凝——血凝抑制试验来区分鸭副黏病毒病、禽流感、鸭产蛋下降综合征等病毒感染。

【防控措施】

1. 生物安全措施 目前尚无特效药物防治，因此应侧重预防和加强生物安全措施。建立健全卫生消毒制度，定期消毒，消灭鸭场中的蚊蝇，注重对用具和设备、运输车辆、种蛋的消毒及病死鸭的焚烧或生物处理。疫病流行期间，做好封栋、封场工作，搞好饲养人员的生活安排，管理人员与生产人员必须隔离。病死鸭及时隔离、治疗，污染场所、器具、运输工具等及时消毒。减少各种应激，疫苗接种时要慎重，注意天气变化，及时采取防寒保温等应对措施。病毒对酸、乙醚及去氧胆酸盐、胰酶、热敏感，可根据养殖场实际情况采取可行、有效的消毒措施。

2. 疫苗预防 已有商品化鸭坦布苏病毒病活疫苗（WF100 株、FX2010－180P 株）和鸭坦布苏病毒病灭活疫苗可供应用。雏鸭 5～7 日龄初免，初免后 2 周加强免疫 1 次；产蛋鸭在开产前 1～2 周免疫 1 次。雏鸭免疫期为 5 个月，产蛋鸭免疫期为 4 个月。

鸭坦布苏病毒灭活疫苗免疫接种。15～20 日龄皮下接种，注射 0.5 毫升/羽；产蛋前 1 个月接种 1 次，肌注 1～1.5 毫升/羽；一般在每年春末、冬初各接种 1 次，肌注 1.0～1.5 毫升/羽。鸭坦布苏病毒病灭活疫苗母源抗体能够保护 10 日龄内雏鸭。

3. 药物预防 该病目前尚无有效的治疗措施，发病鸭群可适当添加中药如清温败毒散等对症治疗，提高鸭群抵抗力。

主要参考文献

安建，等，2007. 中华人民共和国动物防疫法释义［M］. 北京：中国农业出版社.
陈焕春，2000. 规模化猪场疾病控制与净化［M］. 北京：中国农业出版社.
蔡宝祥，2001. 家畜传染病学［M］. 北京：中国农业出版社.
黄保续，2009. 兽医流行病学［M］. 北京：中国农业出版社.
孔繁瑶，1997. 家畜寄生虫学［M］. 北京：中国农业大学出版社.
廖新俤，陈玉林，2009. 家畜生态学［M］. 北京：中国农业大学出版社.
陆承平，2012. 兽医微生物学（第五版）［M］. 北京：中国农业出版社.
凌育燊，郭予强，2000. 特禽疾病防治技术［M］. 北京：金盾出版社.
齐长明，2006. 奶牛疾病学［M］. 北京：中国农业科学技术出版社.
王君玮，王志亮，2009. 兽医病原微生物操作技术规范［M］. 北京：中国农业出版社.
吴清民，2002. 兽医传染病学［M］. 北京：中国农业大学出版社.
吴志明，等，2006. 动物疫病防控知识宝典［M］. 北京：中国农业出版社.
魏刚才，等，2007. 养殖场消毒技术［M］. 北京：化学工业出版社.
阎继业，2001. 畜禽药物手册［M］. 北京：金盾出版社.
闫若潜，孙清莲，李桂喜，2014. 动物疫病防控工作指南（第3版）［M］. 北京：中国农业出版社.
杨汉春，2003. 动物免疫学［M］. 北京：中国农业大学出版社.
杨绍基，2005. 传染病学［M］. 北京：人民卫生出版社.
张彦明，等，2002. 动物性食品卫生学［M］. 北京：中国农业出版社.
郑增忍，等，2010. 动物疫病区域化管理理论与实践［M］. 北京：中国农业科学技术出版社.
中国动物疫病预防控制中心，2008. 村级动物防疫员技能培训教材［M］. 北京：中国农业出版社.
中国兽药典委员会，2000. 中华人民共和国兽药典［M］. 北京：化学工业出版社.
B. E. 斯特劳，等，赵德明，张中秋，等主译，2000. 猪病学（第八版）［M］. 北京：中国农业大学出版社.
D G Pugh，2004. 绵羊和山羊疾病学［M］. 赵德明，韩博，主译. 北京：中国农业大学出版社.
Y. M. Saif，等，2012. 禽病学（第十二版）［M］. 高福，苏敬良，主译. 北京：中国农业出版社.

图书在版编目(CIP)数据

养殖场疫病防制与净化指南 / 孙清莲等主编 .—北京:中国农业出版社,2018.10
ISBN 978-7-109-24561-7

Ⅰ.①养… Ⅱ.①孙… Ⅲ.①养殖场-兽疫-防疫-指南 Ⅳ.①S851.3-62

中国版本图书馆 CIP 数据核字(2018)第 204051 号

中国农业出版社出版
(北京市朝阳区麦子店街 18 号楼)
(邮政编码 100125)
责任编辑 廖 宁

北京通州皇家印刷厂印刷 新华书店北京发行所发行
2018 年 10 月第 1 版 2018 年 10 月北京第 1 次印刷

开本:787mm×1092mm 1/16 印张:22.5
字数:720 千字
定价:89.80 元